江苏省高等学校重点教材

高等学校机械专业系列教材

机械制造基础

(第4版)

主编　任家隆　刘志峰

主审　陈关龙

中国教育出版传媒集团

高等教育出版社·北京

内容提要

本书是2021年江苏省高等学校重点教材(编号:2021-1-013),“十二五”江苏省高等学校重点教材(编号:2014-1-19),2011年江苏省高等学校精品教材。

本书在第三版的基础上,依据教育部高等学校机械基础课程教学指导分委员会制定的《普通高等学校工程材料及机械制造基础系列课程教学基本要求》,并结合兄弟院校提出的宝贵和建设性建议,分析研究同类教材及自身的教学实践后进行了较多内容的修订。全书着力于建立基于专业内涵的内容体系,紧跟制造技术发展,不断凝练并增加了许多新的或选修的教学内容,教材体系更加科学、完整,更加符合教学规律和人的认知规律。本次修订,在主要面向普通高等院校机械类专业的基础上,充分考虑我国工业发展的不平衡,考虑不同类型高等院校课程改革的差异和需要,适时融入思政元素,使本书更加适于当前教学选用。

本书除绪论外分为8章,内容包括机械制造概论、金属切削过程与控制、金属切削机床(新增了3.5机床的典型结构作为选修内容)、机械加工方法(新增了4.7高速加工和超高速加工,4.8非金属材料的机械加工)、机床夹具、机械加工质量分析与控制、工艺规程设计、机械制造技术的发展。全书结构严谨,系统性强。

为便于教学和学生自学、扩展学生视野,本书配有丰富的数字化资源,可扫描相关页面上的二维码进行浏览。

本书为江苏科技大学依托中国大学MOOC平台建设的“机械制造基础”在线开放课程的主讲教材,江苏科技大学“机械制造基础”课程为国家级一流本科课程。本书可作为高等院校机械类、近机械类专业的教材,亦可供职业类和继续教育类院校教学选用,也可供对机械工程类知识有兴趣的读者作为自学和参考用书。

图书在版编目(CIP)数据

机械制造基础/任家隆,刘志峰主编.--4版.--北京:高等教育出版社,2023.1

ISBN 978-7-04-058046-4

Ⅰ.①机… Ⅱ.①任… ②刘… Ⅲ.①机械制造-高等学校-教材 Ⅳ.①TH

中国版本图书馆CIP数据核字(2022)第020859号

Jixie Zhizao Jichu

策划编辑 李文婷　责任编辑 李文婷　封面设计 赵 阳　版式设计 李彩丽
责任绘图 黄云燕　责任校对 胡美萍　责任印制 刁 毅

出版发行 高等教育出版社
社 址 北京市西城区德外大街4号
邮政编码 100120
印 刷 中农印务有限公司
开 本 787mm×1092mm 1/16
印 张 24.75
字 数 640千字
购书热线 010-58581118
咨询电话 400-810-0598
网 址 http://www.hep.edu.cn
http://www.hep.com.cn
网上订购 http://www.hepmall.com.cn
http://www.hepmall.com
http://www.hepmall.cn
版 次 2004年3月第1版
2023年1月第4版
印 次 2023年11月第2次印刷
定 价 51.00元

物 料 号 58046-00

机械制造基础

（第4版）

主编　任家隆　刘志峰

主审　陈关龙

1　计算机访问http://abook.hep.com.cn/1262041，或手机扫描二维码、下载并安装Abook应用。

2　注册并登录，进入“我的课程”。

3　输入封底数字课程账号（20位密码，刮开涂层可见），或通过Abook应用扫描封底数字课程账号二维码，完成课程绑定。

4　单击“进入课程”按钮，开始本数字课程的学习。

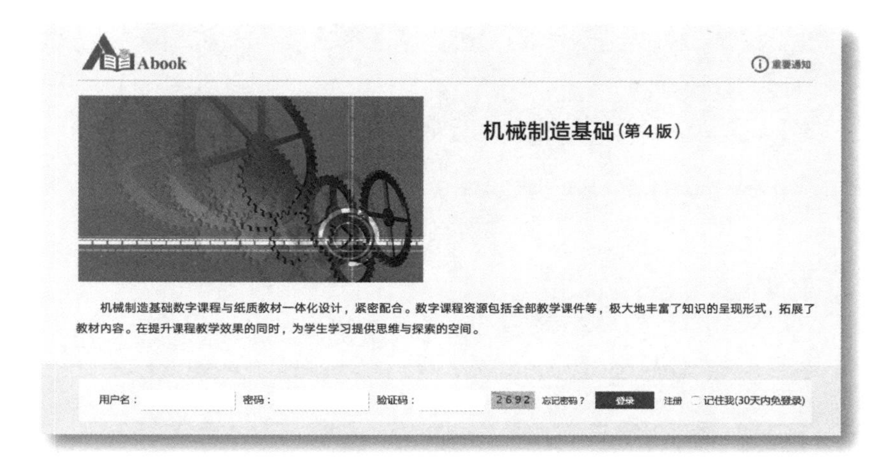

http://abook.hep.com.cn/1262041

第4版前言

时光荏苒，转眼间本书第一版出版至今已20年。本书第一版自2004年出版以来，得到了兄弟院校和读者的支持。在经历了2009年第二版、2015年第三版的两次修订之后，体系更加完整，内容更加丰富、科学。本书2021年9月被评为江苏省高等学校重点教材、2014年9月被评为“十二五”江苏省高等学校重点教材，2011年9月被评为江苏省高等学校精品教材。这些荣誉鞭策我们更加努力工作，以满足广大教师、学生及其他读者的需求。

制造技术发展迅速，制造业是最重要的实体经济和工业基础，在国家发展战略中意义重大。针对制造业发展，2012年德国率先提出了“工业4.0”的发展战略。2015年国务院发布了中国制造的战略规划《中国制造2025》，力争到新中国成立100年时，实现制造业大国地位更加巩固综合实力进入世界制造强国前列的目标。2017年，我国教育部基于新经济和新型工程人才培养的要求，提出新工科建设计划。为响应和适应这些变化，在第三版的基础上，我们依据教育部高等学校机械基础课程教学指导分委员会制定的《普通高等学校工程材料及机械制造基础系列课程教学基本要求》，并结合兄弟院校提出的宝贵和建设性建议，分析研究同类教材及自身的教学实践后进行了第4版的修订工作。

由于“机械制造基础”课程改革力度大，内容宽泛，因此本书着力于建立基于专业内涵的内容体系，紧跟制造技术发展，不断凝练知识要点，使本书体系更加科学、完善，更加符合教学规律和人的认知规律。在主要面向普通高等院校机械类专业的基础上，第4版的修订内容充分考虑我国工业发展的不平衡、考虑不同类型高等院校课程改革的差异和需要。

第4版的修订要点为：

1. 二级目录下新增了4.7高速加工和超高速加工，4.8非金属材料的机械加工，7.4数控加工工艺规程设计，8.4智能制造及其支撑技术；考虑不同类型高等院校课程改革的差异和需要，以选修内容形式编写了3.5机床的典型结构，并分设3.5.1 CA6140型卧式车床的主要结构、3.5.2现代机床典型结构及部件；重新编写了2.8磨削过程与磨削机理，3.2常用普通金属切削机床，3.4数控机床，8.2精密工程和纳米加工，8.3绿色制造内容。

2. 三级目录下新增了2.2.4影响切屑变形的主要因素，2.4.4切削温度对工件、刀具和切削过程的影响，2.7.2刀具使用寿命和切削用量的合理选择，5.6.2现代机床夹具，8.2.3纳米加工技术。另外，在5.2.3下新增了“组合定位”，在8.2.2下新增了“集成电路芯片的制造”的内容。

3. 对绪论和第1、2、3、5章以及教学课件中的文字和插图也进行了大幅修订，使之更加精美和完善。

4. 除上述修订工作外，对全书中的其他内容包括思考题与习题也作了不同程度的修订或审定。与本书配套的教学课件也作了大量修订工作，并且根据书本内容制作了相应的数字化资源，可通过扫描书中二维码进行浏览。

在本次修订工作中，重点参考了参考文献3—20，尤其是2018年后发表的文献，也汲取了其他文献的部分内容，感谢本书第一、二、三版的主审及作者付出的辛苦和努力，在此谨向学术界的前辈和同仁表示崇高的敬意。

本书由任家隆、刘志峰统稿并任主编，由任近静、张家军、赵丽任副主编。具体参与修订的人员如下：任家隆（绪论，第1、3、7章部分），刘志峰（第2章、第8章部分），任近静（绪论、第6、7、8章部分），张家军（第3、4章部分），赵丽（第5、7章部分），方喜峰、吴爱胜、苏宇（第3章部分），孙进、晏飞、范君艳、杨林初（第4章部分），赵礼刚、张春燕（第5章部分），管小燕（第6章部分），袁伟（第7章部分），任和（第1、7、8章部分）。任近静、赵礼刚、任和负责教学课件、书中配套数字化资源和部分文稿的整理工作。

本书承上海交通大学博士生导师陈关龙教授主审，在此表示衷心的感谢。

本书编写过程中得到清华大学王先逵教授、扬州大学丁建宁教授的指导，同时得到高等教育出版社、江苏科技大学、合肥工业大学、东南大学、扬州大学、无锡透平叶片有限公司、无锡红旗船厂有限公司、上海健康医学院、上海理工大学、铜陵学院、上海师范大学等单位的有关领导及同行的帮助，在此表示衷心的感谢。

由于编者水平与经验所限，书中难免存在不妥之处，恳请广大同行及读者批评指正。

编　者

2022年10月20日

第3版前言

本书第二版自2009年6月出版以来,于2011年7月被评为江苏省高等学校精品教材,2014年9月被评为“十二五”江苏省高等学校重点教材。

结合我校和兄弟院校使用本书第二版五年多的教学实践经验,依据教育部高等学校机械基础课程教学指导分委员会修订的本课程教学基本要求,进行了本次修订工作。

本次修订要点为:

1. 修订了绪论、第1章,在第1章中增加了机械制造及其生命周期的内容。

2. 将本书第二版第2章“机械加工装备与方法”拆分为4个章节,分别为:第2章金属切削过程与控制、第3章金属切削机床、第4章机械加工方法、第5章机床夹具。

3. 修订了第2章金属切削过程与控制的内容,重写了切削液一节;修订了第5章机床夹具的内容,增加部分例题,加强了定位误差分析内容。

4. 在第4章机械加工方法中增加了高速加工、绿色加工内容。

5. 修订了第6章机械加工质量分析与控制,增加了机械加工过程中振动的基本概念的内容。

6. 重写了第8章机械制造技术的发展,增加了绿色制造、智能制造两节内容。

7. 除上述外,全书其他内容都作了审定或不同程度的修订。

本次修订重点参考了参考文献3至14的内容,也汲取了其他文献的部分内容,感谢本书第一、二版的主审及作者付出的辛苦和努力,在此谨向学术界的前辈和同仁表示崇高的敬意。

第三版由任家隆、刘志峰统稿并任主编,参与修订人员有任家隆(绪论、第1章、第7章部分),刘志峰(第2章、第8章部分),吴爱胜、苏宇(第3章),范君艳、杨林初(第4章),赵礼刚、张春燕(第5章),任近静、管小燕(第6章),袁伟(第7章部分),任近静(第8章部分),范君艳、任和、管小燕负责插图及CAI课件和部分文稿的整理工作。

本书由上海交通大学博士生导师陈关龙教授主审,在此表示衷心的感谢。

本书在编写过程中受到清华大学王先逵教授及常州大学丁建宁教授的指导,同时得到高等教育出版社、江苏科技大学、合肥工业大学、东南大学、常州大学、上海理工大学、上海师范大学天华学院等院校的有关领导、教务部门及同行的帮助,在此表示衷心的感谢。

由于水平与经验所限,书中难免存在错误和不妥之处,恳请广大同行及读者批评指正。

编　者

2014年12月19日

第2版前言

本书根据机械类专业教学改革的基本要求，在总结各高校教改经验和我们多年的教学实践以及已毕业学生反馈意见的基础上，编写了以满足机械设计制造及其自动化专业教学为主，兼顾工业设计、车辆工程等相关专业教学的机械制造基础教材，以期更大程度、更大范围地满足教学和社会的需要。

机械制造基础是我国高等院校工科专业工艺教育的一门重要的技术基础课。在汲取同类教材宝贵经验的基础上，本书对该课程的体系和结构进行了一定的改革，既努力避免教学过程中教材内容重复的现象，又考虑了知识体系结构和有兴趣的读者自学的需要，力求符合人们认识事物的规律，使之有益于培养读者的创造性思维，提高他们的创新能力。

本书有以下特点：

1. 充分考虑机械设计制造及其自动化、车辆工程、工业工程、物流工程等专业的教学，满足上述各类专业的要求。

2. 在知识体系上力求首先给读者一个机械制造的总概念，然后再分述，有利于提高学习效果以及掌握知识的系统性，且留有足够的内容供因缺少学时而又有学习兴趣的学生和读者选修、选学。

3. 全书较好地贯彻了既讲述技术基础知识又传授学习方法的教学思想，系统讲述了机械制造技术的基础知识，合理组合了知识结构，有利于读者从学科角度掌握知识，并提高创新意识。

4. 全书贯彻可持续发展的观点，运用系统工程理论方法进行内容的编排，有利于提高读者分析问题、解决问题的能力。

全书由任家隆教授统稿，由任家隆、李菊丽和张冰蔚担任主编。编写分工如下：绪论及第1章由任家隆编写；第2章由刘苏、方喜峰、王波、黄传辉、任近静分别编写各节；第3章由李菊丽编写；第4章由张冰蔚、任家隆编写；第5章由张淑兰、任家隆编写；第6章由任近静、张淑兰编写；任近静、奚有丹、管小燕、余建华、王青仙参与了CAI课件和部分文稿的整理工作。

本书由博士生导师王贵成教授审阅。在本书编写过程中得到王贵成教授的全力帮助，也得到清华大学博士生导师王先逵教授的指导，同时还得到了高等教育出版社、江苏大学、江苏科技大学、郑州轻工业学院、淮海工学院、上海交通大学、东南大学等院校的有关领导、教务部门及相关同志的鼓励、支持和帮助，在此对各位领导、老师、同志以及有关参考教材、学术杂志和论文的作者表示深深的敬意和感谢。

教材的编写是一个探索和追求的过程。由于编者的水平与经验所限，书中难免存在错误和不妥之处，殷切地希望广大师生及读者提出宝贵意见。

主　编

2009年2月

目　录

绪论

1. 机械制造业在国民经济中的地位和作用

机械制造业担负着向国民经济各部门提供技术装备的任务。国民经济各部门的生产技术水平和经济效益在很大程度上取决于机械制造业所能提供装备的技术性能、质量和可靠性。在信息化时代，装备制造仍然是经济社会发展的基础性、战略性支柱产业。创新机械工程技术，发展先进制造产业，才能提升国家的国际竞争力、可持续发展能力和保障国家安全的能力，实现由制造大国向制造强国的历史跨越。因此，机械制造业的技术水平和规模是衡量一个国家工业化程度和国民经济综合实力的重要标志。

1949 年以来，我国的制造业得到了长足发展，一个比较完整的机械工业体系基本形成。改革开放以来，我国的制造业充分利用国内外两方面的技术资源，有计划地进行企业技术改造，引导企业走依靠科技进步的道路，使制造技术、产品质量和水平以及经济效益有了很大提高，为繁荣国内市场，扩大出口创汇，推动国民经济的发展起了重要作用。

据国外统计，在经济发展阶段，制造业的发展速度要高出整个国民经济的发展速度。如美国 68%的财富来源于制造业；日本国民总产值的 49%是由制造业提供的；中国的制造业在工业总产值中也占有 40%的比例。由此可见，制造业为人类创造了辉煌的物质文明，是一个国家的立国之本。

巨型盾构机

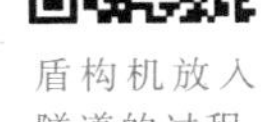

盾构机放入隧道的过程

制造技术是制造业发展的后盾，先进的制造技术使一个国家的制造业乃至国民经济处于竞争力较强的地位。美国一直重视制造技术的发展，2018 年 10 月美国国家科学技术委员会下属的先进制造技术分委员会发布了《先进制造业美国领导力战略》报告，在该战略报告中明确指出，先进制造（即通过创新研发的新制造技术和新产品）是美国经济实力的引擎和国家安全的支柱，并提出美国先进制造发展的三大主要目标和任务。2021 年美国又发布了《2021 年战略投资计划》，其中提出了设计、未来工厂、供应链和网络安全四个投资主题。通过上述战略报告和投资计划可以看出，美国不再只关注产品设计及高端制造技术，同时也重视一般和低端制造业在其国内的发展、数字孪生应用领域的扩展等方面，以便更好更快地实施先进制造计划。

空客 A350 制造及其中的中国力量

空客 A350 制造过程

我国机械制造业经过近几十年的发展，高速铁路大型成套系统装备及其工程建设、深水海洋石油装备（如南海海洋石油 981 平台）、大型民用飞机、大型盾构机等一大批高技术、大型、系统成套装备的成功制造和出口大大提升了我国的制造能力和综合国力。目前，从经营规模上来说，我国已成为制造业的大国，制造技术也已进入发展最迅速、实力增强最快的新阶段，正在向制造强国努力奋斗。但是，我国的发展模式仍比较粗放，技术创新能力薄弱，产品附加值较低，同时也付出了巨大能源、资源消耗和生态环境污染代价。由于拥有自主知识产权和自主品牌的技术和产品少，在一些高端产品领域未能掌握核心关键技术，因而对外依存度仍较高。如高档数控机床及其高档数控系统和高速、高精度机床不同程度地依赖进口；制造集成电路的光刻设备、工厂高智能自动控制系统、高端医疗仪器及科学仪器和精密测量仪器、高端产品和关键基础件对外依存度仍较高。同时，我国现代制造服务业发展仍比较缓慢，机械工业的发展过度依赖单机制造实物量的增长，而为用户提供系统设计、系统成套、远程诊断维护、软硬件升级改造、回收再制造等的服务业尚未得到充分的培育发展，绝大多数制造企业的服务收入占比低于10%。综观世界，随着经济全球化、贸易自由化程度的不断加深，国际市场竞争更加激烈，我国制造业正承受着前所未有的巨大压力。为此，应和各工业化国家一样把现代制造技术列为国家关键技术和优先发展领域，为在各国之间开展的一个以现代制造技术为中心的科技竞争中获胜而创造条件，鼓励大批有志于制造业的莘莘学子投入和献身，为使我国的制造业达到工业发达国家的技术水平而奋斗。

德国继“工业4.0”后又推出《国家工业战略2030》，寓意人类将迎来以生产高度数字化、网络化、智能化为标志的工业革命。这一工业发展新概念在全球引发极大关注，掀起了新一轮的研究与实践热潮。这也同样会冲击制造技术，同任何社会重大变革一样，工业4.0也不是一蹴而就的，它既对制造工业及制造技术提出了新的要求，又为制造技术提供了强大的发展动力，使制造技术这一永恒主题得到持续不断的发展。2015年中国政府颁布了《中国制造2025》战略规划，力争通过“三步走”战略，到中华人民共和国成立一百年时，实现我国制造业大国地位更加巩固，综合实力进入世界制造强国前列的目标。鉴于机械产品是装备国民经济各部门的物质基础，强大而完备的机械工业是实现国家现代化和社会进步的重要条件，而基础机械、基础零部件、基础工艺的发展缓慢又是机械工业产品创新力不足的重要原因之一，因此要优先发展现代制造技术，从而使我国从制造大国走向制造强国。

GE9X航空发动机

2. 机械制造科学的发展

机械制造过程是一种离散的生产过程，它主要表现在制造过程中的各个环节之间是可以彼此关联或不关联的，因此完全实现机械制造过程自动化的难度比较大。另外，机械制造过程的实施对个人的经验和技术有一定程度的依赖，一般难以用数学的方法、规律、逻辑进行描述，这就使得机械制造科学发展较为缓慢。

远古时代在世界上就形成了一套制造技术，蒸汽机与电力革命使其发生了很大变化，形成了基于大批量生产的制造技术。同样，现代电子技术、计算机技术、信息技术的发展使制造技术有了飞跃的发展及革命性的变化，但这绝不是削弱了制造技术的重要性，而是将制造技术从单元的研究发展到制造系统的研究。

制造系统是指覆盖全部产品生命周期的制造活动所形成的系统，即设计、制造、装配及市场乃至回收的全过程。由系统论、信息论和控制论所形成的系统科学与方法论，从系统各组成部分之间的相互联系、相互作用、相互制约的关系来分析对象，使制造技术不再仅仅是以力学、切削理论为主要基础的一门学科，而是涉及机械科学、材料科学、系统科学、信息科学、管理科学和控制科学的一门综合学科。

机械制造是国家建设和社会发展的支柱学科之一，是研究机械制造系统、机械制造过程和制造手段的科学。机械制造可分为热加工和冷加工两部分，其中机械制造热加工部分已在材料成形学相关课程中讲授，机械制造冷加工是一门研究各种机械制造冷加工过程和方法的科学，主要沿着机械制造工艺方法的进一步完善与开拓、加工技术向高精方向发展、制造系统向自动化及智能化方向发展三条主线进行，其主要研究内容包括：

1）机械制造的基础理论。

2）机械制造和装配的工艺过程、工艺装备、工艺方法等。

3）机械制造系统的自动化、柔性化、集成化、信息化、网络化及智能化。

目前，信息化、智能化发展势不可挡，个性化设计制造和全球规模化制造服务相结合已成为重要的生产方式,这使得社会生产方式发生了重大变革。未来的科技革命不再是传统意义上的以某项重大科技突破为标志和以某个领域的突起为代表,而是以多领域、多学科、全方位的持续系统创新为典型特征。未来机械工程技术将融合5G通信、物联网、工业大数据、云计算等新一代信息技术而成长,其发展重在基础共性核心,并在融合中不断创新。未来数字孪生是数字化制造、智能制造的鲜明特征,数字孪生的基础是智能传感、数据分析、机器学习等,另外人工智能技术在制造业中展现了广阔的应用前景,这些必将催生工业软件的革命和大发展,推动整个机械产业价值链的重构。未来20年机械工程技术最重要的是机械设计、成形制造、精密与超精密制造、微纳制造、增材制造(3D打印)、智能制造、绿色制造与再制造、仿生制造、机械基础件、服务型制造10个基础共性领域,未来机械工程技术和制造产业的主要特征为绿色、智能、超常、融合、服务。

3. 本教材知识在人才培养中的作用

机械制造基础是机械类专业一门重要的技术基础课。在产品及零件设计过程中不仅要确定产品及各种零部件的结构,还必须同时确定所用的材料、相应的加工方法。设计、选材、加工三者之间是相互关联的,不能割裂。将设计好的零件进行加工制造,装配成产品,其过程通常包括成形工艺、连接、切削、常规及特种加工、改性处理、装配、检测、调试等加工工序,合理选择不同的加工工艺方法并安排好工艺路线,才能使产品最终达到技术经济指标要求。在机械工程领域,作为一名工程技术人员,无论其工作性质是侧重于设计、制造、运行、维护还是管理等,都必须具备与之相互关联的综合性的知识。

从人才培养角度看,随着经济社会的发展、学科专业的建设和教育教学的改革,教材要努力反映社会的伟大实践,努力反映相关学科专业发展的新成果,努力反映经济社会发展和科技进步对人才培养提出的新要求。工科机械类各专业学生必修的技术基础课程一般可分为力学系列、电工电子技术系列、机械设计基础系列、机械制造技术基础系列课程等,依据各校特色,还应具备计算机基础、信息化及人工智能等方面的知识。以机械设计制造及其自动化专业为例,我们根据新工科四年制本科教育大系统对专业知识的要求,根据“机械制造技术面向21世纪课程体系和教学内容、方法改革”的教学研究成果,建立融课堂教学、实验教学、工程训练等于一体的机械制造技术课程体系,如图0-1所示。

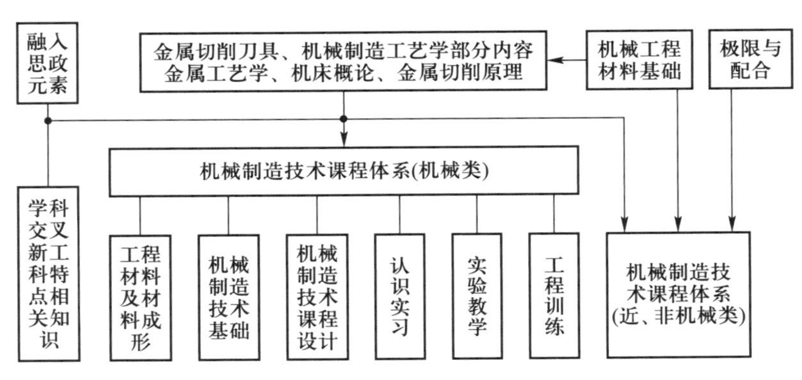

图0-1 机械制造技术课程体系

据此,我们编写了面向工科机械类各专业的机械制造技术基础教学的系列教材。我们在教材编写中坚持教育的本真,保持基本核心知识点与能力要求不动摇,遵循教学规律和认知规律,采取循序渐进的原则。首先做好知识结构顶层的科学设计,注重基础、融合前沿,充分体现基础知识、现代知识、学科交叉的融合和发展。同时还充分考虑我国工业发展的不平衡,虽然我国目前已在很多领域取得重大突破，但在一些领域方面与世界先进水平尚有差距。因此必须着重于专业内涵的建设和发展，推动课程体系、教学内容等改革；必须遵循教育教学规律和人才培养规律，体现先进的教育理念，适应多样化人才培养类型的需要，将价值塑造、知识传授、能力培养三者融为一体，有利于实现激发学生创新潜能的培养目标。

世界上不可思议的工程机械

4. 本课程的教学内容、要求和学习方法

(1) 本课程的教学内容和要求

本课程主要介绍机械产品的生产过程和生产活动的组织、机械加工方法、机械加工过程及机械加工系统，包括金属切削过程及其基本规律，机床、刀具、夹具的基本知识，机械加工和装配工艺规程的设计，以及机械加工精度及表面质量的基本概念及控制方法，制造技术与现代生产管理模式，制造技术的发展趋势等。

通过本课程的学习，要求学生能对制造活动有一个总体的了解与把握，初步掌握金属切削过程的基本规律和机械加工的基本知识，了解金属切削机床的基本原理，能选择机械加工方法与机床、刀具、夹具及切削加工参数；初步具备制定工艺规程、设计简单夹具的能力并掌握机械加工精度和表面质量的基本理论和基本知识；初步具备分析解决现场工艺问题的能力；了解当今先进制造技术和制造模式的发展概况；初步具备对制造系统、制造模式进行选择和决策的能力。

(2) 本课程的学习方法

本课程是一门实践性很强的课程，应采取理论教学和实践教学相结合的方法，系统掌握机械制造的基础知识和基本技能。没有足够的实践基础，对制造原理与管理模式及金属切削理论和机械制造工艺的知识很难有准确的理解和把握。所以在学习本课程时，必须注重实践性教学环节，即通过实验、实习、设计及工厂调研来加深对课程内容的理解。通过本课程及后续课程的学习，并进行反复的实践和认识，才能逐步掌握机械制造的理论与实践知识，为将来的实际工作打下坚实的基础，为机械工业的振兴与发展作出贡献。

各类学校、不同专业在应用本书时，不必完全按照章节顺序进行，而可以根据需要取舍、穿插进行教学，另外，可以将本书中的部分内容与实践环节相结合进行教学。

第 1 章

机械制造概论

机械制造业是国民经济的基础产业，机械产品中相当一部分将成为国民经济各部门的机械装备。机械产品的生产通常围绕新产品的开发、产品制造、产品销售和服务三个阶段进行。新产品的开发主要是在市场导向下，根据技术的发展和企业的资源特征，通过设计、试制、生产准备等一系列活动完成，它保证了企业的发展与未来；产品的制造活动主要是根据市场和订单所确定的批量，通过包括毛坯制造、加工、装配、检验以及制造过程的组织和管理等过程和方式完成的；产品的销售和服务主要是把生产出来的产品以一定的渠道推向市场，提供促进销售的服务，把产品变成企业实际的利润，实现制造活动、产品本身的价值。

机械制造是一个将制造资源（物料、能源、设备、工具、资金、技术、信息和人力等）通过制造系统转化为可供人们使用或利用的产品的过程。现代制造越来越倾向于将系统论、信息论和控制论所形成的科学和方法论与机械制造科学结合起来，形成包含产品设计、制造、管理和技术等问题的一体化制造系统概念。机械制造正逐渐由一门技艺成长为一门工程科学。

机械制造是人类开发自然资源的过程，在人类实施可持续发展战略的今天，以最小的资源消耗、最低限度的环境污染产生最大的社会及经济效益是制造业的根本宗旨，也是所有从事机械制造技术的科学研究人员在创造和应用机械产品制造的加工原理，研究工艺过程及方法、相应设备和制造系统时的主要任务和奋斗目标。

1.1 机械制造及其生命周期

1.1.1 机械、机械制造及机械制造业

机械（machinery）是指机器与机构的总称。机械一般是指能够帮助人们降低工作难度或达到省力目的并提高工作效率的工具或装置。像锯子、榔头等一类的物品都可以被称为机械，但它们是简单机械，而复杂机械是由两种或两种以上的简单机械构成的。通常把这些比较复杂的机械称为机器。从结构和运动的观点来看，机构和机器一般统称为机械。

制造是一个永恒的主题，人类的发展过程就是一个不断制造的过程。在人类发展的初期，为了生存，制造了石器，以便于狩猎。此后，相继出现了陶器、铜器、铁器和一些简单的机械，如刀、剑、弓、箭等兵器，锅、壶、盆、罐等用具，犁、磨、碾、水车等农用工具。随着社会的发展，制造的范围和规模在不断扩大，蒸汽机的问世带来了工业革命和大工业生产，喷气涡轮发动机的制造促进了现代喷气客机和超音速飞机的发展，集成电路的每一步发展都提升了现代计算机的装备和应

用水平，微纳米技术的出现开创了微型机械的先河，与此同时，电子、仪器仪表、医疗器械、轻工乃至信息产业产品等的开发和应用对制造提出了新的要求。机械制造是指将机械方法用于制造过程，其有两方面的含义：其一是指用机械来加工零件（或工件），更确切地说是在一种机器上用切削方法来加工，这种机器通常称为机床、工具机或母机；另一种是指制造某种机械，如制造汽车、涡轮机等。综上所述，机械制造就是将制造资源通过系统转化为可供人们使用或利用的产品的过程，也是人类不断开发自然资源的过程。

机械制造业是指从事各种动力机械、起重运输机械、农业机械、冶金矿山机械、化工机械、纺织机械、机床、工具、仪器、仪表及其他机械设备等生产的行业。机械制造业为整个国民经济提供技术装备，其发展水平是国家工业化程度的主要标志之一，是国家重要的支柱产业。

机械制造技术是各种机械制造过程所涉及的技术总称，包括材料成形制造技术（如铸造、锻造、焊接、冲压、热处理、增材制造等）、机械切削加工技术（如车削、铣削、磨削、钻削、精密或超精密加工等冷加工技术）、机械装配技术（如互换法、修配法和调整法等各种装配工艺方法）和其他非常规加工技术（如电加工、电化学加工、电子束加工、激光加工、超声加工等）。其中，机械切削加工技术和机械装配技术是机械制造的主体，占机械制造过程总工作量的60%以上，大多数机械产品的几何精度和工作精度需要依赖机械切削加工技术和机械装配技术去实现。因此，本书主要介绍机械制造过程中的机械切削加工技术和机械装配技术。

随着制造工艺和技术的发展，工业产品生产的智能化、网络化、多元化大大拓展了制造的内涵和范围，为展现更加客观和更加包容的制造，人们把机械制造技术简称为制造技术，20 世纪 80 年代提出的现代制造技术或先进制造技术被应用于产品生命周期的全过程。但是，制造技术或机械制造技术的发展在提高人类物质文明的同时，也对自然环境起破坏作用。20 世纪中期以来，最突出的问题是资源尤其是能源的大量消耗和对环境的污染，这严重制约了制造行业的发展，对制造技术提出了更高的要求。在人类实施可持续发展战略的今天，机械新产品的研制将以降低资源耗费，发展纯净的再生能源，治理、减轻以至消除环境污染作为重要任务。

1.1.2 机械产品的生命周期

任何物质形态的产品都将经历从材料的获取、设计、制造、销售、使用、报废到回收的循环过程，人类生活和生产就是以这样的方式与地球生物圈发生联系的。机械产品的生命周期包括单生命周期和多生命周期两种含义。机械产品单生命周期是指产品从设计、制造、装配、包装、运输、使用到报废为止所经历的全部时间；机械产品多生命周期则不仅包括本代产品生命周期的全部时间，而且还包括本代产品报废或停止使用后，产品或其有关零件在换代即下一代、再下一代……多代产品中的循环使用和循环利用的时间，如图 1-1 所示。

机械产品生命周期设计是从并行工程思想发展而来的，其目标是使产品对社会的贡献最大，而危害和成本达到最小。在制造领域，生命周期是产品从自然中来到自然中去的全部过程，是“从摇篮到坟墓”的整个生命周期各个阶段的总和，包括产品从自然中获得的最初物料、能源、原材料经过开采、冶炼、加工等的过程，直至产品报废或处理，从而构成一个物质循环的生命周期。产品全生命周期包括产品价值的设计方法，它要求实现产品所具有的全部功能，还要考虑其可生产性、可装配性、可测试性、可维修性、可运输性、可循环利用性和环境友好性。产品全生命周期设计的主要内容是可靠性、维修性、保障性、测试性和安全性。可靠性是指产品在规定的条件下和规定的使用期限内发生故障或失效的概率，故障或失效有不同的后果，研究可靠性就是为了预防或消除故障及其后果。维修性是指产品在发生故障时，排除故障、恢复功能的难易程度，衡量维修性最主要的是完成维修的时间和概率。保障性是指为了使产品正常运行所需人力、物力的

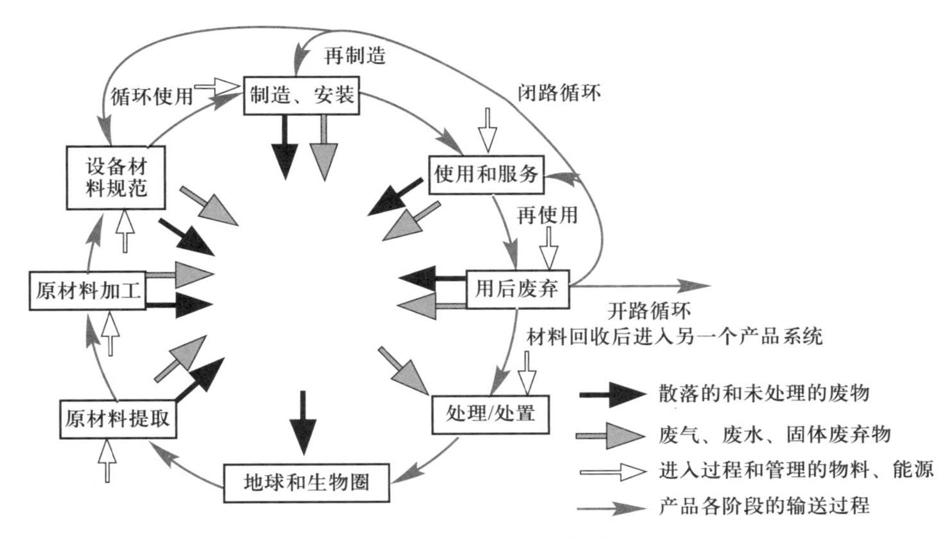

图 1-1 机械产品生命周期框架

复杂程度和苛刻性,在产品设计时,应综合考虑各类保障问题,提出保障要求,制定保障方案,以便在产品使用阶段以最低费用提供所需的保障资源。测试性是指能通过测试了解系统自身状态的可能性和难易程度。安全性是指产品在规定条件下不发生事故的能力,全生命周期设计强调在设计阶段必须考虑安全性,以保证在以后的试验、生产、运输、储存、使用直至报废阶段对操作人员、产品本身和环境都是安全的。

通过加工才能形成机械产品,加工过程的优化程度将影响机械产品全生命周期的质量。大量的研究和实践表明,产品制造过程的工艺方案不一样,物料和能源的消耗将不一样,对环境的影响也不一样。绿色工艺规划就是要根据制造系统的实际,尽量研究和采用物料和能源消耗少、废弃物少、对环境污染小的工艺方案和工艺路线。这种工艺规划方法分为两个层次:① 基于单个特征的微规划,包括环境性微规划和制造微规划;② 基于零件的宏规划,包括环境性宏规划和制造宏规划。应用基于 Internet 平台对从零件设计到生成工艺文件中的规划问题进行集成,在这种工艺规划方法中,对环境模块和传统的制造模块进行同等考虑,通过两者之间的平衡协调,得出优化的加工参数去实施加工。

装配是形成产品的最后一个环节。装配不仅是物料流中的重要环节,而且往往是多条物料流的汇合点。它是一种制造技术,但又不同于单个工作的加工技术。装配作业应注意从环保的角度出发,强调少产生废品、副产品、废料等固体废弃物以及排放物,以便于下个生命周期的拆卸、再装配。为保证机械产品全生命周期质量,装配作业一般应注意以下三方面:

1) 装配是决定最终产品质量和可靠性的关键环节,因此要特别强调装配质量。

2) 装配具有系统性和综合性强的特点,要特别强调整体优化。

3) 装配场地或装配线上集中或流过的零部件种类、数量多,要特别强调秩序性。

产品报废后的回收处理是产品单生命周期的结束,又可能是多生命周期的开始。目前的研究认为面向环境的产品回收处理是个系统工程,从产品设计开始就要充分考虑这个问题,并做系统分类处理。产品寿命终结后,可以有多种不同的处理方案,如再使用、再利用、废弃等,各种方案的处理成本和回收价值都不一样,需要对各种方案进行分析与评估,确定出最佳的回收处理方案,从而以最小的成本代价获得最高的回收价值,即要进行绿色产品回收处理方案设计。评价产品回收处理方案设计主要考察以下三方面:效益最大化、废弃部分尽可能少、重新利用的零部件尽可能多,即尽可能多的零部件进入下一代生命周期。

再制造是一个以产品全生命周期设计和管理为指导,以优质、高效、节能、节材、环保为目标,以先进技术和产业化生产为手段来修复或改造废旧产品并使之达到甚至超过原产品技术性能的技术措施或工程活动的总称。再制造是以废旧产品作为毛坯原料开始进行加工的,从而使原本到单生命周期结束生命的零部件及产品,通过再制造的先进技术和产业化生产手段,能够以相同于新的零部件及产品的“资格”踏上多生命、全生命的征程。

了解绿色制造有助于更好地理解机械产品的生命周期,本书8.3节将对绿色制造作进一步阐述。

1.2 机械产品的开发与构成

1.2.1 机械产品的开发

1. 产品开发的意义

科学技术的发展与进步,为满足人类的更高消费提供了许多新的产品方案。随着生活水平的提高与社会环境的进步,消费者对产品的功能、质量、外观、价格提出了新的需求,这些都要求企业不断地开发新产品。同时在市场经济和国际竞争环境中,利润较高的适销产品势必会吸引众多企业参与竞争、争夺市场。机械装备既是国民经济生产部门、国防工业和社会生活的重要物质基础,而且其自身也是商品。机械制造企业为了赢得竞争,也必须不断地推出新产品。工业发达国家都比较注重机械产品的开发,美国的汽车企业将销售收入的5%~10%投入到汽车产品的研发中。随着先进技术被应用到机械产品中,机械装备的综合性能不断地提高,机械产品的开发和升级换代加快,能否适时推出新产品是企业占领市场、获取最大利润的首要因素。

企业的首要经营目的是获得经济效益。要使一个企业长期取得良好的经济效益,就应该经营好产品,并不断完善功能,提高质量,延长其市场寿命。同时要做到未雨绸缪,加强新产品的开发,尤其是创新产品的开发,及早抢占市场的制高点。企业只有不断地开发经营好有新的市场生命力的产品,才能使企业自身在激烈的市场竞争中不断获得新的生命力。

2. 新产品开发决策与零部件设计

(1) 新产品开发决策

新产品按创新的改进程度可分为全新产品、换代产品、改进产品和逆向工程产品四类。

全新产品指应用新原理、新结构、新技术和新材料制造的前所未有的产品,全新产品往往成为科技史上的重大突破,如最初的蒸汽机、飞机等。全新产品具有明显的技术经济优势,但其开发通常需要理论科学与应用技术的配合,需要企业、科研机构、高等院校的良好合作,开发周期较长。换代产品一般指由于采用新技术、新结构或新材料,使产品性能产生具有阶段性显著变化的新产品,如计算机发展过程中的386、486、586等。改进产品主要是对老产品进行技术改进后生产的产品。技术引进产品主要是引进市场已有的技术而生产的产品,技术引进产品可节省产品开发的大量资金、人力和时间,开发风险小,收效快,但承受着生产成熟厂家的竞争压力,并且容易造成知识产权的纠纷。

企业开发什么样的产品,必须来源于系统、全面的市场调查,认真的评价分析和科学的决策。通常,如果说新产品开发决策、技术开发、中试、生产上市几个阶段的资金投入比例是1∶10∶100∶1 000,而它们对该产品开发是否成功,即市场前景和企业效益的影响度为70%∶10%∶

10%：10%，由此可见，正确的开发决策至关重要。通常新产品开发决策的依据是开发调研，开发调研可以从以下几个方面进行，即科技调研、市场调研、竞争环境调研、企业内部调研等。

（2）新产品的零部件设计

零件是机器的组成单元，满足一定功能的机器是由加工出的合格的零件单元，通过合理的装配工艺装配而成的。而设计却是从整台机器开始的，一种新产品（机器）的开发内容包括概念设计，结构设计，外观设计，方案设计，详细设计（零部件形状设计、生产工艺设计、材料选择、材料成形、加工与表面处理等），样机试制与评审，新产品鉴定、试销、生产准备、批量生产。详细设计阶段是从绘制产品（机器）的总装图开始的，在完成产品总装图设计后，再拆绘零件图，在零件图上除标注正确的几何尺寸外，还要根据机器的性能标注出零件的精度要求。

产品的设计制造过程是一个系统工程，每一个环节的变化都涉及产品的成功与否。现代设计基于丰富的知识（包括以计算机为核心的信息技术、办公自动化技术以及现代制造技术等），设计的中心则转向顾客需求和产品全生命周期，也就是要对产品负责终身。

现代设计首先要做的是获取设计知识，它包括以下几个方面：

1）获取计算机辅助设计知识，其中很重要的就是要学会使用计算机辅助设计来表达原有知识。

100 例优秀产品设计

2）从市场信息中获取设计知识。事实上具有市场竞争力的新产品的开发往往发端于技术上的可能性与市场需求的有机结合。

3）从物理模型试验中获取知识。由于物理模型比真实模型成本低，易于制造，便于修改，可以预先提供比较准确的数据和知识，所以对优化设计非常有利。物理模型很多，包括用于测量船舶稳定性、航行阻力、噪声和耐压性能的水池试验；用于测量零件在受力状态下应力分布的光弹试验；用于测量零件静动态力学性能的力学试验；用于测量产品空气动力学性能的风洞试验等。

100 例优秀产品爆炸图

4）从样机试验中获取知识。与物理模型相比，样机试验虽然成本较高，但是它能直接、准确、全面地提供所需性能与数据，这对一些关乎人身安全的重要产品是非常必要的，例如汽车的撞击试验等。

5）从用户反映中获取知识。用户反映是对产品性能的最权威的评价，是设计知识的重要来源，老产品的改进与新产品的开发都需要从中汲取知识。

6）通过计算机仿真获取知识。计算机仿真的核心技术是数学模型的建立，所涉及的模型必须提供产品设计与产品性能之间的合理的数量关系和相关性规律。仿真实际上是对计算机中的电子样机（储存在计算机中的一套完整的产品设计和全部设计信息）进行虚拟试验，这样可以及时修改与优化设计，并缩短研制周期。

现代产品设计是一个动态的过程。它不仅要考虑产品的出世，还要考虑产品从生到死的整个生命周期和服役过程，这种设计思想基于制造业要对环境保护负责，企业要在市场激烈竞争中提高生产效率、降低产品的制造成本等要求。特别是随着 CAD、CAE 技术的成熟，开始出现绿色设计、面向制造的设计（design for manufacturing，DFM）和面向装配的设计（design for assembly，DFA）。这些设计思想充分体现了对产品结构、制造、使用、报废、回收和降解等全过程负责一辈子的设计理念，使现代设计思想达到一个全新的高度。

CAD 设计信息容易以 U 盘、硬盘或通过互联网进行信息传递，用 CAD 容易实现设计信息的保存及修改。CAD 信息还容易变成 CNC 数控加工程序，实现 CAD/CAM 一体化。根据零件的 CAD 信息也容易进行模具、工具、夹具等的设计及制造和管理。有了 CAD 信息也便于用有限元仿真分析等 CAE 软件对零件进行强度、变形及振动计算，实现 CAD/CAE 的集成。CAD/CAM 信息也容易与工厂其他管理软件集成，实现生产管理的现代化。

基于CAD/CAE/CAM以及多媒体技术发展起来的虚拟制造技术，可以大大加速产品的开发过程。虚拟制造是利用计算机软件模拟产品的装配运行和使用，在设计阶段及早发现问题，减少试制、运行测试、改进设计等过程的多次反复，也节约了开发费用，是正在应用的一项新技术。利用这些技术可以在产品未试制出来以前就进行市场宣传和开拓。

采用增材制造技术可以用较低的费用、在很短的时间内完成单件或小批量试制，是现代产品快速开发的重要技术。美国GM公司将此技术用于汽车零部件开发，使开发时间和费用降低了50%～80%。

3. 新产品开发的方式

产品方案通过立项评估后，就可以计划并实施产品开发了。新产品的开发可以采用以下一些方式：

1）独立研制　依靠本企业自身力量独立进行新产品开发。技术经济实力雄厚的企业往往采用这种方式。一般的企业在开发不太复杂的产品或改进产品时也比较适于采用这种方式。

2）合作开发　由企业和高校或科研机构合作进行技术开发。由于新产品开发可能涉及较广阔的学术领域，需要各种检测设备、实验设备，需要各类人才进行创新工作，而高校和科研机构在这方面有比较大的优势。

3）技术引进　通过购买专利、引进国外先进技术等方式，可使企业的产品迅速赶上先进水平，进入国际市场。对项目进行引进时应充分掌握国内外技术发展的状况，进行充分的市场分析，以减小风险和避免损失。

商用航空发动机剖面图

1.2.2　机械产品的构成和使用的材料

1. 机械产品的构成

现以汽车为例加以说明。一辆汽车由车身，发动机，驱动装置，车轮和电、液、机及控制部分组成。汽车的各个组成部分应当具有充分发挥其性能的最佳形状，所选用的材料应考虑到对强度和功能的要求。

汽轮机的工作原理

图1-2为轿车的车身总成图，图1-3所示为汽车的发动机、驱动装置和车轮部分。图中各部分的名称、所用材料和传统的加工方法见表1-1。由两图可知，汽车的零件是由多种材料制成的，采用的加工方法有铸造、锻造、冲压、注射成形等。另外还有一些加工方法未列出，如焊接（用于板料的连接、棒料的连接）、机械零件的精加工（切削、磨削）等。

汽轮机的结构

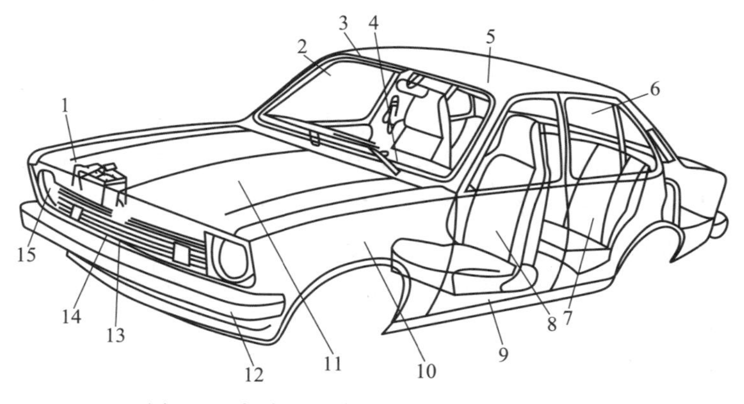

图1-2　轿车的车身总成图（图注见表1-1）

中国在航空发动机叶片上的突破

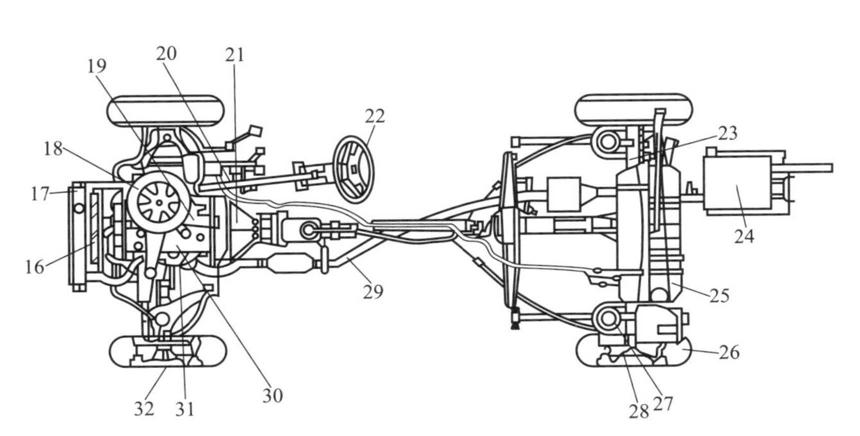

图 1-3 轿车发动机、驱动装置和车轮部分(图注见表 1-1)

表 1-1 轿车零部件

件号	名称		材料	加工方法
1	蓄电池	壳体	塑料	注射成形
		极板	铅板	
		电解液	稀硫酸	
2	前窗玻璃		钢化玻璃或夹层玻璃	
3	遮阳板		聚氯乙烯薄板+尿烷泡沫	
4	仪表板		钢板	冲压
			塑料	注射成形
5	车身		钢板	冲压
6	侧窗玻璃		钢化玻璃	
7	坐垫包皮		乙烯或纺织品	
8	缓冲垫		尿烷泡沫	
9	车门		钢板	冲压
10	挡泥板		钢板	冲压
11	发动机罩		钢板	冲压
12	保险杠		钢板	冲压
13	散热器格栅		塑料	注射成形/3D 打印
14	标牌		塑料	注射成形 电镀
15	前灯透镜		玻璃	

件号	名称		材料	加工方法
15	前灯聚光罩		钢板	冲压、电镀
16	冷却风扇		塑料	注射成形
17	散热器			
18	空气滤清器		钢板	冲压
19	进气总管		铝	铸造
20	操纵杆		钢管	
21	离合器壳体		铝	铸造
22	方向盘		塑料	注射成形
23	后桥壳		钢板	冲压
24	消声器		钢板	冲压
25	油箱		钢板	冲压
26	轮胎		合成橡胶	
27	卷簧		弹簧钢	
28	刹车鼓		铸铁	铸造
29	排气管		钢管	
30	发动机	气缸体	铸铁	铸造
		气缸盖	铝	铸造
		曲轴	碳钢	锻造
		凸轮轴	铸铁	铸造
		盘	钢板	冲压
31	排气总管		铸铁	铸造
32	刹车盘		铸铁	铸造

2. 机械产品使用的材料

现代机械产品多是由机械零部件、计算机、电子器件、仪表集成而成的，几乎使用了所有常用的材料，许多特殊的产品还包含了最新开发的新型材料，如功能材料等。随着现代科学技术的发展，材料的使用更有针对性，如发动机若使用陶瓷缸套，则其耐热度提高，功率将有较大的增长。有关材料的论述有专门的书籍介绍，这里仍以上述汽车为例予以概述。

制造汽车使用了多种材料，从现阶段汽车零件的重量构成比来看，黑色金属占60%~65%，有色金属占10%，塑料及复合材料占10%，其他材料占10%~20%。汽车使用的材料大多为金属材料。

叶片材料及制造

黑色金属材料有钢板、钢材和铸铁。钢板大多采用冲压成形，用于制造汽车的车身和大梁；钢材的种类有圆钢和各种型钢，用圆钢作坯料，采用锻造、热处理、切削加工等方法来制造曲轴、齿轮、弹簧等零件；铸铁用来铸造气缸体、气管、差速器箱体等。

黑色金属材料的强度较高，价格低廉，故使用较多。按其使用场合的不同，对其性能的要求也不同。例如对于汽车车身，钢板需作较大的弯曲变形，应采用易变形的钢板；如果外观差，就影响销量，故应采用表面美观、易弯曲的钢板。与之相反，车架厚而强度高，价格应低廉，所以采用表面不太美观的较厚钢板。

圆钢（断面为圆形）和型钢（断面为L、T、I之类的型材）用途广泛。例如将具有特殊性能的圆钢卷成螺旋形弹簧，或将圆钢切削加工后再使表面硬化，制成回转轴等。

有色金属材料以铝合金应用最广，常用来制造发动机的活塞、变速箱壳体、带轮等。铝合金由于密度小、美观，今后将更多地用于制造汽车零件。

铜用于生产电气产品、散热器，铅、锡与铜构成的合金常用来制造轴承，锌合金用来制造装饰品和车门手柄（表面电镀）。

在汽车制造中采用了工程塑料、橡胶、石棉、玻璃、纤维等非金属材料。由于工程塑料具有密度小，成形性、着色性好，不生锈等性能，可用来制造薄板、手轮、电气零件、内外装饰品等。

由于塑料性能的不断改善，玻璃纤维增强塑料（glass fiber reinforced plastics，GFRP）被用来制造车身和发动机零件。

1.3 制造过程与生产组织

1.3.1 机械产品的制造过程

机械产品的制造过程是指从原材料到产品的全过程，包括零部件以及整机的制造。制造过程由一系列的制造活动组成，包括生产设计、技术准备、生产计划、毛坯制造、机械加工、热处理、装配、质量检验以及储运等生产过程。工艺过程又分为铸造、锻造、焊接、机械加工、热处理、装配等。制造过程的物质流、信息流、能量流及人与设备构成了机械制造系统，如图1-4所示。原材料、毛坯、加工中的半成品、零部件及产品整机形成了物质流；产品的装配图、零部件图、各种工艺文件、CAD软件、CAM软件、产品的订单、生产调度计划等形成了制造系统的信息流；电能、机械能、热能等形成了能量流。物质流是制造系统的本质，在物质流动的过程中，原材料变成了产品。能量流为物质流提供了动力，电力驱动电动机，再驱动各种机械运动，实现加工和运输；热能用来加热金属，以便于进行铸造、锻造、热处理等。信息流则控制物质如何运动，控制能量如何做功。在整个制造过程中，人和设备是制造活动的支撑条件，所有的制造活动都受各种条件和环境的约束。

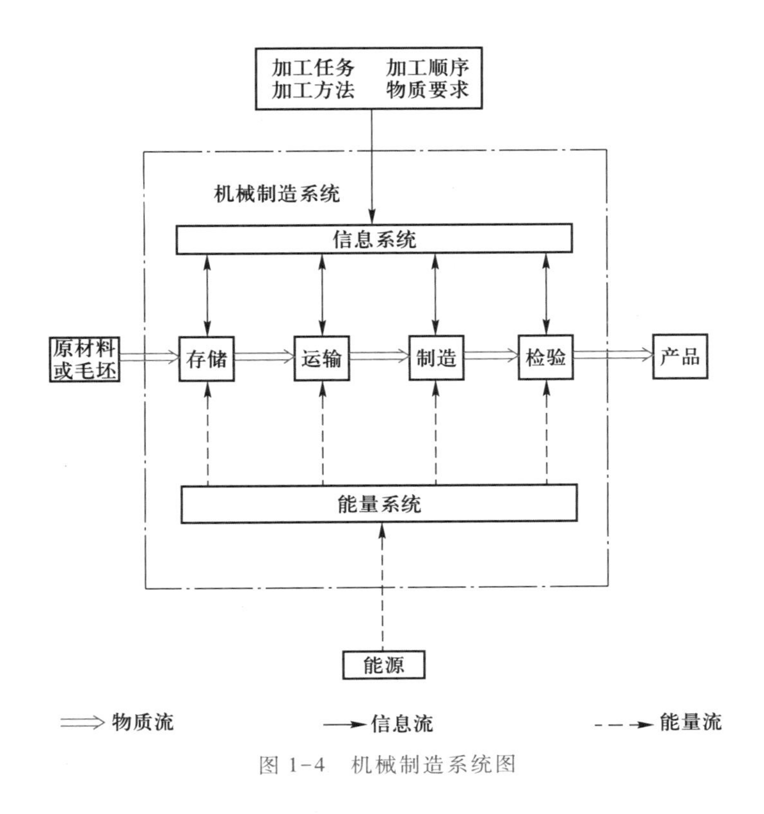

图 1-4 机械制造系统图

制造过程在实质上是一个资源(人力资源、自然资源等)向零件或产品转变的过程。但这个过程是不连续的(或离散的),因产品类型、品种数量、交货期以及人员素质、设备状况等综合因素的变化是动态的,故机械制造系统是离散的动态系统。下面仍以汽车的制造过程为例。图 1-5 所示的过程大致说明了分别采用不同的工序制造出车身、发动机、变速箱、悬挂系及车轴,再将其装配成汽车的过程。

1）车身由冲压加工形成的几块板件结合而成。首先将经冲压加工而形成的车顶、挡泥板焊接在车身本体上,再将加工完成的车门和发动机罩安装在车身本体上,装配完成以后进行喷漆,再装上玻璃、刮水器、内饰品等。

2）发动机、变速箱、悬挂系、车轴等部件,其零件的毛坯为铸件或锻件,是在不同的车间制造的。发动机的气缸体是将从铸造车间得到的铸件毛坯,在机械加工车间经切削加工而成的。在气缸体中装入活塞、连杆、曲轴等零件,就完成了整个发动机部件的装配。连杆和曲轴是将锻造车间生产的锻件毛坯,经过机械加工、热处理和精加工后制成的。变速箱部件是将变速齿轮装入变速箱体中,其作用是将发动机的动力传递给车轴。齿轮为锻件,用齿轮机床加工而成。变速箱体为铸件。悬挂系是指支撑车体用的弹簧,它与车轴都是由钢材加工而成的。

3）在装完了内饰品的车身上安装发动机、变速箱、悬挂系及车轴,再装上轮胎、坐垫、转向盘、蓄电池等,就完成了汽车的装配。

装配完毕的汽车经过检查后,再进行道路行驶检验,就可作为成品出厂。

以上简单地说明了汽车的制造过程,其他机械大致也按以上的方法制造,只是结构简单的机械制造所需的加工工序数目较少。在大批量生产汽车的场合,会采用流水线作业方式,即先进行部件装配,再将若干个已经装配好的部件进行总装配。与此不同,在单件生产或小批量生产的场

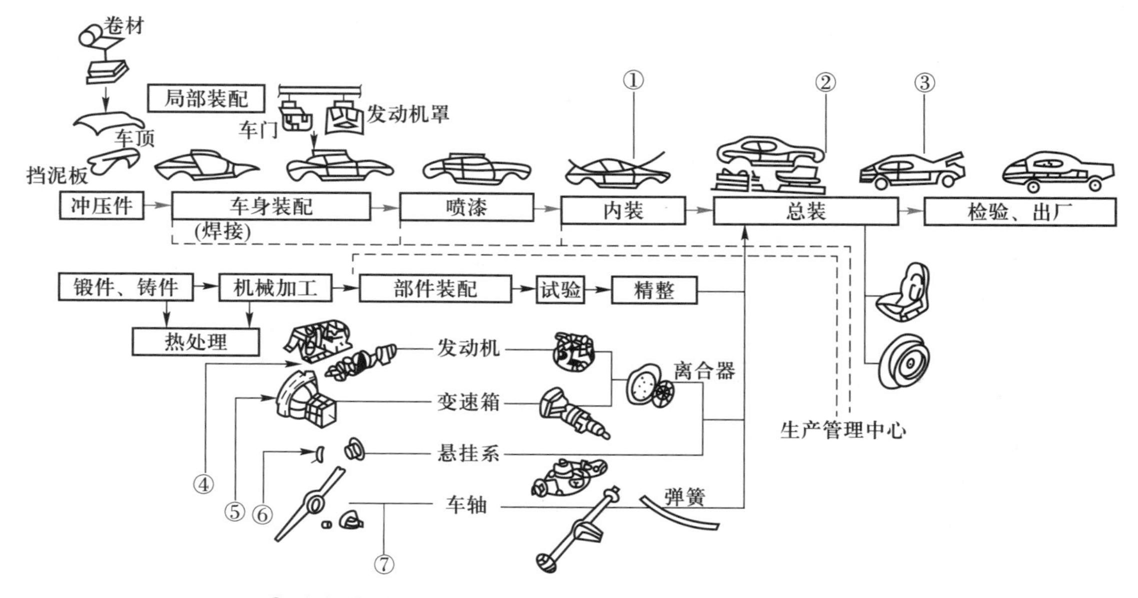

① 玻璃,镜,车门衬垫,计量仪表,车灯,收音机,仪表板,格栅,油箱;
② 排气管,消声器,驱动轴,减振器,保险杠,轮胎,制动液管;
③ 驾驶装置,蓄电池,散热器,工具,底板;
④ 活塞,连杆,曲轴,风扇,传动带,液压泵,配油器,油盘,过滤器,发动机;
⑤ 拨叉,轴承,密封圈;
⑥ 车架横架,连杆,弹簧,稳定器;
⑦ 轴承,油封,制动装置

图 1-5 汽车的制造过程

合,制造一台机械只在几个场所进行,装配地点也是固定的。

航空发动机的工作原理(一)

航空发动机的工作原理(二)

1.3.2 零件的制造过程

零件的制造是机械制造过程中最基础、最主要的环节,其目的是通过一系列的工艺方法,获取具有一定形状、尺寸、力学性能和物理性能的零件。使零件获得一定的力学性能(强度、硬度等)及物理、化学(耐磨、耐蚀)等特性的工艺方法主要为热处理工艺(退火、淬火、正火、表面处理等);使零件获得一定几何形状的工艺方法,按发展过程大概可分为传统加工方法、特种加工方法以及 20 世纪 80 年代兴起的高新技术加工方法(如激光加工、增材制造等)。

1. 零件制造工艺方法

目前,按照由原材料或毛坯制造成零件的过程中其质量 m 的变化,可以将获得一定形状零件的制造工艺方法分为材料去除(质量减少、$\Delta m<0$)、材料基本不变(质量不变、$\Delta m=0$)和增材制造成形技术(质量增加,$\Delta m>0$)三种。

材料去除成形技术(如切削加工)主要指通过去除多余材料而获得具有一定形状、尺寸的零件。

采用铸造、锻造、粉末冶金及模具成形(注塑、冲压等)等进行材料成形加工时,材料的形状、尺寸性能发生变化,而其质量未发生变化。

航空发动机的结构

增材制造(additive manufacturing,AM)成形技术是 20 世纪 80 年代末逐步发展起来的,其间也被称为材料累加制造(material increase manufacturing,MIM)成形技术、快速成形(rapid prototyping,RP)技术,该成形技术主要通过材料逐层累加的方法获得实体零件。

(1) 材料去除成形技术($\Delta m<0$)

材料去除成形技术是指按照一定的方式从工件上去除多余材料,工件逐渐逼近所需形状和尺寸的零件。材料去除成形技术的加工效率在很大程度上取决于材料或毛坯与零件的形状、尺寸相接近的程度。工件形状越接近零件,材料去除越少,能量消耗也就越少;反之则材料、能量消耗越大。就目前来说材料去除成形技术的材料利用率及工效都低,但其有很强的适用性,至今依然是提高零件制造质量的主要手段,是机械制造中应用最广泛的加工方式。材料去除加工技术按加工形式不同,主要包括切削加工和特种加工。

切削加工是通过工件和刀具之间的相对运动及相互间力的作用实现的加工方法。切削过程中,工件和刀具安装在机床上,由机床带动实现一定规律的相对运动。刀具和工件在相对运动过程中,切削多余材料层,形成了工件的加工表面。常见的金属切削加工方法有车削、铣削、刨削、磨削等,切削过程中有力、热、变形、振动、磨损等现象发生,这些运动和现象综合决定了零件最终获得的几何形状及表面质量。如何正确地选择或设计加工方法、机床、刀具、夹具和切削参数,改善加工质量,提高加工效益是本书重点讲述的内容。

特种加工是指利用电能、光能等对工件进行材料去除的加工方法,有电火花加工,电解加工,激光、电子束及离子束加工等,主要适用于超硬、易碎等采用常规机械加工方法难以加工的材料。电火花加工是利用工具电极与工件电极之间产生的脉冲放电现象蚀除工件材料达到加工的目的。加工时,工件电极与工具电极之间存在一定的放电间隙而不直接接触;加工过程中没有力的作用,可以加工具有任何力学性能的导电材料。在工艺上其主要优点是可以对复杂形状的内轮廓表面进行加工,将其加工难度转化为外轮廓(工具电极)的加工,所以在模具制造中有特殊的作用。由于电火花加工的金属去除率低,一般不用于需大量去除材料的产品的形状加工。激光、电子束及离子束加工多用于微细加工。

随着科学技术的进步,在航天和计算机领域,有些对加工精度和表面粗糙度要求特别高的零件需要进行精密加工及超精密加工。精密、超精密加工的尺寸精度可以达到亚微米乃至纳米级。这类加工方法有超精密车削、超精密研磨等。

(2) 材料基本不变成形技术($\Delta m=0$)

材料基本不变成形技术多利用模型使原材料形成毛坯或零件,此部分技术内容已在材料成形课程上讲授。但该成形技术所需模具种类繁多(如注塑模、压铸模、拉伸模、冲裁模等),根据统计,机电产品 40%~50%的零件是由模具成形的。因此,服务于成形技术的模具制造精度一般要求较高,其生产往往是单件生产方式,加工量大,且模具设计也要用到 CAD、CAE 等一系列技术,这从另一个侧面反映了成形技术对材料去除和累加工艺方法的要求。

(3) 增材制造成形技术($\Delta m>0$)

增材制造是融合了计算机辅助设计、材料加工与成形技术,以数字化模型文件为基础,通过软件与数控系统将特制材料逐层堆积固化,制造出实体产品的制造技术。此类技术的优点是无需刀具、夹具以及生产准备活动就可以形成任意复杂形状的零件,制造出来的原型可供设计评估、投标、样件展示和小批量零件的制造。同时,可加速产品开发及实现并行工程,使企业的产品能快速响应市场,提高企业的竞争能力。

通过增材制造成形技术可以制造复杂物品(没有传统加工的限制),且产品多样化、不增加成本、不需要改动模具、生产周期短、不占空间(实现便携制造及零技能制造)、节省材料(没有废料、回料等)、实现精确实体复制(3D 照相馆)。

增材制造成形技术已形成了几种成熟方法,进入了商品化阶段。主要有:

1）光固化(stereo lithography,SL)法　如图1-6所示,SL法以光敏树脂为原料,紫外激光在计算机的控制下以预定零件分层截面的轮廓为轨迹对液态树脂逐点扫描,使被扫描区的树脂薄层产生光聚合反应,从而形成零件的一个截面。当一层固化完毕,托盘下降,在原先固化好的树脂表面再敷上一层新的液态树脂以便进行下一层扫描固化。新固化的一层牢固地黏合在前一层上,如此重复直到整个零件原型制造完毕。

这种方法的特点是精度高、表面质量好、原材料利用率接近100%,适合制造壳体类零件及形状复杂、特别精细的零件(如首饰、工艺品等)。

2）分层实体制造(laminated object manufacturing,LOM)法　如图1-7所示,LOM法是将单面涂有热溶胶的纸片通过加热辊加热黏接在一起,位于上方的激光器按照CAD分层模型所获数据,用激光束将纸切割成所制零件的内外轮廓;然后新的一层纸再叠加在上面,通过热压装置和下面的已切割层黏合在一起,激光束再次切割。这样反复逐层地切割—黏合—切割—……,直至整个零件模型制作完成。该法只需切割轮廓,特别适合于制造实心零件。

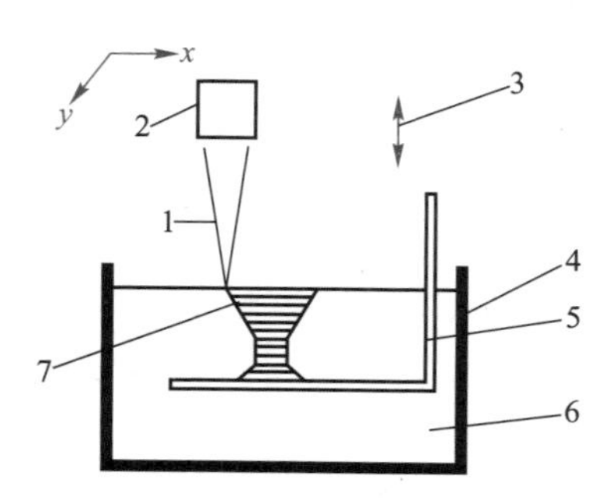

图1-6　SL法原理图

1—激光束；2—扫描镜；3—z轴升降；4—树脂槽；5—托盘；6—光敏树脂；7—零件原型

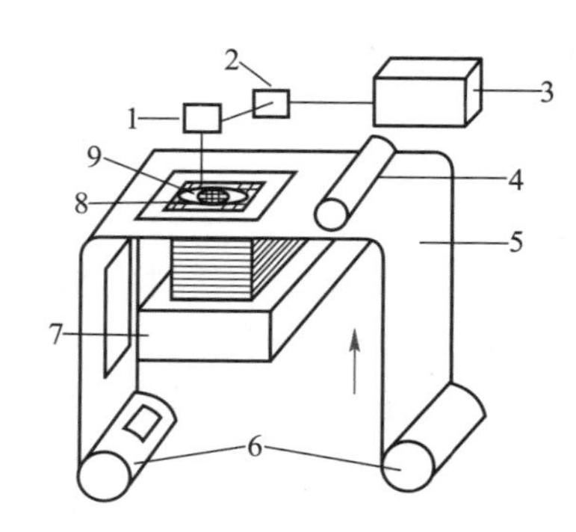

图1-7　LOM法原理图

1—x-y扫描系统；2—光路系统；3—激光器；4—加热器；5—纸料；6—滚筒；7—工作平台；8—边角料；9—零件原型

3）激光选区烧结(selective laser sinering,SLS)法　如图1-8所示,SLS法采用CO_2激光器作能源,目前使用的造型材料多为各种粉末材料。在工作台上均匀铺上一层很薄(100~200 μm)的粉末,激光束在计算机的控制下按照零件分层轮廓有选择地进行烧结,一层完成后再进行下一层烧结。全部烧结完后去掉多余的粉末,再进行打磨、烘干等处理便获得零件。目前,成熟的工艺材料为蜡粉及塑料粉,用金属粉或陶瓷粉进行直接烧结的工艺正在逐渐得到应用,它可以直接制造工程材料的零件,具有广阔的前景。

4）熔丝沉积成形(fused deposition modeling,FDM)法　如图1-9所示,FDM法的关键是保持半流动成形材料的温度刚好在熔点之上(通常控制在比熔点高1 ℃左右)。FDM喷头受CAD分层数据控制,使半流动状态的熔丝材料从喷头中挤压出来,凝固形成轮廓形状的薄层,一层叠一层,最后形成整个零件模型。

5）喷射印制成形(jet printing modeling,JPM)法　这种方法是将热熔成形材料(如工程塑料)熔融后由喷头喷出,扫描形成层面,经逐层堆积而形成零件。也可以在工作台上铺上一层均匀的、密实的可黏接粉末,由喷头喷射黏结剂而形成层面,再逐层叠加形成零件,如图1-10所示。喷头可以是单个的也可以是多个的(可多达96个)。这种方法不采用激光,成本较低,但精度不够高。

6）滴粒印制成形法　这种方法是将热熔成形材料(如金属等)熔融后由喷头滴出,控制滴粒大小和温度，扫描形成层面，经逐层堆积而形成零件(图 1-11)。其特点是可以制作金属零件，但对成形设备要求较高。

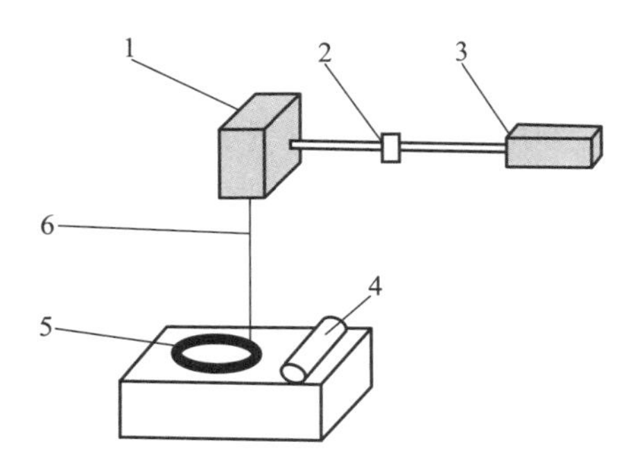

图 1-8　SLS 法原理图

1—扫描镜；2—透镜；3—激光器；4—压平辊子；5—零件原型；6—激光束

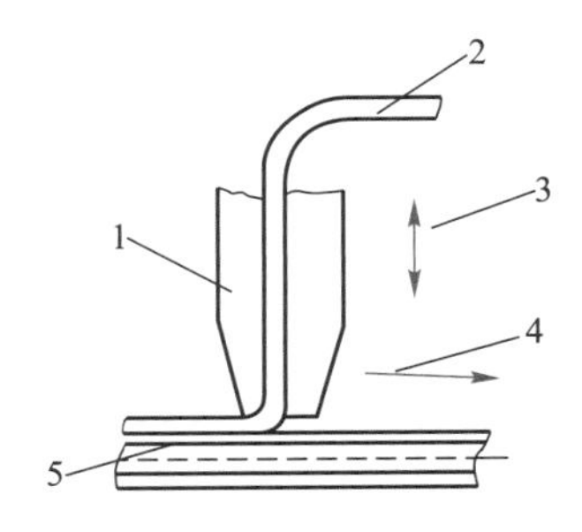

图 1-9　FDM 法原理图

1—加热装置；2—丝材；3—z 向送丝；4—x-y 驱动；5—零件原型

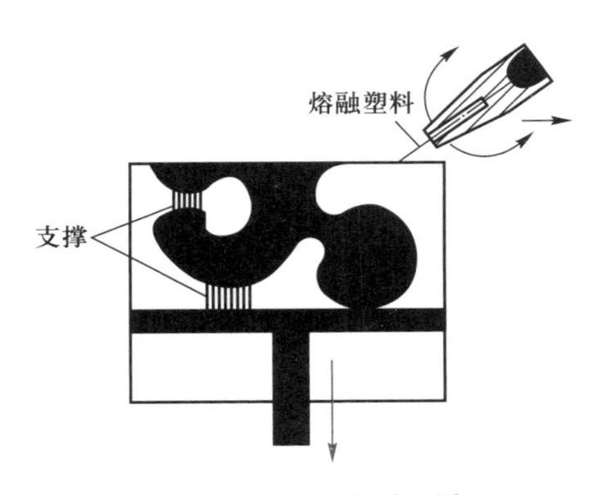

图 1-10　JPM 法原理图

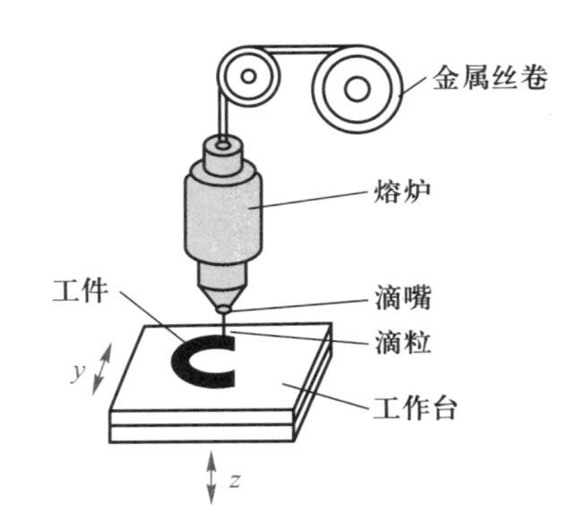

图 1-11　滴粒印制成形法原理图

7) 3D 打印(3 dimensional printing，3DP)法　ASTM 国际标准组织在定义中将“3D 打印”与“增材制造”两个术语等同起来：“增材制造，也称为 3D 打印，即使用计算机辅助设计逐层构建对象。”有学者认为，增材制造是“3D 打印的工业版”。从时间跨度上，该技术早期被称为“快速成形”，后来的“3D 打印”称谓又早于“增材制造”，目前在最狭义的意义上，这两个术语的内涵一致。

3D 打印是美国麻省理工学院在 20 世纪 90 年代发明的一种增材制造技术，其工作原理类似喷墨打印机，不过喷出的不是墨水，而是黏结剂或液态的蜡、塑料或树脂等。按照喷出的材料不同，可以分为黏结剂打印、熔融蜡打印、熔融塑料涂覆。如果把打印头换成激光头或其他形式，上述介绍的几种形式有的也可以视为 3D 打印的特例，所以广义的 3D 打印一词包含了大多数增量叠层制造技术。3D 打印之所以如此受到人们的重视，焦点并非这项技术的本身，而是它可能引发的社会和经济变革。随着基于互联网的商务和生产模式的发展，人们将以更多的虚拟活动取代现实活动，以减少资源的消耗和浪费，保护环境，使人类和子孙后代能够生活得更好，3D 打印在很大程度上体现和顺应了这一潮流，从而对未来社会、经济、生产、教育产生一定的影响。

增材制造即 3D 打印技术，由于需要进行分层其计算工作量很大，因此与计算机技术关系密切，同时与 CAD/CAM、数控、激光和材料等技术相关。近年来，3D 打印技术发展得很快，它直接取材于工程材料(玻璃纤维、耐用尼龙材料、铝合金、不锈钢、橡胶材料、生物材料等)，其制造的产品或零件可以直接(或仅需少量机械加工)作为产品或功能零件使用，也可以用于制造由多种材料构成的零件和由不同密度的同一种材料构成的零件，在生物工程、人体器官、骨骼等制造应用中前景广阔，成效突出。

2. 零件制造过程

零件制造是产品制造过程的单元。零件制造主要依赖于前述的由材料成形、机械加工(主要指切削加工以及特种加工等)获取零件形状的加工方法，并适时将热处理工艺穿插在其中完成。其中对精度要求不太高的零件也可以由材料成形工艺方法直接完成；批量大、形状复杂或有一定精度要求的零件往往由模具或近净成形技术(near net shape manufacturing)直接制造完成。但绝大部分零件至今依然是通过机械加工(主要是切削加工)完成的，因此现在机械加工仍是使零件获得一定形状和尺寸、提高零件精度和表面质量的主要手段，在机械制造中占有很重要的地位。机械加工在机械加工工艺系统中进行，机械加工工艺系统如图 1-12 所示。

航空发动机整体叶盘加工

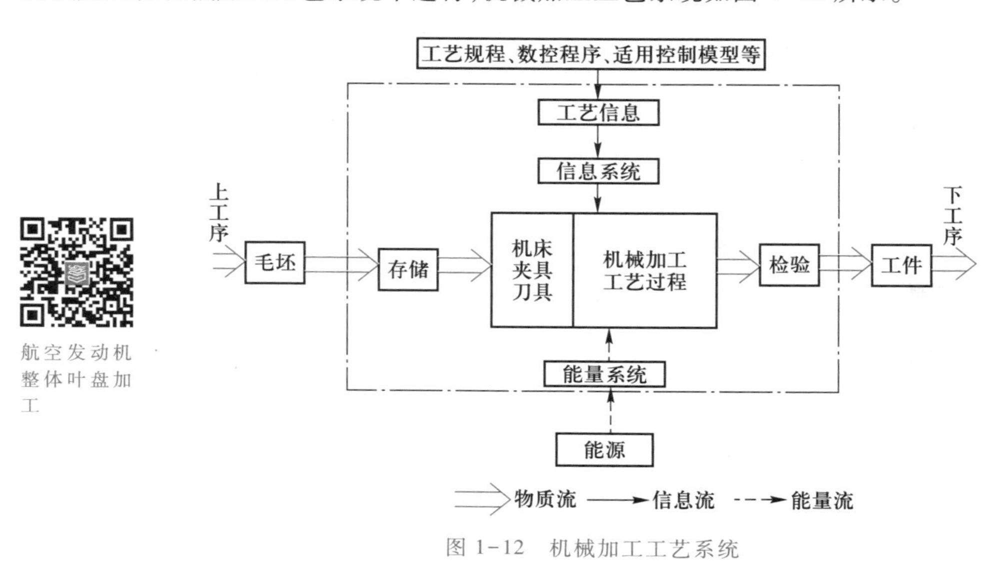

图 1-12 机械加工工艺系统

将图 1-13 所示的阶梯轴零件放到图 1-12 所示的机械加工工艺系统中运行可知，主要需要解决选用毛坯大小，选择加工方法、加工顺序，确定加工过程，使用机床、刀具切削参数和其他工艺信息等系列问题，完成这些工作就是制定工艺规程。仅列出加工顺序和主要加工单元的工艺过程称为工艺路线。图 1-13 所示阶梯轴的工艺路线可以为：

1）下料。

2）车外圆，留磨量 0.3~0.5 mm。

3）铣键槽。

4）热处理，45~48HRC。

5）磨外圆至图样尺寸。

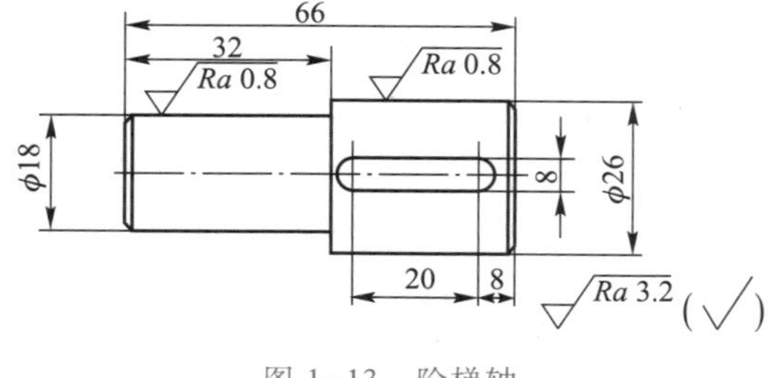

图 1-13 阶梯轴

同样一种几何形状、尺寸的零件，不同的材料可以有不同的加工方法，不同的加工方法有不同的加工顺序和加工过程。即使要求完全一致的零件，由于被加工零件的数量不一样，交货期限不同，所选用的机床、刀具也可能不同，其工艺过程甚至大相径庭。需要对工艺过程的知识有更多的理解和掌握，才能对怎样制造一个零件或产品给出相对满意的答案，这就是本书需要逐步展开讲述的内容。

1.3.3 生产类型与生产方式

1. 机械加工工艺与生产类型

机械加工工艺受到生产类型的影响。生产类型是指产品生产的专业化程度，生产类型可按照产品的年产量即产品的年生产纲领划分，而零件的生产纲领则由下式计算：

$$N=Qn(1+a)(1+b)$$

式中：N——零件的年生产纲领（件/年）；

Q——产品的年产量（台/年）；

n——单台产品中该零件的数量（件/台）；

a——备品率，以百分数计；

b——废品率，以百分数计。

按年生产纲领划分的生产类型如表 1-2 所示。

表 1-2 年生产纲领与生产类型的关系

生产类型	零件年生产纲领/（件/年）		
	重型零件	中型零件	小型零件
单件生产	≤5	≤20	≤100
小批生产	>5~100	>20~200	>100~500
中批生产	>100~300	>200~500	>500~5 000
大批生产	>300~1 000	>500~5 000	>5 000~50 000
大量生产	>1 000	>5 000	>50 000

在一定的范围内，各生产类型之间并没有十分严格的界限。通常，生产上按单件小批生产、中批生产和大批大量生产划分生产类型，中批生产也称为成批生产。出于对生产效率、成本、质量和工艺特点等方面的考虑，单件小批生产与大批大量生产可能有不同的工艺过程。不仅如此，生产类型不同，工艺规程制定的要求也不同。一般对单件小批生产，只需制定一个简单的工艺路线；对于大批大量生产，应该制定一个详细的工艺规程，对每个工序、工步和工作过程都要进行设计，详细地给出各种工艺参数，优化设计工艺规程，并详细规定下来，在生产中严格执行。详细的工艺规程也是工艺装备设计制造的依据。

各种生产类型的工艺过程的特点可归纳成表 1-3。

表 1-3 各种生产类型工艺过程的主要特点

工艺过程特点	生产类型		
	单件小批生产	成批生产	大批大量生产
工件的互换性	一般是配对制造，不具有互换性，广泛采用钳工修配	大部分具有互换性，少数用钳工修配	全部具有互换性，某些精度较高的配合件用分组选择装配法

续表

工艺过程特点	生产类型		
	单件小批生产	成批生产	大批大量生产
毛坯的制造方法及加工余量	铸件用木模手工造型；锻件用自由锻。毛坯精度低，加工余量大	部分铸件用金属型；部分锻件用模锻。毛坯精度中等，加工余量中等	铸件广泛采用金属模机器造型，锻件广泛采用模锻，以及其他高生产率的毛坯制造方法。毛坯精度高，加工余量小
机床设备	通用机床、数控机床或加工中心	数控机床、加工中心或柔性制造单元。设备条件不够时，也采用部分通用机床及专用机床	专用生产线、自动生产线、柔性制造生产线或数控机床
夹具	多用标准附件，极少采用夹具，靠画线及试切法达到精度要求	广泛采用夹具和组合夹具，部分靠加工中心一次安装	广泛采用高生产率夹具，靠夹具及调整法达到精度要求
刀具与量具	采用通用刀具和万能量具	可以采用专用刀具和专用量具或三坐标测量机	广泛采用高生产率刀具和量具，或采用统计分析法保证质量
对工人的要求	需要技术熟练的工人	需要一定熟练程度的工人和编程技术人员	对操作工人的技术要求较低，要求生产线维护人员具有高的素质
工艺文件要求	有简单的工艺过程卡	有工艺规程，对关键零件有详细的工艺规程及工序卡	编制有详细的工艺规程、工序卡、检验卡和调整卡

以图1-13所示的零件为例，表1-4、表1-5说明当生产类型不同时，其工艺过程是不同的。

表1-4　单件小批生产的工艺过程

工序号	工序内容	设备	工序号	工序内容	设备
1	车端面，打中心孔	车床	3	铣键槽，去毛刺	铣床
2	车两外圆及倒角	车床			

表1-5　大批大量生产的工艺过程

工序号	工序内容	工艺参数	设备
1	铣端面，打中心孔	立铣刀 ϕ40 mm，转速 800 r/min，进给量 0.30 m/min，背吃刀量 1.5 mm	铣端面，打中心孔专用机床，夹具 SJ-1802
2	车大外圆及倒角	转速 1 200 r/min，背吃刀量 2 mm，进给量 0.25 mm/r	C6140

续表

工序号	工序内容	工艺参数	设备
3	车小外圆及倒角	转速 1 200 r/min,背吃刀量 3 mm,进给量 0.25 mm/r	C6140
4	铣键槽	键槽铣刀 ϕ8 mm,转速 800 r/min	X62W
5	去毛刺		钳工台

2. 生产类型与生产方式

产品的用途不同决定了其市场需求量是不同的,因此不同的产品有不同的生产批量。如家电产品的市场需求可能是几千万台,而专用模具、长江三峡的巨型发电机组等产品的需求则往往只是单件。需求的批量不同,形成了不同的生产规模(生产类型亦即生产规模),不同生产规模的生产组织方式及相应的工艺过程也大不相同。

批量生产往往是由自动生产线、专用生产线来完成的,单件小批生产往往是采用通用设备、靠人的技术或技艺来完成的。数控技术及机器的智能化改善了这一状况,使单件小批生产也接近大批生产的效率及成本。单件小批生产时,往往采用多工序集中在一起的方式。大批大量生产时,一个零件的加工过程往往分成许多工序,在流水线上协作完成加工任务。大批大量生产时,产品开发过程和大批大量制造过程中间往往还有小批试制阶段,以避免市场风险及完善生产准备工作。这些阶段之间往往有较明确的界限,中间还要进行评估与分析。单件小批生产中,产品的开发过程与生产过程往往结合为一体,但这些界限并不是绝对的。在敏捷制造、并行工程等先进生产模式下,大批大量生产时,产品开发和生产组织两阶段之间往往消除了明显的界限,这就是在高技术群的支撑下所达到的制造技术的理想境界。

由于市场竞争的日趋激烈,增材制造技术的概念被提了出来。最大限度地满足用户需求的产品往往不是一次设计和制造就能定位的,增材制造可以加速质量改进迭代的进程,以求继续保持质量的领先。最早上市的几家公司往往占有市场份额的 80%以上;最早实现顾客某些功能需求的厂商,由于市场的独占性,往往可以有较高的价格,即使生产成本较高,企业仍能获得丰厚利润。因此在确定一个产品的生产组织、开发方式及制造工艺时,要灵活掌握以上思想和原则,不仅要对工艺技术有深刻透彻的掌握,而且能从管理学角度作出有战略眼光的选择。

产品的制造过程实际上包括了零件、部件及整机的制造。部件和整机的制造一般是一个装配的过程。

企业组织产品的生产可以有以下多种模式:

1) 生产全部零部件、组装机器。

2) 生产一部分关键的零部件,其余的由其他企业供应。

3) 完全不生产零部件,自己只负责设计和销售。

第一种模式的企业必须拥有加工完成所有零件、所有工序的设备,形成大而全、小而全的工厂。当市场发生变化时,适用性差,难以做到设备负载的平衡,而且固定资产利用率低,定岗人员也有忙闲不均的情况,不同程度地影响了生产管理以及员工的生产积极性。

第三种模式具有场地占用少、固定设备投入少、转产容易等优点,较适用于生产市场变化快的产品。这种生产模式,在全球范围内实现,更显示出知识在现代制造业中的突出作用和地位,它是将制造业由资金密集型向知识密集型过渡的模式。

许多产品复杂的大工业企业(集团)均采用第二种模式,如汽车制造业。美国的三大汽车公司周围密布着数以千计的中小企业，承担汽车零配件和汽车生产所需的专用模具、专用设备的生产供应，形成了一个繁荣的中场产业。日本的汽车工业也是如此，汽车生产厂家只控制整车、车身和发动机的设计和生产。日本电装公司、丰田工机公司，美国天合汽车集团、德尔福集团都是专门生产汽车零件的巨型企业，它们对多家汽车生产厂供货。如日本电装公司原是丰田公司下属的一个汽车电气配套厂，1949年另立门户，现已成为年产值约450亿美元的日本最大的零部件生产厂，其汽车空调器、起动机、刮水器、散热器的市场占有率居世界首位。

对于第二种模式及第三种模式来说，零部件供应的质量很重要，可制定一套完善的质量检验手段对供应零件进行全检或按数理统计方法进行抽检来保证质量。保证及时供货及质量的另一个措施是向两个供应商订货，以便有选择和补救的余地，同时形成一定的竞争机制。

3. 制造哲理、物流与生产方式

在大批大量制造模式下，由于生产准备终结时间所占的比例很少，加工的辅助时间（如装卡、换刀时间）也经过精确的设计，因而基本加工时间所占比例较大。提高工序效率可以显著提高生产率，因此制造技术的许多研究都致力于切削速度的提高。在机床方面，高速机床的旋转速度已达到每分钟数万转，甚至高达十万余转。在刀具方面，硬质合金车刀的车削速度达200 m/min，陶瓷车刀可达到500 m/min，聚晶金刚石或立方氮化硼刀具的切削速度达900 m/min。在磨削加工方面，人们开发了强力磨削技术，一次磨削的最大背吃刀量可达6～12 mm，比普通磨削的金属去除率提高了3～5倍。为此，要提高机床刚度，防止因高速运转轴承和高速切削产生大量的热引起机床较严重的热变形，从而影响加工质量。

20世纪初至中叶，以福特汽车生产方式为代表的典型大批量生产模式占主导地位。专用设备、刚性生产线、以互换性和质量统计分析为主的质量保证体系代表了其结构特征。这时单工序优化的制造技术的研究对提高生产率、降低制造成本发挥了重要作用。

当多品种、小批量生产类型占主导地位时，上述措施的效益就不再那么显著。因为辅助时间占了较大的比重，因此必须在如何缩短辅助时间方面下功夫。

在对生产、制造过程的深入研究中，管理专家注意到两个现象：其一是企业的在制品相当多，在制品放在机床上进行切削加工的时间和全部通过的时间（从购进材料到产品销售）的比值小于5%；其二是机床开动加工的时间利用率仅占5%～10%。在制品通过时间直接影响企业流动资金的利用率，而设备利用率则关系到固定资产的利用率。如何提高设备利用率及缩短在制品通过时间，成了提高制造业效益的关键。

物流不仅是讨论缩短在制品通过时间，而是从大制造、服务型制造等更高层次讨论制造业的资源、能源、信息的流动及传输问题。采用CNC机床可以减少大量的辅助时间，扩大设备对市场变化的响应能力。而随着全球经济一体化进程的加快，网络制造、全球资源配置必须依靠物流信息处理的进步才能实现制造业的腾飞。物流信息（logistics information）是反映物流各种活动内容的知识、资料、图像、数据、文件的总称。物流标准化是指以物流为一个大系统，制定系统内部设施、机械装备、专用工具等的技术标准，包装、仓储、装卸、运输等各类作业标准以及作为现代物流突出特征的物流信息标准，并形成全国以及和国际接轨的标准化体系。物流是一个大系统，系统的统一性、一致性和系统内部各环节的有机联系是系统能否生存的首要条件。物流信息的分类方法很多：按信息产生和作用所涉及的不同功能领域分类，物流信息包括仓储信息、运输信息、加工信息、包装信息、装卸信息等；按信息产生和作用的环节不同，物流信息可分为输入物流活动的信息和物流活动产生的信息；按信息作用的层次不同，物流信息可分为基础信息、作业信息、协调控制信息和决策支持信息；按加工程度的不同，物流信息可以分为原始信息和加工信息。

基础信息是物流活动的基础，是最初的信息源，如物品基本信息、货位基本信息等；作业信息是物流作业过程中发生的信息，信息的波动性大，具有动态性，如库存信息、到货信息等；协调控制信息主要是指物流活动的调度信息和计划信息；决策支持信息是指能对物流计划、决策、战略具有影响或与之相关的统计信息或宏观信息，如科技、产品、法律等方面的信息。

原始信息是指未加工的信息，是信息工作的基础，也是最有权威性的凭证性信息。加工信息是对原始信息进行各种方式和各个层次处理后的信息，这种信息是原始信息的提炼、简化和综合，通过各种分析工作在海量数据中发现潜在的、有用的信息和知识。

物流信息技术作为现代信息技术的重要组成部分，它涉及信息管理、基础技术（有关元件、器件的制造技术）、系统技术（物流信息获取、传输、处理、控制技术等）、应用技术、安全技术、设备跟踪和控制技术、自动化设备技术、动态信息采集技术（语音识别、便携式数据终端、射频识别（RFID）等）等。可以说现代制造的发展依赖物流业的发展，而物流的发展也同样依赖机械工程技术的进步，因而物流改变了制造业的生产方式。各种物流信息应用技术已经广泛应用于物流活动的各个环节，对机械工业企业的提升必将产生深远的影响。

在利用信息技术提升制造业的同时，管理学家提出了许多新概念，产生了许多新的制造哲理。如日本丰田生产系统所实施的准时生产 JIT（just in time）方法，其概念是：在需要的时间内生产需要数量的合格产品。信息高速公路的发展大大缩短了人们之间的物理距离，使基于网络的远程设计及制造成为现实，因而人们不需要用常规的方法组织生产，这就产生了虚拟公司（指当有了好产品后，通过计算机网络在全球范围内组织资源和生产，当产品生命结束时虚拟公司就解体）与动态联盟（根据需要组织制造单元，各参组单元有较大的决策权）。可以说新的科技进步推动了制造哲理的革新，推动了生产方式向更适合新技术应用的方向转变，因而也使制造业更加适应市场需要。

思考题与习题

1-1　机械制造中的工艺方法有哪几类？具体有哪些方法？

1-2　浅议机械产品的全生命周期。

1-3　什么是生产纲领？什么是生产类型？它们之间有什么联系？

1-4　机械制造的生产类型有几种？在工艺上各有什么特点？

1-5　3D 打印在新一轮工业革命中将扮演什么角色？

1-6　试述物流信息将对制造业产生怎样的深刻影响。

第 2 章

金属切削过程与控制

金属切削过程就是用刀具从工件表面切除多余的金属，从而形成切屑和已加工表面的全过程。本章在讲授金属切削刀具的基础上，对切削过程中伴随着的许多物理现象，如积屑瘤、切削力、切削热、刀具磨损、卷屑与断屑等进行深入分析，揭示切削过程的机理，研究切削过程的物理本质和基本规律，这对于保证加工质量、提高生产率、降低生产成本和促进切削加工技术的发展具有十分重要的意义。

2.1 金属切削刀具

2.1.1 切削加工的基本知识

金属切削加工是利用刀具切除工件毛坯上多余的金属层，从而使工件达到规定的几何形状、加工精度和表面质量的机械加工方法。切削加工必须具备三个条件：刀具与工件之间要有相对运动；刀具具有适当的几何参数，如切削角度等；刀具材料应具有一定的切削性能。

1. 切削运动

在切削加工中，为了切除多余的材料，刀具和工件之间必须有相对运动，即切削运动，也是表面成形运动。切削运动可分为主运动和进给运动。

(1) 主运动　使工件与刀具产生相对运动以进行切削的最基本的运动，称为主运动。主运动的速度最高，所消耗的切削功率最大。例如车削时工件的旋转运动(图 2-1)、在牛头刨床上刨削平面时刀具的直线往复运动都是主运动。在切削运动中，主运动只有一个。它可以由工件完成，也可以由刀具完成；可以是旋转运动，也可以是直线运动。

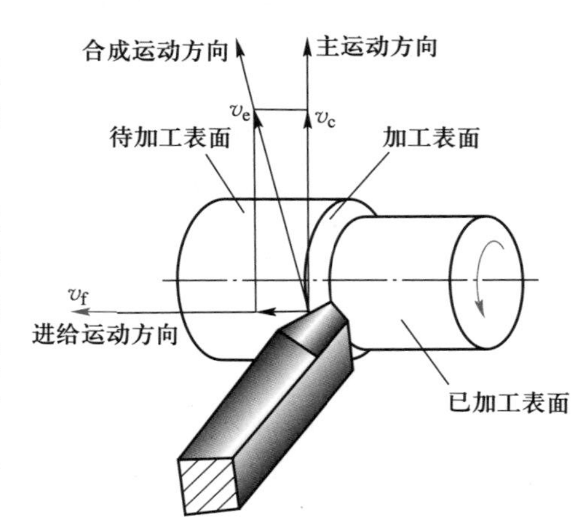

图 2-1　外圆车削的切削运动与加工表面

(2) 进给运动　不断地把切削层投入切削，以便形成整个工件表面所需的运动，称为进给运动。进给运动一般速度较低，功率的消耗也较少。例如外圆车削时车刀的纵向连续直线运动、平面刨削时工件的间歇直线运动都属于进给运动。进给运动可以是一个或多个，其运动形式可以是直线运动、旋转运动或两者的组合，它可以是连续进行的，也可以是断续进行的。

如图 2-1 所示，切削运动及其方向用切削运动的速度矢量表示，主运动 v_c、进给运动 v_f 和切削运动（图中合成运动）v_e 之间的速度矢量关系为 $\vec{v}_e = \vec{v}_c + \vec{v}_f$。

有关零件不同表面加工时的切削运动见图 2-2。

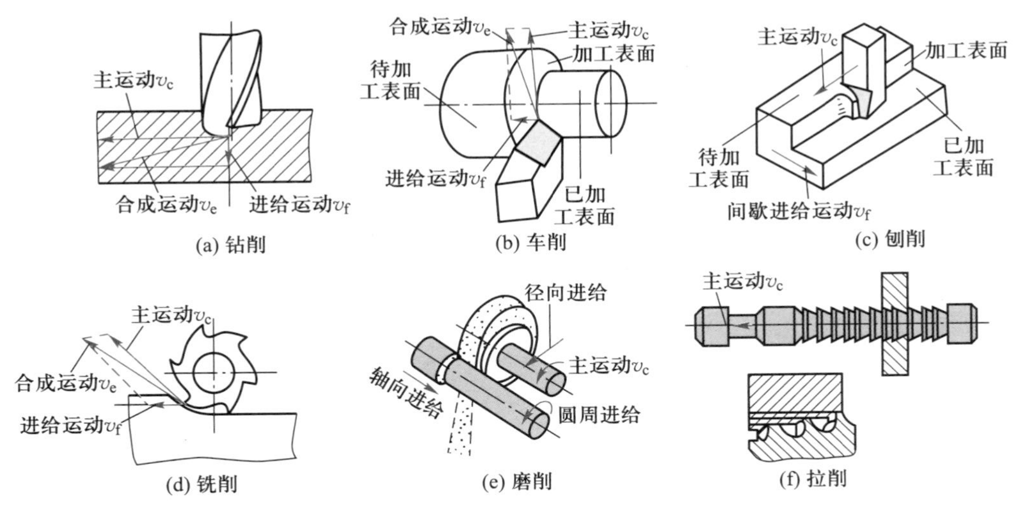

图 2-2 各种加工的切削运动

在大多数切削加工中，主运动和进给运动是同时进行的，二者的合成运动就是实际切削运动。由于在大多数切削加工中进给运动速度比主运动速度小得多，所以可将主运动看成是切削运动，即 $\vec{v}_e = \vec{v}_c$。

2. 切削时的工件表面

在切削过程中，工件上通常存在着三个不断变化的表面（图 2-1）：

（1）待加工表面　工件上即将被切除的表面。随着切削的继续，待加工表面逐渐减小直至全部切去。

（2）已加工表面　工件上已切去切削层而形成的新表面。它随着切削的继续而逐渐扩大。

（3）加工表面　工件上正在被切削刃切削着的表面。它在切削过程中不断变化，但总介于待加工表面和已加工表面之间，又称过渡表面。

上述定义也适用于其他类型的切削加工。

3. 切削用量

切削速度、进给量和背吃刀量（切削深度）总称为切削用量，又称为切削用量三要素。

（1）切削速度 v_c　指刀具切削刃上选定点相对于工件在主运动方向上的速度。切削刃上各点的切削速度可能不同，计算时常用最大切削速度代表刀具的切削速度。当主运动为旋转运动时，切削速度的计算公式为

$$v_c = \pi dn/1\ 000 \tag{2-1}$$

式中：v_c——切削速度，m/s 或 m/min；

d——完成主运动的工件或刀具的最大直径，mm；

n——主运动的转速，r/s 或 r/min。

当主运动为直线往复运动时，其平均速度为

$$v_c = 2Ln_r/1\ 000 \tag{2-2}$$

式中：L——直线往复运动行程长度，mm；

n_r——主运动单位时间的往复次数，str/s 或 str/min。

（2）进给量 f　在主运动每转一转或每完成一个行程时，刀具在进给运动方向上相对于工件的位移量，单位是 mm/r（用于车削、镗削等）或 mm/str（用于刨削、磨削等）。进给量表示了进给运动速度的大小。进给运动的速度还可以用进给运动速度 v_f 或每齿进给量 f_z（用于铣刀、铰刀等多刃刀具，单位是 mm/齿）表示。显而易见

$$v_f = nf = nzf_z \tag{2-3}$$

式中：n——主运动的转速，r/s 或 r/min；

z——刀具的齿数。

（3）背吃刀量（切削深度）a_p　外圆车削时，背吃刀量为工件上已加工表面和待加工表面之间的垂直距离，即

$$a_p = (d_w - d_m)/2 \tag{2-4}$$

式中：d_w——工件待加工表面的直径，mm；

d_m——工件已加工表面的直径，mm。

4. 切削层参数

在切削过程中，刀具相对于工件沿进给运动方向每移动 f 或 f_z 时，一个刀齿正在切削着的金属层称为切削层。如图 2-3 所示，主切削刃从工件过渡表面 Ⅰ 移至相邻过渡表面 Ⅱ 上，被切下的那一层金属称切削层。切削层参数就是指这个切削层的截面尺寸，它决定了刀具切削部分所承受的负荷大小和切屑的尺寸。为了简化计算，切削层参数通常都在垂直于主运动方向的基面内观察和度量。当刃倾角 $\lambda_s = 0°$、副偏角 $\kappa_r' = 0°$时，切削层的截面形状为一平行四边形。

（1）切削厚度 a_c　垂直于过渡表面度量的切削层尺寸，即相邻两过渡表面之间的垂直距离。a_c 反映了切削刃单位长度上的切削负荷。车外圆时，若车刀主切削刃为直线，则

$$a_c = f\sin\kappa_r \tag{2-5}$$

由此可见，当 f 或 κ_r 增大时，a_c变大。若车刀切削刃为圆弧或任意曲线，则切削刃上各点的切削厚度是不相等的。

（2）切削宽度 a_w　沿过渡表面度量的切削层尺寸。a_w 反映了切削刃参加切削的工作长度。车外圆时，若车刀主切削刃为直线，则

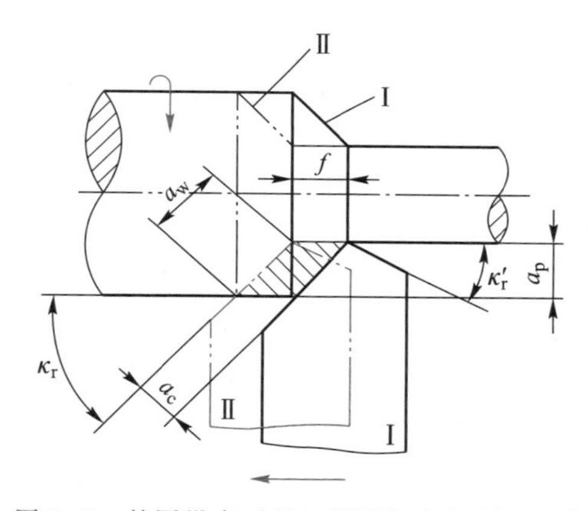

图 2-3　外圆纵车时的切削用量与切削层参数

$$a_w = a_p/\sin\kappa_r \tag{2-6}$$

式中 κ_r 为切削刃与工件轴线之间的夹角。由式(2-6)可知，当 a_p 减小或 κ_r 增大时，a_w 变小。

（3）切削层面积 A_c　切削层在垂直于切削速度的截面内（在基面内）的面积。车削时由图 2-3得：

$$A_c = a_c a_w = fa_p \tag{2-7}$$

上面计算的为名义切削层面积，实际切削层面积 A_{ce} 等于名义切削层面积 A_c 减去残留面积 ΔA_c，即

$$A_{ce} = A_c - \Delta A_c \tag{2-8}$$

残留面积 ΔA_c 是指刀具副偏角 $\kappa_r' \neq 0$ 时，残留在已加工表面上的不平部分的面积。

5. 切削方式

（1）直角切削和斜角切削

直角切削是指切削刃垂直于合成切削运动方向的切削方式，如图 2-4a 所示。斜角切削是指切削刃不垂直于合成切削运动方向的切削方式，如图 2-4b 所示。直角切削时切屑流出方向在切削刃法平面内；而斜角切削时切屑流出方向不在切削刃法平面内。

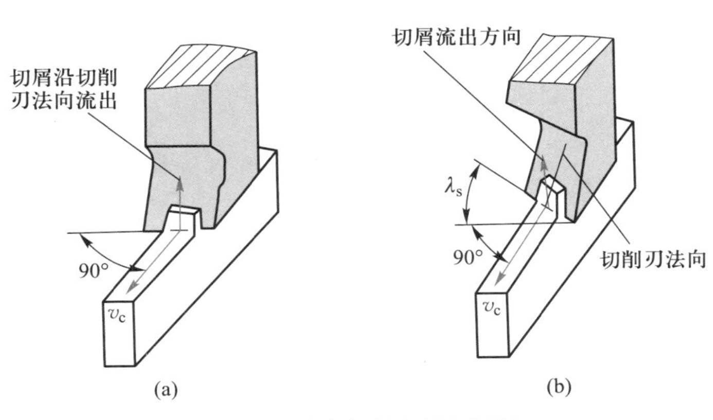

图 2-4 直角切削与斜角切削

（2）自由切削和非自由切削

自由切削是指只有一条直线切削刃参与切削的方式。其特点是切削刃上各点切屑流出方向一致，且金属变形在二维平面内。图 2-4a 既是直角切削方式，又是自由切削方式，故称为直角自由切削。曲线切削刃或两条以上切削刃参与切削的切削方式称为非自由切削。

在实际生产中，切削多为非自由切削方式。在研究金属变形时为了简化条件，常以直角自由切削方式进行分析。

2.1.2 刀具的几何参数

切削刀具的种类繁多，形状结构各异，但其切削部分都具有共同的特征。外圆车刀是最基本、最典型的切削刀具，其他各类刀具则可以看作是车刀的演变和组合。因此，通常以普通外圆车刀为代表来确定刀具切削部分的基本定义。

1. 刀具切削部分的组成

图 2-5 所示为外圆车刀，它由刀杆和刀头（切削部分）组成。切削部分直接担负着切削工作，它由下列要素组成：

（1）前（刀）面 A_γ　直接作用于被切削的金属层，并控制切屑沿其流出的刀面。

（2）主后（刀）面 A_α　与工件过渡表面相对并相互作用的刀面。

（3）副后（刀）面 A'_α　与工件已加工表面相对并相互作用的表面。

（4）主切削刃 S　前（刀）面与主后（刀）面的交线。它承担主要的切削工作。

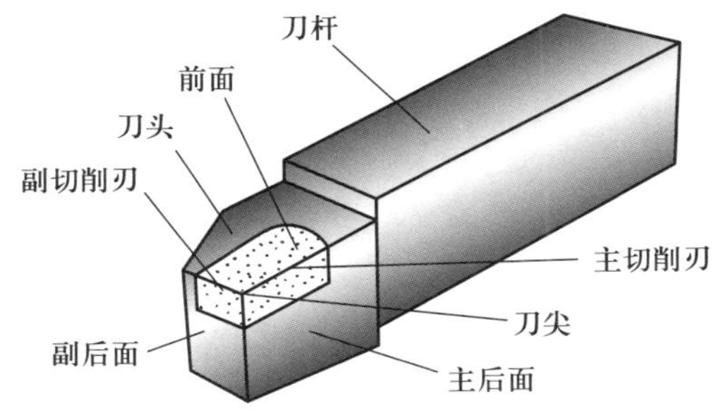

图 2-5 车刀切削部分的组成要素

（5）副切削刃 S'　前（刀）面与副后（刀）面的交线。它配合主切削刃完成切削工作，并最终形成已加工表面。

（6）刀尖 主切削刃和副切削刃连接处的一段刀刃，它可以是小的直线段或圆弧。

其他各类刀具，如刨刀、钻头、铣刀等，都可看作是前述车刀的演变和组合。如图2-6所示，刨刀切削部分的形状与车刀相同（图2-6a）；钻头可看作是两把一正一反并在一起同时车削孔壁的车刀，因而有两个主切削刃、两个副切削刃，还增加了一个横刃（图2-6b）；铣刀可看作由多把车刀组合而成的复合刀具，其每一个刀齿相当于一把车刀（图2-6c）。

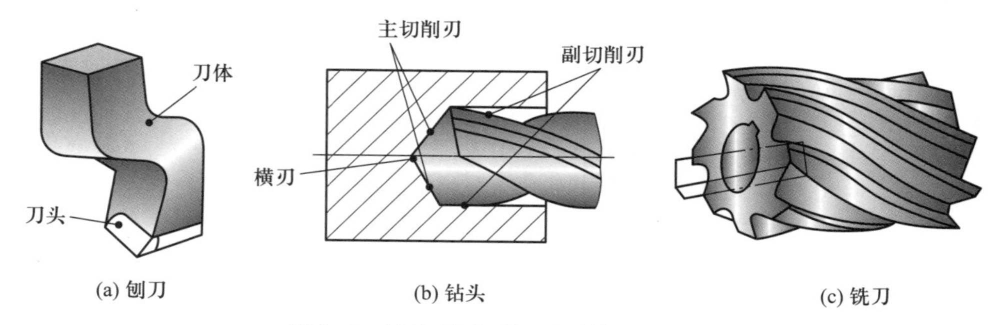

图2-6 刨刀、钻头、铣刀切削部分的形状

2. 刀具角度的参考系

刀具要从工件上切下金属，必须具有一定的切削角度，也正是由于切削角度才决定了刀具切削部分各刀面和刀刃的空间位置。要确定和测量刀具角度，必须引入一个空间坐标参考系。刀具角度参考系通常有两类：一类是刀具标注角度参考系，它是刀具设计、标注、刃磨和测量角度时的基准；另一类是刀具工作角度参考系，它是确定刀具在实际切削运动中的角度的基准。

刀具标注角度参考系是在某些假定条件下建立的。如车削时假定切削刃选定点与工件轴线等高、主运动方向与刀杆底面垂直、进给运动方向与刀杆中心线垂直。构成刀具标注角度参考系的参考平面通常有基面、切削平面、正交平面等，如图2-7所示。

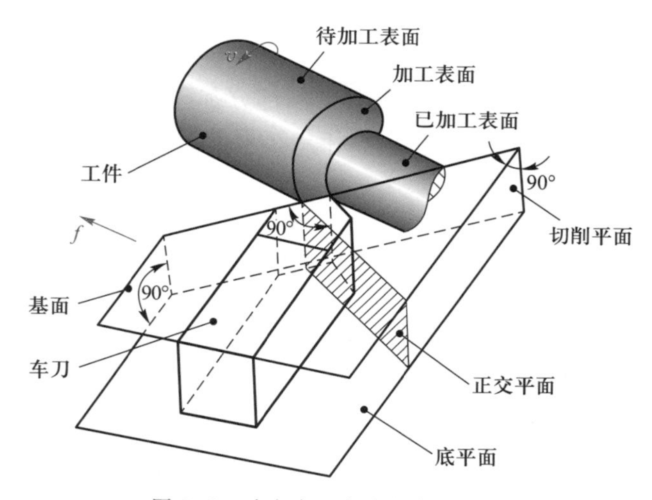

图2-7 确定车刀角度的参考平面

（1）基面 P_r 通过切削刃上的选定点，并与该点切削速度方向相垂直的平面。

（2）切削平面 P_s 通过切削刃上的选定点，并与工件加工表面相切的平面。

（3）正交平面 P_o 通过切削刃上的选定点，同时垂直于基面和切削平面的平面。正交平面必然垂直于切削刃在基面上的投影，它又称为主剖面。

基面、切削平面和正交平面共同组成刀具标注角度的正交平面参考系。常用的刀具标注角度的参考系还有法平面参考系、假定工作平面参考系和背平面参考系。

3. 刀具的标注角度

在刀具标注角度参考系中确定的切削刃和各刀面的方位角度称为刀具标注角度。它标注在刀具设计图上，在制造和刃磨刀具时需要用到这些角度。

刀具标注角度的内容包括两个方面：一是确定切削刃位置的角度；二是确定前(刀)面和后(刀)面位置的角度。现以外圆车刀为例，如图 2-8 所示，给出在正交平面参考系中刀具标注角度的定义。

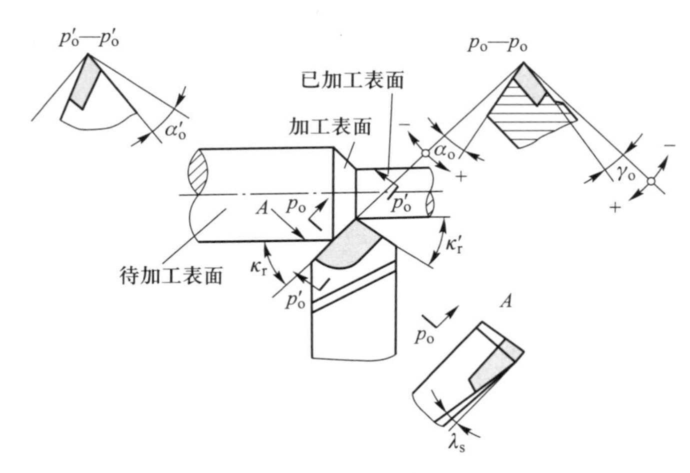

图 2-8 外圆车刀正交平面参考系的标注角度

(1) 前角 γ_o 在正交平面内测量的前(刀)面与基面之间的夹角。前角表示刀具前(刀)面的倾斜程度，有正、负和零值之分，其符号规定如图 2-8 所示。

(2) 后角 α_o 在正交平面内测量的主后(刀)面与切削平面之间的夹角。后角表示刀具主后(刀)面的倾斜程度，一般为正值。

(3) 主偏角 κ_r 主切削刃在基面上的投影与进给运动方向的夹角。主偏角一般为正值。

(4) 副偏角 κ_r' 在基面内测量的副切削刃在基面上的投影与进给运动反方向的夹角。副偏角一般为正值。

(5) 刃倾角 λ_s 在切削平面内测量的主切削刃与基面之间的夹角。当主切削刃呈水平时，$\lambda_s=0°$(图 2-9a)，此时切削刃与切削速度方向垂直，称为直角切削。当刀尖是切削刃上的最低点时，λ_s 为负值(图 2-9b)；当刀尖是切削刃上的最高点时，λ_s 为正值(图 2-9c)。当 $\lambda_s \neq 0°$时的切削称为斜角切削，此时切削刃与切削速度方向不垂直。

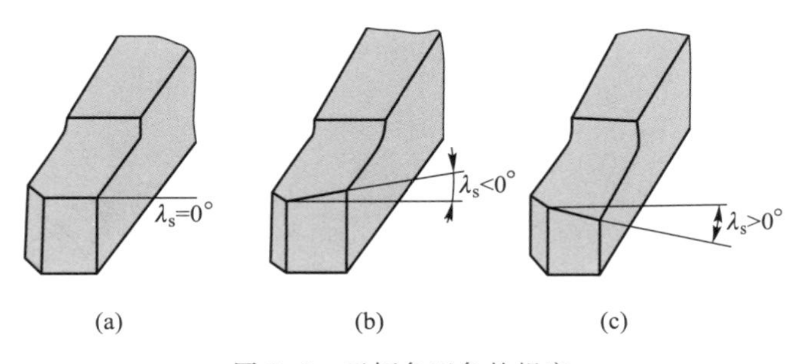

图 2-9 刃倾角正负的规定

(6) 副后角 α_o' 在副切削刃选定点的正交平面内测量的副后(刀)面与副切削平面之间的夹角。副切削平面是过该选定点并包含切削速度矢量的平面。

通常,普通外圆车刀仅需要标注 γ_o、α_o、κ_r、κ_r'、λ_s 五个基本角度。需要说明的是,图 2-8、图 2-9 的标注角度是在刀尖与工件回转轴线等高、刀杆纵向轴线垂直于进给方向并且不考虑进给运动的影响等条件下描述的。

如前所述,按照 ISO 标准规定,外圆车刀是最基本、最典型的切削刀具,其他各类刀具则可以看作是车刀的演变和组合,因此在认识和标注其他刀具的几何参数时都应以前述定义为基准。

图 2-10 给出了圆柱形铣刀和面铣刀的几何角度。

(1) 前角 γ_o 及 γ_n 铣刀前角 γ_o 在正交平面 P_o 中测量。为便于铣刀制造和测量,圆柱形铣刀还要标注法平面 P_n 内的法前角 γ_n。

(2) 后角 α_o 铣刀后角 α_o 在正交平面 P_o 中测量。

(3) 刃倾角 λ_s 铣刀的刃倾角是主切削刃和基面之间的夹角,在切削平面 P_s 中测量。圆柱形铣刀的刃倾角就是刀齿的螺旋角 β。

麻花钻相当于两把车刀的组合。麻花钻切削部分的组成要素如图 2-11 所示。图 2-12 给出了麻花钻的主要几何参数,有螺旋角 β、前角 γ_o、后角 α_f、顶角 2ϕ、横刃长度等。

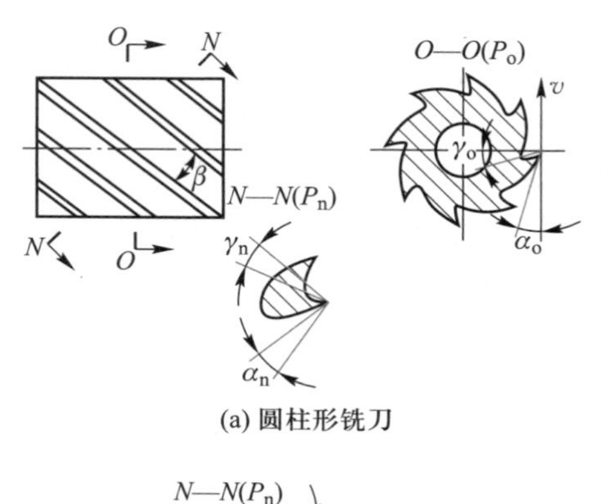

(a) 圆柱形铣刀

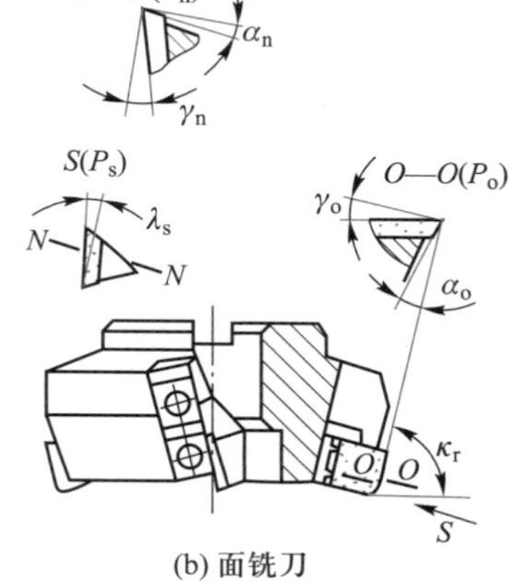

(b) 面铣刀

图 2-10 铣刀的几何角度

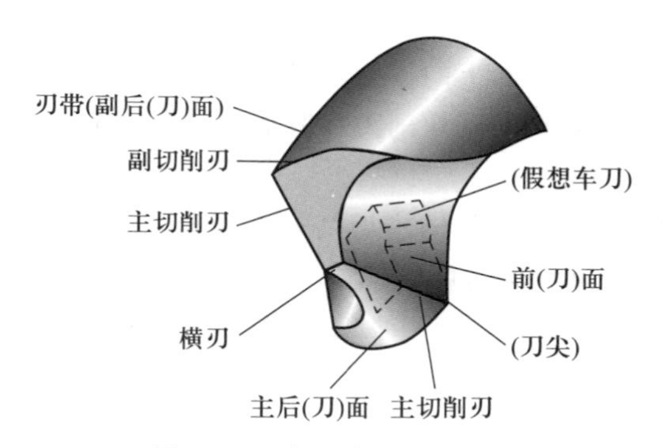

图 2-11 麻花钻的切削部分

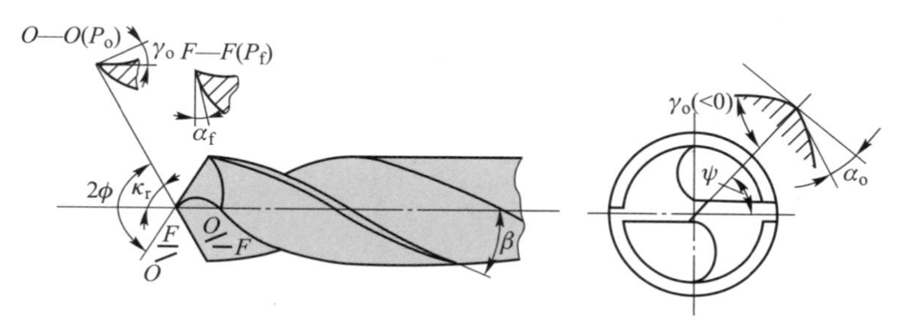

图 2-12 标准麻花钻的几何角度

1）螺旋角 β 螺旋角指钻头棱边的切线与轴线的夹角。β 越大，钻头越锋利，但强度越低。标准麻花钻的螺旋角一般为 18°～30°。直径小的取小值，反之取大值。麻花钻的螺旋角 $\beta=\kappa_r'$（麻花钻副偏角）。

2）前角 γ_o 麻花钻主切削刃上某点的前角在 O—O 截面中测量（图 2-12）。主切削刃各点的前角是变化的。由钻头外缘向中心，前角逐渐减小，近中心处为零，甚至是负值。横刃上的前角为 -60°～-50°。

3）后角 α_f 规定麻花钻的后角在与钻头同轴的圆柱面内测量（图 2-12 中所示 F—F 截面）。主切削刃上各点的后角也是变化的。外缘处的后角为 8°～14°，靠近横刃处为 20°～25°。

4）顶角 2ϕ 顶角是两条主切削刃在空间形成的交角，其作用相当于主偏角。标准麻花钻的顶角为 118°±2°。

此外，还有横刃斜角 Ψ 等。

图 2-13 给出了拉刀刀齿的主要几何参数。拉刀相当于若干把车刀的组合，每一排刀齿看成一把车刀。前角 γ_o、后角 α_o 同车刀角度的定义。此外，还有齿升量 f_z（相邻两刀齿（或齿组）的半径或高度之差）、齿距 p（相邻两刀齿之间的轴向距离）、刃带 $b_{\alpha1}$（后角为 0° 的棱边）等。

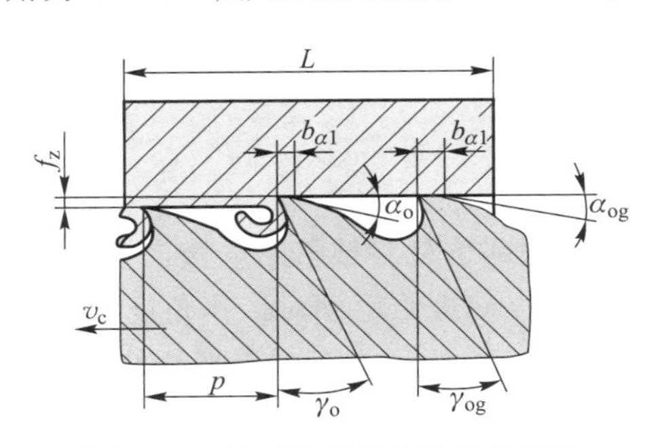

图 2-13 拉刀切削部分的几何参数

由此可见，其他各类刀具都可以用前述车刀角度的定义去确定它们相应的主要几何参数。

4. 刀具的工作角度

在实际的切削加工中，由于刀具安装位置和进给运动的影响，上述标注角度会发生一定的变化，角度变化的根本原因是参考平面的位置发生了改变。以切削过程中实际的基面、切削平面和正交平面为参考平面所确定的刀具角度称为刀具的工作角度，又称实际角度。通常，刀具的进给速度很小，在一般安装条件下，刀具的工作角度与标注角度基本相等。但在切断、车螺纹以及加工非圆柱表面等情况下，当刀具角度值变化较大时需要计算工作角度。

（1）进给运动对工作角度的影响

1）横向进给运动对工作角度的影响

当切断或车端面时，进给运动是沿横向进行的。如图 2-14 所示，工件每转一转，车刀横向移动距离 f，切削刃选定点相对于工件的运动轨迹为阿基米德螺旋线。因此，切削速度由 v_c 变成合成切削速度 v_e，基面 P_r 由水平位置变至工作基面 P_{re}，切削平面 P_s 由铅垂位置变至工作切削平面 P_{se}，从而引起刀具的前角和后角发生变化：

$$\gamma_{oe}=\gamma_o+\mu \tag{2-9}$$

$$\alpha_{oe}=\alpha_o-\mu \tag{2-10}$$

$$\mu=\arctan\frac{f}{\pi d_w} \tag{2-11}$$

式中：f——进给量，mm/r；

d_w——刀刃上选定点在横向进给切削过程中相对工件中心所处直径，即瞬时直径；

γ_{oe}、α_{oe}——工作前角和工作后角。

由式（2-11）可知，进给量 f 增大，则 μ 值增大；瞬时直径 d_w 减小，μ 值也增大。因此，车削至接近工件中心时，d_w 值很小，μ 值急剧增大，工作后角 α_{oe} 将变为负值，刀具失去切削功能，致使工

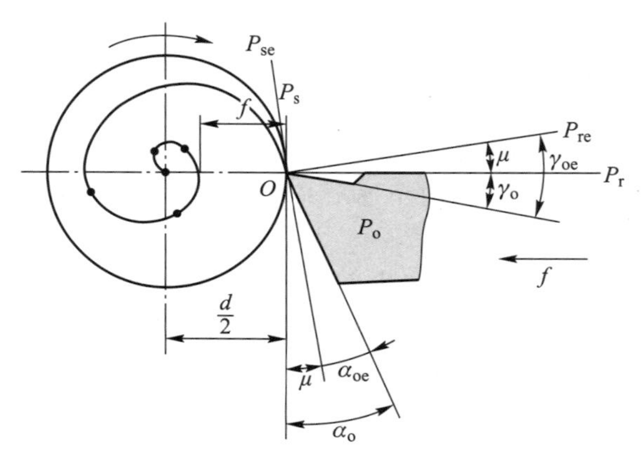

图 2-14 横向进给运动对工作角度的影响

件被切削部位最终被挤断。横向切削不宜选用过大的进给量,并应适当加大刀具的标注后角。

2）纵向进给运动对工作角度的影响

图 2-15 所示为车削右螺纹的情况,假定车刀 $\lambda_s=0°$,如不考虑进给运动,则基面 P_r 平行于刀杆底面,切削平面 P_s 垂直于刀杆底面,正交平面中的前角和后角为 γ_o 和 α_o,在进给平面(平行于进给方向并垂直于基面的平面)中的前角和后角为 γ_f 和 α_f。若考虑进给运动,则加工表面为一螺旋面,这时切削平面变为与该螺旋面相切平面 P_{se},基面 P_{re} 垂直于合成切削速度矢量,它们分别相对于 P_s 和 P_r 在空间偏转同样的角度,这个角度在进给平面中为 μ_f,在正交平面中为 μ,从而引起刀具前角和后角的变化。在上述进给平面内刀具的工作角度为

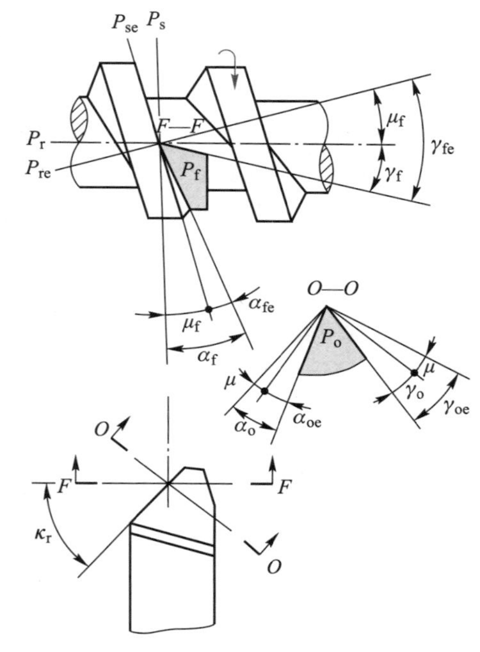

图 2-15 纵向进给运动对工作角度的影响

$$\gamma_{fe}=\gamma_f+\mu_f \tag{2-12}$$

$$\alpha_{fe}=\alpha_f-\mu_f \tag{2-13}$$

$$\tan\mu_f=\frac{f}{\pi d_w} \tag{2-14}$$

式中:f——被切螺纹的导程或进给量,mm/r;

d_w——工件直径或螺纹外径,mm。

在正交平面内,刀具的工作前角、工作后角为

$$\gamma_{oe}=\gamma_o+\mu \tag{2-15}$$

$$\alpha_{oe}=\alpha_o-\mu \tag{2-16}$$

$$\tan\mu=\tan\mu_f\sin\kappa_r=\frac{f\sin\kappa_r}{\pi d_w} \tag{2-17}$$

由以上各式可知,进给量 f 越大,工件直径 d_w 越小,则工作角度值变化就越大。上述分析适合于车削右旋螺纹时车刀的左侧刃,此时右侧刃工作角度的变化情况正好相反。所以车削右旋螺纹时,应适当加大车刀左侧刃刃磨后角,适当增大右侧刃刃磨前角、减小刃磨后角。一般车削外圆时,由进给运动所引起的 μ 值不超过 30′~1°,故其影响可忽略不计。但在车削大螺距或多头螺纹时,纵向进给的影响不可忽视,必须考虑它对刀具工作角度的影响。

（2）刀具安装位置对工作角度的影响

1）刀具安装高低对工作角度的影响

车削外圆时，若不考虑进给运动，并假定车刀 $\lambda_s=0°$，当刀尖与工件轴线等高时，刀具的工作前角、后角与其标注前角、后角分别相等。如图 2-16 所示，当切削刃上选定点的刀尖装得高于工件轴线时，切削平面变为 P_{se}，基面变为 P_{re}，从而使车刀的前角和后角发生变化。在背平面（平行刀杆轴线并垂直于基面的平面）内车刀的标注前角和后角为 γ_p 和 α_p，则工作前角 γ_{pe}、工作后角 α_{pe} 为

$$\gamma_{pe}=\gamma_p+\theta_p \tag{2-18}$$

$$\alpha_{pe}=\alpha_p-\theta_p \tag{2-19}$$

$$\tan\theta_p=\frac{h}{\sqrt{\left(\frac{d_w}{2}\right)^2-h^2}} \tag{2-20}$$

式中：h——切削刃上选定点（刀尖）与工件轴线的距离，mm；

d_w——工件直径，mm。

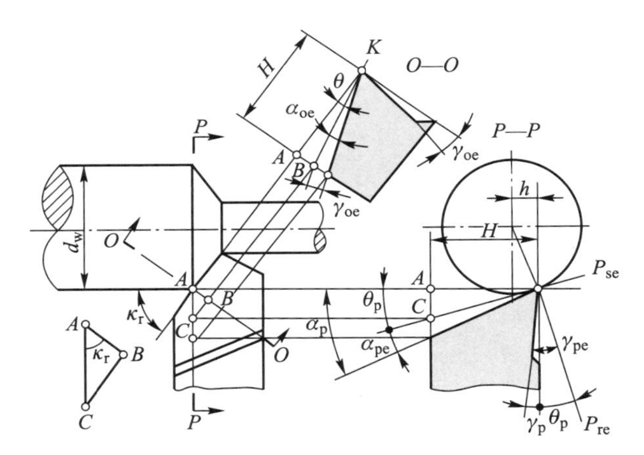

图 2-16 刀具安装高低对工作角度的影响

在正交平面内刀具的工作前角、工作后角为

$$\gamma_{oe}=\gamma_o+\theta \tag{2-21}$$

$$\alpha_{oe}=\alpha_o-\theta \tag{2-22}$$

$$\tan\theta=\tan\theta_p\cos\kappa_r \tag{2-23}$$

如果刀尖装得低于工件轴线，则上述工作角度的变化情况正好相反。内孔镗削时，装刀相对于工件轴线高低对工作角度的影响与外圆车削时对工作角度的影响相反。

2）刀杆中心线偏斜对工作角度的影响

如图 2-17 所示，当车刀刀杆中心线装得与进给方向不垂直时，车刀的工作主偏角和副偏角将会发生变化。若刀杆向右偏斜，将使工作主偏角 κ_{re} 增大，工作副偏角 κ'_{re} 减小；若刀杆向左偏斜，则 κ_{re} 减小，κ'_{re} 增大。

$$\kappa_{re}=\kappa_r\pm G \tag{2-24}$$

$$\kappa'_{re}=\kappa'_r\mp G \tag{2-25}$$

式中：G——进给运动方向垂线与刀杆中心线之间的夹角（刀柄轴线偏转角度为 G）。

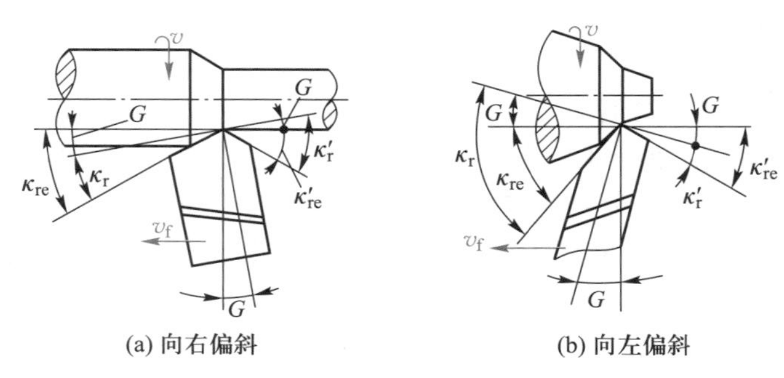

图 2-17 刀杆中心线偏斜对工作角度的影响

2.1.3 刀具材料

刀具材料通常是指刀具切削部分的材料。刀具切削性能的好坏取决于构成刀具切削部分的材料、几何形状和刀具结构。刀具材料对刀具使用寿命、加工效率、加工质量和加工成本都有很大影响,因此必须合理选择。

2.1.3.1 刀具材料应具备的性能

刀具切削部分在工作时要承受高温、高压、强烈的摩擦、冲击和振动,因此刀具材料必须具备以下基本性能:

1）高的硬度　刀具材料的硬度必须高于工件材料的硬度。一般要求刀具材料的常温硬度在 60HRC 以上。

2）高的耐磨性　耐磨性是指刀具抵抗磨损的能力,它是刀具材料力学性能、组织结构和化学性能的综合反映。一般刀具材料的硬度越高,耐磨性越好。材料中硬质点的硬度越高,数量越多,颗粒越小,分布越均匀,则耐磨性越高。

3）足够的强度和韧性　以便在承受切削力、冲击和振动时不至于发生崩刃和断裂。

4）高的耐热性　耐热性是指刀具材料在高温下保持硬度、耐磨性、强度和韧性,并有良好的抗黏结、抗扩散、抗氧化的能力。

5）良好的热物理性能和耐热冲击性能　刀具材料的导热性能要好,不会因受到大的热冲击产生刀具内部裂纹而导致刀具断裂。

6）良好的工艺性能和经济性　刀具材料应具有良好的锻造性能、热处理性能、焊接性能、磨削加工性能等,而且要追求高的性能价格比。另外,随着切削加工自动化和柔性制造系统的发展,还要求刀具磨损和刀具寿命等性能指标具有良好的可预测性。

应该指出,上述要求中有些是相互矛盾的,例如硬度越高、耐磨性越好的材料,其韧性和抗破损能力往往越差,耐热性好的材料其韧性也往往较差。在实际工作中,应根据具体的切削条件综合考虑选择最合适的刀具材料。

2.1.3.2 常用刀具材料

目前,在切削加工中常用的刀具材料有碳素工具钢、合金工具钢、高速工具钢、硬质合金等,其他刀具材料有陶瓷、金刚石、立方氮化硼等。

碳素工具钢是碳含量较高的优质钢(碳的质量分数为 0.65%~1.35%),如 T10A,在淬火后具有较高的硬度,而且价格低廉。但这种刀具材料在温度达到 200℃时即失去它原有的硬度,并且淬火时容易产生变形和裂纹。合金工具钢是在碳素工具钢中加入少量的 Cr、W、Mn、Si 等合金元素形成的刀具材料(如 9SiCr)。由于合金元素的加入,与碳素工具钢相比,其热处理变形有所减小,耐热性也有所提高。

以上两种材料终因耐热性较差而通常只用于制造手工工具及切削速度较低的刀具,如锉刀、锯条、铰刀等。陶瓷、金刚石和立方氮化硼材料由于具有价格昂贵等特点,一般用于高硬度难加工材料以及精密、高速切削加工等场合。目前,刀具材料中用得最多的是高速工具钢和硬质合金。

1. 高速工具钢

高速工具钢(简称高速钢)是含有较多钨、钼、铬、钒等合金元素的高合金工具钢。高速工具钢具有较高的硬度和耐热性,在切削温度达 550~600 ℃时仍能进行切削。与碳素工具钢和合金工具钢相比,高速工具钢能提高切削速度 1~3 倍,提高刀具使用寿命 10~40 倍,甚至更多。高速工具钢具有较高的强度和较好的韧性,抗弯强度为一般硬质合金的 2~3 倍,抗冲击振动能力强。

高速工具钢的工艺性能较好,能锻造,容易磨出锋利的刀刃,适宜制造各类切削刀具,尤其在复杂刀具(钻头、丝锥、成形刀具、拉刀、齿轮刀具等)的制造中,高速工具钢占有重要的地位。

高速工具钢按切削性能分,有低合金高速工具钢、普通高速工具钢和高性能高速工具钢;按制造工艺方法不同,可分为熔炼高速钢和粉末冶金高速钢。

普通高速工具钢是切削硬度在 250~280HBW 以下的大部分结构钢和铸铁的基本刀具材料,应用最广泛。切削普通钢料时的切削速度一般不高于 40~60 m/min。高性能高速工具钢较普通高速工具钢有着更好的切削性能,适合于加工奥氏体不锈钢、高温合金、钛合金和高强度钢等难加工材料。常用的几种高速工具钢的力学性能和应用范围见表 2-1。

表 2-1 常用高速工具钢的力学性能和应用范围

种类	牌号	常温硬度/HRC	抗弯强度/GPa	冲击韧性/(MJ/m^2)	高温硬度/HRC(600 ℃)	主要性能和应用范围
普通高速钢	W18Cr4V(W18)	63~66	3.0~3.4	0.18~0.32	48.5	综合性能和耐磨性好,适于制造精加工刀具和复杂刀具,如钻头、成形车刀、拉刀、齿轮刀具等
	W6Mo5Cr4V2(M2)	63~66	3.5~4.0	0.30~0.40	47~48	强度和韧性高于 W18,耐磨性稍差,热塑性好,适于制造热成形刀具及承受冲击的刀具
	W9Mo3Cr4V	65~66.5	4~4.5	0.343~0.392		高温热塑性好,而且淬火过热、脱碳敏感性小,有良好的切削性能
高性能高速钢	W6Mo5Cr4V3(M3)	65~67	≈3.136	≈0.245	51.7	属高钒高速钢,耐磨性很好,适合切削对刀具磨损较大的材料,如纤维、硬橡胶以及不锈钢、高强度钢和高温合金等
	W2Mo9Cr4VCo8(M42)	67~69	2.7~3.8	0.23~0.30	55	硬度高,耐磨性好,用于切削高强度钢、高温合金等难加工材料,适于制造复杂刀具等,但价格较贵

续表

种类	牌号	常温硬度/HRC	抗弯强度/GPa	冲击韧性/(MJ/m²)	高温硬度/HRC(600 ℃)	主要性能和应用范围
高性能高速钢	W6Mo5Cr4V3Co8(M36)	66~68	≈2.92	≈0.294	54	常温硬度和耐磨性都很好,高温硬度接近M42钢,适用于加工耐热不锈钢、高强度钢、高温合金等
	W6Mo5Cr4V2Al(501)	67~69	2.9~3.9	0.23~0.30	55	切削性能相当于M42,耐磨性稍差,用于切削难加工材料,适于制造复杂刀具等,价格较低
	W10Mo4Cr4V3Co10(5F-6)	67~69	3.1~3.5	0.20~0.28	54	属高钴超硬高速钢,切削性能相当于M42,宜于制造铣刀具、钻头、拉刀、齿轮刀具等,用于加工合金钢、不锈钢、高强度钢和高温合金

粉末冶金高速工具钢是用高压惰性气体(氩气或氮气)把钢水雾化成粉末后,经热压、锻轧成材,结晶组织细小而均匀。与熔炼高速工具钢相比,粉末冶金高速工具钢材质均匀,韧性好,硬度高,质量稳定。其淬火变形只有熔炼高速工具钢的1/3~1/2,耐磨性可提高20%~30%。它可以切削各种难加工材料,特别适于制造精密刀具和复杂刀具等。

2. 硬质合金

硬质合金是以高硬度、高熔点的金属碳化物(如WC、TiC、TaC、NbC等)为基,以金属(如Co、Ni、Mo等)为黏结剂,用粉末冶金方法制成的一种合金。其硬度为89~93HRA(相当于74~82HRC),能耐850 ℃~1 000 ℃的高温,具有良好的耐热性、耐磨性。允许使用的切削速度比高速钢高4~10倍,可达100~300 m/min;硬质合金刀具使用寿命比高速钢刀具使用寿命高几倍至几十倍,可加工包括淬硬钢在内的多种材料,因此获得了广泛应用。但是,硬质合金比高速钢的抗弯强度低、冲击韧性差,工艺性差,因此硬质合金很少用于制造整体刀具,常用于制造形状简单的刀片,经焊接或直接夹固在刀体上使用,所以目前还不能完全取代高速钢。

为了改善硬质合金抗弯强度低、冲击韧性差、易崩刃等问题(与高速钢相比),常采用以下方法:① 调整化学成分,使硬质合金既有高的硬度又有良好的韧性;② 细化合金的晶粒,其粒径可达纳米级,以提高硬质合金的硬度与抗弯强度。以上方法可使硬质合金进一步应用于复杂刀具,如拉刀、齿轮滚刀等。

依据国家标准、ISO标准,切削工具用硬质合金牌号按使用领域的不同分成P、M、K、N、S、H六类。每个类别为满足不同的使用要求,以及根据切削工具用硬质合金材料的耐磨性和韧性的不同,又可分为若干组。硬质合金的牌号、适应的加工条件和使用领域见表2-2。

从应用角度,目前常用的国产硬质合金的牌号、主要化学成分、性能和应用范围见表2-3,分述如下:

(1) 钨钴类(YG类)硬质合金(GB/T 18376中的代号为K)

这类合金由碳化钨和钴(WC+Co)组成,常用的牌号有YG3、YG6、YG8等。其硬度为89~91.5HRA,耐热度为800~900 ℃,抗弯强度和冲击韧性较好,不易崩刃,适用于加工铸铁类的短切

表 2-2 硬质合金的牌号、适应的加工条件和使用领域

组别		基本成分	适应的加工条件	使用领域	性能提高方向	
类别	分组号				切削性能	合金性能
P	01	以 TiC、WC 为基，以 Co(Ni+Mo、Ni+Co)作黏结剂的合金/涂层合金	高切削速度、小切屑截面、无振动条件下精车、精镗	主要用于长切屑材料的加工，如钢、铸钢、长切屑可锻铸铁等的加工	↑切削速度 进给量↓	↑耐磨性 韧性↓
	10		高切削速度、中及小切屑截面条件下的车削、仿形车削、车螺纹以及铣削			
	20		中切削速度、中切屑截面条件下的车削、仿形车削、铣削以及小切屑截面的刨削			
	30		中或低切削速度、中或大切屑截面条件下的车削、铣削、刨削和不利条件下的加工			
	40		低切削速度、大切削角、大切屑截面以及不利条件下的车削、刨削、切槽和自动机床上的加工			
M	01	以 WC 为基，以 Co 作黏结剂，添加少量 TiC(TaC、NbC)的合金/涂层合金	高切削速度、小载荷、无振动条件下的精车、精镗	主要用于通用合金，即不锈钢、铸钢、锰钢、可锻铸铁、合金钢、合金铸铁等的加工	↑切削速度 进给量↓	↑耐磨性 韧性↓
	10		中、高切削速度，中、小切屑截面条件下的车削			
	20		中切削速度、中切屑截面条件下的车削、铣削			
	30		中、高切削速度，中、大切屑截面条件下的车削、铣削、刨削			
	40		车削、切断、强力铣削加工			
K	01	以 WC 为基，以 Co 作黏结剂，或添加少量 TaC、NbC 的合金/涂层合金	车削、精车、铣削、镗削、刮削	主要用于短切屑材料的加工，如铸铁、冷硬铸铁、短切屑可锻铸铁、灰口铸铁等的加工	↑切削速度 进给量↓	↑耐磨性 韧性↓
	10		车削、铣削、镗削、刮削、拉削			
	20		用于中切削速度下、轻载荷粗加工或半精加工的车削、铣削、镗削等			
	30		用于在不利条件①下可能采用大切削角的车削、铣削、刨削、切槽加工，对刀片的韧性有一定的要求			
	40		用于在不利条件①下的粗加工，采用较低的切削速度、大的进给量			

续表

组别		基本成分	适应的加工条件	使用领域	性能提高方向	
类别	分组号				切削性能	合金性能
N	01	以WC为基，以Co作黏结剂，或添加少量TaC、NbC或CrC的合金/涂层合金	在高切削速度下，有色金属铝、铜、镁以及塑料、木材等非金属材料的精加工	主要用于有色金属、非金属材料的加工，如铝、镁合金以及塑料、木材等的加工	↑切削速度　进给量↓	↑耐磨性　韧性↓
	10		在较高切削速度下，有色金属铝、铜、镁以及塑料、木材等非金属材料的精加工或半精加工			
	20		在中切削速度下，有色金属铝、铜、镁以及塑料等的半精加工或粗加工			
	30		在中切削速度下，有色金属铝、铜、镁以及塑料等的粗加工			
S	01	以WC为基，以Co作黏结剂，或添加少量TaC、NbC或TiC的合金/涂层合金	在中切削速度下，耐热钢和钛合金的精加工	主要用于耐热材料和优质合金材料的加工，如耐热钢，含镍、钴、钛的各类合金材料的加工	↑切削速度　进给量↓	↑耐磨性　韧性↓
	10		在低切削速度下，耐热钢和钛合金的半精加工或粗加工			
	20		在较低切削速度下，耐热钢和钛合金的半精加工或粗加工			
	30		在较低切削速度下，耐热钢和钛合金的断续切削，适用于半精加工或粗加工			
H	01	以WC为基，以Co作黏结剂，或添加少量TaC、NbC或TiC的合金/涂层合金	在低切削速度下，淬硬钢、冷硬铸铁的连续轻载精加工	主要用于硬切削材料的加工，如淬硬钢、冷硬铸铁等材料的加工	↑切削速度　进给量↓	↑耐磨性　韧性↓
	10		在低切削速度下，淬硬钢、冷硬铸铁的连续轻载精加工、半精加工			
	20		在较低切削速度下，淬硬钢、冷硬铸铁的连续轻载半精加工、粗加工			
	30		在较低切削速度下，淬硬钢、冷硬铸铁的半精加工、粗加工			

① 不利条件指原材料或铸造、锻造的零件表面硬度不匀，加工时的切削深度不匀，间断切削以及振动等情况。

屑的黑色金属、有色金属和纤维材料。由于YG类合金的耐热性较差，因此不宜用于普通钢料的高速切削。但它的韧性较好，导热系数大，因而也适用于加工高温合金、不锈钢等难加工材料。

(2) 钨钛钴类(YT类)硬质合金(GB/T 18376中的代号为P)

这类合金由碳化钨、碳化钛和钴(WC+TiC+Co)组成，常用的牌号有YT5、YT15、YT30等。由于加入了碳化钛，增加了该类合金的硬度、耐热性、抗黏结性和抗氧化能力。但抗弯强度和冲击韧性较差，故主要用于加工长切屑的黑色金属如碳钢、合金钢等塑性材料。

表 2-3 常用硬质合金的牌号、主要化学成分、性能和应用范围

类别	牌号	化学成分及质量分数/%				力学性能			使用性能			应用范围		GB/T 18376中的相应牌号
		WC	TiC	TaC(NbC)	Co	硬度		抗弯强度/GPa	耐磨性	耐冲击性	耐热性	可加工材料	加工性质	
						HRA	HRC							
WC+Co	YG3	97			3	91	78	1.30	↑	↓	↑	铸铁、有色金属	连续切削时精加工、半精加工	K01
	YG6X	94		<0.5	6	91	78	1.56				铸铁、耐热合金	精加工、半精加工	K10
	YG6	94			6	89.5	75	1.67				铸铁、有色金属	连续切削时粗加工、断续切削时半精加工	K20
	YG8	92			8	89	74	1.84				铸铁、有色金属	粗加工	K30
WC+TiC+Co	YT5	85	5		10	89.5	75	1.56	↓	↑	↓	钢材	粗加工	P30
	YT14	78	14		8	90.5	77	1.40				钢材	断续切削时半精加工	P20
	YT15	79	15		6	91	78	1.30				钢材	连续切削时粗加工、断续切削时半精加工	P10
	YT30	66	30		4	92.5	81	0.88				钢材 淬硬钢	连续切削时精加工	P01
WC+TiC+TaC(NbC)+Co	YW1	84	6	4	6	92	80	1.28		较好	较好	难加工钢材	精加工、半精加工	M10
	YW2	82	6	4	8	91	78	1.47		好		难加工钢材	半精加工、粗加工	M20
WC+TaC(NbC)+Co	YG6A	91		3	6	92	80	1.51	较好			冷硬铸铁、有色金属、合金钢	半精加工	K10
TiC基	YN05		79		Ni7 Mo14	93.3		0.95	好		好	钢材	连续切削时精加工	P01

注:表中符号的意义如下:

Y—硬质合金;G—钴,其后数字表示合金中的钴含量;X—细颗粒合金;T—钛,其后数字表示合金中的 TiC 含量;A—含 TaC(NbC)的钨钴类硬质合金;W—通用合金。

(3) 钨钛钽(铌)钴类(YW 类)硬质合金(GB/T 18376 中的代号为 M)

它是在普通硬质合金中加入了碳化钽或碳化铌,即由碳化钨、碳化钛、碳化钽或碳化铌和钴(WC+TiC+TaC(NbC)+Co)组成,从而提高了硬质合金的韧性和耐热性,使其具有较好的综合切削性能。这类合金既可用于高温合金、不锈钢等难加工材料的加工,也适用于普通钢料、铸铁和

有色金属等的加工，因此被称为通用型硬质合金。

(4) 碳化钛基类(YN 类)硬质合金(GB/T 18376 中的代号为 P)

这类合金以碳化钛(TiC)为主要成分，以镍(Ni)、钼(Mo)作为黏结剂。由于 TiC 是所有碳化物中硬度最高的物质，所以 TiC 基硬质合金的硬度也比较高，接近陶瓷水平；其刀具寿命可比 WC 基硬质合金刀具提高几倍，可加工钢，也可加工铸铁，但其抗弯强度和韧性比 WC 基硬质合金差。因此，碳化钛基硬质合金主要用于精加工，不适用于重载荷切削及断续切削。

由表 2-3 可以看出，在硬质合金中，如果碳化物所占比例越大，则硬质合金的硬度越高，耐磨性越好；反之，若钴、镍等金属黏结剂的含量增多，则硬质合金的硬度降低，而抗弯强度和冲击韧性有所提高。这是因为碳化物的硬度和熔点均比黏结剂高得多。硬质合金的性能还与其晶粒大小有关，当黏结剂的含量一定时，碳化物的晶粒越细，则硬质合金的硬度越高，而抗弯强度和冲击韧性也有所提高，超细晶粒硬质合金的抗弯强度可达 2.0 GPa。

目前，约 90%的被加工材料可用 P 和 K 类硬质合金加工，其余可用 M 及其他类硬质合金加工。

为了提高高速工具钢刀具、硬质合金刀具的耐磨性和使用寿命，在刀具制造中广泛采用了涂层技术。涂层刀具是在韧性较好的硬质合金或高速工具钢刀具基体表面，涂覆 5~10 μm 厚的一层难熔金属化合物而获得的，常用的涂层材料有 TiC、TiN、Al_2O_3 等。TiC 的硬度比 TiN 高，耐磨性好，对于会产生剧烈磨损的刀具，采用 TiC 涂层较好。TiC 涂层抗黏结性能和抗扩散性能高，摩擦系数低，热膨胀系数与硬合金基体的相近，与基体间的热应力小，与基体结合牢固，适用于作为多涂层的底层。TiN 与铁基金属间的摩擦系数小，且允许的涂层较厚，在容易产生黏结的条件下，采用 TiN 涂层较好。在高速切削产生大量热量的场合，采用 Al_2O_3 涂层较好，因为 Al_2O_3 在高温下有良好的热稳定性能。

PVD 涂层介绍

涂层一般采用化学气相沉积(CVD)法、物理气相沉积(PVD)法。CVD 法的沉积温度约为 1 000 ℃，适用于硬质合金刀具；PVD 法的沉积温度约为 500 ℃，适用于高速工具钢刀具。涂层可以为单层、多层和复合涂层，如 TiC 内层、TiN 外层的复合涂层，TiC-Al_2O_3 或 Al_2O_3-TiN 的复合涂层。

涂层较好地解决了刀具的硬度、耐磨性与强度、韧性之间的矛盾，使刀具具有良好的切削性能。涂层硬质合金刀片的使用寿命至少可提高 1~3 倍，涂层高速工具钢刀具的使用寿命则可提高 2~10 倍。随着涂层技术的发展，涂层刀具的应用将会越来越广泛。

2.1.3.3　其他刀具材料

1. 陶瓷材料

陶瓷是以氧化铝(Al_2O_3)或氮化硅(Si_3N_4)等为主要成分，经压制成形后烧结而成的一种刀具材料。其硬度可达 91~95HRA，在 1 200 ℃高温下仍可保持 80HRA 的硬度。它的化学稳定性好，摩擦系数小，耐磨性好，加工钢件时的寿命为硬质合金的 10~12 倍。其最大缺点是脆性大，抗弯强度和冲击韧性差，对冲击十分敏感，因此主要用于精加工或半精加工高硬度、高强度钢和冷硬铸铁等。常用的陶瓷刀具材料有氧化铝陶瓷、复合氧化铝陶瓷及复合氮化硅陶瓷等。近年来，由于控制了原料的纯度和晶粒尺寸，添加了碳化物或金属，采用热压和热静压等工艺，不仅使其抗弯强度达到 0.9~1 GPa(有时高达 1.3~1.5 GPa)，而且冲击韧性和抗冲击性能都有很大提高，可加工硬度高达 65HRC 的高硬度难加工材料，可进行荒/粗车、大冲击间断切削，可实现以车代磨、以铣代磨工艺等，其应用范围日益扩大。

刀具材料性能测试

2. 人造金刚石

金刚石分为天然金刚石和人造金刚石两种，都是碳的同素异形体。由于天然金刚石性能较脆，价格昂贵，工业上多使用人造金刚石，人造金刚石又分为单晶金刚石和聚晶金刚石（PCD）。聚晶金刚石的晶粒随机排列，属各向同性体，常用于制作刀具。人造金刚石是借助某些触媒的作用，在高温高压下由石墨转化而成的。金刚石的硬度极高，接近于 10 000 HV（硬质合金硬度仅为 1 300~1 800 HV），是目前已知的最硬物质。人造金刚石刀具的摩擦系数小，与一些有色金属之间的摩擦系数约为硬质合金的一半；耐磨性好，加工高硬度材料时，其刀具寿命是硬质合金刀具寿命的 10~100 倍；切削刃可以磨得很锋利，可用于超薄材料的切削和超精密加工；其导热系数为硬质合金的 1.5~9 倍，热膨胀系数比硬质合金小，约为高速钢的 1/10。但它的热稳定性较差，用金刚石刀具进行切削时须对切削区进行强制冷却，切削区温度不得超过 700~800 ℃，特别是它与铁元素的化学亲和力很强，碳元素极易向含铁的工件扩散，使刀具很快磨损，因此不宜用来加工钢铁件。人造金刚石主要用于制作磨料、磨具，用作刀具材料时，多用于在高速下精细车削或镗削有色金属及非金属材料，尤其是在切削加工硬质合金、陶瓷、高硅铝合金等高硬度耐磨材料时，具有很大的优越性。

3. 立方氮化硼

立方氮化硼（cubic boron nitride，CBN）是 20 世纪 70 年代发展起来的一种人工合成的新型刀具材料。它由立方氮化硼在高温高压下加入催化剂转化而成，其硬度很高，可达 8 000~9 000 HV，仅次于金刚石的硬度；但它的热稳定性和化学惰性大大优于金刚石，可耐 1 300~1 500 ℃的高温，在 1 300 ℃高温时也不易与铁族金属起反应。因此，它能用较高的速度切削淬硬钢、冷硬铸铁、高温合金等难加工材料，从而大大提高生产率。同时能达到很高的加工精度（可达 IT5），表面粗糙度 *Ra* 值很小（可达 0.05 μm），足可代替磨削加工。

聚晶立方氮化硼（PCBN）是 CBN 切削刀具的烧结体，经过几十年的发展逐步趋于成熟，PCBN 刀具多由 PCBN 刀片与刀杆或可转位刀片焊接而成，近年来整体式 PCBN 刀片种类越来越多。PCBN 具有与 CBN 刀具相同的切削性能，同时可焊性好，易于生产，比 CBN 刀具得到更广泛的应用。

由于陶瓷、金刚石和立方氮化硼等刀具材料的硬度高、韧性相对较差，因此要求使用这类刀具的机床精度高、刚性好、速度高、工艺系统刚性好，只有这样才能充分发挥这些先进刀具材料的作用，取得良好的使用效果。

合理选择刀具材料的基本要求是：根据工件材料、刀具结构和加工要求，选择合适的刀具材料，做到既充分发挥刀具特性，又能较经济地满足加工要求。通常在加工一般材料时，大量使用的仍是普通高速工具钢和硬质合金，只有加工难切削材料时才有必要选用新牌号的高性能高速工具钢或硬质合金，加工高硬度材料或精密加工时才需选用超硬刀具材料。

随着社会的发展，新的工程材料不断出现，对刀具材料的要求也就不断提高。因此，改进现有刀具材料，发展新型刀具材料一直是冶金、机械科技工作者研究的重要课题。

航空刀具示例

由于被加工工件的材质、形状、技术要求和加工工艺的多样性，客观上要求刀具应具有不同的结构和切削性能，因此，生产中所使用的刀具种类很多。除了上述按切削部分材料分为高速工具钢刀具、硬质合金刀具、陶瓷刀具、金刚石刀具和立方氮化硼刀具等以外，还常按加工方式和用途进行分类，如刀具分为车刀、孔加工刀具、铣刀、拉刀、螺纹刀具、齿轮刀具、自动线及数控机床刀具和磨具等几大类型；按结构分为整体刀具、镶片刀具、机夹刀具和复合刀具等；按是否标准化分为标准刀具和非标

刀具检测分析

准刀具等。刀具是实现不同的切削加工方法的工具,在第4章中结合机械加工方法讲述会更好地了解刀具的切削性能和应用,同时也有利于合理选择加工方法。

2.2 金属切削过程的基本规律

2.2.1 切屑形成过程及变形区的划分

切屑形成过程是金属切削过程中最基本的物理现象,其变形规律是研究切削力、切削温度和刀具磨损等现象的理论基础。

大量的试验和理论分析证明,切削塑性金属时切屑的形成过程就是切削层金属产生变形的过程。在切削过程中,切削层金属受到刀具前面的挤压。由材料力学知识可知,金属材料受挤压时,其内部产生正应力与切应力,在与作用力大致成45°方向的切应力最大。当切应力达到材料的屈服强度时,被挤压金属材料发生剪切滑移;又由于受到切削层金属下方金属的阻碍和刀具的持续作用,切削层金属产生弹塑性变形,并沿切应力最大的方向剪切滑移,直至与母体材料脱离,形成切屑沿刀具前面流出。

根据直角自由切削试验时切削层的金属变形情况,可绘制出如图2-18所示的金属切削过程中的滑移线和流线示意图。流线表示被切削金属的某一点在切削过程中流动的轨迹。由图可见,金属的切削变形可大致划分为三个变形区。

(1) 第一变形区

从 *OA* 线开始发生塑性变形,到 *OM* 线晶粒的剪切滑移基本完成。这一区域(Ⅰ)称为第一变形区。

(2) 第二变形区

切屑沿前(刀)面排出时进一步受到前(刀)面的挤压和摩擦,使靠近前(刀)面处的金属纤维化,其方向基本上与前(刀)面平行。这一部分(Ⅱ)称为第二变形区。

(3) 第三变形区

已加工表面受到切削刃钝圆部分与后(刀)面的挤压和摩擦,产生变形与回弹,造成纤维化与加工硬化。这一部分(Ⅲ)的晶格变形较密集,称为第三变形区。

这三个变形区汇集在切削刃附近,此处的应力比较集中而且复杂,切削层金属在此处与工件本体分离,大部分变成切屑,很小的一部分留在已加工表面上。

第一变形区内金属的变形如图2-19所示。当切削层中金属由某点 P 向切削刃逼近,到达点1的位置时,其切应力达到材料的屈服强度 τ_s。点1在向前移动的同时,也沿 *OA* 滑移,其合成运动将使点1流动到点2,2—2′就是它的滑移量。随着滑移的产生,切应力将逐渐增加,也就是当 P 点向1、2、3、… 各点流动时,它的切应力不断增加。直至到达点4位置,其流动方向与前(刀)面平行,不再沿 *OM* 线滑移。所以 *OM* 线称终滑移线,*OA* 线称始滑移线。在 *OA* 到 *OM* 之间的整个第一变形区内切削层金属变成切屑,其变形的主要特征就是沿滑移线的剪切变形,以及随之产生的加工硬化。

在一般的切削速度范围内,第一变形区的宽度为0.02~0.2 mm。切削速度越高,变形区越窄,因此可以把第一变形区看作一个剪切面。剪切面与切削速度方向之间的夹角称为剪切角,以 ϕ 表示。

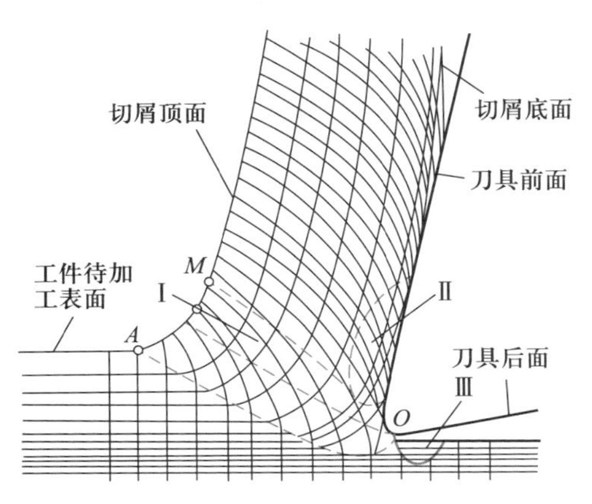

图 2-18 金属切削过程中滑移线和流线示意图

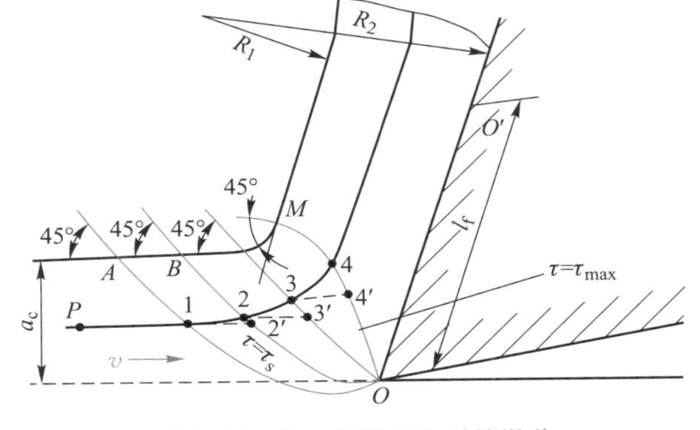

图 2-19 第一变形区金属的滑移

图 2-20 所示为塑性金属材料被切削时切削区域的金相显微照片，从图中可以看出金属除在剪切区发生显著变形外，在切屑沿刀具前（刀）面排出时进一步受到前（刀）面的挤压和摩擦，使紧靠前（刀）面处的金属发生显著的弯曲并纤维化，纤维方向与前（刀）面平行。同时，受到切削刃和后（刀）面的挤压摩擦和回弹作用，已加工表面也发生显著变形，造成纤维化和加工硬化。如前所述，一般将图中 *OA* 和 *OM* 线围成的剪切区称为第一变形区，靠近前（刀）面处称为第二变形区，受到刀具挤压和摩擦作用的已加工表面称为第三变形区。

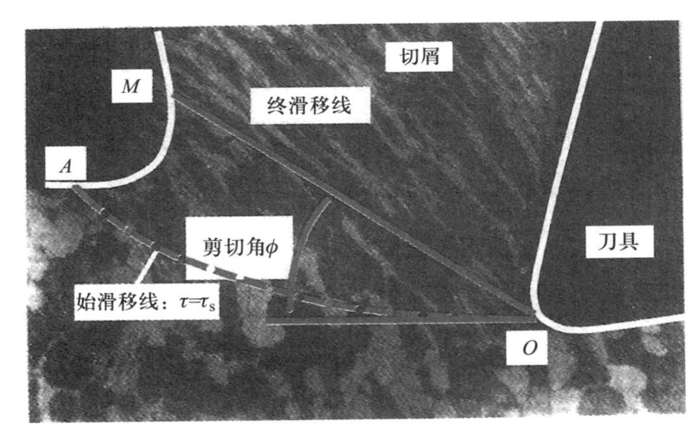

图 2-20 塑性金属材料被切削时切削区域的金相显微照片

2.2.2 变形程度的表示方法

1. 剪切角 ϕ

试验证明，剪切角 ϕ 的大小与切削力的大小有直接关系。如图 2-21 所示，对于同一工件材料，用同样的刀具，切削同样大小的切削层，当切削速度较大时，ϕ 角较大，剪切面积变小，即变形程度减小，切削比较省力，所以可以用剪切角 ϕ 作为衡量切削过程变形程度的参数。根据材料力学平面应力状态理论，结合直角自由切削状态下作用力的分析，剪切角 ϕ 的大小用下式表示：

$$\phi=\pi/4-\beta+\gamma_o \tag{2-26}$$

式中：β——刀、屑间摩擦角；

γ_o——刀具前角。

2. 剪应变 ε

切削过程中金属变形的主要形式是剪切滑移变形，且主要集中于第一变形区，其变形量可用剪应变即相对滑移 ε 来表示。如图 2-21 所示，当平行四边形 $OHNM$ 发生剪切滑移后，变为 $OGPM$。相对滑移 ε 为滑移距离 Δs 与单元厚度 Δy 之比，可用来表示切削变形程度。根据图 2-21中的几何关系有

$$\varepsilon=\frac{\Delta s}{\Delta y}=\frac{NP}{MK}=\frac{NK+KP}{MK}=\cot\phi+\tan(\phi-\gamma_o)=\cos\gamma_o/[\sin\phi\cos(\phi-\gamma_o)] \tag{2-27}$$

3. 变形系数 Λ_h

切削实践表明，刀具切下的切屑厚度 a_{ch}通常都要大于切削层厚度 a_c，而切屑长度 l_{ch}却小于切削层长度 l_c，如图 2-22 所示。切屑厚度 a_{ch}与切削层厚度 a_c之比称为厚度变形系数 Λ_{ha}（国家标准称为切屑厚度压缩比，用 Λ_h表示），而切削层长度 l_c与切屑长度 l_{ch}之比称为长度变形系数 Λ_{hl}，即

$$\Lambda_{ha}=\frac{a_{ch}}{a_c};\quad \Lambda_{hl}=\frac{l_c}{l_{ch}} \tag{2-28}$$

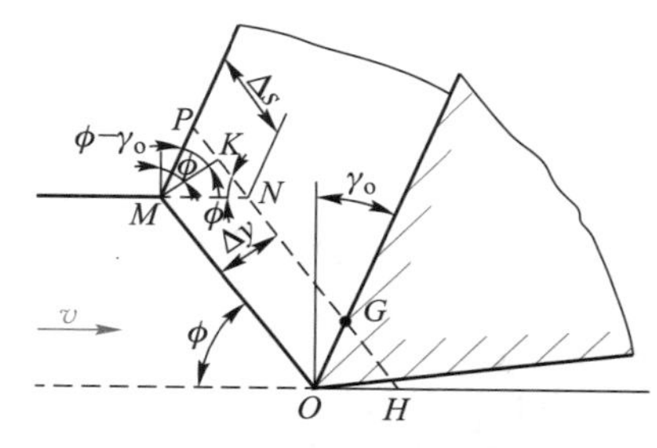

图 2-21　剪切变形示意图

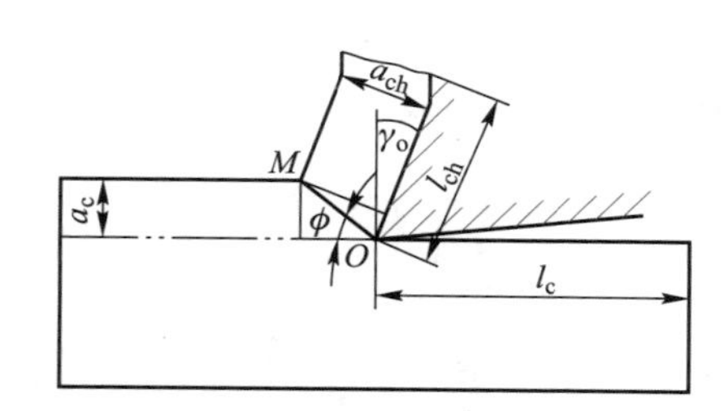

图 2-22　变形系数 Λ_h 的确定

由于切削层的宽度与切屑平均宽度差异很小，根据体积不变原理，有

$$\Lambda_{ha}=\Lambda_{hl}=\Lambda_h \tag{2-29}$$

变形系数 Λ_h 是大于 1 的数，直观地反映了切屑的变形程度，并且容易测量，在生产中应用较广。参见图 2-22，经过简单的几何计算，可得到 Λ_h 与剪切角 ϕ 的关系

$$\Lambda_h=\frac{a_{ch}}{a_c}=\frac{\cos(\phi-\gamma_o)}{\sin\phi} \tag{2-30}$$

由式(2-27) 和式(2-30) 可以看出，ε、Λ_h与 ϕ 和 γ_o 有关。通常，γ_o 越大，ϕ 值越大，相对滑移 ε、变形系数 Λ_h 就越小，可减少切削变形，对改善切削过程有利；摩擦角 β 减小，剪切角 ϕ 随之增大，说明提高刀具刃磨质量，改善润滑条件，减小前(刀)面与切屑之间的摩擦系数，有利于改善切削过程。

2.2.3　刀具前(刀)面的摩擦与积屑瘤

1. 刀、屑接触区的变形及摩擦

切削层金属经过终滑移线 OM 形成切屑后沿着前(刀)面流出时，切屑底层仍受到刀具的挤压和接触面间强烈的摩擦，继续以剪切滑移为主的方式在变形，使切屑底层的晶粒弯曲伸长，并趋向于与前(刀)面平行而形成纤维层，从而使靠近前(刀)面部分的切屑流动速度降低，甚至会停滞在前(刀)面上。这种平行于前(刀)面的纤维层称为滞流层，其变形程度要比切屑上层剧烈

几倍到几十倍。挤压与摩擦不仅造成第二变形区的变形，而且对第一变形区也有影响。不难理解，如果前(刀)面的摩擦力很大，切屑不易排出，则第一变形区的剪切滑移变形将加剧。

在塑性金属切削过程中，由于切屑与前(刀)面之间的压力很大，可达 2～3 GPa，切削液不易流入接触界面。再加上几百度的高温，切屑底层又总是以新生表面与前(刀)面接触，从而使刀、屑接触面间产生黏结，使该处的摩擦情况与一般的滑动摩擦不同。

采用光弹性试验方法可测出切削塑性金属时前(刀)面上的应力分布情况，如图 2-23 所示。在刀、屑接触面上的正应力 σ_γ 的分布是不均匀的，切削刃处 σ_γ 最大。随着切屑沿前(刀)面的流出 σ_γ 逐渐减小，在刀、屑分离处 σ_γ 为零。切应力 τ_γ 在 l_{f1} 区域内保持为定值，等于材料的剪切屈服强度 τ_s。在 l_{f2} 区域内逐渐减小，至刀、屑分离时为零。在正应力较大的一段长度 l_{f1} 上，切屑底部和前(刀)面发生黏结现象。在黏结情况下，切屑与前(刀)面之间已不是一般的外摩擦，而是切屑和刀具黏结层与其上层金属之间的内摩擦。这种内摩擦实际上就是金属内部的剪切滑移，它与材料的剪切屈服强度和接触面的大小有关。当切屑沿前(刀)面继续流出时，离切削刃越远，正应力越小，切削温度也随之降低，使切削层金属的塑性变形减小，刀、屑实际接触面积减小，进入滑移区 l_{f2}，该区内的摩擦性质为滑动摩擦。在一般情况下，金属的内摩擦力要比外摩擦力大得多，应着重考虑内摩擦。令 μ 为前(刀)面上的平均摩擦系数，则

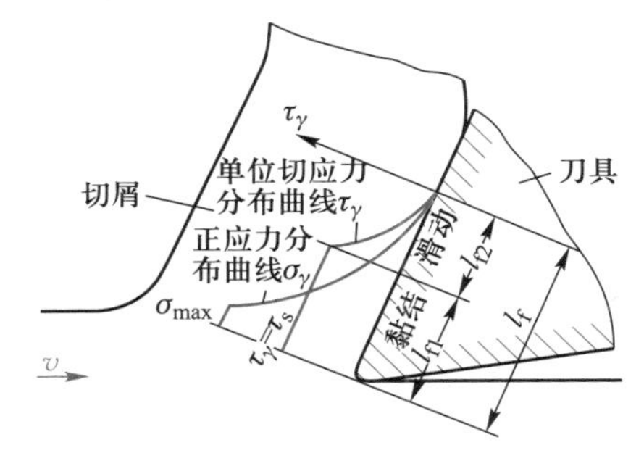

图 2-23 切屑和前(刀)面摩擦情况示意图

$$\mu=\frac{F_f}{F_n}\approx\frac{\tau_s A_{f1}}{\sigma_{av}A_{f1}}=\frac{\tau_s}{\sigma_{av}} \tag{2-31}$$

式中：A_{f1} 表示内摩擦部分的接触面积；τ_s 是工件材料的剪切屈服强度，随切削温度升高而略有下降；σ_{av} 表示该部分的平均正应力，σ_{av} 随材料硬度、切削厚度、切削速度以及刀具前角而变化，其变化范围较大。因此 μ 是一个变数，这也说明前(刀)面的摩擦系数的变化规律和外摩擦的情况大不相同。

2. 积屑瘤的形成及其对切削过程的影响

在切削速度不高而又能形成连续性切屑的情况下，加工一般钢料或其他塑性材料时，常常在前(刀)面切削处黏着一块剖面呈三角状的硬块。它的硬度很高，通常是工件材料硬度的 2～3 倍，在处于比较稳定的状态时，能够代替刀刃进行切削。这块冷焊在前(刀)面上的金属称为积屑瘤或刀瘤。积屑瘤剖面的金相显微照片见图 2-24。

积屑瘤的成因为：进行切削加工时，切屑与前(刀)面发生强烈的摩擦而形成新的接触面。当接触面达到一定的温度和较高压力时，就会产生黏结(冷焊)现象，于是切屑底层金属与前(刀)面冷焊而滞留在前(刀)面上。连续流动的切屑从黏在刀面的底层上流过时，底层上面的金属因内摩擦而变形，也会发生加工硬化，抗剪强度也随之提高而被阻滞在底层上。这样使剪切滑移发生在滞留层内部某一表面，而黏结层逐层在前一层上积聚，最后形成积屑瘤。

积屑瘤的产生及其积聚高度与金属材料的硬化性质、刃前区的温度和压力状况有关。一般来说，塑性材料的加工硬化倾向愈强，愈易产生积屑瘤。刃前区的温度与压力太低，不会产生积屑瘤；反之，温度太高，产生弱化作用，也不会产生积屑瘤。对碳素钢来说，在 300～500 ℃时积屑瘤最高，到 500 ℃以上时趋于消失。当背吃刀量和走刀量保持一定时，积屑瘤高度与切削速度有密切关系。

积屑瘤对切削过程有积极的作用，也有消极的影响。

(1) 增大实际前角

积屑瘤黏附在前(刀)面上的情况如图2-25所示，它加大了刀具的实际前角，可使切削力减小，对切削过程起积极的作用。积屑瘤愈高，实际前角愈大。

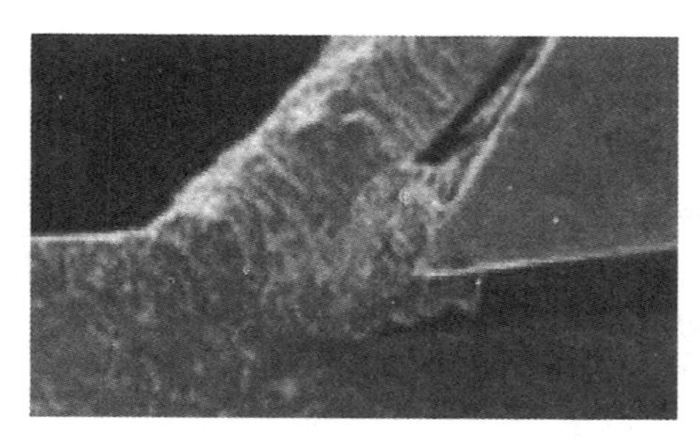

图2-24 积屑瘤全相显微照片

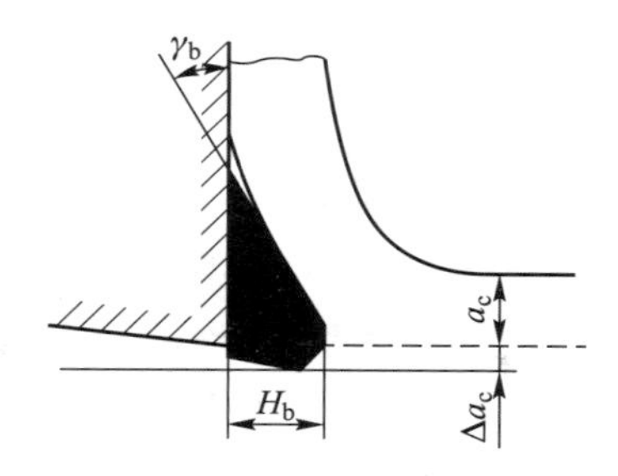

图2-25 积屑瘤的前角和伸出量

(2) 增大切削厚度

积屑瘤的前端伸出切削刃之外，使切削厚度增大了Δa_c。由于积屑瘤的产生、生长与脱落是一个周期性的动态过程，Δa_c值是变化的，因此有可能引起振动，直接影响加工尺寸精度。

(3) 使加工表面粗糙度值增大

积屑瘤的底部相对稳定，其顶部则很不稳定，容易破裂而导致一部分黏附于切屑底部而排出，一部分残留在加工表面上，积屑瘤凸出刀刃部分使加工表面变得粗糙。

(4) 对刀具寿命的影响

积屑瘤黏附在前(刀)面上，在相对稳定时可代替刀刃切削，有减少刀具磨损、提高寿命的作用。但在积屑瘤不稳定时，积屑瘤的破裂有可能导致硬质合金刀具颗粒剥落，使磨损加剧。

在精加工时应避免或减小积屑瘤，其主要措施有：

① 控制切削速度，尽量采用低速或高速切削，避开中速区。

② 采用润滑性能良好的切削液，以减小摩擦。

③ 增大刀具前角，以减小刀屑接触区的压力。

④ 适当提高工件材料硬度，减小加工硬化倾向。

2.2.4 影响切屑变形的主要因素

影响切屑变形的因素归纳起来主要有三个方面：工件材料、刀具几何参数及切削用量。

1. 工件材料

工件材料的强度、硬度越高，切屑变形越小。切屑与前(刀)面的摩擦越小，切屑越容易排出。工件材料强度对变形系数的影响如图2-26所示。

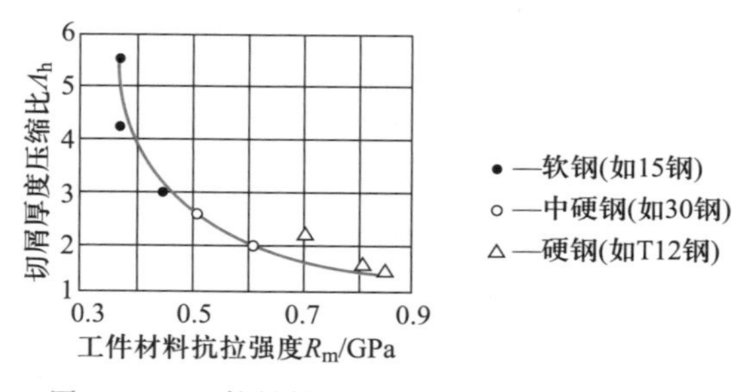

图2-26 工件材料强度对切屑变形程度的影响

2. 刀具几何参数

刀具几何参数中对切屑变形影响最大的是前角。前角 γ_o越大，则剪切角 ϕ 越大，切削刃越锋利，对切削层的挤压也会减小，故切屑变形也相应减小，如图 2-27 所示。

3. 切削用量

1）切削速度　切削速度对切屑的影响分为有积屑瘤阶段和无积屑瘤阶段，如图 2-28 所示。

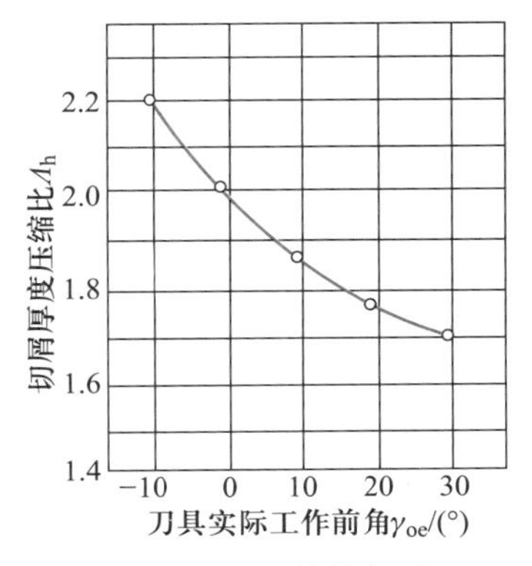

图 2-27　刀具前角对切屑变形的影响

在无积屑瘤的切削速度区域（在图示 $v_c>55$ m/min 条件下），切削速度越高，切屑通过变形区的时间极短，来不及充分地剪切滑移即被排出切削区外。同时切削速度提高，切削温度升高，切屑底层金属的剪应力下降，摩擦系数减小。以上均使剪切角 ϕ 增大，变形系数减小，故切屑变形随切削速度的增加而减小。

在有积屑瘤生成的切削速度范围内，切削速度主要通过积屑瘤影响实际工作前角来影响切屑变形。当切削速度增加使积屑瘤增大（v_c为 8～22 m/min），刀具实际工作前角增大，切屑变形减小；当切削速度再增加（v_c为 22～55 m/min），积屑瘤逐渐减小直至完全消失，刀具实际工作前角也随之减小，切屑变形增大。

2）进给量　如前所述，切屑底层金属经过第一、第二变形区的两次塑性变形，其变形程度比切屑顶层要剧烈得多，进给量越大，切削厚度也增大，前（刀）面上法向力增大，刀屑之间的摩擦系数下降，剪切角 ϕ 增大，所以，进给量越大，变形系数（切屑厚度压缩比）Λ_h减小，如图 2-29 所示。

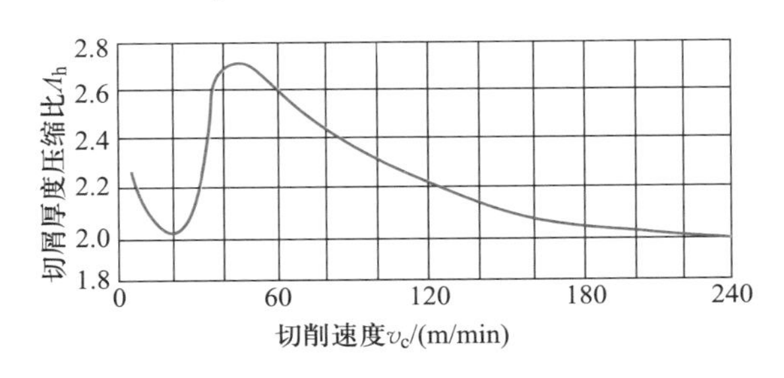

图 2-28　切削速度对切屑变形的影响

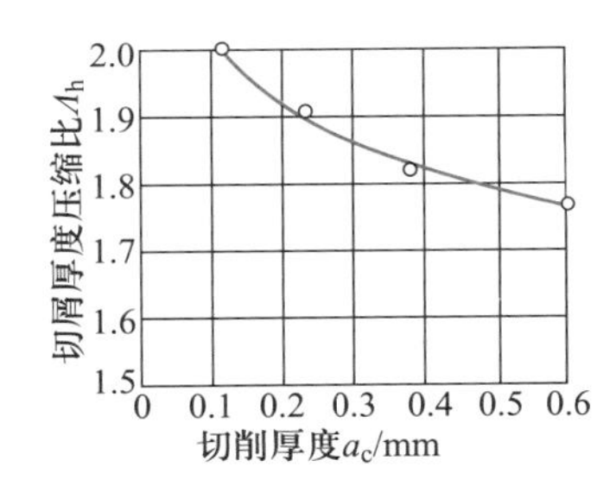

图 2-29　进给量对切屑变形的影响

总之，减小切屑变形和改善刀、屑接触面之间的摩擦是改进刀具和获得较理想切削过程的关键。

2.2.5　切屑的类型及控制

工件材料、刀具角度和切削用量不同，切屑变形情况也就不同，因而生成的切屑种类也就多种多样。归纳起来可分为四种类型，图 2-30a、b、c 为切削塑性材料的切屑，图 2-30d 为切削脆性材料的切屑。

1. 带状切屑

这是最常见的一种切屑。它的底层表面光滑，上表面为毛茸状。如果用显微镜观察，在上表面可看到剪切面的条纹，但每个单元很薄，肉眼看来大体上是平整的。加工塑性金属材料时，若切削厚度较小，切削速度较高，刀具前角较大，一般常得到此类切屑。形成带状切屑的过程较平

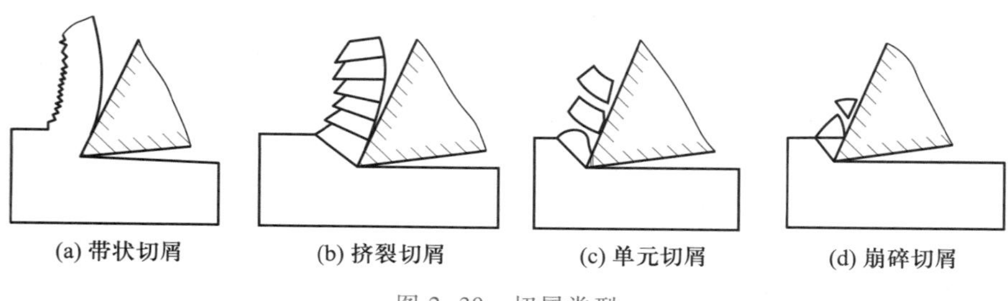

图 2-30 切屑类型

稳，切削力波动较小，已加工表面粗糙度值较小，但一般应采取断屑措施。

2. 挤裂切屑

这类切屑与带状切屑不同之处在于外表面呈锯齿形，内表面有时有裂纹。这类切屑之所以呈锯齿形，是由于它的第一变形区较宽，在剪切滑移过程中滑移量较大。由滑移变形所产生的加工硬化使剪切力增加，在局部地方达到材料的断裂强度。这种切屑大多在切削速度较低、切削厚度较大、刀具前角较小时产生。

3. 单元切屑

如果在挤裂切屑的剪切面上，裂纹扩展至整个面上，则整个单元被切离，形成了大致为梯形的单元切屑。

以上三种切屑中，带状切屑的切削过程最平稳，单元切屑的切削力波动最大。在生产中最常见的是带状切屑，有时得到挤裂切屑，单元切屑则很少见。若改变切削条件，如进一步减小刀具前角，降低切削速度或加大切削厚度，就可以得到单元切屑；反之，则可以得到带状切屑。这说明切屑的形态是可以随切削条件而转化的，掌握了其变化规律，就可以控制切屑的变形、形态和尺寸，以达到卷屑和断屑的目的。

4. 崩碎切屑

这是加工脆性材料时形成的切屑。这种切屑的形状是不规则的，加工表面凸凹不平。从切削过程来看，切屑在破裂前变形很小，这和塑性材料的切屑形成机理不同，它的脆断主要是由于材料所受应力超过了它的抗拉强度。加工脆硬材料，特别是切削厚度较大时常形成这种切屑。由于形成崩碎切屑的过程很不平稳，切削力又集中在切削刃附近，刀刃容易损坏，且已加工表面粗糙，因此在生产中应力求避免。其方法是减小切削厚度，适当增大刀具前角，这可使切屑成针状或片状；同时适当提高切削速度和增加工件材料的塑性。

以上是四种典型的切屑，但加工现场所得到的切屑的形状是多种多样的，常常会产生一些不可接受的切屑。这类切屑或拉伤工件的已加工表面，使表面粗糙度恶化；或划伤机床，卡在机床运动副之间；或造成刀具的早期磨损；有时甚至影响操作者的安全。特别是对于数控机床、自动生产线及柔性制造系统，如不进行有效的切屑控制，轻则限制机床能力的发挥，重则使生产无法正常进行。所谓切屑控制（又称切屑处理）是指在切削加工中采取适当的措施来控制切屑的卷曲、流出与折断，以形成可接受的良好屑形。在实际加工中，应用最广的切屑控制方法就是在前（刀）面上磨制出断屑槽或使用压块式断屑器。从切屑控制的角度出发，GB/T 16461—2016 中列出了切屑分类方法（此标准源于 ISO 3685:1993），如图 2-31 所示。

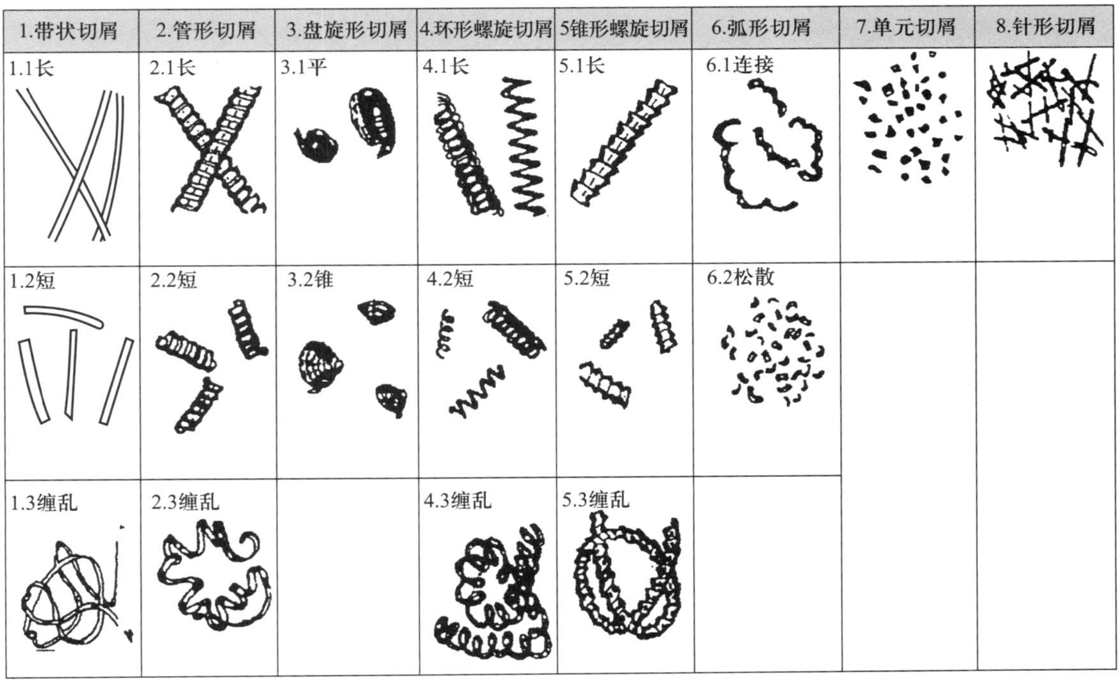

1.带状切屑	2.管形切屑	3.盘旋形切屑	4.环形螺旋切屑	5锥形螺旋切屑	6.弧形切屑	7.单元切屑	8.针形切屑
1.1长	2.1长	3.1平	4.1长	5.1长	6.1连接		
1.2短	2.2短	3.2锥	4.2短	5.2短	6.2松散		
1.3缠乱	2.3缠乱		4.3缠乱	5.3缠乱			

图 2-31 切屑分类方法

2.3 切 削 力

切削加工时,刀具切入工件使切削层材料发生变形而成为切屑所需的力称为切削力。在切削过程中,切削力直接影响切削热、刀具磨损及破损情况、加工精度和已加工表面质量。在生产中,切削力又是计算切削功率,制定切削用量,监控切削状态,设计和选用机床、刀具、夹具,优化刀具几何参数的必要依据。因此,研究切削力的规律及计算方法,对于分析切削过程和生产实际都具有重要意义。

2.3.1 切削力的来源及力的分解

切削力的来源有两个方面,如图 2-32 所示,一是被加工材料的弹性、塑性变形所产生的抗力;二是刀具与切屑、工件表面间的摩擦力。上述各力的总和形成了作用在刀具上的合力 $\boldsymbol{F}$(F 为其大小),它的大小和方向是变化的。为了便于测量和应用,$\boldsymbol{F}$ 可分解为三个相互垂直的分力,如图 2-33 所示。

$\boldsymbol{F}_c$——主切削力或切向力。它切于切削表面并与基面垂直(与切削速度方向一致)。在一般情况下 $\boldsymbol{F}_c$ 在三个分力中最大,是计算刀具强度、确定机床功率、设计机床零件等的主要依据。

$\boldsymbol{F}_f$——进给力或走刀力。它位于基面内并与进给方向平行。$\boldsymbol{F}_f$ 是计算进给功率、设计进给机构所必需的。

$\boldsymbol{F}_p$——背向力或切深抗力、吃刀力。它位于基面内并与进给方向垂直。$\boldsymbol{F}_p$ 虽不做功,但能使工件变形或造成振动,对加工精度和已加工表面质量影响较大,用于计算工件挠度和刀具、机床零件的强度等。

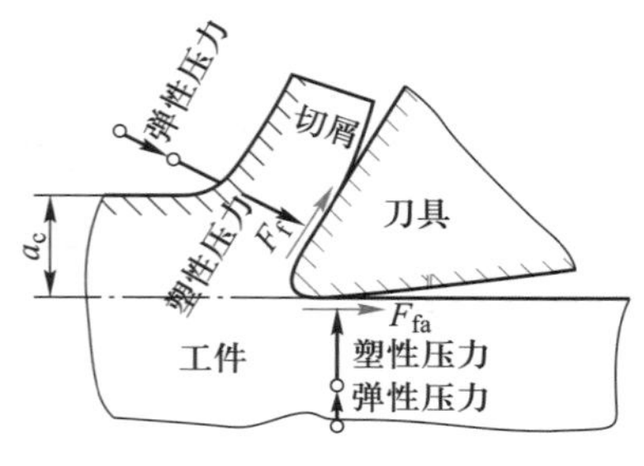

图 2-32 切削力的来源

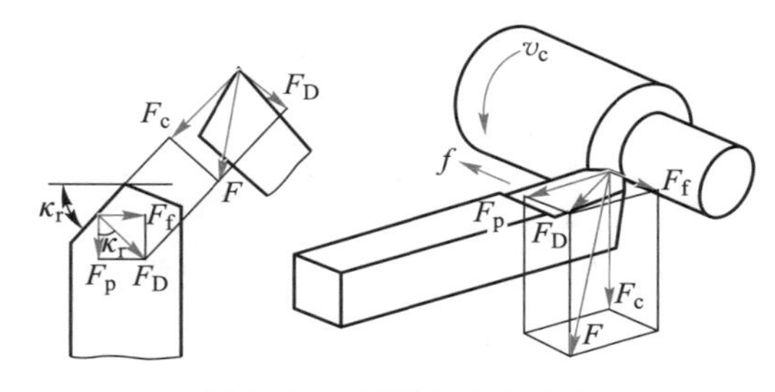

图 2-33 切削合力和分力

由图 2-33 知，合力 $\boldsymbol{F}$ 先分解为 $\boldsymbol{F}_c$和 $\boldsymbol{F}_D$，$\boldsymbol{F}_D$再分解为 $\boldsymbol{F}_f$和 $\boldsymbol{F}_p$，因此

$$F=\sqrt{F_c^2+F_D^2}=\sqrt{F_c^2+F_f^2+F_p^2} \tag{2-32}$$

如果不考虑副刀刃的作用及其他造成切屑流向改变因素的影响，合力 $\boldsymbol{F}$ 就在刀具的主剖面内，由图 2-33 又知

$$F_f=F_D\sin\kappa_r;\quad F_p=F_D\cos\kappa_r \tag{2-33}$$

根据试验，当车刀 $\kappa_r=45°$，$\lambda_s=0°$和 $\gamma_o\approx15°$时，F_c、F_f和 F_p之间有以下近似关系：

$$F_f=(0.10\sim0.6)F_c;\quad F_p=(0.15\sim0.7)\ F_c$$

由此可得

$$F=(1.02\sim1.36)F_c$$

随车刀材料、几何参数、切削用量、工件材料和刀具磨损情况的不同，F_c、F_f和 F_p之间的比例可在较大范围内变化。

2.3.2 切削力与切削功率的计算

为了能够从理论上分析和计算切削力，人们进行了大量的试验和研究，目前实际生产中采用的计算公式都是通过大量的试验和数据处理而得到的经验公式。切削力的计算常采用指数形式的经验公式法、单位切削力法、解析计算法、有限元计算法及测力仪测量法等。其中，解析计算法是在提出的几种切削力模型中，假定切削力与切屑横截面面积成正比，根据切削条件依据公式计算获得；有限元计算法是基于计算机软、硬件的发展，应用商业软件进行金属切削过程仿真去获得切削力大小。本节仅介绍指数形式的经验公式法和单位切削力法。

1. 指数形式的经验公式法

指数形式的切削力经验公式应用比较广泛，形式如下：

$$F_c=C_{F_c}a_p^{x_{F_c}}f^{y_{F_c}}v_c^{z_{F_c}}K_{F_c} \tag{2-34}$$

$$F_f=C_{F_f}a_p^{x_{F_f}}f^{y_{F_f}}v_c^{z_{F_f}}K_{F_f} \tag{2-35}$$

$$F_p=C_{F_p}a_p^{x_{F_p}}f^{y_{F_p}}v_c^{z_{F_p}}K_{F_p} \tag{2-36}$$

式中：

F_c、F_f、F_p——主切削力、进给力和背向力；

C_{F_c}、C_{F_f}、C_{F_p}——取决于工件材料和切削条件的系数；

x_{F_c}、y_{F_c}、z_{F_c}、x_{F_f}、y_{F_f}、z_{F_f}、x_{F_p}、y_{F_p}、y_{F_p}——三个分力公式中 a_p、f 和 v_c 的指数；

K_{F_c}、K_{F_f}、K_{F_p}——当实际加工条件与求得的经验公式的试验条件不符时，各种因素对各切削分力的修正系数。

表 2-4 是在硬质合金刀具 $\kappa_r=45°, \gamma_o=10°, \lambda_s=0°$；高速钢刀具 $\kappa_r=45°, \gamma_o=20°\sim25°$，刀尖圆弧半径值 $r_\varepsilon=1.0$ mm 及其他特定条件下应用的，列出了车削时切削力指数公式中的系数和指数，当刀具的几何参数及其他条件与上述不符时，各个因素都可用相应的修正系数进行修正。更多切削条件下的修正系数可查阅有关机械加工工艺手册或金属切削手册。

表 2-4　车削时切削力指数公式中的系数和指数

被加工材料	刀具材料	加工形式	公式中的系数及指数											
			主切削力 F_c				背向力 F_p				进给力 F_f			
			C_{F_c}	x_{F_c}	y_{F_c}	z_{F_c}	C_{F_p}	x_{F_p}	y_{F_p}	z_{F_p}	C_{F_f}	x_{F_f}	y_{F_f}	z_{F_f}
结构钢及铸钢 $R_m=0.637$ GPa	硬质合金	外圆纵车、横车及镗孔	1 433	1.0	0.75	-0.15	572	0.9	0.6	-0.3	561	1.0	0.5	-0.4
		切槽及切断	3 600	0.72	0.8	0	1 393	0.73	0.67	0	—	—	—	—
		切螺纹	23 879	—	1.7	0.71	—	—	—	—	—	—	—	—
	高速钢	外圆纵车、横车及镗孔	1 766	1.0	0.75	0	922	0.9	0.75	0	530	1.2	0.65	0
		切槽及切断	2 178	1.0	1.0	0	—	—	—	—	—	—	—	—
		成形车削	1 874	1.0	0.75	0	—	—	—	—	—	—	—	—
不锈钢	硬质合金	外圆纵车、横车及镗孔	2 001	1.0	0.75	0	—	—	—	—	—	—	—	—
灰铸铁 190HBW	硬质合金	外圆纵车、横车及镗孔	903	1.0	0.75	0	530	0.9	0.75	0	451	1.0	0.4	0
		切螺纹	29 013	—	1.8	0.82	—	—	—	—	—	—	—	—
	高速钢	外圆纵车、横车及镗孔	1 118	1.0	0.75	0	1167	0.9	0.75	0	500	1.2	0.65	0
		切槽及切断	1 550	1.0	1.0	0	—	—	—	—	—	—	—	—
中等硬度不匀质铜合金 120HBW	高速钢	外圆纵车、横车及镗孔	540	1.0	0.66	0	—	—	—	—	—	—	—	—
		切槽及切断	736	1.0	1.0	0	—	—	—	—	—	—	—	—
铝及铝硅合金	高速钢	外圆纵车、横车及镗孔	392	1.0	0.75	0	—	—	—	—	—	—	—	—
		切槽及切断	491	1.0	1.0	0	—	—	—	—	—	—	—	—

2. 单位切削力法

单位切削力指的是单位切削面积上的主切削力，用 k_c 表示：

$$k_c=\frac{F_c}{A_c}=\frac{F_c}{a_c a_w}=\frac{F_c}{a_p f} \tag{2-37}$$

式中：k_c——单位切削力，N/mm²；

A_c——切削面积，mm²；

a_p——背吃刀量,mm;

f——进给量,mm;

a_c——切削厚度,mm;

a_w——切削宽度,mm。

各种材料的单位切削力可在有关手册中查到,表 2-5 中列出了硬质合金外圆车刀切削几种常用材料时的单位切削力。根据式(2-37),可得到切削力 F_c 的计算公式:

$$F_c = k_c A_c K_{F_c} = k_c a_p f K_{F_c} \tag{2-38}$$

式中,K_{F_c} 为切削条件修正系数,可在有关手册中查到。

表 2-5 硬质合金外圆车刀切削几种常用材料时的单位切削力

<table>
<tr><th colspan="4">工件材料</th><th rowspan="2">单位切削力/
(N/mm²)或
(kgf/mm²)</th><th colspan="4">试验条件</th></tr>
<tr><th>名称</th><th>牌号</th><th>热处理状态</th><th>硬度(HBW)</th><th colspan="3">刀具几何参数</th><th>切削用量范围</th></tr>
<tr><td rowspan="4">钢材</td><td rowspan="2">45</td><td>正火或热轧</td><td>187</td><td>1 962
(200)</td><td rowspan="5">$\gamma_o = 15°$
$\kappa_r = 75°$
$\lambda_s = 0°$</td><td rowspan="4">前(刀)面带卷屑槽</td><td>$b_{\gamma 1} = 0$</td><td rowspan="4">$a_p = 1 \sim 5$ mm
$f = 0.1 \sim 0.5$ mm/r
$v_c = 1.5 \sim 1.75$ m/s
(90~105 m/min)</td></tr>
<tr><td>调质</td><td>229</td><td>2 305
(235)</td><td>$b_{\gamma 1} = 0.1 \sim$
0.15 mm,
$\gamma_{o1} = -20°$</td></tr>
<tr><td rowspan="2">40Cr</td><td>正火或热轧</td><td>212</td><td>1 962
(200)</td><td>$b_{\gamma 1} = 0$</td></tr>
<tr><td>调质</td><td>285</td><td>2 305
(235)</td><td>$b_{\gamma 1} = 0.1 \sim$
0.15 mm,
$\gamma_{o1} = -20°$</td></tr>
<tr><td>灰铸铁</td><td>HT200</td><td>退火</td><td>170</td><td>1 118
(114)</td><td colspan="2">$b_{\gamma 1} = 0$,平前刀面,无卷屑槽</td><td>$a_p = 2 \sim 10$ mm
$f = 0.1 \sim 0.5$ mm/r
$v_c = 1.17 \sim 1.42$ m/s
(70~85 m/min)</td></tr>
</table>

注:$b_{\gamma 1}$——前(刀)面负倒棱的宽度。

3. 计算切削功率

切削功率 P_s 是切削过程中各切削分力消耗功率的总和。因在 F_p 所在方向上没有位移,故不消耗功率。因此,切削功率 P_s 可按下式计算:

$$P_s = \left(F_c v_c + \frac{F_f n_w f}{1\ 000} \right) \times 10^{-3} \tag{2-39}$$

式中:F_c——主切削力,N;

v_c——切削速度,m/s;

F_f——进给力,N;

n_w——工件转速,r/s;

f——进给量,mm/r。

由于 F_f 远小于 F_c,而在 F_f 所在方向上的运动速度又很小,因此 F_f 所消耗的功率相对于 F_c 所消耗的功率来说一般很小(<1%~2%),可以忽略不计。于是

$$P_s = F_c v_c \times 10^{-3} \tag{2-40}$$

根据切削功率选择机床电动机时，还要考虑机床的传动效率。机床电动机的功率 P_e 应满足：

$$P_e \geqslant P_s / \eta_m \tag{2-41}$$

式中：η_m 为机床的传动效率，一般取 0.75～0.85。

例如，用硬质合金车刀外圆纵车 $R_m = 0.637$ GPa 的结构钢，车刀几何参数为：$\kappa_r = 45°$，$\gamma_o = 10°$，$\lambda_s = 0°$；切削用量为：$a_p = 4$ mm，$f = 0.4$ mm/r，$v_c = 1.7$ m/s。按此切削条件由表 2-4 查出 $x_{F_c} = 1.0$，$y_{F_c} = 0.75$，$z_{F_c} = -0.15$ 等系数和指数，并代入式(2-34)～式(2-36)（由于所给条件与表 2-4 条件相同，故 $K_{F_c} = K_{F_p} = K_{F_f} = 1$）得

$$F_c = C_{F_c} a_p^{x_{F_c}} f^{y_{F_c}} v_c^{z_{F_c}} K_{F_c} = (1\ 433 \times 4^{1.0} \times 0.4^{0.75} \times 1.7^{-0.15} \times 1)\ \mathrm{N} = 2\ 662.5\ \mathrm{N}$$

$$F_p = C_{F_p} a_p^{x_{F_p}} f^{y_{F_p}} v_c^{z_{F_p}} K_{F_p} = (572 \times 4^{0.9} \times 0.4^{0.6} \times 1.7^{-0.3} \times 1)\ \mathrm{N} = 980.3\ \mathrm{N}$$

$$F_f = C_{F_f} a_p^{x_{F_f}} f^{y_{F_f}} v_c^{z_{F_f}} K_{F_f} = (561 \times 4^{1.0} \times 0.4^{0.5} \times 1.7^{-0.4} \times 1)\ \mathrm{N} = 1\ 147.8\ \mathrm{N}$$

切削功率

$$P_s = F_c v_c \times 10^{-3} = (2\ 662.5 \times 1.7 \times 10^{-3})\ \mathrm{kW} \approx 4.5\ \mathrm{kW}$$

一般在需要粗略估计切削力时，可以暂时忽略其他因素的影响，只考虑单位切削力，用初选切削面积乘单位切削力即可。例如用硬质合金刀具车削钢材，单位切削力可约取 2 000 N/mm^2，若 $a_p = 5$ mm，$f = 0.4$ mm/r，则 F_c 大约为(2 000×5×0.4) N = 4 000 N。

2.3.3 切削力的测量

在生产实际中，切削力的大小一般采用由试验结果建立起来的经验公式进行计算。当需要较为准确地知道在某种切削条件下的切削力时，还需进行实际测量。随着测试手段的现代化，切削力的测量方法取得了很大的进展，在很多场合下已经能很精确地测量切削力。切削力的测量成为研究切削力的行之有效的手段。目前常用的切削力测量方法主要有：

1. 测定机床功率后计算切削力

用功率表测出机床电动机在切削过程中所消耗的功率 P_e 后，可由式(2-41) 计算出切削功率 P_s：

$$P_s = P_e \eta_m \tag{2-42}$$

在切削速度 v_c 已知的情况下，将 P_s 代入式(2-40) 即可求出切削力 F_c。这种方法只能粗略估算切削力的大小，不够精确。当要求精确知道切削力大小时，通常采用测力仪直接测量。

2. 用测力仪测量切削力

测力仪的测量原理是利用切削力作用在测力仪的弹性元件上使其产生变形，或作用在压电晶体上产生电荷，经过转换后，读出 F_c、F_f、F_p 的值。近代先进的测力仪常与计算机配套使用，直接处理数据，自动显示力值和建立切削力的经验公式。切削力的计算机辅助测量原理如图 2-34 所示。在自动化生产中，还可利用测力传感装置产生的信号优化和监控切削过程。

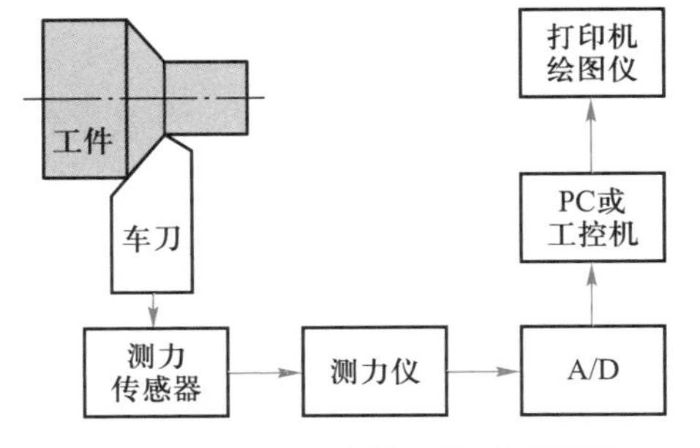

图 2-34 切削力的计算机辅助测量原理

由于切削条件的复杂性和不确定性，使得理论计算很难得到精确的切削力，为了弄清切削机理，控制和在线检测切削过程，为切削用量优化和提高零件加工精度、表面质量等提供试验数据支持，研究

了多种类型的测力仪，如图 2-35 所示。

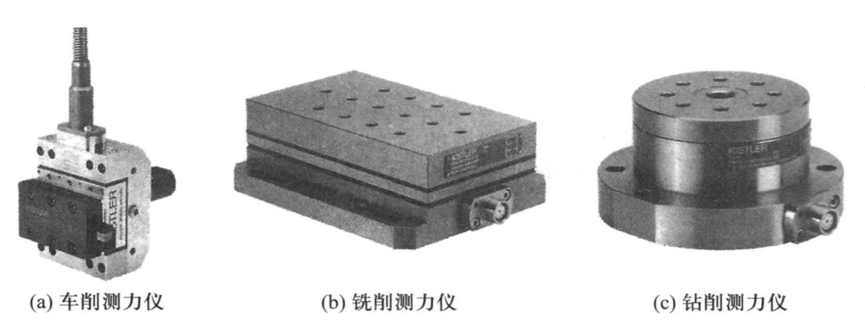

(a) 车削测力仪　(b) 铣削测力仪　(c) 钻削测力仪

图 2-35 几种常用测力仪

按工作原理不同，测力仪可分为机械、液压和电气测力仪。目前常用的是电阻应变片式测力仪和压电测力仪。

2.3.4 影响切削力的主要因素

凡影响切削过程中材料变形及摩擦的因素都会影响切削力。影响切削力的主要因素有工件材料、切削用量、刀具几何参数、刀具磨损、切削液和刀具材料等。

1. 工件材料的影响

工件材料的力学性能、加工硬化程度、化学成分、热处理状态以及切削前的加工状态都对切削力的大小有影响。

工件材料的强度、硬度越高，则屈服强度越大，切削力越大。强度、硬度相近的材料，其塑性、韧性越大，则切削变形程度越大，且切屑与前(刀)面的接触长度长、摩擦力大，因而切削力越大。切削灰铸铁等脆性材料时一般形成崩碎切屑，切屑与前(刀)面的接触长度短、摩擦力小，故切削力较小。工件材料加工硬化程度越大，切削力也越大。

2. 切削用量的影响

背吃刀量 a_p或进给量 f 增大，均使切削力增大，但二者的影响程度不同。

背吃刀量 a_p增大，切削面积 A_c成正比增加，弹塑性变形总量及摩擦力增加，而单位切削力不变，因而切削力成正比增加。背向力和进给力也近似成正比增加。在切削力经验公式中，a_p的指数 x_{F_c}(x_{F_f}、x_{F_p})近似等于 1，即当背吃刀量增大 1 倍时，切削力约增加 1 倍。

进给量 f 增大，切削面积 A_c也成正比增加。但变形程度减小，使单位切削力减小，因而切削力的增大与 f 不成正比。在切削力经验公式中 f 的指数 y_{F_c}(y_{F_f}、y_{F_p})小于 1(0.75～0.9)，即当进给量增加 1 倍时，切削力增加不到 1 倍(68%～86%)。因此，在切削加工中，如从切削力的角度考虑，加大进给量比加大背吃刀量有利。

切削塑性金属时，切削速度对切削力的影响分为有积屑瘤和无积屑瘤两个阶段。在有积屑瘤阶段，随着切削速度 v_c 增大，积屑瘤逐渐增大，使刀具的实际前角增大，切屑变形程度减小，从而使切削力逐渐减小。当积屑瘤最大时，切削力达最小值。随着切削速度继续增大，积屑瘤又逐渐减小，故切削力逐渐增大。在无积屑瘤阶段，随着切削速度 v_c 的增大，切削温度逐渐升高，前(刀)面摩擦系数减小，变形程度减小，使切削力又逐渐减小，且渐趋稳定，如图 2-36 所示。

切削脆性金属时，因其塑性变形很小，切屑与前(刀)面的摩擦力很小，所以切削速度对切削力的影响较小。

3. 刀具几何参数的影响

在刀具的几何参数中，前角 γ_o 对切削力影响最大。加工塑性材料时，前角 γ_o 增大，变形程度减小，因此切削力减小。加工脆性材料时，由于切屑变形很小，所以前角对切削力的影响不显著。

主偏角 κ_r 对切削力 F_c 的影响较小，影响程度不超过10%。主偏角为60°~75°时，切削力 F_c 最小，然而主偏角 κ_r 对背向力 F_p 和进给力 F_f 影响较大。由图 2-33 和式(2-33)可知，F_p 随 κ_r 的增大而减小，F_f 则随 κ_r 的增大而增大。

实践证明，刃倾角 λ_s 在很大范围内变化对切削力 F_c 没有什么影响，但对 F_p 和 F_f 影响较大。如图 2-37 所示，随着 λ_s 增大，F_p 减小，而 F_f 增大。

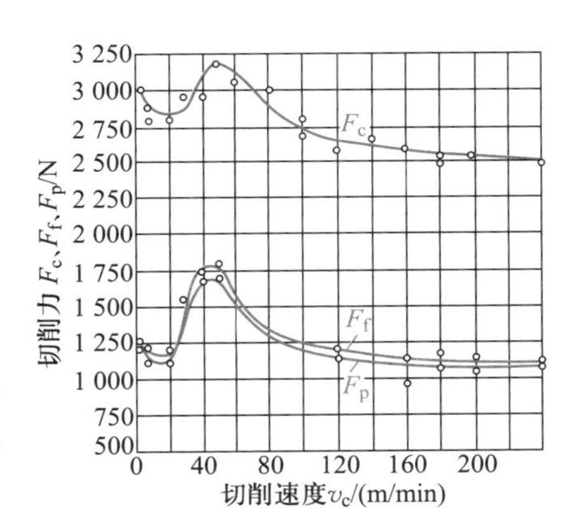

图 2-36 切削速度对切削力的影响（用 YT15 车刀加工 45 钢）

$a_p = 4$ mm， $f = 0.3$ mm/r

在切削刃上磨出适当的负倒棱可以提高刃区的强度，但使切削力有所增加。如图 2-38 所示，负倒棱宽度 $b_{\gamma1}$ 与进给量 f 之比（$b_{\gamma1}/f$）增大，切削力随之增大。但当切削钢 $b_{\gamma1}/f \geqslant 5$，或切削灰铸铁 $b_{\gamma1}/f \geqslant 3$ 时，切削力趋于稳定，接近于负前角 γ_{o1} 刀具的切削状态。

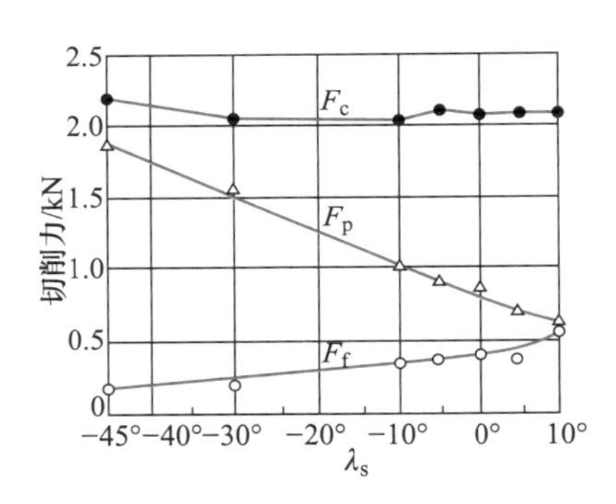

图 2-37 刃倾角对切削力的影响

工件材料：45 钢（正火），187HBW

刀具：外圆车刀 YT15

刀具几何参数：$\gamma_o = 15°$，$\alpha_o = 6°$，$\alpha_o' = 4° \sim 6°$，$\kappa_r = 75°$，$\kappa_r' = 10° \sim 12°$

切削用量：$a_p = 3$ mm，$f = 0.35$ mm/r，$v_c = 100$ m/min

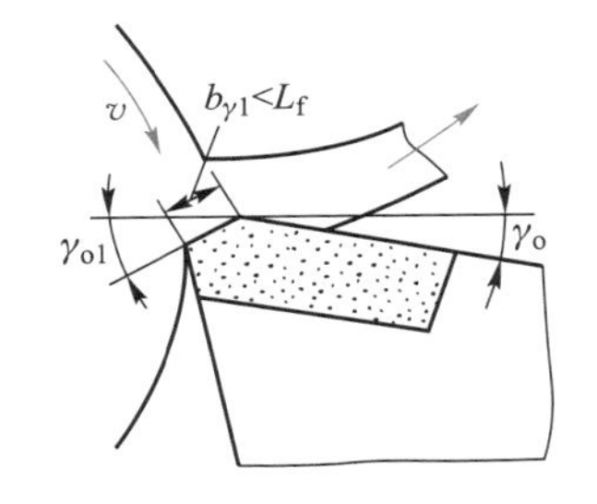

图 2-38 负倒棱对切削力的影响

刀尖圆弧半径 r_ε 增大，如图 2-39 所示，使切削刃曲线部分的长度和切削宽度增大，切削厚度减薄，各点的 κ_r 减小。所以 r_ε 增大相当于 κ_r 减小时对切削力的影响。

4. 刀具磨损的影响

刀具后（刀）面磨损带中间部分的平均宽度以 VB（磨损量）表示，磨损面上后角为 0°。图 2-40 表示切削 45 钢时，后（刀）面磨损量对切削力的影响。后（刀）面磨损量 VB 增大，使主后（刀）面与加工表面的摩擦力增大，故切削力加大。VB 对背向力 F_p 的影响最为显著。

5. 切削液的影响

以冷却为主的水溶液对切削力的影响很小，而润滑作用较强的切削液可有效减小刀具前（刀）面与切屑、后（刀）面与工件表面之间的摩擦力，甚至还能减小被加工材料的塑性变形，从而能显著地降低切削力。在较小的切削速度下，切削液的润滑作用更为突出。

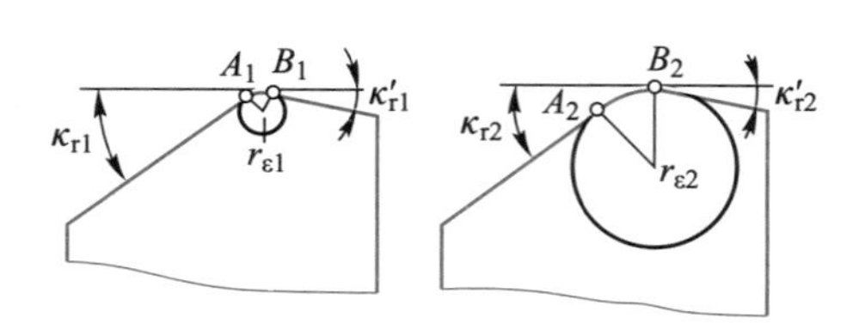

图 2-39 刀尖圆弧半径对切削力的影响

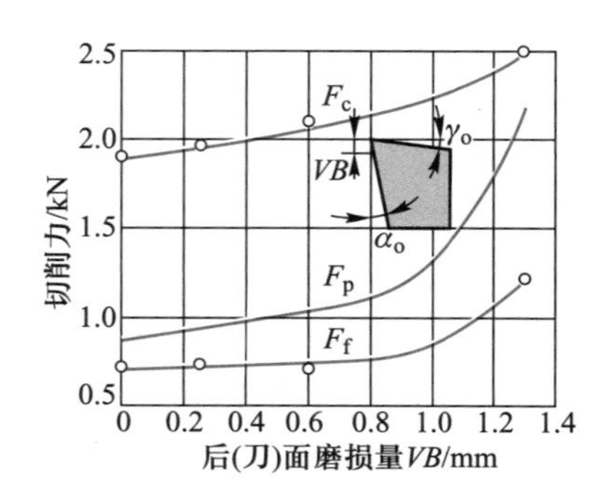

图 2-40 刀具磨损对切削力的影响

工件材料：45 钢(正火)，187HBW

刀具：外圆车刀 YT15

刀具几何参数：$\gamma_o=15°$，$\alpha_o=6°$，$\alpha'_o=4°\sim6°$，

$\kappa_r=75°$，$\kappa'_r=10°\sim12°$，$\lambda_s=0°$

切削用量：$a_p=3$ mm，$f=0.3$ mm/r，$v_c=105$ m/min

6. 刀具材料的影响

刀具材料与工件材料之间的摩擦系数影响其摩擦力，所以直接影响切削力的大小。一般按立方氮化硼刀具、陶瓷刀具、涂层刀具、硬质合金刀具、高速钢刀具的顺序，切削力依次增大。通常，用硬质合金刀具切削钢时的切削力，比用高速钢刀具切削钢时的切削力低 5%~10%，陶瓷刀具切削钢时的切削力则更低一些。

2.4 切削热与切削温度

切削热是切削过程中重要的物理现象之一。大量的切削热使得切削温度升高，这将直接影响刀具的磨损和使用寿命，并影响工件的加工精度和表面质量。因此，研究切削热和切削温度的产生及变化规律具有重要的实际意义。

2.4.1 切削热的产生和传导

被切削的金属在刀具的作用下发生弹性和塑性变形而消耗能量，这是切削热的一个来源。同时，切屑与前(刀)面、工件与后(刀)面之间的摩擦也要消耗能量，这是切削热的又一个来源。因此，切削热产生于三个区域，即剪切面、切屑与前(刀)面接触区、后(刀)面与切削表面接触区，如图 2-41 所示，三个发热区与三个变形区相对应。

切削过程中所消耗的能量，除一小部分用以增加变形晶格的势能外，98%~99%转换为热能。如果忽略进给运动所消耗的功，并假定主运动所消耗的功全部转化为热能，则单位时间内产生的切削热 q 就等于切削功率 P_s，即

$$q\approx P_s\approx F_c v_c \tag{2-43}$$

式中：q——单位时间内产生的切削热，W；

F_c——主切削力，N；

v_c——切削速度，m/s。

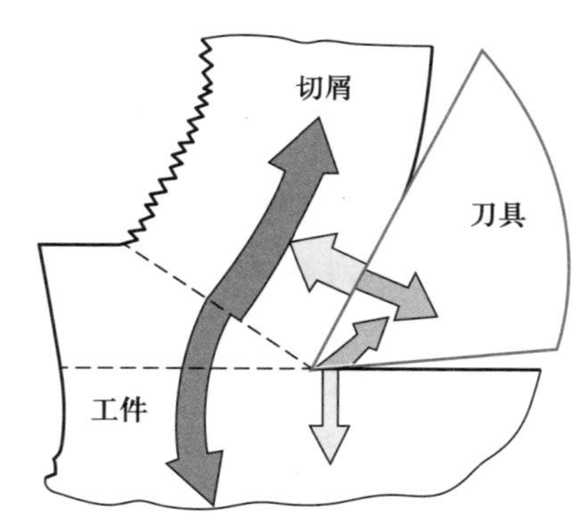

图 2-41 切削热的产生与传导

将切削力 F_c 的表达式(条件是用硬质合金车刀车削

$R_m=0.637$ GPa 的结构钢）代入上式后，得

$$q=C_{F_c}a_p f^{0.75}v_c^{-0.15}K_{F_c}v_c=C_{F_c}a_p f^{0.75}v_c^{0.85}K_{F_c} \tag{2-44}$$

由式(2-44)可知，背吃刀量 a_p增加一倍，切削热 q 也增加一倍；切削速度 v_c 对 q 的影响次之；进给量 f 的影响最小；其他因素对 q 的影响与对 F_c 的影响相似。

切削热由切屑、工件、刀具以及周围的介质传导出去。影响热传导的主要因素是工件和刀具材料的导热系数以及周围介质的状况。据有关资料介绍，当不用切削液、以中等切削速度车削或钻削普通钢件时，切削热由切屑、工件、刀具和周围介质传出的比例大致如下：

① 车削加工时，切屑带走的切削热为 50%～86%，车刀传出 10%～40%，工件传出 3%～9%，周围介质（如空气）传出 1%。切削速度越高或切削厚度越大，则切屑带走的热量越多。

② 钻削加工时，切屑带走的切削热为 28%，刀具传出 14.5%，工件传出 52.5%，周围介质传出 5%。

2.4.2　切削温度的分布

在切削变形区内，工件、切屑和刀具上各点的温度分布即为切削温度场，它对研究刀具的磨损规律、工件材料的性能变化和已加工表面的质量都有重要意义。

图 2-42 是用红外线胶片法测得的切削钢料时正交平面内的温度场，由此可分析归纳出一些切削温度分布的规律：

① 剪切区内，沿剪切面方向上各点温度几乎相同，而在垂直于剪切面方向上的温度梯度很大。由此可推断在剪切面上各点的应力和应变的变化不大，而且剪切区内的剪切滑移变形很强烈，产生的热量十分集中。

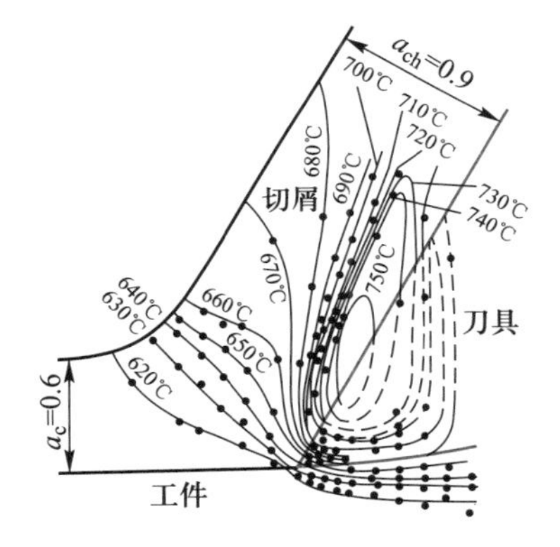

图 2-42　二维切削中的温度分布

工件材料：低碳易切削钢

刀具：$\gamma_o=30°$，$\alpha_o=7°$

切削用量：$a_p=0.6$ mm，$v_c=0.38$ m/s

切削条件：干切削，预热 611 ℃

② 前（刀）面和后（刀）面上的最高温度点都不在刀刃上，而是在离刀刃有一定距离之处，这是摩擦热沿着刀面不断增加的缘故。在刀面的后一段接触长度上，由于摩擦力逐渐减小，热量又在不断传出，所以切削温度逐渐下降。

③ 在靠近前（刀）面的切屑底层上温度梯度很大，离前（刀）面 0.1～0.2 mm，温度就可能下降一半。这说明前（刀）面上的摩擦热集中在切屑底层，对切屑底层金属的剪切强度会有较大影响。因此，切削温度上升会使前（刀）面上的摩擦系数下降。

④ 后（刀）面的接触长度较小，因此工件加工表面上温度的升降是在极短时间内完成的，刀具通过时加工表面受到一次热冲击。

常用的切削温度测量方法有热电偶法、热辐射法，以及采用有限元法求切削区域的近似温度场等。

2.4.3　影响切削温度的主要因素

根据理论分析和试验研究可知，切削温度主要受切削用量、刀具几何参数、工件材料、刀具磨损和切削液的影响。

1. 切削用量的影响

由试验得出的切削温度经验公式如下：

$$\theta = C_\theta v_c^{z_\theta} f^{y_\theta} a_p^{x_\theta} \tag{2-45}$$

式中：θ——试验测出的前(刀)面接触区平均温度，℃；

C_θ——与工件、刀具材料和其他切削参数有关的切削温度系数；

z_θ、y_θ、x_θ——v_c、f、a_p 的指数。

由试验得出，用高速钢和硬质合金刀具切削中碳钢时，切削温度系数 C_θ 及指数 z_θ、y_θ、x_θ 见表2-6。

表2-6 切削温度系数及指数

刀具材料	加工方法	C_θ	z_θ	y_θ	x_θ
高速钢	车削 铣削 钻削	140~170 80 150	0.35~0.45	0.2~0.3	0.08~0.1
硬质合金	车削	320	0.41(f=0.1 mm/r) 0.31(f=0.2 mm/r) 0.26(f=0.3 mm/r)	0.15	0.05

由表中的数据可以看出：在切削用量三要素中，v_c的指数最大，f的指数次之，a_p 的指数最小。这说明切削速度 v_c对切削温度 θ 的影响最大，随着切削速度的提高，切削温度迅速上升。进给量 f对切削温度 θ 的影响比切削速度的影响小。而当背吃刀量 a_p 变化时，产生的切削热和散热面积按相同的比例变化，故 a_p 对切削温度的影响很小。

2. 刀具几何参数的影响

前角 γ_o 增大时，切屑变形程度减小，使产生的切削热减少，因而切削温度 θ 下降。但当前角大于20°时，对切削温度的影响减小，这是因为刀具楔角变小而使散热体积减小。

主偏角 κ_r 减小时，刀尖角和切削刃工作长度加大，散热条件改善，故切削温度降低。

负倒棱和刀尖圆弧半径对切削温度影响很小。因为随着它们的增大，会使切屑变形程度增大，产生的切削热增加，但同时也使散热条件有所改善，两者趋于平衡，所以切削温度基本不变。

3. 工件材料的影响

工件材料的强度、硬度、塑性等力学性能越高，切削时所消耗的能量越多，产生的切削热越多，切削温度就越高。而工件材料的导热系数愈大，通过切屑和工件传出的热量愈多，切削温度下降愈快。图2-43是几种工件材料的切削温度随切削速度的变化曲线。

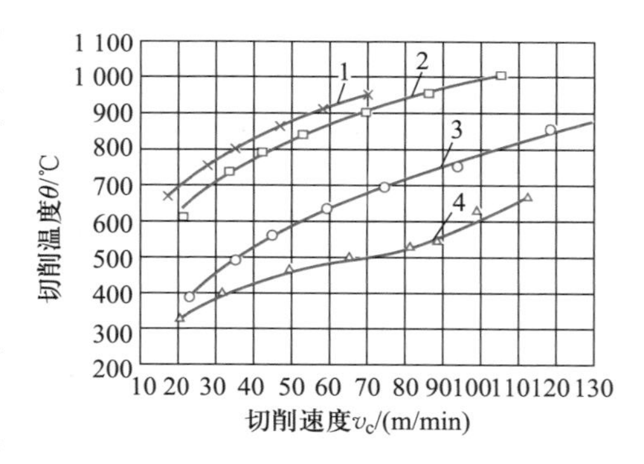

图2-43 几种工件材料在不同切削速度下的切削温度

1—GH131；2—06Cr18Ni11Ti；3—45钢；4—HT200

刀具材料：YT15；YG8

刀具角度：$\gamma_o=15°$，$\alpha_o=6°\sim8°$，$\kappa_r=75°$

$\lambda_s=0°$，$b_{\gamma1}=0.1$ mm，$\gamma_1=-10°$，$r_\varepsilon=0.2$ mm

切削用量：$a_p=3$ mm，$f=0.1$ mm/r

4. 刀具磨损的影响

刀具后(刀)面磨损量增大，切削温度升高。磨损量达到一定值后，对切削温度的影响加剧。切削速度愈大，刀具磨损对切削温度的影响愈显著。合金钢的强度大，导热系数小，所以切削合金钢时刀具磨损对切削温度的影响就比切削碳素钢时的大。

5. 切削液的影响

使用切削液对降低切削温度、减少刀具磨损和提高已加工表面质量有显著的效果。切削液的导热系数、比热容和流量愈大,切削温度愈低。切削液本身的温度愈低,使用切削冷却的方法越优化,其冷却效果愈显著。

有关切削冷却介质对切削力、切削温度的影响详见本书2.7.3。

2.4.4 切削温度对工件、刀具和切削过程的影响

切削温度将影响切削生产率、刀具磨损量、工件加工精度和表面质量。

1. 切削温度对工件材料强度和切削力的影响

正常切削时,切削温度虽然很高,但切削温度对工件材料的硬度及强度、对剪切区域应力的影响并不很明显。这是因为切削速度较高时,切削变形程度很小,切削应力的增加抵消了切削温度升高使材料强度降低的影响;高速切削时,试验表明:当切削速度达到一定值后,切削区切削温度和切削力比峰值时下降,从而有利于减少工件的受力变形,提高加工精度和表面质量。但将工件材料预热至500 ℃~800 ℃后进行切削时,切削力下降很多,这说明加热切削难加工材料是一种好方法,但此时切削区温度过高,被加工工件温控困难,加工质量难以保证。

2. 切削温度对刀具材料的影响

切削温度升高可适当提高硬质合金的韧性及冲击强度,使刀具不易崩刃,但也使其磨损强度降低。试验表明,各类刀具切削各种工件材料时,都有一个使刀具寿命最高的最佳切削温度范围。在这个最佳切削温度范围内,刀具的使用寿命长,工件的切削加工性也符合要求。

3. 切削温度对工件加工精度和表面质量的影响

车外圆时,工件本身受热膨胀,直径发生变化,切削后冷却至室温,就可能使工件加工精度不符合要求。如果是轴类工件,除直径变化外,若夹固在机床上从而轴向不能自由伸长而发生弯曲,则工件中部经车削后,直径变化较大。刀杆受热膨胀,切削时实际切削深度增加从而使直径减小。

当进行精加工和超精加工时,切削温度与切削力对加工精度和表面质量的影响更加显著,所以必须控制好切削温度与切削力,以达到理想的切削效果。

4. 利用切削温度自动控制相关切削要素

切削过程中的变化都会在切削温度、切削力、刀具磨损量等切削要素上有所反映,因此需要寻找刀具材料相对不同工件材料的最佳切削环境。一般可以通过跟踪和监控切削要素,调控切削条件使切削温度、切削力和刀具磨损量保持在正常和最佳范围内,以提高生产率和工件表面质量。

2.5 刀具的磨损、破损及使用寿命

切削加工中刀具在切下切屑的同时,本身也会发生磨损或破损。磨损是材料连续地、逐渐地损耗;破损一般是随机的突发性破坏。当刀具磨损量达到一定值时,可明显地发现切削力增大,切削温度升高,工件加工精度降低,表面粗糙度值增大,甚至出现振动等现象,致使加工无法正常进行,因此必须及时对刀具进行重磨或更换新刀。刀具的磨损、破损和使用寿命直接关系到加工效率、质量和成本,是切削加工中十分重要的问题之一。

2.5.1 刀具的磨损形式

切削时刀具的前(刀)面与切屑、后(刀)面与工件接触,产生剧烈摩擦,同时在接触区内有很高的温度和压力,因此,前、后(刀)面都会发生磨损。

1. 前(刀)面磨损(月牙洼磨损)

切削塑性材料时,如果切削速度较高,切削厚度较大,由于切屑与刀具前(刀)面完全是新鲜表面间的相互接触和摩擦,化学活性高,反应很强烈;接触面又有很高的压力和温度,接触面积中有80%以上是实际接触,空气或切削液渗入比较困难,则在刀具前(刀)面上会形成月牙洼磨损,如图2-44所示。月牙洼发生在前(刀)面上切削温度最高的地方,它与切削刃之间有一条小棱边。在磨损过程中,月牙洼的宽度、深度不断增大,当月牙洼扩展到使棱边很窄时,切削刃的强度大为削弱,极易导致崩刃。月牙洼磨损量以其最大深度 KT 表示,如图2-45b所示。

2. 后(刀)面磨损

毗邻切削刃的后(刀)面部分切削时,与工件的新鲜加工表面之间的接触压力很大,相互强烈摩擦,在此处很快被磨出后角为零的小棱面,这就是后(刀)面磨损。加工脆性材料或当切削速度较小、切削层厚度较小的情况下加工塑性材料时,主要发生这种磨损。后(刀)面磨损带往往不均匀,见图2-45a。刀尖部分(C 区)强度较小,散热条件差,磨损比较严重,其最大值为 VC;在主切削刃靠近工件待加工表面处的后(刀)面(N 区)上,将磨出较深的沟,以 VN 表示;在后(刀)面磨损带中间部位(B 区)上,磨损比较均匀,其平均磨损带宽度以 VB 表示,最大磨损带宽度以 VB_{max} 表示。

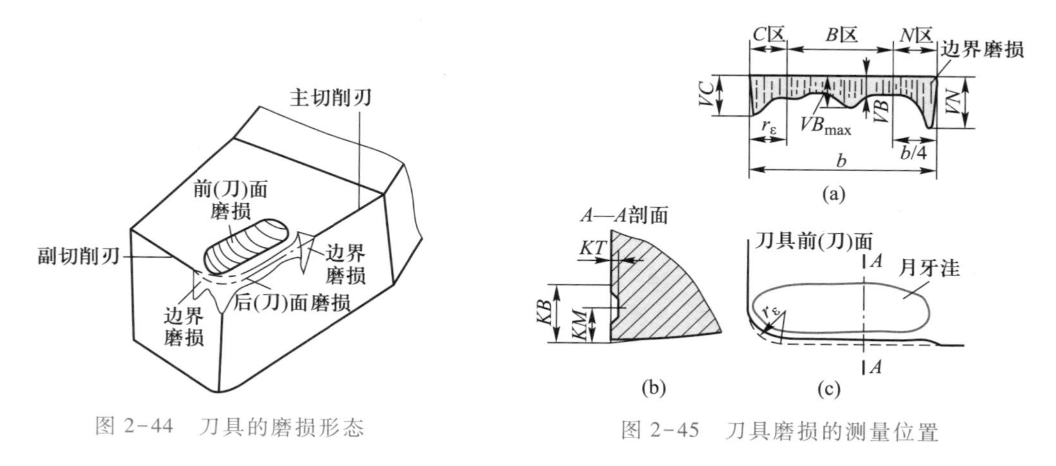

图2-44 刀具的磨损形态

图2-45 刀具磨损的测量位置

3. 边界磨损

当切削钢料时,常在主切削刃靠近工件待加工表面处以及副切削刃靠近刀尖处的后(刀)面上磨出较深的沟纹,称为边界磨损。边界磨损主要是由于工件在边界处的加工硬化层、硬质点及刀具在边界处较大的应力梯度和温度梯度所造成的。加工铸、锻件等外皮粗糙的工件时,容易发生边界磨损。

2.5.2 刀具磨损的原因

刀具磨损不同于一般机械零件的磨损,产生刀具磨损的原因如下:与刀具接触的切屑、工件表面经常是活性很高的新表面;刀面上的接触压力很大(可达2~3 GPa),有时超过被切削材料的屈服强度;接触面的温度也很高,如采用硬质合金刀具加工钢料时可达800~1 000 ℃。因此,刀具磨损经常是力、热、化学等多种作用的综合结果。

1. 磨料磨损

工件材料的硬度虽然低于刀具的硬度，但其中常含有的一些氧化物、碳化物、氮化物以及积屑瘤碎片等硬质点，这些硬质点会像磨料一样在刀具表面上刻划出沟纹而造成刀具磨损，这种磨损称为磨料磨损。在各种切削速度下，刀具都存在磨料磨损。但在低速切削时，其他各种形式的磨损还不显著，磨料磨损便成为刀具磨损的主要原因。一般可以认为磨料磨损量与切削路程成正比。

2. 黏结磨损

黏结是指刀具与工件材料的接触达到了原子间结合的现象，又称冷焊。在切削加工中，刀具与工件的摩擦面上具备高温高压和新表面接触的条件，极易产生黏结。由于摩擦面间的相对运动，黏结点受到较大的剪切或拉伸应力而破裂。黏结一般发生在硬度较低的工件或切屑一侧，但由于交变应力、热应力及刀具表层结构缺陷等原因，黏结的破裂也会发生在刀具一方，使刀具表面上的微粒被工件或切屑带走，从而造成刀具的黏结磨损。

黏结磨损一般在中等偏低的切削速度且形成不稳定的积屑瘤时比较严重；刀具与工件材料的硬度比愈小，相互间的亲和力愈大，黏结磨损就越严重；刀具的表面刃磨质量差，亦会加剧黏结磨损。

3. 扩散磨损

在切削高温下，刀具与切出的工件新表面、切屑接触，化学活性很大，双方的某些化学元素在固态下相互扩散，改变了原来材料的成分与结构，削弱了刀具材料的性能，加速了磨损过程，这种磨损称为扩散磨损。例如用硬质合金刀具切削钢件时，从 800 ℃开始，硬质合金中的 Co、C、W 等元素会扩散到切屑、工件中而被带走，同时切屑、工件中的 Fe 也会向硬质合金中扩散，形成低硬度、高脆性的复合碳化物。由于 Co 的扩散，刀具表面上的 WC、TiC 等硬质相的黏结强度降低，因此加速了刀具磨损。

温度是影响扩散磨损的主要因素，切削温度升高，扩散磨损会急剧增加。不同元素的扩散速度不同。例如 Ti 的扩散速度比 Co、W 等元素小得多，TiC 又不易分解，故切削钢料时 P(YT)类硬质合金的抗扩散磨损能力优于 K(YG)类合金，TiC 基(YN)类硬质合金和涂层合金的抗扩散磨损能力则更佳。此外，扩散速度与接触表面的相对滑动速度有关，相对滑动速度愈大，扩散愈快，所以切削速度愈大，刀具的扩散磨损愈快。

4. 化学磨损

在一定温度下，刀具材料与某些周围介质(如空气中的氧，切削液中的添加剂硫、氯等)起化学作用，在刀具表面形成一层硬度较低的化合物，极易被工件或切屑擦掉而造成磨损，这种磨损称为化学磨损。

一般，空气不易进入刀-屑接触区，化学磨损中因氧化而引起的磨损最容易在主、副切削刃的工作边界处形成，从而产生较深的磨损沟纹。

除上述几种主要磨损外，还有热电磨损。即在切削区高温作用下，刀具与工件材料形成热电偶，产生热电势，使刀具与工件之间有电流通过，可能加大扩散速度，从而加剧刀具磨损。

总之，在不同的工件材料、刀具材料和切削条件下，磨损原因和磨损强度是不同的。图 2-46 所示为硬质合金刀具加工钢料时，在不同的切削速度(切削温度)下各类磨损所占的比重。由图可见，在低速(低温)区以磨料磨损和黏结磨损为主，在高速(高温)区以扩散磨损和化学磨损为主。此外，在某一切削速度下，刀具的磨损强度最低。

2.5.3 刀具磨损过程及磨钝标准

1. 刀具磨损过程

随着切削时间的延长，刀具磨损增加。根据切削试验，可得图 2-47 所示的典型刀具磨损曲线。从图可知，刀具磨损过程可分为三个阶段：

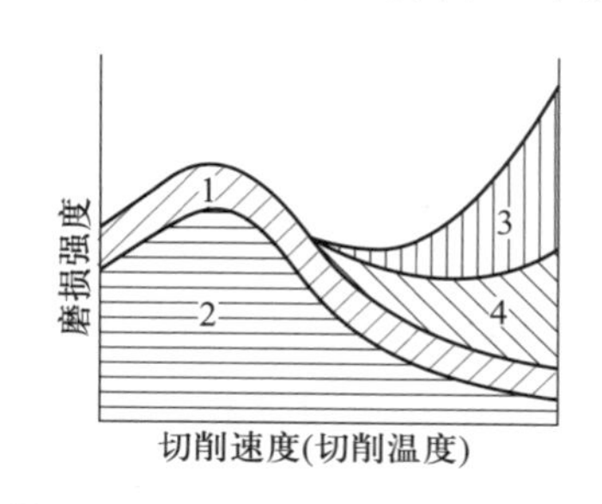

图 2-46 切削速度（切削温度）对硬质合金刀具磨损强度的影响

1—磨料磨损；2—黏结磨损；3—扩散磨损；4—化学磨损

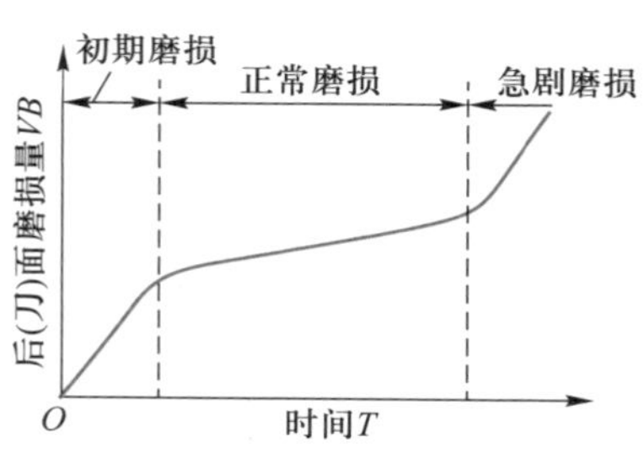

图 2-47 典型磨损曲线

（1）初期磨损

因为新刃磨的刀具切削刃较锋利，后（刀）面存在微观粗糙不平以及显微裂纹、氧化或脱碳等缺陷，且与加工表面接触面积很小，压应力较大，所以这一阶段的磨损很快。一般初期磨损量为 0.05~0.1 mm，其大小与刀面刃磨质量有很大关系，研磨过的刀具在初期的磨损量较小。

（2）正常磨损

经过初期磨损后，刀具的粗糙表面已经磨平，承压面积增大，压应力减小，从而使磨损速度明显减小，刀具进入正常磨损阶段。这个阶段的磨损比较缓慢均匀，后（刀）面的磨损量随切削时间延长而近似地成比例增加，磨损曲线基本上是一条向上的斜线，其斜率代表刀具的磨损速度。正常切削时，这个阶段时间较长。

（3）急剧磨损

当刀具磨损带增加到一定限度后，加工表面粗糙度值增大，切削力和切削温度迅速升高，刀具磨损速度急剧增加。生产中为了合理使用刀具，保证加工质量，应该在发生急剧磨损之前就及时换刀。

2. 刀具磨钝标准

刀具磨损到一定限度后就不能继续使用，这个磨损限度称为磨钝标准。

在生产实际中，卸下刀具测量磨损量会影响生产的正常进行，所以常常根据切削中发生的一些现象（切屑颜色、加工表面粗糙度、机床声音、振动等）来判断刀具是否已经磨钝。在评定刀具材料切削性能和进行试验研究时，以刀具表面的磨损量作为衡量刀具的磨钝标准。因为一般刀具的后（刀）面都会发生磨损，且测量比较方便，所以 ISO 标准统一规定以 1/2 背吃刀量处后（刀）面上测量的磨损带宽度 VB 作为刀具的磨钝标准。自动化生产中的精加工刀具，常以沿工件径向的刀具磨损尺寸作为刀具的磨钝标准，称为径向磨损量 NB，如图 2-48 所示。

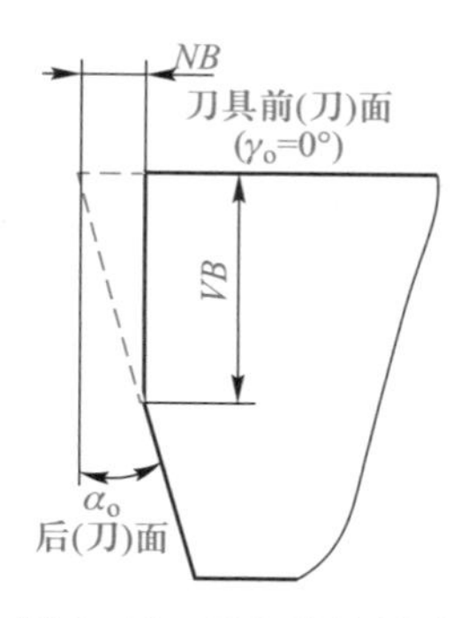

图 2-48 刀具磨钝标准

制定磨钝标准时需考虑被加工对象的特点和加工条件的具体情况。例如，精加工比粗加工的磨钝标准小；工艺系统刚性不足时磨钝标准应小一些；切削难加工材料时应取较小的磨钝标准；硬质合金刀具比高速钢刀具的磨钝标准要小一些。ISO 标准推荐硬质合金车刀刀具寿命试验的磨钝标准有下列三种选择：① $VB=0.3$ mm；② 如果主后（刀）面为无规则磨损，取 $VB_{max}=0.6$ mm；③ 前（刀）面磨损量 $KT=(0.06+0.3f)$ mm，式中 f 的单位为 mm/r。

2.5.4　刀具使用寿命及其与切削用量的关系

1. 刀具使用寿命

刃磨后的刀具自开始切削到磨损量达到磨钝标准的切削时间，称为刀具使用寿命（以往称为刀具耐用度），以 T 表示。而刀具从第一次投入使用到报废的总切削时间称为刀具总使用寿命。需要明确，刀具使用寿命和刀具总使用寿命是两个不同的概念。对于重磨刀具，刀具总使用寿命等于其平均使用寿命乘以刃磨次数。对于不重磨刀具，刀具总使用寿命即等于刀具使用寿命。

有时也用达到磨钝标准前的切削路程 l_m 定义刀具使用寿命。l_m 等于切削速度 v_c 和使用寿命 T 的乘积。

刀具使用寿命是一个重要参数，它既是确定换刀时间的重要依据，也是衡量刀具、工件材料性能优劣及刀具几何参数和切削量的选择是否合理的重要指标。在相同切削条件下切削某种工件材料时，可用刀具使用寿命来比较不同刀具材料的切削加工性能。使用寿命越长，表明刀具材料的耐磨性越好；用同一刀具切削不同的工件材料时，刀具使用寿命越长，表明工件材料的切削加工性越好。

2. 刀具使用寿命与切削用量的关系

凡是影响切削温度和刀具磨损的因素，都会影响刀具使用寿命。当刀具、工件材料和刀具几何参数选定之后，切削用量是影响刀具使用寿命的主要因素。其中切削速度的影响最明显，一般情况下，切削速度增大，切削温度升高，刀具磨损加剧，刀具使用寿命降低。

（1）切削速度与刀具使用寿命的关系

切削速度与刀具使用寿命的关系是由试验确定的。在进行试验时，其他切削条件不变，在常用的切削速度范围内取不同的切削速度 v_{c1}、v_{c2}、v_{c3}、…进行刀具磨损试验，得出一组刀具磨损曲线，如图 2-49 所示。根据规定的磨钝标准 VB 求出在各切削速度下对应的使用寿命 T_1、T_2、T_3、…，经处理后得到如下关系式：

$$v_c T^m = C_0 \tag{2-46}$$

式中：v_c——切削速度，m/min；

T——刀具使用寿命，min；

m——指数，表示 v_c 对 T 的影响程度；

C_0——系数，与刀具、工件材料和切削条件有关。

上式为重要的刀具使用寿命方程式，也称为泰勒（F.W.Taylor）公式。把它画在双对数坐标系中基本上是一条直线，m 为该直线的斜率；C_0 为直线的纵截距，如图 2-50 所示。对于高速钢刀具，一般 $m=0.1\sim0.125$；硬质合金刀具的 $m=0.2\sim0.3$；陶瓷刀具的 m 值约为 0.4。m 值越小，则 v_c 对 T 的影响越大，即切削速度稍改变一点，则刀具寿命变化较大；m 值越大，则 v_c 对 T 的影响越小，即刀具材料的切削加工性能较好。图 2-50 为几种刀具材料加工同一种工件材料时的刀具使用寿命曲线，其中陶瓷刀具使用寿命曲线的斜率比硬质合金和高速钢的都大，这是因为陶瓷刀具的耐热度很高，所以在非常大的切削速度下仍有较高的使用寿命，但在低速切削时其刀具使用寿命比硬质合金的还要低。

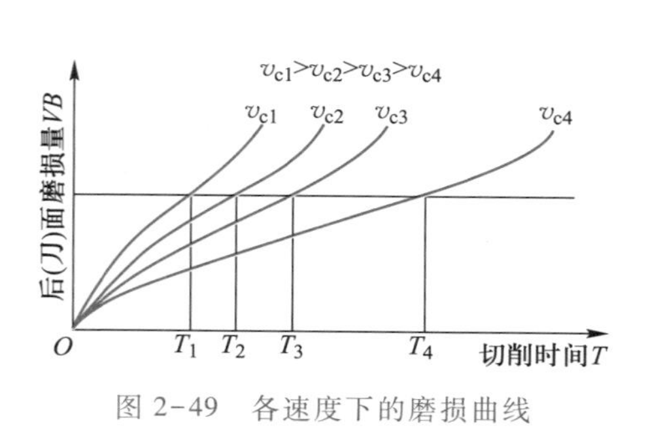

图 2-49 各速度下的磨损曲线

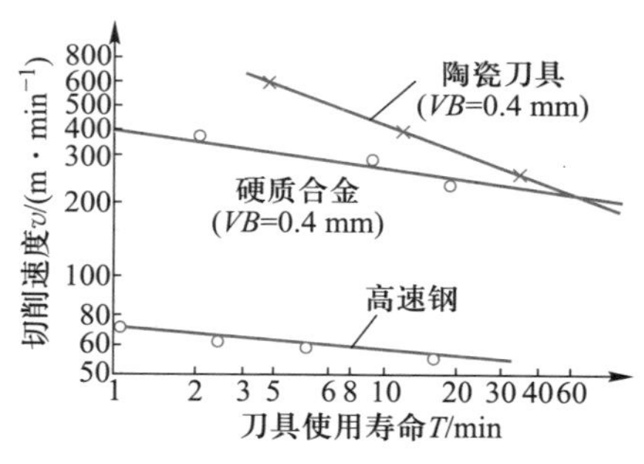

图 2-50 几种刀具寿命曲线比较

（2）进给量和背吃刀量与刀具使用寿命的关系

切削时增加进给量和背吃刀量，刀具使用寿命也会降低。经过试验，可得到类似的关系式：

$$\begin{cases} fT^n = C_1 \\ a_p T^p = C_2 \end{cases} \tag{2-47}$$

综合式(2-46)和式(2-47)可得到切削用量与刀具使用寿命的一般关系式：

$$T = \frac{C_T}{v_c^{\frac{1}{m}} f^{\frac{1}{n}} a_p^{\frac{1}{p}}} \tag{2-48}$$

令 $x = \dfrac{1}{m}, y = \dfrac{1}{n}, z = \dfrac{1}{p}$，则

$$T = \frac{C_T}{v^x f^y a_p^z}$$

式中：C_T 为刀具使用寿命系数，与刀具、工件材料和切削条件有关；x、y、z 为指数，分别表示切削用量三要素对刀具寿命影响的程度；可从相关书籍中查出。

用 YT15 硬质合金车刀切削 $R_m = 0.637$ GPa 的碳钢时，切削用量与刀具使用寿命的关系为

$$T = \frac{C_T}{v_c^5 f^{2.25} a_p^{0.75}} \tag{2-49}$$

切削时，增加进给量 f 和背吃刀量 a_p，刀具使用寿命也要减小，切削速度 v_c 对刀具使用寿命影响最大，进给量 f 次之，背吃刀量 a_p 最小。这与三者对切削温度的影响顺序完全一致。这也反映出切削温度对刀具磨损和刀具使用寿命有着最重要的影响。

刀具使用寿命与切削用量之间的关系是以刀具的平均使用寿命为依据建立的。实际上，切削时由于刀具和工件材料的分散性，所用机床及工艺系统动、静态性能的差别，以及工件毛坯余量不均等条件的变化，刀具使用寿命存在不同分散性的随机变量。通过刀具磨损过程的分析和试验表明，刀具使用寿命的变化规律服从正态分布或对数正态分布。

2.5.5 刀具的破损

在切削加工中，刀具如果经受不住强大的应力（切削力或热应力），就可能发生突然损坏，提前失去切削能力，这种情况称为刀具破损。刀具破损的形式主要分为脆性破损和塑性破损两类。

1. 刀具的脆性破损

硬质合金和陶瓷刀具切削时，在机械应力和热应力冲击的作用下，经常发生以下几种形式的脆性破损：

1）崩刃 指在切削刃上产生小的缺口。一般缺口尺寸与进给量相当或稍大一些，刀刃能继

续工作,这是一种早期破损。但在继续切削过程中,刃区崩损部分会迅速扩大,致使刀具完全失效。用陶瓷刀具切削或硬质合金刀具断续切削时,常出现这种崩刃。

2）碎断 指在切削刃上发生小块碎裂或大块断裂,不能继续正常工作。当刀具发生小块碎裂破损时一般还可以重磨修复再使用。硬质合金和陶瓷刀具断续切削时,常出现这种早期破损。当刀具发生大块断裂时不可能再重磨使用,多数是断续切削时间较长没有及时换刀,因刀具材料疲劳而造成断裂,也有少数是刚开始切削即发生这种破损。

3）剥落 指在前、后(刀)面上几乎平行于切削刃而剥下一层碎片,经常连同切削刃一起剥落,也有在离切削刃一小段距离处剥落,剥落情况根据刀面上受冲击的位置不同而变化。在大多数情况下,剥落是断续切削时的一种早期破损现象。陶瓷刀具端铣时常见到这种破损,硬质合金刀具低速断续切削时也会发生这种现象,尤其是当切屑黏结在前(刀)面上再切入时,或者因积屑瘤脱落而剥去一层碎片时,都会造成这种破损。若剥落层较厚,就难以重磨再继续使用。

4）裂纹破损 指在较长时间断续切削后,由于疲劳而引起裂纹的一种破损。有因热冲击而引起的垂直于或倾斜于切削刃的热裂纹,也有因机械冲击而发生的平行于切削刃或成网状的机械疲劳裂纹。这些裂纹不断扩展合并,就会引起切削刃的碎裂或断裂。

2. 刀具的塑性破损

切削过程中由于高温高压的作用,有时在前、后(刀)面和切屑、工件的接触层上,刀具表层材料发生塑性流动而丧失切削能力,这就是刀具的塑性破损。

刀具塑性破损与刀具材料和工件材料的硬度比有关。硬度比越高,越不容易发生塑性破损。硬质合金、陶瓷刀具的高温硬度高,一般不容易发生这种破损;而高速钢刀具因其耐热性较差,容易出现塑性破损。

3. 防止刀具破损的措施

为了防止或减少刀具破损,在提高刀具材料的强度和抗振性能的基础上,可以采取以下措施:

1）正确选择刀具材料的种类和牌号;

2）合理确定切削用量,以控制切削力和切削温度;

3）合理选择刀具几何参数,以控制刀具的受力性质和强化刀具;

4）提高工艺系统刚性,减少振动。

2.6 工件材料的切削加工性

工件材料的切削加工性是指材料被切削加工成合格零件的难易程度。它不仅取决于材料本身,还取决于具体的加工要求及切削条件。某种材料在某一加工条件下可能是易加工材料,但在另一种加工条件下又可能是难加工材料。因此,材料被切削加工的难易程度是一个相对的概念。

2.6.1 材料切削加工性的指标

衡量材料切削加工性的指标很多。一般在相同切削条件下加工不同材料时,刀具使用寿命 T 较长,或在一定刀具使用寿命下所允许的切削速度 v_T 较大的材料,其加工性较好;反之,T 较短或 v_T 较低的材料,其加工性较差。除此之外,精加工时常将已加工表面质量、数控机床和自动化加工中切屑的处理性能等作为衡量材料切削加工性的指标。

v_T 的含义是:当刀具使用寿命为 T 时,切削某种材料所允许的切削速度。通常取 $T=60$ min,

v_T写作 v_{60};对于特别难加工的材料,可取 $T=30$ min 或 15 min,相应的 v_T为 v_{30}或 v_{15}。

一般以正火状态 45 钢($R_m=0.637$ GPa)的 v_{60}为基准,写作$(v_{60})_j$,将其他材料的 v_{60}与它相比,这个比值 K_r称为相对加工性,即

$$K_r=v_{60}/(v_{60})_j \tag{2-50}$$

常用工件材料的相对加工性可分为八级,见表 2-7。凡 K_r大于 1 的材料,其加工性比 45 钢好;K_r小于 1 者,加工性比 45 钢差。v_T和 K_r是最常用的切削加工性能衡量指标。

表 2-7　材料相对加工性等级

相对加工性等级	名称及种类		相对加工性 K_r	代表性材料
1	很容易切削材料	一般有色金属	>3.0	HP659-1 铜锌铅合金,HA160-1-1 铝黄铜合金,铝镁合金
2	容易切削材料	易切削钢	2.5~3.0	退火 15Cr,$R_m=0.373\sim0.441$ GPa 自动机钢,$R_m=0.393\sim0.491$ GPa
3		较易切削钢	1.6~2.5	正火 30 钢,$R_m=0.441\sim0.549$ GPa
4	普通材料	一般钢及铸铁	1.0~1.6	45 钢,灰铸铁
5		稍难切削材料	0.65~1.0	2Cr13 调质,$R_m=0.834$ GPa 85 钢,$R_m=0.883$ GPa
6	难切削材料	较难切削材料	0.5~0.65	45Cr 调质,$R_m=1.03$ GPa 65Mn 调质,$R_m=0.932\sim0.981$ GPa
7		难切削材料	0.15~0.5	50CrV 调质,1Cr18Ni9Ti,某些钛合金
8		很难切削材料	<0.15	某些钛合金,铸造镍基高温合金

2.6.2　材料的力学性能对切削加工性的影响

材料的力学性能主要指材料的强度、硬度、塑性、韧性和热导率等。一般认为,工件材料的力学性能越高,其切削加工的难度越大。可以根据它们的数值大小来划分加工性等级,见表 2-8。

表 2-8　工件材料加工性分级表

切削加工性		易切削			较易切削		较难切削			难切削			
等级代号		0	1	2	3	4	5	6	7	8	9	9_a	9_b
硬度	HBW	≤50	>50~100	>100~150	>150~200	>200~250	>250~300	>300~350	>350~400	>400~480	>480~635	>635	
	HRC					>14~24.8	>24.8~32.3	>32.3~38.1	>38.1~43	>43~50	>50~60	>60	
抗拉强度 R_m/GPa		≤0.196	>0.196~0.441	>0.441~0.588	>0.588~0.784	>0.784~0.98	>0.98~1.176	>1.176~1.372	>1.372~1.568	>1.568~1.764	>1.764~1.96	>1.96~2.45	>2.45
伸长率 A/%		≤10	>10~15	>15~20	>20~25	>25~30	>30~35	>35~40	>40~50	>50~60	>60~100	>100	

续表

切削加工性	易切削			较易切削		较难切削			难切削			
等级代号	0	1	2	3	4	5	6	7	8	9	9_a	9_b
冲击韧性 a_k /(kJ/m²)	≤196	>196 ~392	>392 ~588	>588 ~784	>784 ~980	>980 ~1 372	>1 372 ~1 764	>1 764 ~1 962	>1 962 ~2 450	>2 450 ~2 940	>2 940 ~3 920	
热导率 λ /[W/(m·K)]	>293.08 ~418.68	>167.47 ~293.08	>83.47 ~167.47	>62.80 ~83.47	>41.87 ~62.80	>33.5 ~41.87	>25.12 ~33.5	>16.75 ~25.12	>8.37 ~16.75	≤8.37		

材料的强度和硬度越高，切削力就越大，切削温度也越高，所以切削加工性也越差。特别是材料高温硬度对加工性的影响尤为显著，此值越高，切削加工性越差。因为刀具与工件材料的硬度比降低，加速了刀具的磨损，这正是某些耐热、高温合金切削加工性差的主要原因。

材料的塑性以伸长率 A 表示，A 越大则塑性越好，材料切削加工性越差。其原因是 A 越大，材料塑性变形所消耗的功越多，切削变形、加工硬化与刀具表面的冷焊现象都比较严重。同时也不易断屑和不易获得好的已加工表面质量，如某些高锰钢和奥氏体不锈钢的加工。但是在加工塑性太差的材料时，切屑与前(刀)面的接触长度过短，使切削力和切削热都集中在切削刃附近，加剧了切削刃的磨损，导致切削加工性变坏。

材料的冲击韧性 a_k 值越大，表示材料在破裂以前所吸收的能量越多，于是切削力和切削温度也越高，越不易断屑，所以切削加工性也越差。

热导率的影响相反，工件材料的热导率越大，由切屑带走、工件散出的热量就越多，越有利于降低切削区的温度，所以切削加工性越好。

难加工材料一般指相对加工性 K_r 小于 0.65 的材料。难加工的原因有以下几个方面：① 高硬度；② 高强度；③ 高塑性、高韧性；④ 低塑性、高脆性；⑤ 低导热性；⑥ 有大量微观硬质点或硬质夹杂物；⑦ 化学性质活泼。在切削加工这些材料时，常表现出切削力大、切削温度高、刀具磨损剧烈等现象，使已加工表面质量恶化，有时切屑难以控制，所以切削加工性很差。

切削难加工材料时，除选用特殊切削刀具外，尤其当加工精度要求较高时，往往使用特殊的工艺方法，目前主要采用高速切削、亚干式切削、加热切削、低温切削等。

2.6.3 改善材料切削加工性的基本途径

1. 调整材料的化学成分

在不影响材料使用性能的前提下，在钢中添加一些能明显改善切削加工性的元素，如硫、铅等，可获得易切削钢。易切削钢加工时切削力小，易断屑，刀具使用寿命长，已加工表面质量好。在铸铁中适当增加石墨成分，也可改善其切削加工性。

2. 进行适当的热处理

同样化学成分、不同金相组织的材料，切削加工性有较大差异。生产中常对工件材料进行适当的热处理，除得到合乎要求的金相组织和力学性能外，也可改善其切削加工性。低碳钢塑性太高，经正火或冷拔处理，可适当降低塑性，提高硬度，改善切削加工性。高碳钢的硬度较高，且有较多的网状、片状渗碳体组织，通过球化退火可降低硬度，使组织均匀，有利于切削加工。热轧中碳钢经正火处理可使其组织与硬度均匀；马氏体不锈钢则需调质到 28HRC 左右为宜。硬度过低则塑性高，不易得到光洁的已加工表面，而硬度过高又使刀具磨损加大。铸铁件在切削加工前常进行退火处理，以降低表皮硬度，消除应力，使组织均匀，利于切削加工。

2.7 金属切削条件的合理选择

2.7.1 刀具几何参数的合理选择

刀具几何参数的选择是否合理,对刀具使用寿命、加工质量、生产效率和加工成本等有着重要影响。刀具几何参数分为两类,一类是刀具几何角度参数,另一类是刀具刃形、刃面、刃区的形式及参数。一把完整刀具的形状和结构,是由一套系统的刀具几何参数所决定的。各参数之间存在着相互依赖、相互制约的作用,因此应综合考虑以便进行合理的选择。

1. 前角的选择

(1) 前角的作用规律

1) 增大前角,能使刀具锋利,减小切削变形,并减轻刀、屑间的摩擦,从而减小切削力、切削热和功率消耗,减轻刀具磨损,提高刀具使用寿命。增大前角还可以抑制积屑瘤和鳞刺的产生,减轻切削振动,改善加工质量。

2) 增大前角会使切削刃和刀头强度降低,易造成崩刃使刀具早期失效;还会使刀头的散热面积和容热体积减小,导致切削区温度升高,影响刀具寿命。由于减小了切屑变形,也不利于断屑。

由此可见,增大前角有利有弊,在一定的条件下应存在一个合理的前角值。由图 2-51 可知,对于不同的刀具材料,刀具使用寿命随前角的变化趋势为驼峰形。对应最大刀具使用寿命的前角称为合理前角 γ_{opt},高速钢的合理前角比硬质合金的大。由图 2-52 可知,工件材料不同时,同种刀具材料的合理前角也不同,加工塑性材料的合理前角 γ_{opt} 比脆性材料的大。

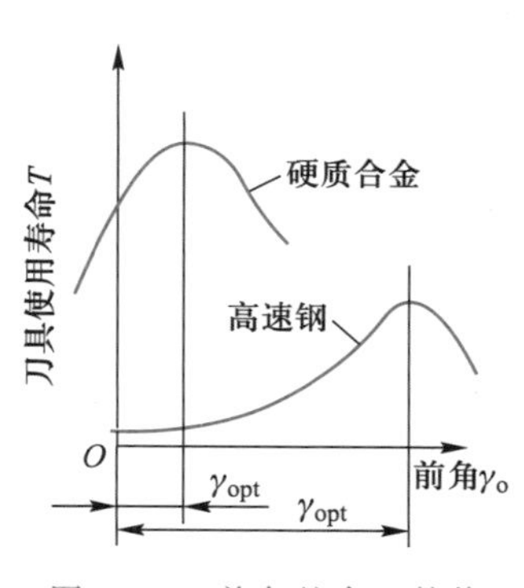

图 2-51 前角的合理数值

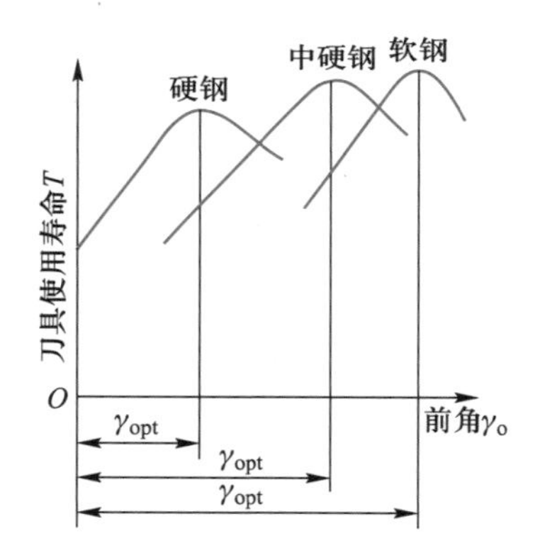

图 2-52 加工材料不同时的合理前角

(2) 选择合理前角应遵循的原则

1) 在刀具材料的抗弯强度和韧性较低或工件材料的强度和硬度较高的条件下,为确保刀具强度,宜选用较小的前角,甚至可采用负前角。此规则同样适用于切削用量较大的粗加工或刀具承受冲击载荷的情况。

2) 当加工塑性大的材料或工艺系统刚性差易引起切削振动以及机床功率不足时,宜选较大的前角,以减小切削力。

3) 对于数控机床使用的刀具、成形刀具或在自动化加工中不宜频繁更换的刀具,为保证其工作的稳定性和刀具使用的精度和寿命,宜取较小的前角。

（3）刀具常用的前（刀）面形式

图 2-53 为刀具常用前（刀）面形式。其中图 2-53a 常用于精加工；图 2-53b 由于磨了负倒棱，增加了切削刃强度，常用于脆性大的刀具材料，如硬质合金和陶瓷刀具，可用于断续加工，视负倒棱宽度用于半精加工、精加工，刀面上凸台前置可用于断屑；图 2-53c 刀面上曲面可用于断屑，主要用于粗加工和半精加工塑性材料；图 2-53d 主要用于硬质合金刀具切削高强度、高硬度材料，如切削淬火钢或带硬皮并有冲击的粗加工；图 2-53e 用于刀具前、后同时发生磨损的切削加工。

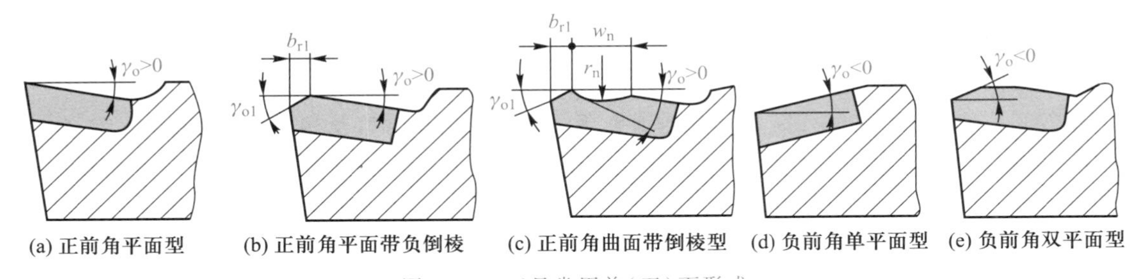

图 2-53　刀具常用前（刀）面形式

硬质合金车刀合理前角的参考值见表 2-9。高速钢车刀的前角一般比表中数值大 5°～10°。

表 2-9　硬质合金车刀合理前角、后角参考值

工件材料种类	合理前角参考范围		合理后角参考范围	
	粗车	精车	粗车	精车
低碳钢	20°～25°	25°～30°	8°～10°	10°～12°
中碳钢	10°～15°	15°～20°	5°～7°	6°～8°
合金钢	10°～15°	15°～20°	5°～7°	6°～8°
淬火钢	-15°～-5°		8°～10°	
不锈钢（奥氏体）	15°～20°	20°～25°	6°～8°	8°～10°
灰铸铁	10°～15°	5°～10°	4°～6°	6°～8°
铜及铜合金（脆）	10°～15°	5°～10°	6°～8°	6°～8°
铝及合金	30°～35°	35°～40°	8°～10°	10°～12°
钛合金 $R_m \leqslant 1.177$ GPa	5°～10°		10°～15°	

注：粗加工用的硬质合金车刀，通常都磨有负倒棱及负刃倾角。

2. 后角的选择

后角的作用规律有以下几方面：

1）增大后角，可增加切削刃的锋利性，减轻后（刀）面与已加工表面的摩擦，从而降低切削力和切削温度，改善已加工表面质量。但也会使切削刃和刀头强度降低，减小散热面积和容热体积，加速刀具磨损。

2）如图 2-54 所示，在同样的磨钝标准（即磨损量 VB 相同）的条件下，增大后角（$\alpha_2>\alpha_1$），刀具材料的磨损体积增大，有利于提高刀具的使用寿命。但径向磨损量 NB 也随之增大

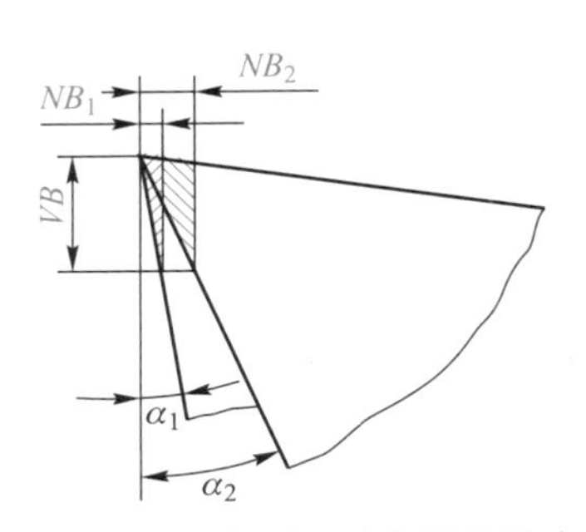

图 2-54　后角对刀具磨损的影响

（$NB_2>NB_1$），这会影响工件的尺寸精度。

由此可见，在一定条件下刀具后角也存在一个合理值。选择合理后角一般应遵循下列原则：

1）在切削厚度较大或断续切削条件下，需要提高刀具强度，应减小后角。但若刀具已采用了较大负前角则不宜减小后角，以保证切削刃具有良好的切入条件。

2）工件材料越软，塑性越大，刀具后角应越大。

3）以尺寸精度要求为主时，宜减小后角，以减小径向磨损量 NB 值；若以加工表面质量要求为主，则宜加大后角，以减轻刀具与工件间的摩擦。

4）工艺系统刚性较差时，易产生振动，应适当减小后角。

表2-9列出了硬质合金车刀合理后角的数值，可供参考。

3. 主偏角的选择

一般来说，减小主偏角可提高刀具使用寿命。当背吃刀量和进给量不变时，减小主偏角会使切削厚度减小，切削宽度增大，从而使单位长度切削刃所承受的负荷减轻。同时刀尖角增大，刀尖强度提高，散热条件改善，因而刀具使用寿命提高。

但是，减小主偏角会导致背向力增大，加大工件的变形，降低加工精度。同时刀尖与工件的摩擦加剧，容易引起系统振动，使加工表面的粗糙度值加大，也会导致刀具使用寿命下降。

综合上述两方面，主要按以下原则合理选择主偏角：

1）视系统的刚性而定。若系统刚性好，不易产生变形和振动，则主偏角可取较小值；若系统刚性差（如车细长轴），主偏角宜取较大值，如90°。

2）考虑工件形状、切削冲击和切屑控制等方面的要求。如车台阶轴时，取主偏角为90°；镗盲孔时主偏角应大于90°。采用较小的主偏角，可使刀具与工件的初始接触位置远离刀尖，改善刀具的切入条件，不易造成刀尖冲击。较小的主偏角易形成长而连续的螺旋屑，不利于断屑，故对于切屑控制严格的自动化加工来说，宜取较大的主偏角。

4. 副偏角的选择

副偏角的主要作用是最终形成已加工表面。副偏角越小，切削刀痕理论残留面积的高度越小，加工表面粗糙度值减小。同时还增强了刀尖强度，改善了散热条件。但副偏角过小，会增加副刃的工作长度，增大副后（刀）面与已加工表面的摩擦，易引起振动，反而增大表面粗糙度值。

副偏角的大小主要根据表面粗糙度的要求和系统刚性选取。一般粗加工取较大值，精加工取较小值；系统刚性好时取较小值，刚性差时取较大值。对于切断刀、切槽刀等，为了保证刀尖强度，副偏角一般取1°~2°。

5. 刃倾角的选择

刃倾角的作用可归纳为以下几方面：

（1）影响切削刃的锋利性

当刃倾角 $\lambda_s \leqslant 45°$时，刀具的工作前角和工作后角将随 λ_s 的增大而增大，而切削刃钝圆半径则随之减小，增大了切削刃的锋利性，提高了刀具的切削能力。

（2）影响刀尖强度和散热条件

负的刃倾角可增加刀尖强度，其原因是切入时是从切削刃开始的，而不是从刀尖开始的，如图2-55所示。进而改善了散热条件，有利于提高刀具使用寿命。

（3）影响切削力的大小和方向

刃倾角对背向力和进给力的影响较大，当负刃倾角绝对值增大时，背向力会显著增大，易导致工件变形和工艺系统振动。

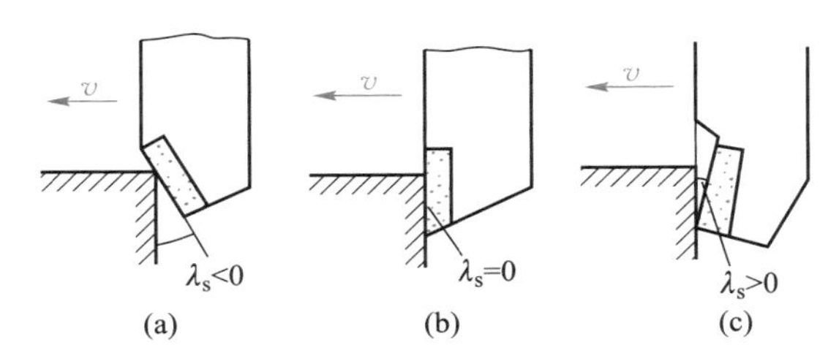

图 2-55 刃倾角对刀尖强度的影响(以 $\kappa_r = 90°$ 的刨刀为例)

(4) 影响切屑流出方向

图 2-56 表示了刃倾角对切屑流向的影响。当刃倾角为正值时切屑流向待加工表面;当刃倾角为负值时切屑流向已加工表面,易划伤工件表面。

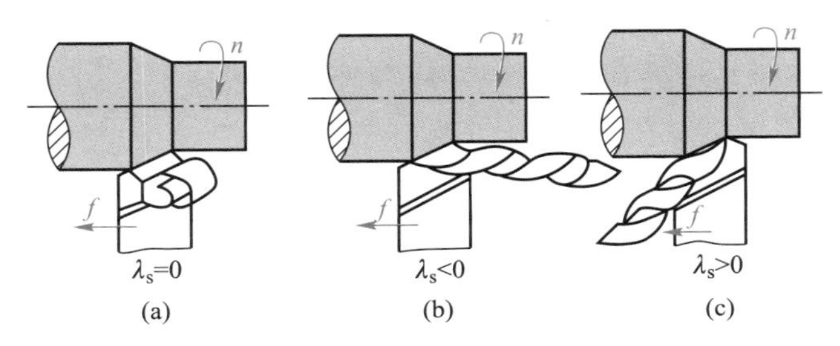

图 2-56 刃倾角对排屑方向的影响

在加工一般钢料和铸铁时,无冲击粗车时取 $\lambda_s = -5° \sim 0°$,精车时取 $\lambda_s = 0° \sim +5°$;有冲击负荷时取 $\lambda_s = -15° \sim -5°$,当冲击特别大时,可取 $\lambda_s = -45° \sim -30°$。加工高强度钢、冷硬钢时,取 $\lambda_s = -30° \sim -20°$。

除了合理地选择上述刀具角度参数外,还应合理选用刀具的刃形、刃区等参数,具体选择可参阅有关资料。

2.7.2 刀具使用寿命和切削用量的合理选择

2.7.2.1 刀具使用寿命的选择

在生产实际中,刀具使用寿命同生产效率和加工成本之间存在着较复杂的关系。如果把刀具使用寿命选得过高,则切削用量势必限制在较低的水平,虽然此时刀具消耗及费用较少,但加工效率过低,会使经济效益变得很差。若刀具使用寿命选得过低,虽可采用较高的切削用量使金属切除率增大,但由于刀具磨损过快而使换刀、磨刀工时和费用增加,同样达不到高效率、低成本的要求。合理的刀具使用寿命应根据优化的目标而定,一般有最大生产率刀具使用寿命和最低成本刀具使用寿命两种。

最大生产率刀具使用寿命 T_P 是根据完成一道工序所用时间 t_m 最短的目标确定的,工序工时 t_m 由切削工时、换刀工时和其他辅助工时组成。

设工件切削长度为 l_w,工件转速为 n_w,工件直径为 d_w,进给量为 f,背吃刀量为 a_p,工件加工余量为 Δ,则

$$t_m = \frac{l_w \Delta}{n_w a_p f} = \frac{\pi d_w l_w \Delta}{1\,000 v_c a_p f} \tag{2-51}$$

此式表明,切削用量三要素对工序时间 t_m 的影响是一致的。

最低成本刀具使用寿命 T_C 是根据单工序加工成本最少的目标确定的，也称为经济使用寿命。设一道工序成本为 C，则有

$$C=t_m M+t_{ct}\frac{t_m}{T}M+\frac{t_m}{T}C_t+t_{ot}M \tag{2-52}$$

式中：M——该工序单位时间内所分担的全厂开支；

C_t——刀具每次刃磨后分摊的费用（刀具总成本/刃磨次数）。

由定义可知 $T_C>T_P$，即 T_P 所允许的切削速度比 T_C 所允许的切削速度高，图2-57表示了刀具使用寿命对生产率和加工成本的影响。在一般情况下，多采用最低成本刀具使用寿命，只有当生产任务紧迫或生产中出现不平衡环节时，才选用最大生产率刀具使用寿命。

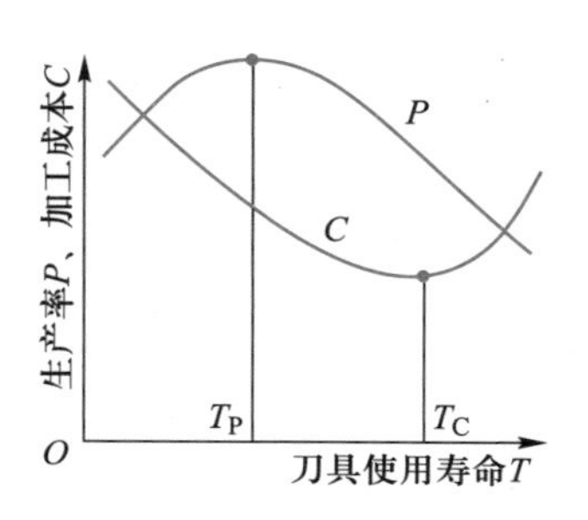

图2-57　刀具使用寿命对生产率和加工成本的影响

综合分析 t_m、C 的表达式以及各种具体情况，选择刀具使用寿命时应考虑以下几点：

① 根据刀具复杂程度和制造、重磨的费用来选择。结构简单、成本不高的刀具，使用寿命应选得低些；结构复杂和精度高的刀具使用寿命应选得高些。例如硬质合金焊接车刀的使用寿命取为60~90 min，高速钢钻头的使用寿命取为80~120 min，硬质合金端铣刀使用寿命取为90~180 min，齿轮刀具使用寿命取为200~300 min。

② 对于装刀、换刀和调刀比较复杂的数控机床、组合机床与自动化加工刀具，刀具使用寿命应选得高些，一般为通用机床上同类刀具的2~4倍，尤其应保证刀具的可靠性。对于机夹可转位刀具，由于换刀时间短，为了充分发挥其切削性能，提高生产效率，刀具使用寿命可选得低些，大致为30 min。

③ 当某工序的生产率限制了整个车间生产率的提高时，该工序的刀具使用寿命要选得低些；若某工序单位时间内所分担到的全厂开支 M 较大时，刀具使用寿命也应选得低些。

④ 大件精加工时，为避免切削时中途换刀，刀具使用寿命应按零件精度和表面粗糙度来确定，一般为中小件加工时的2~3倍。

2.7.2.2　切削用量的合理选择

1. 切削用量的选择原则

合理地选择切削用量对提高生产效率、保证必要的刀具使用寿命和经济性及加工质量有着非常重要的意义。在机床、刀具和工件等条件一定的情况下，切削用量的选择具有灵活性和能动性。目前较先进的做法是进行切削用量的优化选择和建立切削数据库。所谓切削用量优化，就是在一定约束条件下选择实现预定目标的最佳切削用量值。切削数据库中存储了采用各种加工方法加工各种工程材料的切削数据，并建立其管理系统，用户可以通过网络查询或索取所需要的数据。而一般工厂多采用一些经验数据并附以必要的计算来确定切削用量。

1）在切削过程中材料切除率 Q 与切削用量三要素均保持线性关系，即其中任一参数增大，都可使生产率随之增大。因此，粗加工时毛坯余量大，对加工精度和表面粗糙度要求不高，在可能情况下应选择尽可能大的背吃刀量 a_p，并使 v_c、f、a_p 的乘积最大，以获得最高的生产率并降低成本。

2）切削用量三要素中，对表面粗糙度影响最大的为进给量 f。f 增大、加工表面残留面积也相应增大；进给量 f 和背吃刀量 a_p 显著增大，都会使切削力和工件变形增大，若工艺系统刚性不

满足切削要求，都可能引起振动。在积屑瘤产生区选择高的切削速度，易使切削温度升高，从而影响工件加工表面粗糙度和加工精度，因此，精加工时主要按表面粗糙度和加工精度要求确定切削用量。

3）根据前述刀具使用寿命与切削用量的关系可知，切削速度 v_c 对刀具使用寿命影响最大，f 次之，a_p 对刀具使用寿命影响最小。

因此，切削用量和刀具使用寿命的选择原则为：在机床、刀具、工件的强度以及工艺系统刚性允许的条件下，首先选择尽可能大的背吃刀量 a_p，其次按照工艺系统和技术条件的允许选择较大的进给量 f，最后在保证必要的刀具使用寿命的前提下确定切削速度 v_c。

精加工时应以保证零件的加工精度和表面质量为主，优选刀具使用寿命允许的切削速度，小的进给量和背吃刀量；选择切削速度时应避开产生积屑瘤的切削速度区，硬质合金刀具多选较高的切削速度，高速钢刀具则采用较低的切削速度，使之既保证加工质量，又提高生产率。

2. 切削用量制订的步骤（以车削为例）

（1）背吃刀量的选择

切削加工一般分为粗加工、半精加工和精加工。粗加工（*Ra* 值为 12.5～50 μm）时，应尽可能一次走刀切除粗加工的全部余量。在中等功率机床上，背吃刀量可达 8～10 mm。半精加工（*Ra* 值为 3.2～6.3 μm）时，背吃刀量可取 0.5～2 mm。精加工（*Ra* 值为 0.8～1.6 μm）时，背吃刀量取0.1～0.4 mm。

在加工余量过大或工艺系统刚性不足的情况下，粗加工可分几次走刀。若分两次走刀，应使第一次走刀时的背吃刀量占全部加工余量的 2/3～3/4，而第二次走刀时的背吃刀量取小些，以使精加工工序具有较高的刀具使用寿命和加工精度及较小的表面粗糙度值。

切削表层有硬皮的铸、锻件或切削不锈钢等加工硬化严重的材料时，应尽量使背吃刀量超过硬皮或冷硬层的厚度，以避免刀尖过早磨损。

（2）进给量的选择

粗加工时，对工件的表面质量要求不高，但切削力往往很大，此时进给量的大小主要受机床进给机构强度、刀具的强度与刚性、工件的装夹刚性等因素的限制。精加工时，进给量的大小则主要受加工精度和表面粗糙度的限制。

生产实际中常常根据经验或查表法确定进给量。粗加工时根据工件材料、车刀刀杆截面尺寸、工件直径及已确定的背吃刀量按表 2-10 来选择进给量。在半精加工和精加工时，则按加工表面粗糙度要求，根据工件材料、刀尖圆弧半径、切削速度按表 2-11 来选择进给量。

（3）切削速度的确定

根据已选定的背吃刀量 a_p、进给量 f 及刀具使用寿命 T，切削速度 v_c 可按下式计算求得

$$v_c = \frac{C_v}{T^m a_p^{x_v} f^{y_v}} K_v \tag{2-53}$$

式中各系数和指数可查阅切削用量手册。切削速度也可通过查表 2-12 来选定。

在生产中选择切削速度的一般原则是：

① 粗车时，a_p 和 f 均较大，故选择较低的 v_c；精车时，a_p 和 f 均较小，故选择较高的 v_c。

② 工件材料强度、硬度高时，应选较低的 v_c；反之，选较高的 v_c。

③ 刀具材料性能越好，v_c 选得越高，如硬质合金刀具的 v_c 比高速钢刀具的 v_c 要高好几倍。

表 2-10　硬质合金车刀粗车外圆时进给量的参考值

工件材料	车刀刀杆截面尺寸/mm	工件直径/mm	背吃刀量 a_p/mm				
			≤3	>3~5	>5~8	>8~12	>12
			进给量 f/(mm/r)				
碳素结构钢、合金结构钢及耐热钢	16×25	20	0.3~0.4	—	—	—	—
		40	0.4~0.5	0.3~0.4	—	—	—
		60	0.5~0.7	0.4~0.6	0.3~0.5	—	—
		100	0.6~0.9	0.5~0.7	0.5~0.6	0.4~0.5	—
		400	0.8~1.2	0.7~1.0	0.6~0.8	0.5~0.6	—
	20×30 25×25	20	0.3~0.4	—	—	—	—
		40	0.4~0.5	0.3~0.4	—	—	—
		60	0.6~0.7	0.5~0.7	0.4~0.6	—	—
		100	0.8~1.0	0.7~0.9	0.5~0.7	0.4~0.7	—
		400	1.2~1.4	1.0~1.2	0.8~1.0	0.6~0.9	0.4~0.6
铸铁及铜合金	16×25	40	0.4~0.5	—	—	—	—
		60	0.6~0.8	0.5~0.8	0.4~0.6	—	—
		100	0.8~1.2	0.7~1.0	0.6~0.8	0.5~0.7	—
		400	1.0~1.4	1.0~1.2	0.8~1.0	0.6~0.8	—
	20×30 25×25	40	0.4~0.5	—	—	—	—
		60	0.6~0.9	0.5~0.8	0.4~0.7	—	—
		100	0.9~1.3	0.8~1.2	0.7~1.0	0.5~0.8	—
		400	1.2~1.8	1.2~1.6	1.0~1.3	0.9~1.1	0.7~0.9

表 2-11　按表面粗糙度要求选择进给量的参考值

工件材料	表面粗糙度 *Ra* 值/μm	切削速度/(m/min)	刀尖圆弧半径 r_ε/mm		
			0.5	1.0	2.0
			进给量 f/(mm/r)		
碳素结构钢、合金结构钢	5~10	<50	0.30~0.50	0.45~0.60	0.55~0.70
		≥50	0.40~0.55	0.55~0.65	0.65~0.70
	2.5~5	<50	0.18~0.25	0.25~0.30	0.30~0.40
		≥50	0.25~0.30	0.30~0.35	0.35~0.50
	1.25~2.5	<50	0.10	0.11~0.15	0.15~0.22
		50~100	0.11~0.16	0.16~0.25	0.25~0.35
		>100	0.16~0.20	0.20~0.25	0.25~0.35
铸铁、青铜及铝合金	5~10	不限	0.25~0.40	0.40~0.50	0.50~0.60
	2.5~5		0.15~0.20	0.25~0.40	0.40~0.60
	1.25~2.5		0.10~0.15	0.15~0.20	0.20~0.35

表 2-12 车削加工的切削速度参考数值

工件材料	硬度/HBW	背吃刀量 a_p /mm	高速钢刀具		硬质合金刀具	
			进给量 f /(mm/r)	切削速度 v_c /(m/min)	进给量 f /(mm/r)	切削速度 v_c /(m/min)
低碳钢 易切削钢	125~225	1 4 8	0.18 0.40 0.50	43~52 33~40 27~30	0.18 0.50 0.75	140~165 115~125 88~100
中碳钢	175~275	1 4 8	0.18 0.40 0.50	34~41 25~32 20~26	0.18 0.50 0.75	115~130 90~100 70~80
合金钢	175~275	1 4 8	0.18 0.40 0.50	34~40 23~30 20~24	0.18 0.50 0.75	105~120 85~90 67~73
高强度钢	225~350	1 4 8	0.18 0.40 0.50	20~26 15~20 12~15	0.18 0.40 0.50	90~105 69~84 53~66
灰铸铁	160~240	1 4 8	0.18 0.40 0.50	26~43 17~27 14~23	0.18 0.50 0.75	84~120 69~100 60~80
可锻铸铁	160~240	1 4 8	0.18 0.40 0.50	30~40 23~30 18~24	0.18 0.50 0.75	120~160 90~120 76~100
铝及铝合金	40~150	1 4 8	0.18 0.40 0.50	245~305 215~275 185~245	0.25 0.50 1.0	550~610 425~550 305~365
铜及铜合金	60~150	1 4 8	0.18 0.40 0.50	40~175 34~145 27~120	0.18 0.50 0.75	84~345 69~290 64~270

④ 精加工时应尽量避免选择积屑瘤和鳞刺产生的切削速度区域。

⑤ 断续切削时,为减小冲击和热应力,宜适当减小切削速度。

⑥ 在易发生振动的情况下,切削速度应避开自激振动的临界速度。

⑦ 加工大件、细长件、薄壁件或加工带外皮的工件时,应适当减小切削速度。

切削用量三要素选定之后,还应校核机床功率。

3. 切削用量选择举例

已知条件如下:

工件材料 45 钢(热轧), $R_m = 0.637$ GPa;

毛坯尺寸 $d_w \times l = \phi 50$ mm×350 mm,装夹如图 2-58 所示;

加工要求 车外圆至 $\phi 44$ mm,表面粗糙度 Ra 值为 3.2 μm,加工长度 $l_w = 300$ mm;

机床 CA6140 卧式车床;

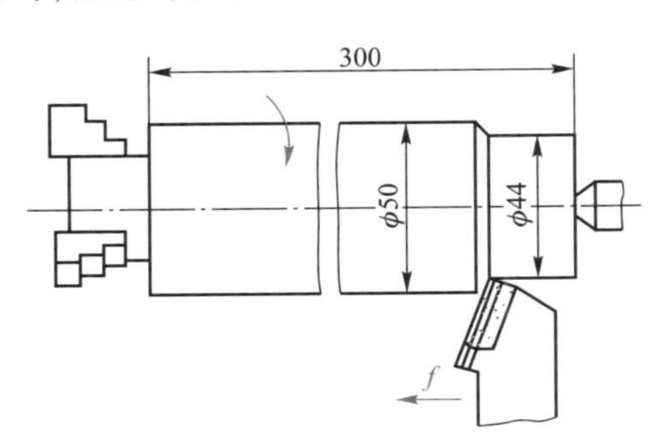

图 2-58 外圆车削尺寸图

刀具　焊接式硬质合金外圆车刀，刀片材料为P10（YT15），刀杆截面尺寸为16 mm×25 mm；几何参数

$\gamma_o=15°$，　$\alpha_o=8°$，　$\kappa_r=75°$，　$\kappa_r'=10°$，　$\lambda_s=6°$，　$r_\varepsilon=1$ mm，　$b_{r1}'=0.3$ mm，　$\gamma_{o1}=-10°$。

试确定车削外圆的切削用量。

解　因对表面粗糙度有一定要求，故应分粗车和半精车两道工序加工。

（1）粗车

1）确定背吃刀量 a_p　单边加工余量为3 mm，粗车取 $a_{p1}=2.5$ mm，半精车取 $a_{p2}=0.5$ mm。

2）确定进给量 f　根据工件材料、刀杆截面尺寸、工件直径及背吃刀量，从表2-10中查得 $f=0.4\sim0.5$ mm/r。按机床说明书中实有的进给量，取 $f=0.51$ mm/r。

3）确定切削速度 v_c　切削速度可由式（2-53）计算，也可从表中查出。现根据已知条件参考表2-12，取 $v_c=90$ m/min，然后求出机床主轴转速为：

$$n=\frac{1\ 000v_c}{\pi d_w}\approx\frac{1\ 000\times90}{3.14\times50}\text{r/min}\approx573\ \text{r/min}$$

按机床说明书选取实际的机床主轴转速为560 r/min，故实际切削速度为：

$$v_c=\frac{\pi d_w n}{1\ 000}\approx\frac{3.14\times50\times560}{1\ 000}\text{m/min}\approx87.9\ \text{m/min}$$

4）校验机床功率 P_s　由表2-5查得单位切削力 k_c 为1 962 N/mm²，故切削功率 P_s 为：

$$P_s=F_cv_c\times10^{-3}=k_ca_pfv_c\times10^{-3}=1\ 962\times2.5\times0.51\times(87.9/60)\times10^{-3}\ \text{kW}\approx3.665\ \text{kW}$$

从机床说明书知，CA6140车床电动机功率为 $P_e=7.5$ kW。若取机床传动效率 $\eta_m=0.8$，则

$$P_s/\eta_m=3.665/0.8\ \text{kW}=4.581\ \text{kW}<P_e$$

所以机床功率是足够的。

（2）半精车

1）确定背吃刀量　$a_p=0.5$ mm。

2）确定进给量　根据表面粗糙度 Ra 值为3.2 μm，$r_\varepsilon=1$ mm，从表2-11查得（预估切削速度 $v_c\geqslant50$ m/min）$f=0.3\sim0.35$ mm/r。按机床说明书中实有的进给量，确定 $f=0.3$ mm/r。

3）确定切削速度　根据已知条件和已确定的 a_p 和 f 值，参考表2-12选取 $v_c=130$ m/min，然后计算出机床主轴转速为：

$$n\approx\frac{1\ 000\times130}{3.14(50-5)}\text{r/min}\approx920\ \text{r/min}$$

按机床说明书选取机床主轴实际转速为900 r/min，故实际切削速度为：

$$v_c\approx\frac{3.14(50-5)\times900}{1\ 000}\text{m/min}\approx127.2\ \text{m/min}$$

本题的解为　粗车切削用量：$a_p=2.5$ mm，$f=0.51$ mm/r，$v_c\approx87.9$ m/min；

半精车切削用量：$a_p=0.5$ mm，$f=0.3$ mm/r，$v_c\approx127.2$ m/min。

4. 提高切削用量的途径

从切削原理的角度看，提高切削用量的途径主要有以下几个方面：

① 采用切削性能更好的新型刀具材料。

② 在保证工件力学性能的前提条件下，改善工件材料的切削加工性。

③ 采用性能优良的新型切削液和高效的冷却润滑方法，改善冷却润滑条件。

④ 改进刀具结构，提高刀具制造质量。

2.7.3 切削液的合理选用

在切削加工中，切削液具有冷却、润滑、清洗和防锈作用。合理使用切削液，可以减小切屑、工件与刀具间的摩擦，降低切削力和切削温度，延长刀具使用寿命，并能减小工件热变形，抑制积屑瘤和鳞刺的生长，从而提高加工精度和减小已加工表面粗糙度。

由于人类资源和环境面临空前的严峻挑战，要求机械与制造科学比以往任何时候更重视制造资源的节省、环境的保护、产品的安全和绿色度等问题。传统切削液中含有卤素、硫、磷、氯等对环境有害的添加剂，若在使用过程中、在排放前未经处理或处理不当，则会对操作工人的健康造成威胁，对水资源及土壤等环境造成污染。我国机械加工业的总体水平不断得到提升，按照加工类型和用途的不同进行划分，金属加工液各自所占的比例如图 2-59 所示，其中切削液约占金属加工液总消耗量的 38%。由此可见，开发和使用绿色环保性能的切削液是制造业义不容辞的社会责任。

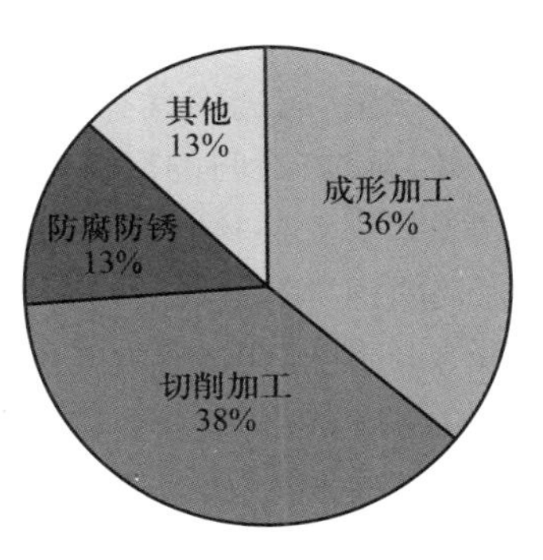

图 2-59 金属加工液按加工类型和用途分类比例

1. 切削液的分类

切削液分水溶性切削液和非水溶性切削液。

(1) 水溶性切削液

水溶性切削液的最大优点是散热快、加工件易清洗、成本低，但易于受细菌影响，排放后处理费用大。加工中常用的品种有：水溶液、乳化液、合成型切削液和微乳化液。

1) 水溶液

主要成分是水，再加入一定的防锈剂或添加剂，使其既有良好的冷却性能又有一定的防锈和润滑性能。

2) 乳化液

乳化液由基础油(矿物油、动植物油或合成油)、乳化剂、添加剂和水配制而成，它将油的润滑性和防锈性与水优异的冷却性能结合起来，使用中再加入一定的添加剂。

3) 合成型切削液

化学合成型切削液以无机盐和有机胺为主体，并添加防腐剂等，用水稀释后变成透明状。合成型切削液的优点是：经济，散热快，清洗性好，具有极好的加工可见性，易稀释，稳定性好，不含易滋生细菌的营养物质，防腐性好，不易腐败发臭。但合成型切削液润滑性不足，洗净性过高，操作人员的手易脱脂而导致皮炎。

4) 微乳化液

微乳化液是一种介于乳化液和合成型切削液之间的切削液。一般其分散相液滴直径在 0.1 μm 以下，既具有乳化液的润滑性，又具有合成型切削液的冷却清洗性，具有合适的极压性能。与乳化液相比，由于微乳化液中大量表面活性剂的使用，微乳化液的渗透、清洗能力比乳化液大大增强，其中油性添加剂和油溶性极压添加剂的使用提高了微乳化液的润滑性。

(2) 非水溶性切削液

非水溶性切削液在使用过程中质量稳定，具有良好的润滑性和切削性，使用寿命长，并能再生利用，不受细菌侵蚀影响，不会引起皮肤病等。

非水溶性切削液的组分包括基础油、油性剂和辅助添加剂。基础油主要有矿物油和合成油，少数采用动植物油。矿物油基本上是润滑油馏分，按其原料油来源可分为石蜡基和环烷基两种类型。合成油由于其分子结构是人为设计的,因而它的理化性质和力学性质比矿物油更趋合理。

2. 切削液的选用

选择切削液时应综合考虑加工要求、工件材料、刀具材料、加工方法等情况。

(1) 从加工要求方面考虑

粗加工时,金属切除量大,产生的热量多,因此应着重考虑降低切削温度,故选用以冷却为主的切削液,如3%~5%的低浓度乳化液或离子型切削液。精加工时主要要求提高加工精度和加工表面质量,应选用具有良好润滑性能的切削液,如极压切削油或高浓度极压乳化液,它们可减小刀具与切屑之间的摩擦与黏结,抑制积屑瘤。

(2) 从工件材料方面考虑

切削钢材等塑性材料时,需要用切削液。切削铸铁、黄铜等脆性材料时可不用切削液,其原因是作用不明显,且会污染工作场地;如果必须使用,宜用煤油或轻柴油等易与切屑分离的切削液。切削高强度钢、高温合金等难加工材料时,属于高温高压边界摩擦状态,宜选用极压切削油或极压乳化液,以适应极压摩擦状况,降低切削温度并减少摩擦,从而提高刀具使用寿命和加工质量。

(3) 从刀具材料方面考虑

高速钢刀具耐热性差,应采用切削液。硬质合金刀具耐热性好,一般不用切削液,必要时可采用低浓度乳化液或水溶液,但应连续、充分地浇注,否则刀片会因冷热不均而导致破裂。金刚石刀具的硬度非常高,为达到良好的冷却效果,一般采用水基切削液;对硬度较低的工件进行加工时,如齿轮,就需要采用黏度较高的切削液,以防止表面划伤。

(4) 从加工方法方面考虑

铰孔、拉削、螺纹加工等工序的加工刀具与已加工表面摩擦严重,宜采用极压切削油或极压乳化液。成形刀具、齿轮刀具价格高昂,要求刀具使用寿命长,可采用极压切削油。磨削加工时温度很高,工件易烧伤,还会产生大量的碎屑,这些碎屑连同脱落的砂粒会划伤已加工表面,因此要求切削液应具有良好的冷却清洗作用,故一般常采用乳化液或离子型切削液。

3. 绿色切削液

据德国对汽车行业的最新调查结果表明,在工件总的生产加工成本中,切削液的费用要占7%~17%,其中切削液供给系统的使用成本(包括系统的清洗、维护费用及附属环保设备费用)占有较大比例,而刀具的成本仅占2%~4%,切削液的费用是刀具费用的3~4倍。而且切削液的处理较为困难,若考虑环保的要求,在加工中采用传统切削液所发生的相关费用占总生产加工成本的15%~30%。

传统切削液发生的相关费用在总生产加工成本中的占比如此高,是因为传统切削液的处理较为困难,易对水资源造成污染,矿物油基切削液的生物降解性差,能长期滞留于水和土壤中,使得湖泊、河流、海洋和地下河系统受到不同程度的污染。磷酸盐是水基切削液中常用的防锈剂,而研究证明磷酸盐的积累会使湖泊、河流因富营养化而发生赤潮。

油基切削液在高速或重载切削条件下会产生高温化学反应,形成烟雾,释放有害气体和油雾;水基切削液气化形成的微液滴等,均会刺激呼吸系统黏膜而引起炎症。切削液与人体直接接触,会诱发多种皮肤病,损害工人健康等,如矿物油的脱脂和刺激作用会引起红疹,表面活性剂、防腐剂、杀菌剂等添加剂会造成皮炎等。常用的切削液添加剂亚硝酸钠和醇胺容易发生反应生成致癌物亚硝基胺。

1) 绿色切削液的基本要求 研究开发绿色切削液的目的在于使切削液不会对人体健康和环境造成危害,其废液经处理后可在自然界中安全降解,不会对环境造成污染。

2) 绿色添加剂 在保证切削液综合性能的基础上,宜开发应用低毒、低污染甚至无污染的新的添加剂。

① 环保型生物降解添加剂

生物降解是通过微生物使化合物分解成 CO_2 和水。环保合格切削液的生物降解性包括生物降解能力、生态毒性。这是两个不同的方面,有些有毒物质也可生物降解,降解后生成非毒性物质;有些物质降解后的产物比原物质有更强的毒性。因此,符合环保要求的切削液不仅生物降解性要好,而且生态毒性及毒性累积性要小。

有机硼酸酯是一种多功能的环保型添加剂,易于合成,大部分硼酸酯均由带羟基的物质(如醇)与硼化剂(如硼酸)反应生成,硼酸酯具有优良的减摩抗磨性能、良好的防锈性能和抗氧化稳定性,而且无毒无臭,不腐蚀金属。

钼酸盐能提高切削液的极压抗磨性能,将钼酸盐添加到切削液中可在加工金属表面生成 $Fe-MoO_4-Fe_2O_3$ 钝化膜,使工件获得良好的缓蚀效果。但其价格昂贵,影响进一步的推广应用。近期已合成出一种由钼酸盐、硼酸盐、有机胺等组成的高效、价廉的防锈混合物。

② 用植物油替代矿物油

即用植物油作为基础油。基础油的生物降解性能影响润滑剂的生物降解性能,植物油与合成酯具有很好的生物降解能力。植物油用得最多的是菜籽油,可选用高油酸含量的菜籽油或对菜籽油进行精制或改进,加入新一代的添加剂。基础油的生物降解度见表 2-13。

表 2-13 基础油的生物降解度

基础油	生物降解度/%
聚酯	80~100
二元酸双酯	60~100
多元醇酯	60~100
苯二甲酸二酯	60~70
聚烯烃	≤20
聚异丁烯	≤30
聚丙二醇	≤10
烷基苯	≤10
矿物油	20~60
植物油	70~100

4. 切削冷却介质的使用方法

不仅要合理选用切削液及其他冷却介质(如空气等),而且要选用正确和高效的使用方法,只有这样才能充分发挥切削冷却介质的作用。

1) 浇注法　浇注法是目前在切削加工中使用切削液最常用和传统的方法。这种方法使用方便、设备简单,但流量大、压力低,切削液不易进入切削区的高温处,因此,冷却、润滑效果皆不理想。

2) 高压冷却法　高压冷却法利用高压(1~10 MPa)切削液直接作用于切削区周围进行冷却润滑并冲走切屑,效果好于浇注法。但需要高压装置,深孔加工时常用此方法。

3) 亚干式切削(near dry cutting)　亚干式切削是借助一定压力(0.2~0.6 MPa)的气体,使适(微)量冷却润滑介质对切削区实施润滑、冷却或保护的技术方法,该方法包括喷雾冷却、微量润滑、低温喷雾冷却等方式，它利用沸腾气化原理，使以 ml/h 计量的冷却润滑介质直接进入切削区的高温处，从而达到其他方法不能达到的冷却润滑效果、生产效率和加工质量。使用该技术方法需要一定装置。

国家标准 GB/T 31210.1—2014 中介绍了亚干式切削技术的技术要求。

2.8 磨削过程与磨削机理

磨削是用磨料磨具（研磨膏、砂轮、砂带、油石等）对工件进行加工的方法。磨削一般常用于半精加工和精加工，加工精度可达 IT5、IT6 级，表面粗糙度 Ra 值达 0.2～0.8 μm，镜面磨削时 Ra 值可达 0.01～0.04 μm。磨削常用于加工淬硬钢、耐热钢及特殊合金等坚硬材料。在毛坯制造精度日益提高的情况下，可以直接把毛坯磨削至成品。近年来，随着各种高强度、高硬度材料的广泛应用以及零件加工要求的不断提高，磨削加工已逐步成为从粗加工到超精加工，应用范围日益扩大的高效率加工方法。在工业发达国家中，磨床占机床总数的 30%～40%，在轴承制造业中则多达 60%。

2.8.1 磨料与磨具

砂轮是磨削加工的主要工具。它是用结合剂（又称黏结剂）把磨粒黏结起来，经压坯、干燥、焙烧及修整而成的。砂轮的特性主要由磨料、粒度、结合剂、硬度、组织及形状尺寸等因素所决定。

1. 磨料

磨料是制造砂轮的主要材料，直接担负切削工作。磨料应具有高硬度、高耐热性和一定的韧性，以及高温下稳定的物理、化学性能，在切削过程中受力破碎后还要能形成锋利的形状。常用的磨料有氧化物系、碳化物系和超硬磨料系三类。常用砂轮磨料的特性、应用以及粒度见表 2-14。

表 2-14 常用砂轮磨料的特性、应用及粒度

系别		磨料名称	代号	显微硬度/HV	特性	适用范围
磨料	氧化物系	棕刚玉	A	2 200～2 800	棕褐色，硬度较高，韧性好，价格低廉	磨削碳素钢、合金钢、可锻铸铁
		白刚玉	WA	2 200～2 300	白色，磨粒锋利，比棕刚玉硬度高，但韧性差	磨削淬硬钢、高速钢、薄壁件、成形件
		铬刚玉	FA	2 200～2 300	玫瑰色，韧性、锋利性比白刚玉好	磨削高速钢、不锈钢、刃具，用于成形磨削、高表面质量磨削
	碳化物系	黑碳化硅	C	2 840～3 320	黑色，有光泽，硬度比刚玉类高，性脆而锋利，导热性好	磨削铸铁、黄铜、耐火材料、非金属材料
		绿碳化硅	CC	3 280～3 400	绿色，有光泽，硬度比黑碳化硅高，导热性好，韧性差	磨削硬质合金、玉石、玻璃、陶瓷等高硬度材料
		碳化硼	BC	5 500～6 700	黑色，硬度和耐磨性都比碳化硅类高，高温易氧化	不宜制作砂轮，其膏或粉可作为研磨剂，研磨硬质合金等

续表

系别		磨料名称	代号	显微硬度/HV	特性	适用范围
磨料	超硬磨料系	人造金刚石	D	9 000~10 000	无色透明或淡黄色、黄绿色、黑色，硬度最高，耐热性差	磨削硬质合金、宝石、玻璃、陶瓷等高硬度材料及有色金属
		立方氮化硼	CBN	8 000~9 000	棕黑色，硬度仅次于人造金刚石，耐热性、韧性高于人造金刚石	磨削高速钢、不锈钢、耐热钢及其他难加工材料

	类别	粒度号	适用范围
粒度	粗粒度	F4、F5、F6、F7、F8、F10、F12~F24	荒磨
	中粒度	F30、F36、F40、F46	一般磨削，加工表面粗糙度 Ra 值可达 0.8 μm
	细粒度	F54、F60、F70、F80、F90、F100	半精磨、精磨等，表面粗糙度 Ra 值可达 0.8~0.16 μm
	微粒	F120、F150、F180、F220	精磨、超精磨、成形磨、刃磨、珩磨等
	微粉	F230、F240、F280、F320、F360	精磨、超精磨、成形磨、珩磨、螺纹磨、研磨
		F400、F500、F600、F800、F1000、F1200	超精磨、研磨、镜面磨，表面粗糙度 Ra 值可达 0.05~0.012 μm

2. 粒度

粒度是指磨料颗粒的大小，它分为磨粒（尺寸>63 μm）和微粉（尺寸≤63 μm）两类。磨粒用筛选法分级，以磨粒刚能通过的那一号筛网的网号来表示磨料的粒度，如 F60 磨粒，表示其大小正好能通过每英寸长度上有 60 个孔眼的筛网；粒度号越大，磨料颗粒越小。微粉的粒度号为 F230~F1200，F 后的数字越大，微粉越细。常用砂轮粒度的特性及应用见表 2-14。

粒度对加工表面粗糙度和磨削生产率影响较大。一般来说，粗磨用粗粒度砂轮，精磨用细粒度砂轮；当工件材料硬度低、塑性大同时磨削面积大时，为避免堵塞砂轮和烧伤工件，应采用粗粒度的砂轮。

3. 结合剂

结合剂的作用是将磨粒黏结在一起，使砂轮具有一定的形状和强度。结合剂的性能对砂轮的强度、抗冲击性、耐热性、抗腐蚀性、寿命以及磨削温度和磨削表面质量都有较大影响。通常选用陶瓷结合剂，当产生磨削烧伤或者使用薄片砂轮时，应选用树脂和橡胶结合剂。当磨削区温度达到 100 ℃~150 ℃或 200 ℃~300 ℃时，橡胶结合剂和树脂结合剂就会软化或烧毁，表层磨粒就会发生脱落。结合剂的特性及应用见表 2-15。

表 2-15 结合剂的特性及应用

	名称	代号	特性	适用范围
结合剂	陶瓷	V	由黏土、长石、滑石、硼玻璃和硅石等材料配成，化学性质稳定，耐热，耐蚀，容易脆裂	最常用，能制成除薄片砂轮外的各种砂轮，其线速度一般为 35 m/s
	树脂	B	采用酚醛树脂或环氧树脂，强度比陶瓷高，自锐性、弹性好，耐蚀、耐热性较差，当磨削温度达 200~300 ℃时，结合力大大下降	适用于高速磨削、切断、切槽及镜面磨削等砂轮

续表

	名称	代号	特性	适用范围
结合剂	橡胶	R	采用人造橡胶。强度比树脂结合剂更高,自锐性、弹性更好,有良好的抛光作用,耐蚀、耐热性差(200 ℃)	用于无心磨的导轮,切断、切槽及抛光砂轮。加工表面质量好
	青铜	M	能承受较大的负荷,强度高,锋利,耐磨性、成形性好,使用寿命长;自锐性差,易堵塞发热,修整困难	用于制作金刚石或CBN磨具,分别用于磨削玻璃、石材和半导体等材料或珩磨各种合金材料

4. 硬度

砂轮硬度是指磨粒在磨削力的作用下从砂轮表面脱落的难易程度,也反映了磨粒与结合剂的黏结强度,与磨料硬度无关。砂轮硬度高,磨粒不易脱落;砂轮硬度低,磨粒易于脱落,自锐性好。砂轮的硬度等级和代号见表2-16。

选择砂轮硬度时可参考以下原则:

① 磨削硬材料时,应选软砂轮,以使磨钝的磨粒及时脱落,新的锋利磨粒参加工作;磨削软材料时,磨粒不易变钝,应选硬砂轮,以使磨粒较慢脱落,充分发挥其作用。

② 当砂轮与工件接触面积大、工件的导热性差时,不易散热,应选软砂轮以避免工件烧伤。

③ 精磨或成形磨时,应选较硬的砂轮,以保持砂轮的廓形精度;粗磨时,应选较软的砂轮,以提高磨削效率。

④ 砂轮粒度号越大,砂轮硬度应越小,以避免砂轮堵塞。

5. 组织

砂轮的组织是指砂轮中磨料、结合剂和气孔三者体积的比例关系。磨料在砂轮中所占的体积分数越大,砂轮的组织越紧密,气孔越小;反之,磨料在砂轮中所占的体积分数越小,组织越疏松,气孔越大。砂轮的组织号及适用范围见表2-16。

表2-16 砂轮硬度、组织的等级及应用

硬度	等级	极软				很软			软			中级			硬				很硬	极硬
	代号	A	B	C	D	E	F	G	H	J	K	L	M	N	P	Q	R	S	T	Y

组织																
	组织号	0	1	2	3	4	5	6	7	8	9	10	11	12	13	14
	磨料体积分数/%	62	60	58	56	54	52	50	48	46	44	42	40	38	36	34
	疏密程度	紧密				中等				疏松				大的气孔		
	适用范围	重负荷、成形、精密和间断磨削,可获得较高的加工表面质量				适用于一般磨削,如淬火钢、刀具刃磨等				适用于一般磨削,如平面、内圆的粗磨和韧性好、硬度不高材料的磨削				适用于橡胶、塑料、非铁和热敏性强的材料或薄工件的磨削		

值得注意的是:超硬磨料系砂轮不用组织号而用浓度来反映磨料在砂轮中的含量。当磨料在磨具磨料层中的体积分数为25%时,其浓度规定为100%;当金刚石密度为3.52 g/cm^3 时,此值相当于金刚石磨料含量等于0.88 g/cm^3。其他浓度均按此比例计算。常用的浓度有25%、50%、75%、100%、125%、150%、175%、200%,具体内容可参见GB/T 35479—2017。

6. 砂轮的标记方法

根据不同的用途、磨削方式和磨床类型，砂轮被制成各种形状和尺寸，并已标准化。

一般在砂轮的端面都印有标记，用来表示砂轮的名称、形状、尺寸、磨料种类、粒度、硬度等级、组织号、结合剂种类和最高工作速度。

砂轮的标记方法示例如下：

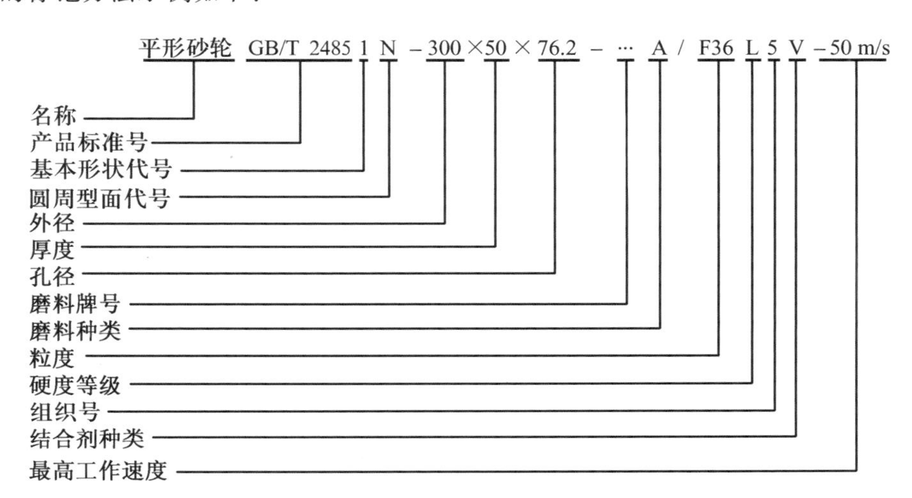

常用砂轮的名称、代号、断面形状和主要用途见表 2-17。

表 2-17　常用砂轮的名称、代号、断面形状和主要用途

砂轮名称	代号	断面形状	主要用途
平形砂轮	1		用于外圆磨、内圆磨、平面磨、无心磨、工具磨、螺纹磨和砂轮机
双斜边砂轮	4		主要用于磨齿面和螺纹面
平形切割砂轮	41		用于切断和开槽
杯形砂轮	6		用断面刃磨刀具，用圆周面磨平面及内孔
碗形砂轮	11		通常用于刃磨刀具，也可用于磨机床导轨
碟形一号砂轮	12a		适用于磨铣刀、铰刀和拉刀等，也可用于磨齿面

2.8.2 磨削过程及切屑形成机理

磨削是利用砂轮表面大量的微小磨粒切削刃完成的切削加工,它与通常的切削加工有很大差异。砂轮表面的磨粒形状、大小是不规则的,大多数呈菱形多面体,顶锥角大多为90°~120°,见图2-60。因此,磨削时磨粒基本上以很大的负前角进行切削。一般磨粒切刃都有一定大小的圆弧,其刃口钝圆半径在几微米到几十微米之间。磨粒磨损后,其负前角和钝圆半径都将增大。而且磨粒切削刃的排列(凹凸、刃距)是随机分布的,磨削厚度又非常薄,因此磨削过程中各个磨粒的切削厚度、切削形态也各不相同。如图2-61所示,磨削过程可大致分为滑擦、刻划和切削三个阶段。

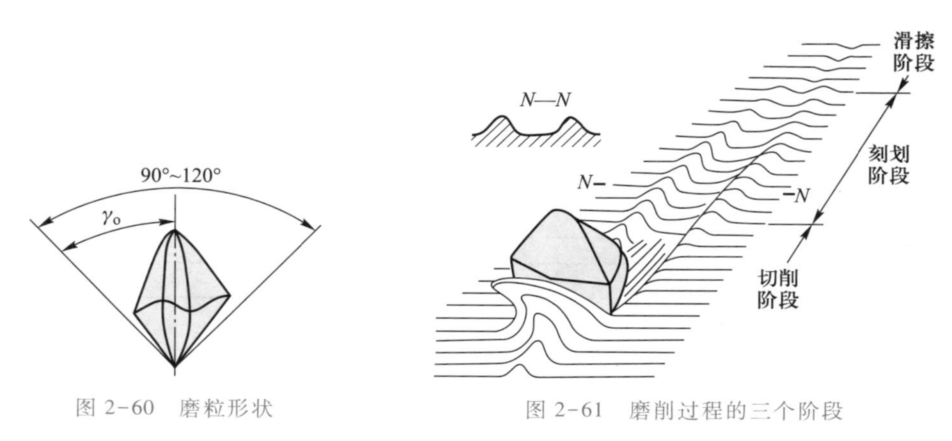

图2-60 磨粒形状　　图2-61 磨削过程的三个阶段

1. 滑擦阶段

在磨粒切削刃刚开始与工件表面接触阶段,由于磨粒有很大的负前角和较大的刃口钝圆半径,切削厚度又非常小,磨粒仅在工件表面上滑擦而过,此时工件表层产生弹性变形和热应力。一些更钝更低的磨粒,在磨削过程中不能切入工件也仅在工件表面产生滑擦作用。因为磨削速度很大,这种滑擦会产生很高的温度,使被磨表面产生烧伤、裂纹等缺陷。

2. 刻划阶段

磨粒继续前进时,一些磨粒已逐渐能够划进工件,随着切入深度的增大而与工件间的压力逐步增大,使工件表面由弹性变形过渡到塑性变形。部分材料发生滑移而被推向磨粒前方及两侧,出现材料的流动及表面隆起现象。此时工件表面上出现划痕,但磨粒前(刀)面上并没有切屑流出。这一阶段除磨粒与工件间的挤压摩擦外,更主要的是材料内部发生摩擦,磨削热显著增加,工件表层不仅有热应力,而且有因弹塑性变形产生的应力。

3. 切削阶段

当切削厚度、被切材料的切应力和温度达到一定值时,材料明显地滑移而形成切屑并沿磨粒前(刀)面流出。磨粒切下的切屑非常细小,且温度很高,当切屑沿着砂轮切向飞出时,在空气中急剧氧化和燃烧,形成磨削火花。切屑尺寸虽然细小但形态却是多种多样的,典型的切屑形态有带状切屑、挤裂切屑、球状切屑及灰烬等。

综上所述,磨削过程是利用砂轮表面上的磨粒对工件表面进行滑擦、刻划及切削的综合作用。这三种作用与磨粒状况、切削厚度、磨削速度及被加工材料的性质等因素有关。

除了在被刻划的沟痕两旁产生明显的隆起现象外,在被磨粒切削过的地方也有隆起现象产生,这是因为磨粒具有负前角、较大的钝圆半径及较小的切入工件的深度。在磨削过程中,工件变形不仅发生在剪切面方向,而且产生在磨粒侧面,这样使剪切变形的面加宽了,因此只有磨粒所切出的沟内的那部分材料才成为切屑。在沟痕两侧的材料虽然经受了塑性变形,却并不成为切屑,而在沟的两侧出现残余的隆起,隆起现象对磨削表面粗糙度有较大的影响。试验证明:金属隆起高度为磨粒切入工件深度的 30%~50%,隆起残留量随着磨削速度 v_c 的增加而线性下降。这是因为在高速下,塑性变形的传播速度远小于磨削速度而使磨粒侧面的材料来不及变形。这就是高速磨削能减小磨削表面粗糙度值的原因之一。

2.8.3 磨削力

磨削时单个磨粒切除的材料虽然很少,但因砂轮表面有大量的磨粒同时工作,而且磨粒工作角度不一致,因此总的磨削力仍相当大。同其他切削加工一样,总磨削力可分解为三个分力:主磨削力(切向磨削力)F_c,切深抗力(径向磨削力)F_p,进给抗力(轴向磨削力)F_f。几种不同类型磨削加工的三向分力如图 2-62 所示。

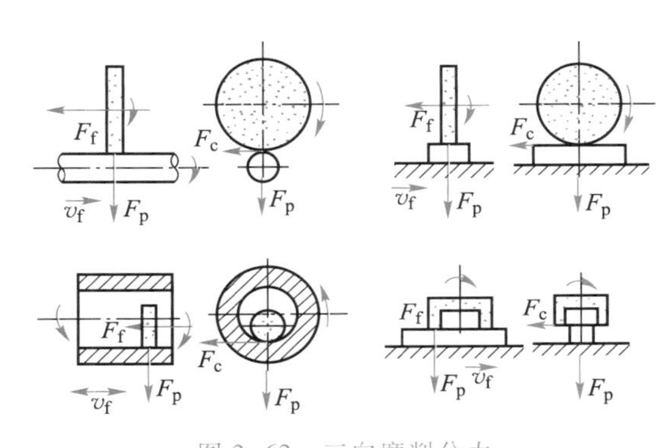

图 2-62 三向磨削分力

1. 磨削力的主要特征

(1)单位磨削力很大

由于磨粒几何形状及分布的随机性和几何参数的不合理性,磨削时挤压摩擦很严重,且切削厚度小,使得单位磨削力很大。根据不同的磨削用量,k_c 值一般为 7~20 kN/mm²,远远高于其他切削加工的单位切削力。

(2)三个分力中切深抗力最大

磨削时三个分力中切深抗力 F_p 最大,其原因同上。在正常磨削条件下,F_p/F_c 的值一般为 2~2.5,而且当工件材料的塑性越小,硬度越大时,F_p/F_c 的比值越大。当磨削深度很小或砂轮严重磨损致使磨粒钝圆半径增大时,F_p/F_c 的比值可能加大到 5~10。由于 F_p 与砂轮轴、工件的变形及振动有关,将直接影响加工精度和表面质量,故该力是十分重要的。

(3)磨削力随不同的磨削阶段而变化

由于 F_p 较大,使工艺系统产生弹性变形,这样工件和砂轮就会产生相对位置变化。砂轮位移量与工件半径减小量的关系如图 2-63 所示,图中 A 段为砂轮每行均有进给期;B 段为无进给磨削期;ε 为位移量。在开始的几次进给中,实际径向进给量(工件半径减小量)远小于砂轮名义进给量(图 2-63 中砂轮位移量)。随着进给次数的增加,实际径向进给量逐渐增大,直至变形抗力增大到等于名义的径向磨削力时,实际径向进给量才会等于名义进给量,这个阶段称为初磨阶段。之后,磨削进入稳定阶段,实际径向进给量与名义进给量相等。当余量即将磨完时,停止进给进行光磨,依据工艺系统弹性变形的恢复情况,磨削至尺寸要求。由上述可知,要提高磨削生产率,应缩短初磨阶段及稳定阶段的时间,即在保证质量的前提下,可适当增加径向进给量;要提高已加工表面质量,在磨削最后阶段则必须保持适当的光磨进给次数。

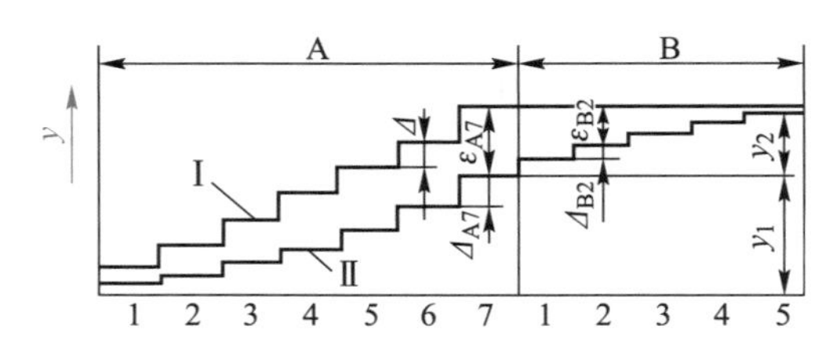

图 2-63 砂轮位移量与工件半径减小量的关系

Ⅰ—砂轮位移量;Ⅱ—工件半径减小量

2. 影响磨削力的因素

当砂轮速度 v_c 增大时,单位时间内参加切削的磨粒数量随之增大。因此,每个磨粒的切削厚度减小,磨削力随之减小。

当工件速度 v_w 和轴向进给量 f_a 增大时,单位时间内磨去的金属量增大。若其他条件不变,则每个磨粒的切削厚度随之增大,从而使磨削力增大。

当径向进给量 f_r 增大时,不仅每个磨粒的切削厚度增大,而且砂轮与工件的磨削接触弧长增大,同时参加磨削的磨粒数增多,因而磨削力增大。

砂轮的磨损会使磨削力增大,因此磨削力的大小在一定程度上可以反映砂轮上磨粒的磨损程度。如果磨粒的磨损用磨削时工作台的行程次数间接地表示,则随着行程次数的增大,径向磨削力 F_p 和切向磨削力 F_c 都将增大,但 F_p 增大的速度远比 F_c 快。

2.8.4 磨削温度

1. 磨削温度的概念

磨削时由于速度很大,且切除单位体积金属所消耗的能量也高(为车削的 10~20 倍),因此磨削温度很高。为了明确磨削温度的含义,把磨削温度分为:砂轮磨削区温度 θ_A 和磨粒磨削点温度 θ_{dot}。磨粒磨削点温度 θ_{dot}瞬时可达 1 000 ℃左右,而砂轮磨削区温度 θ_A 只有几百度,因为切削热传入工件导致的工件温度上升只有几十度,但工件的温升将影响工件的尺寸、形状精度。磨粒磨削点温度 θ_{dot}不但影响加工表面质量,而且与磨粒的磨损关系密切。磨削区温度 θ_A 与磨削表面烧伤和裂纹的出现密切相关。

2. 影响磨削温度的主要因素

1) 砂轮速度 v_c　砂轮速度增大,单位时间内的工作磨粒数将增多,挤压和摩擦作用加剧,滑擦热显著增多,这些都将促使磨削温度升高。

2) 工件速度 v_w　工件速度增大就是热源移动速度增大,工件表面温度可能有所降低,但不明显。这是由于工件速度增大后,增大了金属切除量,从而增加了发热量,二者相互抵消。因此,为了更好地降低磨削温度,应在提高工件速度的同时,适当降低径向进给量,使单位时间内的金属切除量基本保持为常值或略有减少。

3) 径向进给量 f_r　径向进给量的增大使金属切除量增大,将导致磨削过程中磨削变形力和摩擦力的增大,从而引起发热量的增多和磨削温度的升高。

4) 工件材料　金属的导热性越差,则磨削区的温度越高。对钢来说,碳含量高,则导热性差,铬、镍等合金元素的加入也会使导热性变差。磨削冲击韧性和强度高的材料,磨削区的温度也比较高。

5）砂轮硬度与磨粒　用软砂轮磨削时的磨削温度低，反之则磨削温度高。由于软砂轮自锐性好，砂轮表面上的磨粒经常处于锐利状态，减少了能量消耗，所以磨削温度较低。砂轮的粒度粗时磨削温度低，其原因是砂轮表面单位面积上的磨粒数少，在其他条件相同的情况下与细粒度砂轮相比，与工件接触的有效面积较小，摩擦减小，有助于磨削温度的降低。

2.8.5　磨削加工的特点

磨削加工本质上属于切削加工，但与通常的切削加工相比又有以下显著的特点：

（1）可加工高硬度材料

磨削除可以加工碳钢、合金钢、铸铁等一般材料外，还能加工高硬度的材料，如淬硬钢、耐热钢、硬质合金等，这些材料用一般的切削刀具是难以切削甚至是无法加工的，但磨削不宜精加工塑性较大的有色金属工件。

（2）切深抗力大

磨削时三个分力中切深抗力 F_p 最大，且作用在工艺系统刚性较差的方向上。因此，在加工刚性较差的工件时（如磨削细长轴），应采取相应的措施，防止因工件变形而影响加工精度。

（3）磨削温度高

磨削时单位能耗大，磨削速度大，产生大量的切削热，加上砂轮的导热性很差，热量传不出去，所以磨削区形成瞬时高温，一般可达 800～1 000 ℃，容易造成工件表面烧伤和微裂纹等缺陷。因此，磨削时应使用充足的切削液以降低磨削温度。

（4）砂轮有自锐性

在磨削过程中，磨粒因脱落或破碎后而露出新的锋利磨粒，能够部分地恢复砂轮的切削能力，此现象称为砂轮的自锐性。在磨削时应适当选择砂轮的硬度，充分发挥砂轮的自锐作用来提高磨削效率。必须指出，磨粒随机脱落的不均匀性会使砂轮失去廓形精度；破碎的磨粒和切屑也会造成砂轮堵塞。因此，磨削一定时间后，仍需对砂轮进行修整以恢复其切削能力和廓形精度。否则会引起振动，使加工表面粗糙度值增大，同时工件表面出现烧伤或微裂纹等。

（5）加工工艺范围广

磨削加工的工艺范围广，不仅可以加工外圆面、内圆面、平面、成形面、螺纹、齿形等各种表面，还常用于各种刀具的刃磨。磨削不仅用于精加工，也可用于粗加工和毛坯去皮加工。

2-1　切削加工由哪些运动组成？它们各有什么作用？

2-2　刀具切削部分的组成要素有哪些？

2-3　以外圆车削来分析，切削用量三要素各起什么作用？它们与切削厚度和切削宽度各有什么关系？

2-4　刀具标注角度正交平面参考系由哪些平面组成？它们是如何定义的？

2-5　试绘图表示普通外圆车刀在正交平面参考系下的六个基本角度。

2-6　刀具的工作角度与标注角度有什么区别？影响刀具工作角度的主要因素有哪些？试举例说明。

2-7 标出图2-64所示端面车刀的γ_o、α_o、λ_s、κ_r、κ_r'。若刀尖装得高于工件中心h,切削时a、b点的实际前、后角是否相同?以图说明之。

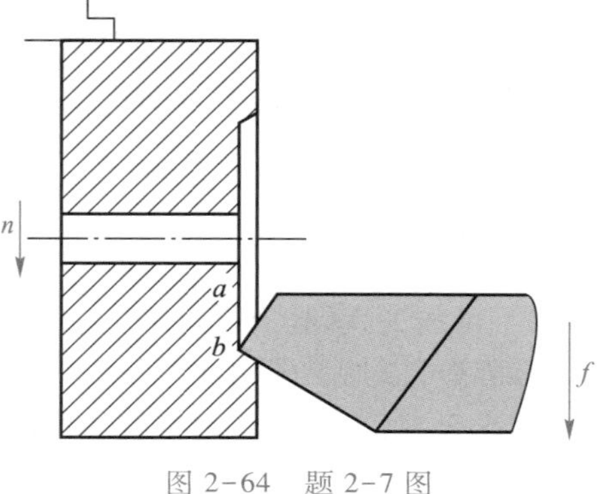

图2-64 题2-7图

2-8 刀具切削部分的材料必须具备哪些基本性能?

2-9 普通高速钢有什么特点?常用的牌号有哪些?主要用来制造哪些刀具?

2-10 什么是硬质合金?常用的牌号有哪几大类?一般如何选用?

2-11 说明陶瓷、人造金刚石、立方氮化硼刀具材料的特点及应用范围。

2-12 刀具的前角、后角、主偏角、副偏角、刃倾角各有何作用?

2-13 什么是逆铣?什么是顺铣?各有什么特点?

2-14 什么是齿轮滚刀的基本蜗杆?有哪几种?最常用的是哪一种?为什么?

2-15 常用的车刀有哪几大类?各有什么特点?

2-16 常用的孔加工刀具有哪些?它们的应用范围如何?

2-17 画图分析端面车刀和镗孔刀的几何角度。

2-18 麻花钻的结构有何特点?比较麻花钻、扩孔钻、铰刀在结构上的同异。

2-19 铣刀主要有哪些类型?它们的用途如何?

2-20 简述常用拉刀的种类和应用范围。

2-21 简述齿轮刀具的种类和应用范围。

2-22 插齿刀的前(刀)面和后(刀)面是如何形成的?各是什么形状的表面?

2-23 砂轮硬度与磨粒硬度有何不同?二者有无联系?

2-24 绘图标出切削过程的三个变形区,并说明各有何特点及它们之间的关联。

2-25 常用哪些参数来衡量金属切削变形程度?

2-26 切屑与前(刀)面之间的摩擦有什么特点?它和一般刚体之间的滑动摩擦有何不同?

2-27 试分析积屑瘤产生的原因及其对加工过程的影响。

2-28 切屑的种类有哪些?其变形规律如何?

2-29 切削合力为什么要分解为三个分力?试说明各分力的作用。

2-30 试从工件材料、刀具及切削用量三方面分析各因素对切削力的影响,并用图形将其归纳在一起。

2-31 已知工件材料为40Cr合金钢(正火状态)。用P10(YT15)硬质合金车刀车削外圆时,工件转数为6 r/s。加工前直径为70 mm,加工后直径为62 mm。刀具每秒钟沿工件轴向移动2.4 mm,刀具几何参数为$\gamma_o=15°$,$\kappa_r=75°$,$\lambda_s=-5°$,$\kappa_r'=10°$,$\alpha_o=\alpha_o'=6°$。机床型号为CA6140卧式车床(电动机功率为7.5 kW)。试计算切削分力F_c、F_f、F_p及切削功率P_c,并验算机床电动机功率。

2-32 实际生产中常采用哪几种计算切削力的方法?各有什么特点?

2-33 影响切削热产生和传出的因素有哪些?

2-34 影响切削温度的主要因素有哪些?如何影响?

2-35 为什么切削钢件时刀具前(刀)面的温度比后(刀)面的高?而切削灰铸铁等脆性材料时则相反?

2-36 刀具磨损有哪些形式?造成刀具磨损的原因主要有哪些?

2-37　刀具磨损过程一般可分为几个阶段？各阶段的特点是什么？

2-38　何谓刀具使用寿命？它与刀具磨钝标准有何关系？磨钝标准确定后，是否可确定刀具使用寿命？为什么？

2-39　为什么硬质合金刀具与高速钢刀具相比，所规定的磨钝标准要小些？

2-40　切削用量三要素对刀具使用寿命的影响有何不同？从刀具使用寿命出发，按什么顺序选择切削用量？试分析其原因。

2-41　在一定的生产条件下，切削速度是否越大越好？刀具使用寿命是否越长越好？为什么？

2-42　刀具破损与磨损的原因有何本质上的区别？

2-43　何谓工件材料的切削加工性？影响工件材料切削加工性的主要因素是什么？

2-44　如何改善工件材料的切削加工性？

2-45　磨削过程的主要特点是什么？

2-46　磨削力的主要特征是什么？影响磨削力的主要因素是什么？

2-47　试分析砂轮磨削区温度 θ_A、磨粒磨削点温度 θ_{dot} 以及工件温升对磨削加工质量的影响。

2-48　刀具前角、后角有什么功用？说明选择合理前角、后角的原则。

2-49　分析主偏角、副偏角、刃倾角对切削过程的影响及合理选择原则。

2-50　现精车一细长轴，试选择车刀的几何角度 κ_r、λ_s、γ_o，并说明其原因。

2-51　已知工件材料为 45 钢（调质），硬度为 220HBW，毛坯尺寸 $d_w \times l = \phi 80$ mm×450 mm，装夹在卡盘和顶尖中。加工要求：车外圆至 $\phi 72$ mm，表面粗糙度 Ra 值为 3.2 μm，加工长度 $l_w = 400$ mm。机床为 CA6140 卧式车床，刀具为 P10（YT15）机夹外圆车刀。试选择刀具的几何参数及切削用量。

2-52　切削液分哪几大类？如何选用？为什么要选择绿色切削液？

第 3 章

金属切削机床

机械零件(产品)的精度和表面(或装配)质量主要是靠切削加工或其他方法保证的,机械加工(装配)的设备、工艺装备和方法是保证加工(或装配)质量的基础。其中机械加工设备通常是指用来制造机器的机器,故又称为工作母机或工具机,人们习惯上简称为机床。不同的加工方法需要不同的机床,不同的机床对应着不同的加工方法。机械加工工艺装备主要是指刀具、量具、夹具和各种辅具,用来装夹、切削、检验工件,保证加工的顺利进行。目前机械加工的各种加工方法以及被加工材料中,切削、磨削加工方法和金属材料所占的比例最大,所用的工作母机有80%~90%仍为金属切削机床。为此,本章主要讲述机械加工工艺过程中切削、磨削金属材料所使用的常用设备(金属切削机床)。工艺装备(金属切削刀具、机床夹具)分别在第 2 章、第 5 章中叙述。

3.1 机床的基本概念

3.1.1 机床的分类和型号

1. 机床的分类

为了便于设计、制造、使用和管理,需要对机床进行适当的分类。机床的分类方法很多,最基本的是按加工性质和所用刀具将金属切削机床分为 11 大类:车床、钻床、铣床、镗床、刨插床、拉床、磨床、齿轮加工机床、螺纹加工机床、锯床和其他机床。

在上述分类方法的基础上,还可以根据其他特征对之进一步细分。

按通用程度可将机床分为通用机床(指加工一定尺寸范围内的多种零件、具有多样工序的机床。该类机床加工范围较广,但结构比较复杂,主要适用于单件、小批量生产,如卧式车床、卧式铣床等)、专用机床(指一般只用于特定工件或零件组、特定工序加工的机床。组合机床在实质上也是专用机床,它的零、部件采用了通用和标准设计,如加工主轴箱、柴油机箱体等零件使用的机床)、专门化机床(指完成形状类似而尺寸不同的工件的某一种或少数几种工序加工的机床。它们的特点介于通用机床和专用机床之间,既有加工尺寸的某些通用性,又有加工工序的专用性,生产率较高,适用于成批生产,如凸轮车床、连杆车床等)。

按精度机床可分为普通机床、精密机床、高精度机床。按质量大小机床可分为仪表机床、中小型机床(质量在 10 t 以下)、大型机床(质量为 10~30 t)、重型机床(质量在 30 t 以上)、超重型机床。按自动化程度机床可分为手动、机动、半自动、自动机床。按机床运动、执行件数目可分为单轴、多轴、单刀架、多刀架机床等。

现代机床向着数控化方向发展,数控机床的功能多样化、工序高度集中,将会不同程度地影响机床传统分类方法的变化,机床品种趋于综合。

2. 机床型号编制

机床型号是机床产品的代号,用以简明地表示机床的类型、主要技术参数、性能和结构特点等。我国现行的机床型号是按 2008 年颁布的标准 GB/T 15375—2008《金属切削机床 型号编制方法》(不包括组合机床)编制的。根据这一标准,机床型号由汉语拼音字母和阿拉伯数字按一定规律组合而成,它可简明地表达机床的类型、主要规格及有关特征等。

(1) 通用机床的型号编制

1) 通用机床的型号 通用机床的型号由基本部分和辅助部分组成,中间用“/”隔开,读作“之”。基本部分需统一管理,辅助部分是否纳入型号由生产厂家自定。型号构成如下:

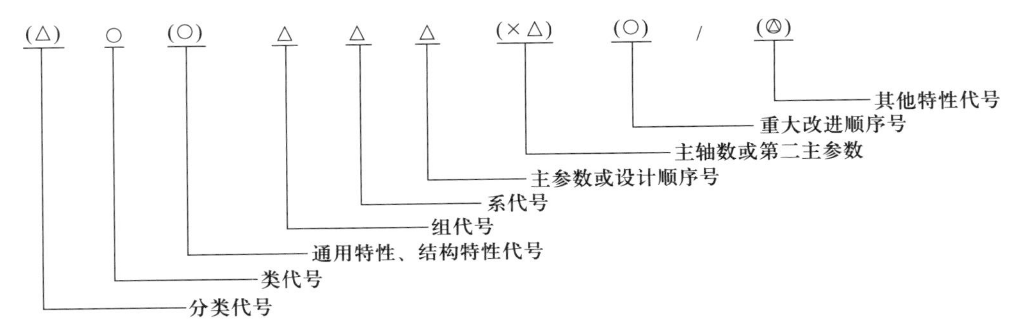

其中:1) 有括号的代号或数字,当无内容时括号也不要,若有内容则不带括号。

2) ○表示大写的汉语拼音字母。

3) △表示阿拉伯数字。

4) ◎表示大写的汉语拼音字母、阿拉伯数字或两者兼而有之。

2) 机床的分类及其代号 机床的类代号用大写的汉语拼音字母表示(表 3-1)。需要时各类还可分为若干分类,分类代号用阿拉伯数字表示,放在类代号之前,作为型号的首位。第一分类代号前的“1”省略,“2”“3”分类代号则应予以表示。

表 3-1 机床的类别和分类代号

类别	车床	钻床	镗床	磨床			齿轮加工机床	螺纹加工机床	铣床	刨插床	拉床	锯床	其他机床
代号	C	Z	T	M	2M	3M	Y	S	X	B	L	G	Q
参考读音	车	钻	镗	磨	二磨	三磨	牙	丝	铣	刨	拉	割	其

机床的组代号和系代号用两位阿拉伯数字表示,位于类代号或通用特性、结构特性代号之后。每类机床分为 10 组,用数字 0~9 表示,每个组又划分为若干个系(系列)。在同一类机床中,主要布局或使用范围基本相同的机床为同一组;在同一组机床中,主参数相同、主要结构及布局形式相同的机床为同一系。机床类、组划分见表 3-2。

3) 机床的通用特性代号 如果某类型机床除有普通型机床外,还具有某种通用特性时,则在类代号之后加上通用特性代号,见表 3-3。

表 3-2 金属切削机床类、组划分表

类别	组									
	0	1	2	3	4	5	6	7	8	9
车床(C)	仪表车床	单轴自动车床	多轴(半)自动车床	回转、转塔车床	曲轴及凸轮轴车床	立式车床	落地及卧式车床	仿形及多刀车床	轮、轴、辊、锭及铲齿车床	其他车床
钻床(Z)		坐标镗钻床	深孔钻床	摇臂钻床	台式钻床	立式钻床	卧式钻床	铣钻床	中心孔钻床	其他钻床
镗床(T)			深孔镗床		坐标镗床	立式镗床	卧式铣镗床	精镗床	汽车、拖拉机修理用镗床	其他镗床
磨床 (M)	仪表磨床	外圆磨床	内圆磨床	砂轮机	坐标磨床	导轨磨床	刀具刃磨床	平面及端面磨床	曲轴、凸轮轴、花键轴及轧辊磨床	工具磨床
磨床 (2M)		超精磨床	内圆珩磨机	外圆及其他珩磨机	抛光机	砂带抛光及磨削机床	刀具刃磨床及研磨机床	可转位刀片磨削机床	研磨机	其他磨床
磨床 (3M)		球轴承套圈沟磨床	滚子轴承套圈滚道磨床	轴承套圈超精机		叶片磨削机床	滚子加工机床	钢球加工机床	气门、活塞及活塞环磨削机床	汽车、拖拉机修磨机床
齿轮加工机床(Y)	仪表齿轮加工机		锥齿轮加工机	滚齿及铣齿机	剃齿及珩齿机	插齿机	花键轴铣床	齿轮磨齿机	其他齿轮加工机	齿轮倒角及检查机
螺纹加工机床(S)				套丝机	攻丝机		螺纹铣床	螺纹磨床	螺纹车床	
铣床(X)	仪表铣床	悬臂及滑枕铣床	龙门铣床	平面铣床	仿形铣床	立式升降台铣床	卧式升降台铣床	床身铣床	工具铣床	其他铣床
刨插床(B)		悬臂刨床	龙门刨床			插床	牛头刨床		边缘及模具刨床	其他刨床
拉床(L)			侧拉床	卧式外拉床	连续拉床	立式内拉床	卧式内拉床	立式外拉床	键槽、轴瓦及螺纹拉床	其他拉床
锯床(G)			砂轮片锯床		卧式带锯床	立式带锯床	圆锯床	弓锯床	锉锯床	
其他机床(Q)	其他仪表机床	管子加工机床	木螺钉加工机		刻线机	切断机	多功能机床			

表 3-3 机床通用特性代号

通用特性	精密	高精度	自动	半自动	轻型	仿形	数控	柔性加工单元	数显	高速	加工中心(自动换刀)	加重型
代号	M	G	Z	B	Q	F	K	R	X	S	H	C

4）机床的主参数　机床主参数是反映机床规格大小的参数。主参数在型号中位于组、系代号之后，用数字表示。其数值是实际值（单位 mm）或实际值的 1/10 或 1/100。

5）机床的重大改进顺序号　当机床的性能和结构有重大改进，并按新的机床产品重新试制鉴定时，分别用汉语拼音字母 A、B、C、…在原机床型号的最后表示设计改进的次序（但字母 I 和 O 不允许选用）。

例 3-1　CA6140 型卧式车床型号含义。

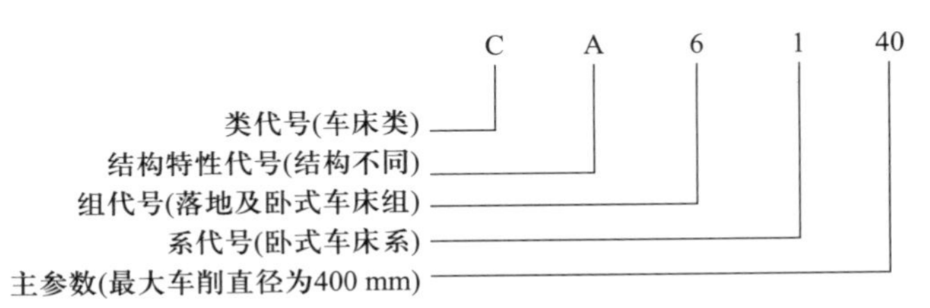

例 3-2　MG1432A 型高精度万能外圆磨床型号含义。

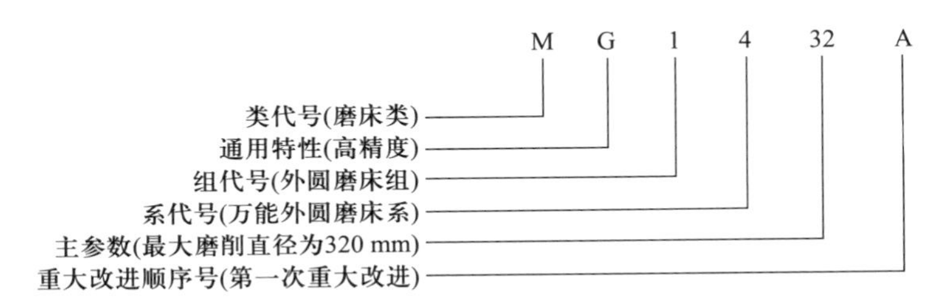

（2）专用机床的型号编制

专用机床的型号表示方法为

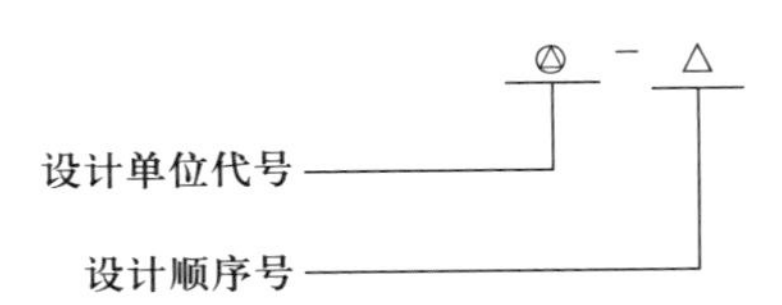

1）设计单位代号　当设计单位为机床厂时，用机床厂所在城市名称的大写汉语拼音字母及该机床厂在该城市建立的先后顺序号或机床厂名称的大写汉语拼音字母表示；当设计单位为机床研究所时，用研究所名称的大写汉语拼音字母表示。

2）设计顺序号　按各机床厂和机床研究所的设计顺序（由“001”起始）排列，并用“-”隔开。

3.1.2　机床的基本组成

机床的基本组成是由机床所承担的任务决定的。现代机床尽管结构、外形、布局各不相同，但其最基本的组成仍然为以下几个主要部分。

（1）动力源　为机床提供动力（功率）和运动的驱动部分，如各种交流电动机、直流电动机和液压传动系统的液压泵、液压马达等。

（2）传动系统　实现一台机床加工过程中全部成形运动和辅助运动的所有的传动链称为该

台机床的传动系统,包括主传动系统、进给传动系统和其他运动的传动系统,如主轴箱、进给箱、变速箱、溜板箱等。按功能不同传动系统的传动机构主要有四类:

1）定比传动机构 定比传动机构的特点是传动副的传动比不变,如齿轮副、带轮副、齿轮齿条副、蜗杆副和丝杠副等。

2）变速机构 变速是传动系统的主要功能。在数控机床上以采用调速电动机变速为主,通用机床多采用滑移齿轮、离合器和交换齿轮变速组等机构完成变速。

3）运动形式转换机构 运动形式转换机构能够改变传动链中传动件的运动形式,如将直线(回转)运动转变成回转(直线)运动的传动副有齿轮齿条副和丝杠副。

4）变向机构 指用来改变机床执行件运动方向的机构,如滑移齿轮和端面齿离合器两种机械式变向机构。

在通用机床上,由于传统交流异步电动机的变速能力有限,变速的主要任务都是由传动系统完成的,这类传动系统所涉及的传动件多,而且复杂。数控机床上变速、变向的任务主要由新型的交流调速电动机完成,因而传动系统较简单,但性能要求较高。传动系统一般有机械、液压和电气传动三种方式。

(3）支承件 用来支承和连接机床各零部件,承受其重力和切削力,是机床的基础构件。例如各类机床的床身、立柱、底座、横梁等。

(4）工作部件 工作部件包括与最终实现切削加工的主运动和进给运动有关的执行部件,例如主轴及主轴箱、工作台及其滑板或滑座、刀架及其溜板以及滑枕等用来安装工件或刀具的部件;与工件和刀具安装及调整有关的部件或装置,如自动上下料装置、自动换刀装置、砂轮修整器等;与上述部件或装置有关的分度、转位、定位机构和操纵机构等。

(5）控制系统 用于控制各工作部件正常工作,主要是电气控制系统,有些机床局部采用液压或气动控制系统。数控机床中的控制系统则是数控系统,它包括数控装置、主轴和进给机构的伺服控制系统(伺服单元)、可编程控制器和输入输出装置等。

(6）冷却系统 用于对加工工件、刀具及机床的某些发热部位进行冷却。

(7）润滑系统 用于对机床的运动副(如轴承、导轨等)进行润滑,以减小摩擦、磨损和发热。

(8）其他装置 如排屑装置、自动测量装置等。

3.1.3 机床技术性能指标和精度

机床的技术性能是根据使用要求提出和设计的,通常包括下列内容:

1. 机床的工艺范围

机床的工艺范围是指机床适应不同加工要求的能力、在机床上加工的工件类型和尺寸、能够加工完成何种工序、使用什么刀具等。不同的机床有宽窄不同的工艺范围,通用机床具有较宽的工艺范围,在同一台机床上可以满足较多的加工需要,适用于单件小批生产。专用机床是为特定零件的特定工序而设计的,自动化程度和生产率都较高,但它的加工范围很窄。数控机床则既有较宽的工艺范围,又能满足零件较高精度的要求,并可实现自动化加工。

2. 机床的技术参数

机床的主要技术参数包括:尺寸参数、运动参数与动力参数。

1）尺寸参数 具体反映机床的加工范围,包括主参数、折算系数、第二主参数以及与加工零件有关的其他尺寸参数。各类机床的主参数和第二主参数我国已有统一规定,见表3-4。

表 3-4 常用机床的主参数、折算系数和第二主参数

机床名称	主参数	折算系数	第二主参数
卧式车床	床身上工件最大回转直径	1/10	最大工件长度
立式车床	最大车削直径	1/100	最大工件高度
摇臂钻床	最大钻孔直径	1	最大跨距
卧式镗床	主轴直径	1/10	
坐标镗床	工作台工作面宽度	1/10	工作台工作面长度
外圆磨床	最大磨削直径	1/10	最大磨削长度
矩台平面磨床	工作台工作面宽度	1/10	工作台工作面长度
滚齿机	最大工件直径	1/10	最大模数
龙门铣床	工作台工作面宽度	1/100	工作台工作面长度
升降台铣床	工作台工作面宽度	1/10	工作台工作面长度
龙门刨床	最大刨削宽度	1/100	最大刨削长度
牛头刨床	最大刨削长度	1/10	

2）运动参数　指机床执行件的运动速度。例如主轴的最高转速与最低转速、刀架的最大进给量与最小进给量（或进给速度）。

3）动力参数　指机床电动机的功率。有些机床还给出主轴允许承受的最大转矩等其他内容。

3. 机床刚度

机床刚度指机床系统抵抗变形的能力。作用在机床上的载荷有重力、夹紧力、切削力、传动力、摩擦力、冲击振动干扰力等。按照载荷的性质不同，可分为静载荷和动载荷。不随时间变化或变化极为缓慢的力称静载荷，如重力、切削力的静力部分等；凡随时间变化的力如冲击振动力及切削力的交变部分等称动载荷。故机床刚度相应地分为静刚度及动刚度，后者是抗振性的一部分，习惯所说的刚度一般指静刚度。机床刚度涉及结构设计、工艺、材料、热处理、使用条件等因素，其中机床的结构设计是影响机床刚度的主要因素。

4. 机床精度

加工中保证被加工工件达到要求的精度和表面粗糙度，并能在机床长期使用中保持这些要求，机床本身必须具备的精度称为机床精度，包括几何精度、运动精度、传动精度、定位精度、重复定位精度、工作精度及精度保持性等几个方面。各类机床按精度等级不同可分为普通精度级、精密级和高精度级。以上三种精度等级的机床均有相应的精度标准，其允差若以普通级为 1，则大致比例为 1 : 0.4 : 0.25。

（1）几何精度

几何精度是指机床在空载条件下，在不运动（机床主轴不转或工作台不移动等情况下）或运动速度较小时各主要部件的形状、相互位置和相对运动的精确程度，如导轨的直线度、主轴径向圆跳动及轴向窜动、主轴中心线对滑台移动方向的平行度或垂直度等。几何精度直接影响加工工件的精度，是评价机床质量的基本指标。它主要取决于结构设计、制造和装配质量。

（2）运动精度

运动精度是指机床空载并以工作速度运动时，主要零部件的几何位置精度，如高速回转主轴

的回转精度。对于高速精密机床,运动精度是评价机床质量的一个重要指标,它与结构设计及制造等因素有关。

(3) 传动精度

传动精度是指机床传动系统各末端执行件之间运动的协调性和均匀性。影响传动精度的主要因素是传动系统的设计以及传动元件的制造和装配精度。

(4) 定位精度及重复定位精度

定位精度是指机床的定位部件运动到达规定位置的精度。定位精度直接影响被加工工件的尺寸精度和几何精度。重复定位精度是指机床的定位部件反复多次运动到规定位置时精度的一致性。机床构件和进给控制系统的精度、刚度以及其动态特性,机床测量系统的精度都将影响机床的定位精度。

(5) 工作精度

加工规定的试件,用试件的加工精度表示机床的工作精度。工作精度是各种因素综合影响的结果,包括机床自身的精度、刚度、热变形和刀具及工件的刚度及热变形等。

(6) 精度保持性

在规定的工作期间内保持机床所要求的精度,称之为精度保持性。影响精度保持性的主要因素是磨损。磨损的影响因素十分复杂,如结构设计、工艺、材料、热处理、润滑、防护、使用条件等。

3.1.4 机床的运动

机床的运动是为了加工出所需要的工件表面,因此首先应该分析工件加工表面及其形成的方法,在此基础上按照“表面—运动—传动—机构—调整”的过程去认识机床。

1. 工件表面的形成

(1) 工件表面的形状

在切削加工过程中,刀具和工件按一定的切削规律做相对运动,切除多余切削层,从而得到相应的表面形状,如图3-1所示。

(2) 工件表面的形成原理及方法

1) 工件表面的形成原理　从几何观点看,机器零件上任一表面都可以看作是一条线(母线)沿着另一条线(导线)运动的轨迹。母线和导线统称为形成表面的发生线。如图3-1所示,平面可以由直母线1沿导线2移动而形成;圆柱面、圆锥面可以由直母线1沿导线2旋转而形成。

如果形成表面的两条发生线——母线和导线互换,形成表面的性质不改变,则这种表面称为可逆表面,如图3-1a、b、c所示。如果形成表面的母线和导线不可以互换,则称为不可逆表面,如图3-1d、e、f、g所示。

注意,虽然有些表面两条发生线完全相同,但因母线的原始位置不同,也可形成不同的表面,如图3-2所示。

在切削加工过程中,上述两条发生线通过刀具的切削刃与毛坯的相对运动而把工件切削成所需要的形状。按刀刃形状和发生线的关系,刀刃形状可以划分为下面三类:

① 刀刃轨迹为发生线(如外圆车刀、刨刀等)。

② 线刀刃与发生线吻合(如螺纹车刀、模数铣刀等)。

③ 线刀刃的包络线为发生线(如插齿刀、齿轮滚刀等)。

2) 工件表面的形成方法　切削工件时,根据使用的刀刃形状和采用的加工方法不同,可将形成发生线的方法归纳为以下四种:

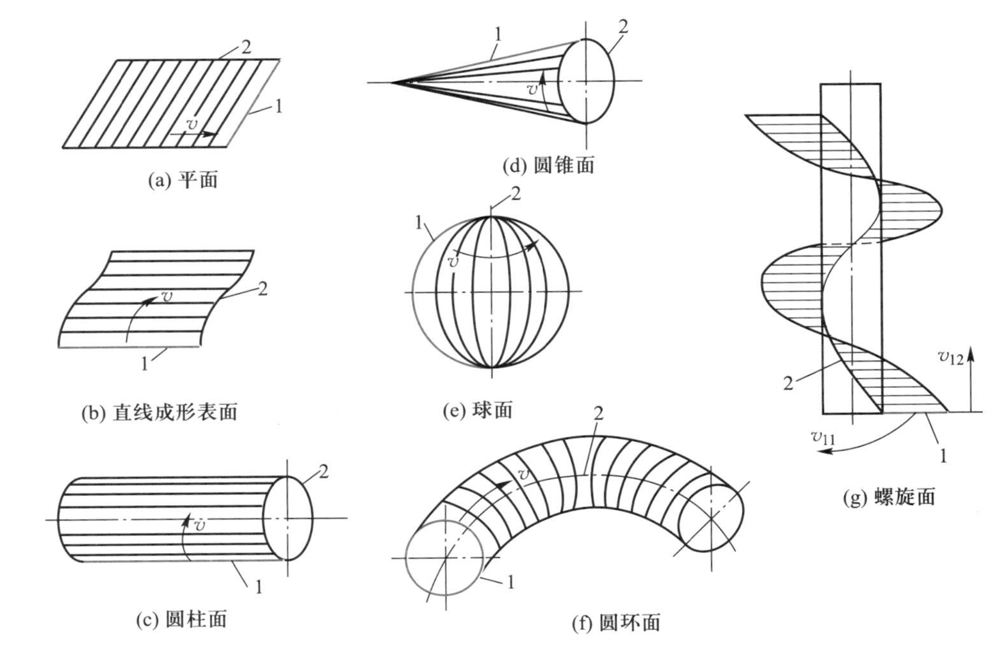

图 3-1 组成工件轮廓的几种几何表面

1—母线；2—导线

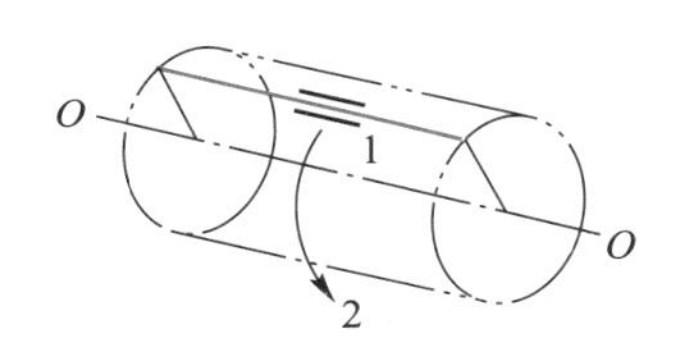

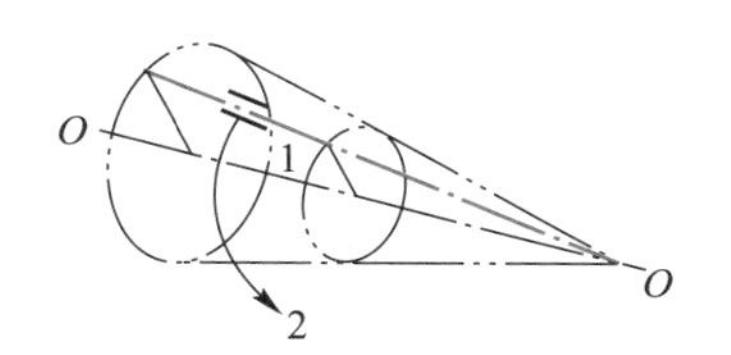

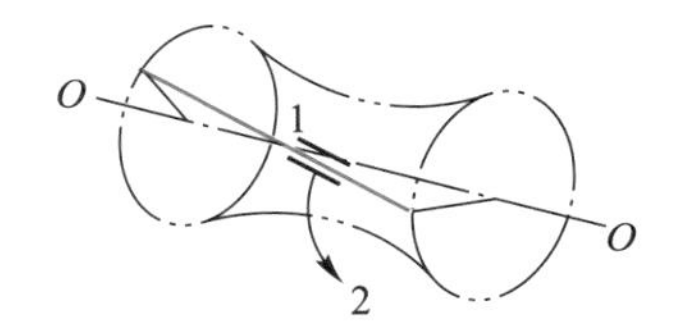

图 3-2 母线原始位置变化时所形成的表面

1—母线；2—导线

① 轨迹法（图 3-3a） 刀刃形状为切削点 1，它按一定的规律沿轨迹 3 运动而形成所需的发生线 2。所以，采用轨迹法形成所需要的发生线需要一个独立的成形运动。

② 成形法（图 3-3b） 刀刃形状为一条切削线 1，它的形状和长短与需要生成的发生线 2 的形状一致，因此加工时不需要专门的成形运动便可获得所需的发生线。

③ 相切法（图 3-3c） 由于所采用加工方法的需要，刀刃形状为旋转刀具上的多个切削点 1，切削时轮流与工件表面相接触，且刀具的旋转中心按一定的规律做轨迹运动 3，此时各个切削点运动轨迹的包络线（相切线）就是所加工表面的一条发生线 2。因此采用相切法形成发生线，需要刀具旋转和刀具与工件之间的相对移动两个独立的成形运动。

④ 展成法（图 3-3d） 刀具刀刃的形状为一条切削线 1，但它与需要成形的发生线 2 不相吻合。在形成发生线的过程中，展成运动 3 使刀刃即切削线 1 与发生线 2 相切，并逐点接触而形成与它共轭的发生线，即发生线 2 是切削线 1 的包络线。因此，利用展成法形成发生线需要一个独立的成形运动，即刀具与工件之间不是彼此独立的，而是共同完成一个相对运动（简称展成运动）。

2. 机床的基本运动

机床的切削加工是由工具（包括刀具、砂轮等，下同）与工件之间的相对运动来实现的，机床

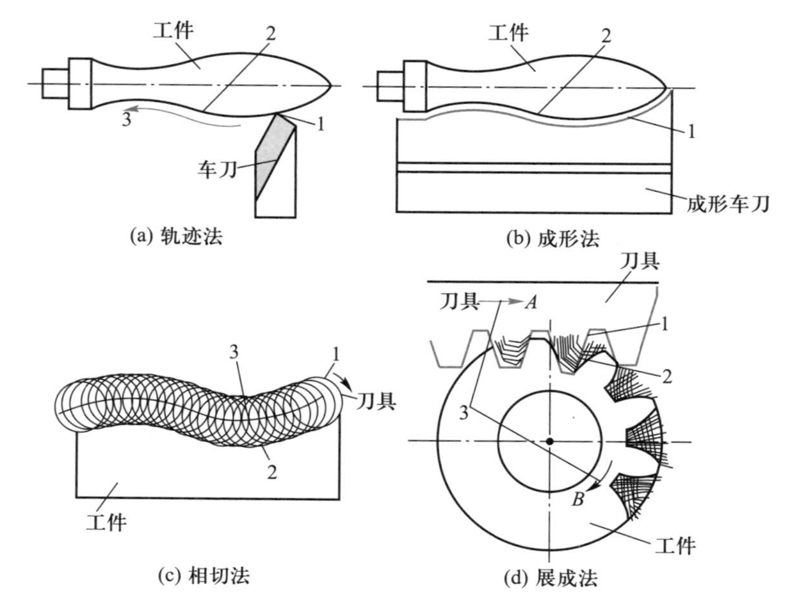

图3-3　形成发生线的四种方法

的运动分为表面成形运动和辅助运动。

(1) 表面成形运动

各类机床为进行切削加工，必须保证刀具和工件之间必要的相对运动，这些运动用来形成被加工工件表面，称为机床的表面成形运动，亦称机床的工作运动。在机床的工作运动中，必有一个速度最高、消耗功率最大的运动，它是产生切削动作必不可少的运动，称为主运动；其余的工作运动使切削得以继续进行，直至形成整个表面，这些运动都称为进给运动，它们的速度较低，消耗功率较小。进给运动可有一个或几个。一般来说，工具形状越复杂，机床所需的表面成形运动就越简单。例如，拉床主运动由拉刀直线运动实现且无进给运动（其进给运动由拉刀切削齿齿升量实现）。主运动和进给运动的形式和数量取决于工件要求的表面形状和所采用的工具的形状。通常，机床主要采用结构上易于实现的旋转运动和直线运动来实现表面成形运动。

(2) 辅助运动

机床在加工过程中，除了表面成形运动以外，还有许多与表面成形运动相关的非成形运动，称之为辅助运动，如切入运动、分度运动、操纵及控制运动以及其他运动（如为切削加工创造条件的快进、退刀、空行程、转位等运动）。这些运动用于保证工件被加工表面获得所需要的尺寸，使工具切入工件表面一定深度，如通过控制相应轴的进给来实现的数控机床的切入运动（例如数控车床的 X 轴进给），刀架或工作台的分度转位运动，刀库和机械手的自动换刀运动，变速、换向，部件与工件的夹紧与松开，自动测量及自动补偿等。

还有许多与表面成形运动相关的非成形运动，在以上各种运动中，表面成形运动是机床最基本的运动。

3.1.5　机床的传动

1. 机床传动的基本概念

(1) 机床传动的基本组成部分

1) 动力源　为了驱动机床的执行件实现机床的运动，必须有动力来源，称为动力源。动力源通常为电动机，包括交流电动机、直流电动机、伺服电动机、变频调速电动机、步进电动机等。可以几个运动共用一个动力源，也可以每个运动单独有动力源。

2）传动件　为了将动力源的动力和运动按要求传递给执行件的零件或装置，就必须有传递动力和运动的零件，称为传动件（或称传动装置），如齿轮、链轮、带轮、丝杠、螺母等。除机械传动装置以外，还有液压传动装置和电气传动装置等。有的传动装置还可以起到变换运动的性质、方向、速度的作用，如螺母-丝杠传动装置把旋转运动变为平行移动。

3）执行件　机床上直接夹持刀具或工件并实现其运动的零部件称为执行件，常见的有主轴、刀架、工作台等。它的任务是带动刀具或工件完成一定形式的运动，并保持准确的运动轨迹。

（2）机床的传动联系

把动力源和执行件或者执行件之间联系起来的一系列传动件，构成了一个传动联系。构成一个传动联系的一系列传动件称为传动链。传动链可以分为外联系传动链和内联系传动链两类。

1）外联系传动链　外联系传动链是联系动力源与执行件的传动链。它的作用是给机床的执行件提供动力和转速，并能改变运动速度的大小和转动方向，但它不要求动力源和执行件之间有严格的传动比关系。例如用普通车床车螺纹，从电动机到主轴之间的由一系列零部件构成的传动链就是外联系传动链。

2）内联系传动链　内联系传动链是联系复合运动各个分解部分的传动链，因此对传动链所联系的执行件间的相对关系（相对速度和相对位移量）有严格的要求。例如用普通车床车削螺纹，主轴和刀架的运动就构成了一个复合成形运动，联系主轴和刀架之间的一系列零部件的传动链就是内联系传动链。设计机床内联系传动链时，各个传动环节的传动比必须准确，不应该有摩擦传动（带传动）或瞬时传动比变化的传动件（如链传动）。

（3）传动原理图和传动系统图

1）传动原理图　拟订或分析机床的传动原理时，常用传动原理图。传动原理图是用一些简单的符号把动力源和执行件或不同执行件之间的传动联系表示出来的示意图。它并不表示实际传动机构的种类和数量，而主要表示与表面成形运动有直接关系的运动及其传动联系。因此，用它作为工具来研究机床的传动联系，重点突出，简洁明了，能比较容易地掌握机床的传动系统，尤其对那些运动较为复杂的机床（如齿轮机床）来说利用传动原理图则更为必要。

图 3-4 所示为传动原理图的常用符号。图 3-5 为车床的传动原理图。图中 1~4 及 4~7 分别代表电动机至主轴的外联系传动链、主轴至丝杠的内联系传动链。传动链中传动比不变的定比传动部分以虚线表示，如 1—2、3—4、4—5、6—7 之间的代号均代表定比传动机构；2—3 及5—6 之间的代号表示传动比可以改变的机构，即换置机构，且传动比分别为 i_v 和 i_f。

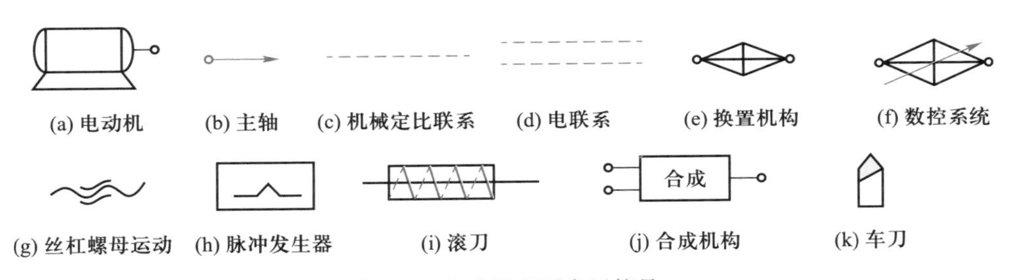

图 3-4　传动原理图常用符号

2）传动系统图　分析机床的传动系统时经常使用的是传动系统图。它是表示机床全部运

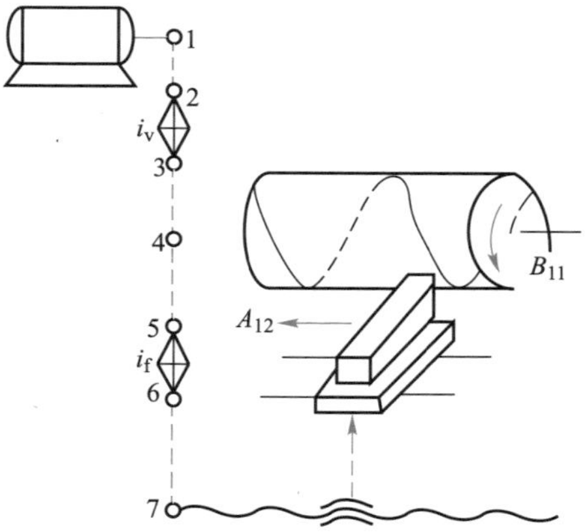

图 3-5 车床的传动原理图

动的传动关系的示意图,常用国家标准所规定的符号(见 GB/T 4460—2013《机械制图 机构运动简图用图形符号》)代表各种传动元件,并按照运动传递的顺序,画在能反映机床外形和各主要部件相互位置的展开图中。传动系统图中只表示传动关系,而不表示各零件的实际尺寸和位置。

图 3-6 为 CA6140 普通车床的传动系统图。图中罗马数字代表传动轴的编号,阿拉伯数字代表齿轮齿数或带轮直径,字母 M 代表离合器。为了简化分析,该机床的全部传动可以用图3-7 所示框图表示。从电动机至主轴的传动部分为主运动传动系统;从主轴至刀架的传动部分为进给运动传动系统。

3）传动原理图和传动系统图的主要区别　区别如下：

① 传动系统图上表示了该机床所有的执行运动及其传动联系;而传动原理图则主要表示与表面成形有直接关系的运动及其传动联系。

② 传动系统图具体表示了传动链中各传动件的结构形式,如轴、齿轮、带轮等;而传动原理图则仅仅用一些简单的符号来表示动力源与执行件、执行件与执行件之间的传动联系。

2. 机床的传动

机床的源动力需要通过传动装置才能成为机床工作部件运动的动力。机床的传动装置按其所采用的传动介质不同可分为机械传动、液压传动、气压传动和电气传动等。其中最常用的是机械传动和液压传动。机床上的回转运动多为机械传动,而直线运动则可以是机械传动也可以是液压传动或电气传动(直线电动机)等。

（1）机床的机械传动

机床的机械传动主要有以下几个组成部分：

1）定比传动机构　具有固定传动比或固定传动关系的传动机构,也称为传动副。机床上常用的传动副有带传动、齿轮传动、蜗杆传动、齿轮齿条传动和丝杠螺母传动等。

2）变速机构　改变机床部件运动速度的机构。为了能够采用合理的切削速度和进给量,机床传动应采用无级变速。但机械无级变速机构成本较高,在机床上一般很少采用,而是采用齿轮变速机构,获得一定的速度系列,即有级变速。机床上常用的变速机构有滑移齿轮变速机构、离合器-齿轮变速机构(图 3-6 主轴箱中轴间的变速)、交换齿轮变速机构(图 3-6 主轴箱和进给箱之间的交换齿轮 $z=63$、$z=64$、$z=75$、$z=97$)等。

传动系统常用符号

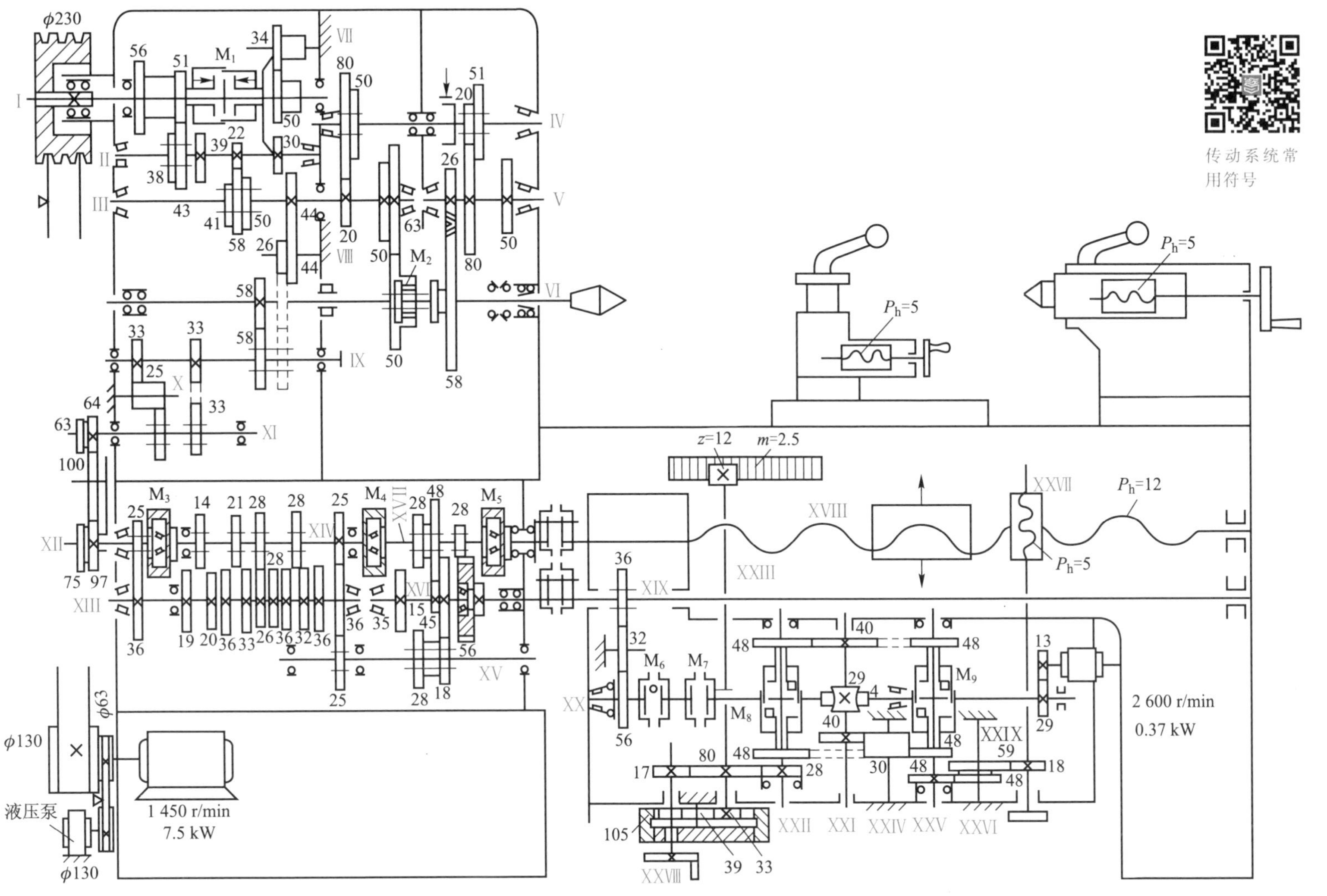

图 3-6 CA6140 型卧式车床传动系统图

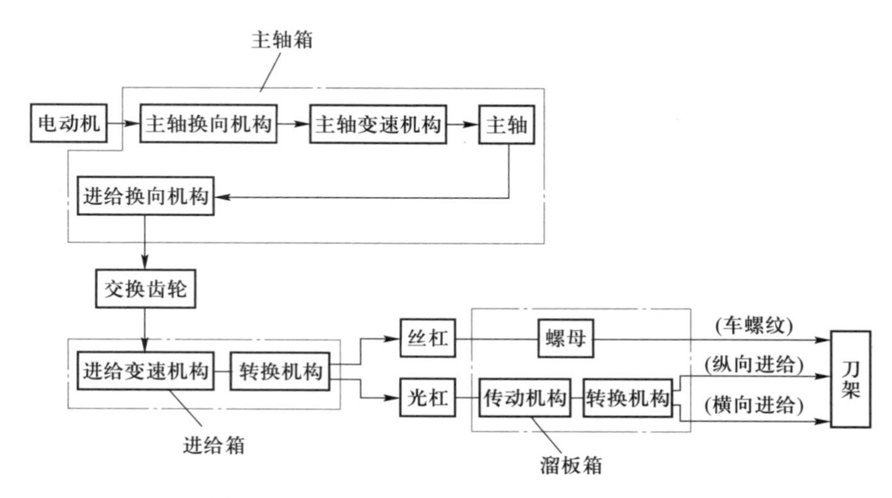

图3-7　CA6140型卧式车床传动系统原理框图

3）换向机构　变换机床运动部件运动方向的机构。为了满足不同的加工需要，机床主传动部件和进给部件往往需要正、反向运动。机床运动的换向可以直接利用电动机反转实现，也可以利用齿轮换向机构实现。

4）操纵机构　用来实现机床运动部件变速、换向、起动、停止、制动及调整的机构，包括手柄、手轮、杠杆、凸轮、齿轮齿条、丝杠螺母、拨叉、滑块及按钮等。

5）箱体及其他装置　箱体用以支承和连接各机构，并保证它们的相互位置精度。为了保证传动机构的正常工作，还要设开停装置、制动装置、润滑与密封装置等。

（2）机床的液压传动

液压传动以液压油作为传递动力的介质。机床液压传动系统主要有以下几个组成部分：

1）动力元件——液压泵　其作用是将电动机输入的机械能转变为液体的压力能，它是一种能量转换装置。

2）执行机构——液压缸或液压马达　其作用是把液压泵输入压力油的运动转变为工作部件的机械运动，也是一种能量转换装置。

3）控制元件——各种阀类　其作用是控制和调节油液的压力、流量（速度）及流动方向，以满足工作需要。

4）辅助装置——油箱、油管、滤油器、压力表等　其作用是保证液压传动系统正常工作。

5）工作介质——在机床中是矿物油　它是传递能量的介质。

图3-8是控制外圆磨床工作台往复运动的液压传动系统。图示状态为压力油驱动液压缸的活塞带动工作台向左运动。

（3）气压传动

气压传动以压缩空气作为工作介质，通过气动元件传递运动和动力。这种传动的主要特点是动作迅速，易于实现自动化，但运动不易稳定，驱动力小。

（4）电气传动

电气传动应用电能，通过电气装置传递运动和动力。这种传动形式的电气系统比较复杂，成本较高，主要用于数控机床的伺服系统、大型和重型机床的驱动系统等。

（5）传动类型的比较

1）与液压传动、电气传动相比较，机械传动主要有以下优点：

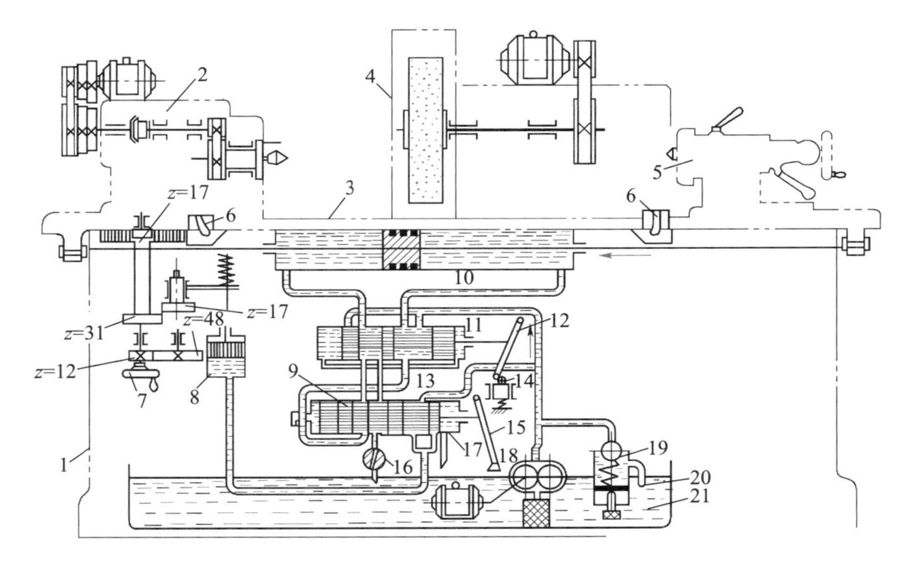

图 3-8 外圆磨床液压传动示意图

1—床身；2—头架；3—工作台；4—砂轮罩；5—尾架；6—挡块；7—手轮；8—液压筒；9—油腔；
10—液压缸；11—换向阀；12、15—杠杆；13—液压阀；14—弹簧帽；16—节流阀；
17—滑阀；18—液压泵；19—安全阀；20—回油管；21—油槽

① 传动比较准确，适用于定比传动（无齿带传动除外）。

② 实现回转运动的结构简单，并能传递较大扭矩。

③ 故障容易发现，便于维修。

但是机械传动在一般情况下不够平稳，当制造精度不高或发生磨损时，振动和噪声较大；实现无级变速的机构较复杂，成本高。机械传动主要用于速度不太大的有级变速传动中。

2）与机械传动相比较，液压传动主要有以下优点：

① 易于在较大范围内实现无级变速。

② 传动平稳，便于实现频繁的换向。

③ 能自动实现过载保护，且装置简单。

④ 便于采用电液联合控制实现自动化。

⑤ 机件在油中工作，润滑条件好，寿命长。

⑥ 液压元件易于实现系列化、标准化、通用化。

但是因为油有一定的可压缩性，并有泄漏现象，所以液压传动不适合作定比传动。

3.2 常用普通金属切削机床

1. 车床

车床种类很多，应用非常广泛，在金属切削机床中占其总数的 20%～35%，主要用于加工内外圆柱面、圆锥面、成形回转表面、端面以及内外螺纹表面等。车床加工主要使用车刀，还可用钻头、扩孔钻、铰刀等孔加工刀具。

按用途和功能的不同车床分为卧式车床、立式车床、转塔车床、自动和半自动车床以及各种专门化车床，其中普通卧式车床是应用最广泛的一种。

CA6140型卧式车床(图3-9)具有典型的卧式车床结构,通用程度高,加工范围较广,适用于中、小型的各种轴类、盘套类零件的加工。除加工内外圆柱等型面外,还可以车削常用的米制、英制、模数制及径节制四种标准螺纹。卧式车床的主参数采用最大车削直径的1/10表示。

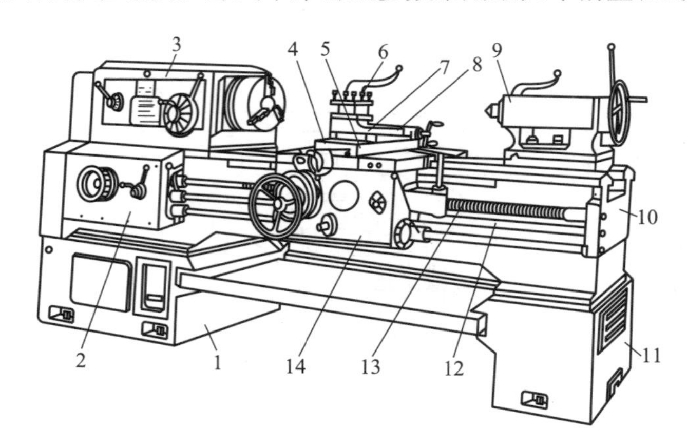

图3-9　CA6140型卧式车床的外形

1、11—床腿;2—进给箱;3—主轴箱;4—床鞍;5—中滑板;
6—刀架;7—回转盘;8—小滑板;9—尾座;10—床身;12—光杠;13—丝杠;14—溜板箱

图中床身10是机床的基础件,床身左上方安装有主轴箱3、左前方安装有进给箱2、正侧面安装了丝杠13和光杠12,床身上部设置了山形的和平行的导轨。

床鞍4可以在床身导轨上滑动,完成机床的纵向进给运动;床鞍4下方安装了溜板箱14,床鞍4上部设有横向导轨,以使中滑板5沿横向移动,完成机床的横向进给运动;在中滑板5上安装有可旋转的刀架回转盘7,小滑板8可沿刀架导轨带动刀架做手动进给运动。

主轴箱3的变速机构将一部分动力传给进给箱2,经进给箱2变速后,动力传至丝杠13和光杠12,动力是传给丝杠13还是光杠12,或者丝杠13和光杠12全脱开由手轮驱动车床的纵向运动,则由溜板箱14的操纵手柄控制。在丝杠13传动状态下,可纵向车削各种圆柱螺纹,在光杠12传动状态下,可采用不同进给量纵向车削圆柱表面或横向车削端面。

尾座9的套筒前端的莫氏锥孔可套麻花钻、扩孔钻、铰刀等刀具和顶尖,进行孔的加工或工件定位等工作。扳动尾座9的手轮,可驱动尾座9的套筒沿机床做纵向运动,尾座9底板可相对床身导轨做移动,位置确定后,可用手柄锁紧。

立式车床(图3-10)按结构形式可分为单柱和双柱两种形式。由于立式车床的工作台处于水平位置,有利于重的工件的装卸和找正,有利于工件和工作台的重量均匀分布在机床导轨面和推力轴承上,因此特别适用于加工直径大而高度小于直径的大型工件。立式车床的主参数采用最大车削直径的1/100表示。

转塔车床在结构上的明显特点是没有尾座和丝杠,在相应于卧式车床的尾座部位装配有转塔(回转)刀架,如图7-2所示。

在转塔车床上,前刀架和卧式车床类似,可沿床身做纵向进给,切削大直径外圆柱面,也可做横向进给,以切削内外端面、沟槽等。床身上的转塔刀架只能做纵向运动,一般根据工件的加工工艺情况,预先将所用的刀具安装在转塔刀架的六角面上,并调整好六角面上各刀的工艺顺序和相对位置,每组刀具的行程终点位置由可调整的挡块加以控制。加工时用转塔刀架上的刀具轮流进行切削,由于前面已经按工艺要求调整好机床上的位置,加工每个工件时不必再反复地装卸刀具和测量工件尺寸,因此,在转塔车床上特别适宜成批加工复杂、多工序的加工件,其生产率高于卧式车床,加工范围比卧式车床广。

2. 铣床

铣床通常以铣刀的旋转运动为主运动进行铣削加工,工件或铣刀的移动为进给运动,这有利于采用高速切削,其生产率高,工艺的适用范围广,可加工各种平面、台阶、沟槽、螺旋面等。

铣床的主要类型有升降台铣床、工具铣床、龙门铣床、床身式铣床、仿形铣床、万能工具铣床和近年来发展起来的数控铣床等。

(1) 升降台铣床

升降台铣床按主轴在铣床上布置方式的不同,分为立式和卧式两种类型。图 3-11 所示为立式万能升降台铣床,在该铣床工作台和滑座之间增加了一层转台,转台可相对于滑座在水平面内绕垂直轴转位,转位范围为±45°,使工作台能沿调整后的方向进给,以便铣削螺旋槽。如图 3-11 所示,立式万能升降台铣床的主轴是垂直布置的,故称立铣。立铣头可在床身的垂直面内调整角度,立铣头内的主轴可以沿轴向移动。

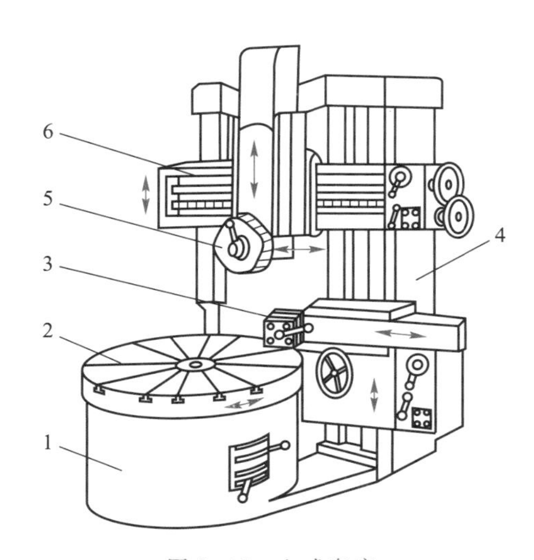

图 3-10 立式车床

1—底座;2—工作台;3—侧刀架;4—立柱;5—垂直刀架;6—横梁

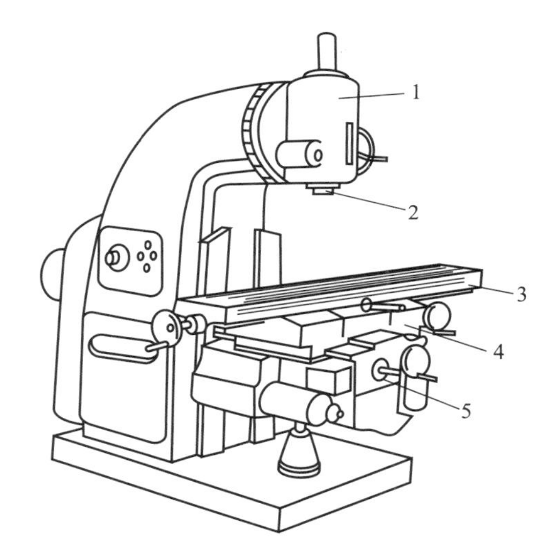

图 3-11 立式万能升降台铣床

1—立铣头;2—主轴;3—工作台;4—床鞍;5—升降台

图 3-12 所示为卧式万能升降台铣床,其主轴是水平布置的,简称卧铣。卧式万能升降台铣床床身内部装有主运动系统,经由主轴、刀杆带动铣刀旋转做铣削运动,工件用夹具安装在工作台上,连同升降台、纵向和横向工作台做三个方向的进给移动。

(2) 龙门铣床

龙门铣床是一种大型高效的通用机床,常用于各类大型工件上平面、沟槽等的粗铣、半精铣和精铣。机床主体结构呈龙门式框架,横梁上装有两个立式铣削主轴箱(立铣头),两侧立柱分别也装有两个卧式铣削头(卧铣头),每个铣削头都是一个独立部件,都可以独立运动和操控,如图 3-13 所示。龙门铣床刚度高,可同时加工多个工件或多个表面,生产率高,适用于成批大量生产。

(3) 床身式铣床

床身式铣床的工作台不做升降运动,垂直方向的进给由主轴箱沿立式导柱运动实现,这样可提高机床的刚度,便于采用较大的切削用量,适用于成批或大量生产中,可粗铣和半精铣中、小型工件的顶平面,生产率较高。床身式铣床按工作台是圆形还是矩形分为两类,双轴圆形工作台铣床如图 3-14 所示。

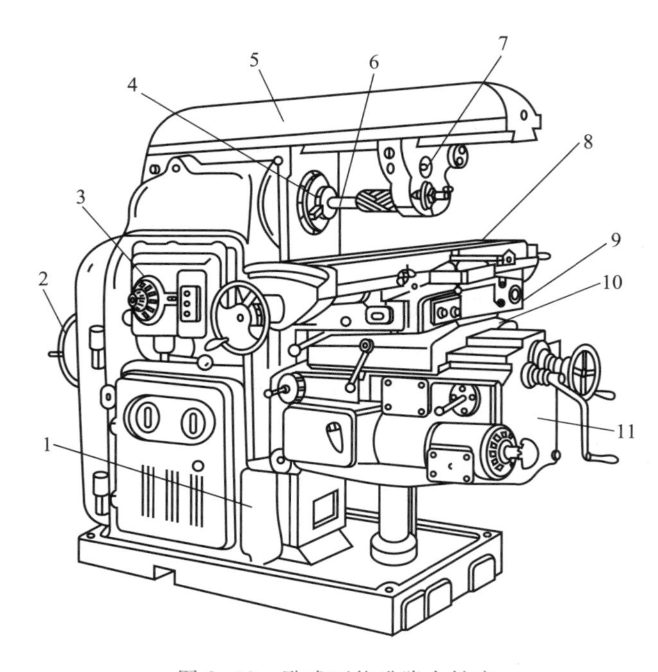

图 3-12 卧式万能升降台铣床

1—床身；2—电动机；3—主轴变速机构；4—主轴；5—横梁；6—刀杆；7—吊架；8—纵向工作台；9—转台；10—横向工作台；11—升降台

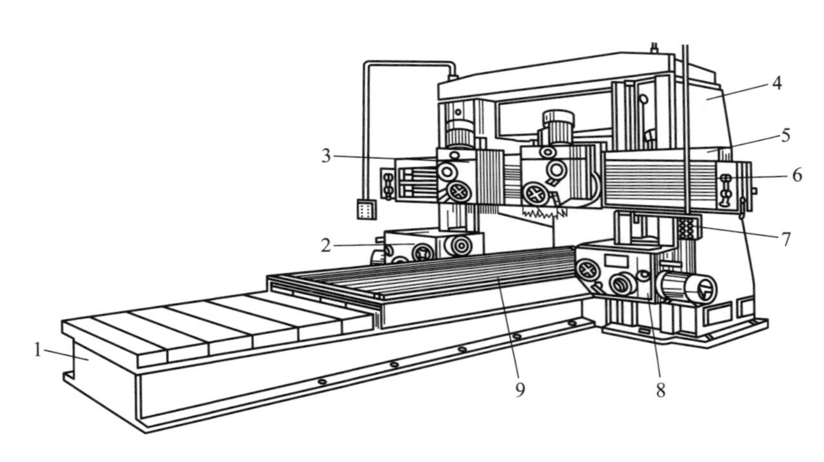

图 3-13 龙门铣床

1—床身;2、8—卧铣头;3、6—立铣头;4—立柱;5—横梁;7—控制器;9—工作台

(4) 万能工具铣床

万能工具铣床常配备可倾斜的工作台、回转工作台、立式铣头、插削头等附件,除能完成立铣与卧铣的加工内容外,还具有更多的加工功能,适用于工具、刀具及各类模具的加工,也可以用于仪器、仪表行业加工形状复杂的零件,如图 3-15 所示。

3. 钻床

钻床一般用于加工直径不大和精度不高的孔,主要是用钻头在实体材料上钻出孔来。相比车床钻孔,钻床是刀具做回转运动,同时沿刀具轴向做进给运动,因而钻床适用于加工外形复杂、没有对称回转轴线的工件上的孔,尤其是独立面或多面体面上的多孔加工,如加工箱体、机架等

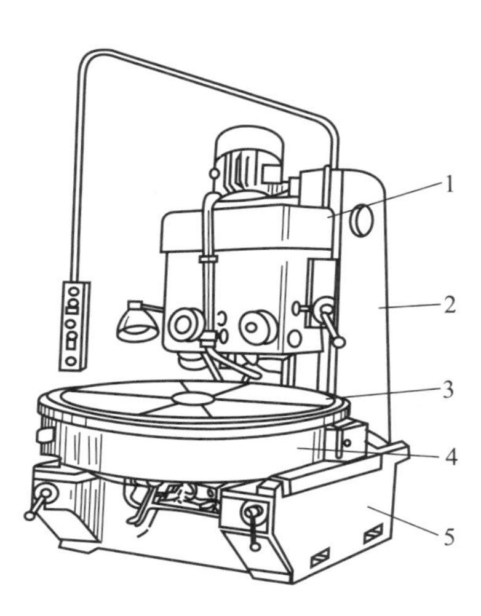

图 3-14 双轴圆形工作台铣床

1—主轴床身;2—立柱;

3—圆形工作台;4—滑座;5—底座

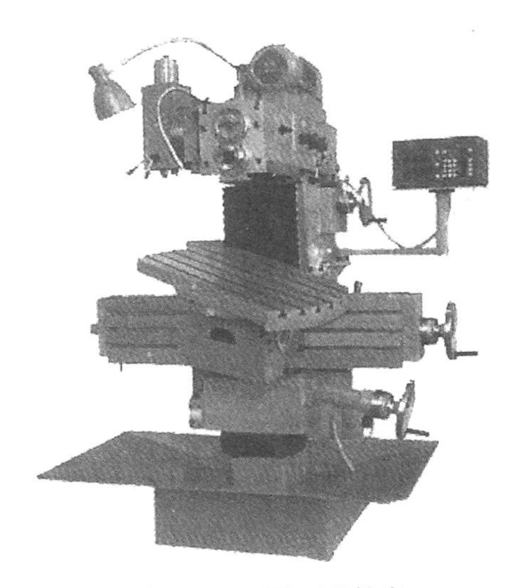

图 3-15 万能工具铣床

零件上的孔,以及扩孔、铰孔、锪平面和攻螺纹等。在钻床上经常使用的加工方法如图 3-16 所示。

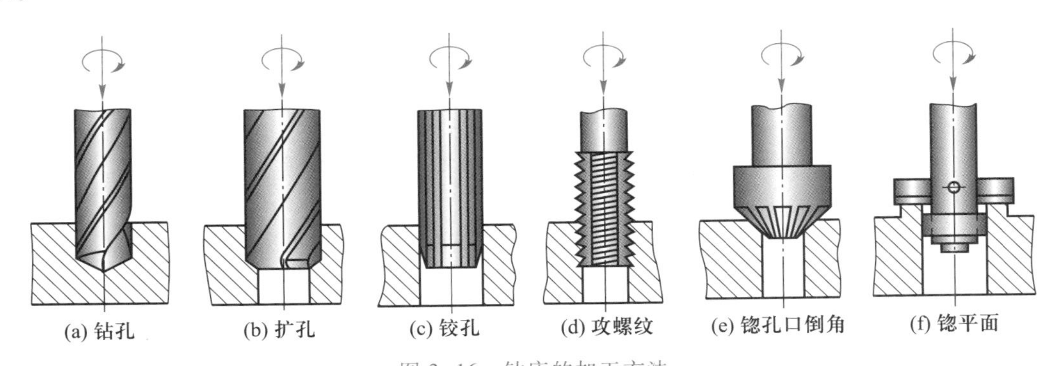

图 3-16 钻床的加工方法

钻床的主参数是最大钻孔直径的实际值,钻床的主要类型有台式钻床、立式钻床、摇臂钻床、深孔钻床以及各种专门化钻床。

(1) 立式钻床

图 3-17 所示为立式钻床的外形图,加工时工件直接或通过夹具安装在工作台上,主轴的旋转运动由电动机经变速箱传递,同时沿立柱上导轨做进给运动。工作台和进给箱可以沿立柱上导轨调整其上下位置,以适应在不同高度的工件上进行钻削加工。立式钻床只适用于在单件、小批生产中加工中小型工件上的孔。

(2) 摇臂钻床

如图 3-18 所示,摇臂钻床的特点是其摇臂可绕立柱回转和升降,以适应不同高度工件的加工;主轴箱可沿摇臂上导轨做径向移动,通过摇臂绕立柱回转并在摇臂上移动,钻床的主轴可较方便地调整到工件待加工位置的中心进行加工。摇臂钻床广泛应用于单件、小批生产加工大中型工件。

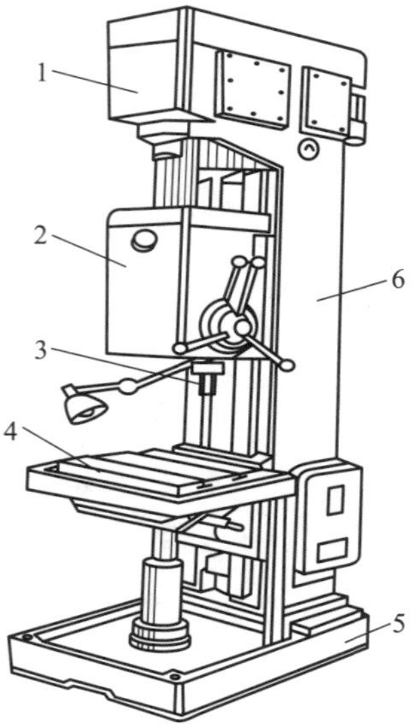

图 3-17 立式钻床

1—变速箱；2—进给箱；3—主轴；4—工作台；5—底座；6—立柱

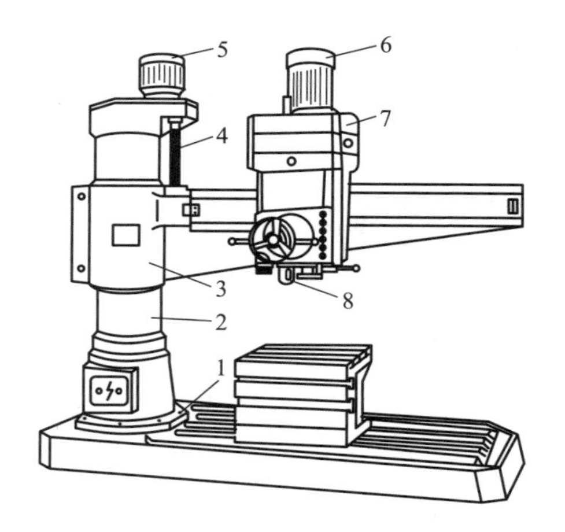

图 3-18 摇臂钻床

1—底座；2—立柱；3—摇臂；4—丝杠；5、6—电动机；7—主轴箱；8—主轴

其他钻床中台式钻床主要用于单件、小批生产中小型工件上直径小于 ϕ15 mm 的孔的加工。深孔钻床装配特制的钻头，专门加工深孔，如加工炮筒、枪管等。深孔加工中一般会配备专用的压力冷却系统，以提高深孔加工的生产效率和质量。

4. 磨床

磨床是由于精加工和硬表面加工的需要而发展起来的，随着精密铸锻件将毛坯直接磨成成品和高速、强力磨削等工艺的发展，应用于粗加工的高效磨床、精加工高效率的高速磨床和数控磨床得到大量使用。随着磨床的使用范围日益扩大，它在金属切削机床中的比例不断上升，目前在工业发达国家中，磨床在机床总数中的比例已达 30%～40%。磨床的种类很多，主要类型有外圆磨床、内圆磨床、平面磨床、工具磨床、各种专门化磨床（如曲轴磨床、凸轮轴磨床、花键轴磨床、齿轮磨床、螺纹磨床等）、其他磨床（如珩磨机、抛光机、超精加工机等）。

（1）外圆磨床

外圆磨床包括万能外圆磨床、普通外圆磨床等。万能外圆磨床主要用于磨削圆形或圆锥形工件的外圆和内孔，也能磨削阶梯轴的轴肩和端平面，其主参数以工件最大磨削直径的 1/10 表示。如图 3-19 所示为 M1432A 型万能外圆磨床，该磨床属于普通精密级，通用性好，但自动化程度不高，磨削效率较低，适用于单件、小批工件的生产。普通外圆磨床减少了主要部件的结构层次，机床的刚度和旋转精度得到提高，工艺范围较窄，适用于中批、大批量生产中磨削外圆柱面、小角度圆锥面及阶梯轴的轴肩等。

（2）平面磨床

平面磨床用于磨削各种零件的平面。根据砂轮的工作面不同，平面磨床可分为砂轮圆周表面进行磨削和端面进行磨削两类。用砂轮圆周表面磨削的平面磨床，砂轮主轴水平布置（卧式）；而用砂轮端面磨削的平面磨床，砂轮主轴垂直布置（立式）。根据工作台的形状不同，平面磨床又分为矩形工作台和圆形工作台两类。根据砂轮工作面和工作台的形状，平面磨床分为卧轴矩台平面磨床、立轴矩台平面磨床、卧轴圆台平面磨床、立轴圆台平面磨床四类。其中卧轴矩

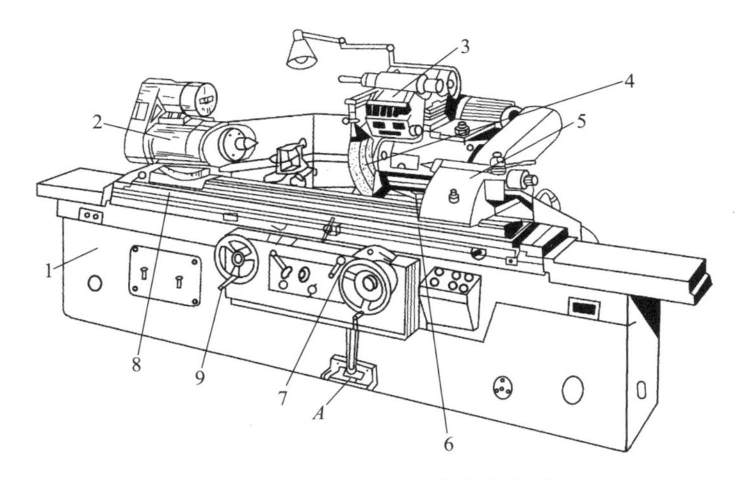

图 3-19 M1432A 型万能外圆磨床

1—床身；2—头架；3—内圆磨具；4—砂轮架；5—尾座；6—滑鞍；7、9—手轮；8—工作台

台平面磨床(图 3-20)和立轴圆台平面磨床最常见。

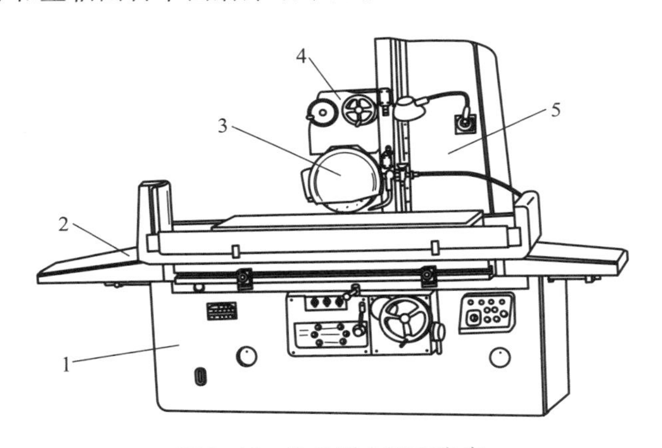

图 3-20 卧轴矩台平面磨床

1—床身;2—工作台;3—砂轮架;4—滑座;5—立柱

圆台平面磨床和矩台平面磨床相比,前者是圆周运动连续进给,后者是往复运动,有换向时间损失,因而前者生产率稍高。但圆台平面磨床只适合磨削小零件和大直径圆环形零件的端面,矩台平面磨床能磨削窄长零件和直径小于矩台尺寸的任何相关零件,且方便。

5. 其他常用机床

(1) 刨床与插床

刨床与插床的主运动都是直线运动。

刨床常见的类型有牛头刨床(图 3-21)和龙门刨床,牛头刨床因机床滑枕和刀架形似牛头而得名,该机床结构、刀具简单,调整方便,特别适用于加工长而窄的平面,但生产效率低,仅用于单件、小批生产或车间维修。其主参数为最大刨削长度。

龙门刨床的外形类似于图 3-13 所示的龙门铣床,只是龙门刨床主要用刨刀,工作台做直线往复运动,多用于加工长而窄的大平面,大型机床的导轨通常采用精刨完成。龙门刨床往往附有铣头和磨头等部件,能保证工件在一次安装后多个面的加工,可得到较高的精度(直线度精度为 0.02 mm/1 000 mm)和表面质量,生产效率高,适用于大件或批量生产。其主参数为最大刨削宽度。

插床(图3-22)实际上是一种立式刨床,用插刀加工工件表面,滑枕带动刀具沿机床立柱的导轨做上下往复主运动,工件可以沿纵向、横向、圆周三个方向分别做间歇进给运动,多用于小批量插削加工工件的内齿、内外花键等。其主参数为最大插削长度。

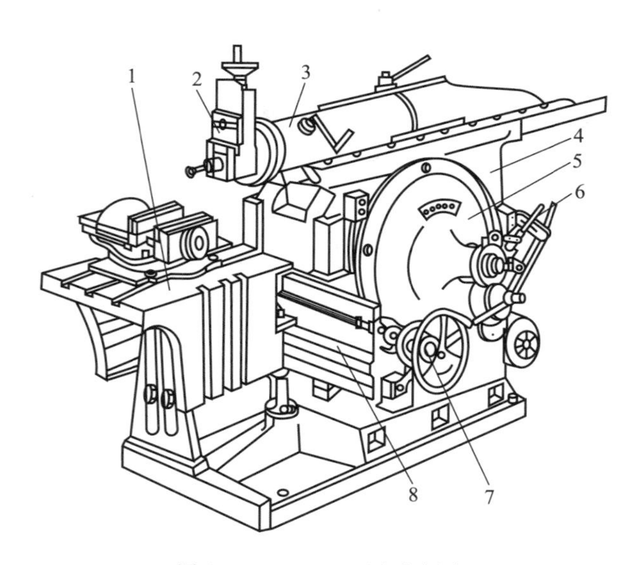

图3-21　B6065型牛头刨床

1—工作台；2—刀架；3—滑枕；4—床身；5—摆杆机构；6—变速机构；7—进刀机构；8—横梁

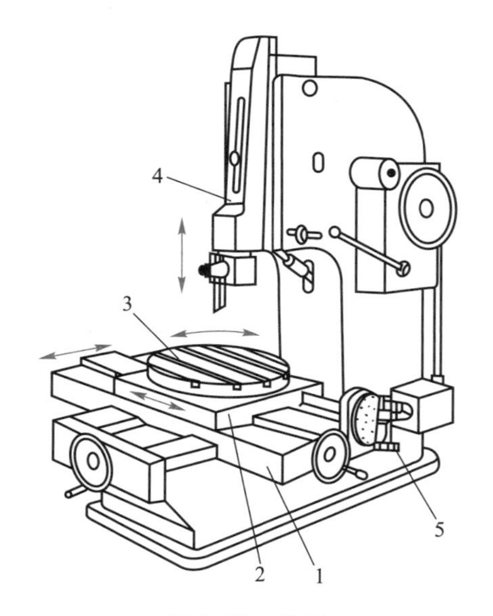

图3-22　插床

1—床鞍；2—溜板；3—圆工作台；4—滑枕；5—分度装置

(2) 镗床

镗床的主要类型有卧式镗床、坐标镗床以及金刚镗床。

镗床主要用镗刀在工件上加工预制孔,常用于加工尺寸较大及精度较高的孔,特别适用于加工分布在不同表面上、孔距尺寸精度和位置精度要求十分严格的孔系,如各种箱体、汽车发动机的孔系。镗床适用于小批量生产,为保证孔系的位置精度,在批量生产条件下,一般均采用镗模。

卧式镗床(图3-23)的加工范围很广,除镗孔外,还可以车端面、车外圆、车螺纹、车沟槽等。借助于镗杆,镗削长距离同心孔时,镗杆可以伸进后支架中,以提高镗杆的刚度,保证孔的加工质量。

坐标镗床属于高精密机床,主要用于对工件尺寸精度和位置精度要求很高的孔和孔系的加工,如钻模、镗模等。坐标镗床的制造精度和装配精度都非常高,具有良好的刚性和抗振性,同时配有精密的坐标测量装置,对坐标镗床的工作环境要求也很高。

金刚镗床的主轴粗而短,切削速度高,能获得很高的加工精度和很小的表面粗糙度值。

6. 组合机床

(1) 组合机床的组成及特点

组合机床是指以通用部件为基础,配以少量的专用部件,对一种或若干种工件按预先确定的工序进行加工的机床。它与一般专用机床一样是针对特定工序加工要求而设计的,因此,易于实现自动化以及采用多刀(多轴)、多面、多工位同时加工等工序高度集中的高效加工方法。组合机床具有专用、高效、自动化程度高和易于保证加工精度等优点,最适宜加工箱体类零件,也可加工轴类、套类、叉架类零件,可以完成钻孔、扩孔、铰孔、镗孔、攻螺纹、车削、铣削、磨削、滚压、平面

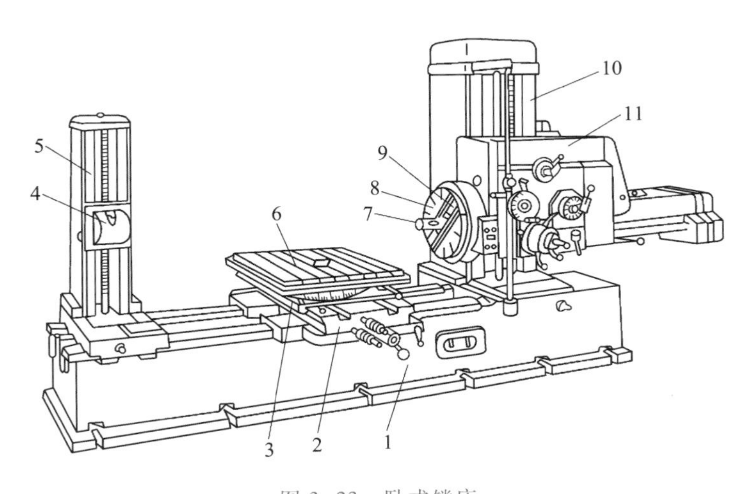

图 3-23 卧式镗床

1—床身；2—下滑座；3—上滑座；4—后支架；5—后立柱；6—工作台；
7—镗轴；8—平旋盘；9—径向刀架；10—前立柱；11—主轴箱

加工甚至冲压、焊接等工序。

在组合机床的主要部件中，除多轴箱和夹具是专用部件外，其余都是通用部件。通用部件是根据各自功能按国家制订的标准化、系列化、通用化原则设计，并由专业厂生产的；而专用部件中绝大多数零件也是通用的。一台组合机床中通常有 70%～80%的零件是通用部件和标准部件。

组合机床和一般专用机床相比，具有以下特点：

1）设计制造周期短，组合机床的专用部件少，通用部件由专门工厂生产，可以按需要直接选购。

2）当变换被加工的零件时，组合机床的通用部件和标准部件可以重复利用，不必重新设计和制造。

3）组合机床广泛采用多刀、多轴、多面、多件加工，加工效率高，易于联合成组合机床自动线，以适应大规模生产的需要。

（2）组合机床的分类和基本配置

按通用部件大小来分，组合机床可分为大型组合机床和小型组合机床。大型通用部件指滑台的台面宽在 200 mm 以上的动力部件及配套部件，这类部件多为箱体移动式结构。小型通用部件是指滑台宽在 200 mm 以下的动力部件，这类部件多为套筒移动式结构。用大型通用部件组成的机床为大型组合机床，用小型通用部件组成的机床为小型组合机床。

通常大型组合机床的配置形式有三类：

1）单工位组合机床　这类组合机床的夹具和工作台固定不动，动力滑台做进给运动，主轴旋转为主运动。根据主轴方向不同可分为卧式、立式、倾斜式、复合式。

2）多工位组合机床　这类机床有两个或两个以上的加工工位。夹具在工作台上按预定的工作循环使工件顺次从一个工位输送到下一个工位，即换位，以便在各工位上完成同一加工部位多工步或不同部位的加工，从而完成一个或数个面的较复杂的加工工序。这类机床工序较集中，生产率比单工位组合机床高，多用于大批大量生产中的复杂中小型零件的加工。

3）转塔主轴箱式组合机床　这类机床可分为单轴和多轴转塔式组合机床。前者在转塔头的每个接合面上安装刚性主轴；后者在转塔头的每个接合面上安装主轴箱。安装刀具的转塔头中的主轴旋转为主运动。转塔主轴箱式组合机床共有两种形式的进给运动，一种形式是将转塔头装在滑台上,滑台沿滑座的导轨做进给运动;另一种形式是将安装工件的工作台装在滑台上,滑台沿滑座的导轨做进给运动。安装工件的回转工作台可做转位运动,以变换被加工面;转塔回转工作台也可做转位运动,以变换工作刀具。这种组合机床可用于中小批量生产。

图3-24所示立卧复合式三面钻孔组合机床由床身(侧底座)、中间底座、滑座和滑台(动力滑台)、动力箱、多轴箱、夹具等部件组成。加工时,工件安装在夹具上,多轴箱的各主轴上安装钻头或其他孔加工刀具。电动机经动力箱、多轴箱驱动各主轴旋转(主运动)。动力箱安装在动力滑台上(由滑台及滑座组成),滑台沿滑座的导轨做进给运动,滑座安装在床身(侧底座)上。

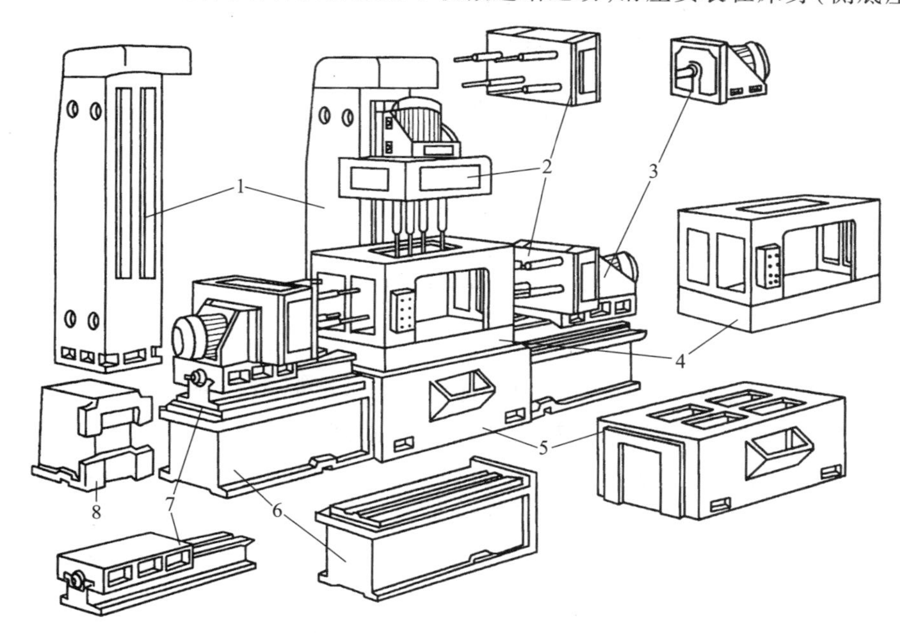

图3-24 立卧复合式三面钻孔组合机床

1—立柱;2—多轴箱和刀具;3—动力箱;4—夹具;5—立柱底座;6—侧底座;7—动力滑台;8—中间底座

3.3 几种典型机床传动系统简介

3.3.1 CA6140型卧式车床

CA6140型卧式车床属于通用的中型车床,其外形及组成如图3-9所示。车床床身最大回转直径为400 mm,最大加工工件长度为2 000 mm,主轴内孔直径为48 mm,主电动机功率为7.5 kW,加工的圆柱度、圆度的精度为0.01 mm,*Ra*值为1.25~2.5 μm。

图3-6是CA6140型卧式车床的传动系统图。该系统包括主轴的传动即主运动传动(也称主传动)和刀架的传动两部分。其主要传动路线表达如下:

(1) 主运动传动链

主运动传动链将电动机的旋转运动传至主轴,使主轴获得24级正转转速(10~1 400 r/min)和12级反转转速(14~1 580 r/min)。

主运动传动的传动路线是:运动由电动机经V带传至主轴箱的Ⅰ轴,Ⅰ轴上装有双向多片摩擦离合器M_1,用来使主轴正转、反转或停止。当M_1向左接合时,主轴正转;向右接合时,主轴反转；M_1 处于中间位置时，主轴停止转动。Ⅰ、Ⅱ轴中间有两对齿轮可以啮合（利用Ⅱ轴上的双联滑移齿轮分别滑动到左右两个不同的位置），可使Ⅱ轴得到两种不同的转速。Ⅱ、Ⅲ轴之间有三对齿轮可以分别啮合（利用Ⅲ轴上的三联滑移齿轮滑动到不同的位置），可使Ⅲ轴得到 2×3＝6 种不同的转速。从Ⅲ轴到Ⅵ轴有两条传动路线：若将Ⅵ轴上的离合器 M_2 接合（图示右位），则运动经Ⅲ—Ⅳ—Ⅴ—Ⅵ的顺序传至主轴Ⅵ，使主轴以中速或低速回转；若 z_{50} 处于图示位置，即 M_2 脱开，则运动从Ⅲ轴经齿轮副 63/50 直接传至主轴，使主轴以高速回转。传动路线表达式为

$$\text{主电动机}-\frac{\phi130}{\phi230}-\mathrm{I}-\left\{\begin{array}{c}(M_1\text{ 向左接合})\\ \left\{\begin{array}{c}\frac{56}{38}\\ \frac{51}{43}\end{array}\right\}\\ (M_1\text{ 向右接合})\\ \frac{50}{34}\times\frac{34}{30}\end{array}\right\}-\mathrm{II}-\left\{\begin{array}{c}\frac{39}{41}\\ \frac{22}{58}\\ \frac{30}{50}\end{array}\right\}-\mathrm{III}-\left\{\begin{array}{c}\overline{(M_2\text{ 脱开})}\ \frac{63}{50}\\ \left\{\begin{array}{c}\frac{20}{80}\\ \frac{50}{50}\end{array}\right\}-\mathrm{IV}-\left\{\begin{array}{c}\frac{20}{80}\\ \frac{51}{50}\end{array}\right\}-\mathrm{V}\xrightarrow{(M_2\text{ 接合})}\frac{26}{58}\end{array}\right\}-\text{主轴}\mathrm{VI}$$

(2) 螺纹传动链

CA6140 型卧式车床可以车削右旋或左旋的米制、英制、模数制、径节制四种标准螺纹，还可以车削加大导程非标准和较精密的螺纹。其中车螺纹进给传动链的两末端件为主轴和刀架，车螺纹时，要求主轴转 1 转，刀架移动一个导程 P_h，传动路线根据所要加工螺纹的种类分为 6 种情况。

车削米制螺纹时，运动从主轴Ⅵ经轴Ⅸ（车左螺纹时经轴Ⅺ的中间齿轮 z_{25}）传至轴Ⅹ，再经挂轮$\left(\frac{63}{100}\times\frac{100}{75}\right)$传至轴Ⅻ，然后传入进给箱上的轴。进给箱中的离合器 M_5 接合，M_3 及 M_4 均脱开，此时传动路线表达式为

$$\text{主轴}\mathrm{VI}-\frac{58}{58}-\mathrm{IX}-\underbrace{\left\{\begin{array}{c}\frac{33}{25}\times\frac{25}{33}\\ (\text{左螺纹})\\ \frac{33}{33}\\ (\text{右螺纹})\end{array}\right\}}_{\text{变向机构}}-\mathrm{X}-\left\{\begin{array}{c}\frac{63}{100}\times\frac{100}{75}\\ (\text{米制挂轮})\\ \frac{64}{100}\times\frac{100}{97}\\ (\text{模数挂轮})\end{array}\right\}-\mathrm{XII}\xrightarrow{(M_3\text{ 脱开})}\frac{25}{36}-\mathrm{XIII}-\{i_j\}-\mathrm{XIV}-\left\{\frac{25}{36}\times\frac{36}{25}\right\}-$$

$$\mathrm{XV}-\{i_b\}-\mathrm{XVII}\xrightarrow{(M_5\text{ 接合})}\text{丝杠}\mathrm{XVIII}-\text{开合螺母}-\text{刀架}$$

表达式中 i_j 代表 8 种可供选择的传动比$\left(\frac{26}{28}、\frac{28}{28}、\frac{32}{28}、\frac{36}{28}、\frac{19}{14}、\frac{20}{14}、\frac{33}{21}、\frac{36}{21}\right)$；$i_b$ 代表 4 种可供选择的传动比$\left(\frac{28}{35}\times\frac{35}{28}、\frac{18}{45}\times\frac{35}{28}、\frac{28}{35}\times\frac{15}{48}、\frac{18}{45}\times\frac{15}{48}\right)$。

车削米制螺纹时的运动平衡式为

$$P_h=1\times\frac{58}{58}\times\frac{33}{33}\times\frac{63}{100}\times\frac{100}{75}\times\frac{25}{36}\times i_j\times\frac{25}{36}\times\frac{36}{25}\times i_b\times12\ \text{mm}$$

化简后得

$$P_h=kP=7i_ji_b$$

式中：P_h——被车削螺纹的导程，mm；

k——螺纹线数；

P——螺距；

12 mm——车床丝杠(轴)的导程。

(3) 纵向、横向进给运动传动链

刀架带着刀具做纵向或横向的机动进给运动时，传动链的两个末端件仍是主轴和刀具，计算位移关系为主轴每转一转时刀具的纵向或横向的移动量。

纵向进给运动传动链经米制螺纹的传动路线的运动平衡式为

$$f_{纵}=1\times\frac{58}{58}\times\frac{33}{33}\times\frac{63}{100}\times\frac{100}{75}\times\frac{25}{36}\times i_j\times\frac{25}{36}\times\frac{36}{25}\times i_b\times\frac{28}{56}\times\frac{36}{32}\times\frac{32}{56}\times\frac{4}{29}\times\frac{40}{30}\times\frac{30}{48}\times\frac{28}{80}\times\pi\times2.5\times12\ \text{mm}$$

化简后得 $f_{纵}=0.71i_ji_b$。

横向进给运动传动链的运动平衡式与上式类似。当主轴箱及进给箱的传动路线相同时，所得的横向进给量是纵向进给量的一半。所有纵、横向进给量的数值及相应的各操纵手柄应处于的位置均可从进给箱上的标牌中查到。

(4) 刀架快速移动

刀架做机动进给或退刀的快速移动过程中，按下快速移动电动机(2 600 r/min，0.37 kW)按钮，此时快速移动电动机运动经齿轮副$\frac{13}{29}$传动，再经后续的机动进给路线使刀架在该方向上做快速移动。松开按钮后，快速移动电动机停止转动，刀架仍按照原来的速度做机动进给。XX轴上的超越离合器 M_7 用来防止在光杠与快速移动电动机同时传动给XX轴时，出现运动干涉而损坏传动机构。

3.3.2 万能外圆磨床

(1) 磨床概述

用磨料或磨具(砂轮、砂带、油石、研磨料)对工件进行磨削加工的机床属于磨床类机床。它主要用于加工由内外圆柱面和圆锥面、平面、齿轮面等各种成形面组成的零件，特别是淬硬零件的精加工。常用磨削加工工件的尺寸精度可达IT5、IT6级，表面粗糙度 Ra 值可达 0.32～1.25 μm；高精度磨床的精密磨削，其尺寸精度可达 0.2 μm，圆度精度为 0.1 μm，表面粗糙度 Ra 值可控制到0.01 μm。

通常，磨具旋转为主运动，工件或磨具的移动为进给运动(也可由磨具、工件共同完成)。磨床的种类很多，此处仅以M1432A型万能磨床为例进行介绍。

(2) M1432A型万能外圆磨床

M1432A型万能外圆磨床属于普通精度等级机床。其主参数如下：最大磨削直径为320 mm，磨削加工精度可以达到IT6、IT7级，表面粗糙度 Ra 值为0.08～1.25 μm。这种磨床适应性强，但磨削效率不高，自动化程度较低，通常适用于单件小批量生产。图3-19为该磨床的外形图。

M1432A型万能外圆磨床的基本结构除3.1.5节所述的通用情况外，根据机床功能的需要，还具有以下一些结构：

1) 头架　用于装夹工件并带动工件转动。当头架底座回转一个角度时，可磨削短圆锥面；当头架底座逆时针回转90°时，可磨削小平面。

2) 砂轮架　用来支承并带动砂轮随主轴高速旋转。砂轮架装在滑鞍上，回转角度为30°。当需要磨削短圆锥面时，砂轮架可调至一定的角度位置。

3) 内圆磨具　用以支承并带动磨内孔的砂轮随主轴旋转。主轴由单独的内圆砂轮电动机驱动。

4）尾座　尾座上的后顶尖和头架前顶尖一起，用于支承工件。

5）工作台　它由上工作台和下工作台两部分组成。上工作台可绕下工作台的心轴在水平面内调至某一角度位置，用以磨削锥度较小的长圆锥面。工作台台面上装有头架和尾座，这些部件随着工作台一起，沿床身纵向导轨做纵向运动。

6）滑鞍及横向进给机构　转动手轮 7，通过横向进给机构带动滑鞍 6 和砂轮架 4 做横向移动。也可以利用液压装置，使滑鞍和砂轮架快速进退或周期性自动切入进给。

M1432A 型万能外圆磨床的运动是由机械和液压联合传动的，因而具有运动平稳、无级调速方便等优点。图 3-25 是 M1432A 型万能外圆磨床机械传动系统图，由图可知其主要有以下几种运动：砂轮旋转主运动、工件纵向进给运动、砂轮架周期或连续横向进给运动。机床的辅助运动有砂轮架的横向快进、快退和尾座套筒的缩回。有关运动的传动路线如下：

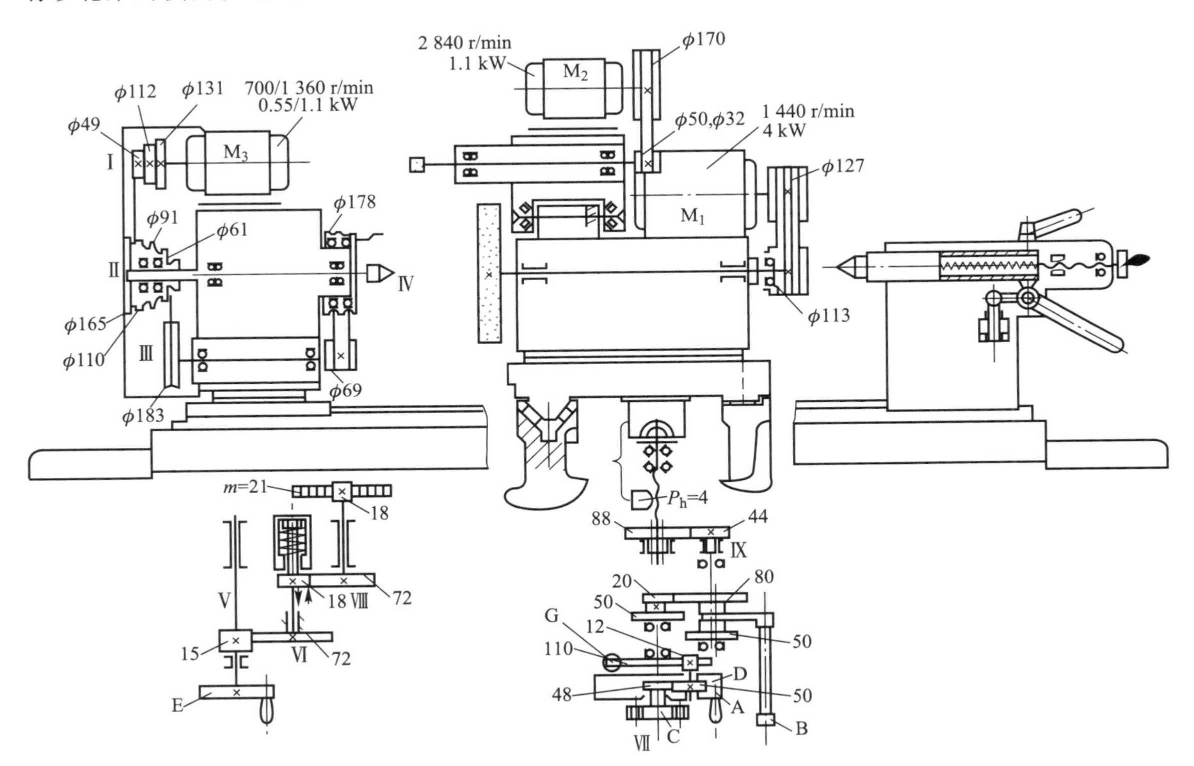

图 3-25　M1432A 型万能外圆磨床机械传动系统图

1）砂轮旋转主运动　由电动机通过 V 带直接带动砂轮主轴旋转，其传动路线为

$$\text{主电动机}—\frac{\phi127}{\phi113}—\text{砂轮}(n_1)$$

2）工件圆周进给运动　由双速异步电动机经塔轮变速机构传动，其传动路线为

$$\text{头架电动机(双速)}—\left\{\begin{array}{c}\frac{\phi49}{\phi165}\\\frac{\phi112}{\phi110}\\\frac{\phi131}{\phi91}\end{array}\right\}—\frac{\phi61}{\phi183}—\frac{\phi69}{\phi178}—\text{拨盘或卡盘}(n_2)$$

由于电动机为双速,因而可使工件获得6级转速。

3) 内圆磨具的传动链 内圆磨削砂轮主轴由内圆砂轮电动机(2 840 r/min,1.1 kW)经平带直接传动,更换平带轮可使内圆磨削砂轮主轴得到两种转速。内圆磨具装在支架上,为了保证工作安全,内圆磨削砂轮电动机的起动与内圆磨具支架的位置有联锁作用,只有当支架翻到工作位置时电动机才能起动。这时,(外圆)砂轮架的快速进退手柄在原位上自动锁住,砂轮架不能快速移动。

4) 工作台的手动传动 调整机床及磨削阶梯轴的台阶时,工作台还可由手轮传动。为了避免工作台纵向运动时带动手轮E快速转动而碰伤工人,采取了联锁装置。轴Ⅵ的小液压缸和液压系统相通,工作台运动时压力油推动轴Ⅵ上的双联齿轮移动,使齿轮 z_{18} 与 z_{72} 脱开。因此,液压驱动工作台纵向运动时手轮E并不转动。

5) 滑鞍及砂轮架的横向进给运动 横向进给运动可用手摇手轮A实现,也可由进给液压缸的柱塞G驱动,实现周期的自动进给。传动路线表达式为

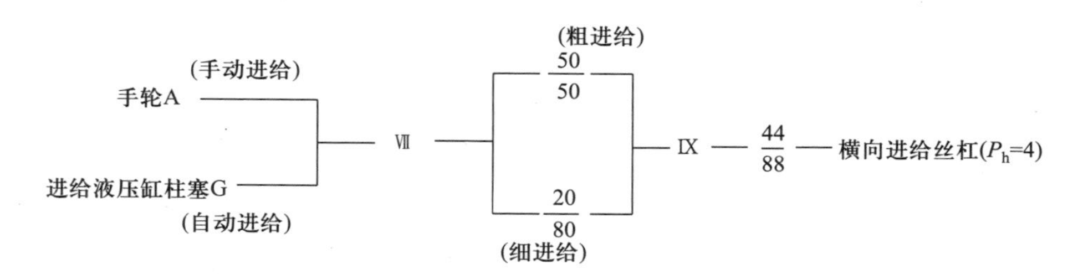

手轮A转一周,经齿轮副$\frac{50}{50}$传动,砂轮架横向移动量为2 mm。手轮A的刻度盘D分为200格,每格进给量为0.01 mm。经齿轮副$\frac{20}{80}$传动时,每格进给量为0.002 5 mm。

(3) 普通外圆磨床与万能外圆磨床在构造上的差别

1) 一般普通外圆磨床的头架和砂轮架都不能绕竖直轴调整角度,头架主轴固定不动,没有内圆磨具。因此,普通外圆磨床只能用于磨削外圆柱面和锥度较小的圆锥面。

2) 普通外圆磨床的万能性不如万能外圆磨床,但其部件的层次减少了,使机床的结构简化,刚度稍有增加。尤其是普通外圆磨床的头架主轴是固定不动的,工件支承在固定的顶尖上,提高了头架主轴组件的刚度和工件的旋转精度。

*3.3.3 Y3150E型滚齿机

(1) 滚齿机的工作原理

1) 滚齿原理 用来加工齿轮轮齿表面的机床称为齿轮加工机床(滚齿机)。滚齿加工是根据展成法原理进行的,滚齿加工相当于一对相互啮合的交错轴斜齿轮副啮合滚动的过程。将这对啮合齿轮副中的一个交错轴斜齿轮减少到1~4个齿,其螺旋角很大而螺旋升角很小,就转化成蜗杆。再将蜗杆在轴向开槽形成切削刃和前(刀)面,各切削刃铲背形成后(刀)面和后角,再经淬硬、刃磨制成滚刀。滚齿时,滚刀装在刀架的主轴上,使其和被加工齿轮坯的相对位置如同一对交错轴斜齿轮相啮合。可用一条传动链将滚刀主轴与工作台进行联系。对于单头滚刀,刀具旋转一转,强制工件转过一个齿;若滚刀连续旋转,就可在工件表面加工出共轭的齿面;若滚刀

带*内容为选修内容。

再沿与工件轴线平行的方向做轴向进给运动,就可以加工出全齿长。

2）加工直齿圆柱齿轮 根据前述表面成形原理可知,加工直齿圆柱齿轮的成形运动必须形成渐开线齿廓(母线)的展成运动 $B_{11}+B_{12}$ 以及直线形齿长(导线)的运动 A_2。因此,滚切直齿圆柱齿轮需要 3 条传动链,即展成运动传动链、主运动传动链和轴向进给运动传动链(图3-26)。

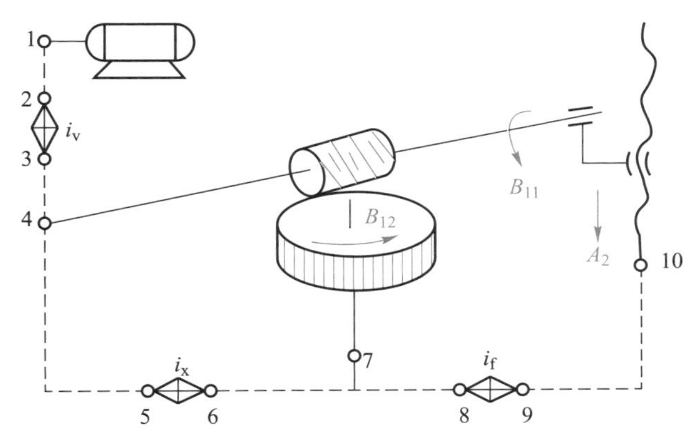

图 3-26 滚切直齿圆柱齿轮的传动原理图

① 展成运动传动链 由滚刀到工作台的 4—5—i_x—6—7 构成。由于头数为 K 的滚刀的旋转运动与工作台的旋转运动之间要保持严格的传动比,因而生成渐开线的展成运动是一个复合运动 $B_{11}+B_{12}$,即由两个保持一定关系的单元运动经内联系传动链完成。

展成运动传动链的两个末端件的计算位移关系为滚刀转 1 转,工件转 K/z 转,其中 z 为工件的齿数。

传动链中的 i_x 表示换置机构的传动比,它的大小根据不同情况加以调整,以满足上式的要求。由运动平衡式求出 i_x 的值后,一般是用 4 个挂轮的比值来代替 i_x。挂轮的计算应很精确,这样才能得到精确的齿形。滚刀的螺旋方向(左旋或右旋)若有改变,则复合运动 $B_{11}+B_{12}$ 中的工件运动 B_{12} 的方向也应随着改变,所以 i_x 的调整还包括方向的变更。

② 主运动传动链 展成运动传动链只能使滚刀与工件的计算位移之间保持一定的比例关系,但是滚刀与工件的旋转速度还必须由动力源到滚刀的传动链 1—2—i_v—3—4 来决定,这条外联系传动链称为主运动传动链。传动链中的换置机构用于调整渐开线齿廓的成形速度,以适应滚刀直径、滚刀材料、工件材料和硬度以及加工质量要求的变化。

由滚刀的切削速度和刀具直径确定了滚刀合适的转速后,就可以求出主运动传动链中换置机构的传动比 i_v。两末端件的计算位移关系为电动机转速 $n_{电}$ 对应的滚刀转速 $n_{刀}$。

③ 轴向进给运动传动链 为了形成全齿长,即形成齿面的导线(直线),滚刀需要沿工件轴线方向做进给运动。在滚齿机上,刀架沿立柱导轨的这个轴向进给运动是由丝杠-螺母机构实现的。轴向进给传动链 7—8—i_f—9—10 的两个末端件为工件和刀架,其计算位移关系为:工件转 1 转,刀架移动 f。传动链中的换置机构用于调整轴向进给量的大小和进给方向,以适应不同的加工表面粗糙度的要求。轴向进给运动传动链是一条外联系传动链,所耗功率很小,通常以工作台作为间接的动力源。

3）加工斜齿圆柱齿轮

① 加工斜齿圆柱齿轮的机床运动和传动原理 斜齿圆柱齿轮与直齿圆柱齿轮间的主要区别是斜齿圆柱齿轮的齿长方向不是直线,而是螺旋线。因此,加工斜齿圆柱齿轮除了一个产生渐开线(母线)的展成运动外,还必须另有一个产生螺旋线(导线)的运动,且是一个复合

运动。

加工斜齿圆柱齿轮的两个成形运动各需一条内联系传动链和一条外联系传动链，如图3-27a所示。展成运动的内联系传动链和外联系传动链与加工直齿圆柱齿轮时完全相同，产生螺旋线的外联系传动链（即轴向进给运动传动链）也与切削直齿圆柱齿轮时相同。但是由于这时的进给运动是复合运动，因此还需要一条产生螺旋线的内联系传动链，即差动运动传动链。

② 差动运动传动链　斜齿圆柱齿轮的导线是一条螺旋线，如图 3-27b 所示。将导线展开后得到直角三角形 $ap'p$。当从刀架 a 点沿工件轴向进给到 b 点时，为了使加工出的齿长为右旋的螺旋线，工件上的 b 点应转到 b'位置。由图 3-27b 可知，当滚刀沿工件轴向进给一个工件螺旋线导程 P_h 时，工件附加转动量应为 1 转。附加旋转运动 B_{22}的方向与工件在展成运动中的旋转运动 B_{12}的方向相同还是相反，主要取决于工件螺旋线的方向、滚刀螺旋线的方向和滚刀进给方向。当滚刀向下运动时，如果工件与滚刀螺旋线方向相同（即两者均为右旋或均为左旋），则 B_{22}和 B_{12}同向，计算时附加运动取正号；反之 B_{22}和 B_{12}反向，计算时附加运动取负号。

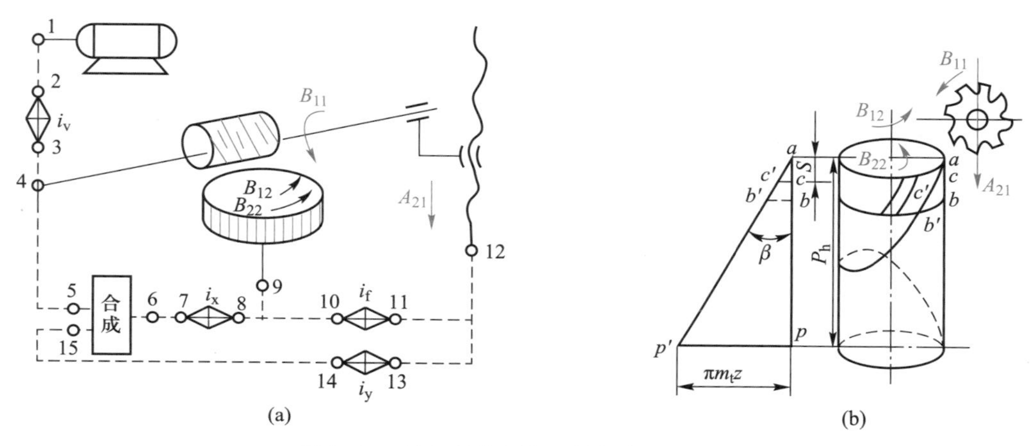

图 3-27　滚切斜齿圆柱齿轮的传动原理图

工件的附加旋转运动 B_{22}与展成运动 B_{12}是两条传动链中的两个不同的运动，不能互相代替。但工件最终的运动只能是一个旋转运动，所以应当用一个运动合成机构将 B_{12}和 B_{22}两个旋转运动合成后再传动给工作台和工件。图 3-27a 中标有“合成”的方框代表运动合成机构。联系刀架与工作台的传动链 12—13—i_y—14—15—合成—6—7—i_x—8—9 称为差动运动传动链。改变换置机构的传动比 i_y，则加工出的斜齿圆柱齿轮的螺旋角 β 也发生变化；i_y的符号改变则会使工件齿的旋向改变。

由图 3-27b 可得出，工件齿的螺旋角 β 与导程 P_h 之间的关系为

$$P_h=\frac{\pi m_t z}{\tan\beta}=\frac{\pi m_n z}{\tan\beta\cos\beta}=\frac{\pi m_n z}{\sin\beta}$$

式中：m_t、m_n——工件齿的端面模数与法向模数；

z——工件齿数。

滚齿机是根据滚切斜齿圆柱齿轮的原理设计的，当加工直齿圆柱齿轮时，就将差动运动传动链断开，并把合成机构固定成一个如同联轴器的整体。

（2）Y3150E 型滚齿机的传动

Y3150E 型滚齿机为中型滚齿机，主要加工直齿、斜齿圆柱齿轮（还可以用径向切入法加工蜗轮等）。滚齿机的主参数为工件的最大直径（500 mm）。机床外形如图 3-28 所示。

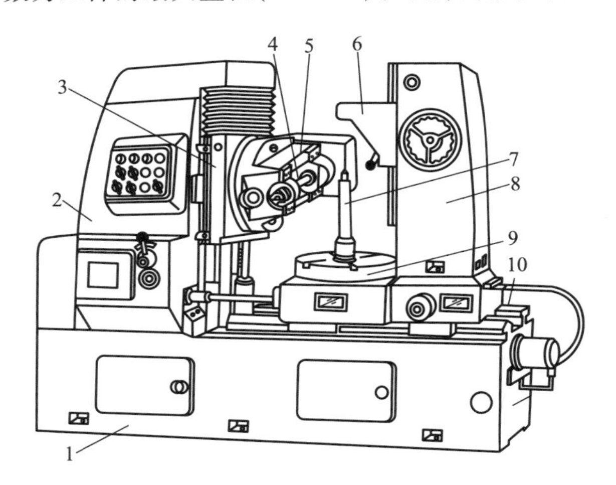

图 3-28　Y3150E 型滚齿机

1—床身；2—立柱；3—刀架溜板；4—刀杆；5—刀架体；6—支架；7—心轴；8—后立柱；9—工作台；10—床鞍

图 3-29 为 Y3150E 型滚齿机的传动系统图，该传动系统共有 5 条传动链。

1）主运动传动链　由传动原理图知主运动传动链始端为电动机，终端为滚刀主轴。其传动路线为：

$$\text{主电动机—带传动—Ⅰ—Ⅱ—Ⅲ—Ⅳ—Ⅴ—Ⅵ—Ⅶ—滚刀主轴Ⅷ}$$

2）展成运动传动链　加工直齿、斜齿圆柱齿轮（包括蜗轮）时使用同一条展成运动传动链，其传动路线为：

$$\text{滚刀主轴Ⅷ—Ⅶ—Ⅵ—Ⅴ—Ⅳ—Ⅸ—}i_{\text{合成}}\text{—}\frac{e}{f}\times\frac{a}{b}\times\frac{c}{d}\text{—Ⅹ—ⅩⅦ}$$

3）轴向进给运动传动链　轴向进给运动传动链的始端为工件主轴，终端为滚刀架垂直运动丝杠，传动路线为：

$$\text{工件主轴ⅩⅦ—Ⅹ—Ⅺ—Ⅻ—ⅩⅢ—ⅩⅣ—刀架}$$

4）差动运动传动链　在传动系统图上差动运动传动链为：

$$\text{丝杠ⅩⅣ—ⅩⅢ—ⅩⅤ—}\frac{a_2}{b_2}\times\frac{c_2}{d_2}\text{—ⅩⅥ—合成—Ⅸ—}\frac{e}{f}\times\frac{a}{b}\times\frac{c}{d}\text{—Ⅹ—ⅩⅦ}$$

5）空行程运动传动链　滚齿加工前刀架趋近工件或两次走刀之间刀架返回的空行程运动都需较大的速度，以缩短空行程时间。Y3150E 型滚齿机上设有空行程快速传动链，其传动路线为：

$$\text{快速移动电动机（1 410 r/min，1.1 kW）—}\frac{13}{26}\text{—}M_3\text{—}\frac{2}{25}\text{—刀架}$$

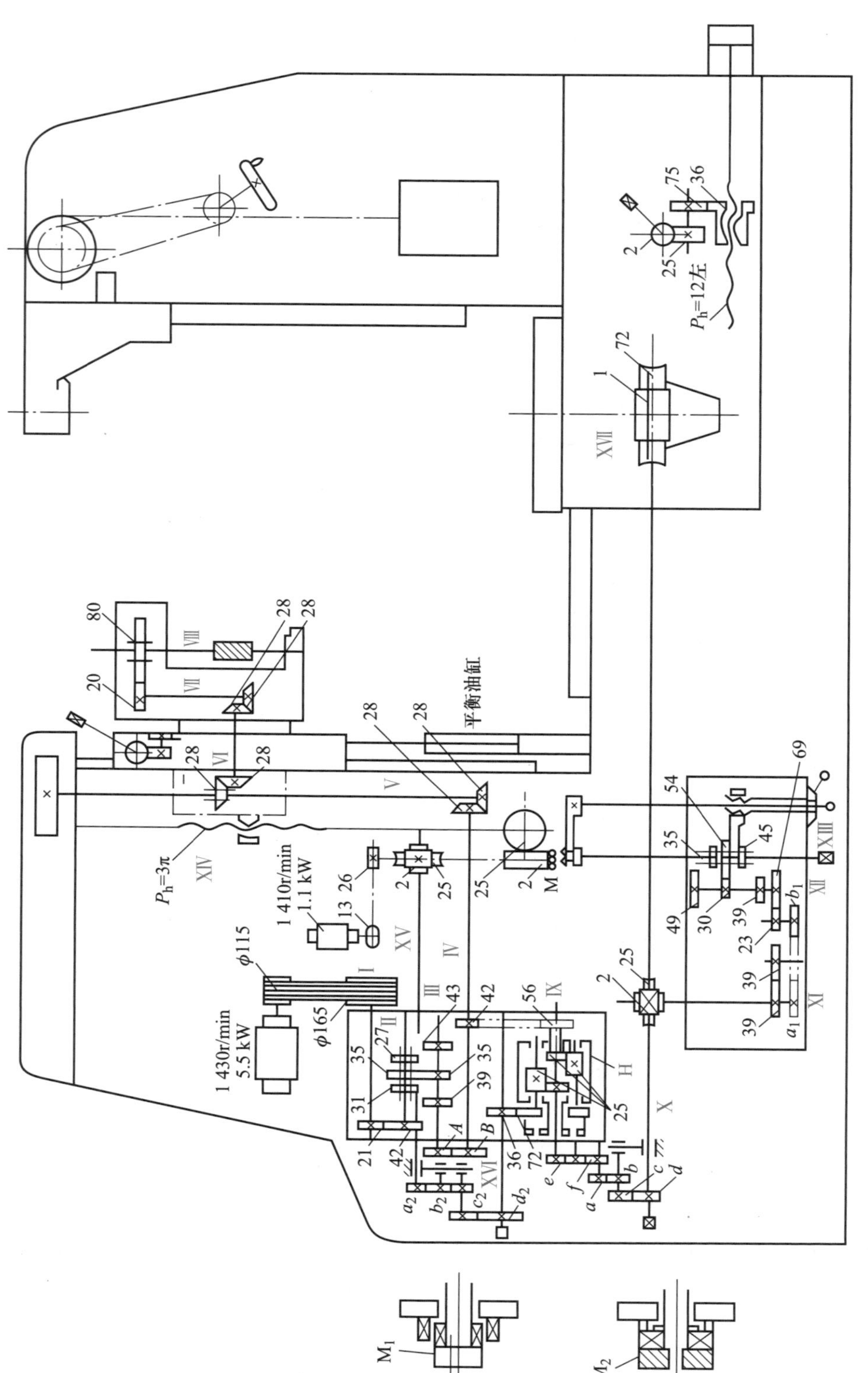

图 3-29　Y3150E 型滚齿机传动系统图

Y3150E 型滚齿机

3.4 数控机床

在现代制造领域中，用数字化信息进行控制的技术称为数字控制技术。装备了数控系统，能应用数字控制技术完成自动化加工的机床称为数控机床，如数控车床、数控铣床以及加工中心等。

1. 数控机床的分类

数控机床一般可以按下面三种原则来进行分类，见表 3-5。

表 3-5 数控机床的分类

分类方式	工艺用途		控制运动轨迹			控制方式		
机床类型	普通数控机床	加工中心	点位控制数控机床	点位直线控制数控机床	轮廓控制数控机床（连续控制数控机床）	开环控制数控机床	半闭环控制数控机床	闭环控制数控机床

（1）按工艺用途分类

1）普通数控机床　相对于加工中心，普通数控机床一般工艺单一，没有自动换刀装置。按工艺性不同，普通数控机床分金属切削类数控机床，如数控车床、数控铣床、数控钻床等；金属成形类数控机床，如数控折弯机等；数控非常规加工机床，如数控线切割机床、数控电火花机床、数控激光切割机床等。

2）加工中心　加工中心是在数控镗床、数控铣床或数控车床的基础上增加自动换刀装置，可在一次装夹中通过自动换刀装置改变主轴上的加工刀具，能够在一定范围内对工件进行多工序加工的数字控制机床。加工中心适用于加工形状复杂、精度要求高的单件或中小批量多品种的工件。按机床主轴与工作台相对位置不同可分为立式加工中心、卧式加工中心、复合加工中心等。

（2）按控制运动轨迹方式分类

1）点位控制数控机床　点位控制数控机床的特点是精确地控制机床运动部件从一个坐标点到另一个坐标点的定位，而不对其行走轨迹做限制，在运动和定位过程中不能进行加工。点位控制数控机床包括数控钻床、数控冲床、数控焊机等，如图 3-30a 所示。

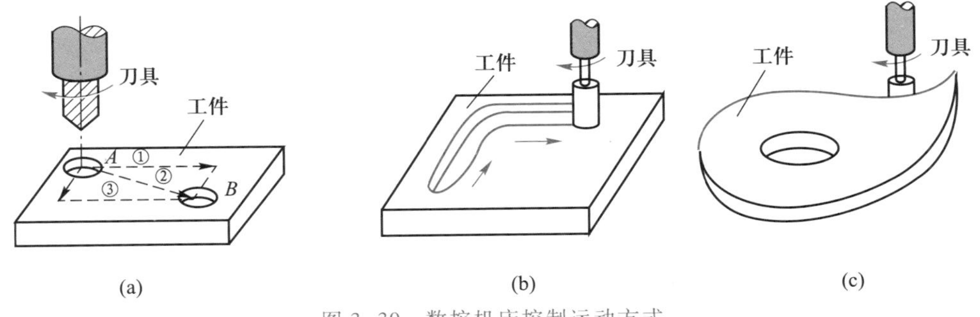

图 3-30 数控机床控制运动方式

2）点位直线控制数控机床　点位直线控制数控机床的特点是不仅实现精确移动和定位，还要求保证一个坐标点到另一个坐标点的移动轨迹是直线，且路线和速度要可控。点位直线控制数控机床包括数控车床、数控磨床等，如图3-30b所示。

3）轮廓控制数控机床　轮廓控制又称为连续轨迹控制，其特点是同时控制两个或两个以上坐标轴，不仅控制机床运动部件起点和终点的坐标位置，而且控制整个加工过程中每一点的速度和位移量，即控制运动轨迹，加工出在平面内的直线、曲线或空间曲面。轮廓控制数控机床包括数控铣床、加工中心等，如图3-30c所示。

（3）按控制（伺服系统）方式分类

1）开环控制数控机床　即不带位置检测装置的数控机床。其加工精度取决于驱动器件和步进电动机的性能，适用于对机床加工精度及速度要求不高的场合。图3-31所示为开环控制数控机床框图。

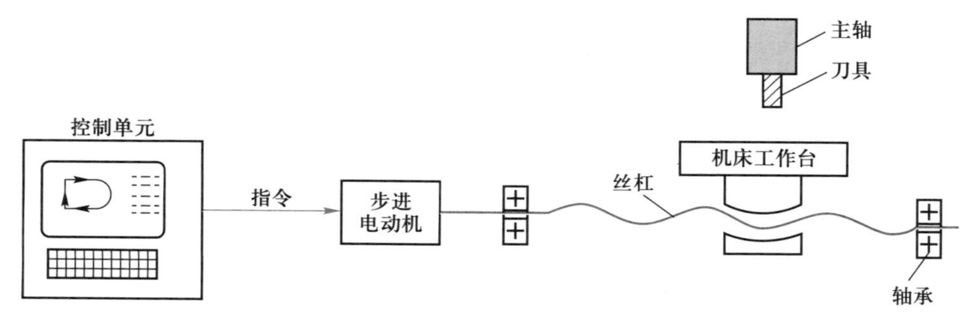

图3-31　开环控制数控机床框图

2）闭环控制数控机床　闭环控制方式是在机床的最终运动部件的相应位置直接安装位置检测装置，将运动末端测得的实际位置信号反馈给数控装置的比较器，比较器将其与输入指令进行比较，并根据差值信号进行误差纠正，直至误差达到允差值。该控制方式适用于对机床加工精度及速度要求高的场合，如精密大型数控机床、超精车床等。图3-32所示为闭环控制数控机床框图。

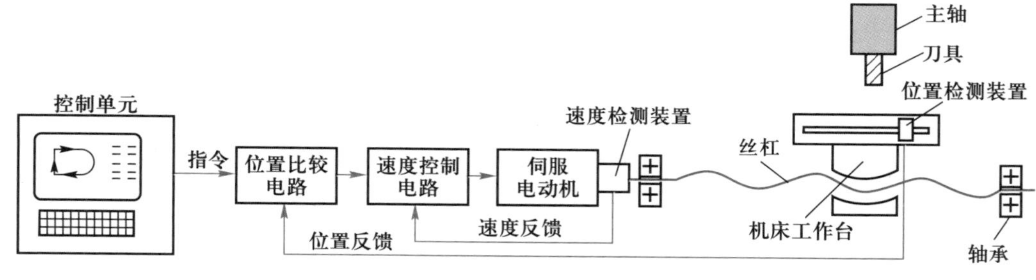

图3-32　闭环控制数控机床框图

3）半闭环控制数控机床　半闭环控制方式指在开环控制伺服电动机轴上装配角位移检测装置，通过检测伺服电动机的转角间接地检测出运动部件的位置并将其反馈给数控装置比较器，与输入指令进行比较，并根据差值信号控制运动部件进行误差纠正。其控制精度介于开环控制精度与闭环控制精度之间，图3-33所示为半闭环控制数控机床框图。

2. 数控机床的特点和应用范围

数控机床的特点如下：

1）加工精度高　数控机床是按照预定的加工程序自动进行加工的，加工过程中消除了操作者的人为误差，故同批零件的加工尺寸的一致性好，且加工误差还可以利用软件来进行校正及补

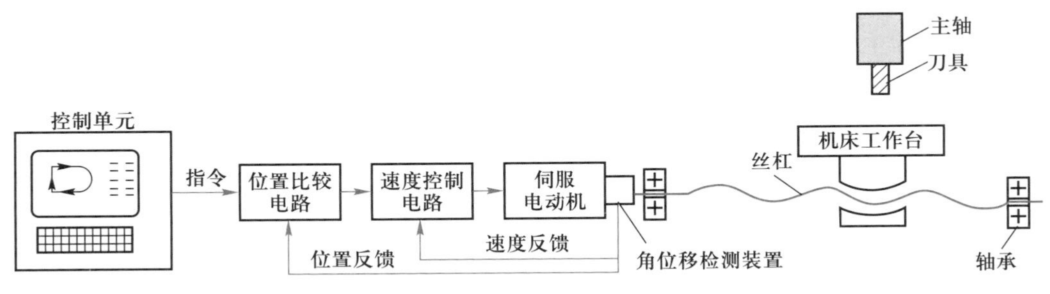

图 3-33 半闭环控制数控机床框图

偿,因此可以获得比机床本身的精度还要高的加工精度和重复定位精度。

2）适应性强 数控机床是按照程序的指令信息进行加工的,当加工对象改变时,除了重新调整工件装夹和更换刀具外,只需输入新的加工程序便可加工出新的零件。

3）易于加工形状复杂的工件 由于数控机床能自动控制多个坐标联动,因此可以加工一般通用机床很难加工的复杂曲面。对于用数学方程式或型值点表示的曲面,加工尤为方便。

4）生产效率高 数控机床有较高的重复定位精度,可以省去加工过程中对零件的多次测量和检验时间。对箱体类零件采用加工中心进行加工,可以实现一次装夹多面加工,生产效率明显提高。

5）易于建立计算机通信网络 数控机床的数字信息是标准的代码输入,有利于与计算机连接,形成计算机辅助设计与制造紧密结合的一体化系统,便于实现网络制造。

6）使用、维修要求高,机床价格较昂贵 数控机床主要应用于多品种小批量及结构比较复杂的零件的加工,图 3-34 表示了零件加工批量数与综合费用的关系,图 3-35 表示了三类机床加工零件复杂程度与批量数的关系。

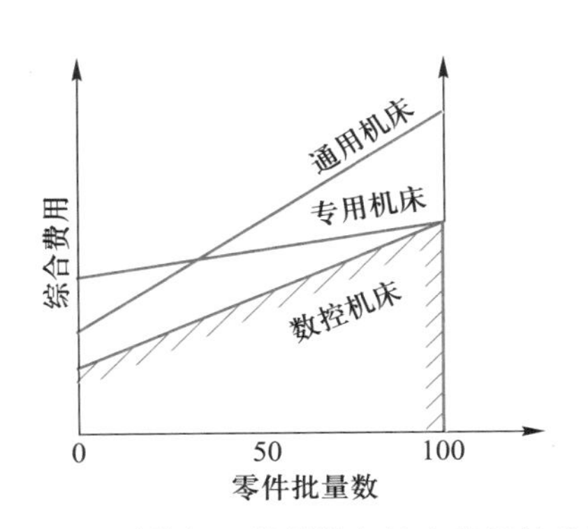

图 3-34 零件加工批量数与综合费用的关系

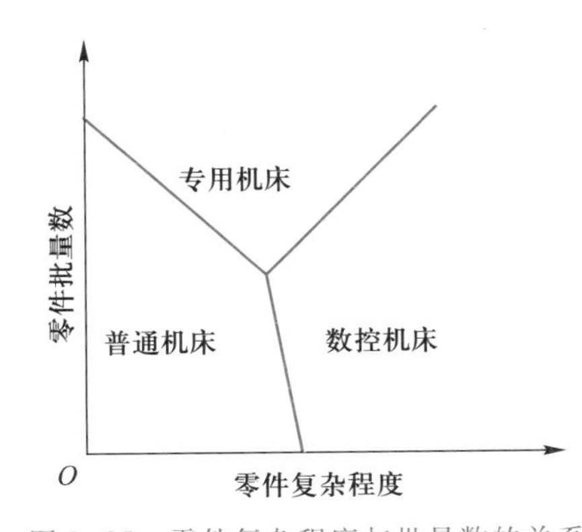

图 3-35 零件复杂程度与批量数的关系

3. 数控机床的组成

数控机床通常由输入介质、数控装置、伺服系统和机床本体 4 个基本部分组成,如图3-36所示。

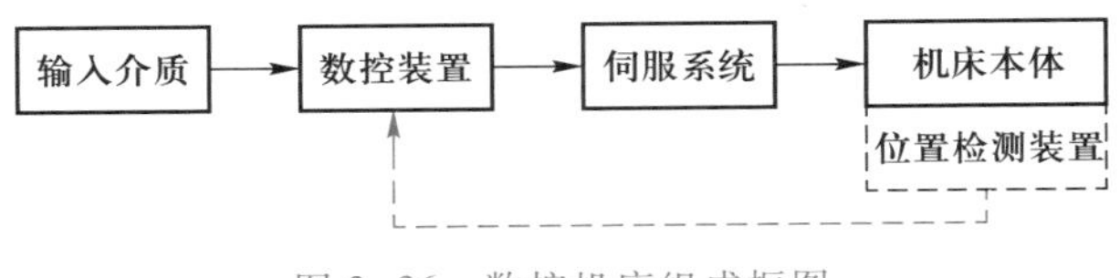

图 3-36 数控机床组成框图

数控机床的工作过程大致如下：机床加工过程中所需要的全部指令信息，包括加工过程所需的各种操作（如主轴起动、停止、变速，工件夹紧与松开，换刀、进刀与退刀，冷却液开关等）、机床各部件的动作顺序以及刀具与工件间的相对位移量，都用数字化的代码（指令）表示，编制成规定的加工程序，通过输入介质送入数控装置；数控装置根据程序进行运算与处理，不断地发出各种指令，控制机床的伺服系统和其他执行元件（如电磁铁、液压缸等）动作，自动完成预定的工作循环，加工出所需的工件。

（1）输入介质

数控机床工作时，不需要人去直接操作机床，但又要执行人的意图，因此人与数控机床之间必须建立某种联系，这种联系的媒介物称为输入介质或信息载体、控制介质等。输入介质上存储着加工零件所需要的全部操作信息和刀具相对工件的移动信息。输入介质按数控装置的类型而异，可以是U盘或其他信息载体。以数字化代码的形式存储在输入介质上的零件加工工艺过程，通过信息输入装置输送到数控装置中。

（2）数控装置

数控装置是数控机床的运算和控制系统，一般由输入接口、存储器、控制器、运算器和输出接口等组成，如图3-37所示。

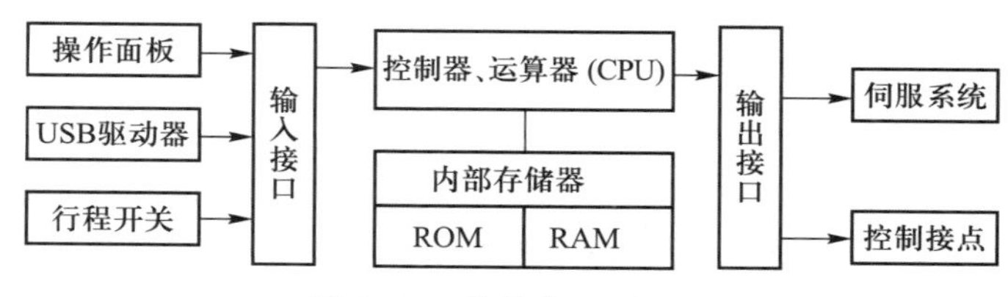

图3-37　数控装置原理图

（3）伺服系统

伺服系统的作用是把来自数控装置的脉冲信号转换为机床移动部件的运动，使工作台精确定位或按规定的轨迹做严格的相对运动，以加工出符合图样要求的零件。伺服系统由伺服驱动装置和进给装置两部分组成。对于闭环控制系统，则还包括工作台等机床运动部件的位置检测装置。数控装置每发出一个脉冲，伺服系统驱动机床运动部件沿某一坐标轴进给一步，产生一定的位移量。

（4）机床本体

数控机床是在普通机床的基础上发展起来的。为适应数字控制系统和控制精度对机床本身的需要，采用了滚珠丝杠、能消除爬行的滚动导轨或贴塑导轨以及能实现自动快速换刀的带有刀库及机械手的自动换刀装置等结构，同时采用了高性能的主轴系统，并努力提高机械结构的动刚度和阻尼精度。

4. 加工中心

加工中心能按不同工序自动选择和更换刀具，能自动改变机床主轴转速、进给量和刀具相对工件的运动轨迹并具备其他辅助功能，能依次完成工件几个面上多工序的加工，因而减少了工序之间的工件周转、搬运和存放时间，缩短了生产周期，具有明显的经济效益。加工中心适宜于加工形状复杂、工序多、精度要求较高、需要多种类型的普通机床和众多刀具夹具，且需经多次装夹和调整才能完成加工的零件。其加工的主要对象有箱体类零件，盘、套、板类零件，外形不规则的零件，复杂曲面，并能完成刻线、刻字、刻图案以及其他特殊加工。

(1) 加工中心的组成

1) 基础部件 包括床身、立柱、横梁、工作台等。基础部件一般为铸铁件或焊接钢结构。

2) 主轴部件 它是加工中心的关键部件,由主轴箱、主轴电动机和主轴轴承组成。

3) 数控系统 由数控装置、可编程控制器、伺服驱动装置和操作面板等部件组成。

4) 自动换刀装置 主要包括刀库、机械手、运刀装置等。

5) 辅助装置 主要由润滑、冷却、排屑、防护、液压和检测装置构成。

加工中心有自动转位工作台,能实现轮流使用多种刀具,使工件一次装夹完成多种加工任务,适宜采用工序集中原则组织生产。

(2) 加工中心的分类

根据主轴的布置方式可将加工中心分为立式、卧式和立卧两用三类。

1) 立式加工中心 指主轴轴线垂直于工作台台面的加工中心。立式加工中心大多为固定式立柱,工作台为十字滑台形式,以三个直线运动坐标为主,一般不带转台,仅作顶面加工,如图 3-38所示。

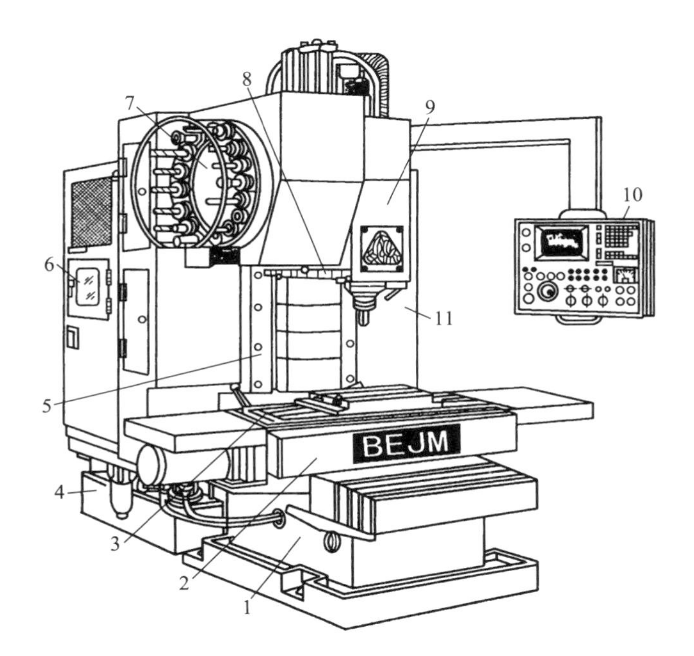

立式数控机床深度切削

图 3-38 JCS-018 型立式镗铣加工中心

1—床身;2—滑座;3—工作台;4—后底座;5—立柱;6—数控柜;7—刀库;8—换刀机械手;9—主轴箱;10—操作面板;11—电气柜

2) 卧式加工中心 指主轴轴线与工作台平行的加工中心,卧式加工中心通常有 3~5 个可控坐标,立柱一般有固定式和可移动式两种。卧式加工中心一般具有分度转台或数控转台,可加工工件的各个侧面,也可做多个坐标的联合运动,以便加工复杂的空间曲面,如图 3-39 所示。

3) 立卧两用加工中心 指带立、卧两个主轴的复合式加工中心以及主轴能调整成卧轴或立轴的立卧可调式加工中心,它们能对工件进行五个面的加工。

加工中心的分类方法很多,除了根据主轴的布置方式分类外,还可以按运动坐标数、按工艺用途、按自动换刀装置、按加工精度等分类,其中按运动坐标数和同时控制的坐标数可分为三轴二联动、三轴三联动、四轴三联动、五轴四联动加工中心等。为了把加工中心的特征表述得更清楚,常在立式或卧式加工中心之后说明采用什么控制系统、几轴几联动或其他特性。图 3-40 所

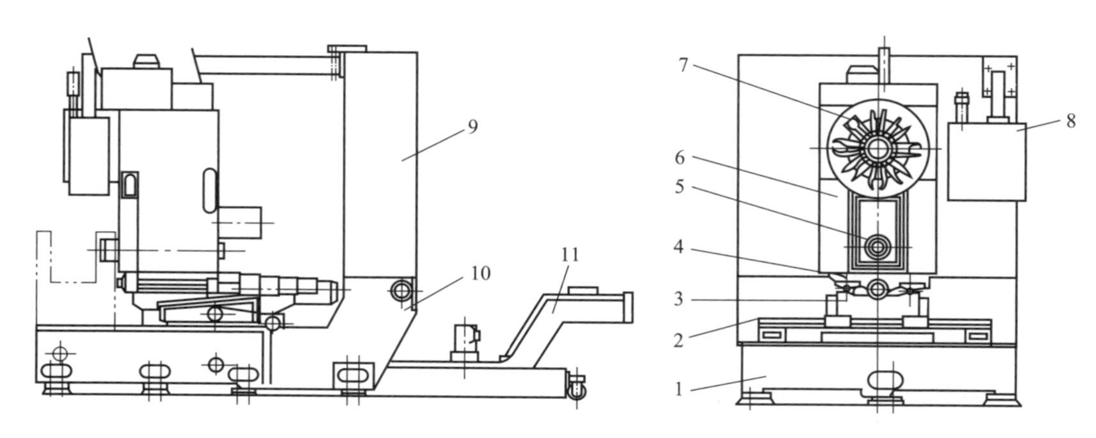

图 3-39　TH6340 型卧式加工中心

1—床身；2—基座；3—横向滑座；4—横向滑板；5—主轴箱；6—立柱；7—刀库；8—操作面板；9—电气柜；10—支架；11—排屑装置

示为以车削为主的复合数控机床，图 3-41 所示为以铣削为主的复合数控机床。

图 3-40　以车削为主的复合数控机床

图 3-41　以铣削为主的复合数控机床

（3）加工中心的选用

1）加工中心的选用方法如下：如零件以回转面为主，则可选用车削中心，如其上还有键槽、小平面、螺孔等需加工，则选择带动力头的车削中心，带有分度的 C 轴等；对箱体零件的加工往往选择卧式加工中心；对模具、叶片等类零件的加工任务则宜选用立式加工中心。

五轴数控机床及换刀

2）根据加工表面及曲面的复杂程度，决定其联动轴数。一般采用三轴三联动或三轴两联动加工中心。对复杂曲面加工，往往需要四轴三联动，甚至五轴五联动加工中心。

五轴高速桥式龙门加工中心

3）根据工件尺寸范围考虑加工中心尺寸、型号，主要考虑 X、Y、Z 行程及工件大小、承重，再考虑其精度等级要求。加工中心导轨有的采用贴塑导轨，有的采用滚动导轨。前者负载能力较大，适宜有较重载切削的工况；滚动导轨磨损小，运动速度快，适宜切削力较小的工况。当切削力过大时，为了提高机床刚度，往往选用龙门式结构的加工中心。

4）加工中心还往往带有接触式测头，测头占一把刀具的工位，可以由程序控制调出，用来检测加工表面的精度，以防止切削力下变形过大。有些加工中心还有自适应控制功能，即根据电动机功率来自动调整切削用量，以达到提高生产率、保护设备和刀具的目的。

5. 高速加工机床

在4.7节中将讲述高速加工，而实施高速加工的前提是相应的高速加工机床技术的支持。高速加工机床技术是先进制造领域中的核心技术之一，其技术水平已经成为衡量一个国家制造业水平的重要标志。

（1）高速加工机床的关键技术

实现高速加工主要取决于两个方面：硬件技术和软件技术。硬件技术主要是指数控机床和刀具；软件技术主要指数控编程技术，也就是CAM系统。这两个方面的发展相辅相成，缺一不可。

高速加工对机床的硬件要求包括以下几个方面：

1）主轴转速及功率大。目前，高速加工机床的主轴转速一般都在10 000 r/min以上，有的高达60 000～100 000 r/min，为一般机床主轴转速的10倍；主电动机功率一般在22 kW以上，以实现高效率、重工序切削的目的。

2）进给量和快速行程速度大。速度高达60～100 m/min，也为一般机床的10倍左右，可较大幅度地提高机床的生产率。

3）主轴和工作台（拖板）运动的加（减）速度大。主轴从起动到最高转速，或从最高转速到静止，只用1～2 s的时间。工作台的加（减）速度也由一般数控机床的0.1～0.2 g提高到1～8 g（1 g=9.81 m/s^2）。

4）机床要有优良的静、动特性以及热特性。高速切削时，机床各运动部件之间的相对运动速度很大，运动副结合面之间将发生急剧的摩擦和发热。同时，大的加速度也会对机床产生很大的动载荷。因此，在设计、制造高速加工机床时，必须在传动和结构上采取特殊的工艺技术，使高速加工机床既具有足够的静刚度，又有足够的动刚度和热刚度。

5）与主要部件的高速度相匹配的辅件。如快速刀具交换、快速工件交换、快速排屑等装置以及安全防护（防弹罩）和监测等装置。

6）数控系统功能优良。高速加工机床要求程序段的处理速度为1～20 ms，线性增量为5～20 μm，非线性增量由圆弧、NURBS插补实现。通过RS232的数据流为19.2 kB/s（20 ms），通过以太网的数据流为250 kB/s（1 ms）。具有有效的不同误差的补偿控制策略，如对温度、象限偏置以及滚珠丝杠转角误差进行补偿。控制器具有前瞻（look-ahead）功能，采用前馈控制。

高速加工对CAM软件的要求分为两个方面：基本要求和特殊要求。

基本要求包括：

1）安全性。不可出现过切或碰撞。

2）验证机构。能够对生成的刀具轨迹进行仿真检查。

3）多种加工策略。

4）轨迹编辑功能。

5）丰富的数据接口。

特殊要求包括：

1）自动生成高速加工的工艺参数。系统根据被加工材料、工艺特点、机床性能、刀具等参数，自动生成工艺参数，并允许编程人员根据经验进行优化。

2）生成平滑的刀具轨迹。高速加工的进给量很高，要求刀具轨迹尽量平滑，避免突然换向，否则刀具有可能冲出预定的轨迹，造成过切。

3）进给量优化。根据加工瞬时余量的大小，由 CAM 系统自适应地对进给量进行优化处理，使刀具以不断变化的切削速度加工零件，既减少刀具磨损又节约加工时间。

4）减少加工数据量。应采用 NURBS 插补功能进行高速加工，加工数据以 NURBS 格式传输到数控装置中，既可以减少程序段数，提高数据传输速度，又可以提高产品的加工精度和表面质量。

5）记录毛坯余量知识。即系统能够自动记录每个加工步骤之后的毛坯余量。高速加工要求毛坯余量尽可能均匀，这样对加工质量和刀具使用寿命都有利。有了毛坯余量知识，系统就可以自动生成预加工轨迹（如笔式加工等），确保高速加工的余量均匀，也可以自动生成补充加工轨迹（如清根加工轨迹等），满足最终的加工要求。

（2）高速加工机床的主要部件

高速加工机床由一系列高速、高精度的部件及其支承件组成，主要有：

1）高速主轴部件（电主轴）。

2）高速进给驱动系统和传动系统。

3）具有高速进给控制功能的数控装置。

4）高速刀具系统。

5）适用于高速切削的工件装夹设备。

6）动、静、热特性优良的床身、立柱及工作台等支承部件。

7）其他辅件，如冷却、排屑装置，防护和监测装置等。

详细的高速加工机床中的床身结构、高速主轴技术、高速进给技术及数控系统等内容请参阅这方面的教材和文献，此处从略。

*3.5 机床的典型结构

了解机床结构有利于更好地认识机器，有利于更好地理解机床传动和切削运动。限于篇幅，本节仅介绍 CA6140 和现代机床部分典型结构及部件。

3.5.1 CA6140 型卧式车床的主要结构

1. 主轴箱的主要结构

CA6140 型卧式车床的主轴箱是一个比较复杂的传动部件，为了研究各传动件的结构和装配关系，常用展开图表达。图 3-42 是主轴箱某位置的横剖视图，图 3-43 是依据图 3-42 按轴的传动顺序，通过轴线剖切展开得到的展开图。图 3-43 结合图 3-6 可以更好地分析展开图和机床结构。

（1）卸荷带轮

电动机通过带传动使轴 I 旋转，为了提高轴 I 的旋转稳定性，轴 I 上的带轮采用了卸荷机构。如图 3-44 所示，带轮 1 通过螺栓 2 与花键套 3 连成一体，支承在法兰盘 4 内的两个深沟球轴承 5 上，而法兰盘 4 则固定在主轴箱体 6 上。这样带轮 1 可通过花键套 3 的内花键带动轴 I

带 * 的为选修内容。

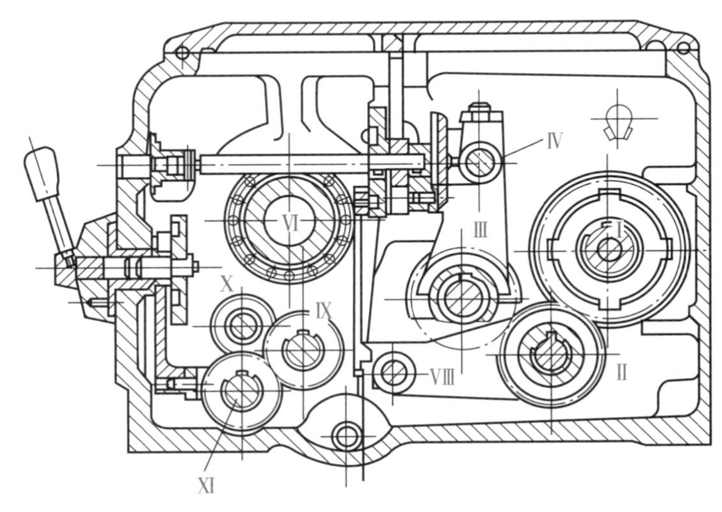

图 3-42 主轴箱某位置的横剖视图

旋转，而 V 带传动产生的径向拉力则经深沟球轴承 5、法兰盘 4 直接传至箱体，轴 Ⅰ 的花键部分只传递转矩，不承受 V 带拉力产生的径向力，避免了轴 Ⅰ 的弯曲变形，从而提高了传动平稳性。

（2）双向多片离合器、制动器及其操纵机构

双向多片离合器装在轴 Ⅰ 上。如图 3-45 所示，其由内摩擦片 3、外摩擦片 2、止推片 10 及 11、压块 8 及空套齿轮 1 等组成。离合器左右两部分结构相同，分别用来传递主轴的正、反转运动。双向多片离合器的作用是在主电动机转向不变的情况下，除实现主轴转向（正转、反转或停止）的控制并靠摩擦力传递运动和转矩外，还可实现过载保护。当机床过载时，摩擦片打滑，可避免损坏机床。左离合器用来传动主轴正转，用于切削加工，需传递的转矩较大，因而所用摩擦片较多；右离合器用来传动主轴反转，主要用于退刀，所用摩擦片较少。图 3-45a 所示的是左离合器，图中内摩擦片 3 的内孔为内花键，装在轴 Ⅰ 的花键部位上，与轴 Ⅰ 一起旋转。外摩擦片 2 外圆上有 4 个凸起，卡在空套齿轮 1 的缺口槽中；其内孔是光滑圆孔，空套在轴 Ⅰ 的花键外圆上。内、外摩擦片相间安装，在未被压紧时，内、外摩擦片互不联系。当杆 7 通过销 5 向左推动压块 8 时，内摩擦片与外摩擦片相互压紧，轴 Ⅰ 的运动便通过内、外摩擦片之间的摩擦力传给空套齿轮 1，使主轴正转。同理，当向右推动压块 8 时，运动便传给轴 Ⅰ 右边齿轮（图 3-43 中件 10），使主轴反转。当压块 8 处于中间位置时，左、右离合器都处于脱开状态，此时轴 Ⅰ 虽然转动，但离合器不传递运动，主轴处于停止状态。

离合器的左右接合或脱开由手柄 18 操纵（图 3-45b）。当向上扳动手柄 18 时，杆 20 向外移动，使曲柄 21 及扇形齿轮 17（图 3-43 中件 18）做顺时针转动，齿条 22（图 3-43 中件 15）向右移动。齿条左端有拨叉 23（图 3-43 中件 17），它卡在空心轴 Ⅰ 右端的滑套 12（图 3-43 中件 11）的环槽内，从而使滑套 12 也向右移动。滑套 12 的两端均为锥孔，中间为圆柱孔。当滑套 12 向右移动时，将元宝销（杠杆）6（图 3-43 中件 12）的右端向下压，由于元宝销 6 的回转中心装在轴 Ⅰ 上，因而元宝销做顺时针转动，于是元宝销下端凸缘便推动装在轴 Ⅰ 内孔中的杆 7 向左移动，并通过销 5 带动压块 8 向左压紧，主轴正转。而将手柄 18 扳至下端位置时，右离合器压紧，主轴反转。当手柄 18 处于中间位置时，离合器脱开，主轴停止转动。为了操作方便，在操纵杆 19 上装有两个操纵手柄 18，分别位于进给箱的右侧以及溜板箱的右侧。离合器摩擦片间的压紧力是根据应传递的额定转矩，通过螺母进行调整的。当摩擦片磨损后，压紧力减小，此时用工具将弹簧销 4 按下，再拧动压块 8 上的螺母 9，用螺母收紧摩擦片间的间距，调整好位置后，使弹簧销 4 重

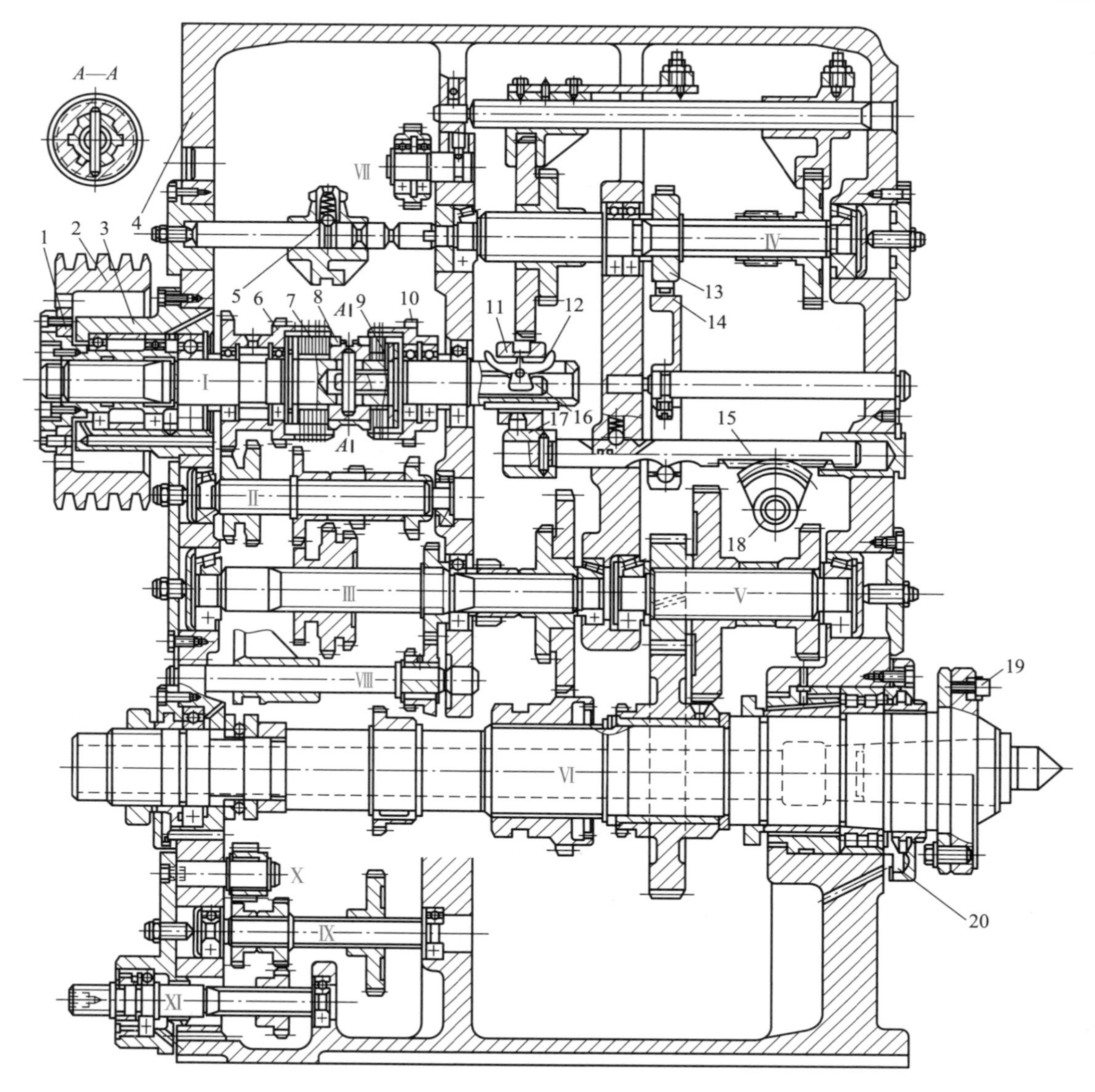

图3-43　CA6140型卧式车床主轴箱展开图

1—花键套；2—带轮；3—法兰盘；4—主轴箱体；5—弹簧销；6—空套齿轮；7—正转摩擦片；8—压块；9—反转摩擦片；10—齿轮；11—滑套；12—元宝销；13—制动盘；14—制动杠杆；15—齿条；16—杆；17—拨叉；18—扇形齿轮；19—圆形拨块；20—端盖

新卡入螺母9的卡槽中，防止螺母在工作过程中松动。

制动器(刹车)安装在轴Ⅳ上。它的功用是在离合器脱开时立刻制动主轴，以缩短工艺辅助时间，制动器的结构如图3-45b、c所示。它由装在轴Ⅳ上的制动盘16(图3-43中件13)、制动带15、调节螺钉13和制动杠杆14(图3-43中件14)等组成。制动盘16是钢制圆盘，与轴Ⅳ用花键连接。制动盘的周边围着制动带，制动带为钢带，为了增加摩擦因数，在钢带内侧固定一层酚醛石棉。制动带的一端与杠杆连接，另一端通过调节螺钉等与箱体相连。为了操纵方便且不出错，制动器和双向多片离合器共用一套操纵机构，也由手柄18操纵。当离合器脱开时，齿条22处于中间位置，此时齿条22上的凸起部分正处于与制动杠杆14下端相接触的位置，使制动杠杆14向逆时针方向摆动，将制动带拉紧，使轴Ⅳ和主轴迅速停止转动。由于齿条22凸起的左右两边都是凹槽，所以在左、右离合器接合时，制动杠杆14向顺时针方向摆动，使制动带放松，主轴旋

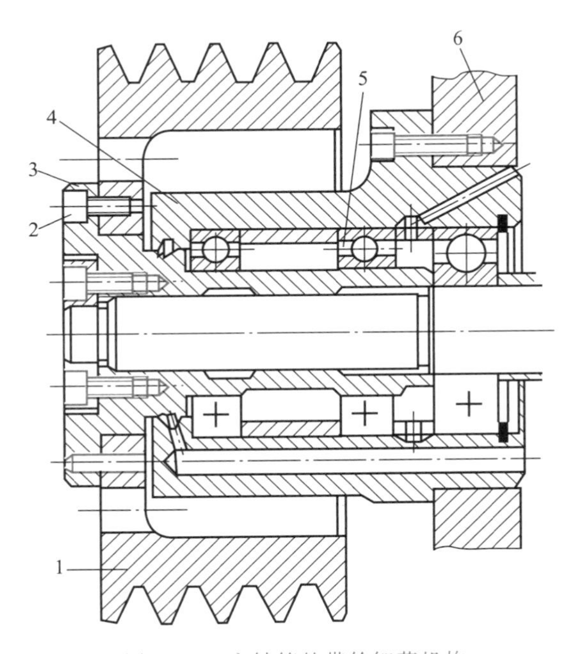

图 3-44 主轴箱的带轮卸荷机构

1—带轮;2—螺栓;3—花键套;4—法兰盘;5—深沟球轴承;6—主轴箱体

转。制动带的松紧程度通过调节螺钉 13 制动伸缩进行调整。

(3) 主轴组件

CA6140 型卧式车床的主轴为空心轴,两端为锥孔,中间为圆柱孔,主轴前端锥孔(莫氏 6 号)用于安装顶尖或心轴,利用锥面配合的摩擦力直接带动顶尖或心轴转动,主轴尾端锥孔主要是作为工艺基础。主轴前端外圆采用短锥法兰式结构(图 3-46),用于安装拨盘或卡盘。安装时,拨盘或卡盘 3 由主轴的短圆锥面定位,使装在拨盘或卡盘座上的四颗双头螺栓 4 及其螺母 5 均通过主轴轴肩和锁紧盘 1(圆环)的圆柱孔,然后将锁紧盘 1 转过一个角度,使螺栓 4 处于锁紧盘 1 的沟槽内,并拧紧螺栓 4 和螺母 5,就使拨盘或卡盘可靠地安装在主轴的前端,圆形拨块 2(图 3-43中件 19)用于传递转矩。这种结构装卸方便,工作可靠,定心精度高。

近年来,CA6140 型卧式车床的主轴组件结构有较大改进,由原来的三支承结构(前、后支承为主,中间支承为辅)改为两支承结构,由前端轴向定位改为后端轴向定位(图 3-47)。实践证明,改进后的主轴结构完全满足刚度与精度方面的要求,且结构简化,成本降低。目前主轴前支承选用 P5 级精度的 NN3021K 型双列圆柱滚子轴承 2,用于承受径向力。NN3021K 型双列圆柱滚子轴承具有刚度高、精度高、尺寸小且承载能力强等优点。主轴后支承选用两个滚动轴承,一个是 P5 级精度的 7212AC 型角接触球轴承 11,大口向外安装,用于承受径向力和由后向前(即工作时由左向右)方向的轴向力;另一个是 P5 级精度的 51215 型推力球轴承 10,用于承受由前向后(即工作时由右向左)方向的轴向力。

为了保证主轴工作的可靠性,达到机床装配的技术要求,主轴的轴承在装配和后续维修时均要进行调整,这就对主轴组件结构提出了要求。CA6140 型卧式车床前轴承径向间隙的调整方法如下:先松开主轴前端螺母 1,松开前支承左端调整螺母 5 上的锁紧螺钉 4,拧动螺母 5,推动轴套 3,此时 NN3021K 型双列圆柱滚子轴承 2 的内环相对于主轴锥面做轴向移动。由于轴承内环很薄,其内孔和主轴锥面均为 1 : 12 的锥度,因此轴承内环在轴向移动的同时沿径向弹性膨胀,从而达到调整轴承径向间隙和预紧程度的目的。达到调整目的后,再将主轴前端螺母 1 和调整螺

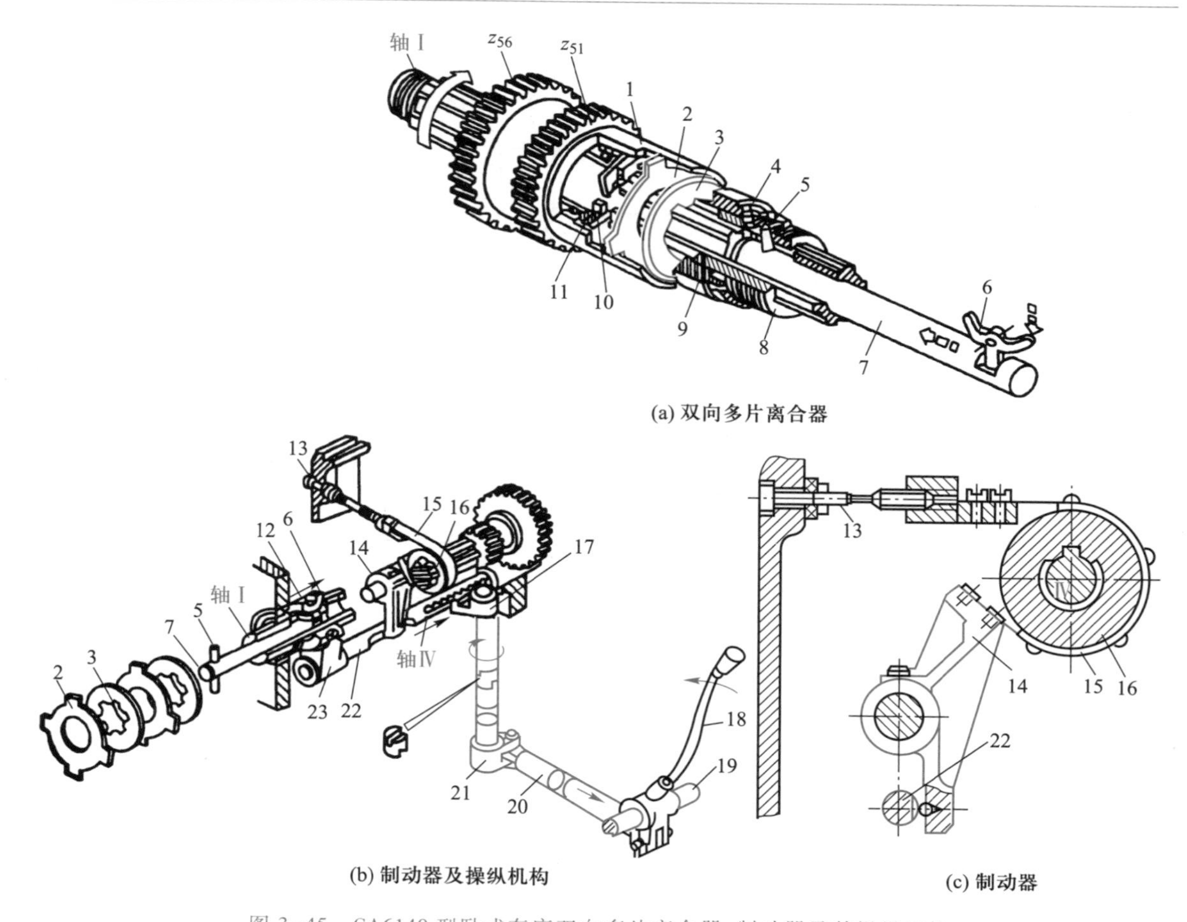

图 3-45　CA6140 型卧式车床双向多片离合器、制动器及其操纵机构

1—空套齿轮；2—外摩擦片；3—内摩擦片；4—弹簧销；5—销；6—元宝销；7、20—杆；8—压块；9—螺母；10、11—止推片；12—滑套；13—调节螺钉；14—制动杠杆；15—制动带；16—制动盘；17—扇形齿轮；18—手柄；19—操纵杆；21—曲柄；22—齿条；23—拨叉

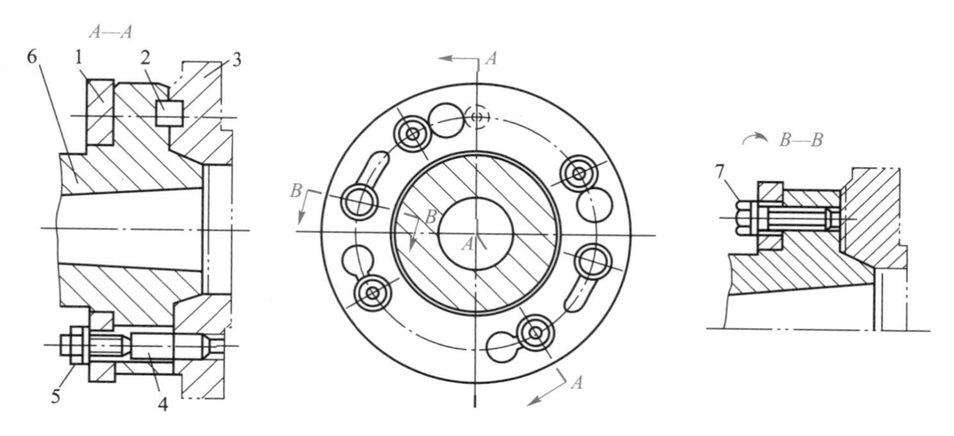

图 3-46　CA6140 型卧式车床卡盘或拨盘的安装

1—锁紧盘；2—圆形拨块；3—拨盘或卡盘；4—螺栓；5—螺母；6—主轴；7—螺钉

母 5 上的锁紧螺钉 4 拧紧。后支承中角接触球轴承 11 的径向间隙与推力球轴承 10 的轴向间隙是用调整螺母 14 同时调整的。方法是：松开调整螺母 14 上的锁紧螺钉 13，拧动调整螺母 14，推动轴套 12、角接触球轴承 11 的内环和滚珠，从而消除了角接触球轴承 11 的间隙。拧动调整螺母

14 的同时,向后拉主轴 15 及轴套 9,从而调整推力球轴承 10 的轴向间隙。主轴的径向圆跳动及轴向圆跳动公差都是 0.01 mm。主轴的径向圆跳动影响加工表面的圆度和同轴度,轴向圆跳动影响加工端面的平面度及其对中心线的垂直度,以及螺纹的螺距精度。当主轴的跳动量超过公差值时,在前后轴承精度合格的前提下,只需适当调整前支承的间隙;若仍达不到要求,再调整后轴承。

主轴上斜齿圆柱齿轮 6 为左旋,传动时作用于主轴上的轴向分力与纵向切削力相反,因而能减少主轴后支承所承受的轴向力。

(4) 变速操纵机构

CA6140 型卧式车床主轴箱中共有七个滑动齿轮块,其中五个用于改变主轴转速,一个用于车削左/右螺纹的变换,一个用于正常导程和扩大导程的变换。这些滑动齿轮块由三套操纵机构分别操纵,如图 3-48 所示。轴Ⅱ上的双联齿轮和轴Ⅲ上的三联齿轮用一个手柄同时操纵,手柄装在主轴箱的前壁面上,手柄通过链传动使轴 4 转动。在轴 4 上固定有盘形凸轮 3 和曲柄 2,凸轮 3 上有一条封闭的曲线槽,它由两段不同半径的圆弧和直线所组成。凸轮 3 上有 6 个不同的变速位置,凸轮曲线槽通过杠杆 5 操纵轴Ⅱ上的双联齿轮滑动。当杠杆的滚子中心处于凸轮 3 曲线槽的大半径处时,此齿轮在左端位置;当处于小半径处时,此齿轮在右端位置。曲柄 2 上圆销的伸出端套有滚子,嵌在拨叉 1 的长槽中。当曲柄 2 随着轴 4 转动时,可带动拨叉 1 拨动轴Ⅲ上的滑动齿轮,使它处于左、中、右三种不同的位置。顺次地转动手柄至各个变速位置,就可以使两个滑动齿轮块改变轴向位置而实现六种不同的组合,从而使轴Ⅲ得到六种不同的转速。滑动齿轮块移至规定位置后采用钢球定位,结构如图 3-48 中件 5 的下端所示。

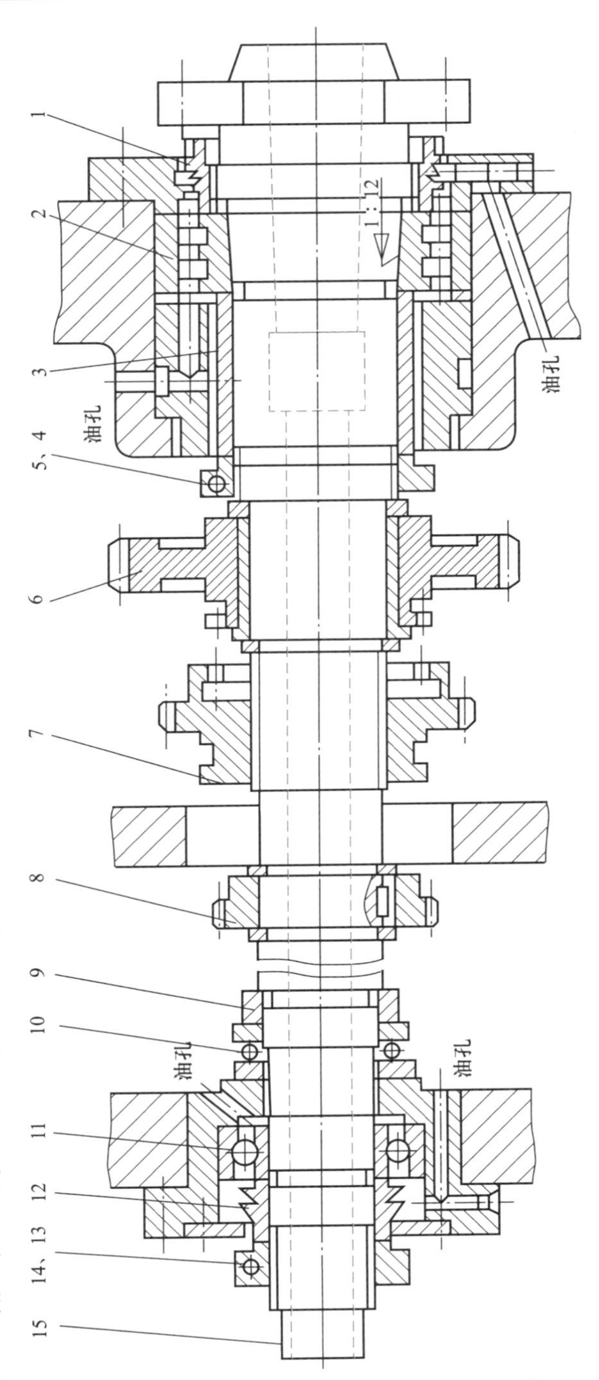

图 3-47 CA6140 型卧式车床主轴结构及组件

1—螺母;2—双列圆柱滚子轴承;3、9、12—轴套;4、13—锁紧螺钉;5、14—调整螺母;6—斜齿圆柱齿轮;7、8—齿轮;10—推力球轴承;11—角接触球轴承;15—主轴

2. 其他典型结构

(1) 开合螺母机构

开合螺母机构用来接通或断开从丝杠传来的运动。车螺纹时,将开合螺母扣合于丝杠上,丝杠通过开合螺母带动溜板箱及刀架移动,如图 3-49 所示。开合螺母由下半螺母 1 和上半螺母 2

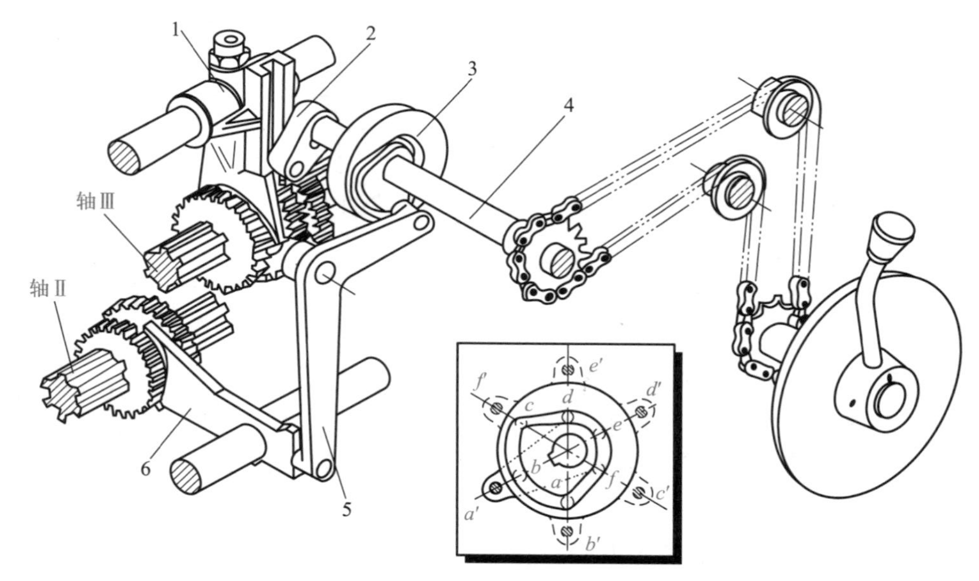

图 3-48　CA6140 型卧式车床主轴箱轴Ⅱ和轴Ⅲ上滑动齿轮块操纵机构

1、6—拨叉;2—曲柄;3—凸轮;4—轴;5—杠杆

组成,都可沿溜板箱中垂直的燕尾形导轨上下移动。每个半螺母上都装有一个圆柱销3,它们分别插入槽盘4的两条曲线槽中。车削螺纹时,转动手柄5,使槽盘4转动,带动上下半螺母互相靠拢,并与丝杠啮合。

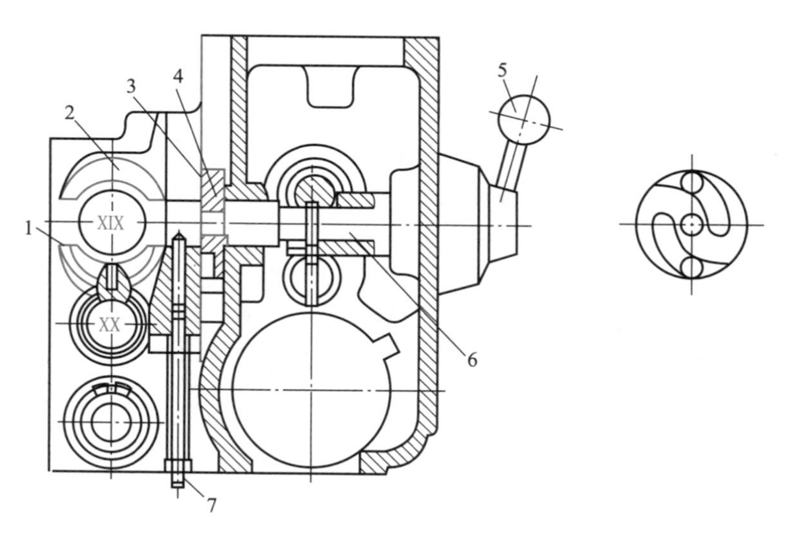

图 3-49　开合螺母机构

1—下半螺母;2—上半螺母;3—圆柱销;4—槽盘;5—手柄;6—轴;7—调节螺钉

(2) 互锁机构

为了避免损坏机床,在接通机动进给或快速移动时,开合螺母不闭合。反之,合上开合螺母时,也不允许接通机动进给或快速移动。如图3-50所示为互锁机构的工作原理。图3-50a是中间位置时的情况,这时可任意地扳动开合螺母操纵手柄或机动进给操纵手柄5(图3-49)。图3-50b是合上开合螺母时的情况,这时由于手柄所操纵的轴2转过了一个角度,它的凸肩转入轴1的槽中,将轴1卡住,使其不能转动,横向机动进给不能接通;同时凸肩又将锥销4压入轴6

的孔中,由于锥销 4 的另一半尚留在固定轴套 7 中,使轴 6 也不能轴向移动,机动进给的操纵手柄被锁住,不能扳动,因而纵向机动进给也不能接通。图 3-50c 是向左扳动机动进给及快速移动操纵手柄时的情况,这时轴 6 向右移动,轴 6 上的圆孔及安装在圆孔内的柱销 5 随之移开,锥销 4 被轴 6 的表面顶住不能向下移动,锥销 4 的圆柱段均处于固定轴套 7 的圆孔中,而其上端则卡在轴 2 的锥孔中,将轴 2 锁住,开合螺母不能再闭合。图 3-50d 是向前扳动操纵手柄(即接通向前的横向进给或快速移动)时的情况,这时由于轴 1 转动,其上的长槽随之转动而不对准轴 2 上的凸肩,于是轴 2 不能转动,开合螺母也不能闭合。

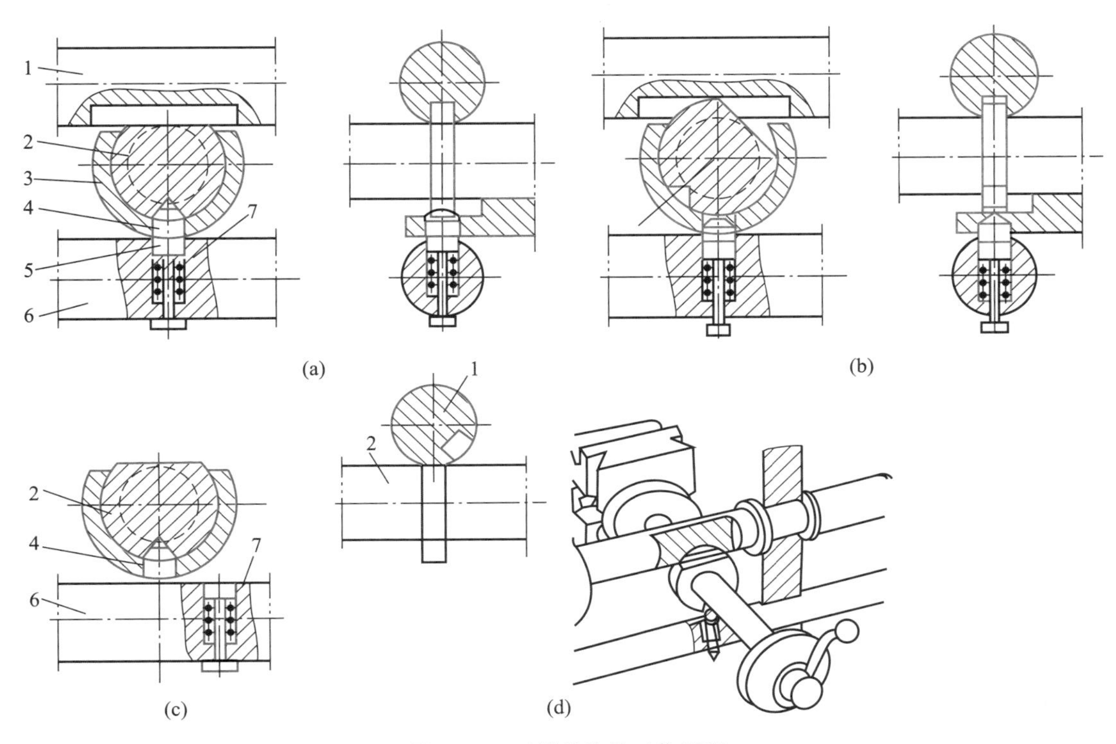

图 3-50 互锁机构的工作原理

1、2、6—轴;3—固定套;4—锥销;5—柱销;7—固定轴套

(3) 超越离合器

为了避免光杠和快速电动机同时传动,使轴 XX(见图 3-6)造成损坏,如图 3-51 所示,在溜板箱左端的齿轮 z_{56}与轴 XX 之间装有超越离合器。由光杠传来的低速进给运动使齿轮 z_{56}(图 3-51中的外环 4)按图 3-51 中所示的逆时针方向转动,三个短圆柱滚子 6 分别在弹簧 8 的弹力以及滚子 6 与外环 4 之间摩擦力的作用下,楔紧在外环 4 和星形体 5 之间。于是,外环 4 通过滚子 6 带动星形体 5 一起转动,运动便经过 1 和 2 即图 3-6 中安全离合器 M_7 传至轴 XX,实现正常的机动进给。当按下快速移动按钮时,快速电动机的运动由齿轮副 13/29 传至轴 XX(图 3-6)。这时星形体 5 得到一个与外环 4(图 3-6 中的齿轮 z_{56})转向相同而转速却快得多的(高速)旋转运动。此时在滚子 6 与外环 4 及星形体 5 之间的摩擦力作用下,滚子 6 通过柱销 7 克服弹簧 8 的作用力向楔形槽的宽端滚动,从而外环 4 与星形体 5 及轴 XX 之间的传动联系脱开,光杠 XIX 不再驱动轴 XX,则刀架和溜板箱可以由快速电动机驱动实现快速移动。

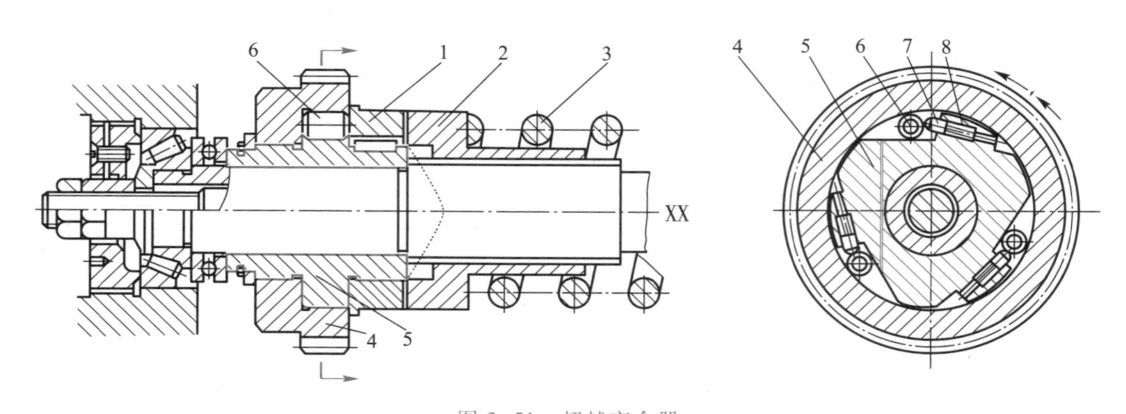

图 3-51　超越离合器

1、2—安全离合器左右半部分；3、8—弹簧；4—外环；5—星形体；6—滚子；7—柱销

（4）安全离合器

安全离合器为过载保险装置，其作用是防止过载和发生偶然事故时损坏机床。如图 3-52 所示，它由端面带螺旋形齿爪的左右两半部分 5 和 6 组成，左半部分 5 用键装在超越离合器 M_6 的星轮 4 上，并与轴 XX 空套，右半部分 6 与轴 XX 用花键连接。正常工作时，在弹簧 9 的压力作用下，安全离合器 M_7 左右两半部分相互啮合。由光杠传来的运动经齿轮 z_{56}、超越离合器 M_6 和安全离合器 M_7 传至轴 XX 和蜗杆 7，此时安全离合器 M_7 中螺旋形齿面产生的轴向分力 $F_{轴}$ 由弹簧 9 的压力来平衡。刀架上的载荷增大时，通过安全离合器 M_7 齿爪传递的转矩以及作用在螺旋形齿面上的轴向分力都将随之增大。当轴向分力 $F_{轴}$ 超过弹簧 9 的压力时，安全离合器 M_7 的右半部分 6 将压缩弹簧而向右移动，与安全离合器 M_7 左半部分脱开，导致安全离合器打滑。于是机动进给传动链断开，刀架停止进给。过载现象消除后，在弹簧 9 的压力作用下安全离合器重新自动接合，恢复正常工作。机床许用的最大进给力取决于弹簧 9 调定的压力。拧紧调整螺母 3，通过装在轴 XX 内孔中的拉杆 1 和圆柱销，可调整弹簧座 8 的轴向位置来改变弹簧 9 的压缩量，从而调整安全离合器能传送的转矩大小。

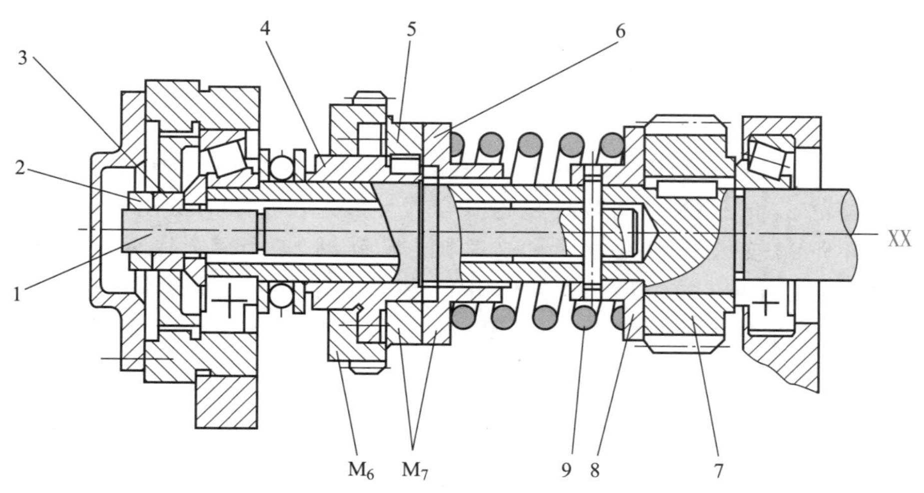

图 3-52　安全离合器

1—拉杆；2—锁紧螺母；3—调整螺母；4—超越离合器的星轮；5—安全离合器 M_7 的左半部分；6—安全离合器 M_7 的右半部分；7—蜗杆；8—弹簧座；9—弹簧

3.5.2 现代机床典型结构及部件

1. 现代机床传动系统结构及部件

由 3.3 和 3.5.1 可知，传统的传动系统一般由动力源（如电动机）、变速机构及执行机构（如主轴、刀架、工作台），以及控制系统组成。其中，变速机构及其性能比较在 3.5.1 中已有介绍。如前所述，传动系统按变速的连续性分为无级变速传动和分级变速传动，按传动系统类型一般有机械传动、液压传动、气压传动及电气传动系统以及它们的组合，并且以前两种为主。

由于加工要求的不断提高，对机床的精度、速度、生产效率以及机床工作方式的要求也在不断提高，尤其是随着数控技术的发展和成熟、数控机床和不同类型电动机的开发，机床传动链趋向于尽可能短乃至直接传动，并且速度高且以电气传动系统为主。与此相适应，主轴结构和进给运动传动系统也不同于前述车床传动链形式，其传动系统主要特征有：

1）主运动传动驱动以电动机为主，可分为交流电动机驱动和直流电动机驱动。交流电动机驱动中又可分为单速交流电动机和调速交流电动机驱动；调速交流电动机驱动又分为多速交流电动机和无级调速交流电动机驱动。无级调速交流电动机通常采用变频调速的原理。

2）进给运动传动主要应用电气伺服系统。电气伺服系统是数控装置和机床之间的联系环节，是以机械位置和角度作为控制对象的自动控制系统，其作用是接收来自数控装置发出的进给脉冲，经变换和放大后驱动工作台按规定的速度和距离移动。电气伺服系统按有无位置检测装置分为开环、闭环和半闭环系统。伺服驱动部件有步进电动机（又称脉冲电动机）、直流伺服电动机、交流伺服电动机等。

（1）主运动传动系统典型结构

1）M1432B 型万能外圆磨床砂轮架

图 3-53 所示为 M1432B 型万能外圆磨床砂轮架，磨床的精度高，砂轮的圆周速度很大，且机床各部分运动要求平稳。因此，砂轮主轴 8 的前、后支承均采用“短四瓦”动压滑动轴承。每个轴承由均布在圆周上的四块轴瓦 5 组成，每块轴瓦由球头螺钉 4 和轴瓦支承头 7 支承，内装润滑油以润滑主轴承。当主轴高速旋转时，在轴承与主轴轴颈之间形成四个楔形压力油膜，将主轴悬浮在轴承中心而呈纯液体摩擦状态。主轴轴颈与轴瓦之间的间隙（一般为 0.01～0.02 mm）用球头螺钉 4 调整。调整好后，用通孔螺钉 3 和拉紧螺钉 2 锁紧，以防止球头螺钉 4 松动而改变轴承间隙，最后由封口螺塞 1 密封。

轮架主轴向右的轴向力通过主轴右端轴肩作用在轴承盖 9 上，向左的轴向力通过带轮 13 中六个螺钉 12，经弹簧 11 和销子 10 以及推力球轴承，最后传递到轴承盖 9 上。弹簧 11 可用于给推力球轴承预加载荷。

外圆磨削砂轮由电动机（4.0 kW，1 440 r/min）经 V 带直接传动砂轮主轴旋转。

图 3-54 所示为 M1432B 型万能外圆磨床内圆磨具，磨削内圆时因砂轮直径小，为达到一定的磨削速度，内圆磨削砂轮由电动机（1.1 kW，2 840 r/min）经平带直接传动内圆磨具主轴旋转。接长杆 1 的外圆与具有相同莫氏锥度的内圆磨具主轴内孔配合，以保证同轴度。主轴前、后各用两个角接触球轴承，用弹簧 3 通过套筒 2 和 4 进行预紧，采用锂基油脂润滑。

2）MJ-50 型数控车床主轴箱结构

数控车床的主运动传动系统一般采用交流电动机，通过带传动（同步带等）或主轴箱内 2～4 级齿轮变速传动到主轴。这种电动机调速范围宽而且又可无级调速，因此大大简化了主轴箱结构。如图 3-55 所示，MJ-50 型数控车床由交流电动机通过带轮 15 把运动传递给主轴 7。主轴具有前、后两个支承。前支承由一个双列圆柱滚子轴承 11 和一对角接触球轴承 10 组成，双列圆

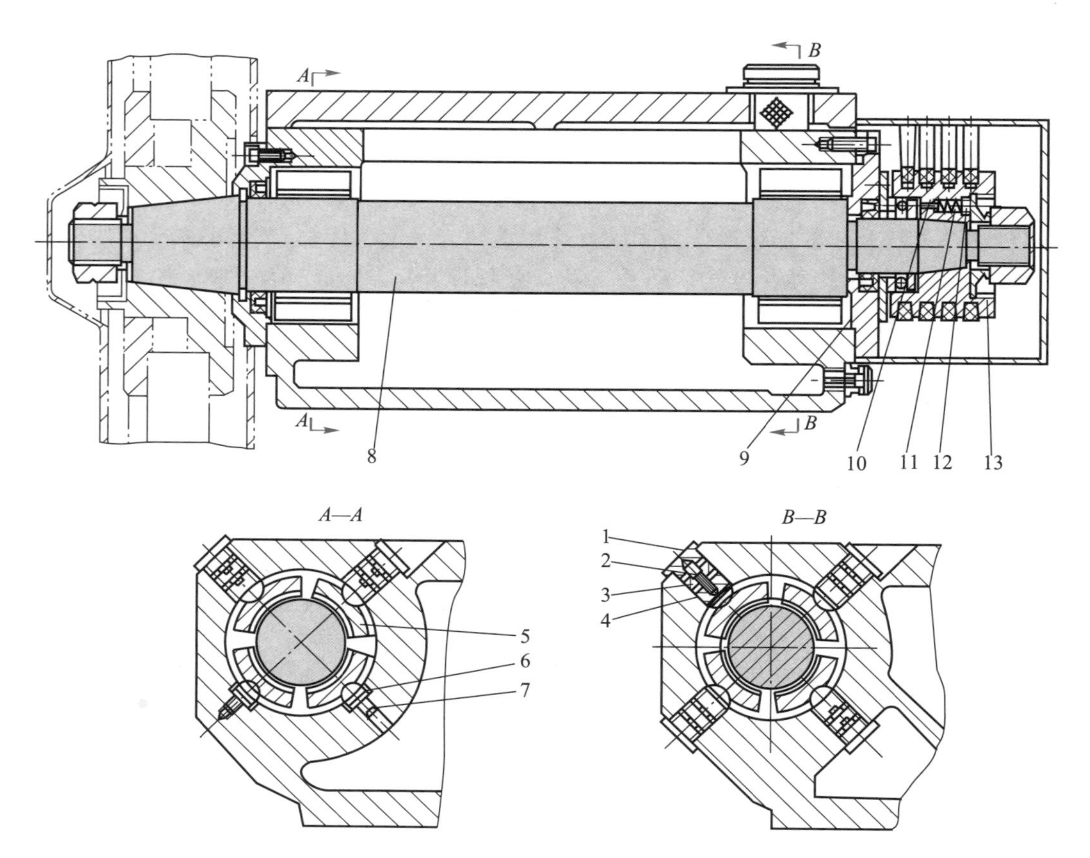

图 3-53 M1432B 型万能外圆磨床砂轮架

1—封口螺塞;2—拉紧螺钉;3—通孔螺钉;4—球头螺钉;5—轴瓦;6—密封圈;7—轴瓦支承头;
8—砂轮主轴;9—轴承盖;10—销子;11—弹簧;12—螺钉;13—带轮

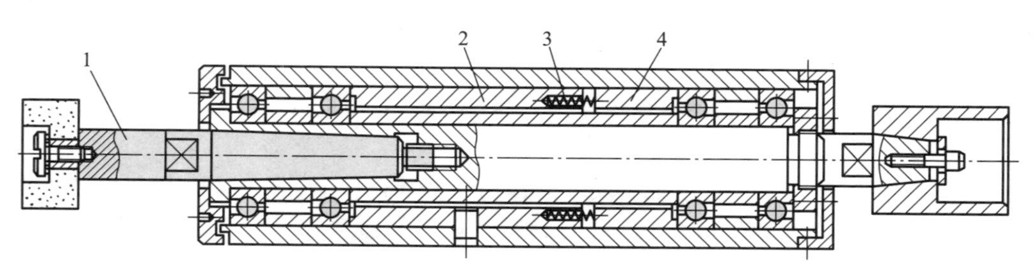

图 3-54 M1432B 型万能外圆磨床内圆磨具

1—接长杆;2、4—套筒;3—弹簧

柱滚子轴承 11 承受径向载荷,一对角接触球轴承 10 安装时,轴承的大口分别朝向主轴的前端和后端,承受主轴双向的轴向载荷和径向载荷。前支承轴承的间隙用螺母 8 来调整,螺钉 12 用来防止螺母 8 回松。后支承轴承间隙由螺母 1 和 6 来调整,螺钉 17 和 13 分别用来防止螺母 1、螺母 6 回松。主轴支承形式采用前端定位,主轴受热膨胀向后伸长。主轴运动经过同步带轮 16 和 3 以及同步带 2 带动脉冲编码器 4,使其与主轴同步运转。

3) 高速加工机床主轴技术

机床的精度在很大程度上取决于主轴的制造精度,对于高速加工机床的主轴更是如此。为了提高高速加工机床主轴的静态精度和动态精度,根据误差理论,必须减小各主轴部件的制造误

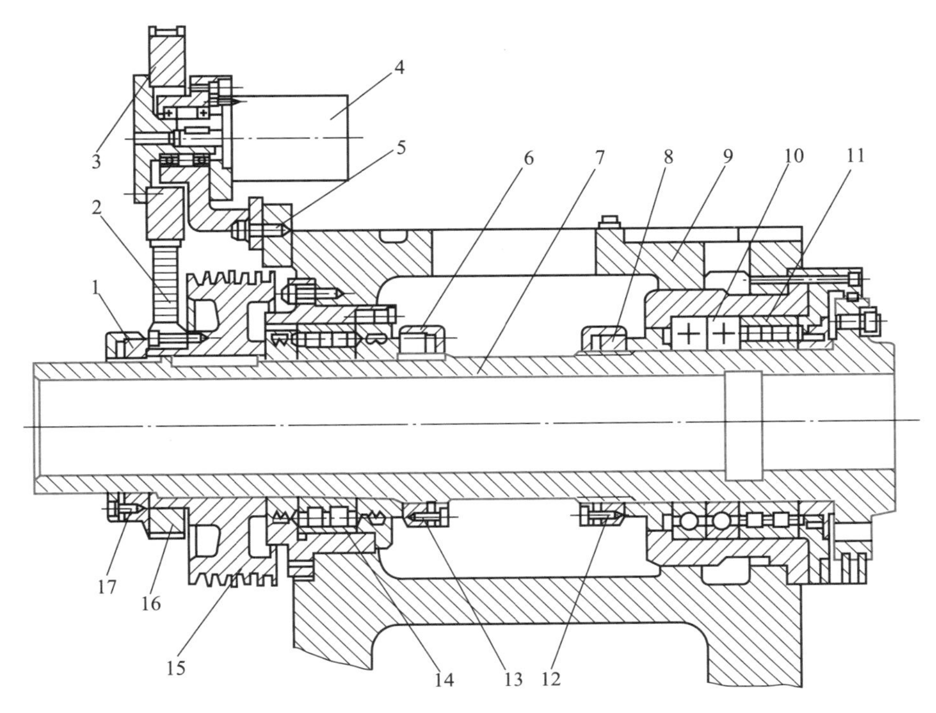

图 3-55 MJ-50 型数控车床主轴箱结构

1、6、8—螺母；2—同步带；3、16—同步带轮；4—脉冲编码器；5、12、13、17—螺钉；7—主轴；9—主轴箱体；10—角接触球轴承；11、14—双列圆柱滚子轴承；15—带轮

差及装配误差，并尽可能减少误差源，缩短主轴传动链的长度。因此，高速加工机床主轴通常由内装式电动机直接驱动，从而使其主运动传动链的长度缩短为零。这种主轴电动机和机床主轴"合二为一"的传动结构形式通常称为"电主轴"(electrospindle、motor spindle 或 motorized spindle)或"直接传动主轴"(direct drive spindle)。由于当前电主轴主要采用交流高频电动机，故也称为"高频主轴"(high frequency spindle)。如图 3-56 所示为高速内圆磨床主轴单元。

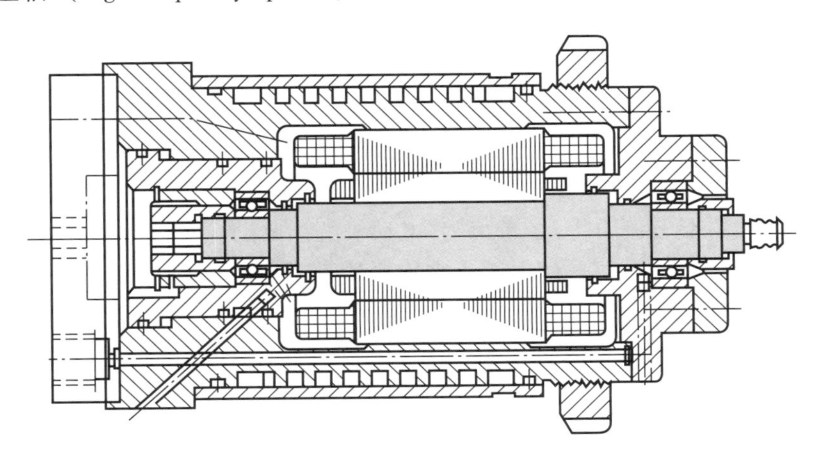

图 3-56 高速内圆磨床主轴单元

电主轴前、后由两套轴承支承，电动机的转子以过盈配合安装在机床主轴上，处于前后轴承之间，由过盈配合产生的应力和摩擦力来实现大转矩的传递。为了保证主轴运转部分达到精确

的动平衡,在主轴上没有采用任何形式的键连接和螺纹连接。电动机的定子通过一个冷却套固装在电主轴的壳体中,从而使电动机的转子与机床主轴连成一体,电主轴的箱体就是电动机座,成为机电一体化的一种新型主轴系统。主轴的转速通过电动机的变频调速与矢量控制装置来改变。在主轴的后部安装了齿盘和测速、测角传感器。主轴前端外伸部分的内锥孔和端面用于安装和固定加工中心的可换刀柄。主轴单元结构得到极大简化,有效地提高了主轴部件的刚度,降低了噪声和振动,并且有较宽的调速范围及较大的驱动功率和转矩,便于组织专业化生产。因此,电主轴广泛地用于精密机床、高速加工中心和数控车床中。

图3-57给出了该系统的示意图,图3-58中的冷却装置是油-水冷却系统,以解决无外壳电主轴的发热问题。

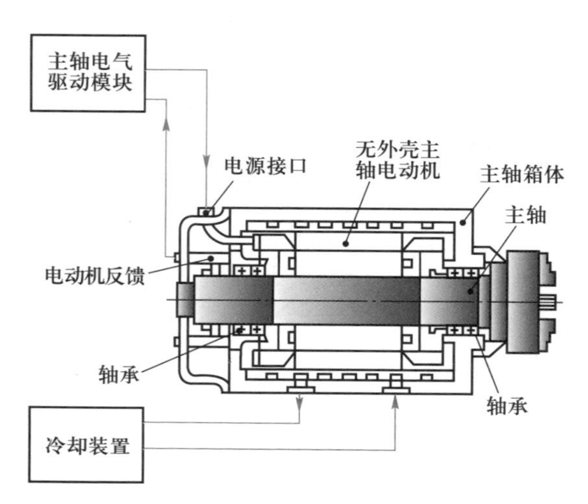

图3-57 电主轴典型结构和系统组成

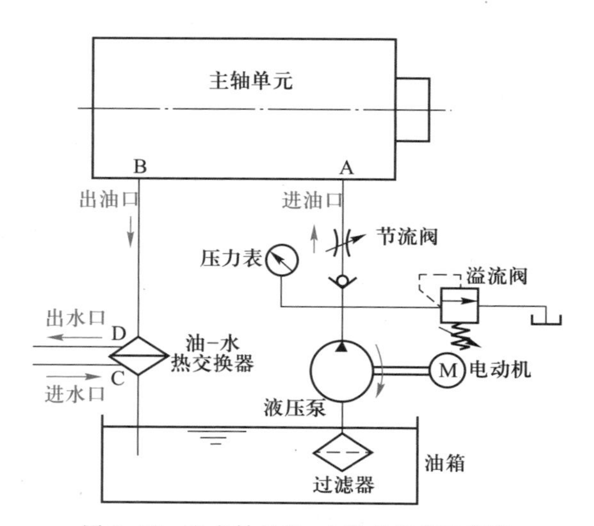

图3-58 电主轴的油-水冷却系统示意图

电主轴的主要技术参数有:套筒直径、最高转速、输出功率、转矩和刀具接口等,其中套筒直径为电主轴的主参数,主要有120、150、170、180、185、200、230、275、285、300 mm等。在国外,电主轴已成为一种机电一体化的高科技产品。

电主轴一般采用滚动轴承、流体静压轴承和磁悬浮轴承支承,以满足高速回转精度高、径向和轴向刚度高、温升较小和使用寿命长等要求。电主轴的电动机均采用交流异步感应电动机,有普通变频器标量驱动和控制、矢量控制驱动器的驱动和控制两种驱动和控制方式。有关电主轴的重要参数、性能等细节可参阅有关生产厂商的产品手册和专业书籍,限于篇幅此处不予赘述。

4)主轴传动方式

主轴的传动方式主要有齿轮传动、带传动、电动机直接驱动。主轴传动方式的选择主要取决于主轴的转速、传递的转矩、运动平稳性以及结构紧凑性等要求。其中齿轮传动结构紧凑,能传递较大的转矩,能适应变速变载荷工况,应用广,但平稳性不如带传动,通常线速度不宜过高,一般小于12~15 m/s。电动机直接驱动大大简化了结构,缩短了传动链,能驱动较大的功率和转矩,有效提高了主轴的刚度,调速范围宽,特别适用于数控机床、高速加工中心和精密机床。带传动主要指V带和平带传动,结构简单,特别适用于中心距较大的两轴间的传动,应用广泛,传动平稳并可吸振。V带传递的转矩较平带大,有过载保护作用,但有滑动存在,不能用在传动比要求准确的场合。

同步带传动克服了V带和平带传动的缺点,通过带上的齿形与轮上的轮齿相啮合传递运动和动力,无相对滑动,传动比准确,传动精度高,如图3-59所示。同步带的齿形有梯形齿和圆弧齿两种,圆弧齿受力合理,与梯形齿相比能够传递更大的转矩。

同步带采用伸缩率小、抗拉强度及抗弯曲疲劳强度高的承载绳材料(图 3-59b),如钢丝、聚酯纤维等,可传递超过 100 kW 以上的动力;厚度小、重量轻、传动平稳、噪声小,适用于达 50 m/s 的高速传动;无需特别张紧,对轴和轴承压力小,传动效率高;不需要润滑,耐水、耐腐蚀,能在高温下工作,维护保养方便;传动比大,可达 1 : 10 以上,适用于高速、精确传动场合。其缺点是制造工艺复杂,安装条件要求高。

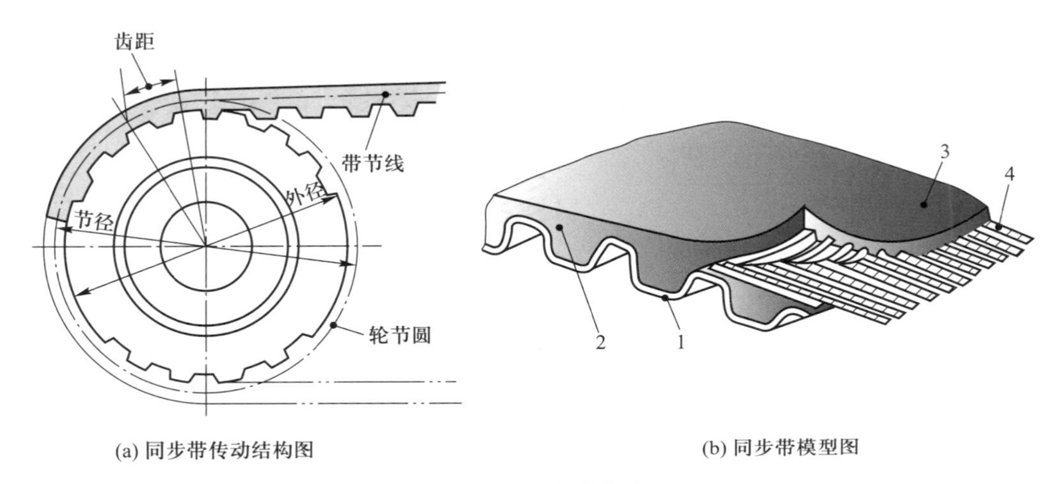

图 3-59 同步带传动

1—包步层;2—带齿;3—带背;4—承载绳

(2) 进给运动传动系统典型结构

1) 直线电动机

直线电动机是一种能直接将电能转化为直线运动机械能的电力驱动装置。该装置替换了传统的由旋转型电动机加滚珠丝杠的进给系统,从电动机到工作台之间的一切中间传动都没有,直接驱动工作台进行直线运动,使工作台的加、减速度提高到传统机床的 10~20 倍,速度提高 3~4倍。

直线电动机的工作原理同旋转型电动机相似,可以看成是将旋转型电动机沿径向剖开,再向两边拉开并展平后演变而成,如图 3-60 所示。原来的定子演变成直线电动机的初级,原来的转子演变成直线电动机的次级,原来的旋转磁场变成了平磁场。

在磁路构造上,直线电动机一般做成双边型,磁场对称,不存在单边磁拉力,在磁场中受到的总推力可较大。

为使初级和次级之间能够在一定范围内做相对直线运动,直线电动机初级和次级的长度是不同的。可以是短的次级移动,长的初级固定,如图 3-61a 所示;也可以是短的初级固定,长的

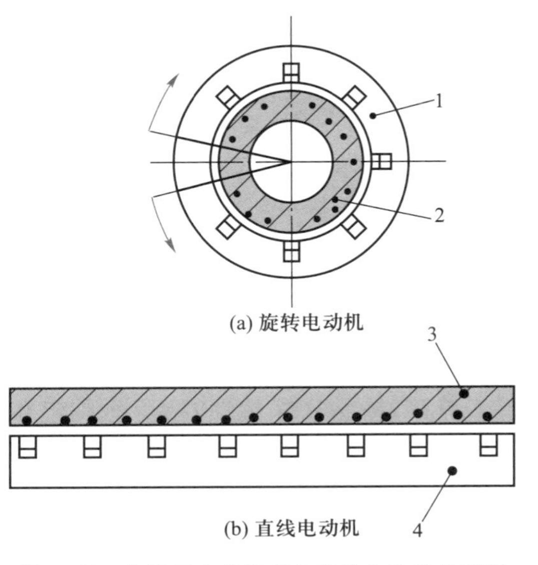

图 3-60 旋转型电动机变为直线电动机的过程

1—定子;2—转子;3—次级;4—初级

次级移动，如图3-61b所示。

图3-62所示为直线电动机传动示意图，直线电动机分为同步式和感应式两类。同步式直线电动机是在定件（如床身）全行程上，沿直线方向一块接一块地装上永磁铁（电动机的次级）；在直线电动机的动件（如工作台）下部的全长上，对应地一块接一块安装上含铁心的通电绕组（电动机的初级）。感应式直线电动机是在其定件上用不通电的绕组替代同步式直线电动机定件上的永磁铁，且每个绕组中的每一匝均是短路的。直线电动机通电后，在定件和动件之间的间隙中产生一个大的行波磁场，依靠磁力推动动件（工作台）做直线运动。

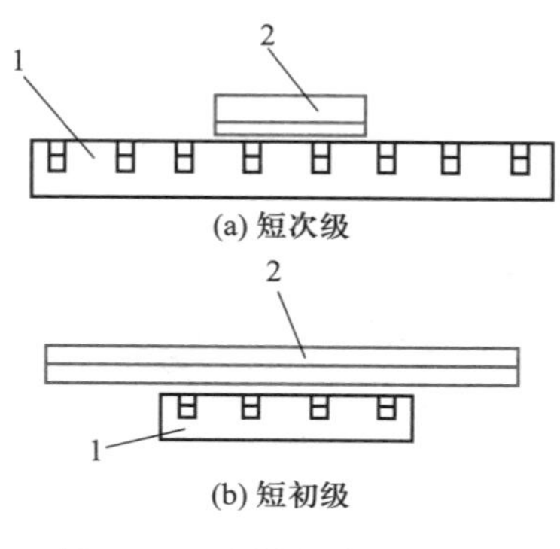

图3-61　直线电动机的形式

1—初级；2—次级

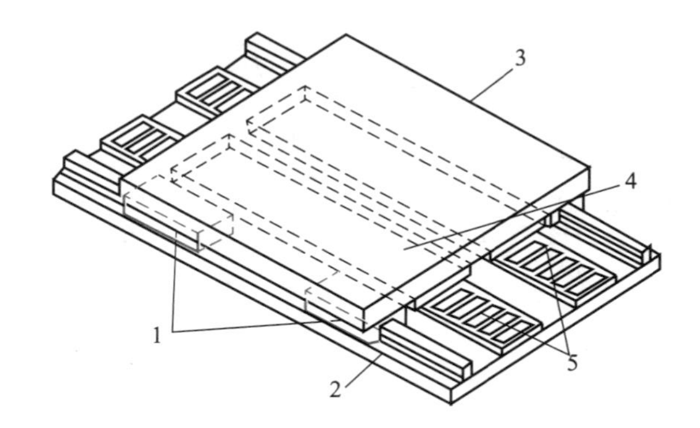

图3-62　直线电动机传动示意图

1—直线滚动导轨；2—床身；3—工作台；4—直线电动机动件（绕组）；5—直线电动机定件（永磁铁）

采用直线电动机的驱动方式，省略了许多中间传动链，使其结构简单、可靠性高、传动刚度高、响应快。据文献介绍直线电动机的最大进给速度可达到150～180 m/min，最大加、减速度为1 g～8 g（$1\ g=9.8\ m/s^2$）。

直线电动机进给运动传动方式现已成功应用在超高速加工机床中，1993年德国EX-CELL-U公司生产了世界上第一台*X*、*Y*、*Z*三坐标均采用感应式直线电动机直接驱动工作台的高速加工中心，加工速度可达到60 m/min，大大提高了生产效率及零件加工精度和表面质量。

2）滚珠丝杠及其组件

滚珠丝杠是将旋转运动转换成执行件的直线运动的运动转换机构。如图3-63所示，其由螺母、丝杠、滚珠、回珠器、密封环等组成。当丝杠转动时，会带动滚珠沿螺旋滚道滚动，为防止滚珠从滚道端掉出，在螺母的螺旋槽两端设有滚珠回程引导装置，构成滚珠的循环返回通道，从而形成滚珠流动的闭合通道。滚珠丝杠组件结构复杂、制造成本高，但摩擦系数小、传动效率高（92%～98%）、传动平稳、不易产生爬行、随动和定位精度高、精度保持性好、运动具有可逆性，因此在数控机床进给系统中得到广泛应用。

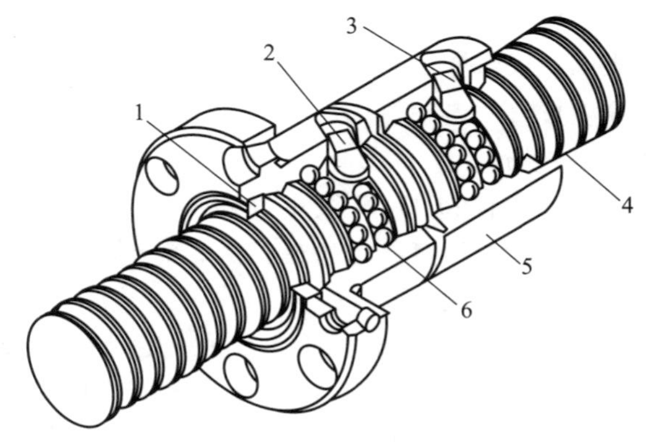

图3-63　滚珠丝杠螺母副的结构

1—密封环；2、3—回珠器；4—丝杠；5—螺母；6—滚珠

滚珠的循环方式有外循环和内循环两种。滚珠在返回过程中与丝杠脱离接触的循环方式为外循环，滚珠在返回过程中与丝杠始终接触的循环方式为内循环。在内、外循环中，滚珠在同一个螺母上只有一个回路管道的循环方式称

为单循环;有两个回路管道的循环方式称为双循环。循环中的滚珠称为工作滚珠,工作滚珠所走过的滚道圈数称为工作圈数。

外循环时按滚珠循环时的返回方式不同主要分为插管式和螺旋槽式两种滚珠丝杠副。图 3-64a所示为插管式外循环滚珠丝杠副,它用弯管作为返回管道,这种方式结构工艺性好,但由于管道突出于螺母体外,径向尺寸较大;图 3-64b 所示为螺旋槽式外循环滚珠丝杠副,它是在螺母外圆上铣出螺旋槽,槽的两端钻出通孔并与螺旋滚道相切,形成返回通道,这种方式比插管式结构径向尺寸小,但制造上较为复杂。

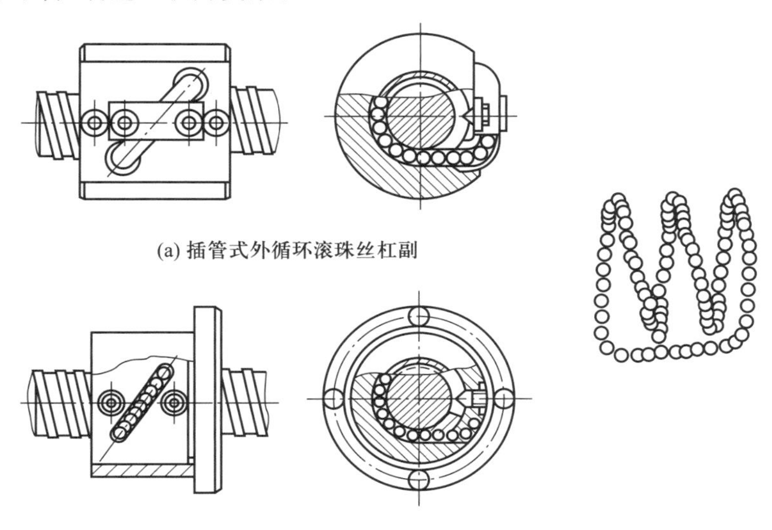

(a) 插管式外循环滚珠丝杠副

(b) 螺旋槽式外循环滚珠丝杠副

图 3-64 外循环滚珠丝杠副

图 3-65 所示为内循环滚珠丝杠副,在螺母的侧孔中装有圆柱凸键式反向器,反向器上铣有 S 形回珠槽,将相邻两螺旋滚道连接起来。滚珠从螺旋滚道进入反向器,借助反向器使滚珠越过丝杠牙顶进入相邻滚道,实现循环。一般 1 个螺母上装 2~4 个反向器,反向器沿螺母圆周等分分布。这种结构的径向尺寸紧凑,刚性好,因其返回滚道短,故摩擦损失小,但反向器加工困难。

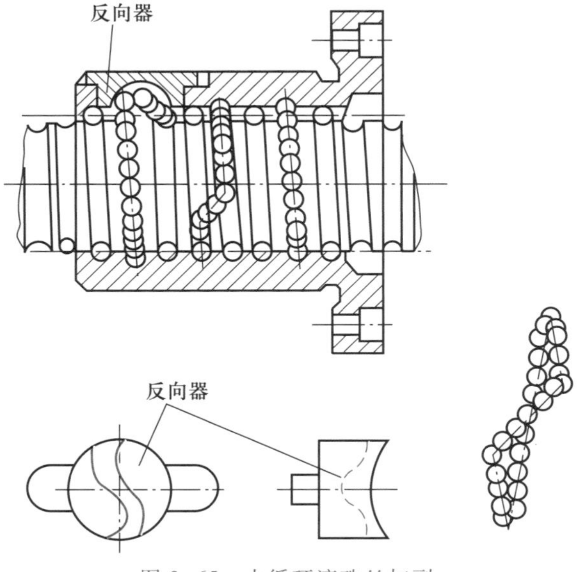

图 3-65 内循环滚珠丝杠副

电动机与进给丝杠的连接如图 3-66 所示，采用锥形夹紧环(简称锥环)形式的消隙联轴器，可使动力传递时没有反向间隙。消隙联轴器连接时，主动轴 1 和从动轴 3 从联轴器两端分别插入轴套，轴套和轴之间装配有成对(一对或数对)布置的锥环 5，锥环的内外锥面互相贴合。当螺钉 2 通过压盖 4 施加轴向力时，由于锥环之间的楔紧作用，内外锥环分别产生径向弹性变形，使内锥环内径变小而箍紧轴，外锥环外径变大而撑紧轴套，消除配合间隙，并产生接触压力，将主、从动轴与轴套连成一体，依靠摩擦力传递转矩。这里锥环的主要用途是代替单键和花键的连接作用，锥环联轴的结构设计必须进行计算，以满足消隙联轴器的工作要求。

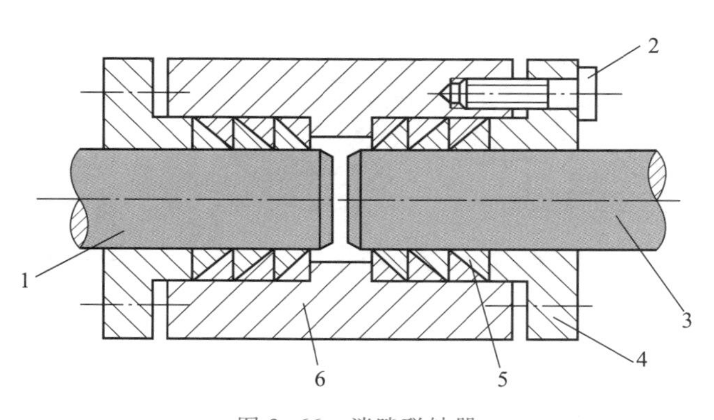

图 3-66 消隙联轴器

1—主动轴；2—螺钉；3—从动轴；4—压盖；5—锥环；6—轴套

为了能补偿同轴度及垂直度误差引起的别劲现象，可采用图 3-67 所示的挠性联轴器。与消隙联轴器不同，挠性联轴器在两联轴套之间增加了柔性片 4，柔性片 4 分别用螺栓 5 和球面垫圈 3 与两边的联轴套 2 相连，通过柔性片传递转矩。柔性片每片厚 0.25 mm，材料为不锈钢，两端的位置偏差由柔性片的变形抵消。挠性联轴器具有一定的补偿被连两轴轴线相对偏移的能力，最大补偿量随型号不同而异，适用于被连两轴的同轴度不易保证的场合。

直线电动机进给系统加速性能与滚珠丝杠副进给系统加速性能的比较如图 3-68 所示。由图可见，滚珠丝杠驱动工作台从静止到 25 m/min，需要 0.5 s；而直线电动机驱动工作台从静止到 75 m/min，仅需要 0.05 s，可见直线电动机进给系统具有比滚珠丝杠副进给系统更优良的加速性能，正在成为现代高速加工机床进给系统的基本传动方式。

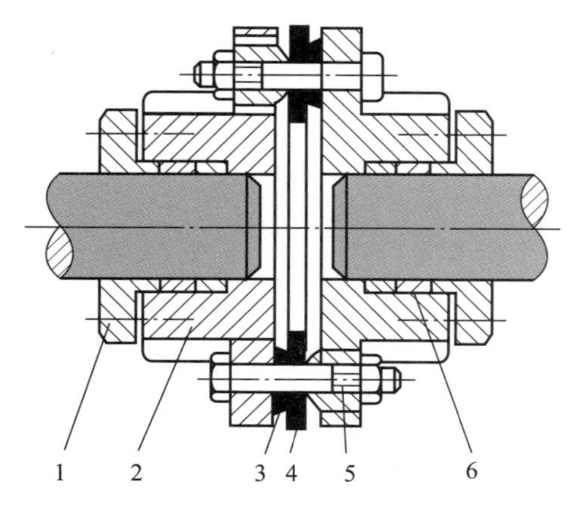

图 3-67 挠性联轴器

1—压盖；2—联轴套；3—球面垫圈；4—柔性片；5—螺栓；6—锥环

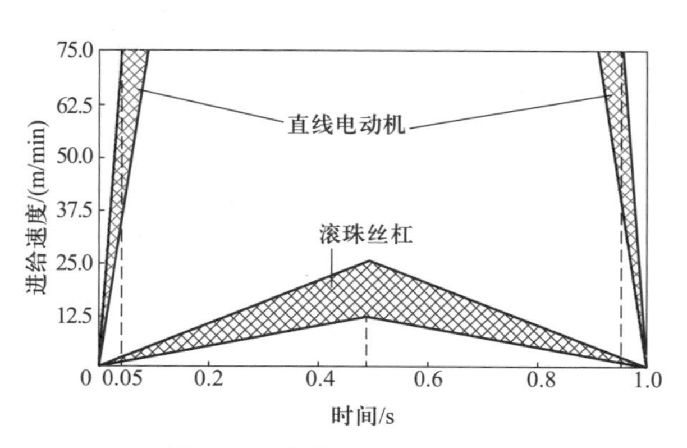

图 3-68 直线电动机加速性能与滚珠丝杠加速性能的比较

2. 机床支承件

机床的支承件通常指床身、立柱、横梁、底座等大件，它们相互固定连接成机床的基础和框架。机床上其他零部件可以固定在支承件上，或者工作时在支承件的导轨上运动。因此，支承件的主要功能是保证机床各零部件之间的相互位置和相对运动精度，并保证机床有足够的刚度、抗振性、热稳定性和寿命。

（1）支承件应满足的基本要求

1）应具有足够的刚度和较高的刚度-质量比。

2）应具有较好的动态特性，包括较大的位移阻抗（动刚度）和阻尼；整机的低阶频率较高，各阶频率不致引起结构共振；不会因薄壁振动而产生噪声。

3）热稳定性好，热变形对机床加工精度的影响较小。

4）满足搬运、安装和工作环境的要求，并具有良好的结构工艺性。

（2）支承件的结构

支承件结构的基本形状分箱形类、板块类和梁柱类。

1）箱形类　支承件在三个方向上的尺寸都相差不多，如各类箱体、底座、升降台等。

2）板块类　支承件在两个方向上的尺寸比第三个方向上的尺寸大得多，如工作台、刀架等。

3）梁柱类　支承件在一个方向上的尺寸比另两个方向上的尺寸大得多，如立柱、横梁、摇臂、滑枕、床身等。

支承件的截面形状设计应保证在最小质量条件下，具有最大的静刚度。静刚度主要包括弯曲刚度和扭转刚度，均与惯性矩成正比。一般截面形状设计应遵循的指导原则为：

1）面积相等时，空心截面的刚度都比实心的大；在截面形状和面积大小相同的情况下，外形尺寸大而壁薄的截面，比外形尺寸小而壁厚的截面的弯曲刚度和扭转刚度都高。

2）圆（环）截面的扭转刚度比方形截面高；而圆截面的弯曲刚度比方形截面的小，一般以高度方向为受弯曲方向。

3）封闭截面的刚度远远大于开口截面的刚度，特别是扭转刚度表现得更明显。

当然，遵循以上指导原则时，要综合考虑支承件使用的材料性能、尺寸大小、工作要求、工艺结构和工艺上实现的难易程度等因素。

图 3-69 所示为机床床身截面图，均为空心截面。图 3-69a 所示为典型的车床类床身，工作时承受弯曲和扭转载荷，并且床身上需有较大的空间排除大量切屑和冷却液。图 3-69b 所示是镗床、龙门刨床类机床的床身，主要承受弯曲载荷，由于切屑不需要从床身排除，所以床身顶面多采用封闭结构，台面不太高，以便于工件的安装和调整。图 3-69c 所示床身结构多用于大型和重型机床，采用三道壁。重型机床可采用双层壁结构的床身，以便进一步提高机床的刚度。

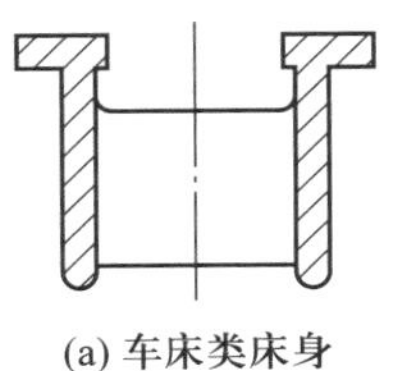

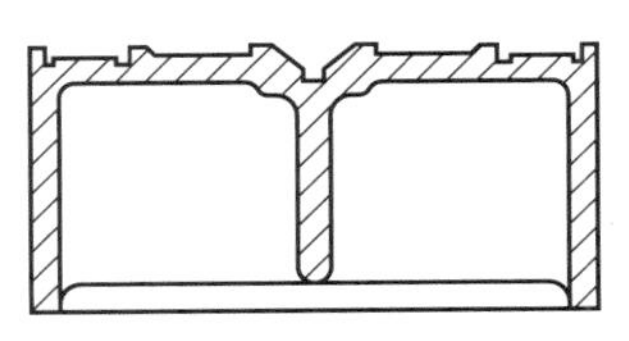

(a) 车床类床身　(b) 镗床、龙门刨床类床身　(c) 大型和重型机床类床身

图 3-69　机床床身截面图

（3）支承件的材料

支承件常用且主要的材料有铸铁、钢板、天然花岗岩等。

1）铸铁　支承件材料一般为灰铸铁，在铸铁中加入合金元素可提高铸铁的耐磨性；铸铁铸造性能好，容易获得复杂结构的支承件；铸铁组织有利于润滑且振动衰减性能好，对缺口不敏感。常用的铸件牌号有HT100、HT150、HT200，其中HT200用得较多。

2）钢板 用钢板焊接的支承件，其特点是制造周期短，可制成封闭结构，刚性好；钢板焊接件固有频率比铸铁件高，在相同刚度下，可比铸铁件厚度减少一半，质量减轻20%~30%。用计算机优化的方法可以得到更合理的支承件结构，但抗振性比铸铁件差。

3）天然花岗岩 天然花岗岩性能稳定，精度保持性好，抗振性好，阻尼系数比钢大15倍，耐磨性比铸铁高5~6倍，热导率和线膨胀系数小，热稳定性好，抗磁，易加工得到很高的精度和较低的表面粗糙度值。目前用于三坐标测量机、高精密数控设备支承件，但天然花岗岩脆性大，油和水易渗入晶界中，使表面局部变形胀大。

3. 机床导轨

导轨的功用为承受载荷并导向。它承受安装在导轨上的运动部件及工件的质量和切削力，运动部件可沿导轨运动。运动的导轨称为动导轨，不动的导轨称为静导轨或支承导轨。动导轨相对于静导轨可以做直线或者回转运动。

导轨副按导轨面的摩擦性质可分为滑动导轨副和滚动导轨副，滑动导轨副又可分为普通滑动导轨、静压导轨和卸荷导轨等。

通常机床导轨应满足导向精度高（空载或切削条件下运动时，实际运动轨迹与给定运动轨迹之间的偏差）、精度保持性好、低速运动平稳（低速或微量进给时不出现爬行现象）、承载力大且刚度高等主要技术要求。

（1）常用导轨的截面形状和组合形式

直线运动导轨的截面形状主要有矩形、三角形、燕尾形和圆柱形四种。每种导轨副有凸、凹之分，如图3-70所示，上图是凸型，下图是凹型，并可互相组合。四种截面的导轨尺寸已经标准化，可在有关机床标准中选用。

1）常用导轨的截面形状

① 矩形导轨（图3-70a） 矩形导轨承载能力大、刚度高、制造方便、检验和维修方便，但存在侧向间隙，需用镶条调整，导向性差。适用于载荷较大而导向性要求略低的场合。

② 三角形导轨（图3-70b） 三角形导轨的顶角α一般为90°~120°，顶角α越小导向性越好，但摩擦力越大。导轨面磨损时，动导轨自动下沉，自动补偿磨损量，不会产生间隙。小的顶角用于轻载精密机械，大的顶角用于大型或重型机床。当水平力大于垂直力或导轨两侧压力分布不均时，可采用不对称导轨。

③ 燕尾形导轨（图3-70c） 燕尾形导轨可承受较大的颠覆力矩，导轨高度较小、结构紧凑、间隙调整方便，但刚度低，加工、检验不方便，适用于受力小、要求间隙调整方便的部件。

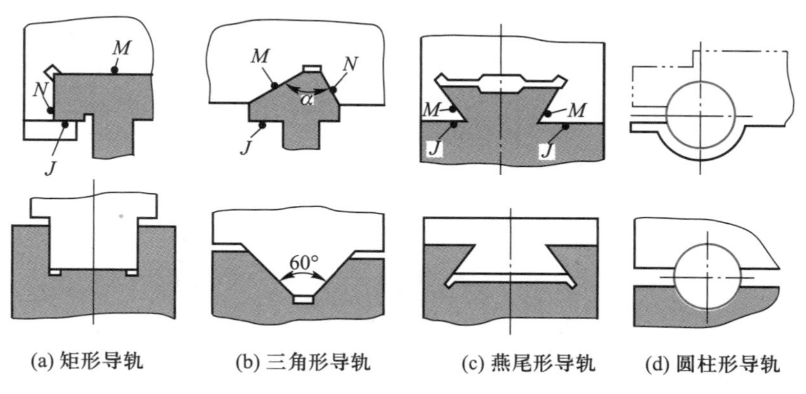

图3-70 导轨的截面形状

④ 圆柱形导轨(图 3-70d) 圆柱形导轨制造方便,但磨损后调整补偿不方便,应用较少。

2) 常用导轨的组合形式

① 双三角形导轨(图 3-71a) 双三角形导轨不需要用镶条调整间隙,接触刚性好,导向性和精度保持性好,多用于精度要求较高的机床中,如导轨磨床、齿轮磨床等。

② 双矩形导轨(图 3-71b、c) 双矩形导轨承载能力大,制造方便,多用在普通精度机床和重型机床中,如重型车床、组合机床、升降台铣床等。双矩形导轨的导向方式有两种:由两条导轨的外侧导向时,称为宽式组合,如图 3-71b 所示;由一条导轨的两侧导向时,称为窄式组合,如图 3-71c所示。两种导向组合的侧导向面都需要用镶条调整间隙。

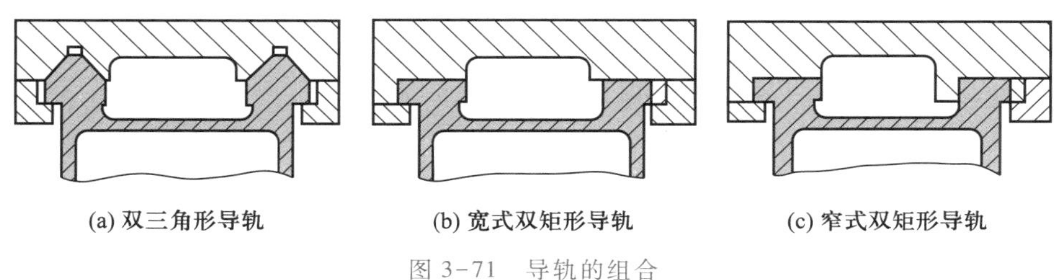

(a) 双三角形导轨 (b) 宽式双矩形导轨 (c) 窄式双矩形导轨

图 3-71 导轨的组合

③ 矩形和三角形导轨的组合 这类组合导轨的导向性好,刚性好,制造方便,应用最广,如车床、磨床、龙门铣床的床身导轨。

④ 矩形和燕尾形导轨的组合 这类组合导轨能承受较大的力矩,调整方便,多用在横梁、立柱、摇臂导轨中。

(2) 现代机床导轨的典型结构及布局

在此主要介绍滚动导轨、数控机床床身导轨等。

1) 滚动导轨

在静、动导轨面之间放置滚动体,如滚珠、滚柱、滚针或滚动导轨块,从而组成滚动导轨。滚动导轨摩擦系数小,动、静摩擦系数接近。因此,滚动导轨摩擦力小,运动灵敏,不易爬行;磨损小,精度保持性好,寿命长;具有较高的重复定位精度,运动平稳;润滑系统简单。滚动导轨常用于对运动灵敏度要求高的设备上,如数控机床、机器人或精密定位微量进给机床中。滚动导轨同滑动导轨相比,抗振性能差,但可以通过预紧的方式加以提高,结构复杂,成本较高。

如图 3-72 所示,滚珠循环型导轨为点接触,承载能力差,刚度低,多用于小载荷;滚柱循环型导轨为线接触,承载能力比滚珠循环型导轨高,刚度高,用于较大载荷;滚针不循环型导轨为线接触,常用于径向尺寸受限的场所。

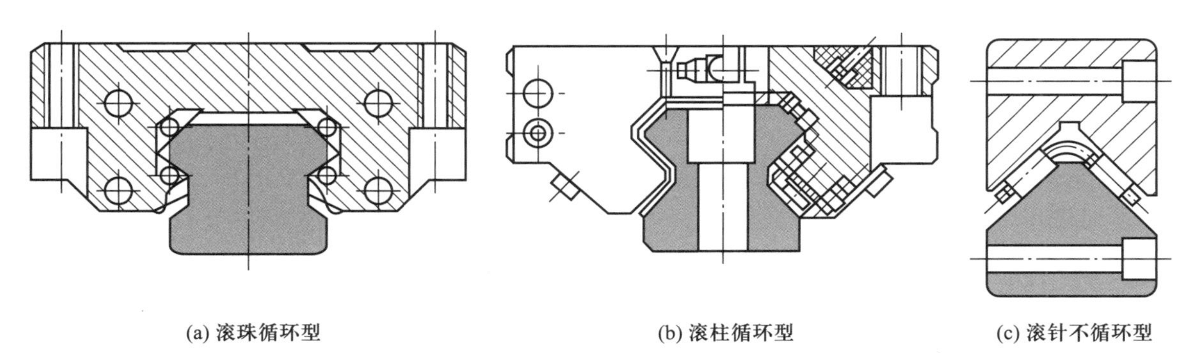

(a) 滚珠循环型 (b) 滚柱循环型 (c) 滚针不循环型

图 3-72 滚动直线导轨副的滚动体

2）卧式数控机床床身导轨布局

按照卧式数控机床床身导轨面与水平面的相对位置有如图3-73所示的几种布局形式，这几种布局形式的特点为：

① 平床身-平滑板　该布局形式工艺性好，便于加工导轨面。水平床身配上水平放置的刀架可提高刀架的运动精度，一般作为大型数控车床或小型精密车床的布局形式。但是由于水平床身下部空间小，故排屑困难。另外刀架水平放置使得滑板横向尺寸长，从而加大了机床宽度方向的结构尺寸。

② 平床身-斜滑板　平床身-斜滑板是水平床身配上倾斜放置的滑板，再配上倾斜式导轨防护罩。该布局形式一方面具有水平床身工艺性好的特点，另一方面机床宽度方向的尺寸较水平配置滑板的要小，且排屑方便。

③ 直立床身-直立滑板　床身的导轨倾斜角有30°、45°、60°、75°、90°几种形式，其中，倾斜角为90°的布局是直立床身-直立滑板。倾斜角度小，排屑不便；倾斜角度大，导轨的导向性及受力情况差。导轨倾斜角的大小不仅会影响机床的刚度及排屑情况，还会影响机床的占地面积、宜人性、外形尺寸与高度的比值，以及刀架重量作用于导轨面上的垂直分力的大小等。选用时应结合机床规格、精度等选择合适的倾斜角。一般小型数控车床选用30°、45°倾斜角，中等规格数控车床选用60°倾斜角，大型数控车床多选用75°倾斜角。

④ 斜床身-斜滑板　该布局形式和平床身-斜滑板布局一样在数控车床中被广泛应用，两种布局形式均具备如下优点：便于安装机械手，容易实现机电一体化及单机自动化；宜人性好、便于操作；容易排屑和安装排屑系统，从工件上切下的炽热切屑不致堆积在导轨上影响导轨精度；容易设置封闭式防护装置；机床外形整齐、美观、占地面积小。

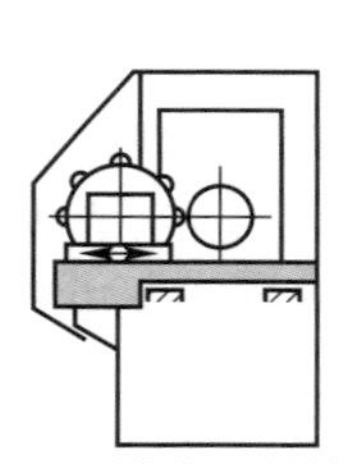
(a) 平床身-平滑板

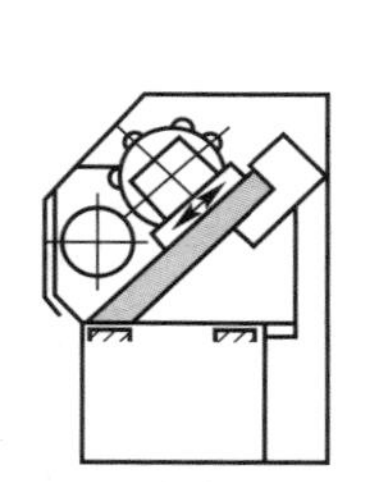
(b) 平床身-斜滑板

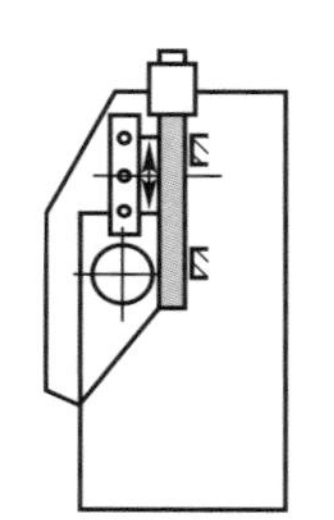
(c) 直立床身-直立滑板

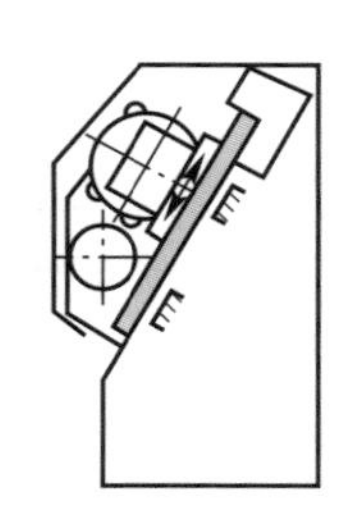
(d) 后斜床身-斜滑板

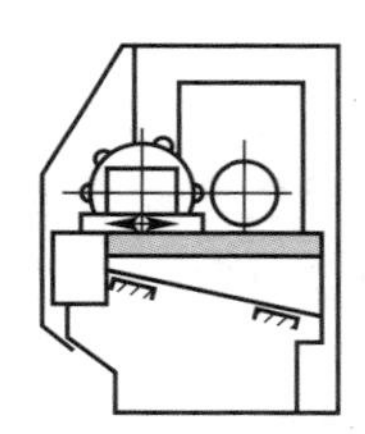
(e) 前斜床身-平滑板

图3-73　卧式数控机床床身导轨布局形式

（3）常用导轨的性能特点及应用

除介绍的结构外，常用的滑动导轨结构简单、制造方便、抗振性能好，但磨损快，往往采用喷塑导轨面以及在导轨面中镶钢的方式来提高耐磨性。静压导轨原理同静压轴承原理一样，通常在动导轨面上均匀分布油腔和油封面，将具有一定压力的液体或气体介质送到油腔内，使导轨之间产生压力并使动导轨微微抬起，与支承导轨脱离接触，浮在压力油膜或气膜上进行相对运动，常用于精密和高精密机床或低速运动机床中。卸荷导轨可用来降低导轨面的压力，减少摩擦阻力，从而提高导轨的耐磨性和低速运动的平稳性，尤其适用于大型、重型机床的导轨副。卸荷导轨的卸荷方式有机械卸荷、液压卸荷、气压卸荷。

机床导轨的结构设计和选用有专门的设计手册可参考，设计者应遵循国家标准选用。

4. 典型的机床刀架和自动换刀装置

机床刀架是安装刀具的重要部件，许多刀架还直接参与切削工作，如普通卧式车床上的四方刀架、转塔车床上的转塔刀架等。这些刀架既能安放刀具，又可以直接参与切削，承受较大的切削力。随着自动化技术的发展，特别是数控机床对电（液）换位的自动刀架的需求，刀架和刀库、刀架和自动换刀主轴相结合的组件有了更大的发展。本节叙述加工中心、数控机床刀架组件方面的部分典型案例。

（1）自动换刀立式加工中心主轴部件结构

在带有刀库的自动换刀数控机床中，为实现刀具在主轴上的自动装卸，其刀轴必须设计有刀具的自动夹紧机构。自动换刀立式加工中心主轴部件如图 3-74 所示。其刀具的夹紧机构工作过程是：刀夹 1 以锥度为 7 : 24 的锥柄在主轴 3 前端的锥孔中定位，并通过拧紧在锥柄尾部的拉钉 2 将其拉紧在锥孔中。夹紧刀夹时，液压缸 7 上腔接通回油，弹簧 11 推动活塞 6 上移，处于图示位置，拉杆 4 在碟形弹簧 5 的作用下向上移动。此时装在拉杆前端径向孔中的钢球 12 进入主

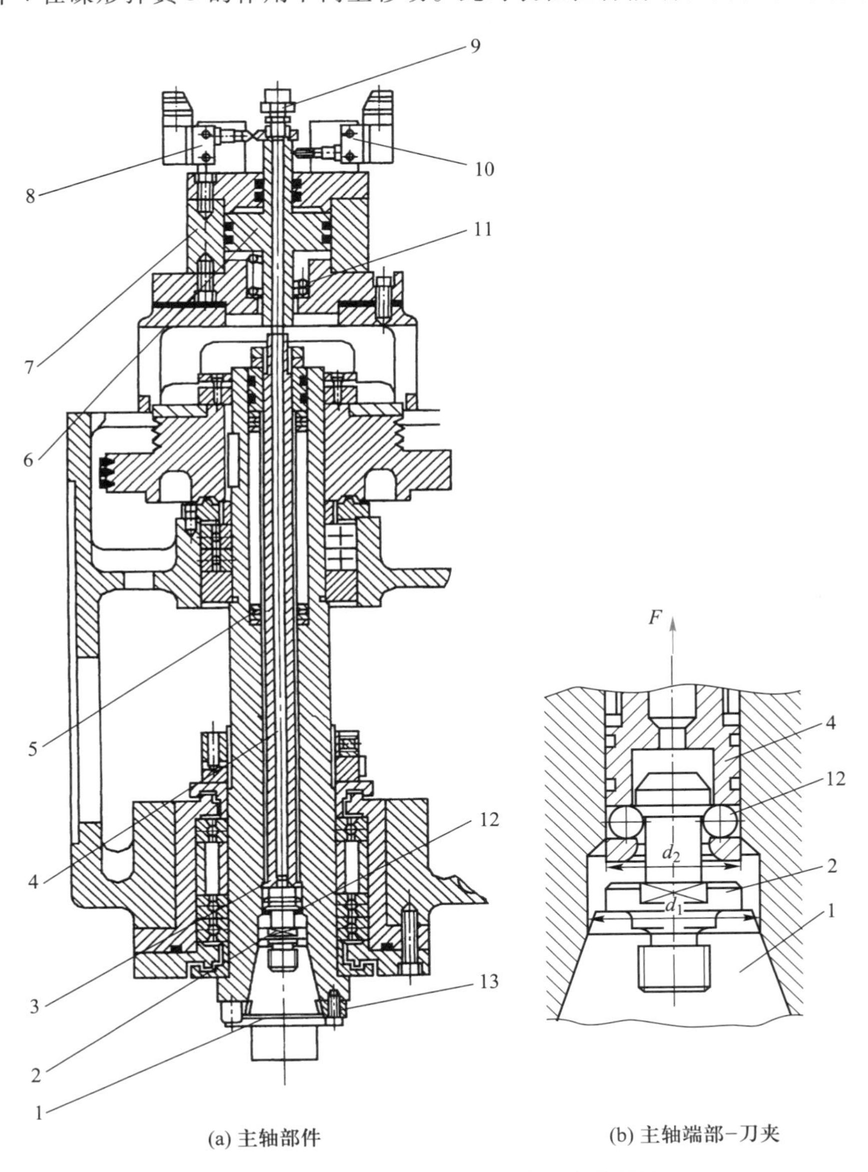

(a) 主轴部件　　(b) 主轴端部-刀夹

图 3-74 自动换刀立式加工中心主轴部件

1—刀夹；2—拉钉；3—主轴；4—拉杆；5—碟形弹簧；6—活塞；7—液压缸；8、10—行程开关；9—压缩空气管接头；11—弹簧；12—钢球；13—端面键

轴孔中直径较小的 d_2处,被迫径向收拢而卡进拉钉 2 的环形凹槽内,因而刀杆被拉杆拉紧,依靠摩擦力紧固在主轴上,切削转矩则由端面键 13 传递。换刀前需将刀夹松开时,压力油进入液压缸 7 上腔,活塞 6 拉动拉杆 4 向下移动,碟形弹簧 5 被压缩。当钢球 12 随拉杆一起下移至主轴直径较大的 d_1处时,它就不再能约束拉钉 2 的头部,紧接着拉杆前端内孔的台肩端面接触到拉钉,把刀具顶松。此时行程开关 10 发出信号,换刀机械手即将刀夹取下。与此同时,压缩空气由管接头 9 经活塞和拉杆的中心通孔吹入主轴装刀孔内,把切屑或脏物清除干净,以保证刀具的安装精度。机械手把待用刀装上主轴后,液压缸 7 接通回油,碟形弹簧 5 又拉紧刀夹。刀夹拉紧后,行程开关 8 发出信号。

保证刀柄上的键槽对准主轴上的端面键(切削转矩由端面键 13 传递)的装置是如图 3-75 所示的电气控制的主轴准停装置。主轴具有准确周向定位功能,能保证刀柄上的键槽与主轴上的端面键准确配合。在传动主轴旋转的多楔带轮 1 的端面上装有一个厚垫片 4,垫片 4 上又装有一个体积很小的永久磁铁 3。在主轴箱箱体的对应主轴准停的位置上装有磁传感器 2。当机床需要停车换刀时,数控装置发出主轴停转指令,主轴电动机立即降速,在主轴 5 以最低转速慢转几转后,永久磁铁 3 对准磁传感器 2,后者发出准停信号。此信号经放大器放大后,由定向电路控制主轴电动机准确地停止在规定的周向位置上。

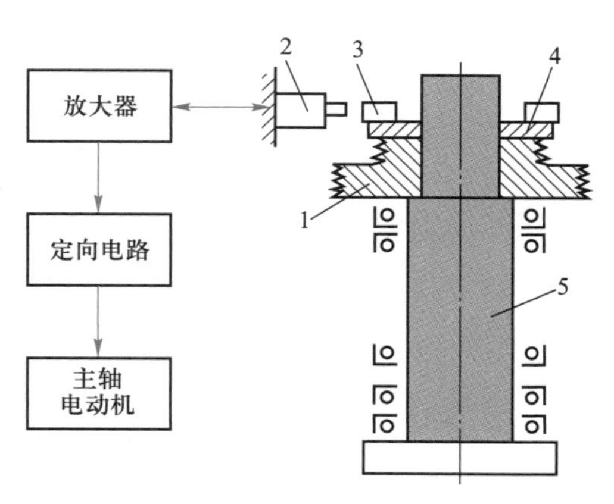

图 3-75　电气控制的主轴准停装置

1—多楔带轮;2—磁传感器;3—永久磁铁;4—垫片;5—主轴

(2) 数控车床方刀架结构

刀架按照安装刀具数目可分为单刀架和多刀架,按结构形式可分为方刀架、转塔刀架、回轮刀架等,按驱动刀架转位的动力可分为手动转位刀架和自动(电动和液动)转位刀架。

数控车床方刀架(图 3-76)的换刀过程如下:

1) 刀架抬起　当数控装置发出换刀指令后,电动机 1 起动正转,通过平键套筒联轴器 2 使蜗杆轴 3 转动,从而带动蜗轮丝杠 4 转动。刀架体 7 的内孔加工有螺纹,与丝杠连接,蜗轮与丝杠为整体结构。当蜗轮开始转动时,由于刀架底座 5 和刀架体 7 上的端面齿处于啮合状态,且蜗轮丝杠轴向固定,此时刀架体 7 抬起。

2) 刀架转位　当刀架体 7 抬至一定高度后,端面齿脱开,转位套 9 用销钉与蜗轮丝杠 4 连接,随蜗轮丝杠 4 一同转动。当端面齿完全脱开时,转位套 9 正好转过某一角度(图 3-76 中 *A—A*剖视图),球头销 8 在弹簧力的作用下进入转位套 9 的槽中,带动刀架体 7 转位。

3) 刀架定位　刀架体 7 转位时同时带着电刷座 10 转动,当转到程序指定的刀号时,粗定位销 15 在弹簧作用下进入粗定位盘 6 的槽中进行粗定位,同时电刷 13 接触导体使电动机 1 反转。由于粗定位槽的限制,刀架体 7 不能转动,使其在该位置垂直落下,刀架体 7 和刀架底座 5 上的端面齿啮合,实现精确定位。

4) 夹紧刀架　电动机 1 继续反转,此时蜗轮丝杠 4 停止转动,蜗杆轴 3 自身转动,当两端面齿间的夹紧力增加到一定值时,电动机 1 停止转动。

(3) 自动换刀装置

常见的自动换刀装置有利用刀库换刀、自动更换主轴箱和自动更换主轴等形式,其中自动换刀装置的刀库和换刀机械手的驱动都是采用电气或液压自动实现的。目前自动换刀装置主要用

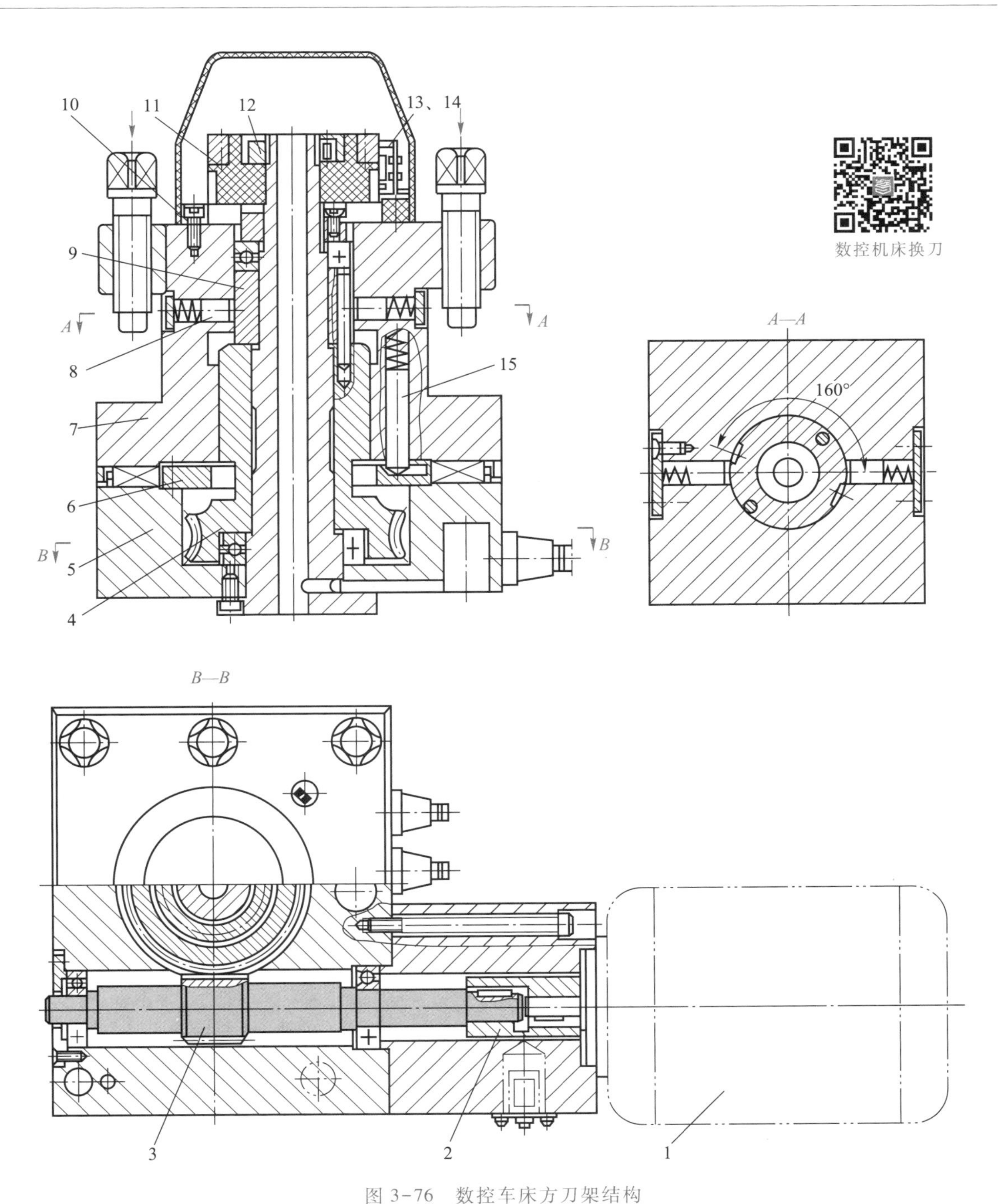

图 3-76 数控车床方刀架结构

1—电动机;2—联轴器;3—蜗杆轴;;4—蜗轮丝杠;5—刀架底座;6—粗定位盘;7—刀架体;
8—球头销;9—转位套;10—电刷座;11—发信体;12—螺母;13、14—电刷;15—粗定位销

在加工中心和车削中心上,图 3-77 所示数控车床的自动换刀装置主要采用回转刀盘,刀盘上安装 8~12 把刀,回转刀盘既有回转运动又有纵、横向进给运动。回转刀盘分中心与主轴中心线间有平行、不平行(倾斜)和垂直等几种形式。

由于数控机床尤其是加工中心有立式、卧式等几种形式,相应的刀库也各式各样,如鼓轮式刀库、链式刀库、格子箱式刀库、直线式刀库等,如图 3-78 所示。

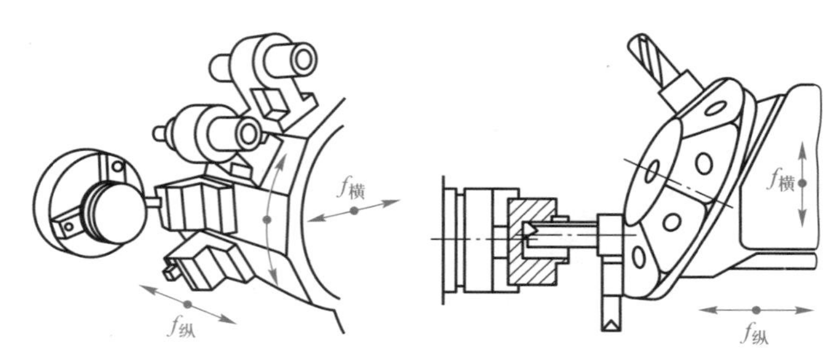

图 3-77　数控车床上自动换刀装置——回转刀盘

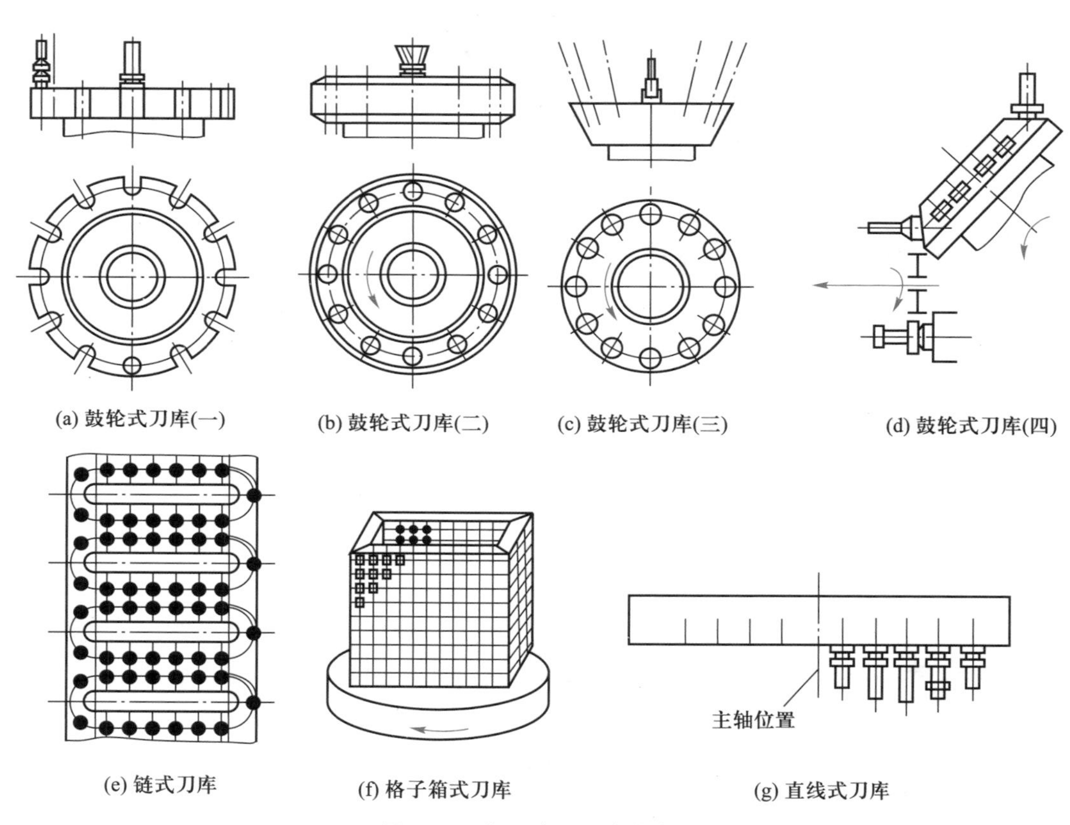

图 3-78　加工中心刀库的类型

鼓轮式刀库的应用较广，其刀具轴线与鼓轮轴线可平行、垂直或成锐角。这种刀库结构简单紧凑，但因刀具单环排列，定向利用率低，大容量刀库的外径较大，转动惯量大，选刀运动时间长，因此，这种形式的刀库容量较小，一般不超过 32 把刀具。

链式刀库容量较大，当采用多环链式刀库时，刀库外形较紧凑，占用空间较小，适用于大容量的刀库。在增加存储刀具数目时，可增加链条长度而不增加链轮直径，因此链轮的圆周速度不会增加，且刀库的运动惯量不像鼓轮式刀库增加得那样多。

格子箱式刀库容量较大，结构紧凑，空间利用率高，但布局不灵活，通常将刀库安放于工作台上。有时在使用一侧刀具时，甚至必须更换另一侧的刀座板。

直线式刀库结构简单，刀库的容量较小，一般用于数控车床、数控钻床以及个别加工中心。

换刀机械手分为单臂单手式、单臂双手式和双手式机械手。单臂单手式机械手结构简单，换刀时间较长,它适用于刀具主轴与刀库刀套轴线平行、刀库刀套轴线与主轴轴线平行以及刀库刀套轴线与主轴轴线垂直的场合。单臂双手式机械手可同时抓住主轴和刀库中的刀具,并进行拔出、插入动作,换刀时间短,广泛应用于加工中心上的刀库刀套轴线与主轴轴线平行的场合。双手式机械手结构较复杂,换刀时间短,这种机械手除完成拔出、插入动作外,还起运输刀具的作用。

(4) 数控机床工具系统

数控机床工具系统是指用来连接机床主轴和刀具之间的辅助系统(包括硬件与软件),除刀具外,还包括实现刀具快换所必需的定位、夹持、拉紧、动力传递和刀具保护等部分。数控机床要求具有较完善的工具系统并实现刀具结构的模块化。

数控机床工具系统按使用范围分为镗铣类工具系统和车削类工具系统,按系统的结构特点分为整体式工具系统和模块式工具系统。工具系统主要由两部分组成:一是刀具部分,二是工具柄部(刀柄)、接杆(接柄)和夹头等装夹工具部分。下面重点介绍镗铣类工具系统。

镗铣类工具系统一般由与机床主轴连接的锥柄、延伸部分的接杆和工作部分的刀具组成。它们经组合后可以完成钻孔、扩孔、铰孔、镗孔、攻螺纹等加工工艺。镗铣类工具系统又分为整体式结构和模块式结构两大类。

1) 整体式结构

整体式结构的特点是将锥柄和接杆连在一起,不同品种和规格的工作部分都必须带有与机床相连的柄部,其优点是结构简单,使用方便、可靠,更换迅速等。缺点是锥柄的品种和数量较多。表 3-6 是 TSG82 工具系统的代码和意义。

TSG82 工具系统

表 3-6 TSG82 工具系统的代码和意义

代码	代码的意义	代码	代码的意义	代码	代码的意义
J	装接长刀杆用锥柄	MW	装无扁尾莫氏锥柄刀具	KJ	用于装扩孔钻/铰刀
Q	弹簧夹头	M	装有扁尾莫氏锥柄刀具	BS	倍速夹头
KH	7∶24 锥柄快换夹头	G	攻螺纹夹头	H	倒锪端面刀
Z(J)	装钻夹头(莫氏锥柄为 J)	C	切内槽刀具	T	镗孔刀具
TZ	直角镗刀	TF	浮动镗刀	XM	装套式面铣刀
TQW	倾斜式微调镗刀	TK	可调镗刀	XDZ	装直角端铣刀
TQC	倾斜式粗镗刀	X	用于装铣削刀具	XD	装端铣刀
TZC	直角形粗镗刀	XS	装三面刃铣刀	XP	装削平型铣刀刀柄

2) 模块式结构

模块式结构把工具的柄部和工作部分分开,制成系统化的主柄模块、中间模块和工作模块。每类模块中又分为若干小类和规格,然后用不同规格的中间模块组装成不同用途、不同规格的模块式刀具,使制造、使用和保管方便,减少了工具的规格、品种和数量的储备。

3) 刀柄及其用途

① 刀柄分类　刀柄是机床主轴和刀具之间的连接工具,是数控机床工具系统的重要组成部分之一,是加工中心必备的辅具。它除了能够准确地安装各种刀具外,还应满足在机床主轴上的自动松开和拉紧定位、刀库中的存储和识别以及机械手的夹持和搬运等需要。刀柄分为整体式和模块式两类,选用的刀柄要和机床的主轴孔相对应,并且已经标准化和系列化。

图3-79所示为圆锥刀柄,加工中心上一般采用7∶24的锥度。这类刀柄不能自锁,换刀比较方便,与直柄相比具有较高的定心精度和刚度。其锥柄部分和机械手持部分均有相应的国际和国家标准。GB/T 10944—2013《自动换刀7∶24圆锥工具柄》中对此做了规定,此国家标准与国际标准ISO 7388等效。

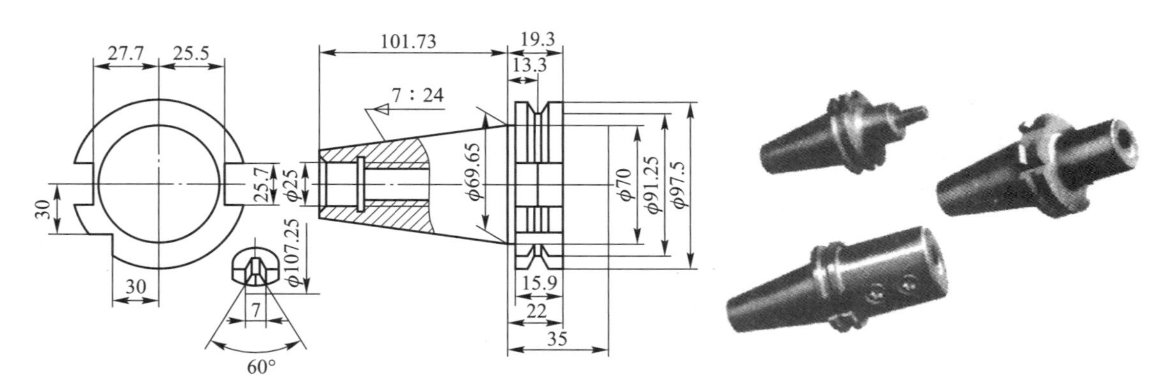

图3-79 加工中心用7∶24圆锥刀柄

② 各类刀柄的用途 ER弹簧夹头刀柄如图3-80a所示,它采用ER型卡簧,夹紧力不大,适用于夹持直径在ϕ16 mm以下的铣刀。ER型卡簧如图3-80b所示。强力夹头刀柄的外形与ER弹簧夹头刀柄相似,但采用KM型卡簧,可以提供较大的夹紧力,适用于夹持直径在ϕ16 mm以上的铣刀进行强力铣削。KM型卡簧如图3-80c所示。莫氏锥度刀柄如图3-80d所示,适用于

图3-80 各类刀柄

莫氏锥度刀杆的钻头、铣刀等。侧固式刀柄如图 3-80e 所示,它采用侧向夹紧,适用于切削力大的加工场合,但一种尺寸的刀具需对应配备一种刀柄,规格较多。面铣刀刀柄如图 3-80f 所示,需与面铣刀刀盘配套使用。钻夹头刀柄如图 3-80g 所示,分整体式和分离式两种,用于装夹直径在 $\phi13$ mm 以下的中心钻、直柄麻花钻等。锥夹头刀柄如图 3-80h 所示,它适用于自动攻螺纹时装夹丝锥,一般有切削力限制功能。镗刀刀柄如图 3-80i 所示,它适用于各种尺寸孔的镗削加工,有单刃、双刃及重切削类型,在孔加工刀具中占有较大的比例,是孔精加工的主要手段和工具。增速刀柄如图 3-80j 所示,当加工所需的转速超过机床主轴的最高转速时,可以采用这种刀柄将刀具转速增大 4~5 倍,扩大机床的工艺范围。中心冷却刀柄如图 3-80k 所示,为了改善切削液的冷却效果,特别是在孔加工时,可采用这种刀柄使切削液从刀具中心喷入切削区域,极大地提高冷却效果,并利于排屑。

思考题与习题

3-1　金属切削机床由哪几个部分组成?各起什么作用?

3-2　查阅有关资料,说出下列机床符号的含义:

CG6125B　X6132　M1432A　Y3150E　B6050　Z3040　XK5040

3-3　切削运动与工件表面的形成有何关系?

3-4　举例说明什么叫表面成形运动、分度运动和切入运动?什么叫简单运动、复合运动?

3-5　机床的传动方式有哪些形式?它们各有什么特点?

3-6　机床的传动链中为什么要设置换置机构?分析传动链一般有哪几个步骤?

3-7　写出 CA6140 型卧式车床上进行公制螺纹 $P=16$ mm、$K=1$ 加工时的运动平衡式,并说明主轴的转速范围。

3-8　在滚齿机上加工一对齿数不同的斜齿圆柱齿轮,当其中一个齿轮加工完成后,在加工另一个齿轮前应对机床进行哪些调整工作?

3-9　万能外圆磨床的砂轮主轴和头架加工主轴能否采用齿轮传动?为什么?

3-10　什么是组合机床?它与通用机床及一般专用机床有哪些主要区别?有什么优点?

3-11　CA6140 型卧式车床主轴结构有何特点?近年来将其原来三支承结构改为两支承结构,为什么?

3-12　选用加工中心时需考虑的因素有哪些?

3-13　高速加工技术的优点及关键技术有哪些?

3-14　简述电气伺服传动系统的分类中开环、闭环和半闭环系统的数控机床各有何特点及应用场合。

3-15　主轴部件导轨支承件和刀架应满足哪些基本技术要求?

第 4 章

机械加工方法

零件的最终成形，实际上是由一种表面形式向另一种表面形式的转化，包括不同表面的转化、不同尺寸的转化及不同精度的转化。转化过程的实现，主要依靠切削运动以及其他非传统加工方法。不同切削运动（主运动和进给运动）的组合便形成了不同的切削加工方法。去除毛坯多余材料的常用切削加工方法有车削、钻削、镗削、铣削、刨削、插削、拉削、磨削等（各种加工方法能达到的经济精度和表面粗糙度值列于表 7-1、表 7-2、表 7-3）。对某一零件各表面的加工可采用多种方法，只有分析了零件种类和型面特点，理解了各种加工方法及其所使用刀具的特点和应用范围，才能合理地选择加工方法，进而确定最佳的加工方案。

4.1　零件的种类及组成

1. 零件的种类

切削加工的具体对象不是机械产品本身，而是组成机械产品的各种零件。虽然零件随其功用、形状、尺寸和精度等因素的不同而千变万化，但按其结构一般可分为 6 类，即轴类（图4-1）、盘套类（图 4-2）、支架箱体类（图 4-3）、六面体类（图 4-4）、机身机座类（图4-5）和特殊类零件

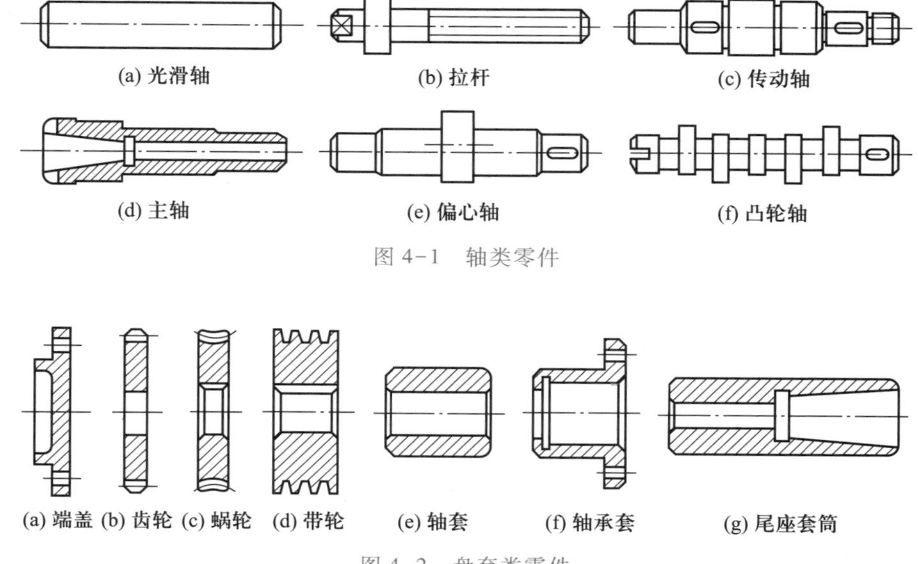

图 4-1　轴类零件

图 4-2　盘套类零件

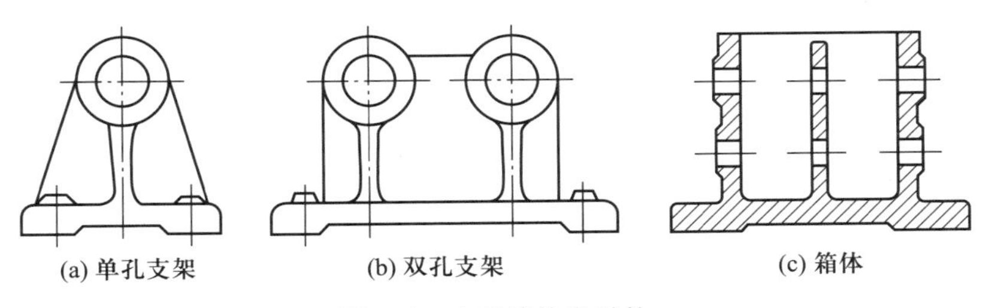

图 4-3 支架箱体类零件

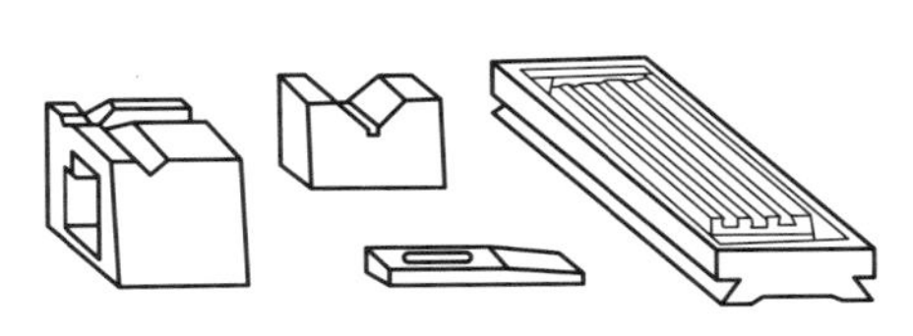

图 4-4 六面体类零件

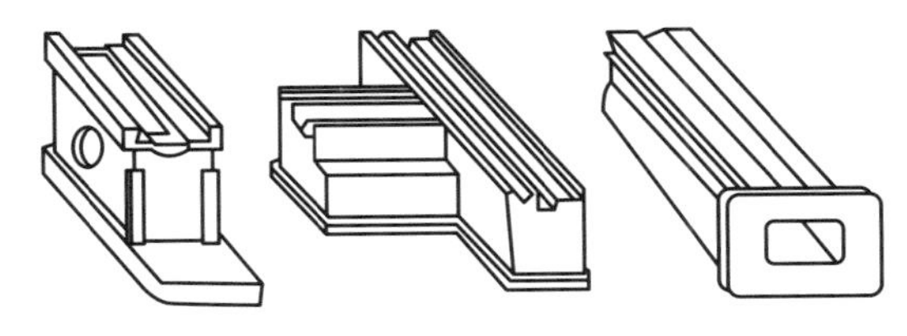

图 4-5 机身机座类零件

(图 4-6)。其中轴类、盘套类和支架箱体类零件是最常见的三类零件。由于每一类零件不仅结构类似,而且加工工艺也有许多共同之处,因此将零件进行分类有利于学习和掌握各类零件的加工工艺特点。

2. 组成零件的表面

切削加工的对象虽然是零件,但具体切削的却是零件的一个个表面。组成零件的常见表面有外圆柱面(简称为外圆)、内圆柱面(简称为内圆)、锥面、平面、螺纹、齿形、成形面以及各种沟槽等。图 4-7 所示的心轴体零件就是由外圆、内圆、外锥面、内锥面、外螺纹、内螺纹、直角槽、回转槽、轴肩平面和端平面等组成的。切削加工的目的之一就是利用各种切削方法在毛坯上加工出这些表面。

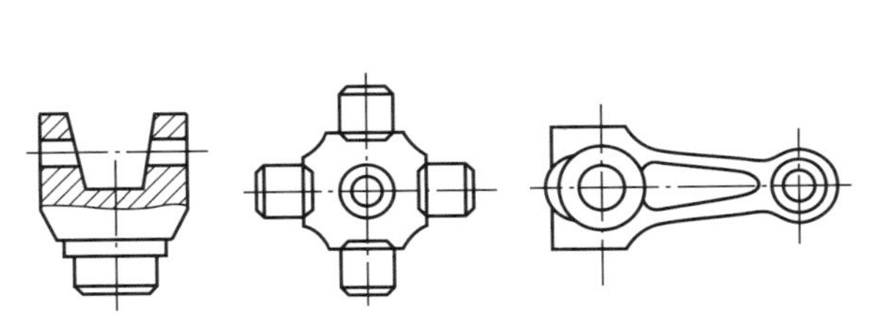

图 4-6 特殊类零件

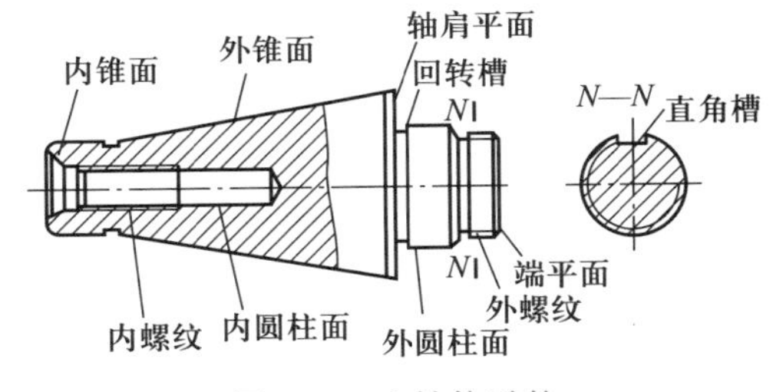

图 4-7 心轴体零件

4.2 常用切削加工方法

4.2.1 车削加工

工件旋转做主运动、车刀做进给运动的切削加工方法称为车削加工。车削是加工回转面的主要方法,而回转面是机械零件中应用最广泛的一种表面形式,因此车削在各种加工方法中所占比例最大。一般在机加工车间车床约占机床总数的 50%。

1. 工件的安装

车削加工时,工件在车床上的安装方法常用的有三爪自定心卡盘安装、四爪单动卡盘安装、花盘安装、顶尖安装和心轴安装等。

2. 车削的工艺特点

(1) 刀具结构简单,制造成本低　它主要体现在刀具的以下两个方面:

1) 结构简单,制造方便　车刀是金属切削加工中应用最广泛的一种刀具。在各类型刀具中,其结构最为简单且制造方便。根据车削加工方式不同,有直头外圆车刀、45°弯头外圆车刀、90°弯头外圆车刀、镗孔车刀、切断刀等;在结构上可分为整体式、焊接式和机械夹固式等,如图4-8所示。其中整体式多为高速钢车刀,用得较少;焊接式是将标准的硬质合金刀片焊接在按车刀几何角度的要求开出刀片槽的碳钢刀柄上,最后按所选定的几何角度刃磨使用的车刀;机械夹固式是采用机械方法将普通硬质合金刀片夹固在刀柄上的车刀。车刀结构均很简单且容易制造,因此得到广泛的应用。

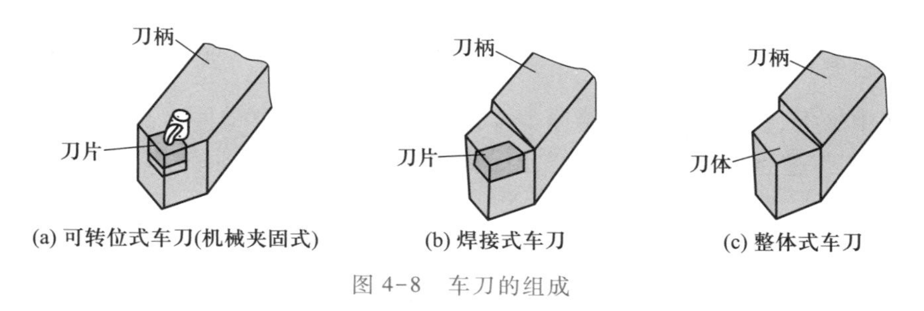

图4-8　车刀的组成

2) 刀柄、刀片等标准化程度高　车刀中使用的刀柄、刀片规格均已标准化且可重复使用。尤其是机械夹固式车刀的刀柄有相应的尺寸系列,标准化可转位刀片既有正三角形、正四边形、正五边形、圆形和菱形等不同的形状,也有不同的尺寸规格,可根据需要选用。

机械夹固式车刀又分为机夹重磨式车刀和可转位式车刀。机夹重磨式车刀的刀片磨损后可以重磨,然后再安装使用。可转位式车刀的刀片是具有一定几何角度的特制硬质合金可转位刀片,刀具的几何角度是由刀片角度及其在刀柄槽中的安装位置来确定的,故不需要刃磨。使用中当切削刃磨钝后,只需将刀片转位,新的切削刃即可投入切削,而这种转位不影响切削刃原始位置的精确性,刀具切削性能稳定,其刀位、刀片更换停机时间短,提高了生产率,在现代生产中应用得越来越多。可转位式车刀的夹紧结构如图4-9所示。

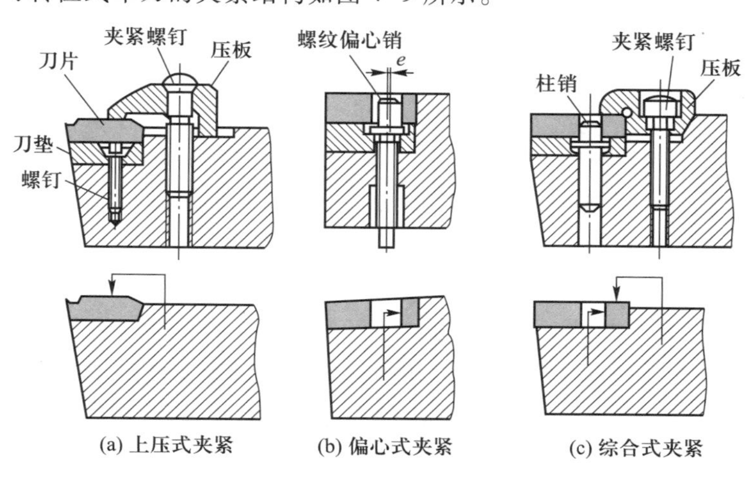

图4-9　可转位式车刀的夹紧结构

在实际应用中，选择刀片形状时要考虑加工工序性质、工件形状、刀具使用寿命和刀片利用率等因素，选择刀片尺寸时要考虑切削刃工作长度、刀片强度、加工表面质量及工艺系统刚性等因素。

注意焊接和刃磨时易在刀片内产生应力或裂纹，从而使其切削性能和使用寿命降低。

（2）易于保证被加工面间的位置精度　车削加工的对象主要是 4.1 小节中图 4-1 所示轴类、图 4-2 所示盘套类零件。此类零件在一次装夹后，可以完成内、外圆柱面和其端面的加工，从而容易保证被加工件内外圆柱面的同轴度、轴线与其端面的垂直度，即被加工表面之间的位置精度。

（3）切削过程平稳、生产率高、应用范围广　车削加工通常为连续切削，在较大速度下切削过程平稳，且机床的切削速度调整方便，因此生产率高，且工艺应用范围广。

3. 车削的应用

车削常用来加工各种回转表面：当刀具平行于旋转轴线方向运动时，就在工件上形成了内、外圆柱面（含钻孔）；刀具与轴线相交的斜线或垂直的直线运动，就形成锥面、平面（端面）；仿形车床或数控车床上可以控制刀具沿一条曲线进给，就形成一特定的旋转曲面；利用成形车刀横向进给，也可以加工出旋转面。车削的应用如图 4-10 所示。除此之外，使用不同的车床附件和车刀，同时适当调整机床某些部位，就可以加工出更多的工艺内容。根据所选用的车刀角度和切削用量以及不同的机床刚度、精度，车削可分为粗车（IT12、表面粗糙度 *Ra* 值约为 25 μm）、半精车（IT10，表面粗糙度 *Ra* 值约为 6.3 μm）、精车（IT7，表面粗糙度 *Ra* 值约为 0.8 μm）和精细车（IT6 级以上，表面粗糙度 *Ra* 值约为 0.4 μm）。

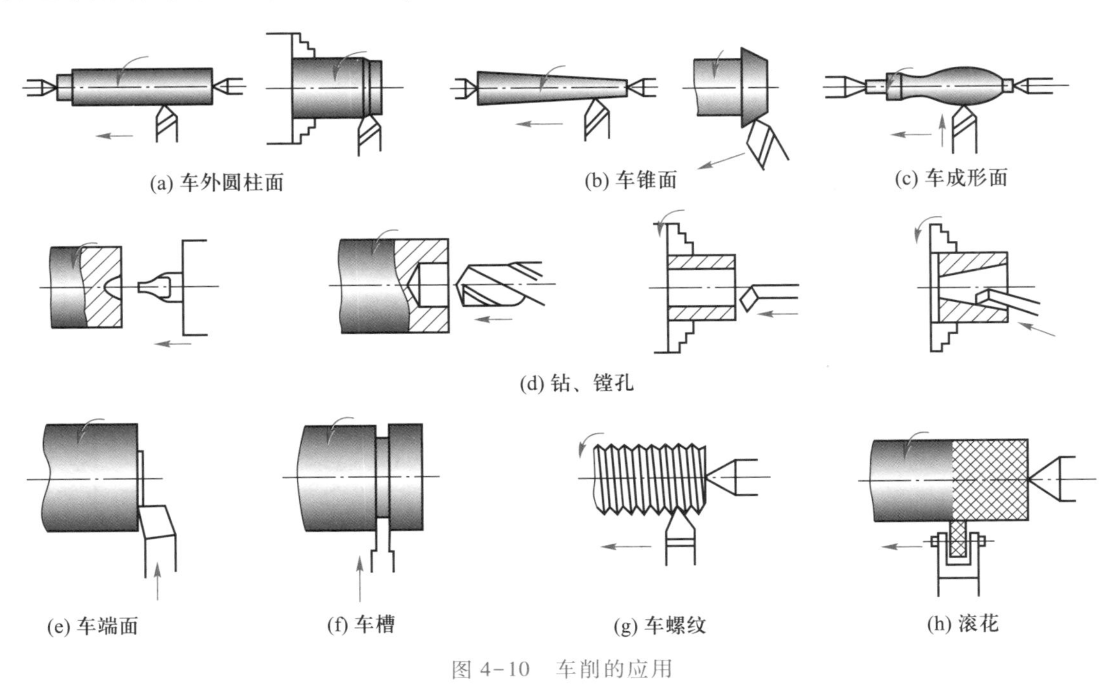

图 4-10　车削的应用

4.2.2　铣削加工

铣刀旋转做主运动、工件做进给运动的切削加工方法称为铣削加工。铣削加工可以在卧式铣床（简称卧铣）、立式铣床（简称立铣）、龙门铣床、工具铣床以及各种专用铣床上进行。

1. 铣削的工艺特点

（1）生产率高　铣削属多齿切削，铣削时铣刀同时参加切削的刀齿数多，可采用较大的切削速度，因而铣削的生产率一般较高。

（2）铣削过程不平稳　铣削是断续切削过程，刀齿切入切出时受到的机械冲击很大，易引起振动；铣削时总切削面积是一个变量，铣削力的不断变化使铣削处于不平稳的工作状态。

（3）刀齿冷却条件较好　由于刀齿间歇切削，故散热条件好，有利于提高铣刀的使用寿命。

2. 铣刀及其几何角度

铣刀的种类很多，按用途可分为面铣刀、圆柱形铣刀、三面刃铣刀、立铣刀等；按刀齿齿背制造方法分为尖齿铣刀和铲齿铣刀两大类，如图 4-11 所示。

圆柱形铣刀和面铣刀的结构和几何角度在各类铣刀中有代表性。刀齿排列在刀体圆周上的铣刀称为圆柱形铣刀（图 4-11a），它的结构形式分为由高速钢制造的整体圆柱形铣刀和镶焊硬质合金刀片的镶齿圆柱形铣刀。圆柱形铣刀一般采用螺旋刀齿，以提高切削工作的平稳性。面铣刀的刀齿排列在刀体端面上，它的结构形式通常有焊接夹固式和机夹可转位式两种。前者是将硬质合金刀片焊接在小刀头上，再用楔块将小刀头固定在刀体的槽中，小刀头在使用中可重磨；后者是将可转位硬质合金刀片用机械夹固方式固定在刀体上，通过更换刀刃的位置或刀片保持有效切削，同时也节省了更换刀具所花费的时间。图 4-12 所示为锥柄机夹可转位式面铣刀。

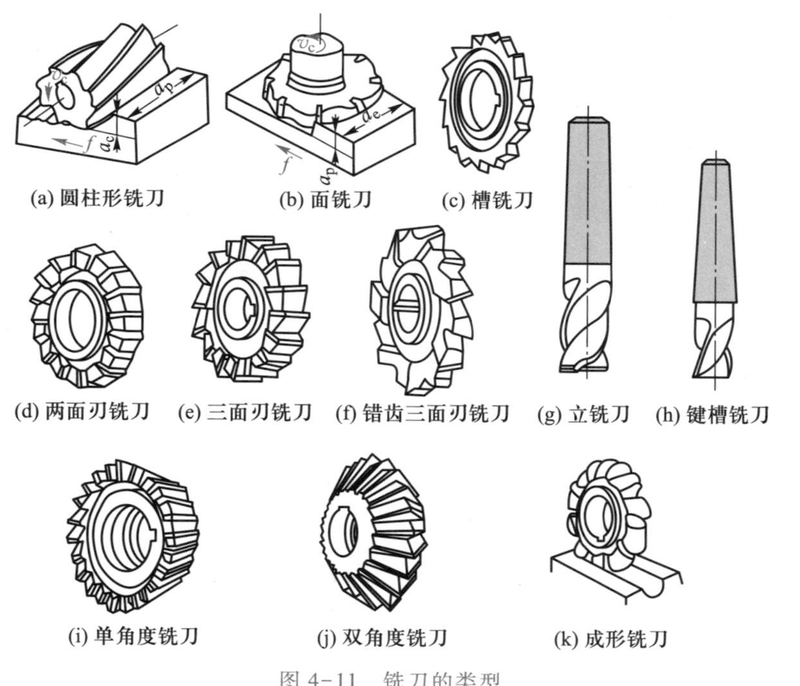

(a) 圆柱形铣刀　(b) 面铣刀　(c) 槽铣刀

(d) 两面刃铣刀　(e) 三面刃铣刀　(f) 错齿三面刃铣刀　(g) 立铣刀　(h) 键槽铣刀

(i) 单角度铣刀　(j) 双角度铣刀　(k) 成形铣刀

图 4-11　铣刀的类型

插铣加工

面铣刀粗加工

3. 铣削方法

铣削平面是平面加工的主要方法之一。铣削平面的方法有周铣法（平面由圆柱形铣刀的圆周刀齿切削形成）和端铣法（平面由铣刀的端面刃切削形成）两种。

按照铣削时主运动速度方向与工件进给方向的相同或相反，可将周铣法分为顺铣和逆铣，如图 4-13 所示。顺铣时，铣削力的水平分力与工件的进给方向相同，而工作台进给丝杠与固定螺母之间一般又有间隙存在，因此切削力容易导致工件和工作台一起轴向窜动，使进给量突然增大，容易打刀。逆铣则可以避免这一现象，故生产中多采用逆铣。在铣削铸件或锻件等表面有硬

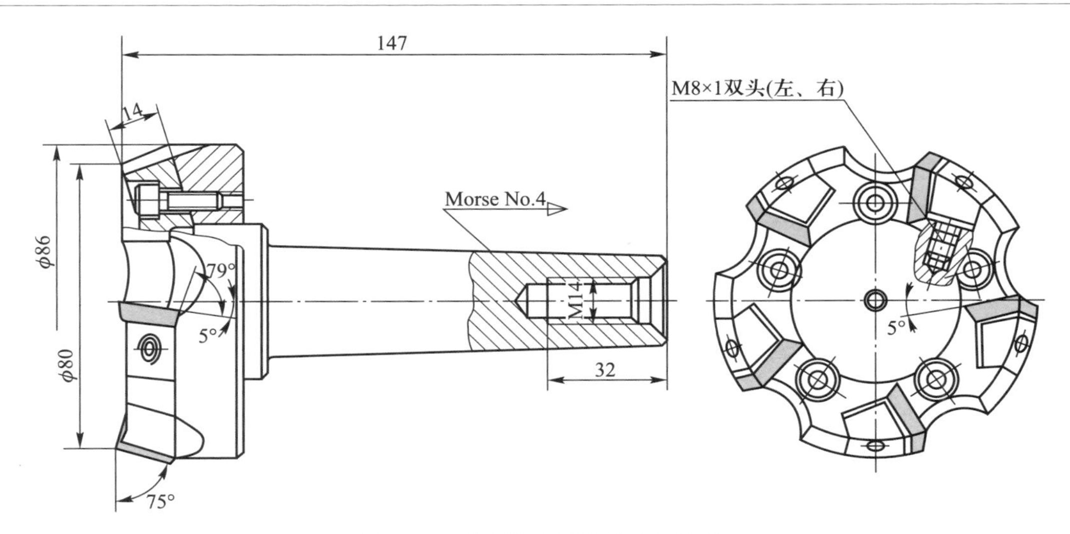

图 4-12 锥柄机夹可转位式面铣刀

皮的工件时,顺铣刀齿首先接触工件的硬皮,加剧了铣刀的磨损,逆铣则无这一缺点。但逆铣时,切削厚度从零开始逐渐增大,因而刀刃开始切削时将经历一段在切削硬化的已加工表面上挤压滑行的过程,加速了刀具的磨损。同时,逆铣时,铣削力将使工件上抬,易引起振动,这是逆铣的不利之处。

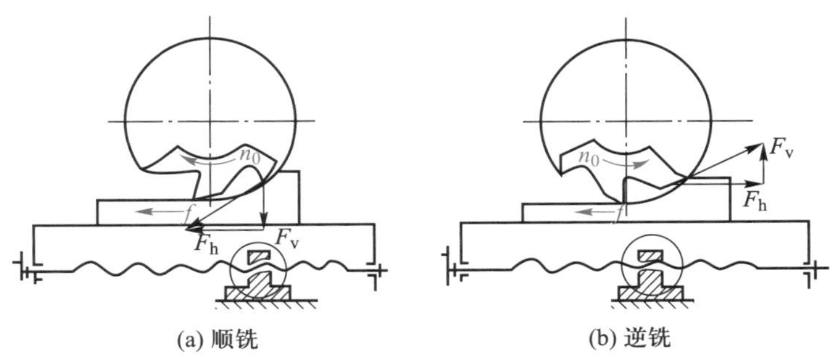

图 4-13 顺铣和逆铣

端铣法的效率和加工质量都比周铣法高。端铣时,根据铣刀相对于工件安装位置的不同可分为对称铣(工件安装在面铣刀的对称位置上,它具有较大的平均切削厚度,可保证刀齿在工件表层的硬层之下铣削)、不对称逆铣(铣刀从较小的切削厚度处切入,从较大的切削厚度处切出,从而减少切入冲击,提高铣削平稳性,适宜加工普通碳钢和低合金钢)、不对称顺铣(铣刀从较大的切削厚度处切入,在较小切削厚度处切出,在加工塑性较大的不锈钢、耐热合金等材料时,可减少毛刺及刀具的黏结磨损,提高刀具的使用寿命),如图 4-14 所示。

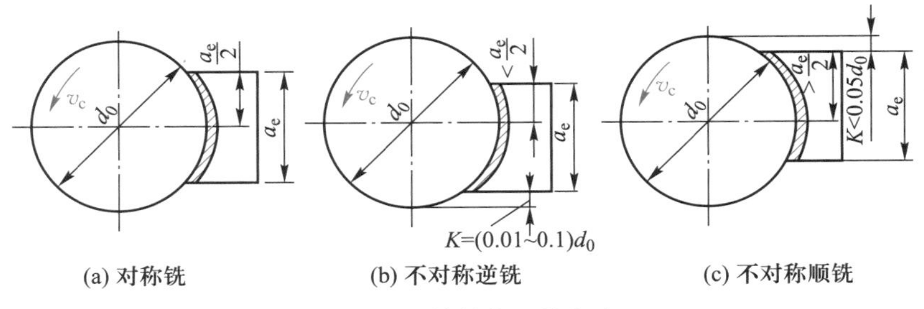

图 4-14 端铣的三种方式

铣削加工时能用软件通过数控系统控制几个轴按一定的关系联动，可以方便地铣出复杂曲面（一般采用球头铣刀）。数控铣床对加工叶轮机械的叶片、模具的模芯和型腔等形状复杂的工件具有特别重要的意义。铣削的加工精度一般可达 IT7、IT8，表面粗糙度 Ra 值为 1.6~6.3 μm。常用铣削加工方法的应用如图 4-15 所示。

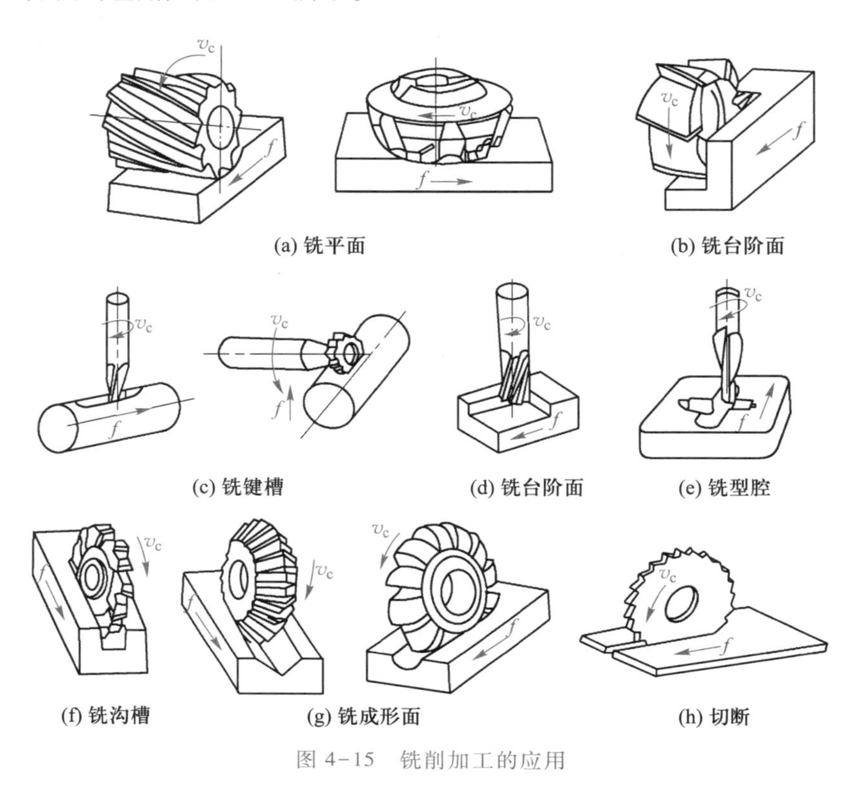

图 4-15 铣削加工的应用

4.2.3 钻削、铰削和镗削加工

钻削、铰削和镗削是孔加工常用的方法，一般在钻床、镗床上进行，也可以在车床、铣床、铣镗或车铣组合机床上进行。其中铰削有时用手工完成。

数控钻铣

1. 钻削加工

用旋转的钻头或铰刀、锪刀（含中心钻）在工件上加工孔的方法统称钻削加工。

（1）钻孔

钻孔是在实体材料上加工孔的第一道工序，钻孔直径一般小于 80 mm。钻孔加工有两种方式，一种是钻头旋转，例如在钻床、镗床上钻孔；另一种是工件旋转，例如在车床上钻孔，如图 4-16 所示。

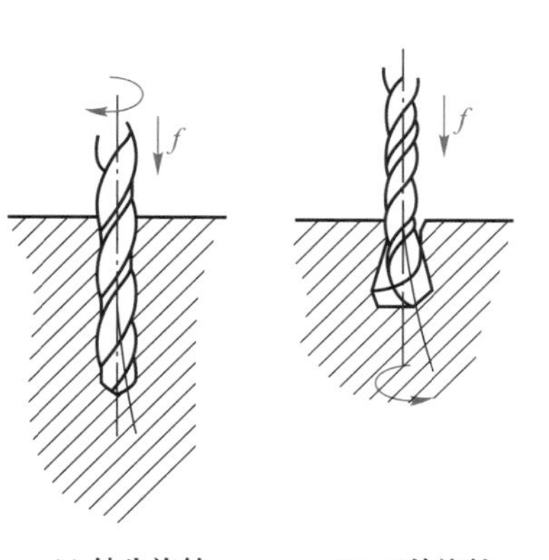

图 4-16 两种钻孔方式

1）钻孔的工艺特点

① 钻头容易引偏　钻头的刚性很差，且定心作用也很差，因而易导致钻孔时的孔轴线歪斜，如图 4-16a 所示。

② 排屑困难　钻孔时由于切屑较宽，容屑槽尺寸又受到

限制，所以排屑困难。切屑与孔壁发生较大的摩擦、挤压，会拉毛和刮伤已加工表面，降低表面质量。特别是当切屑阻塞在钻头的容屑槽里并卡死钻头时，易将钻头扭断。

③ 切削热不易传散　钻削时大量高温切屑不能及时排出，切削液又难以注入切削区，因此切削温度较高，刀具磨损加快。

2）麻花钻　麻花钻是应用最广泛的孔加工工具，特别适合于 ϕ30 mm 以下孔的粗加工，有时也可用于扩孔。钻孔的工艺特点在很大程度上受麻花钻结构的影响。图 4-17 所示为标准高速钢麻花钻的结构，它由工作部分、颈部和柄部三部分组成。柄部是钻头的夹持部分，用于与机床连接，并传递扭矩和轴向力。柄部分为直柄和锥柄两种，钻头直径 $d_0 \leqslant 12$ mm 时用直柄；$d_0>12$ mm时用莫氏标准锥度锥柄。颈部供磨削柄部时砂轮退刀和打印标记之用。为制造方便，直柄麻花钻一般不设颈部。工作部分包括前端（切削部分）和后端（导向部分）。切削部分承担主要的切削工作；导向部分起引导作用，也是切削部分的后备部分。工作部分有两条对称的螺旋槽，是容屑和排屑的通道。导向部分磨有两条棱边（刃带），为了减少与加工孔壁的摩擦，棱边直径磨有 0.03/100~0.12/100 的倒锥量，从而形成了副偏角 κ_r'。麻花钻的两个刃瓣由钻芯连接在一起，为了增加钻头的强度和刚度，钻芯制成正锥体（图 4-17c）。两个刃瓣可看作两把镗刀，螺旋槽的螺旋面形成了钻头的前（刀）面；与工件过渡表面相对的端部两曲面为主后（刀）面；与工件已加工表面（孔壁）相对的两条棱边为副后（刀）面。螺旋槽与主后（刀）面的两条交线为主切削刃，棱边与螺旋槽的两条交线为副切削刃，两后（刀）面在钻心处的交线形成了横刃。

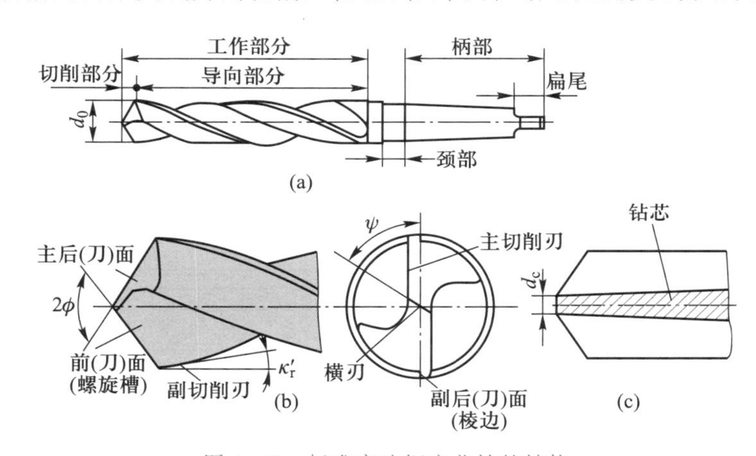

图 4-17　标准高速钢麻花钻的结构

3）钻孔的应用　由上述钻孔工艺特点可知，钻孔由于受标准麻花钻结构的限制使其加工质量较差。在如图 4-16 所示的两种钻孔方式中，钻头旋转的钻孔方式由于切削刃不对称和钻头刚度不足易使钻头引偏，造成被加工孔的中心线发生偏斜和不直，但孔径基本不变；而工件旋转的钻孔方式则相反，钻头引偏会引起孔径变化，而孔中心线仍是直线。通常，钻孔时会采取适当措施来提高钻孔加工的效率和加工质量。

① 合理刃磨刀具角度　因麻花钻前角变化太大，从外缘处的+30°到钻芯处减至-30°，横刃前角约为-60°，副后角为零，加剧了钻头与孔壁间的摩擦。因此在使用时除经常进行修磨以增加切削刃的锋利程度外，往往还会有意识地将横刃磨短并增大横刃前角、将钻头磨成双重顶角、将两条主切削刃磨成圆弧刃或增开分屑槽等。如有条件，也可按群钻形式进行修磨，从而大大改善麻花钻的切削效能，提高加工质量和钻头的使用寿命，见图 4-18。

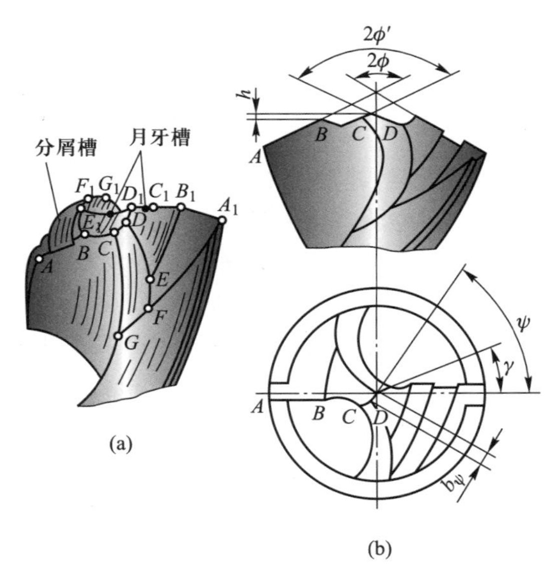

图 4-18　标准群钻

② 使用硬质合金麻花钻　硬质合金麻花钻的结构(图 4-19)与高速钢麻花钻相比,钻芯直径 d_c 较大,$d_c=0.25\sim0.3d_0$,螺旋角较小($\beta=20°$),工作部分较短。硬质合金麻花钻具有较高的强度和刚度,在加工铸铁、印制电路板和淬火钢时,生产率可比用高速钢麻花钻提高几倍。

③ 采取措施　钻削深孔(长径比≥5)　可采用特殊的深孔钻、强力冷却等措施进行加工,如图 4-20 所示。

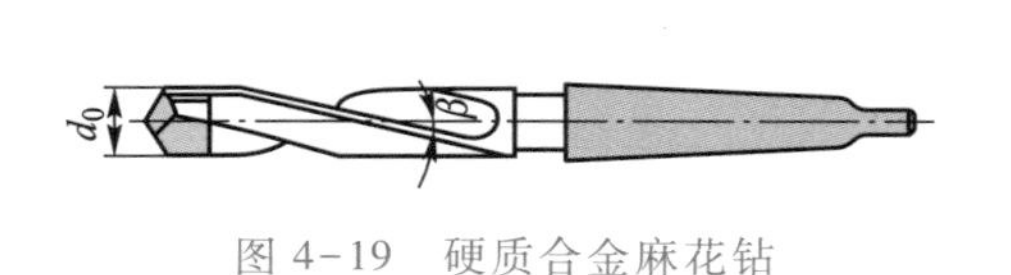

图 4-19　硬质合金麻花钻

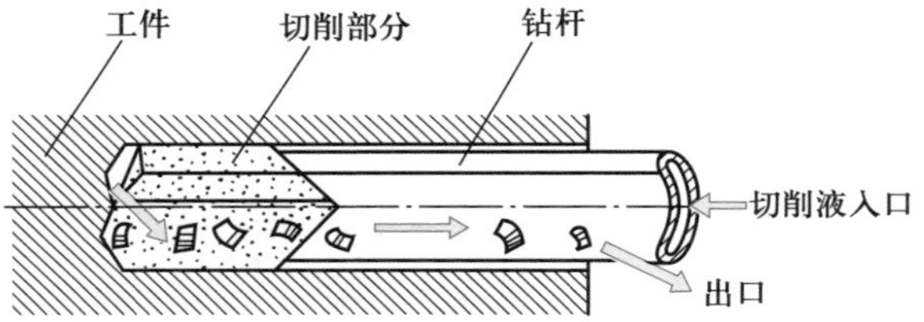

工件
切削部分
钻杆
切削液入口
出口

图 4-20　外排屑深孔钻(枪钻)工作原理

④ 防止引偏　在实际加工中,常利用下列方法防止钻头引偏:利用大直径短麻花钻刚度高的特点,预钻锥形定心坑;用钻套为钻头导向。如图 4-21 所示。同时注意锋角对称、钻孔前预先加工端面等。

对精度要求不高的孔,钻孔可以作为终加工方法,如螺栓孔、润滑油通道的孔等。对于精度要求较高的孔,可由钻头进行预加工后再进行扩孔、铰孔或镗孔。钻孔属于粗加工,通常尺寸公差等级为 IT11、IT12,表面粗糙度 Ra 值为 12.5~25 μm。

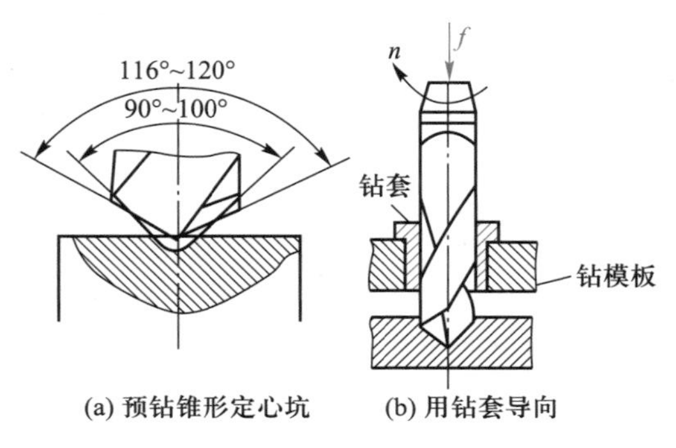

图 4-21　防止引偏的措施

(2) 扩孔

扩孔是用刀具对工件已有孔进行扩大孔径和提高加工质量的一种加工方法。扩孔钻没有横刃,齿数较多,刀具容屑槽较浅,刚性好,切削平稳性、导向性能均比钻孔好。又由于扩孔时工件余量小，加工后工件的尺寸精度可达 IT19、IT10，表面粗糙度 Ra 值为 3.2～6.3 μm。

扩孔既可作为精加工前的预加工，也可作为精度要求不高的孔的终加工，广泛应用于成批及大量生产中。常见的扩孔钻形式有高速钢整体式、镶齿套式两种，见图 4-22。高速钢整体式扩孔钻的扩孔范围为 $\phi10$～$\phi32$ mm，镶齿套式扩孔钻的扩孔范围为 $\phi25$～$\phi80$ mm。

（3）中心钻

如图 4-23 所示，中心钻常用于加工轴类工件的中心孔。当用于定位时，有利于被加工工件前后工序有统一的基准，使工件获得一定的精度。在实体材料上钻孔前先打中心孔，有利于钻头的导向，可防止钻孔的偏斜。

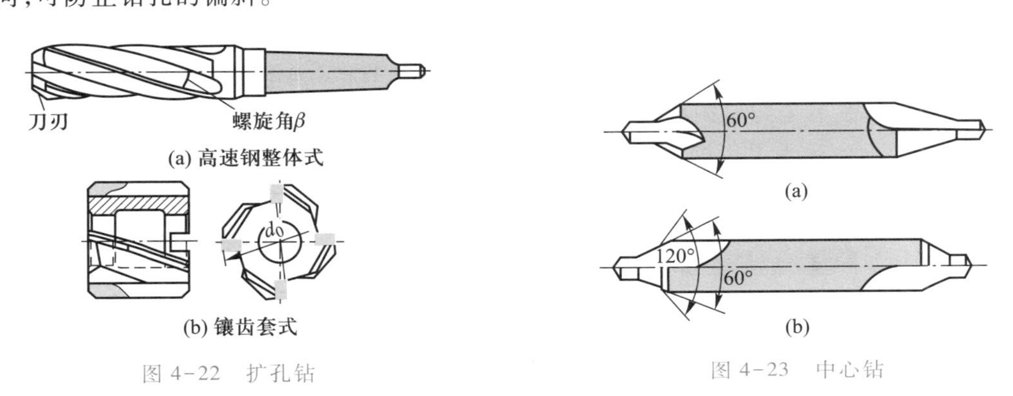

刀刃
螺旋角β
(a) 高速钢整体式
d₀
(b) 镶齿套式

图 4-22 扩孔钻

60°
(a)
120°
60°
(b)

图 4-23 中心钻

（4）锪孔

用锪钻（或代用工具）加工平底和锥面沉孔的方法称为锪孔。锪孔一般在钻床上进行，用来加工各种沉头孔、锥孔、端面凸台等，如图 4-24 所示。

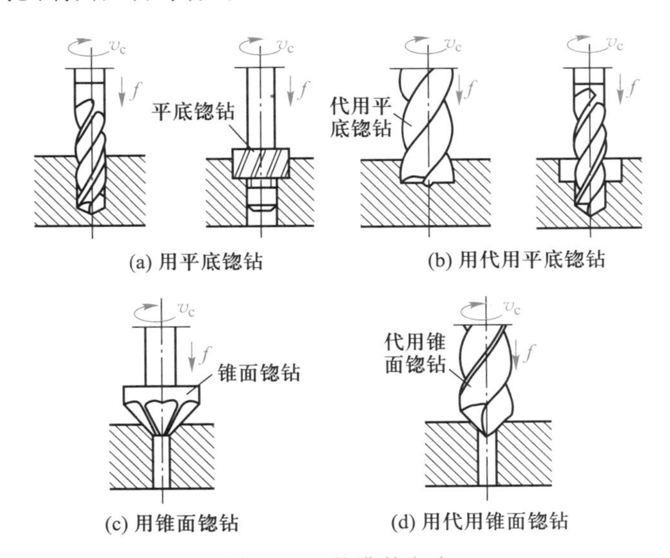

vc
f
平底锪钻
代用平底锪钻
(a) 用平底锪钻
(b) 用代用平底锪钻
锥面锪钻
代用锥面锪钻
(c) 用锥面锪钻
(d) 用代用锥面锪钻

图 4-24 锪孔的方法

2. 铰削加工

用铰刀在未淬硬工件孔壁上切除微量金属层，以提高工件尺寸精度和降低表面粗糙度值的方法称为铰孔。铰削加工余量小，切削厚度很小，且切削刃存在钝圆半径，因此铰削是切削、刮削、挤压等效应的一个联合作用过程。铰孔可加工圆柱和圆锥孔，可以在机床上进行（机铰），也可以手工进行（手铰）。

（1）铰孔的工艺特点

① 铰刀具有校准部分，可起校准孔径、修光孔壁的作用，使孔的加工质量得到提高。

② 铰刀是标准刀具，一定直径的铰刀只能加工一种直径和尺寸公差等级的孔。

③ 铰孔只能保证孔本身的精度，而不能校正轴线的偏斜及孔与其他相关表面的位置误差。

④ 生产率高，尺寸一致性好，适于成批和大量生产。钻—扩—铰是生产中常用的加工较高精度孔的工艺。

⑤ 铰削适用于加工钢、铸铁和非铁金属材料，但不能加工硬度很高的材料（如淬火钢、冷硬铸铁等）。

（2）铰刀

铰刀分为手用铰刀和机用铰刀两类。手用铰刀柄部为直柄，工作部分较长，导向作用好。手用铰刀又分为整体式和外径可调整式；机用铰刀分带柄式和套式。加工锥孔用的铰刀称为锥度铰刀。图 4-25a、b 所示为手用铰刀；c、d 所示为机用铰刀；e 所示为两把一套的锥度铰刀。

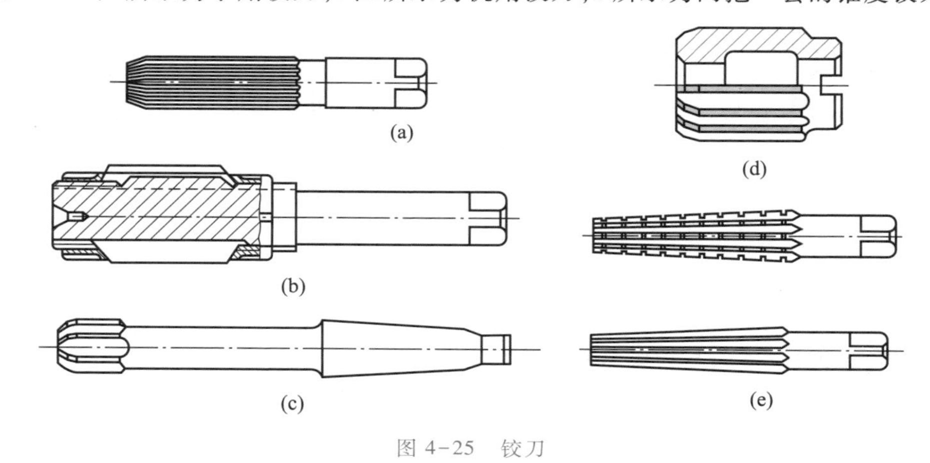

图 4-25 铰刀

铰刀由柄部、颈部和工作部分组成。工作部分又分为引导锥、切削部分和校准（修光）部分，如图4-26 所示。

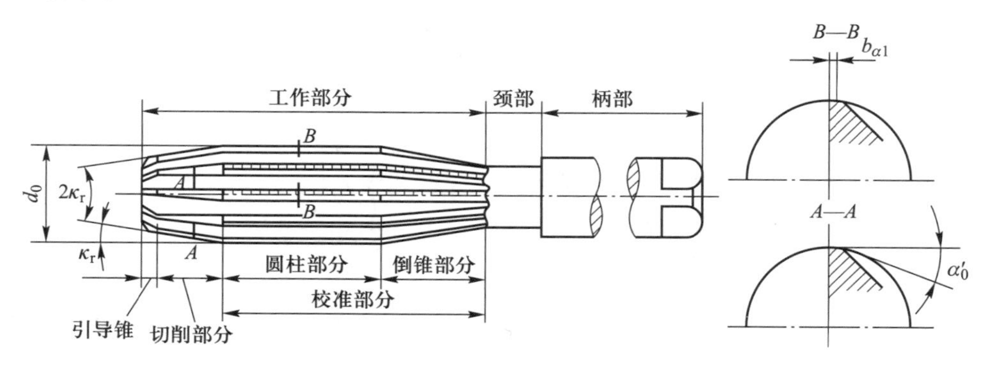

图 4-26 铰刀的结构

（3）铰孔的应用

铰刀用于中、小尺寸孔的半精加工和精加工，也可用于磨孔或研孔前的预加工，其尺寸精度可达 IT9～IT7，表面粗糙度 Ra 值为 0.8～3.2μm。铰削时应注意：

① 合理选择铰削用量。一般粗铰时，加工余量为 0.15～0.35 mm，精铰时加工余量为 0.05～0.15 mm；切削速度 $v_c \leq 0.083$ m/s；宜选用较大的进给量。

② 铰刀在孔中不可倒转。

③ 机铰时铰刀与机床最好采用浮动连接方式，避免铰刀轴线与被铰孔轴线偏移。

④ 铰制工件时，应经常清除刀刃上的切屑，并加注切削液进行润滑、冷却，以降低孔的表面粗糙度值。

3. 镗削加工

镗孔是在预制孔上用切削刀具使孔径扩大的一种加工方法。镗孔加工主要在镗床上进行，也可在车床、铣床上进行。一般车床主要镗削回转件轴向小孔；镗床则用来加工较大孔径的孔。镗削主要加工 4.1 小节中图 4-3 所示的支架箱体类零件。

镗孔所用的刀具是镗刀。镗刀分单刃镗刀和多刃镗刀两种结构形式，如图 4-27、图 4-28 所示。

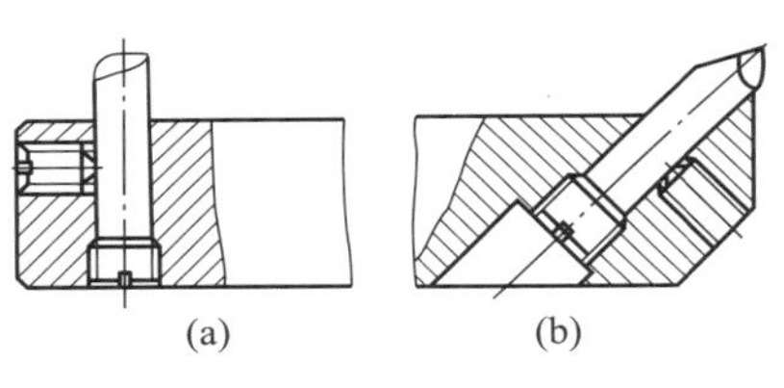

图 4-27　单刃镗刀

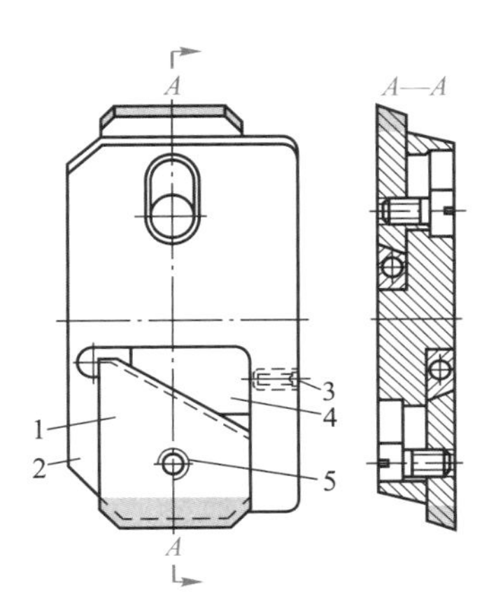

图 4-28　多刃镗刀（浮动镗刀）

1—刀片；2—刀块；3—调节螺钉；4—斜面垫板；5—夹紧螺钉

单刃镗刀的结构与车刀类似，其孔径依靠调整刀头的悬伸长度来保证。因此，一把镗刀可加工直径不同的孔，并可修正上一工序造成的轴线歪曲、偏斜等缺陷。一般单刃镗刀的刚性差，切削用量小，生产率低，多用于单件小批生产。

浮动镗刀即采用浮动连接结构的双刃镗刀，工件孔径尺寸和精度由镗刀径向尺寸保证。浮动镗刀刀片在镗杆上不固定，工作时它插在镗杆的矩形孔内，并能沿镗杆径向自由滑动。由两个对称的切削刃产生的切削力自动平衡其位置，可以消除由径向力对镗杆的影响而产生的加工误差。浮动镗刀相当于与机床浮动连接的具有两个对称刀齿的铰刀，因此浮动镗孔的实质是铰孔，只适用于精镗，并且不能纠正原有孔的轴线偏斜，常用于批量生产孔径较大（$D = 40 \sim 330$ mm）的孔。

镗孔有三种不同的加工方式。

1）刀具旋转、工件做进给运动　图 4-29a 所示为在镗床上镗孔的情况，镗床主轴带动镗刀旋转，工作台带动工件做进给运动。这种镗孔方式镗杆悬伸长度 L 一定，镗杆变形对孔的轴向形状精度无影响，但工作台进给方向的偏斜会使孔中心线产生位置误差。镗深孔或离主轴端面较远的孔时，为提高镗杆刚度和镗孔质量，镗杆由主轴前端锥孔和镗床立柱上的尾座支承。

2）工件旋转、刀具做进给运动　图 4-29b 所示同车床上大多数镗孔方式相似，其工艺特点是：加工后孔的轴线与工件的回转轴线一致，孔的圆度精度主要取决于机床主轴的回转精度，孔

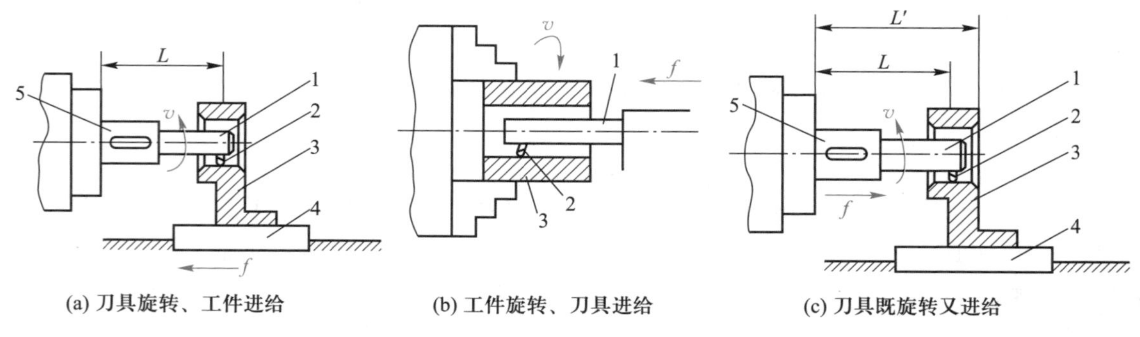

图 4-29 不同镗孔方式

1—镗杆；2—镗刀；3—工件；4—工作台；5—主轴

的轴向几何形状误差主要取决于刀具进给方向相对于工件回转轴线的位置精度。这种镗孔方式适用于加工与外圆表面有同轴度要求的孔。

3）刀具旋转并做进给运动 如图 4-29c 所示的镗孔方式，镗杆的悬伸长度是变化的，会带来镗杆受力变形的变化，从而必然使被加工孔产生形状误差，使靠近主轴箱处的孔径大、远离主轴箱处的孔径小，形成锥孔。此外，镗杆的悬伸长度增大，主轴因自重引起的弯曲变形也增大，孔轴线将产生相应的弯曲。这种镗孔方式只适用于加工较短的孔。

工作时，孔加工刀具被包围在孔中，因而存在容屑、排屑、刀具强度和刚度以及导向、散热、冷却等问题，在设计与使用时要特别加以注意。

镗孔和钻—扩—铰工艺相比，孔径尺寸不受刀具尺寸限制，如单刃镗刀镗孔时能不断修正原孔轴线的偏斜误差，使所镗孔与定位表面保持较高的位置精度。

镗孔与车削外圆相比，由于刀杆系统刚性差，变形比较大，因此其加工质量和生产效率不如车削外圆高。

综上分析可知，无论是普通镗床还是数控镗床，其加工工艺范围广，可加工各种不同尺寸和不同精度等级的孔。对于孔径较大、尺寸和位置精度要求较高的孔和孔系，镗孔几乎是唯一的加工方法。镗孔的加工精度为 IT9~IT7，表面粗糙度 *Ra* 值为 0.8~3.2 μm。镗孔适合于单件或成批生产。

4.2.4 刨插削和拉削加工

1. 刨插削加工

用刨刀相对工件做水平直线往复运动的切削加工方法称为刨削加工。刨床结构简单，通用性好，生产率低，多适用于单件小批量生产。其加工精度一般可达 IT7、IT8，表面粗糙度 *Ra* 值为 1.6~6.3 μm。精刨平面精度可达 0.02 mm/1 000 mm，表面粗糙度 *Ra* 值为 0.4~0.8 μm。一般牛头刨床用于加工中、小型零件，龙门刨床用于加工中、大型零件，如 4.1 小节中图 4-4、图 4-5 所示的六面体类、机身机座类零件，两者在狭长平面加工时有其特殊的优点。常用的刨削加工的应用如图 4-30 所示。

插床实际上可以看作是立式的牛头刨床，主要用来在单件、小批量生产中加工各种盘类零件的键槽等内表面，如图 4-31 所示。工业应用表明：插床的许多工作可由线切割机床执行。

2. 拉削加工

用拉刀加工工件内外表面的方法称为拉削加工。拉削在卧式拉床和立式拉床上进行。拉刀的直线运动为主运动（图 2-13）。拉削时无进给运动，其进给靠拉刀刀齿升高来实现，因此拉削可以看作是按高低顺序排列成队的多把刨刀进行的刨削。

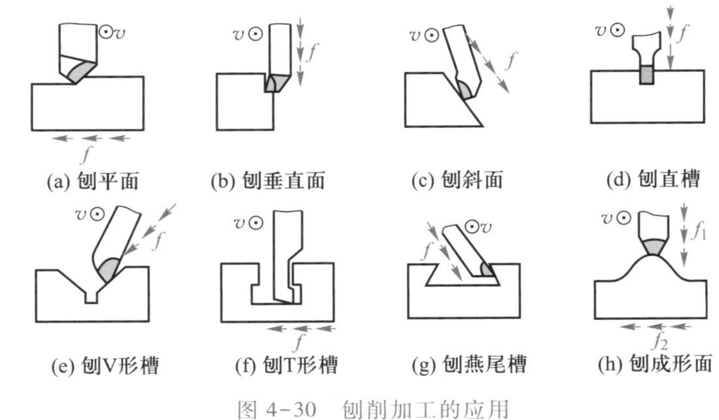

图 4-30 刨削加工的应用

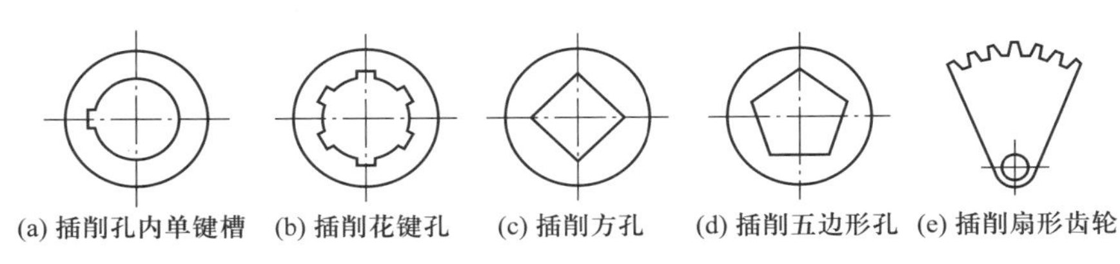

图 4-31 插削加工应用

(1) 拉削的特点

1) 生产率高。拉刀是多齿刀具,同时参加工作的刀齿数较多,总的切削宽度大,并且拉削的一次行程就能够完成粗加工、半精加工和精加工。

2) 加工质量好。拉刀为定尺寸刀具,具有校准齿进行校准修光工作,拉孔精度可达 IT7~IT9,表面粗糙度 *Ra* 值为 1.6~6.3 μm。拉床一般采用液压传动,拉削过程平稳。

3) 拉床结构简单,只有一个主运动,操作方便。拉刀的耐用度高,使用寿命长。拉削时切削速度较小,刀具磨损慢,拉刀刀齿磨钝后可多次重磨。

4) 拉削孔时,工件以被加工孔自身定位,不易保证孔与其他表面的相互位置精度。

5) 拉削属于封闭式切削,容屑、排屑和散热均较困难。

6) 拉刀形状复杂,制造成本高,不适合于加工大孔。

7) 拉削的加工精度和切削效率都比较高,主要用于成批大量生产,适用于加工在拉刀前进方向没有障碍的各种截面形状,如图 4-32 所示。

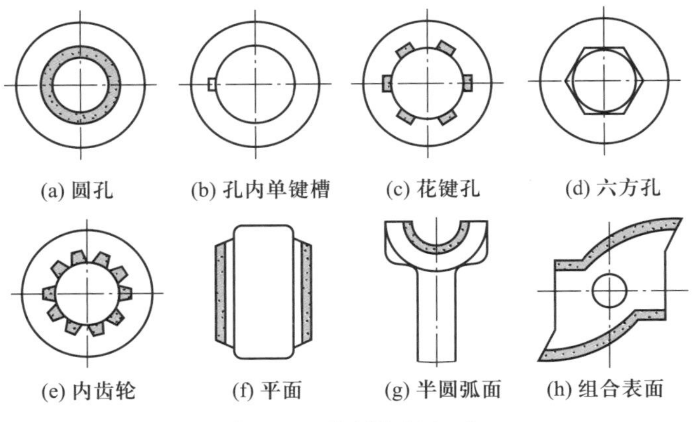

图 4-32 常用拉削表面

（2）拉刀

1）拉刀的类型　拉刀按所加工表面的不同，可分为内拉刀和外拉刀两类；按拉刀工作时受力方向的不同，可分为拉刀和推刀；按拉刀的结构不同，可分为整体式和组合式。一般中、小尺寸工件加工采用高速钢整体式拉刀，大尺寸工件加工采用硬质合金组合式拉刀。生产中常用的主要有圆孔拉刀、花键拉刀、方孔拉刀和键槽拉刀等。

2）拉刀的结构　各种拉刀的外形和结构虽有差异，但其组成部分和基本结构是相似的。图4-33所示为典型的圆孔拉刀。

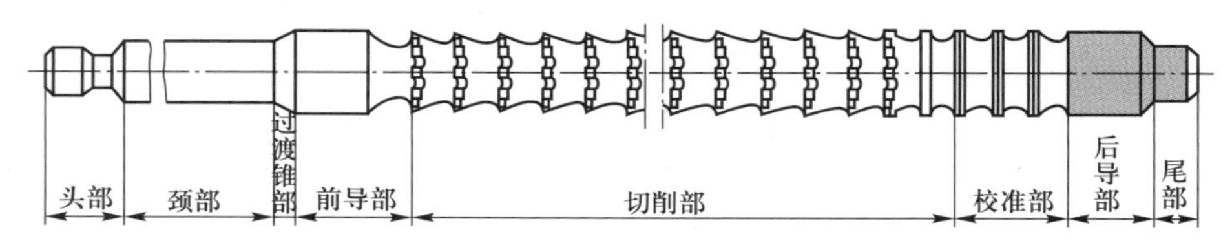

图4-33　圆孔拉刀的结构

（3）拉削方式

1）分层式拉削　这种方式的特点是刀齿的刃形与被加工表面相同，工件的加工余量被刀齿一层一层地顺序切下，可获得较高的表面质量，但拉刀长度较长，生产率较低。

2）分块式拉削　这种方式的特点是加工表面的每一层金属由一组尺寸基本相同但刀齿位置相互交错的刀齿（通常每组由2或3个刀齿组成）切除，每个刀齿仅切去该层金属中的一部分。其特点是切屑窄而厚，同一拉削余量下所需的刀齿总数较分层式拉削少，故拉刀长度缩短，生产率大为提高。但拉刀结构复杂，加工表面质量较差。

3）综合式拉削　这种方式集中了分层式拉削与分块式拉削的优点，粗切齿及过渡齿进行分块式拉削，精切齿进行分层式拉削。这样既缩短了拉刀长度，又能获得较好的表面质量。

4.2.5　其他型面加工

除上述加工表面以外，其他型面加工主要有齿面、螺纹面、复杂曲面加工。

1. 齿面加工

（1）齿面加工方法

齿面加工方法主要有两大类：成形法和展成法。

成形法加工主要在铣床上利用分组的成形齿轮铣刀完成，一般用于单件小批量生产以及齿轮修配，如图4-34所示。这种方法目前已很少使用。

展成法加工主要在滚齿机（应用滚刀）、插齿机（应用插齿刀）上完成，它利用一对齿轮的啮合原理来加工齿面。工件齿形由刀具切削刃在展成过程中逐渐切削包络而成，如图4-35所示。其工作原理在本书3.3节中已有叙述。

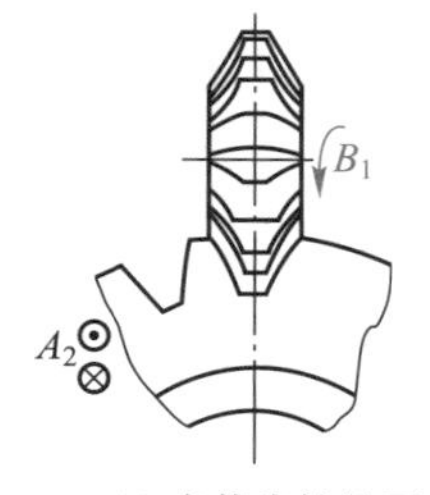

(a) 盘状齿轮铣刀

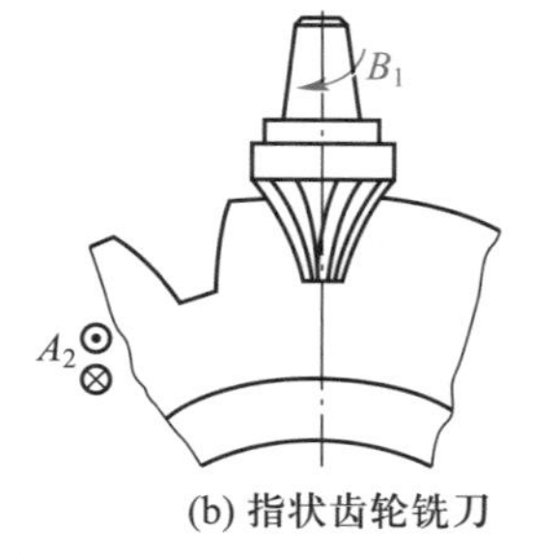

(b) 指状齿轮铣刀

图4-34　成形齿轮铣刀

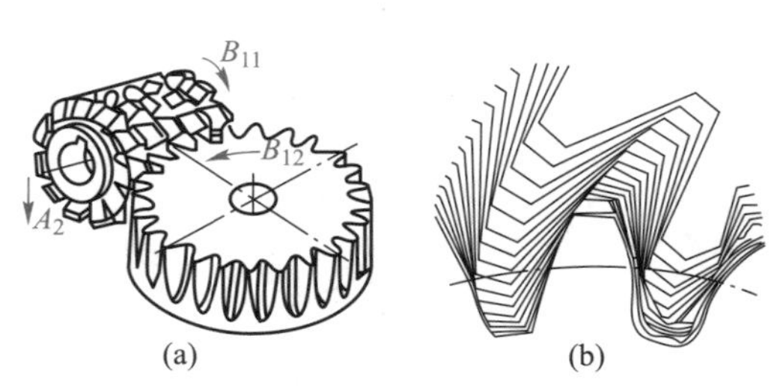

(a)　(b)

图4-35　齿轮滚刀的工作原理

常用的齿面加工工艺方法有滚齿、插齿，其中滚齿仅用于外齿面加工。当对齿轮精度有更高的要求、要进一步精加工时可选择剃齿、珩齿或磨齿等工艺。其中滚齿机不能加工内齿轮，剃齿只能用于软齿面加工（工件硬度一般应低于 30HRC），磨齿主要用于齿轮淬硬表面的精加工。

复杂曲面涡轮叶片加工

（2）滚齿加工

1）滚齿加工工艺的特点

① 滚齿是齿形加工中生产率较高、应用较广泛的一种加工方法。滚齿的通用性好，用一把滚刀可以加工模数相同而齿数不同的直齿或斜齿齿轮。滚齿的加工尺寸范围也较大，从仪器仪表中的小模数齿轮到大型设备中的大型齿轮都广泛采用滚齿加工。但在双联或多联齿轮滚齿加工时应留有足够的退刀槽。

② 滚齿既可用于齿形粗加工和半精加工，也可用于精加工。通常尺寸精度可达 IT8、IT7，表面粗糙度 Ra 值可达 1.6 μm。当采用 AA 级齿轮滚刀和高精度滚齿机时，尺寸精度可达 IT6 以上。

为提高加工精度和齿面质量，滚齿时通常宜将粗、精加工分开，精滚的加工余量一般取 0.5~1 mm，且取较大的切削速度和较小的进给量。

2）齿轮滚刀

① 齿轮滚刀的基本蜗杆　齿轮滚刀相当于一个齿数很少、螺旋角很大且轮齿很长的斜齿圆柱齿轮。因此，其外形就像一个蜗杆。为了使这个蜗杆能起到切削作用，需在其上开出几个容屑槽（直槽或螺旋槽），形成很多较短的刀齿，同时产生了前（刀）面和切削刃，通过铲齿加工形成后角。滚刀的切削刃必须保持在蜗杆的螺旋面上，齿轮滚刀的基本蜗杆如图 4-36 所示。

滚刀的基本蜗杆有渐开线蜗杆、阿基米德蜗杆和法向直廓蜗杆三种。在理论上，加工渐开线齿轮的齿轮滚刀的基本蜗杆应该是渐开线蜗杆。渐开线蜗杆在其端剖面内的截形是渐开线，在其基圆柱切平面内的截形是直线，在轴剖面和法剖面内的截形都是曲线，这就使滚刀的制造和检验较为困难。因此，生产中一般采用阿基米德蜗杆作为齿轮滚刀的基本蜗杆。用阿基米德滚刀加工出来的齿轮齿形虽然在理论上存在一定的加工原理误差，但由于齿轮滚刀的分度圆柱上的螺旋升角很小，故加工出的齿形误差也很小，能够满足一般工业上的使用要求，因此生产上常用的均为阿基米德蜗杆滚刀。

② 齿轮滚刀的选用　基准压力角为 20°的齿轮滚刀已经标准化，均为整体式齿轮滚刀，其基本结构如图 4-37 所示。当齿轮滚刀模数较大时，一般做成镶齿结构。

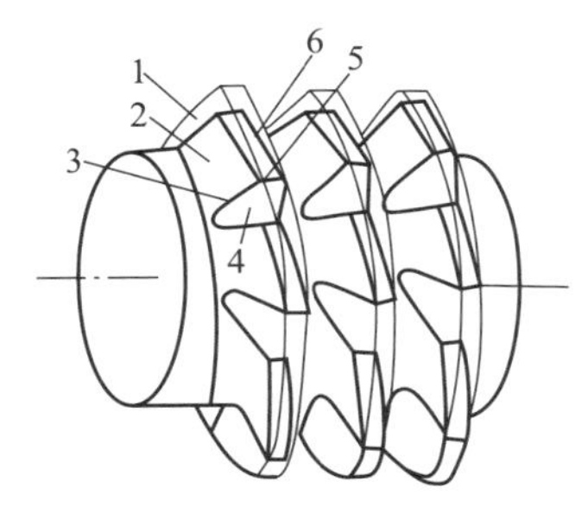

图 4-36　齿轮滚刀的基本蜗杆

1—蜗杆表面；2—侧刃后（刀）面；3—侧刃；4—前（刀）面；5—顶刃；6—顶刃后（刀）面

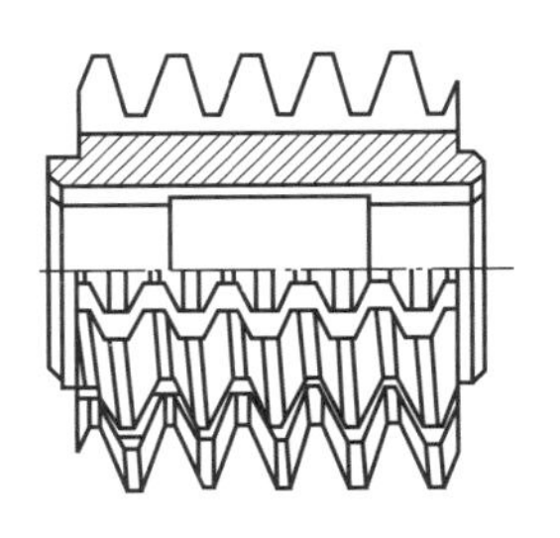

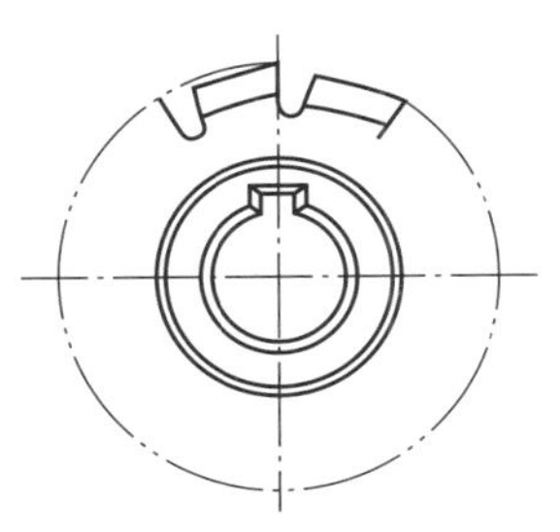

图 4-37　整体式齿轮滚刀

齿轮滚刀大多为单头，这样螺旋升角较小，加工齿轮时精度较高。粗加工用齿轮滚刀有时做成多头，以提高生产率。选用齿轮滚刀时，应注意以下几点：

a. 齿轮滚刀的基本参数（模数、齿形角、齿顶高系数等）应与被加工齿轮相同。

b. 齿轮滚刀的精度等级通常分为 AA、A、B、C 四级，分别对应加工 6 级、7～8 级、8～9 级、9～10级精度齿轮。注意应按被加工齿轮的精度要求相应选取。

c. 齿轮滚刀的旋向应尽可能与被加工齿轮的旋向相同，以减小齿轮滚刀的安装角，避免产生切削振动，提高加工精度和表面质量。滚切直齿齿轮时，一般用右旋齿轮滚刀。

（3）插齿加工

1）插齿加工工艺的特点

插齿也是齿形加工中应用较广泛的一种加工方法。它不仅能加工直齿齿轮，还能加工内齿轮、多联齿轮、人字齿齿轮和齿条等。机床配有专门附件时可加工斜齿齿轮，但不如滚齿方便。

插齿过程为往复运动，有空行程。插齿系统刚度较小，切削用量不能太大，故生产率比滚齿低，但在加工模数较小和宽度较窄的齿轮时其生产率不低于滚齿。

插齿既可用于齿形粗加工和半精加工，也可用于精加工。通常尺寸精度可达 IT8、IT7，表面粗糙度 Ra 值达 1.6 μm。当采用 AA 级插齿刀和高精度插齿机时，尺寸精度可达 IT6 以上。

2）插齿刀

插齿刀的形状如同圆柱齿轮，但具有前角、后角和切削刃。插齿时，切削刃随插齿机床的往复运动在空间形成一个渐开线齿轮。如图 4-38 所示，插齿刀的上下往复运动为主运动，插齿刀和被切齿轮相配合的回转运动形成展成运动（相当于产形齿轮和被切齿轮做无间隙的啮合运动）。展成运动一方面包络形成齿轮渐开线齿廓，另一方面又是切削时的圆周进给运动和连续的分齿运动。为了避免后（刀）面与工件摩擦，插齿刀每次空行程退刀时有让刀运动。

标准直齿插齿刀按其结构分为盘形、碗形和锥柄形三种，如图 4-39 所示。

插齿刀的选用方法如下：通常盘形直齿插齿刀（图 4-39a）主要用于加工模数为 1～12 mm 的普通直齿外齿轮和大直径内齿轮；碗形直齿插齿刀（图 4-39b）主要用于加工模数为 1～8 mm 的多联齿轮和某些内齿轮；锥柄形直齿插齿刀（图 4-39c）主要用于加工模数为 1～3.75 mm 的直齿内齿轮。插齿刀精度分为 AA、A、B 三级，分别用来加工 6、7、8 级精度的齿轮。

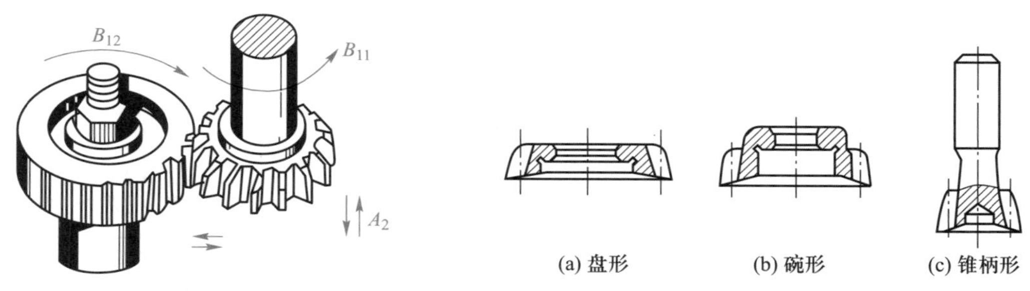

图 4-38　插齿刀工作原理　　图 4-39　插齿刀类型和结构

经滚齿、插齿加工后，在齿面精度和表面质量上若有更高的要求，往往有选择地进行剃齿、珩齿、磨齿、研齿等加工工序。有关这方面的内容请参见表 4-1。

2. 螺纹面加工

螺纹面的加工方法很多。单件小批量生产常在车床上利用车制或用套（攻）螺纹的方法完成，其尺寸精度可达 IT6、IT7，表面粗糙度 Ra 值约为 1.6 μm。大批量的螺纹件加工常使用专用

表 4-1 常用齿轮齿形加工方法的工艺特点与应用

序号	工艺方法	图例	可达尺寸精度	可达 Ra 值/μm	相对生产率	相对劳动强度	主要限制	适用范围
1	铣齿	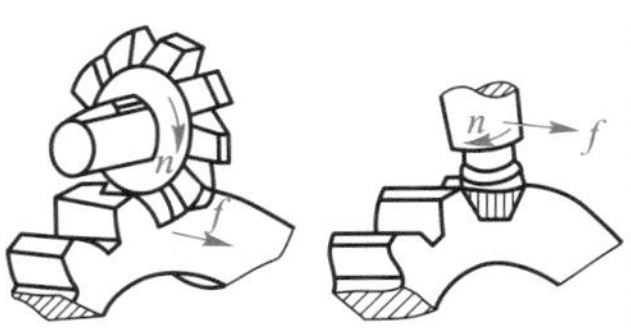 (a) (b)	IT9 级以下	1.6	低	大	不宜用于较大批量生产，不宜加工内齿轮	单件小批生产，工件硬度低于 30HRC。用于修理或加工不重要的齿轮
2	滚齿	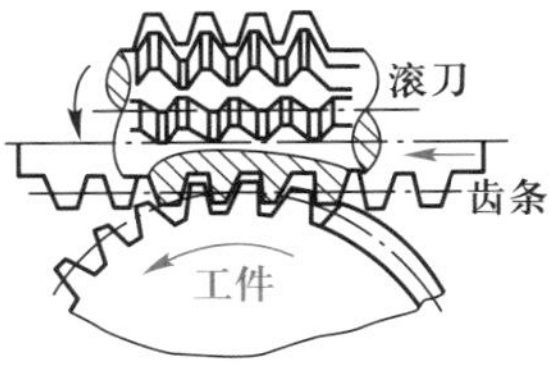 滚刀 齿条 工件	IT7 级	1.6	高	较低	不能加工内齿轮；加工双联或三联齿轮应留有足够的退刀槽	批量不限，常用于较大批量生产，工件硬度应低于 30HRC。常用于外圆柱直齿、斜齿齿轮的生产及精密齿轮的预加工
3	插齿	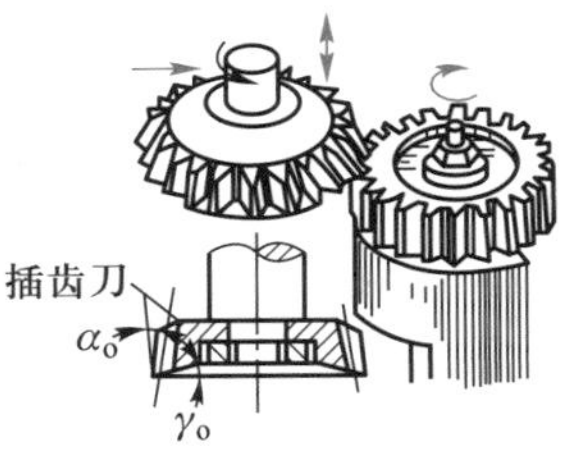 插齿刀 α_o γ_o	IT6、IT7 级	1.6	较高	较低	插斜齿齿轮时刀具复杂，机床调整复杂	批量不限，常用于成批生产，工件硬度应低于 30HRC。适用于加工各种圆柱齿轮，尤以加工内齿轮或扇形齿轮为佳。既可用于一般齿轮生产，也可用于精密齿轮的预加工
4	剃齿	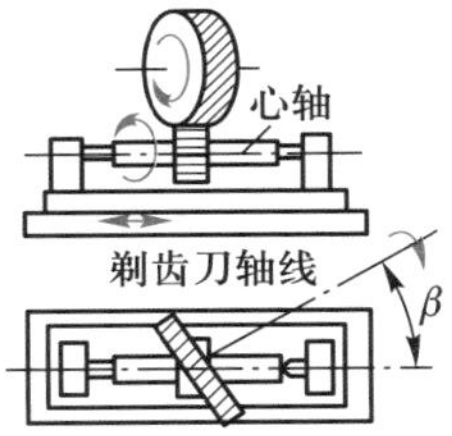 心轴 剃齿刀轴线 β	IT6 级	0.2	高	低	刀具制造与刀具刃磨很复杂，只能微量纠正预加工中产生的误差	用于齿轮精加工。加工精度可在预加工基础上提高 1~2 级。可用于各种渐开线齿轮的精加工，工件硬度应低于 30HRC
5	弧齿铣	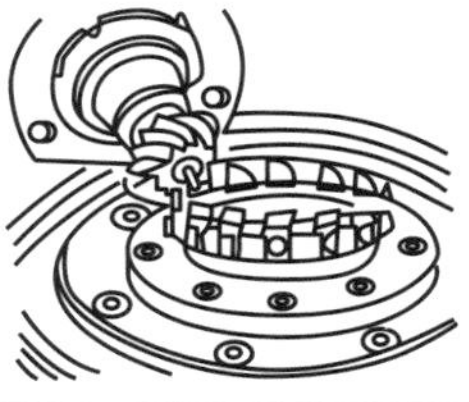	IT7 级	1.6	较低	较低	盘铣刀的制造、刃磨、安装复杂，机床调整很复杂	生产批量不限，工件硬度应低于 30HRC。适用于加工各种规格的圆弧齿轮

续表

序号	工艺方法	图例	可达尺寸精度	可达 Ra 值/μm	相对生产率	相对劳动强度	主要限制	适用范围
6	成形砂轮磨齿	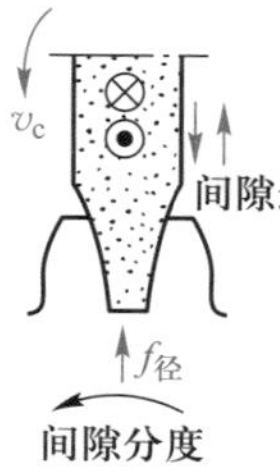 v_c 间隙进退 $f_{径}$ 间隙分度	IT5、IT6 级	0.2	稍高	一般	较小内齿轮难以磨削	生产批量不限，工件硬度不限，但工件塑性不宜太高，可加工各种渐开线外圆柱齿轮。其中成形砂轮磨齿可磨削尺寸稍大的内齿轮，也可磨削各种非渐开线齿轮。可纠正预加工产生的几何误差。适用于精密齿轮的关键工序加工
7	锥形砂轮磨齿	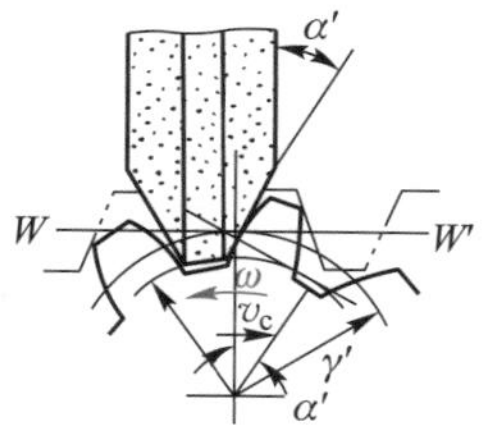 α' W W' ω v_c γ' α'	IT5 级	0.2	一般	一般		
8	碟形砂轮磨齿	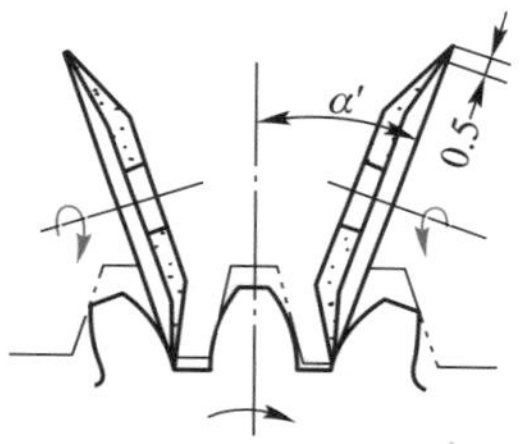 α' 0.5	IT4、IT5 级	0.1	一般	一般		
9	珩齿	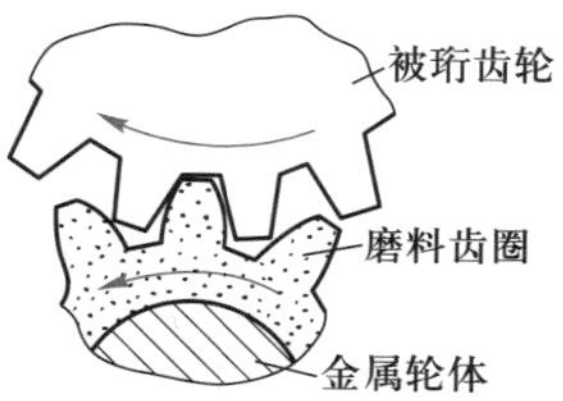 被珩齿轮 磨料齿圈 金属轮体	IT4、IT5 级（在预加工基础上精度提高 1 级左右）	0.1～0.2	稍高	低	只能微量纠正预加工中产生的几何误差	生产批量不限，工件硬度不限，对工件的塑性要求可低于磨削。可精加工各种规格的渐开线齿轮。在提高精度的同时，表面完整性得到改善
10	研齿	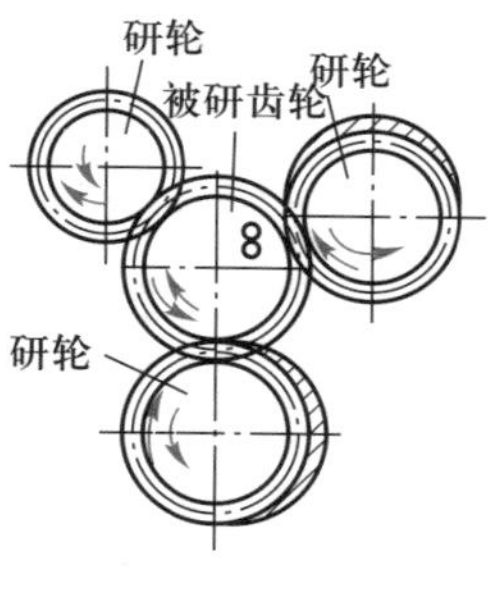 研轮 被研齿轮 研轮 研轮	IT4、IT5 级（在预加工基础上精度提高 1 级左右）	0.025～0.1	低	最低	只能微量纠正预加工中产生的几何误差	生产批量不限，工件的硬度、塑性不限，可加工各种规格的渐开线齿轮。主要用于提高齿面的表面完整性，使加工精度得到提高

机床设备。其中大、中直径，较大螺距外螺纹以及大直径内螺纹可采用旋风铣加工方法（精度达IT6、IT7，*Ra* 值约为 1.6 μm）；中小直径螺纹件可采用滚、搓工艺方法加工。采用后两种工艺方法时，材料利用率高，易实现自动化，尺寸精度可达 IT6，表面粗糙度 *Ra* 值为 0.2～0.8 μm，常用于螺纹标准件的大批量生产。三种加工方法如图 4-40 所示。

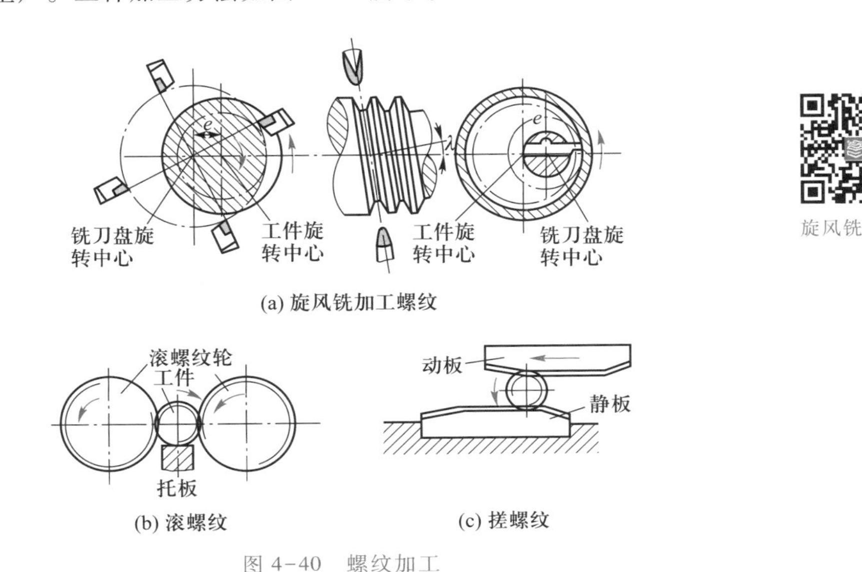

(a) 旋风铣加工螺纹

(b) 滚螺纹　　(c) 搓螺纹

图 4-40　螺纹加工

旋风铣

3. 复杂曲面加工

三维曲面的切削加工，主要采用仿形铣和数控铣的方法或特种加工方法。仿形铣必须有原型作为靠模，加工中仿形头始终以一定压力接触原型曲面，仿形头的运动变换为电感量，信号经放大后控制铣床三个轴运动，形成刀头沿曲面的轨迹从而完成对工件的加工。

数控技术的出现为曲面加工提供了更有效的方法。采用数控铣床或加工中心加工时，曲面是通过球形铣刀逐点按曲面坐标值加工而成的。在编制数控加工程序时，要考虑刀具半径补偿，因为数控系统控制的是球形铣刀球心的位置轨迹，而被加工曲面是球形铣刀切削刃运动的包络面。在一般情况下，曲面数控加工程序的编制可由 CAD/CAM 集成软件包（大型商用 CAD 软件都有 CAM 模块）自动生成。在特殊情况下，还要进行二次开发。

4.3　常用磨削加工方法

用砂轮或涂覆磨具对工件表面进行加工的方法称为磨削加工，大多在磨床上进行。磨削加工可分为普通磨削、高效磨削和低粗糙度值磨削等，其中低粗糙度值磨削属于精密加工范畴。

4.3.1　普通磨削

普通磨削是一种应用十分广泛的精加工方法，它可以利用外圆、内外圆、平面、无心、专用磨床等加工外圆、内孔、平面、锥面以及其他特殊型面。与一般刀具切削加工相比，普通磨削具有以下特点：能方便地加工零件淬火表面；能经济地完成尺寸精度为 IT6、IT7，表面粗糙度 *Ra* 值为 0.2～0.8 μm的零件表面的加工；利用砂轮的自锐作用（当外力超过磨粒强度极限时，磨粒破碎，以保持自身锋锐的性能）能提高磨削加工的生产效率。

（1）磨外圆

外圆磨削的具体方法有纵磨（砂轮高速旋转，进给运动包括工件旋转圆周进给运动和磨床工作台的一起往复纵向进给运动，且砂轮做周期性径向进给运动）、横磨（砂轮高速旋转，进给运动包括工件旋转圆周进给运动及砂轮连续横向进给运动）、综合磨（开始横磨，最后纵磨）以及深磨（同纵磨）四种，如图 4-41 所示。纵磨法的磨削力小、散热条件好、磨削工件的质量高，但生产率低，适宜单件小批生产；横磨生产率高，适宜大批量生产，但磨削力大、热量多，要求工件的刚性好；综合磨结合了纵磨、横磨两者的优点；深磨适用于大批量生产刚性好的工件。

(a) 纵磨　(b) 横磨　(c) 综合磨　(d) 深磨

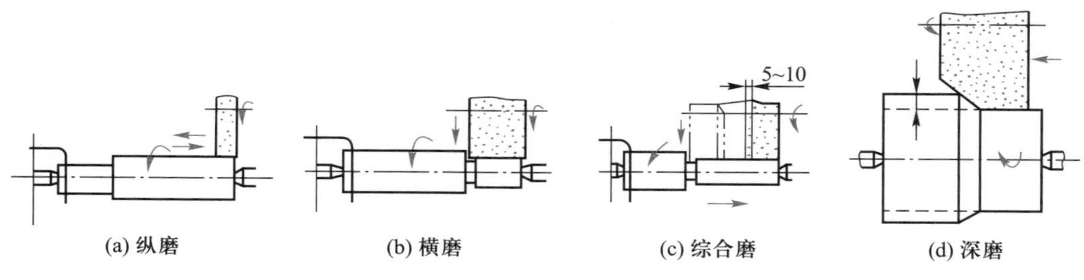

图 4-41　外圆磨削的方法

（2）磨内圆（包括内锥面）

磨内圆时砂轮受孔径限制，切削速度难以达到磨外圆时的速度；砂轮轴直径小，悬伸长，刚性差，易弯曲变形和振动，且只能采用很小的背吃刀量；砂轮与工件成内切圆接触，接触面积大，磨削热多，散热条件差，表面易烧伤。因此，内圆磨削生产率低。但是与铰孔和拉孔相比，内圆磨削的适应性较强，在一定范围内可磨削不同直径的孔，还可纠正孔的位置误差；能加工淬火工件及盲孔、大孔等，如图 4-42 所示。

（3）磨平面

磨平面的方法有周磨法和端磨法两种，图 4-43a 所示为周磨法，图 4-43b 所示为端磨法。

采用周磨法磨削平面时，砂轮与工件的接触面积小，排屑和散热条件好，工件热变形小，砂轮周面磨损均匀，因此表面加工质量高，但效率低，适用于单件小批生产。

采用端磨法磨削平面时，由于砂轮轴立式安装，刚性好，可采用较大的磨削用量，且砂轮与工件接触面积大，同时工作的磨粒数多，故生产率高。但砂轮端面上径向各处的切削速度不同，磨损不均匀，因此加工质量差，故仅适用于粗磨。

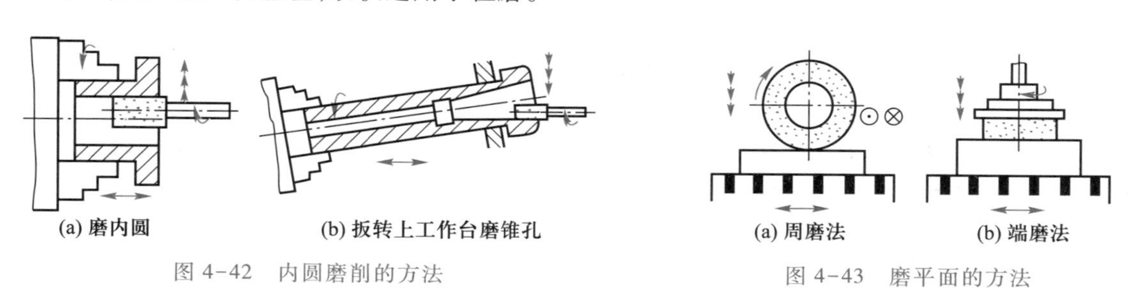

(a) 磨内圆　(b) 扳转上工作台磨锥孔

图 4-42　内圆磨削的方法

(a) 周磨法　(b) 端磨法

图 4-43　磨平面的方法

（4）无心磨削

无心磨削在无心磨床上进行，也有纵磨法和横磨法两种。

无心纵磨法如图 4-44 所示，大轮为工作砂轮，起切削作用；小轮为导轮，无切削能力；两轮与托板构成 V 形定位从而托住工件。由于导轮的轴线与工件轴线间的夹角为 β，$v_{导}$ 分解成 $v_{工}$ 和

$v_{进}$。$v_{工}$ 带动工件旋转，$v_{进}$ 带动工件轴向移动。为使导轮与工件直线接触，应把导轮圆周表面的母线修整成双曲线。无心纵磨法主要用于大批量生产中磨削细长光滑轴及销钉、小套等零件的外圆。

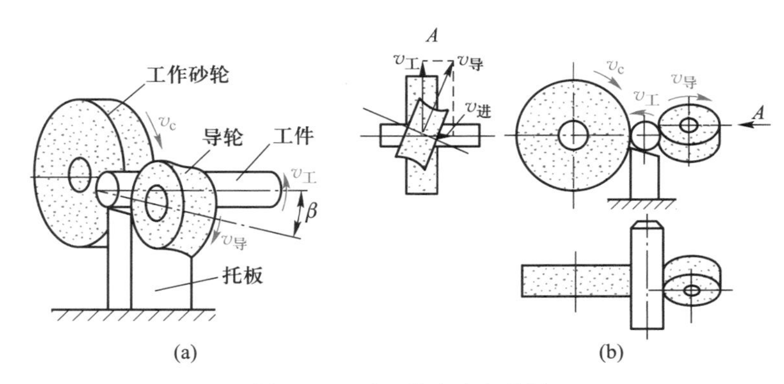

图 4-44 无心纵磨法磨外圆

4.3.2 高效磨削

随着科学技术的发展，作为传统精加工方法的普通磨削亦在逐步向高效率和高精度的方向发展。常见的有高速磨削、缓进给深磨削、宽砂轮与多砂轮磨削等高效磨削方式。

(1) 高速磨削

砂轮线速度一般大于 45 m/s，目前，磨削速度已达到或超过 200~250 m/s。高速磨削单位时间的磨除量大，表面质量高。我国已生产出高速外圆磨床、凸轮磨床和轴承磨床等。

(2) 缓进给深磨削

缓进给深磨削又称深槽磨削或蠕动磨削，其磨削深度为普通磨削的 100~1 000 倍，可达 3~30mm，是一种强力磨削方法，大多经一次行程即可完成磨削，如图 4-45 所示。缓进给深磨削生产效率高、砂轮损耗小、磨削质量好，其缺点是设备费用高。将高速快进给磨削与深磨削相结合，效果最佳。

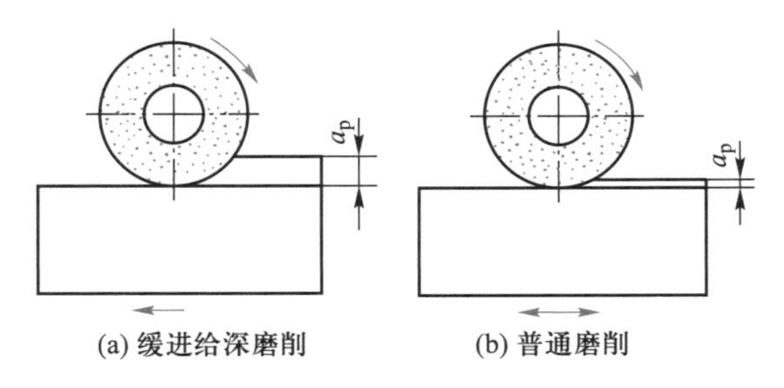

图 4-45 缓进给深磨削与普通磨削比较

(3) 宽砂轮与多砂轮磨削

宽砂轮磨削通过增大磨削宽度来提高磨削效率。普通外圆磨削的砂轮宽度约为 50 mm，而宽砂轮外圆磨削砂轮的宽度可达 300 mm，平面磨削时可达 400 mm，无心磨削时可达1 000 mm。宽砂轮外圆磨削一般采用横磨法。多砂轮磨削是宽砂轮磨削的另一种形式，它们主要用于大批量生产，见图 4-46。

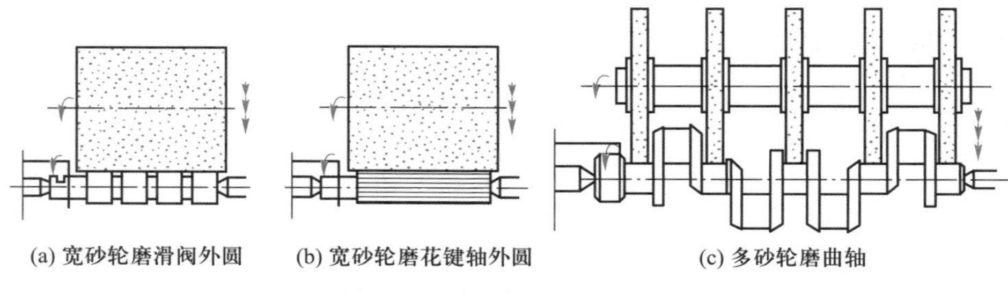

图 4-46　宽砂轮与多砂轮磨削

4.3.3　砂带磨削

用高速运动的砂带作为磨削工具磨削各种表面的方法称为砂带磨削。它是一种新型高效的工艺方法,图 4-47 所示为砂带磨削的几种形式。

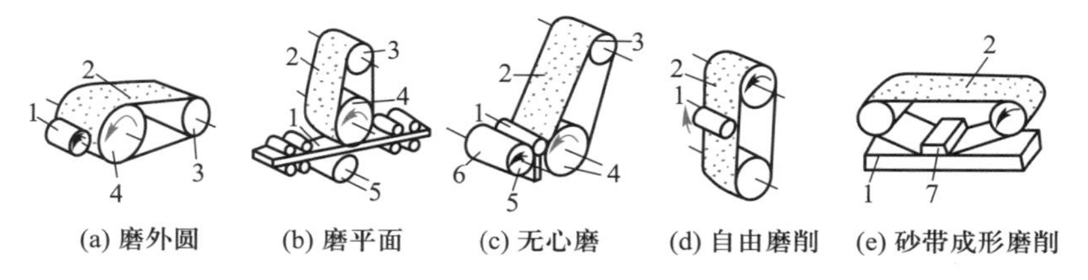

图 4-47　砂带磨削的几种形式

1—工件；2—砂带；3—张紧轮；4—接触轮；5—承载轮；6—导轮；7—成形导向板

砂带磨削的优点为生产率高,加工质量好,能保证恒速工作;不需修整,磨粒锋利,发热少;适用于磨削各种复杂的型面;砂带磨床结构简单,操作安全。

砂带磨削的缺点是砂带消耗较快,不能用于加工小直径孔、盲孔,也不能加工阶梯外圆和齿轮等。

4.4　常用表面光整加工方法

除了上述常用的切削、磨削加工方法外,为了获得更好的表面质量或所需要的表面形貌,提高尺寸精度,通常在上述加工基础上,还可以采用刮削、宽刀细刨、研磨、珩磨、抛光等工艺方法。

1. 刮削

刮削是用刮刀刮除工件表面薄层的加工方法。它一般在普通精刨和精铣基础上,由钳工手工进行,如图 4-48 所示。刮削余量为 0.05～0.4 mm。

刮削

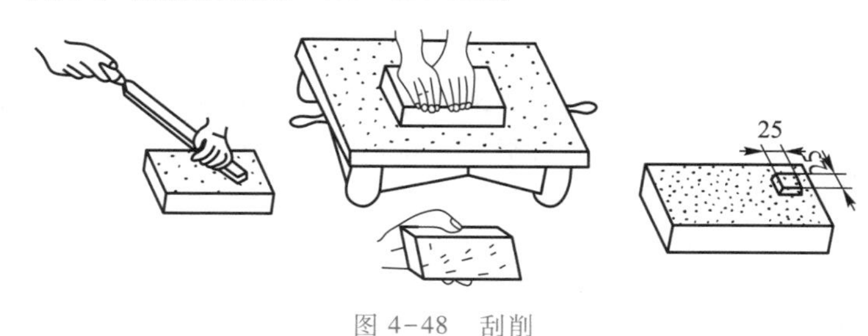

图 4-48　刮削

2. 宽刀细刨

宽刀细刨是在普通精刨的基础上，通过改善切削条件，使工件获得较高的形状精度和较低的表面粗糙度值的一种平面精密加工方法，如图 4-49 所示。宽刃细刨刀以很低的切削速度（v_c<5 m/min）和很大的进给量在工件表面上切去一层极薄的金属。它要求机床精度高，刚性好，刀具刃口平直光洁，常用于在成批大量生产中加工大型工件上精度要求较高的平面（如导轨面），以代替刮削和导轨磨削。

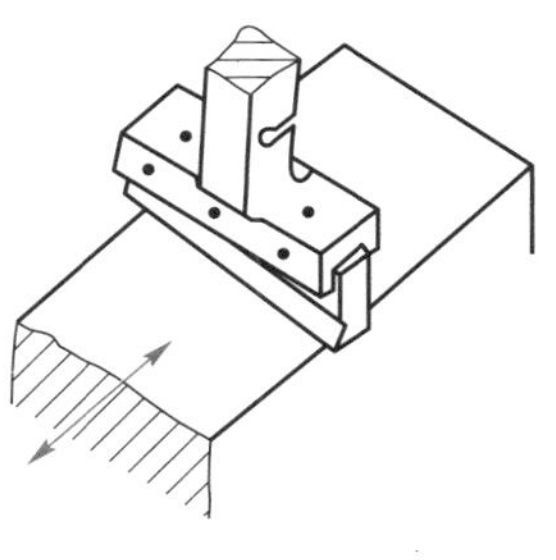
图 4-49 宽刀细刨

3. 研磨

研磨是用研具与研磨剂对工件表面进行精密加工的方法。研磨时，研磨剂置于研具与工件之间。在一定压力作用下，研具与工件做复杂的相对运动，通过研磨剂的力及化学作用，研磨掉工件表面极薄的一层材料，从而达到很高的精度和很小的表面粗糙度值。

4. 珩磨

珩磨是利用珩磨工具对工件表面施加一定压力，珩磨工具同时做相对旋转和直线往复运动，切除工件极小余量的一种精密加工方法。珩磨多在精镗后进行，多用于加工圆柱孔，如图 4-50 所示。与其他精密加工方法相比，珩磨有以下特点：有多个油石条同时连续工作，生产率较高；能提高孔的表面质量、尺寸和形状精度，但不能提高孔的位置精度；已加工表面有交叉网纹，利于油膜形成，润滑性能好；珩磨头结构复杂。

5. 抛光

抛光是通过涂有抛光膏的软轮（即抛光轮）的高速旋转对工件表面进行光整加工，从而降低工件的表面粗糙度值，提高光亮度的一种精密加工方法。图 4-51 是立铣头壳体刻度盘的抛光加工情景，用于增加刻度盘的光亮度。

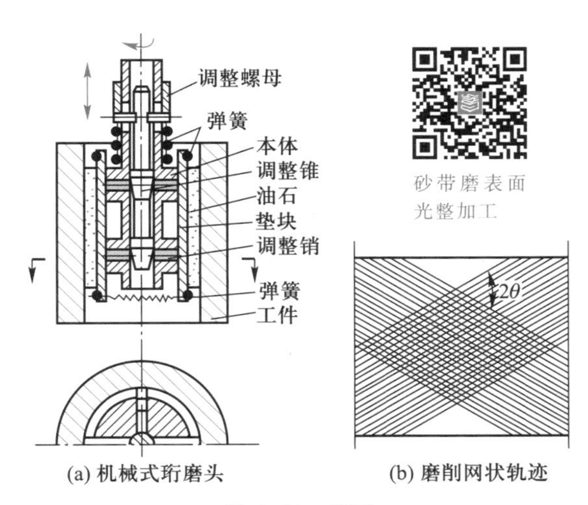

图 4-50 珩磨

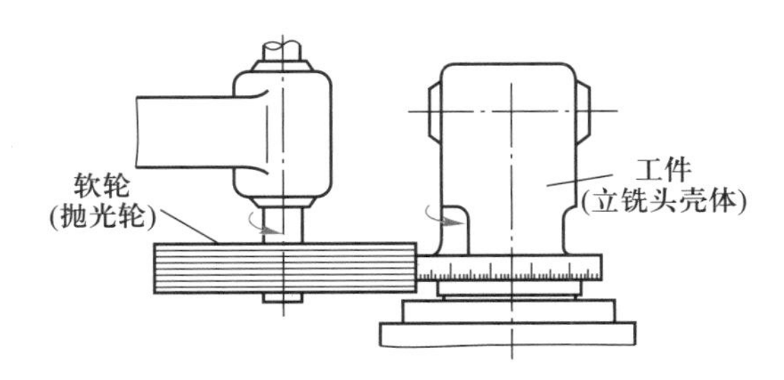

图 4-51 抛光立铣头壳体刻度盘

4.5 特种加工

科学和技术的发展提出了许多传统的切削加工方法和加工系统难以胜任的制造任务，如具有高硬度、高强度、高脆性或高熔点的各种难加工材料(如硬质合金、钛合金、淬火工具钢、陶瓷、玻璃等)的加工,具有较低刚度或复杂曲面形状的特殊零件(如薄壁件、弹性元件、具有复杂曲面形状的模具、叶轮机的叶片、喷丝头等)的加工等。特种加工方法正是为完成这些制造任务而产生和发展起来的。

特种加工方法指区别于传统切削加工方法,而是利用化学、物理(电、声、光、热、磁等)或电化学方法对工件材料进行加工的一系列加工方法的总称。这些加工方法包括化学加工、电化学机械加工、电火花加工、电解加工、电接触加工、超声加工、激光加工、离子束加工、电子束加工、等离子加工、电液加工、磨料流加工、磨料喷射加工、液体喷射加工、高压水射流加工、磁流变加工及各类复合加工等。

1. 电火花加工

电火花加工利用工具电极和工件电极间的瞬时火花放电所产生的高温来熔蚀工件表面材料,从而实现工件的加工。电火花加工在专用的电火花加工机床上进行。图4-52表示了电火花加工机床的工作原理。电火花加工机床一般由脉冲电源、自动进给机构、机床本体及工作液循环过滤系统等部分组成。工件固定在机床工作台上。脉冲电源提供加工所需的能量,其两极分别接在工具与工件上。当工具电极与工件电极在进给机构的驱动下在工作液中相互靠近时,极间电压击穿间隙而产生火花放电,释放大量的热。工件表层吸收热量后达到很高的温度(10 000 ℃以上),其局部材料因熔化甚至气化而被蚀除下来,形成一个微小的凹坑。工作液循环过滤系统强迫清洁的工作液以一定的压力通过工具电极与工件电极之间的间隙,及时排除电蚀产物,并将电蚀产物从工作液中过滤出去。多次放电的结果是工件表面产生大量凹坑。工具电极在进给机构的驱动下不断下降,其轮廓形状便被复印到工件上(工具电极材料尽管也会被蚀除,但速度远小于工件材料)。

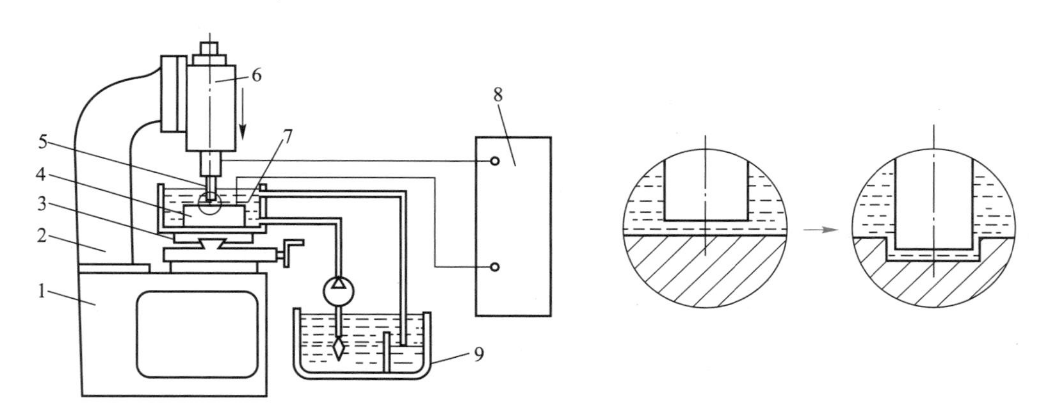

图4-52 电火花加工机床的工作原理

1—床身;2—立柱;3—工作台;4—工件电极;5—工具电极;
6—进给机构及间隙调节器;7—工作液;8—脉冲电源;9—工作液循环过滤系统

电火花加工机床已有系列产品。根据加工方式,可将其分成两种类型:一种是用特殊形状的工具电极加工相应工件的电火花成形加工机床(如前所述);另一种是用线(一般为钼丝、钨丝或铜丝)电极加工二维轮廓形状工件的电火花线切割加工机床。

图4-53为电火花线切割加工机床的工作原理图。贮丝筒1正、反方向交替转动,带动电极丝4相对工件5上下移动;脉冲电源6的两极分别接在工件和电极丝上,使电极丝与工件之间发生脉冲放电,对工件进行切割。工件安放在数控工作台上,由工作台 X-Y 向驱动电动机2驱动,

在垂直于电极丝的平面内相对电极丝做二维曲线运动，将工件加工成所需的形状。

电火花加工的应用范围很广，既可以加工各种硬、脆、韧、软和高熔点的导电材料，也可以在满足一定条件的情况下加工半导体材料及非导电材料；既可以加工各种型孔（圆孔、方孔、条边孔、异形孔）、曲线孔和微小孔（如拉丝模和喷丝头小孔），也可以加工各种立体曲面型腔，如锻模、压铸模、塑料模的模膛等；既可以用来进行切断、切割，也可以用来进行表面强化、刻写、打印铭牌和标记等。

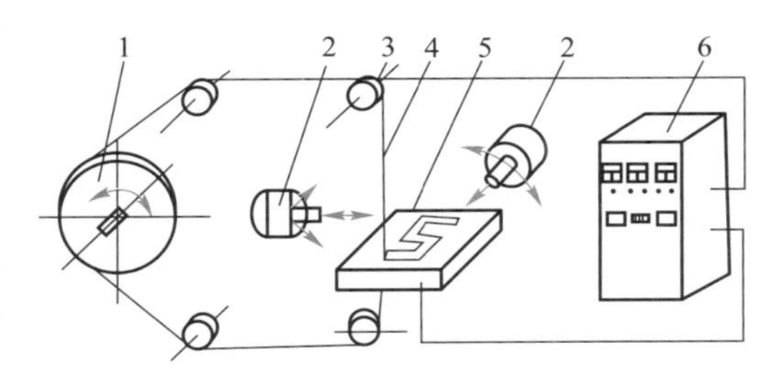

图 4-53　电火花线切割加工机床的工作原理

1—贮丝筒；2—工作台 $X-Y$ 向驱动电动机；3—导轮；4—电极丝；5—工件；6—脉冲电源

2. 电解加工

电解加工又称电化学加工（EMC），是利用金属在电解液中产生阳极溶解的电化学原理对工件进行成形加工的一种方法，电解加工的原理如图 4-54 所示。工件接直流电源正极，工具接负极，两极之间保持狭小间隙（0.1～0.8 mm）。具有一定压力（0.5～2.5 MPa）的电解液从两极间隙中以 15～60 m/s 的高速流过。当工具阴极向工件不断进给时，在面对阴极的工件表面上，金属材料按阴极型面的形状不断溶解，同时电解产物被高速电解液不断带走，于是工具型面的形状就相应地复印在工件上。

电解加工

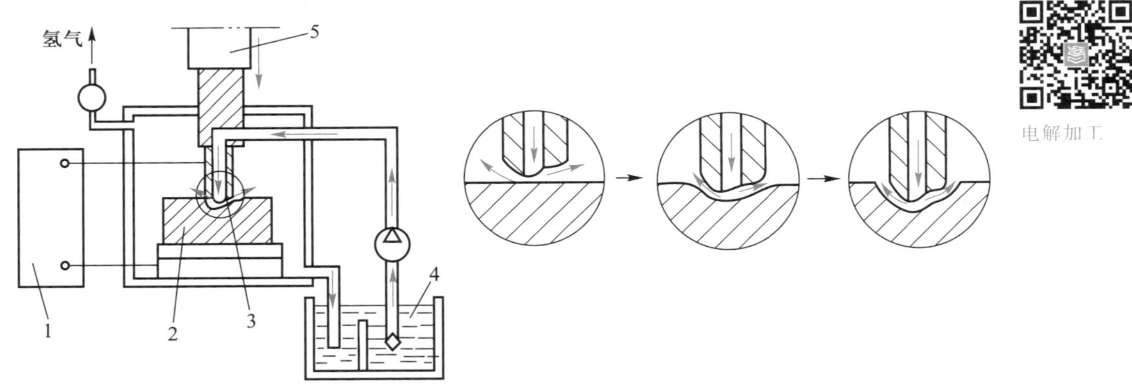

图 4-54　电解加工原理示意图

1—直流电源；2—工件；3—工具电极；4—电解液；5—进给机构

电解加工具有以下特点：① 工作电压低（6～24 V），工作电流大（500～20 000 A）；② 能以简单的进给运动一次加工出形状复杂的型面或型腔（如锻模、叶片等）；③ 可加工难加工材料；④ 生产率较高，为电火花加工的 5～10 倍；⑤ 加工中无机械切削力或切削热，适用于易变形或薄壁零件的加工；⑥ 平均加工公差可达±0.1 mm 左右；⑦ 附属设备多，占地面积大，造价高；⑧ 电解液既腐蚀机床，又容易污染环境。

电解加工主要用于加工型孔、型腔、复杂型面、小直径深孔等，还可用于去毛刺、刻印等。

3. 激光加工

激光是一种亮度高、方向性好（激光束的发散角极小）、单色性好（波长和频率单一）、相干性好的光。由于激光的上述四大特点，通过光学系统可以使它聚集成一个极小的光斑（直径为几微米至几十微米），从而获得极高的能量密度（10^7～10^{10} J/cm^2）和极高的温度（10 000 ℃以上），金属达到沸点所需的能量密度为 10^5～10^6 J/cm^2。在此高温下，任何坚硬的材料都将瞬时急剧熔化和蒸发，并产生强烈的冲击波，使熔化的物质爆炸式地喷射去除。激光加工就是利用这种原理熔蚀去除材料进行加工的。为了帮助蚀除物排出，还需对加工区吹氧（加工金属用），或吹保护性气体，如二氧化碳、氨等（加工可燃物质时用）。

对工件的激光加工由激光加工机完成。激光加工机通常由激光器、电源、光学系统和机械系统等组成，如图4-55所示。激光器（常用的有固体激光器和气体激光器）把电能转变为光能，产生所需的激光束，经光学系统聚焦后，照射在工件上进行加工。工件固定在三坐标精密工作台上，由数控系统控制和驱动，实现加工所需的进给运动。

激光加工（一）

激光加工（二）

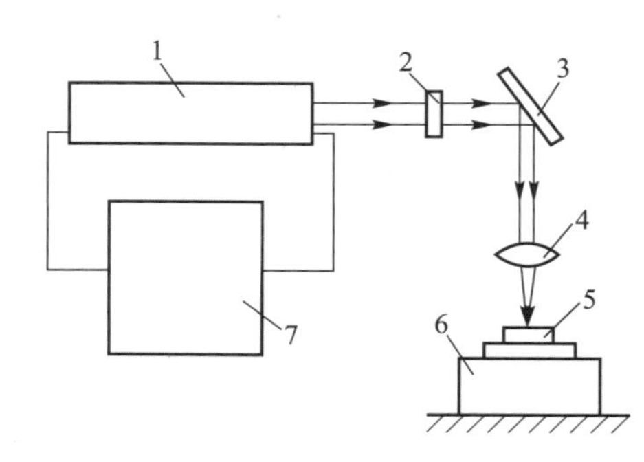

图4-55　激光加工机示意图

1—激光器；2—光阑；3—反射镜；4—聚焦镜；5—工件；6—工作台；7—电源

激光加工具有以下特点：① 不需要加工工具，故不存在工具磨损问题，同时也不存在断屑、排屑的麻烦；② 激光的功率密度很大，几乎对任何难加工的金属和非金属材料（如高熔点材料、耐热合金及陶瓷、宝石、金刚石等硬脆材料）都可以进行加工；③ 激光加工是非接触加工，工件无受力变形；④ 激光打孔、切割的速度很高（打一个孔只需 0.001 s，切割 20 mm 厚的不锈钢板时，切割速度可达 1.27 m/min），加工部位周围的材料几乎不受切削热的影响，工件热变形很小。另外，激光切割的切缝窄，切割边缘质量好。

目前，激光加工已广泛用于金刚石拉丝模、钟表宝石轴承、发散式气冷冲片的多孔蒙皮、发动机喷油嘴、航空发动机叶片等零件的小孔加工，同时还用于多种金属材料和非金属材料的激光切割、激光熔敷、激光表面熔化、激光冲击强化、激光微细加工等。在大规模集成电路的制作中，已采用激光焊接、激光划片、激光热处理等工艺。

4. 超声加工

超声加工采用以超声频（16~25 kHz）振动的工具端面冲击工作液中的悬浮磨料，利用磨粒对工件表面进行撞击抛磨来实现工件加工，其加工原理如图4-56所示。超声发生器将工频交流电能转变为有一定功率输出的超声频电振荡。通过换能器将此超声频电振荡转变为超声机械振动，借助于振幅扩大棒把振动的位移幅值由 0.005~0.01 mm 放大到0.01~0.15 mm，驱动工具振动。工具端面在振动中冲击工作液中的悬浮磨粒，使其以很大的速度不断地撞击、抛磨被加工表面，把加工区域的材料粉碎成很细的微粒后将之打击下来。虽然每次打击下来的材料很少，但由于打击的频率高，仍有一定的加工速度。由于工作液的循环流动，被打击下来的材料微粒被及时带走。随着工具的逐渐伸入，其形状便复印在工件上。

超声加工玻璃打孔

工具材料常用不淬火45钢，磨料常采用碳化硼、碳化硅、氧化铝或金刚砂粉等。超声加工适宜加工各种硬脆材料，特别是电火花加工和电解加工难以加工的不导电材料和半导体材料，如玻璃、陶瓷、石英、锗、硅、玛瑙、宝石、金刚石等；对于导电的硬质合金、淬火钢等也能加工，但加工效

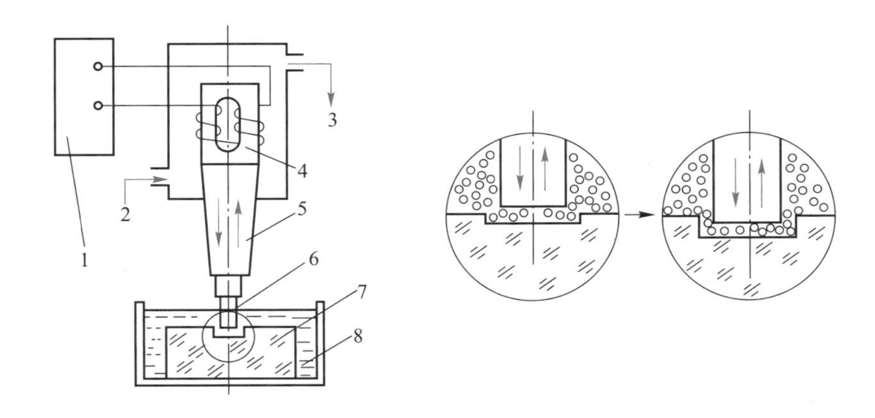

图 4-56 超声加工原理

1—超声发生器；2、3—冷却水；4—换能器；5—振幅扩大棒；6—工具；7—工件；8—工作液

率比较低。适宜采用超声加工的工件表面有各种型孔、型腔及成形表面等。

超声加工能获得较好的加工质量，一般尺寸精度可达 0.01～0.05 mm，表面粗糙度 *Ra* 值为 0.1～0.4 μm。

在加工难切削材料时，常将超声加工与其他加工方法配合进行复合加工，如超声车削、超声磨削、超声电解加工、超声线切割等。这些复合加工方法是把两种甚至多种加工方法结合在一起，能起到取长补短的作用，使加工效率、加工精度及工件的表面质量显著提高。

综上所述，各种特种加工方法各有其特点和特定的应用范围，表 4-2 列出了几种常用特种加工方法的综合比较，可供选用时参考。

表 4-2 几种常用特种加工方法的综合比较

加工方法	可加工材料	工具损耗率/% 最低/平均	材料去除率/(mm^3/min) 平均/最高	可达到的尺寸精度/mm 平均/最高	可达到的表面粗糙度 *Ra* 值/μm 平均/最低	主要适用范围
电火花加工	任何导电的金属材料，如硬质合金、耐热钢、不锈钢、淬火钢、钛合金等	0.1/10	30/3 000	0.03/0.003	10/0.04	从数微米的孔、槽到数米的超大型模具、工件等。如圆孔、方孔、异形孔、深孔、微孔、弯孔、螺纹孔以及冲模、锻模、压铸模、塑料模、拉丝模等，还可进行刻字、表面强化、涂敷加工
电火花线切割加工		较小 （可补偿）	20/200 mm^2/min①	0.02/0.002	5/0.32	切割各种冲模、塑料模、粉末冶金模等二维及三维直纹面组成的模具及零件。可直接切割各种样板、磁钢、硅钢片冲片。也常用于钼、钨、半导体材料或贵重金属的切割

续表

加工方法	可加工材料	工具损耗率/% 最低/平均	材料去除率/(mm^3/min) 平均/最高	可达到的尺寸精度/mm 平均/最高	可达到的表面粗糙度 *Ra* 值/μm 平均/最低	主要适用范围
电解加工	任何导电的金属材料,如硬质合金、耐热钢、不锈钢、淬火钢、钛合金等	不损耗	100/10 000	0.1/0.01	1.25/0.16	从细小零件到1t的超大型工件及模具。如仪表微型小轴、齿轮上的毛刺,蜗轮叶片、炮管膛线,螺旋花键孔、各种异形孔,锻造模、铸造模以及抛光、去毛刺等
电解磨削		1/50	1/100	0.02/0.001	1.25/0.04	硬质合金等难加工材料的磨削。如硬质合金刀具、量具、轧辊、小孔、深孔、细长杆的磨削以及超精光整研磨、珩磨
超声加工	任何脆硬材料	0.1/10	1/50	0.03/0.005	0.63/0.16	加工、切割脆硬材料,如玻璃、石英、宝石、金刚石、半导体单晶锗及硅等。可加工型孔、型腔、小孔、深孔等
激光加工	任何材料	不损耗(三种加工方法不用成形工具)	瞬时材料去除率[②]很高,受功率限制,平均材料去除率不高	0.01/0.001	10/1.25	精密加工小孔、窄缝及成形切割、刻蚀。如金刚石拉丝模、钟表宝石轴承、化纤喷丝孔、镍及不锈钢板上的小孔加工,切割钢板、石棉、纺织品、纸张,还可焊接、热处理
电子束加工						在各种难加工材料上打微孔、切缝、蚀刻、曝光以及焊接等,现常用于制造中大规模集成电路的微电子器件
离子束加工			很低	—/0.01 μm	—/0.01	对零件表面进行超精密及超微量加工、抛光、刻蚀、掺杂、镀覆等

注:① 电火花线切割加工的材料去除率按惯例均以 mm^2/min 为单位。

② 这类工艺主要用于精密和超精密加工,不能单纯比较材料去除率。

4.6 加工方法选择

机械零件的形状千变万化，但其轮廓通常由平面，内、外回转曲面及自由曲面等表面按一定位置关系组合而成。结合机床与刀具，各种表面的常用加工方法如表 4-3所示。

数控综合加工

表 4-3 各种表面的常用加工方法

加工方法	表面形状					
	平面	孔	外圆	回转曲面	自由曲面	齿轮齿面
车	车端面	(数控) 车内孔、 内锥孔	(数控) 车外圆	成形车 靠模车 数控车		
铣	(数控)立铣 (数控)卧铣	铣孔 铣削中心	数控铣	旋风铣	数控铣 仿形铣	铣齿 滚切齿轮
刨、拉	刨削 拉削 线切割键槽	拉孔	拉外圆			锥齿刨插齿
磨	平面磨削	磨内孔、 内锥孔	外圆磨	成形磨 仿形磨 数控磨	曲线磨 靠模磨	齿轮磨 数控齿轮磨
钻	锪台阶	钻孔 扩孔				
镗	端面加工	镗孔 保证中心 距、垂直度			加工中心	

选择加工方法主要考虑零件的表面形状、尺寸精度、位置精度和表面粗糙度要求，以及零件材料的可加工性、零件的结构形状和尺寸、生产类型以及现有机床和刀具的资源情况、生产批量、生产率和经济技术分析等因素。条件允许时，应尽可能选用同类数控机床。

以平面的加工为例，如平面是回转体的端面，则可选择车平面；如平面是要求不高的台阶面，可以采用铣削方法；当工件为狭长平面时，宜选用刨削方法；当加工精度高或为淬火钢的终加工时，则选择平面磨床磨削方法。

再如孔的加工，如孔在回转体上，并且其轴线与外圆轴线平行，则可在车床或车削中心上钻孔、镗孔；如是一般棱柱体上的孔，要求不高时可以通过钻、扩加工完成；如孔的表面质量、尺寸精度要求较高，则选择钻、扩、铰加工而成；如要求该孔与某个表面或另外的孔有精确的位置关系，则选择镗床或加工中心进行加工；如带孔零件属大批量生产，则可采用专用机床加工；如属多品种、中小批量生产，则适宜在数控加工中心上加工。同时注意发挥特种加工作用，如激光、水射流打孔。

对于齿轮齿面的加工，如属大批量生产又有较高精度要求，则采用滚齿机滚切；当对精度要求更高或属硬齿面时，则需用齿轮磨床磨削。

4.7 高速加工和超高速加工

1. 高速加工和超高速加工的概念

高速加工和超高速加工通常包括切削和磨削两个方面。

高速切削的概念来自德国的萨洛蒙(Salomon)博士。他在1924—1931年间，通过大量的铣削试验发现，切削温度会随着切削速度的不断增加而升高，当达到一个峰值后，却随切削速度的增加而下降，该峰值对应的速度称为临界切削速度。在临界切削速度的两边，形成一个不适宜切削区，称之为“死谷”或“热沟”。当切削速度超过不适宜切削区，继续提高切削速度，则切削温度下降，成为适宜切削区，即高速切削区，这时的切削即为高速切削。图4-57所示为萨洛蒙(Salomon)切削温度与切削速度的关系曲线。从图中可以看出，不同加工材料的切削温度与切削速度的关系曲线有差别，但大体相似。

高速铣削

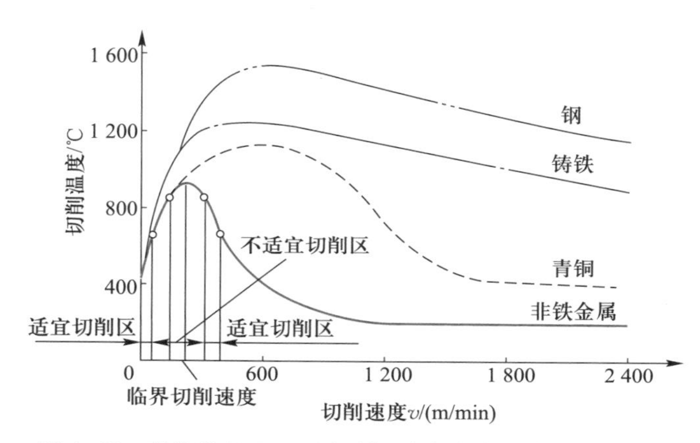

图4-57 萨洛蒙(Salomon)切削温度与切削速度的关系曲线

由于影响高速切削加工的切削速度的因素较多，如切削方法、被加工材料和刀具材料等，因此很难给出具体数值。1978年国际生产工程学会的切削专业委员会提出线速度为500~7 000 m/min的切削加工为高速切削加工，这可以作为一条重要的参考信息。当前试验研究的高速切削速度已达到45 000 m/min，但在实际生产中所用的速度要低得多。

由于超硬磨料的出现，高速磨削得到了很大发展。通常认为，砂轮的线速度大于90~150 m/s时即为高速磨削。当前试验研究的高速磨削速度已达到500 m/s。

超高速加工是高速加工的进一步发展，其切削速度更高。目前高速加工和超高速加工之间没有明确的界限，两者之间只是一个相对的概念。

2. 高速加工的特点和应用

1）随着切削速度的增大，单位时间内的材料切除量增加，切削加工时间减少，提高了加工效率，降低了加工成本。

2）随着切削速度的增大，切削力减小，切削热也随之减少，从而有利于减少工件的受力变形、受热变形和减小残余应力，提高加工精度和表面质量，同时可用于加工刚度较低的零件和薄壁零件。

3）由于高速切削时切削力减小和切削热减少，可用来加工难加工材料和淬硬材料，如淬硬钢等,扩大了加工范畴,可部分替代磨削加工和电火花加工等。

4) 在高速磨削时,在单位时间内参加磨削的磨粒数大大增加,单个磨粒的切削厚度很小,从而改变了切屑形成的形式,对硬脆材料能实现延性域磨削,表面质量好,对高塑性材料也可获得良好的磨削效果。

5) 随着切削速度的增大,切削力随之减小,因而减少了切削过程中的激振源。同时由于切削速度很大,切削振动频率可远离机床的固有频率,因此使切削振动大大降低,有利于改善表面质量。

6) 高速切削时,切削刃和单个磨粒所受的切削力减小,可提高刀具和砂轮等的使用寿命。

7) 高速切削时,可以不加切削液,是一种干式切削,符合绿色制造要求。

8) 高速切削加工的条件要求比较严格,需要有高质量的高速加工设备和工艺装备。设备要有安全防护装置,应对整个加工系统进行实时监控,以保证人身安全和设备的安全运行。

由于高速加工具有明显的优越性,在航空、航天、汽车、模具等制造行业中已推广使用,并取得了显著的技术经济效果。

3. 高速加工的机理

高速切削加工时,在切削力、切削热、切屑形成和刀具磨损及破损等方面均与传统切削有所不同。

在高速切削加工开始阶段,切削力和切削温度会随着切削速度的提高而逐渐增加,在峰值附近,被加工材料的表层不断软化而形成了黏滞状态,严重影响了切削性,这就是“热沟”区。这时切削力最大,切削温度最高,切削效果最差。切削速度继续提高时,切屑变得很薄,摩擦因数减小,剪切角增大,同时在工件、刀具和切屑中,传入切屑的切削热的比例越来越大,从而被切屑带走的切削热也越来越大。这些致使切削力减小,切削热减少,切削温度降低,这就是高速切削时产生峰值切削速度的原因。试验证明,在高速切削范围,尽可能提高切削速度是有利的。

在高速切削范围内,由于切削速度比较大,在其他加工参数不变的情况下,切屑很薄,对铝合金、低碳钢、合金钢等低硬度材料,易于形成连续带状切屑;而对于淬火钢、钛合金等高硬度材料,则由于应变速度加大,使被加工材料的脆性增加,易于形成锯齿状切屑。随着切削速度的增加,甚至出现单元切屑。

在高速切削时,由于切削速度很大,切屑在极短的时间内形成,应变速度大,应变率很小,对工件表面层的深度影响减少,因此表面弹性、塑性变形层变薄,所形成的硬化层减小,表层残余应力减小。

高速磨削时,在砂轮速度提高而其他加工参数不变的情况下,单位时间内磨削区的磨粒数增加,单个磨粒切下的切屑变薄,从而使单个磨粒的磨削力变小,使得总磨削力必然减小。同时,由于磨削速度很大,磨屑在极短的时间内形成,应变率很小,对工件表面层的影响减少,因此表面硬化层、弹性及塑性变形层变薄,残余应力减小,磨削犁沟隆起高度变小,犁沟和滑擦距离变小。而且由于磨削热降低,表面不易产生磨削烧伤。

4. 高速加工的体系结构和相关技术

本书 3.4 节叙述了高速加工机床,然而进行高速切削和磨削并非一件易事,除了要有高速加工机床、机床要有高速主轴系统和高速进给系统外,还涉及高速加工工艺系统等其他因素。如刀具材料通常采用金刚石、立方氮化硼、陶瓷等,也可用硬质合金涂层刀具、细粒度硬质合金刀具,高速铣刀要进行动平衡;高速砂轮的磨料多用金刚石、立方氮化硼等,砂轮要有良好的抗裂性、高的动平衡精度、良好的导热性和阻尼特性;高速回转的工件需要严格的动平衡,整个加工系统应有实时监控系统,可靠的安全防护装置,以保证正常运行和人身安全;应尽量采用顺铣的切削方式,选择进给方式时应考虑尽量减少刀具的急速换向,以及尽量保持恒定的去除率等。图4-58所示为高速加工的体系结构和相关技术。

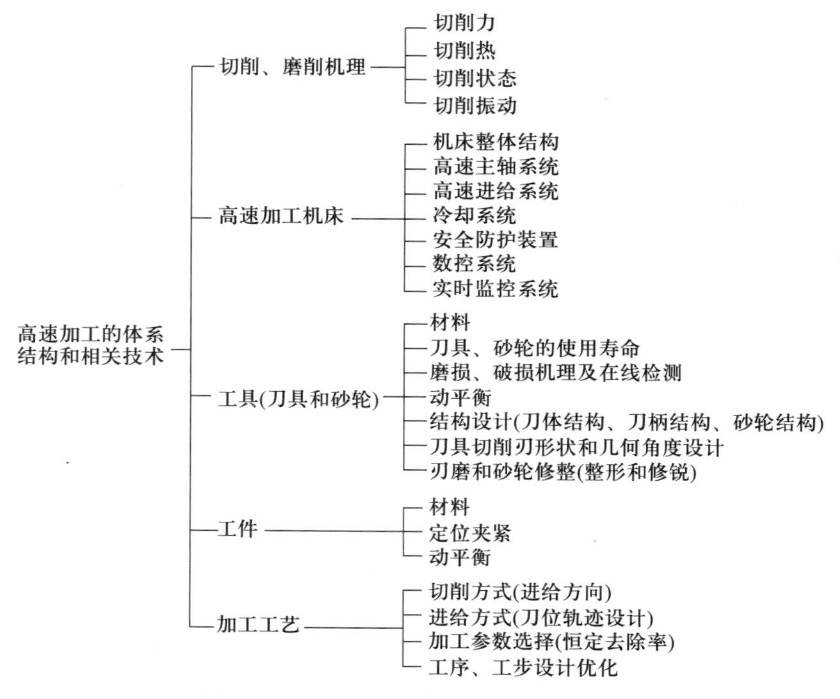

图4-58　高速加工的体系结构和相关技术

4.8　非金属材料的机械加工

非金属材料一般指具有非金属性质(导电性、导热性差)的材料,主要有无机非金属材料(陶瓷、玻璃、石材、耐火材料、水泥、木材等)、高分子材料(塑料、橡胶、纤维等)、复合材料(主要指树脂基、金属基、陶瓷基复合材料)。自19世纪以来,随着生产和科学技术的进步,特别是电子产业、航空航天技术的突飞猛进,不断对材料的性能提出了愈来愈高的要求。非金属材料因具有各种优异的性能,为某些金属材料所不及,从而在近代工业中的用途不断扩大,因而非金属材料的加工是机械制造业必须直面的问题。

从某种意义上讲金属材料加工是非金属材料加工的知识之母,有关金属材料机械加工制造的理论和技术都可以不同程度地应用于非金属材料的机械加工制造。但由于非金属材料具有与金属材料不同的特异性能,因而非金属材料的机械加工制造存在着不同于金属材料机械加工制造的理论和技术,它们的共性可以用金属材料机械加工制造的知识去分析,但需要对非金属材料机械加工制造的特殊性有更深刻的认识。本节从无机非金属材料、高分子材料、复合材料以及薄脆性材料的激光加工分述非金属材料的加工。

4.8.1　无机非金属材料的加工

4.8.1.1　工程陶瓷的加工

陶瓷是一种通过高温烧结而成的无机非金属材料,按性能与用途不同分为传统陶瓷和工程陶瓷两类。工程陶瓷以人工合成的高纯度化合物为原料，经精致成形和烧结而成，具有传统陶瓷无法比拟的优异性能，故称为精细陶瓷或特种陶瓷。

精细陶瓷具有高强度（抗压强度）、高硬度、高耐磨性、耐高温、耐腐蚀、耐磨损、低热膨胀系数及低导热系数等优越性能，在化工、冶金、机械、电子、能源和尖端科学技术等领域得到广泛应用。同金属材料、复合材料一样，精细陶瓷正在成为现代工程结构材料的三大支柱之一。

1. 加工方法

按照供给能量的方式不同，目前陶瓷的加工方法分类情况如图 4-59 所示。在这些加工方法中，机械加工方法的效率高，特别是金刚石砂轮磨削、研磨和抛光应用得更为普遍。

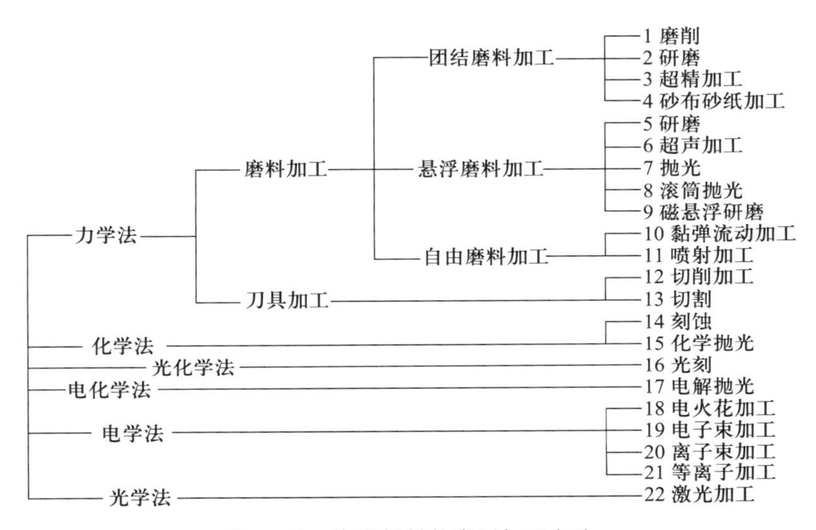

图 4-59 陶瓷材料的常用加工方法

在图 4-59 中，加工方法 1-5、7-10 及 15 常用于表面精加工，其他加工方法一般适用于打孔、切割和微细加工等。切割大多采用金刚石砂轮进行磨削切割加工方式，打孔则按照不同孔径分别选用超声加工、研磨或磨削加工方式。

2. 陶瓷材料破坏机理和切削加工特点

（1）陶瓷材料破坏机理

陶瓷材料由于硬度和刚度高而塑性极差，因此不易产生晶体滑移、位错运动等常见的变形形式。陶瓷材料受载时，由于材料龟裂处应力集中的迅速传播而产生脆性破坏，其原因主要有两点：一是位错运动极其困难（或位错易动度小），因为陶瓷材料晶格阻力大，晶体结构复杂，点阵常数比金属材料大得多；二是形成新位错所需能量太大。

位错易动度的大小与加工表面状态有密切关系。位错易动度小的陶瓷材料加工后表面无加工变质层，但龟裂会残留在加工表面上；而位错易动度大的金属材料，除了电解磨削和化学腐蚀加工外，很难得到无加工变质层的表面。

（2）陶瓷材料切削加工特点

① 只有金刚石和立方氮化硼（CBN）刀具才能胜任陶瓷材料的切削加工。表 4-4 给出了 Al_2O_3（蓝宝石）、金刚石、CBN 与 TiC 陶瓷的性能比较，说明其采用了与传统金属切削原理基本相同的原理，选用比陶瓷材料硬度更高的刀具或磨粒材料进行切削加工。

表 4-4　Al_2O_3(蓝宝石)、金刚石、CBN 与 TiC 陶瓷的性能比较

材料	E/GPa	R_m/MPa	硬度/HV	测定面
Al_2O_3(蓝宝石)	380	26.5×10^3	2 500	{001}
金刚石	1 020	88.2×10^3	9 000	{111}
CBN	710	—	8 000	{011}
TiC 陶瓷	390	—	≈3 000	—

天然金刚石切削刃锋利、硬度高,但有解理性,遇冲击和振动易破损。聚晶金刚石是多晶体,无解理性,有一定韧性,硬度稍低于天然金刚石。聚晶金刚石粒度越细,聚晶体强度越高;粒度越粗,聚晶体越耐磨,聚晶金刚石粒径一般为 5~10 μm。

② 陶瓷材料的去除机理是刀具切削刃附近的被切削材料产生脆性破坏,而金属材料则是产生剪切滑移变形,如图 4-60 所示。

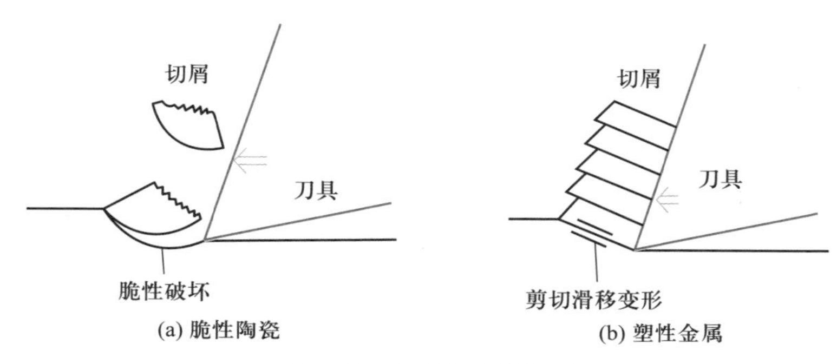

图 4-60　材料的去除机理

③ 从机械加工角度看,断裂韧度 K_{IC} 低的陶瓷材料易切削。一般陶瓷材料的断裂韧度仅为碳素钢的 1/100~1/10,影响断裂韧度的因素除了陶瓷材料的结构组成外,烧结情况的影响也很大。不烧结和预烧结陶瓷材料内部存在大量龟裂,龟裂就是应力集中源,它使得断裂韧度大大降低,因而比完全烧结陶瓷材料容易切削。

④ 从剪切滑移变形的角度看,某些陶瓷材料只有在高温区可能会软化呈塑性,切削时刀具切削刃附近的陶瓷材料产生剪切滑移变形才有可能,此时切削陶瓷材料能得到连续形切屑。能否用高温软化的方法实现切削,主要取决于陶瓷材料本身的性质。如试验选用金刚石刀具,采用 $\gamma_o=0°$, $v_c=430$ m/min, $a_p=0.5$ μm 的参数切削部分稳定 ZrO_2 陶瓷时,得到如图 4-61 所示的准连续切屑。

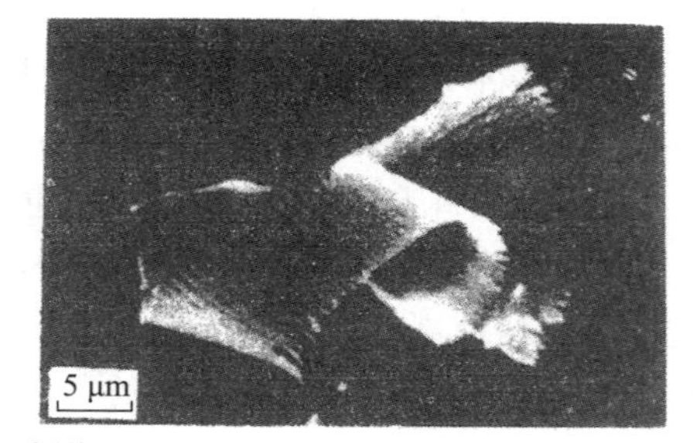

金刚石刀具, $\gamma_o=0°$, $v_c=430$ m/min, $a_p=0.5$ μm

图 4-61　高速微量切削 ZrO_2 陶瓷时产生的连续切屑

⑤ 陶瓷材料切削时的脆性龟裂会留在加工表面上,它的产生过程模型如图 4-62 所示。残留在陶瓷加工表面上的这种脆性龟裂对陶瓷零件的强度和工作可靠性会产生很大影响。

3. 主要加工技术

(1) 机械加工

机械加工是陶瓷材料的传统加工技术和方法,主要有切削、磨削、钻削加工等。

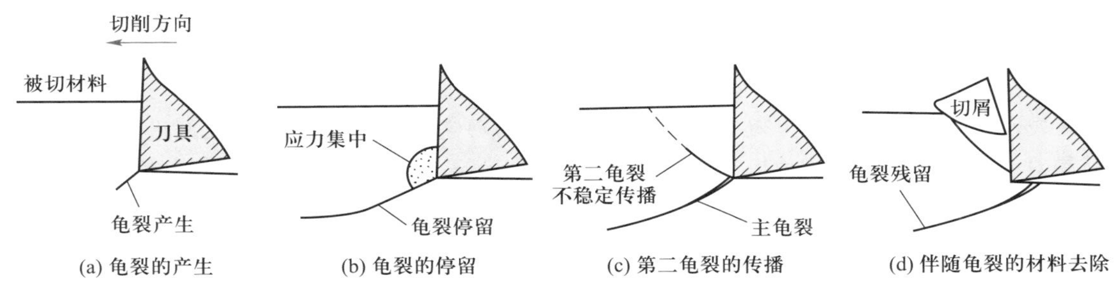

(a) 龟裂的产生　(b) 龟裂的停留　(c) 第二龟裂的传播　(d) 伴随龟裂的材料去除

图 4-62　产生残留脆性龟裂的材料去除机理模型图

1）陶瓷材料的切削加工

切削加工是指利用天然金刚石、聚晶金刚石、立方氮化硼(CBN)等超硬刀具对陶瓷材料进行平面加工等。根据被加工陶瓷材料的不同,其切削性能有差异。通常刀尖圆弧半径适当增大,可增强刀尖处的强度和散热性能,减小刀具磨损。用金刚石刀具切削时,无论是湿切或干切,边界磨损均为主要磨损形态。切削用量 v_c、a_p、f 都影响刀具磨损 VB,其中切削速度 v_c 增大,VB 值就加大。切削时背向力 F_p 明显大于主切削力 F_c 和进给力 F_f,这与硬质合金刀具切削金属淬硬钢、切削脆性材料相似。切削用量 v_c、a_p、f 也影响加工表面状态,a_p、f 的增加将使表面粗糙度值增大,加重表面的恶化程度,但 v_c 越低,表面粗糙度值越小,这和通常切削金属材料时有差别。切削 Al_2O_3 陶瓷材料时使用乳化液的效果优于干切削,但切削 Si_3N_4 陶瓷材料时采取干切的磨损小于低速湿切。表 4-5 给出了几种陶瓷材料推荐的切削条件。

表 4-5　几种陶瓷材料推荐的切削条件

材料	硬度/HV	v_c/(m/min)	a_p/mm	f/(mm/r)	备注
Al_2O_3	~2 300	30~80	~2.0	0.12	铣切,湿切,圆刀片
Si_3N_4	1 000~1 600	10~50	~0.5	0.05	圆刀片,干切
	800~1 000	50~80	~2.0	0.20	圆刀片,湿切
ZrO_2	1 000~1 200	50~100	~1.0	~0.20	湿切
		200~400	0.2~0.3	~0.05 mm/z（每齿进给量）	铣切,湿切
硬质合金	—	10~30	0.5	0.20	湿切
Al_2O_3耐火砖	—	200~400	~1.0	0.12 mm/z（每齿进给量）	铣切,湿切

对于未烧结和预烧结体主要采取切削进行粗加工,烧结后用磨削进行精加工。未烧结和预烧结体陶瓷通常余量很大,粗加工时易于出现强度不足或表面加工缺陷问题,或因装夹不充分等原因而不易获得所要求的最终加工形状。由于烧结时不能保持收缩均匀,在精加工前要留有足够大的余量(留给精加工的余量有几毫米甚至十几毫米)。

陶瓷加工的刀具成本高,由于陶瓷材料的硬度高、脆性大,因此机械加工难以加工形状复杂、尺寸精度高、表面粗糙度值小的高可靠性工程陶瓷部件。

2）陶瓷材料的磨削、抛光加工

由于陶瓷烧结体在成形、烧结以及加工过程中会引入大量凹痕、微裂纹等缺陷,在工程使用及力学性能测试之前通常需经磨削、研磨和抛光处理。在进行磨削、抛光加工时，磨料及磨削液的选择、作用压力和相互滑移速度等工艺因素的控制是关键。

3）陶瓷材料的钻孔加工

在发动机、航空航天、化工机械等工程领域应用的陶瓷零件，通常需要对孔洞进行钻削加工，尤其是对带有螺纹的孔洞的加工工艺操作要求又极高。目前采用特殊钻头进行机械钻削只能加工数毫米的陶瓷材料孔洞，微小孔洞的加工需要用超声、激光、放电加工以及复合加工等技术。

（2）特种加工

研究表明，当单相或陶瓷-陶瓷、陶瓷-金属复合材料的电阻率小于100 Ω · m时，对陶瓷材料可以进行放电加工。放电加工是一种具有广大应用前景的制备高尺寸精度、低表面粗糙度值、复杂形状、高性能陶瓷元件的加工技术，研究放电加工工艺控制步骤、设计和制备导电性能和力学性能俱佳的复相陶瓷材料是该加工方法未来发展的关键。

陶瓷材料超声加工时常用的磨料是碳化硼、碳化硅和氧化铝等。同时，加工和被加工材料之间的加工压强会影响材料的磨除率（几种结构陶瓷的试验临界压强是：碳化硅（反应烧结）为2.4 MPa；氮化硅（常压烧结）为4.8 MPa；氧化铝（99.5%）为1 MPa）。一般选用的工作液为水，为提高材料表面的加工质量也可用煤油或机油作液体介质。表4-6给出了部分陶瓷材料采用超声加工的参数。

表4-6 部分陶瓷材料采用超声加工的参数

制品材料	磨料		加工速度/(mm/min)
	材料	磨粒目数	
石英	SiC	320	5.5
单晶 ZrO_2	SiC	320	3.5
红宝石	SiC	280	0.8
Al_2O_3	SiC	280	3.6
Si_3N_4	B_4C	280	3.0
SiC	B_4C	280	3.0

在陶瓷材料上采用激光钻孔和切割时，一般取激光功率为150 W~15 kW，目前已能加工直径小至4~5 μm、深径比达10以上的微孔。

（3）复合加工

针对不同陶瓷材料及其热力学、物化性能，传统的加工技术不断完善，近年来利用多种形式能量的综合作用来实现对工件材料加工的复合加工技术得到进一步发展。复合加工技术将传统加工和特种加工、特种加工与特种加工等几种加工方法融合在一起，集多种能量组合的优点，从而扩大了加工应用范围，提高了加工精度、加工表面质量和加工效率。一般认为复合加工主要包括机械复合加工、电化学复合加工、电火花复合加工、超声复合加工等。限于篇幅，此处仅就超声振动车削 Al_2O_3 陶瓷材料和机械化学加工中的机械化学效应来介绍陶瓷材料的复合加工。

试验对比了不同参数下的普通车削、磨削和超声振动车削，试棒为 $\phi25$ mm×200 mm的 Al_2O_3 陶瓷材料，主要性能参数为：普通车削和超声振动车削采用同一台车床，选用相同的切削用量 v_c、a_p、f，普通车削采用金刚石刀具，超声振动车削采用新型硬质合金刀具，均为45°偏刀，前角 $\gamma_o=0°$，后角 $\alpha_o=6°\sim8°$，超声振动频率为19~22 kHz，超声振动车削为湿式切削，普通车削为干式切削;磨削在普通平面磨床上进行,采用 150#金刚石砂轮,线速度约为 27 m/s,背吃刀量为 0.005~0.01 mm。试验结果如下:用泰利伦Ⅲ型圆度仪测量,普通车削的圆度误差为 6. 7μm,超声振动车削的圆度误差为 4 μm;用泰勒塞夫 4 型表面粗糙度仪检测,普通车削的 *Ra* 值(*Ra* 值为 1.569 μm)约为超声振动车削 *Ra* 值(*Ra* 值为 0.750 μm)的 2 倍,约为磨削 *Ra* 值(*Ra* 值为 1.200 μm)的 1.3 倍,可见超声振动车削的几何精度高于普通车削,*Ra* 值最小。这是因为超声振动车削中刀具周期性地接触和脱离工件,切削力仅为普通车削的 1/10~1/3,径向分力为普通车削的 1/50。又因为瞬时接触的脉冲效应,刀具没有始终紧压在工件上,被切削材料表面应力来不及重新分布就被切掉了,因而加工表面没有微裂纹。同时相对静止摩擦变成了相对动摩擦,摩擦热减少,不会使陶瓷因热应力开裂。磨削时因存在磨削振动,表面粗糙度值也高于超声振动车削时的表面粗糙度值。

机械化学效应是指在陶瓷材料磨削、车削过程中,喷射的磨料、切削液通过与加工件表面的加工摩擦产生机械能,这些机械能会引发许多复杂的相互化学键合等化学反应,这种所谓的“机械化学效应”会直接影响机械加工过程中的摩擦因素、刀具或砂轮的磨损率、材料表面的粗糙度及力学性能、材料的去除率等。有学者研究了切削液及磨削液与蓝宝石、氧化铝多晶材料、单晶硅、碳化硅等在加工过程中的机械化学作用。研究表明:将硼酸和硅酸的水溶液作为不同陶瓷材料的切削液,其钻孔效率比水和商用切削液提高 50%左右(可能是硼酸与氧化铝多晶材料的无定形晶界反应,促使晶粒间发生断裂,提高了加工过程中的材料去除率);而将硼酸水溶液作为切削液加工蓝宝石和硅基陶瓷材料则未发现相同的效应;而硅酸的水溶液虽不与氧化铝相互作用,却可提高单晶硅、氮化硅、碳化硅材料的加工性能。

4.8.1.2 玻璃的加工

玻璃制品除了用于传统日用装饰及汽车工业等外,在航空航天、微电子等许多新的工业领域也得到应用。通常,经过成形后的玻璃制品表面粗糙或有杂质覆盖,需经过必要的后加工才能达到使用要求。有些玻璃制品在使用过程中,需要和其他部件连接、黏结或配合,对制品的形状和尺寸均有严格要求,也需要进行精加工。玻璃制品的加工可分为机械加工、热加工和表面处理三大类,其中玻璃的机械加工主要有研磨、抛光、切割和钻孔等。

1. 玻璃的研磨和抛光

研磨的目的是将粗糙不平或成形时残留的玻璃去除,使制品具有设计所要求的形状、尺寸或平整面。开始时使用粗磨料研磨,效率高,然后逐级使用细磨料,直至玻璃表面的毛面状态变得较细致,再用抛光料进行抛光,使玻璃表面变得光滑、透明,并具有光泽。研磨、抛光是两个不同的工序,两个工序合起来俗称磨光。经研磨、抛光后的玻璃制品称为磨光玻璃。

研究表明,研磨时磨料在磨盘负载下对玻璃表面进行划痕和剥离的机械作用,在玻璃表面形成微裂纹,经多次循环作用,玻璃被研磨成一层凹陷的毛面,并带有一定深度的裂纹层,如图 4-63所示。研磨时使用的磨粒越细,玻璃的毛面状态就越细致。抛光料中的水既起冷却作用,同时又与玻璃的新生面产生水解作用,生成硅胶,起抛光液的作用,有利于剥离。抛光时除将凹陷层(3~4 μm)全部除去外,还需将下面的裂纹层(10~15 μm)也抛光除去。通常,抛光磨去的厚度仅为研磨时磨去厚度的 1/40~1/20,但抛光过程所需的时间比研磨过程所需的时间要多得多。

玻璃研磨、抛光过程的机理和传统研磨、抛光基本一致,影响其加工质量的工艺因素主要有:

(1) 研磨、抛光料的性能

由于玻璃研磨时机械作用是主要的,所以和传统研磨一样,磨料的硬度必须大于玻璃的硬

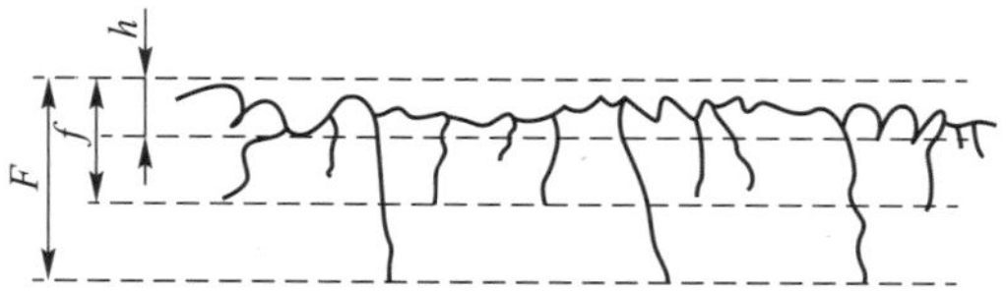

图4-63　研磨玻璃断面(凹陷层及裂纹层)

h—平均凹陷层深度;f—平均裂纹层深度;F—最大裂纹深度

度,且磨料的硬度越大,研磨效率越高,但硬度大的磨料使研磨表面的凹陷层深度大;磨料的粒度大可提高磨除量,但降低了玻璃的研磨质量。为此,研磨开始时采用粒度大的磨料,然后再用相对细的磨料逐级研磨,选用时将磨料硬度、粒度大小、研磨效率和质量进行综合考量。常用的磨料材料有金刚砂、刚玉、碳化硅、石英砂等。

常用的抛光料有红粉(氧化铁)、氧化铈、氧化铬、氧化钍等。抛光料除了有较高的抛光能力外,必须不含硬度大、颗粒大的杂质,以免玻璃表面被划伤。抛光料悬浮液的浓度对抛光效率亦有影响,刚开始抛光时,选用较高的浓度,提高抛光效率,一段时间后,浓度需逐级降低。

(2) 研磨、抛光盘的转速和压力

研磨、抛光盘的转速和压力增大,研磨、抛光的效率也随之提高,它们之间存在着正比关系。但同时必须增加研磨或抛光料的给料量,否则不仅会降低抛光效率,甚至会引起被加工面的擦痕缺陷。

(3) 研磨、抛光盘材料

研磨盘材料硬度大能提高研磨效率。若取铸铁材料研磨盘的研磨效率为1,则有色金属研磨盘的研磨效率为0.6,塑料研磨盘的研磨效率仅为0.2。但材料硬度大的研磨盘使被研磨表面的凹陷层深度加大,因此,最后一级粒度的磨料研磨时采用塑料研磨盘可大大缩短抛光时间。

2. 玻璃的切割

切割是利用玻璃的脆性和残余应力在切割点加一刻痕造成应力集中,再使之折断。

对不太厚的板、管,均可用金刚石、合金刀或其他坚韧工具在表面刻痕再折断;对厚玻璃可用电热丝在切割的部位加热,用水或冷空气使受热处急冷产生很大的局部应力,从而形成裂口进行切割;对大块厚玻璃或对加工精度要求高的制件,可用金刚石锯片或碳化硅锯片来切割。金刚石锯片是把金刚石颗粒嵌在圆锯片边缘的锯齿部分而成,结合剂用青铜,冷却液用水或煤油;碳化硅锯片是把碳化硅的各种粗细颗粒和酚醛树脂结合在一起,经成形加压硬化后制成,切割时还需加冷却液。切割方法根据用途不同可分为外圆切割、内圆切割、带锯切割等。

利用局部产生应力集中(如在表面刻痕后再用火焰加热)更便于切割,但必须考虑玻璃中本身残余应力的大小,如玻璃本身应力过大,刻痕时将破坏应力平衡,就会导致玻璃发生大的破裂。

3. 玻璃的钻孔

在仪器玻璃、光学玻璃制品上钻孔的方法主要有研磨钻孔、钻床钻孔、超声钻孔、冲击钻孔等。

研磨钻孔是将铜或黄铜棒(大型的机孔可用管)压在玻璃上转动,通过碳化硅等磨料及水的研磨作用使玻璃形成所需要的孔,孔径范围一般为3~100 mm。

钻床钻孔采用碳化钨或硬质合金钻头,操作与在金属材料上钻孔相似,孔径范围一般为3~15 mm。在玻璃上钻孔的速度比在金属上钻孔的速度慢,用水、轻油、松节油冷却。

超声钻孔是利用超声发生器使加工工具发生振幅为20~50 μm、频率为16~30 kHz的振动,在振动工具和玻璃之间注入含有磨料的加工液,使玻璃穿孔。超声加工的精度高,可以同时钻多孔,钻孔速度也快,可达每分钟数百毫米以上。

冲击钻孔是利用电磁振荡器使钻孔凿子连续冲击玻璃表面而形成孔。如将 150 W 的电磁振荡器通上 100 V 的电压,使硬质合金材料的凿子转速达到约 2 000 r/min,给玻璃表面以 6 000 次/min 的冲击,只要 10 s 的时间就可钻得直径为 2 mm、深度为 5 mm 的小孔。

4.8.1.3 石材的加工

天然石材作为建筑物的装饰材料,以其自然本色成为现代高档装饰的理想选择,随着建筑业和装饰装修行业的发展,对石材制品的需求越来越大。另一方面,石材具有耐磨性好、耐腐蚀、精度保持性好等其他材料不具有的优良特性,在工业上得到应用,如制成精密平板、精密机床床身、导轨、立柱、主轴座及量块、角规、三坐标测量台、量仪工作台、钳工工作台等。

1. 石材的分类和加工工艺流程

石材可分为大理石和花岗石两大类。所谓大理石是指变质的或沉积的碳酸盐及某些含有少量碳酸盐的硅酸盐类岩石,如大理石、石灰石、白云石、蛇纹岩、砂岩、石英岩和石膏岩等。凡属于岩浆岩和变质岩浆岩的石材统称为花岗岩,主要有花岗岩、正长岩、闪长岩、辉长岩、玄武岩和片麻岩等。花岗岩由于具有耐磨性好、成本低、不导电、不带磁、受温度影响小和精度稳定性好等特性,已从建筑装饰材料变成精密仪器和精密机床制造中的重要材料,受到国内外人们的重视。

天然石材加工工艺流程基本归纳为:

采矿 —得荒料(钢丝锯/金刚石串珠锯/凿眼放炮)→ 粗切 —得厚板(金刚石框锯或圆锯/砂子锯)→ 精切 —得薄板(金刚石圆锯/带锯)→ 切形 —得规格薄板(金刚石圆锯/带锯)→

半精磨 —(Al_2O_3/SiC砂轮)→ 精磨 → 半精抛 → 精抛 —(布轮)→ 烘干

2. 石材的加工方法

石材的加工方法主要是切割、研磨和抛光三种,它们占石材加工量的 95%,其中研磨、抛光又是最复杂、最关键的工序,约占加工工作量的 1/2。在石材的切割加工中,除了工艺流程中介绍的方法外,还可以用圆筒切机、仿形切机、数控机床、金刚石绳锯装备加工,或采用电子束、线电极电火花、超高压水射流、离子束等特种加工方法进行加工。

在石材的研磨加工中,研磨工序也可以细分为粗磨、半细磨、细磨、精磨四道工序或磨、精磨两道工序,这涉及工艺参数、工艺材料、被加工件技术要求等因素。目前,石材的研磨方法主有两种。一种是用散状磨料与液体或软膏泥混合作为研磨剂,磨料主要有金刚石微粉、碳化硅微粉、白刚玉微粉等。不同磨料要配合不同材质的磨具,使用碳化硅磨料时一般需配灰铸铁的磨具,使用金刚石磨料时最好用镀锡磨具。另一种是采用黏结磨料,即把金刚石、碳化硅、白刚玉微粉作磨料的结合剂,以烧结、电镀或者黏结的方法制成磨块,再将其固定到磨具上。小磨块用沥青或硫黄等材料黏接,大磨块则用燕尾槽装配在磨具上。通常,磨块中的磨料分布均匀、易于实现连续作业,从而比散状磨料加工效率高、质量好。根据工件直径大小,磨块的形状、数量和布置方式,以及磨料所用黏结剂、磨料粒度等不同,磨头有不同的结构。一般磨头直径为 4~12 in(1 in=2.54 cm),最常用的是 10 in。

抛光的方法亦有两种。一种是毛毡盘加氧化铝粉抛光,抛光时先在板面上洒少量水,然后再均匀地洒上抛光剂进行抛光;另一种是毛毡盘加草酸抛光,它是在板面上加适量的草酸,然后加水抛光,供水量要大于 10 L/min,以防止烧坏板面。

雕刻也是装饰石材的一种加工方法。传统的手工雕琢生产效率低、加工质量差,目前采用气动凿刻能大大提高生产率。粗凿刻时可使用冲击力较大的气动凿,精凿刻时可使用冲击频率较高、冲击力较小的气动凿。若条件允许,可使用近年来研制的超声精雕系统,加工后能达到的表面粗糙度 *Ra* 值约为 2.5 μm。

石材的加工质量涉及石材本身的理化性能,以及研磨抛光时选用的磨料、磨头的进给速度及压力和运行方式等因素,分析诸因素对石材加工质量的影响与金属切削理论和技术方法分析基本相似,在此不予赘述。

4.8.2 高分子材料的加工

高分子材料的主要组分是高分子化合物,常用的高分子材料主要有塑料、橡胶、合成纤维等,本节仅叙述在工业上得到广泛应用的塑料的加工。

1. 塑料的分类

工程上所用的塑料都是以各种各样的合成树脂为基础,再加入某些添加剂经加工塑制而成的。其分类方法主要有两种:

1)按在加热和冷却时所表现的性质塑料分为热塑性塑料和热固性塑料。

① 热塑性塑料。该类材料加热后软化或熔化,冷却后硬化成形并保持既得形状,且该过程可反复。常见的热塑性塑料有聚乙烯、聚丙烯、ABS 等。该类塑料有较高的力学性能,但耐热性和刚性较差。

② 热固性塑料。初加热时软化,可塑造成形,但固化后再加热将不再软化,也不溶于溶剂,故只可一次成形或使用。常用的热固性塑料有酚醛树脂、环氧树脂、氨基聚酯、不饱和聚酯等。该类塑料具有耐热性高和受压不变形等优点,但力学性能不好。

2)按使用范围塑料分为工程塑料(工程结构或机械零件常用塑料,有稳定的力学性能,耐热、尺寸稳定性较好)、通用塑料和特种塑料。

2. 塑料的切削工艺特点

1)切削力小。试验证明,在相同的切削条件下,切削 45 钢时的主切削力是切削热塑性塑料的 14 倍,切削热固性塑料的主切削力是切削热塑性塑料的 2 倍。

2)弹性模量小。热塑性塑料的弹性模量仅为普通钢弹性模量的 1%,是热固性塑料弹性模量的 80%,切削时在切削力作用下产生的弹性变性大。

3)导热系数小,切削区域温度低。由于切削力小,切削时消耗的能量少,产生的热量也少。但由于塑料的导热系数仅是钢材导热系数的 1/458~1/175,因而切削区域温度会有所提高。但因为热塑性塑料的熔点低,切削区域温度达不到熔点就会使被切削材料软化,产生材料的涂抹现象,从而影响加工质量。

4)线膨胀系数大。热塑性塑料的线膨胀系数是热固性塑料和钢材线膨胀系数的 4~5 倍,采用任何使塑料切削区域温度提高的切削方法都必须考虑其加工过程中的尺寸变化和加工后的尺寸精度。

5)车削某些热固性塑料时,由于切削区域的温度非常高,切削刀具除了采用高速钢、硬质合金材料外,还要根据被加工材料性质,选用金刚石等新型超硬刀具材料。通常,车削热固性塑料时选用的刀具前角、后角比车削热塑性塑料时的小,取前角 $\gamma_o = 0° \sim 5°$、后角 $\alpha_o = 3° \sim 10°$、主偏角 $\kappa_r \geqslant 45°$、切削速度 $v_c > 40$ m/min、刀具磨钝标准为 0.2~0.3 mm。

3. 工程塑料的切削加工

切削塑料时,宜用高速钢或硬质合金刀具,选用小的进给量(0.1~0.5 mm/r)和高的切削速度,并用压缩空气冷却。若刀具锋利,角度合适(一般前角为 10°~30°,后角为 5°~15°),可产生带状切屑,易于带走热量。若被切下的短屑和粉尘太多则会使刀具变钝并污染机床,这时需要对机床上外露的零件和导轨进行保护。切削赛璐珞时,容易着火,必须用水冷却。

车削酚醛树脂、氨基聚酯和胶布板等热固性塑料时,宜用硬质合金刀具,切削速度宜为 80~150 m/min;车削聚氯乙烯或尼龙、电木等热塑性塑料时,切削速度可达 200~600 m/min。铣削塑料时,采用高速钢刀具,切削速度一般为 35~100 m/min;若采用硬质合金刀具,切削速度可提高 2~3 倍。

在塑料上钻孔可用螺旋角较大的麻花钻头,孔径大于 30 mm 时,可用套料钻。采用高速钢钻头时,常用切削速度为 40~80 m/min。由于塑料有膨缩性,钻孔时所用钻头直径应比要求的孔径加大 0.05~0.1 mm。钻孔时,塑料下面要垫硬木板,以阻止钻头出口处孔壁周围的塑料碎落。

刨削和插削的切削速度低,一般不宜用于切削工程塑料,但也可用木工刨床进行整平和倒棱等工作。攻螺纹时可采用沟槽较宽的高速钢丝锥,并用油润滑;外螺纹可用螺纹梳刀切削。对尼龙、电木和胶木等热固性塑料,可以用组织疏松的白刚玉或碳化硅砂轮磨削,也可采用本书 4.3 节中所述的砂带(砂布/纸)磨削或抛光。由于热塑性塑料的磨屑容易堵塞砂轮,一般不宜进行磨削。

4.8.3 复合材料的加工

复合材料是由两种或两种以上的物理和化学性质不同的物质、经人工制成的多相组成的固体材料。复合材料具有高的比强度和比刚度,性能可自由设计,耐蚀性和抗疲劳能力强,减振性能好。复合材料飞速发展,在航空、航天、汽车、船舶、核工业等领域得到越来越广泛的应用。

复合材料目前主要由金属、高分子聚合物(树脂)和无机非金属(陶瓷)三类材料中的任意两类经人工复合而成(也可以由上述更多类复合)。其组成相可分为两类,即基体相(连续相)和增强相(分散相)。基体相起黏结作用,是组成复合材料的基体,增强相为纤维或颗粒,起提高强度和刚度的作用。限于篇幅本书主要讨论聚合物基复合材料(polymer matrix composite,PMC)、金属基复合材料(metal matrix composite,MMC)和陶瓷基复合材料(ceramic matrix composite,CMC)的加工方法。其中聚合物基复合材料包括颗粒增强和纤维增强两大类,本书也只讨论应用较多的纤维增强塑料(fiber reinforced plastics,FRP)复合材料的加工。

复合材料的切削加工通常分为常规加工和特种加工两种方法。常规加工基本上可以用金属切削加工工艺和装备,也可以用木工或石材加工设备进行;特种加工有激光加工、高压水切割、电火花加工、超声加工、电子束加工和电化学加工等。无论采用何种方法加工,都要考虑复合材料的类型,相同的加工方法会因被加工复合材料的类型不同而得到不同的工艺效果,因此,关于复合材料加工的讨论都是建立在相应的复合材料的类型基础上展开的。

4.8.3.1 聚合物基复合材料的加工

1. FRP 的切削加工特点

① 切削温度高　FRP 切削层材料是纤维组织,切削时有的受拉伸,有的受剪切弯曲联合作用,纤维的抗拉强度高,其切断需要消耗较大的切削功率,加上粗糙的纤维断面与刀具摩擦严重,生成大量的切削热。同时,FRP 的导热系数比金属要低 1~2 个数量级,因而在切削区会形成高温。

② 刀具磨损严重、使用寿命低　切削区温度高且集中于刀具切削刃附近很窄的区域内,纤维的弹性恢复及粉末状的切屑又剧烈地擦伤切削刃口和后(刀)面,故刀具磨损严重、使用寿命低。

③ 易产生沟状磨损　用烧结材料(硬质合金、陶瓷、金属陶瓷)作为刀具切削碳纤维增强塑

料(CFRP)时,后(刀)面有可能产生沟状磨损。

④ 产生残余应力　加工表面的尺寸精度和表面粗糙度不易达到要求,容易产生残余应力,原因在于切削温度较高,增强纤维和基体树脂的热膨胀系数差别又太大。

⑤ 要控制切削温度　切削 FRP 时,温度高会使基体树脂软化、烧焦,并使有机纤维变质,因此必须严格限制切削速度,控制切削温度。同时要慎重使用切削液,以免材料吸入液体,影响其使用性能。

2. 玻璃钢的切削

玻璃钢是玻璃纤维增强塑料(glass fiber reinforced plastics,GFRP)的俗称,包括酚醛树脂基、环氧树脂基、不饱和聚酯树脂基等。玻璃纤维填料的主要成分是 SiO_2,坚硬耐磨、强度高、耐热,与以木粉作填料的塑料相比,其可切削性差。树脂基体不同,可切削性也不相同,环氧树脂基玻璃钢比酚醛树脂基玻璃钢难切削。切削玻璃钢的刀具材料以高速钢磨损得最为严重,硬质合金 P 类、M 类次之,K 类磨损最小。K 类中又以 K10 更耐磨损,若选用金刚石或立方氮化硼刀具切削则效果更好。选择刀具几何参数时,对玻璃纤维含量高的玻璃钢板、模压材料和缠绕材料,取前角$\gamma_o=20°\sim25°$;对纤维缠绕材料取前角 $\gamma_o=20°\sim30°$。由于玻璃钢回弹大,后角宜取较大值,通常取后角 $\alpha_o=8°\sim14°$,副偏角精车时宜取 $\kappa_r=6°\sim8°$。加工易脱层、起毛的卷管和纤维缠绕玻璃钢时,宜取刃倾角 $\lambda=6°\sim8°$,切削速度 $v_c=40\sim100$ m/min,$f=0.1\sim0.5$ mm/r,粗车时取 $a_p=0.5\sim3.5$ mm,精车时取 $a_p=0.05\sim0.2$ mm。

3. 纤维增强热塑性塑料复合材料机械加工要点

① 加工时宜充分冷却,以避免过热使工件熔化。

② 采用高速切削。

③ 切削刀具要有足够容量的排屑槽。

④ 采用小的背吃刀量和进给量。

⑤ 车刀应磨成一定的刃倾角,以尽量减少刀具切削力和推力。

⑥ 应采用碳化钨和金刚石刀具,或特殊的高速钢刀具。

⑦ 工件必须适当支承(背部垫实),以避免切削压力造成分层。

⑧ 刀刃要锋利,尽量减小刀具切削力,以避免切削分层和起毛。

4. FRP 的钻孔

在纤维增强塑料复合材料构件的连接中,机械连接占据着重要的地位。在复合材料构饰件装配时,需加工出成千上万个紧固件孔,且孔的质量要求高、加工难度大,是复合材料加工中最难加工的工序之一。由于复合材料层合板的主要特点之一是层间剪切强度很低,钻孔中轴向力容易导致层间分层,如不加以防范,就会导致昂贵的复合材料构件报废。复合材料钻孔中的另一个问题是纤维增强材料质点的硬度高(相当于高速钢的硬度),因此对刀具磨损十分严重,刀具使用寿命很低。

在我国现有材料、工艺条件下,钻孔的质量标准如下:

① 表面层没有分层,孔入口处不应有分层,孔边缘毛刺应清除干净。

② 沉头窝与孔的同轴度误差不大于 0.08 mm。

③ 孔壁损伤允许范围为:深 0.25 mm,宽 0.33 mm,长度不超过孔或沉头窝圆周长的 25%。

④ 孔出口边缘与孔夹层边缘的毛刺必须清除干净。

⑤ 孔出口边损伤在一定允许范围内。

钻孔时,强韧的纤维难以切断,在钻入时,会由钻头外缘转角部位向上拉出纤维,钻出时又把纤维向下拉,经拉伸变形的纤维不是靠主切削刃而是靠副切削刃切断,这样就有可能把纤维从材料层中剥离出来，这就是层间剥离现象，也是 FRP 钻孔时应力集中、龟裂和吸湿的根源。为提高 FRP 的钻削效果，宜采取如下措施：

① 宜尽量采用硬质合金钻头，修磨钻心处螺旋沟表面，以增大该处前角，使横刃长度缩短为原来的 1/4～1/2，降低钻尖高度，钻头刃磨得越锋利越好；主切削刃修磨成双重顶角形式，以加大转角处的刀尖角，改善该处的散热条件；在副后（刀）面（棱带）的 3～5 mm 处向后加副刃后角 3°～5°，以减少与孔壁间的摩擦；修磨成三尖两刃形式，以减小轴向力。

② 在切削用量选择上，尽量提高切削速度（v_c = 15～50 m/min），减小进给量（f = 0.02～0.07 mm/r），特别要控制出口处的进给量，以防撕裂和分层，宜加金属或塑料支承垫板。

③ 钻芳纶纤维增强塑料（AFRP）复合材料时，用耐磨涂层钻头，每个钻头的钻孔数约为高速钢钻头钻孔数的 35 倍，每孔费用仅为高速钢钻头的 3/5。

④ 用钎焊或机械夹固烧结金刚石钻头钻碳纤维增强塑料（CFRP）复合材料时效果更好。

⑤ 机械钻 FRP 时所用钻头常用粒度小于 1 μm 的碳化钨制成，钻削速度为 1.5～3 m/s。钻 AFRP 时最好采用平头钻以减少孔边飞毛，也可在材料的两面附撕离层，如玻璃布、压敏胶带等，钻孔后再撕去。钻削速度为 48～68 m/min，且应充分冷却。

⑥ 采用超声钻 FRP 可大大提高金刚石钻头的寿命。钻头嵌有（或烧结）金刚石，钻削时应充分冷却。

除钻孔外，FRP 零部件切断也是主要的加工工序，常用的切割方式有机械切割、高压水切割、超声切割和激光切割等。机械切割工具主要是砂轮片及各种锯等，其刀具转速和进给量要根据板材厚度和切割方法确定。高压水切割、超声切割和激光切割能保证切割精度，自动化程度高。

切削速度 v_c 方向与纤维配置方向之间的夹角称为纤维角，记为 θ。有研究表明：在 FRP 切削加工中，纤维角 θ 会影响加工表面质量、切削力和刀具磨损情况。θ = 90°是一个临界角度，超过这个角度时通常会产生严重的次表层损伤。如图 4-64 所示。

FRP 中纤维折断破坏的形式决定着被加工表面状态，纤维角 θ>90°时（图 4-64a）称为顺切，此时纤维是被拉伸破坏切离工件的，切断的纤维断面与后（刀）面间的接触面积较大，摩擦较严重，故刀具磨损较快，磨损值也大约为逆切时的 10 倍，切削力也较大，但表面粗糙度值较小，Rz 值为 10～30 μm。

纤维角 θ<90°时（图 4-64b）称为逆切，由于纤维是被切削刃的剪切弯曲联合作用切断的，且纤维的剪切强度、抗弯强度比抗拉强度低得多（如聚酯玻璃钢的抗拉强度为 430 MPa，抗弯强度为 270 MPa，剪切强度为 4.1～5.5 MPa），剪断的纤维断面与后（刀）面间的接触面积小，摩擦较小，故刀具磨损较缓慢，切削力也较小，但表面粗糙度 Rz 值较大，为 70～80 μm。

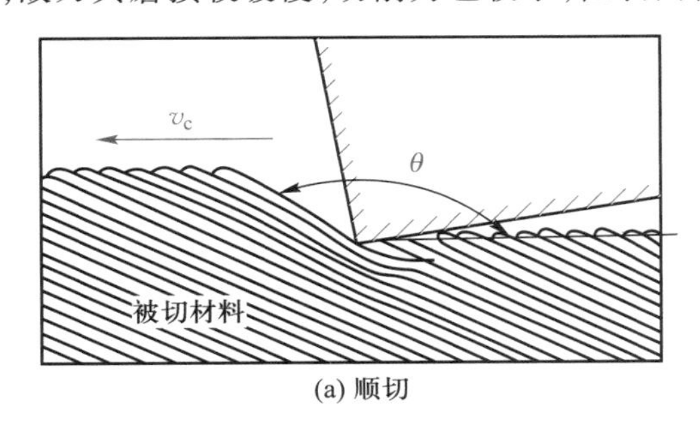

(a) 顺切

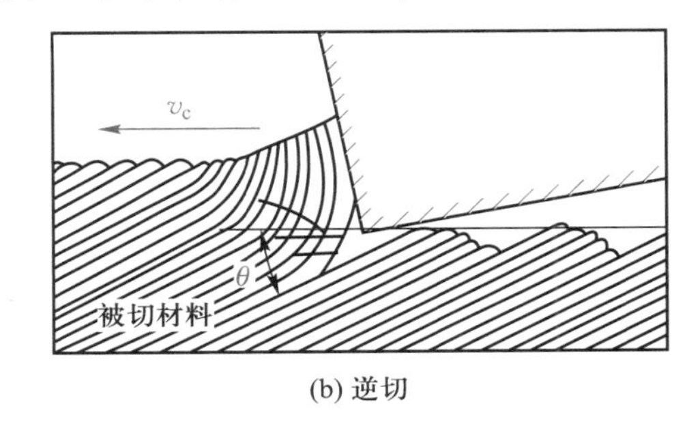

(b) 逆切

图 4-64 FRP 的顺切与逆切

纤维角 θ<90°的逆切情况还可分为 θ<60°和 60°<θ<90°两种情况。① θ<60°时称为下方破坏型，此时纤维是在切削层下方被剪切弯曲联合作用切断的；θ = 45°时，表面粗糙度值和加工变质

层最大。② $60° < \theta < 90°$时称为前端破碎型，纤维前端受到切削刃的压应力而破碎，表面粗糙度值较小。通常，在生产中尽量在 $\theta > 90°$的情况下切削。

切削 FRP 的刀具材料推荐使用硬质合金涂层刀具或金刚石刀具，由于其良好的耐磨性能，优先使用金刚石刀具；其次可选用高速钢涂层刀具、立方氮化硼刀具。

4.8.3.2　金属基复合材料的加工

金属基复合材料（MMC）可分为长纤维增强复合材料、颗粒增强复合材料和短纤维（或晶须）增强复合材料，目前后两种应用较多。

1. 切削加工特点

① 加工后的表面残存有孔沟。金属基长纤维增强复合材料的切削加工有与 FRP 切削加工相似的特点，金属基颗粒增强复合材料和金属基短纤维增强复合材料的切削加工却有着很多独特的特点。用金刚石刀具切削 SiC 短纤维增强铝合金复合材料 SiC_w/6061 时，加工表面上的孔沟数与纤维含有率有关，纤维含有率越高，孔沟数越多。

② 加工表面形态。

金属基短纤维增强复合材料加工表面有三种形态：

a）纤维破断面露出。当纤维尺寸较大、较长时，切削刃直接接触纤维，纤维呈弯曲破断。

b）纤维从基体中被拔出。用切削刃十分锋利的单晶金刚石刀具切削时，细短纤维沿切削方向被拔出。

c）纤维被压入。用纯圆半径较大的硬质合金刀具切削时，细短纤维随着基体的塑性流动而被压入加工表面。

金属基颗粒增强复合材料加工表面有两种形态：

a）挤压破碎。当采用纯圆半径较大的硬质合金刀具切削时，SiC 颗粒常被挤压而破碎，此时破碎的 SiC 颗粒尺寸较小。

b）劈开破碎。当采用纯圆半径较小的锋利切削刃金刚石刀具切削时，SiC 颗粒会被劈开而破裂，此时破裂的 SiC 颗粒尺寸较大。

③ 精加工表面形态不同。用硬质合金刀具精加工后的铝合金复合材料表面光亮，而用金刚石刀具精加工后的表面则灰暗、无光泽。这是由于硬质合金刀具的纯圆半径较金刚石刀具的大，切削时起到“熨烫”作用。

④ 切削力与切削钢料时的不同。用硬质合金刀具切削时，当 SiCw 或 SiCp 的体积分数越过17%时，会出现刀具切深、进给抗力比主切削力还大的现象，而用金刚石刀具切削时则无此现象。钻削时的钻削扭矩比钻 45 钢时的小，而钻削时的轴向力与钻 45 钢接近或稍大。

2. 孔加工

① 高速钢钻头以刀具的后（刀）面磨损为主，且可见与切削速度方向一致的条痕，这与在 FRP 上钻孔相似，主要是磨料磨损所致。VB 值随切削路程增大而增大，随 f 增大而减小，而 v_c（$v_c < 40$ m/min）对 VB 值影响不大。

② 在采用 K10 及 K20 硬质合金钻头、高速钢及 TiN 涂层高速钢钻头的四种钻削试验中，K10 硬质合金钻头最耐磨。

③ 在孔即将钻透时，应减少进给量，以免损坏孔的出口。

④ 采用修磨横刃的硬质合金钻头比采用未修磨的硬质合金钻头可减小扭矩 25%、减小轴向力 50%。

⑤ 金刚石钻头用于金属基颗粒增强复合材料的较大直径孔钻削时的效果较好。试验表明，

切削速度 $v_c=50\sim200$ m/min、进给量 $f=0.05\sim0.2$ mm/r，并使用冷却介质时，可以获得较高的钻削质量。

3. 切割加工

用于 FRP 零部件切断的高压水切割、超声切割和激光切割方式也可以用于金属基复合材料的切割。这里主要介绍金属基复合材料切割的电火花加工和电子束加工。

电火花加工主要用于金属基复合材料和其他具有良好导电性能的复合材料的切割。与其他大多数切割方法相比，这种方法不会产生微裂纹，因而可减少疲劳致损，加工出的表面粗糙度值较小。电火花加工存在的一个主要问题是工具磨损太快，无形中增加了加工成本。

各种能量的电子束加工金属基纤维增强复合材料，可沿纤维轴向切断（切割短纤维复合材料时纤维无须切断，只要切割、熔化或蒸发基体）。当电子束能量足够大时，就能使长纤维复合材料中的长纤维熔融、气化。更确切地说即在电子束产生的机械和热应力作用下纤维发生了断裂。电子束切割的缺点是切割过程中会发生微结构损坏，会产生裂纹和界面脱黏。

4.8.3.3 陶瓷基复合材料的加工

以碳纤维增强碳化硅陶瓷基复合材料 Cf/SiC 的切削加工为例介绍陶瓷基复合材料的加工。Cf/SiC 复合材料具有耐高温、抗氧化、耐腐蚀、抗热振及抗烧蚀、密度小等优异性能，故可替代高温合金金属材料，以提高液体火箭发动机机身耐高温性能，减轻发动机重量。液体火箭发动机推力室在应用中需要其身部与金属材料连接，因此必须对喷管的连接部位进行切削加工。但 Cf/SiC 的硬度高、导热性差、延性和冲击韧性很小，很难切削加工，易产生分层、撕裂、拉丝、毛刺及崩块，加工表面粗糙度值大，刀具极易崩刃，很难达到要求的精度，切削时的温度很高且集中于刀尖，可导致纤维化。

经车削试验表明，选用金刚石刀具较合适，切削参数取 $v_c=60\sim110$ m/min、$f=0.6\sim1.0$ mm/r、$a_p=1\sim2$ mm、刀尖圆弧半径为 0.2～0.5 mm；型面数控铣削加工时，用 $\phi16$ mm 的金刚石立铣刀，粗铣时 $v_c=900$ m/min、$f_z=0.4$ mm/z，精铣时 $v_c=240$ m/min、$f_z=0.3$mm/z。采用以上参数可达到 Ra 值为 3.2 μm，尺寸公差为 0.1 mm，角度允差为 6′，对称度公差为 0.1 mm 的产品要求。

4.8.4 薄脆性材料的激光加工

薄脆性材料的加工包括激光加工、超声加工、离子束加工、在线电解修整磨削等，薄脆性材料以激光加工的质量更为优异。

随着激光技术本身的不断完善，激光加工凭借其在加工质量、加工复杂度、加工效率及清洁环保等方面的优势，不但在不锈钢、铜、合金等各类金属材料加工中获得广泛的应用，而且也正在玻璃、陶瓷、蓝宝石、半导体硅晶圆、印制电路板等各种非金属材料加工中突显出优势。

薄脆性材料的激光加工备受重视。随着智能手机、LED 照明灯、平板电脑以及可穿戴设备等消费电子产品的不断迭代，玻璃、蓝宝石和陶瓷等凭借自身具有的共同优异性能而获得了广泛运用。比如坚固的钢化玻璃用于智能手机的显示屏；坚固且化学性质稳定的陶瓷用于电子零部件衬底和绝缘材料；坚固耐划的蓝宝石用于 LED 衬底、手机摄像头维护玻璃、智能手机显示屏、智能手表的盖板玻璃等。在这些应用中，玻璃、蓝宝石和陶瓷等材料的厚度一般较薄，硬度高，十分易碎。而在加工要求上，一般需要在这些薄脆易碎的材料上施行十分精细的切开、钻孔乃至开槽等加工，这使得传统的铣、钻、磨等机械加工工艺面临极大的挑战。因为材料极薄极脆，加工进程中因接触而施加到材料上的任何应力都可能导致材料碎裂、报废。非接触性超快激光精细加工玻璃、蓝宝石、陶瓷等薄脆性非金属材料时，激光脉冲持续时间极短，在纳秒、皮秒乃至是飞秒等级的时间内，将适度的激光照射到材料外表，通过打断材料的化学键而完成材料的去除加工。在这个过程中，激光能量还来不及向周围传递，加工进程便已完毕，因此发生的热量几乎能够忽略不计，材料不会发生热损伤。

不难看出，非金属材料加工有许多未知领域需要去探索，其中特种加工因对刀具磨损小、加工质量高、能加工复杂形状工件、容易监控和经济效益高等特点，在复合材料、超硬脆性等非金属材料加工中比常规机械加工方法更具优势。

思考题与习题

4-1　什么是顺铣？什么是逆铣？各有什么特点？

4-2　什么是齿轮滚刀的基本蜗杆？有哪几种？最常用的是哪一种？为什么？

4-3　常用的车刀有哪几大类？各有什么特点？

4-4　常用的孔加工刀具有哪些？它们的应用范围如何？

4-5　麻花钻的结构有何特点？比较麻花钻、扩孔钻、铰刀在结构上的异同。

4-6　铣刀主要有哪些类型？它们的用途如何？

4-7　简述常用拉刀的种类和应用范围。

4-8　简述齿轮刀具的种类和应用范围。

4-9　插齿刀的前(刀)面和后(刀)面是如何形成的？各是什么形状的表面？

4-10　砂轮硬度与磨粒硬度有何不同？二者有无联系？

4-11　车床镗孔与镗床镗孔在使用方面有什么不同？

4-12　为什么拉削加工具有很高的效率而且加工质量稳定？

4-13　为什么磨削加工一般作为工件的终加工？

4-14　齿轮的齿形加工有成形铣削、插齿、滚齿等方法，试比较这些方法的应用。

4-15　零件表面一些复杂的三维曲面可以用哪些切削加工方法加工获得？

4-16　特种加工有哪些方法？各有何特点？下列结构采用哪种方法加工较为合适？
① 硅晶体片；② 冲裁模内腔；③ 塑料成形模内腔；④ 化纤喷丝嘴异形小孔。

4-17　试述高速加工和超高速加工的概念以及高速加工的特点。

4-18　高速加工的机理是什么？

4-19　陶瓷加工的主要问题是什么？简述其机械加工的主要方法及特点。

4-20　玻璃的机械加工主要有哪些方法？其研磨、抛光的原理是什么？

4-21　石材锯切、抛光的主要加工方法有哪些？各有何特点？

4-22　与金属切削相比，塑料的机械加工有哪些特点？

4-23　金属基复合材料与聚合物基复合材料的机械加工有何异同点？为什么？

4-24　结合具体实例试述非金属材料的加工方案。

第 5 章

机床夹具

5.1 概　　述

5.1.1 机床夹具的功用

机床夹具是在机床上用于装夹工件(或引导工具)的装置。机床夹具在机械加工中的功用可归纳为以下四方面:

1) 保证加工质量。采用夹具后,工件各加工表面间的相互位置精度是由夹具保证的,而不是依靠工人的技术水平与熟练程度,所以产品质量容易保证。

2) 提高劳动生产率和降低成本。使用夹具将使工件安装迅速方便,从而可大大缩短辅助时间,提高生产率,特别是对于加工时间短、辅助时间长的中小零件,效果更为显著。

3) 扩大机床的加工范围。在机床上安装一些夹具就可以扩大机床的加工范围。如在铣床上加一个回转台或分度装置(或称分度机构),就可以加工有等分要求的零件。

4) 减轻工人的劳动强度,保证生产安全。

夹具有很大的作用,但是夹具的设计和制造要耗费一定的时间和费用。如果在单件生产情况下也大量采用夹具,那么设计和制造夹具的工作量就可能比加工工件的工作量还要大,这显然是不合理的。因此,某道工序是否需要采用夹具与生产规模有关。生产批量大时,由于分摊到每个零件上的费用低,一般都广泛使用夹具。对于单件小批生产,一般只有在不用夹具就难以保证加工精度时才用夹具。为提高单件小批生产的生产率,现在也出现了成组可调夹具和组合夹具等,这为在单件小批生产中使用夹具提供了广泛的前景。

5.1.2 机床夹具的分类

根据通用程度不同,机床夹具可分为以下几类:

(1) 通用夹具

这类夹具具有很强的通用性,现已标准化,在一定范围内无需调整或稍加调整就可用于装夹不同的工件。如车床上的三爪、四爪卡盘,铣床上的平口钳、分度头、回转盘等。

(2) 专用夹具

这类夹具是针对某一工件的某一固定工序而专门设计和制造的。这类夹具比通用夹具的生产率高,但在产品变更后就无法利用,因此适用于大批量生产。

(3) 成组可调夹具

在多品种小批量生产中，通用夹具的生产率较低，产品质量不高，采用专用夹具也不经济。这时，可采用成组加工的方法，即将零件按形状、尺寸和工艺特征等进行分组，并为每一组零件设计一套可调整的专用夹具，使用时只需稍加调整或更换部分元件即可用于装夹同一组内的各个零件。

(4) 组合夹具

组合夹具是一种由预先制造好的通用标准零部件经组装而成的夹具。当产品变更时，夹具可拆卸、清洗，并在短期内重新组装成另一种形式的夹具。因此，组合夹具既能适应单件小批生产，又可用于中等批量生产。

(5) 随行夹具

在自动生产线上，工件安装在随行夹具上，由运输装置输送到各机床，并在机床夹具或机床工作台上进行定位夹紧。

机床夹具也可按所适用的机床分为车床夹具、铣床夹具、钻床夹具、磨床夹具、镗床夹具、拉床夹具、插床夹具和齿轮加工机床夹具等。

若按所使用的动力源，机床夹具又可分为手动夹具、气动夹具、液压夹具、电动夹具、磁力夹具、真空夹具及离心力夹具等。

5.1.3 夹具的组成

图 5-1 所示为一简单的钻床夹具(钻模)。图中工件通过内孔和左端面与销轴的外圆及凸肩紧密接触，实现其在夹具上的定位。钻头通过钻套引导获得正确的进给方向，并在工件上钻孔。为使工件在加工过程中不移动，用螺母和开口垫圈把工件压紧。夹具的各个零件都装在夹具体上，形成一个整体。

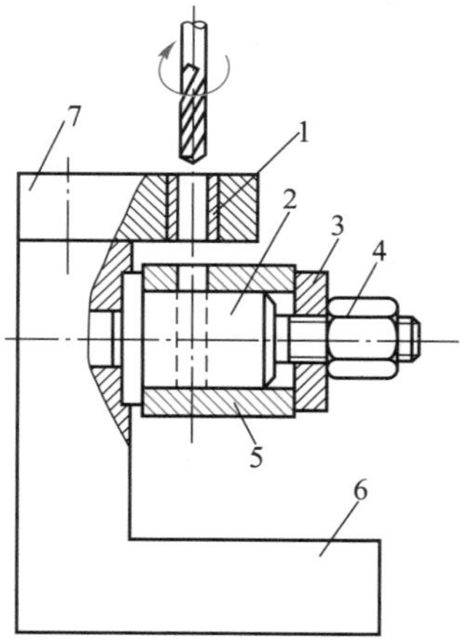

机床夹具虽然有不同的类型，但都由下列几个共同的基本部分组成：

(1) 定位元件

夹具上用来确定工件正确位置的元件称为定位元件。与定位元件相接触的工件表面称为定位表面。图 5-1 中的销轴即为定位元件。

(2) 夹紧元件

夹紧元件用于保持工件在夹具中的既定位置，使之不因加工过程中的外力而产生位移，如图 5-1 中的螺母、开口垫圈。

图 5-1 钻床夹具的组成部分

1—钻套；2—销轴；3—开口垫圈；4—螺母；5—工件；6—夹具体；7—钻模板

(3) 导向元件

导向元件是用来对刀或引导刀具进入正确加工位置的零件。图 5-1 中的钻套就是常用的导向元件。其他导向元件还有导向套、对刀块等。钻套用于钻床夹具，导向套用于镗床夹具，对刀块主要用于铣床夹具。

(4) 夹具体

夹具体是夹具的基础零件，用于连接并固定夹具上的各个元件和装置，使之成为一个整体，并通过它将夹具安装在机床上。

根据加工工件的要求，有时还在夹具上设有分度装置、导向键、平衡铁和操作件等。

5.2 工件在夹具中的定位

基准是用以确定生产对象上几何要素间的几何关系所依据的点、线、面。

为了加工出符合规定技术要求的表面,工件在加工前必须在机床或夹具上占据正确的位置,称之为定位。用做定位的基准称为定位基准。作为定位基准的点、线、面不一定具体存在,如孔的中心线、键槽的对称平面,但可以通过其他要素来表达。为了克服加工过程中诸力的影响,保证正确的定位不被改变,就必须将工件夹紧,从定位到夹紧的整个过程称为装夹。

5.2.1 工件在机床上的装夹方式

在不同的加工条件下,工件在机床上可以有不同的装夹方式,一般归纳为三种:

(1) 直接找正装夹

直接找正装夹是指由工人直接在机床上用千分表或划针以目测法校正工件的位置。图 5-2 就是在车床上以四爪卡盘装夹工件,用千分表对一圆形工件进行找正定位,其目的是使本工序加工的内孔与已加工过的外圆保持较高的同轴度。直接找正装夹有相互位置要求的表面,其工作效率低,但找正精度很高,适用于单件小批生产和定位精度要求较高(误差小于 0.005 mm)、使用夹具难以达到要求的情况。

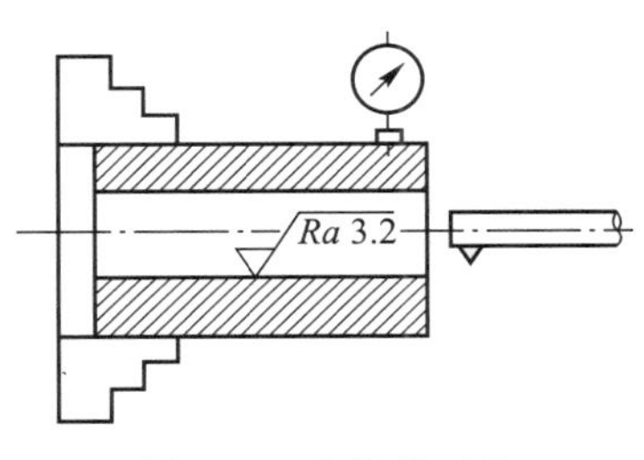

图 5-2 直接找正法

(2) 划线找正装夹

有些体积大、重量大、形状复杂的工件往往先划线,然后装上机床,按所划的线进行找正定位。此法需要先划线,定位精度不高,一般误差为 0.1 mm 左右。划线找正装夹多用于单件小批生产或毛坯精度较低的场合,以及不宜使用夹具的大型工件的粗加工中。

(3) 夹具装夹

在机械制造过程中,使工件相对于机床或刀具占有一个正确位置,并保持这个位置不变的装置,都可统称为夹具。夹具装夹既保证质量又能节省工时,在批量生产中广泛使用。

5.2.2 六点定位

(1) 六点定位原理

未进行定位的工件在空间直角坐标系中有六个自由度,即沿三个坐标轴移动的自由度$\vec{x}$、$\vec{y}$、$\vec{z}$和绕三个坐标轴转动的自由度$\overset{\frown}{x}$、$\overset{\frown}{y}$、$\overset{\frown}{z}$,如图 5-3 所示。从理论上说,合理布置夹具上六个定位支承点(用支承钉的小平面来体现)的位置,使工件上相应的定位基面与之保持接触,工件的六个自由度就被全部限制,可在空间得到唯一确定的位置,这就是六点定位原理。如图 5-4 所示,在 xoy 平面上布置三个不在一条直线上的支承点 1、2、3,六面体工件的底面与这三个支承点保持接触时,工件的$\vec{z}$、$\overset{\frown}{x}$、$\overset{\frown}{y}$三个自由度就被限制。然后在 yoz 平面上布置两个支承点 4、5(两点的连线平行于 y 轴),当工件的侧面与之接触时,工件的$\vec{x}$和$\overset{\frown}{z}$两个自由度就被限制。再在 xoz 平面上布置一个支承点 6,使工件的背面与其接触,工件的$\vec{y}$自由度就被限制。如此设置的六个支承点限制了工件的六个自由度,实现了工件的定位。

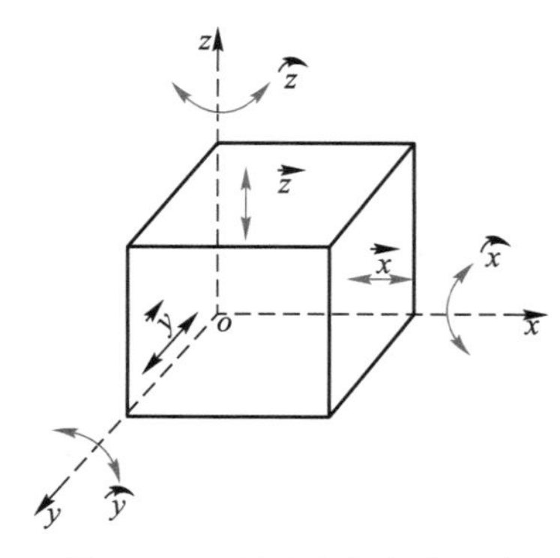

图 5-3　工件在空间的自由度

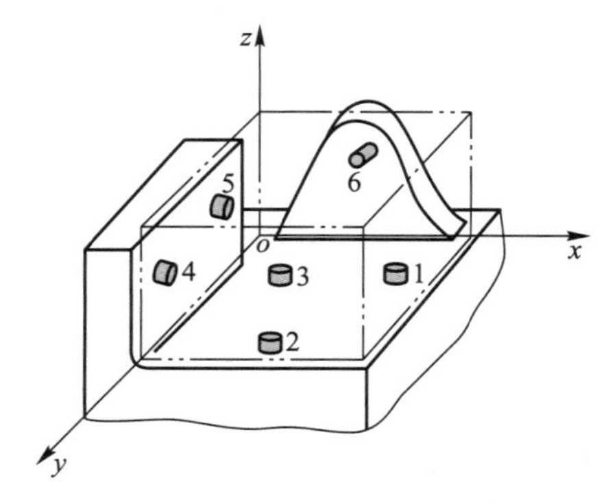

图 5-4　工件的六点定位原理

在实际工作过程中，一个定位元件可以体现一个或多个支承点，具体情况要视定位元件的具体工作方式及其与工件接触范围的大小而论。一个较小的支承平面与尺寸较大的工件相接触时只相当于一个支承点，只能限制一个自由度；一个平面支承在某一方向上与工件有较大范围的接触，就相当于两个支承点或一条线，能限制两个自由度；一个支承平面在二维方向上与工件有大范围接触，就相当于三个支承点，能限制三个自由度；一个与工件内孔在轴向有小范围接触的圆柱销相当于两个支承点，可以限制两个自由度；一个与工件内孔在轴向有大范围接触的圆柱销相当于四个支承点，可以限制四个自由度。典型定位元件的定位分析见表 5-1。

表 5-1　典型定位元件的定位分析

工件的定位面	夹具的定位元件				
平面	支承钉	定位情况	1 个支承钉	2 个支承钉	3 个支承钉
		图示			
		限制的自由度	$\vec{x}$	$\vec{y}$　$\overset{\frown}{z}$	$\vec{z}$　$\overset{\frown}{x}$　$\overset{\frown}{y}$
	支承板	定位情况	1 块条形支承板	2 块条形支承板	1 块矩形支承板
		图示			
		限制的自由度	$\vec{y}$　$\overset{\frown}{z}$	$\vec{z}$　$\overset{\frown}{x}$　$\overset{\frown}{y}$	$\vec{z}$　$\overset{\frown}{x}$　$\overset{\frown}{y}$

续表

工件的定位面	夹具的定位元件				
圆孔	圆柱销	定位情况	短圆柱销	长圆柱销	两段短圆柱销
		图示	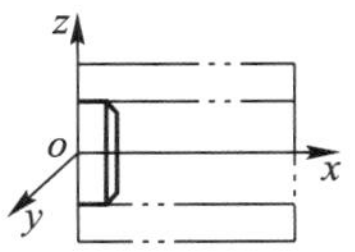	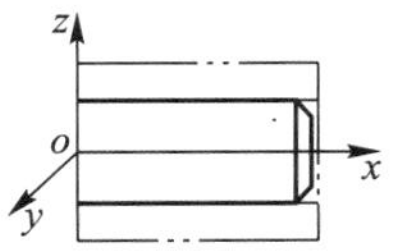	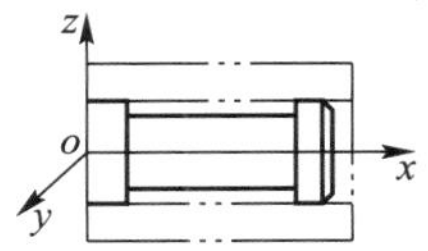
		限制的自由度	$\vec{y}$ $\vec{z}$	$\vec{y}$ $\vec{z}$ $\overset{\frown}{y}$ $\overset{\frown}{z}$	$\vec{y}$ $\vec{z}$ $\overset{\frown}{y}$ $\overset{\frown}{z}$
		定位情况	菱形销	长销小平面组合	短销大平面组合
		图示	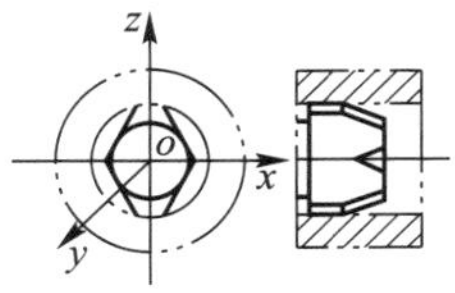	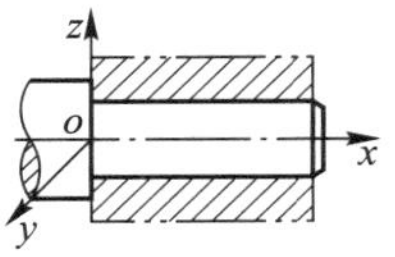	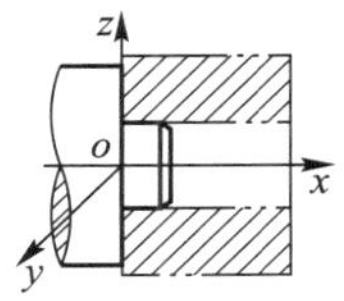
		限制的自由度	$\overset{\frown}{z}$	$\vec{x}$ $\vec{y}$ $\vec{z}$ $\overset{\frown}{y}$ $\overset{\frown}{z}$	$\vec{x}$ $\vec{y}$ $\vec{z}$ $\overset{\frown}{y}$ $\overset{\frown}{z}$
	圆锥销	定位情况	固定锥销	浮动锥销	固定锥销与浮动锥销组合
		图示	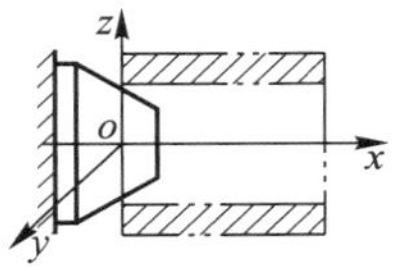	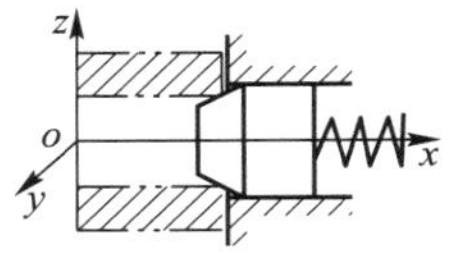	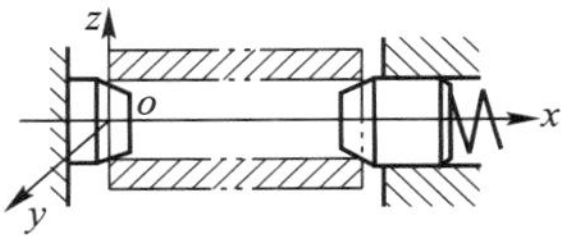
		限制的自由度	$\vec{x}$ $\vec{y}$ $\vec{z}$	$\vec{y}$ $\vec{z}$	$\vec{x}$ $\vec{y}$ $\vec{z}$ $\overset{\frown}{y}$ $\overset{\frown}{z}$
	心轴	定位情况	长圆柱心轴	短圆柱心轴	小锥度心轴
		图示	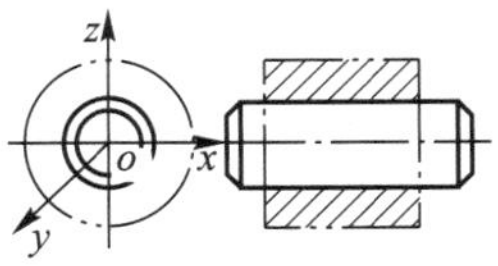	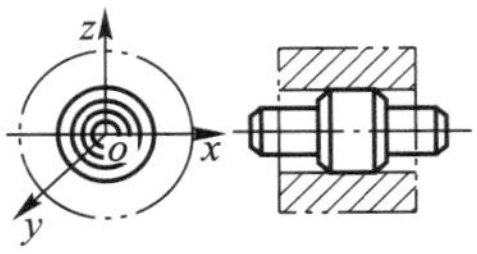	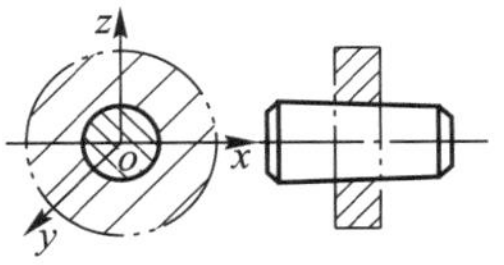
		限制的自由度	$\vec{x}$ $\vec{z}$ $\overset{\frown}{x}$ $\overset{\frown}{z}$	$\vec{x}$ $\vec{z}$	$\vec{x}$ $\vec{z}$
外圆柱面	V形块	定位情况	一块短 V 形块	两块短 V 形块	一块长 V 形块
		图示	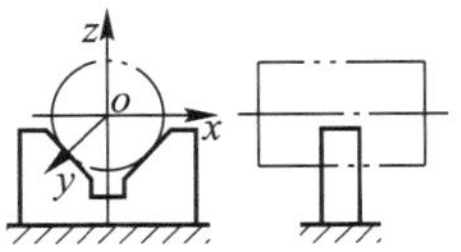	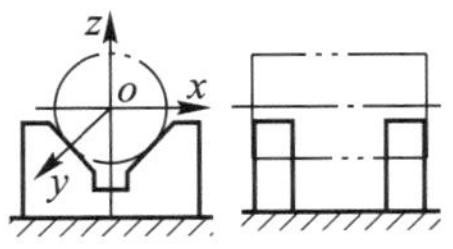	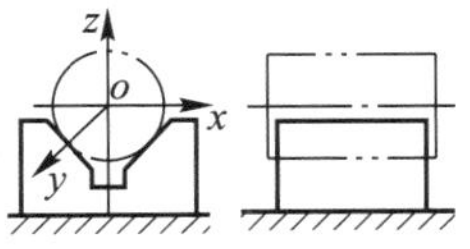
		限制的自由度	$\vec{x}$ $\vec{z}$	$\vec{x}$ $\vec{z}$ $\overset{\frown}{x}$ $\overset{\frown}{z}$	$\vec{x}$ $\vec{z}$ $\overset{\frown}{x}$ $\overset{\frown}{z}$
	定位套	定位情况	一个短定位套	两个短定位套	一个长定位套
		图示	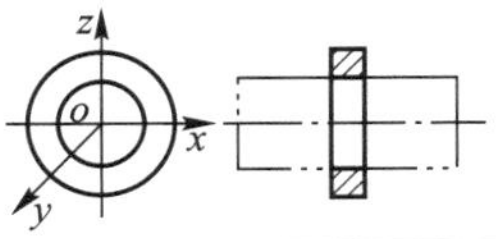	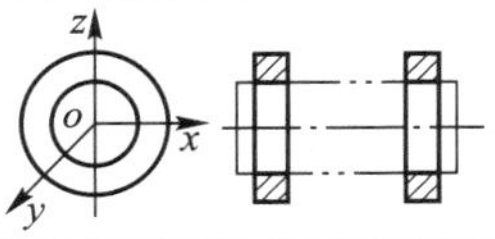	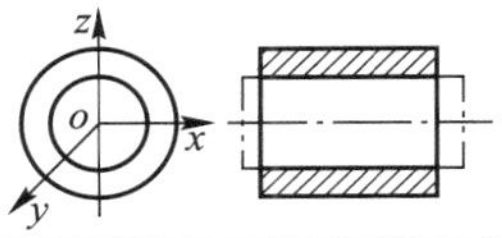
		限制的自由度	$\vec{x}$ $\vec{z}$	$\vec{x}$ $\vec{z}$ $\overset{\frown}{x}$ $\overset{\frown}{z}$	$\vec{x}$ $\vec{z}$ $\overset{\frown}{x}$ $\overset{\frown}{z}$

续表

工件的定位面	夹具的定位元件				
圆锥孔	锥顶尖和锥度心轴	定位情况	固定顶尖	浮动顶尖	锥度心轴
		图示			
		限制的自由度	$\vec{x}$ $\vec{y}$ $\vec{z}$	$\vec{y}$ $\vec{z}$	$\vec{x}$ $\vec{y}$ $\vec{z}$ $\overset{\frown}{y}$ $\overset{\frown}{z}$

（2）完全定位与不完全定位

工件的六个自由度完全被限制的定位称为完全定位。图5-5a所示为用立铣刀采用定程法加工六面体工件上的槽，要求保证工序尺寸 a、b、c，保证槽的侧面和底面分别与工件的侧面和底面平行，加工时就必须限制六个自由度，即完全定位。若在工件上铣台阶面，要求保证工序尺寸 a、c 及台阶的两平面分别平行于侧面和底面，那么加工时只要限制除 $\vec{y}$ 以外的五个自由度即可，如图5-5b所示。若在工件上铣顶面，只要限制 $\vec{z}$、$\overset{\frown}{x}$ 和 $\overset{\frown}{y}$ 即可，如图5-5c所示。满足工件的加工要求，限制工件的自由度数少于六个的定位称为不完全定位。

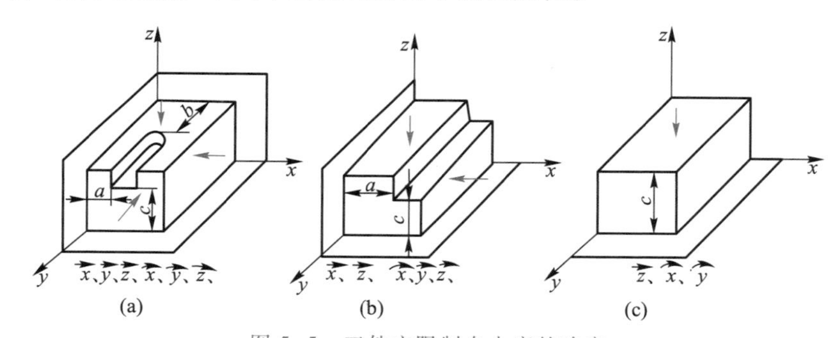

图5-5 工件应限制自由度的确定

（3）欠定位和过定位

在加工中，如果工件应该限制的自由度未给予限制，这样的定位称为欠定位。欠定位是不容许的。例如在图5-5a中，若 $\vec{y}$ 没有被限制，出现欠定位，就无法保证尺寸 b 的精度。

过定位是指工件的同一个自由度被两个或两个以上的支承点重复限制的定位。如图5-6所示连杆大头孔加工时的过定位情况，长圆柱销1限制了 $\vec{x}$、$\vec{y}$、$\overset{\frown}{x}$、$\overset{\frown}{y}$ 四个自由度，支承板2限制了 $\vec{z}$、$\overset{\frown}{x}$、$\overset{\frown}{y}$ 三个自由度，止销3限制了 $\overset{\frown}{z}$ 一个自由度，其中 $\overset{\frown}{x}$、$\overset{\frown}{y}$ 被长圆柱销和支承板两个定位元件重复限制，便出现了过定位情况。这时，若长圆柱销刚度高，就可能会出现图5-6b所示的情况，即定位后工件歪斜，端面只有一点接触，压紧后必然使连杆变形；若长圆柱销刚度不足，则夹紧力的作用就可能使长圆柱销产生倾斜，如图5-6c所示。上述两种情况都会引起被加工孔的位置误差，使连杆大小孔的轴线不平行。

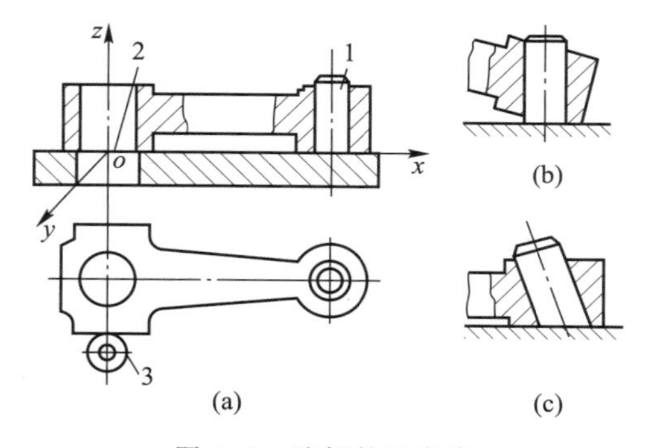

图5-6 连杆的过定位

消除过定位及其干涉一般有两种途径。一是改变定位元件结构,消除对自由度的重复限制。如图 5-6 中的连杆定位,若将长圆柱销改为短圆柱销就可消除过定位。二是提高工件定位基面之间及夹具定位元件与工作表面之间的位置精度,减少或消除过定位引起的干涉,并且可以增加定位的稳定性。

5.2.3　常见定位方法与定位元件

工件在机床上的定位包括工件在夹具上的定位和夹具在机床上的定位两个方面。本节只讨论工件在夹具上的定位问题(夹具在机床上的定位原理与此相同)。通常,工件定位靠夹具中的定位元件来确定其加工位置,满足其工序规定的加工精度要求。而定位元件的结构、形状和尺寸主要取决于工件上被选定的定位基面的结构、形状和尺寸等因素,因此即使同一工件也有不同的定位方式。工件定位方式常按工件定位表面的形状来划分。

(1) 工件以平面定位

平面定位的主要形式是支承定位。夹具上常用的支承元件有以下几种:

1) 固定支承　固定支承有支承钉和支承板两种形式。图 5-7a、b、c 所示为国家标准规定的三种支承钉。其中 A 型多用于精基准面的定位,B 型多用于粗基准面的定位,C 型多用于工件侧面的定位。图 5-7d、e 所示为国家标准规定的两种支承板,其中 B 型用得较多,A 型由于不利于清除切屑,故常用于侧面定位。

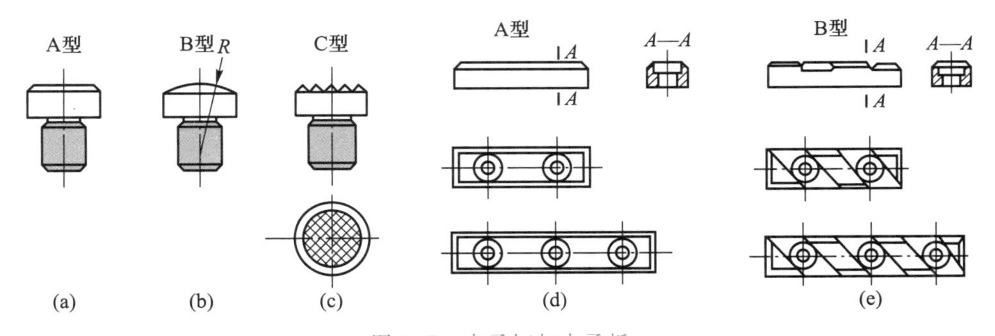

图 5-7　支承钉与支承板

2) 可调支承　支承点位置可以调整的支承称为可调支承。图 5-8 所示为几种常见的可调支承。当工件定位表面不规整以及工件批与批之间的毛坯尺寸变化较大时,常使用可调支承。有时,可调支承也可用做成组可调夹具的调整元件。

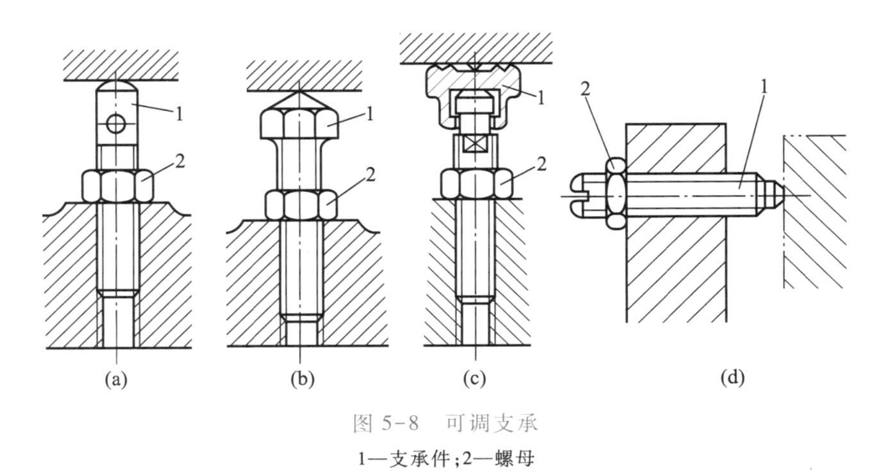

图 5-8　可调支承

1—支承件;2—螺母

3）自位支承　在定位过程中，自位支承本身可以随工件定位基准面的变化而自动调整并与之相适应。图5-9所示为几种常见的自位支承形式。自位支承一般只起一个自由度的定位作用，即一点定位，常用于毛坯表面、断续表面、阶梯表面的定位以及有角度误差的平面定位。

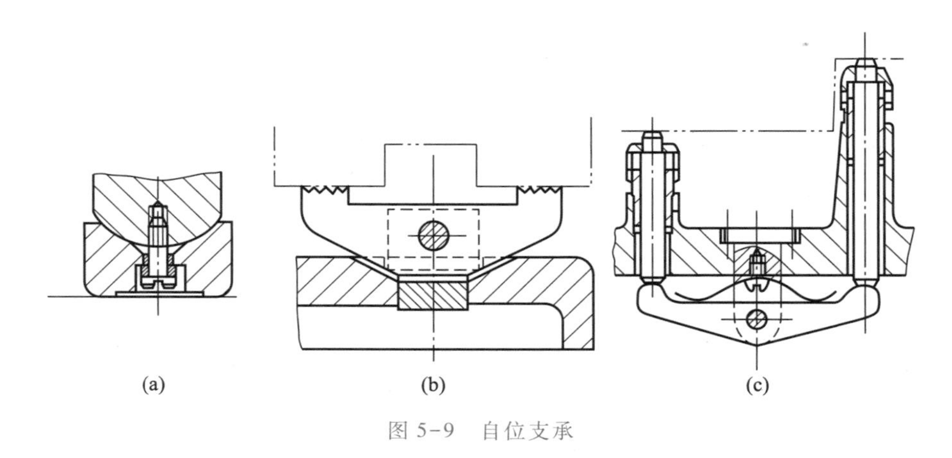

图5-9　自位支承

4）辅助支承　辅助支承是在工件定位后才参与支承的元件，它不起定位作用。辅助支承的结构形式很多，图5-10是其中的四种。其中图a的结构最简单，但在转动辅助支承1时，可能因摩擦力而带动工件；图b的结构通过调整螺母2，使辅助支承1上下移动，避免了图a的缺点；图c为自动调节支承，靠弹簧3的弹力使辅助支承1与工件接触，转动手柄4将辅助支承1锁紧；图d所示为工件以平面A定位后，由于需要加工的上顶面的右边部分悬伸突出，在切削力作用下

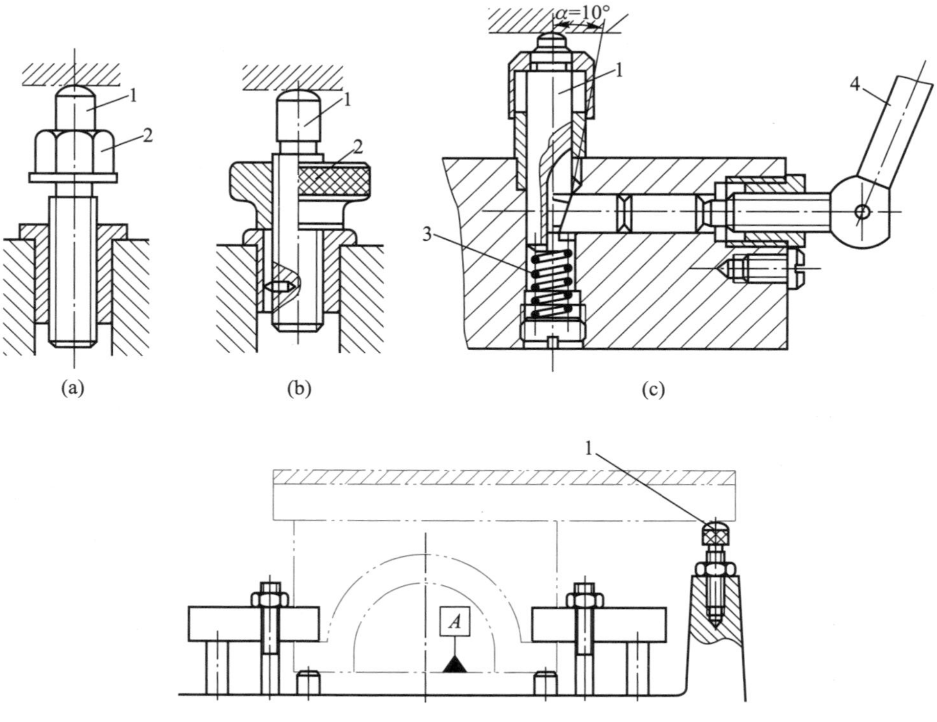

(a)　(b)　(c)

(d)

图5-10　辅助支承

1—辅助支承；2—螺母；3—弹簧；4—手柄

会使其产生变形而下移，加工结束后产生弹性恢复，则上顶面右边部分会高于左边部分，造成上顶面平面度误差大。在夹具的右边增加辅助支承 1 就可以提高支承刚度和稳定性，从而克服上述问题。对于辅助支承，每安装一个工件就要调整一次，因而辅助支承调整时应方便省力。另外，辅助支承还可以起预定位作用。

（2）工件以圆孔定位

工件以圆孔作为定位面，通常属于定心定位（基准为孔的轴线），其中常见的定位元件有定位销、锥销和心轴。

1）定位销　分为固定式和可换式两类。每类中又可分为圆柱销和菱形销两种。圆柱销限制两个自由度，菱形销限制一个自由度。它们主要用于零件上的小孔定位，一般直径不大于 50 mm。图 5-11 所示为各种结构的圆柱销，图 a 用于直径小于 10 mm 的孔；图 b 为带突肩的圆柱销；图 c 为直径大于 16 mm 的圆柱销；图 d 为带有衬套的圆柱销，它便于磨损后进行更换。图 5-12 为菱形销，它也有上述四种结构。

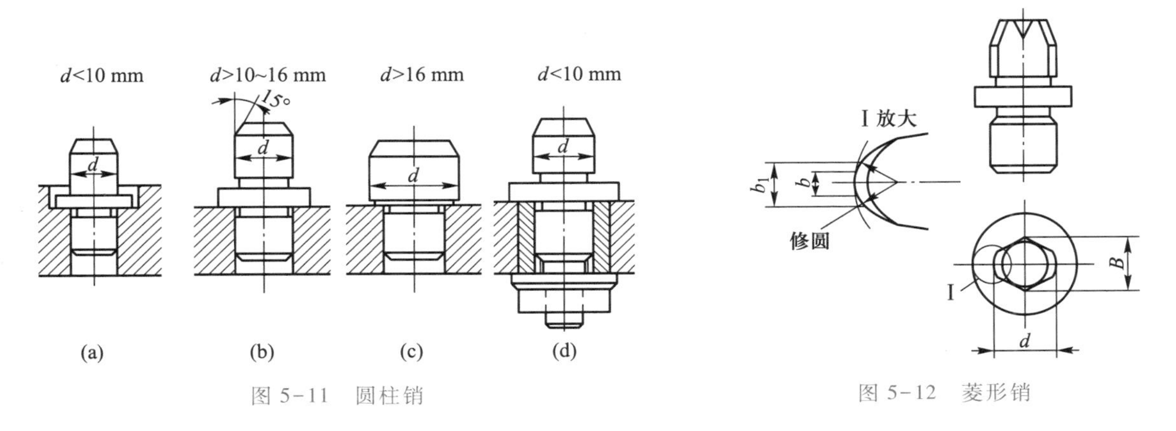

图 5-11　圆柱销

图 5-12　菱形销

2）圆锥销　常用于工件孔端的定位。图 5-13 所示为各种结构的圆锥销。图 a 用于已加工过的孔；图 b 用于未加工的孔，可限制三个自由度；图 c 为浮动圆锥销，限制两个自由度，它依靠弹簧力的作用插入定位孔中，这样可避免轴向的过定位，同时又消除了孔与圆锥销之间的间隙，起到良好的定心作用。

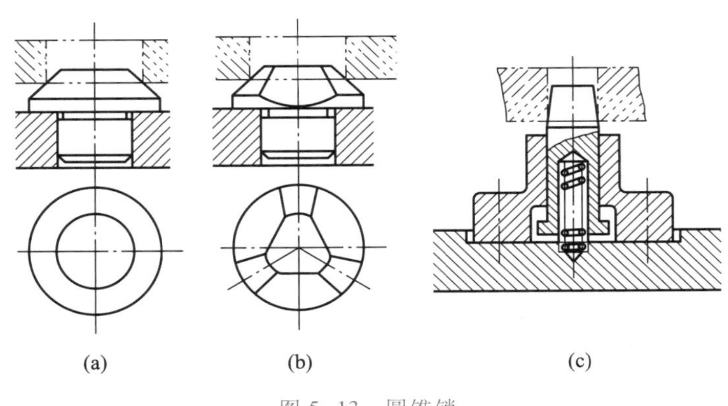

图 5-13　圆锥销

3）心轴　主要用于盘类或套类零件加工时的定位。常用的几种心轴如图 5-14 所示。图 a 为间隙配合心轴，其与端面配合能限制五个自由度，该心轴装卸方便，但定心精度低。图 b 为过盈配合心轴，能限制四个自由度，该心轴的特点是定心精度高，但装卸费时，故常用于定心精度要求高的情况。图c为小锥度心轴，锥度 $K=1/5000\sim1/1000$，该心轴不仅定心精度高，而且能借助于配合处的摩擦力来带动工件转动。由于工件定位孔的直径在其公差范围内变动，工件在心轴上的轴向位置是变化的，它只能限制工件的四个自由度。

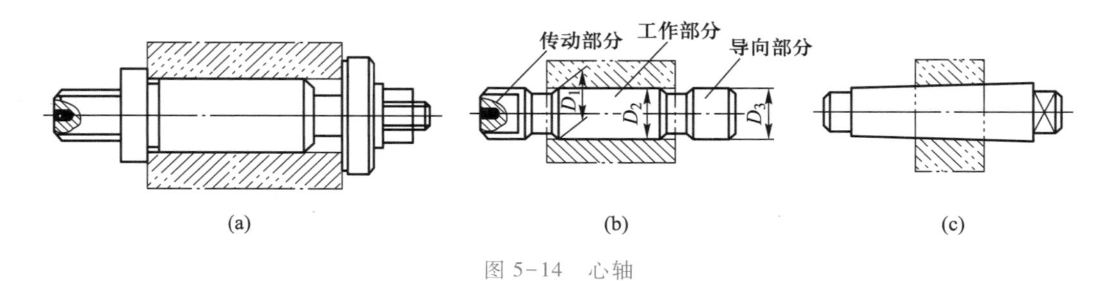

图 5-14　心轴

(3) 工件以外圆表面定位

工件以外圆表面定位时，常用的定位元件有定位套、半圆定位座、V形块等。

1) 定位套　定位套的形式如图5-15a所示。它装在夹具体上，用以支承外圆表面，起定位作用。这种定位方式的定位元件结构简单，定心精度不高。当工件外圆与定位孔配合较松时，还易使工件偏斜，因而常采用定位套内孔与端面一起定位，以减少偏斜，通常定位套内孔配合精度取H7/k6。如果工件以台阶面为主要定位基准，应采用短定位套定位，则短定位套只限制两个移动自由度；如果工件以外圆表面为主要定位基准，应采用长定位套定位，则长定位套限制四个自由度。

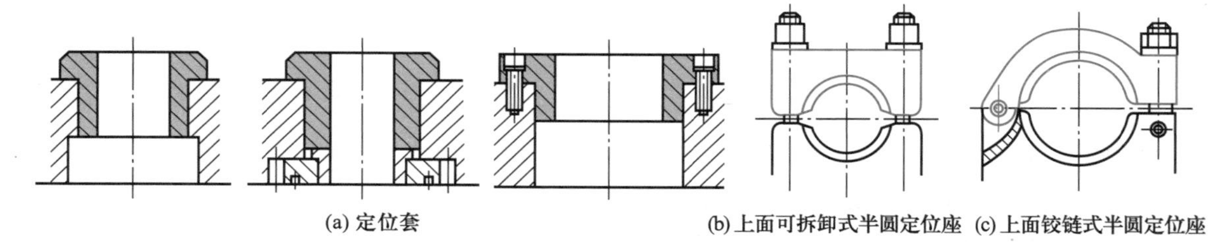

图 5-15　工件以外圆表面定位的定位套和半圆定位座

2) 半圆定位座　半圆定位座的形式如图5-15b、c所示。下半圆部分起定位作用，装在夹具体上；上半圆部分有可拆卸式和铰链式两种，起夹紧作用。两半圆工作表面用耐磨材料制成两个半圆衬套，并镶在基体上以便于更换。半圆定位座定位方式主要用于大型轴类零件及不便于轴向装夹的零件，其稳固性优于V形块，定位精度取决于定位基准面的精度。半圆定位座孔的最小内径取工件定位基准面的最大直径。

3) V形块　工件以外圆表面支承定位常用的定位元件是V形块。V形块两斜面之间的夹角 α 一般取60°、90°或120°，其中90°最多。90°夹角V形块结构已标准化，参见图5-16。使用V形块定位的特点是：对中性好；可用于非完整外圆表面的定位。V形块有长短之分，见表5-1；V形块又有固定和活动之分，其中活动V形块在可移动方向上对工件不起定位作用。

V形块在夹具中的安装尺寸 T 是V形块的主要设计参数，该尺寸常作为V形块检验和调整的依据。由图5-16可以求出：

$$T=H+\frac{1}{2}\left(\frac{D}{\sin\frac{\alpha}{2}}-\frac{N}{\tan\frac{\alpha}{2}}\right) \tag{5-1}$$

式中：D 为工件或检验心轴直径的平均尺寸。当 α 为 90°时，有 $T \approx H + 0.707D - 0.5N$。

(4) 工件以其他表面定位

工件除了以平面、圆孔和外圆表面定位外，有时也以其他形式的表面定位。图 5-17 为工件(齿轮)以渐开线齿面定位的例子，图中显示了 3 个定位圆柱均布(或近似均布)插入齿间以实现分度圆定位。该夹具广泛应用于齿轮热处理后的磨孔工序中，可保证齿轮孔与齿面之间获得较小的同轴度误差。

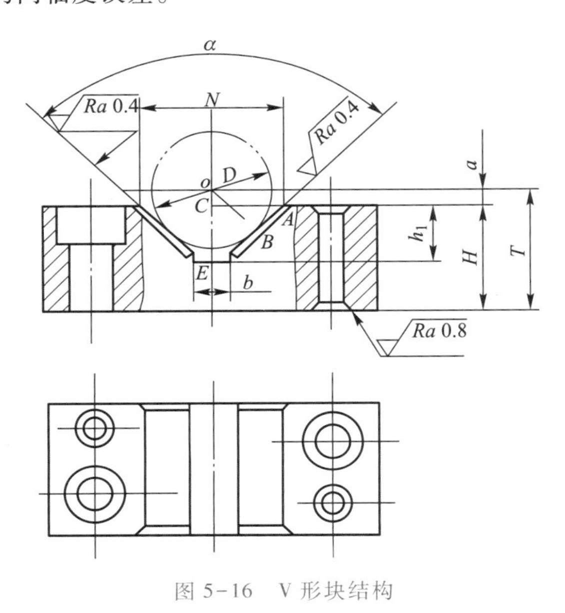

图 5-16　V 形块结构

图 5-17　工件(齿轮)以渐开线齿面定位

1—推杆；2—弹性薄膜卡盘；3—保持架；4—卡爪；5—螺钉；6—节圆柱；7—工件(齿轮)

(5) 组合定位

实际生产中经常遇到的不是单一表面定位，而是几个表面的组合定位。常见的组合定位有平面与平面的组合定位、平面与圆孔的组合定位、平面与外圆表面的组合定位、平面与其他表面的组合定位、锥面与锥面的组合定位等。

在多个表面同时参与定位的情况下，各表面在定位中所起的作用有主次之分。一般称限制自由度数最多的定位表面为第一定位基准面或主要定位面或支承面，次之的称为第二定位基准面或导向基准面，限制一个自由度数的定位表面称为第三定位基准面或止动面。

1) 组合定位分析要点

① 几个定位元件组合起来实现一个工件的定位，该组合定位元件能限制工件的自由度总数等于各个定位元件单独定位各自相应定位面所能限制的自由度数之和，不会因组合后而发生数量上的变化，但它们限制的自由度类型却会随不同组合情况而改变。

② 组合定位中，定位元件在单独定位某定位面时，原来限制工件移动自由度的作用可能会转化成限制工件转动自由度的作用，但一旦转化后，该定位元件就不能限制工件的移动自由度了。

③ 单个表面的定位是组合定位分析的基本单元。如图 5-18所示采用三个支承钉定位一个平面时，就以平面定

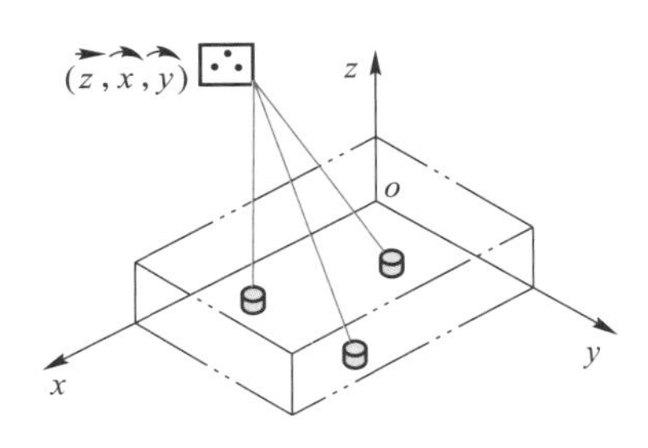

图 5-18　三个支承钉定位一个平面

位作为定位分析的基本单元，限制$\vec{z}$、$\overset{\frown}{x}$、$\overset{\frown}{y}$三个自由度，而不再进一步去探讨这三个自由度分别由哪个支承钉来限制。否则易引起混乱，对定位分析毫无帮助。

例 5-1 分析图 5-19 所示的定位方案，各定位元件可限制哪几个自由度？按图示坐标系又限制了哪几个自由度？有无重复定位现象？

解 一个固定短 V 形块能限制工件的两个自由度，三个固定短 V 形块组合起来可限制工件的六个(2+2+2)自由度，不会因定位元件的组合而发生数量上的增减。按图示坐标系，固定短 V 形块 1 限制了$\vec{x}$、$\vec{z}$自由度，固定短 V 形块 2 与之组合起限制$\overset{\frown}{x}$、$\overset{\frown}{z}$自由度的作用，即固定短 V 形块 2 由单独定位时限制两个移动自由度转化成限制两个转动自由度。也可以把固定短 V 形块 1、2 组合起来视为一个固定长 V 形块，共限制了$\vec{x}$、$\vec{z}$、$\overset{\frown}{x}$、及$\overset{\frown}{z}$四个自由度，两种分析结果是等同的。固定短 V 形块 3 限制了$\vec{y}$和$\overset{\frown}{y}$两个自由度，其单独定位时限制$\vec{z}$自由度的作用在组合定位时转化成限制$\overset{\frown}{y}$自由度。这是一个完全定位，没有重复定位现象。

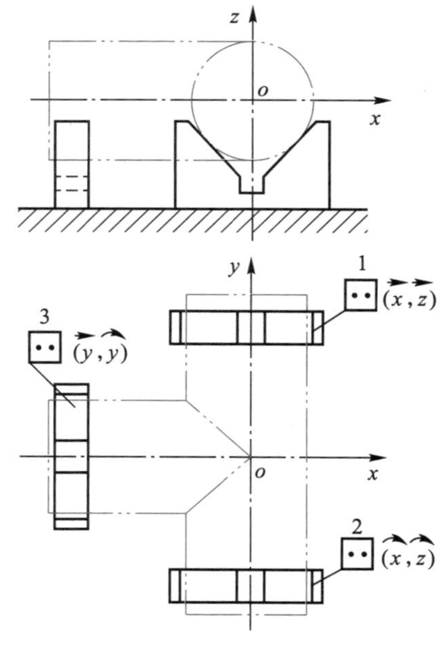

图 5-19 组合定位分析实例

1、2、3—V 形块

2）车床前后顶尖组合定位分析

车床前后顶尖定位轴类工件是常见的组合定位方式，如图 5-20 所示。在分析多个表面定位情况下各表面所限制的自由度时，分清主次定位面是很有必要的。这时应首先确定固定了前顶尖孔后能限制工件三个方向的自由度，此时若车床后顶尖也是固定的，则也要限制三个方向的自由度，这样固定前、后顶尖组合起来共同限制六个(3+3)自由度。事实上，它们组合起来只能限制五个自由度(即$\overset{\frown}{z}$自由度无法限制)，说明固定前、后顶尖都限制了$\vec{z}$自由度，即$\vec{z}$自由度有重复限制现象。实际上一批工件轴的长度有所不同，固定了前、后顶尖使长的轴不能装入固定前、后顶尖之间，短的轴不能接触固定前、后顶尖定位面，因此，在前述首先确定固定前顶尖孔为主、限制工件三个方向自由度的基础上，使车床后顶尖可沿 z 轴移动，保证随工件长度不同而与工件后顶尖孔接触，消除了后顶尖$\vec{z}$自由度的限制，避免了$\vec{z}$自由度的重复限制现象。此时独立的后顶尖只能限制$\vec{x}$、$\vec{y}$两个移动自由度，但因与固定前顶尖组合定位，后顶尖限制的$\vec{x}$、$\vec{y}$两个移动自由度便转化成限制$\overset{\frown}{x}$、$\overset{\frown}{y}$两个转动自由度。注意，转化后移动后顶尖就不再起限制$\vec{x}$、$\vec{y}$两个移动自由度的作用了。

3）“一面两孔”组合定位分析

一面两孔组合定位是最常见的一种组合定位形式，如图 5-21 所示。在加工箱体类零件时经常采用一面两孔组合(一个大平面及与该平面相垂直的两个圆孔组合)定位，夹具上相应的定位元件是一面两销。为了避免两销连心线方向由于过定位而引起的工件安装时的干涉现象发生，在两销连心线方向中一个销做成削边销(也称菱形销)，有关“一面两孔”组合定位限制或自由度转化的分析同前述方法。菱形销的有关尺寸可以通过计算得到，也可以从有关手册或表 5-2 中查找。

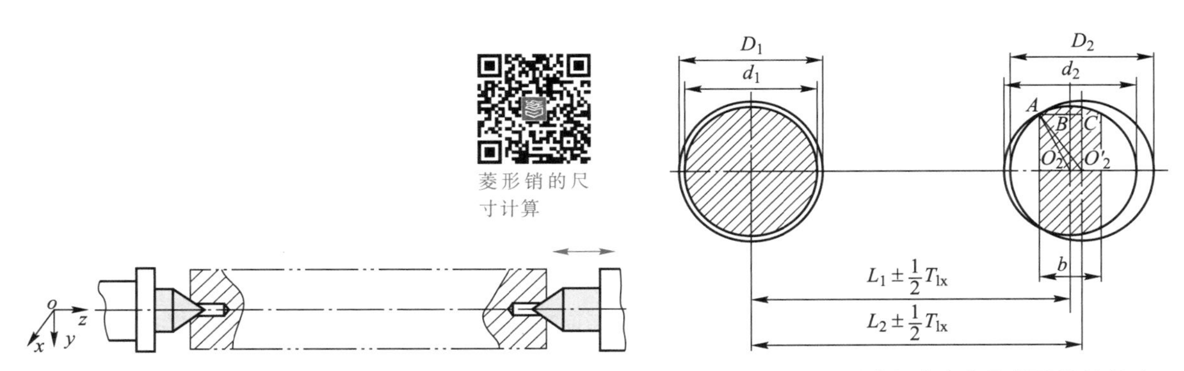

图 5-20 工件在两顶尖上的定位

图 5-21 一面两孔组合定位及菱形销的尺寸

表 5-2 菱形销尺寸 mm

d	>3～6	>6～8	>8～20	>20～25	>25～32	>32～40	>40～50
B	$d-0.5$	$d-1$	$d-2$	$d-3$	$d-4$	$d-5$	$d-6$
b	1	2	3	3	3	4	5
b_1	2	3	4	5	5	6	8

注：d、B、b、b_1 的含义参考图 5-12。

5.3 定位误差的分析计算

5.3.1 定位误差

定位误差是指一批工件在夹具中定位时，工件的设计基准（或工序基准）在加工尺寸方向上的最大变动量，以 Δ_{dw} 表示，定位误差包括基准不重合误差和基准位移误差两部分。

基准不重合误差是由工件加工时用的定位基准与工件的设计基准不重合所引起的。其大小等于设计基准与定位基准间的尺寸及相对位置在加工尺寸方向上的变动量，以 Δ_{jb} 表示。如加工图 5-22a 所示的两孔 A 及 B，若在一次安装中用底面及侧面 C 定位，分别加工孔 A 及 B，由于孔 B 在 x 方向上的设计基准是孔 A 的轴线，因而加工时的定位基准 C 与设计基准（孔 A 的轴线）之间的尺寸在加工尺寸方向上的变动量等于 0.2 mm。

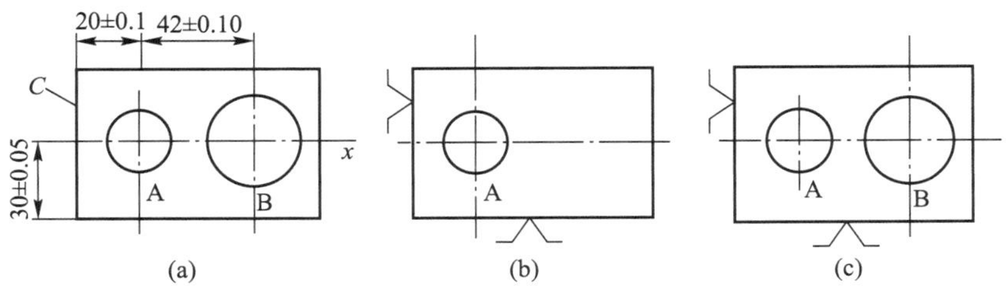

图 5-22 基准不重合的实例

基准位移误差是指工件在定位时，工件的定位基准在加工尺寸方向上的变动量，以 Δ_{jw} 表示。基准位移误差由工件定位表面和夹具上的定位元件的误差以及定位表面与定位元件间的间隙所引起。

因此，在分析计算定位误差时，首先要查找出基准不重合误差，然后再查找出基准位移误差。所以定位误差就等于基准不重合误差 Δ_{jb} 与基准位移误差 Δ_{jw} 在加工尺寸方向上的矢量和，即

$$\vec{\Delta}_{w}=\vec{\Delta}_{jb}+\vec{\Delta}_{jw} \tag{5-2}$$

5.3.2 常见定位方式产生定位误差的分析计算

1. 工件以平面定位时的定位误差计算

工件以平面定位时，作为精基准的平面，其平面度误差很小，由于定位副制造不准确而引起的定位误差可以忽略不计。所以工件以平面定位时，其定位误差主要由基准不重合引起。

2. 工件以孔定位时的定位误差计算

工件以孔定位时，其基准位移误差与定位元件放置的方式、定位副的制造精度以及它们之间的配合性质等有关。下面分几种情况进行介绍。

1）工件孔与定位心轴无间隙配合　如采用小锥度心轴和可胀心轴定位时，工件孔的轴线始终与心轴的轴线重合，这样就不存在定位副制造不准确的定位误差，故这种定位方式的定位精度较高。

2）工件单向靠紧定位　例如，定位心轴水平放置，工件在重力作用下单方向靠紧定位，如图5-23a所示；或在夹紧力作用下操作者同时单方向推移工件靠紧定位，如图5-23b所示。在这种情况下，工件的基准位移误差为：

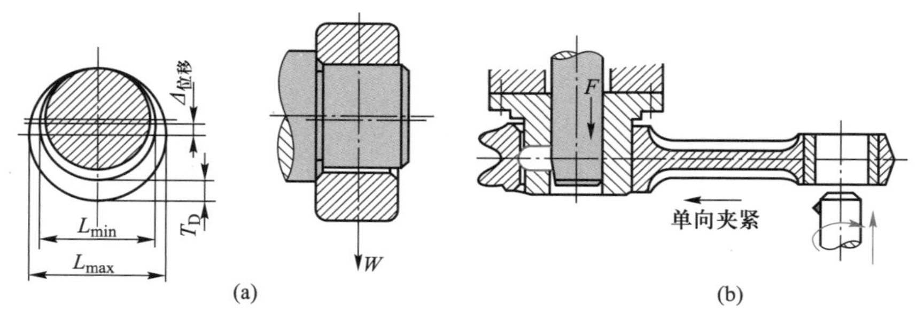

图5-23　工件单向靠紧时的基准位移误差

$$\Delta_{jw}=\frac{1}{2}(T_{D}+T_{d}) \tag{5-3}$$

式中：T_D——定位孔的直径公差；

T_d——定位心轴的直径公差。

3）工件进行回转加工　例如，工件以孔定位，套在心轴上磨削与孔有同轴度要求的外圆。影响其同轴度精度的基准位移误差如下：

$$\Delta_{jw}=\frac{1}{2}(T_{D}+T_{d}+X_{min}) \tag{5-4}$$

式中：X_{min} 为定位副配合时的最小间隙。

4）工件孔与垂直放置的心轴（销）间隙配合　工件在 x、y 两个坐标方向上的基准位移误差等于定位孔中心的两个极端位置的距离，见图5-24。

$$\Delta_{jw}=T_{D}+T_{d}+X_{min} \tag{5-5}$$

以上讨论仅考虑了基准位移误差，总的定位误差还需加上基准不重合误差。

3. 工件以外圆表面定位时的定位误差计算

1) 工件在 V 形块上定位时的定位误差 图 5-25 所示为轴在 V 形块上铣槽，工序尺寸分别以基准 O、A、B 三种情况标注，它们各自的定位误差由图 5-25b 可得。

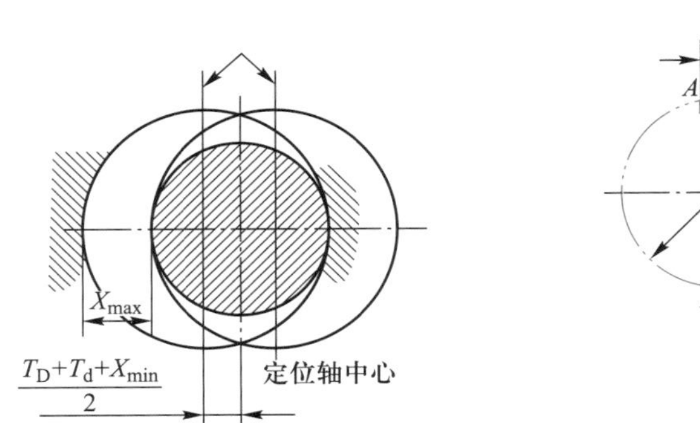

图 5-24 孔轴间隙配合时的基准位移误差

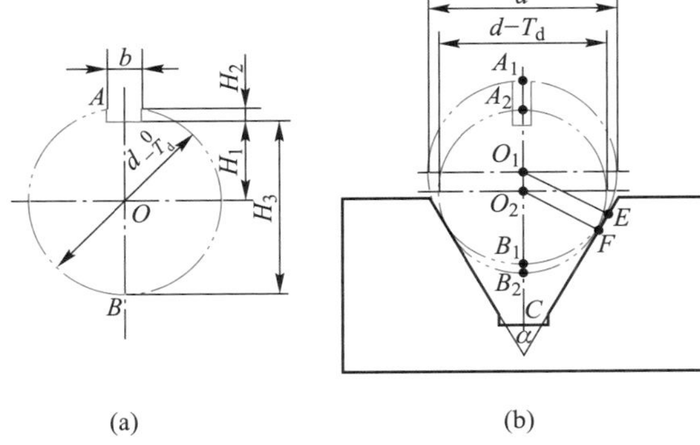

图 5-25 轴在 V 形块上的定位误差

工序尺寸以 H_1 标注，其定位误差为：

$$\Delta_{d1}=\overline{O_1O_2}=\overline{O_1C}-\overline{O_2C}=\frac{d}{2\sin\frac{\alpha}{2}}-\frac{d-T_d}{2\sin\frac{\alpha}{2}}=\frac{T_d}{2\sin\frac{\alpha}{2}} \tag{5-6}$$

工序尺寸以 H_2 标注，其定位误差为：

$$\begin{aligned}\Delta_{d2}&=\overline{A_1A_2}=\overline{A_1O_1}+\overline{O_1O_2}-\overline{A_2O_2}=\frac{d}{2}+\frac{T_d}{2\sin\frac{\alpha}{2}}-\frac{1}{2}(d-T_d)\\&=\frac{T_d}{2\sin\frac{\alpha}{2}}+\frac{1}{2}T_d=\frac{T_d}{2}\left(\frac{1}{\sin\frac{\alpha}{2}}+1\right)\end{aligned} \tag{5-7}$$

工序尺寸以 H_3 标注，其定位误差为：

$$\begin{aligned}\Delta_{d3}&=\overline{B_1B_2}=\overline{O_2B_2}+\overline{O_1O_2}-\overline{O_1B_1}=\frac{1}{2}(d-T_d)+\frac{T_d}{2\sin\frac{\alpha}{2}}-\frac{1}{2}d\\&=\frac{T_d}{2\sin\frac{\alpha}{2}}-\frac{1}{2}T_d=\frac{T_d}{2}\left(\frac{1}{\sin\frac{\alpha}{2}}-1\right)\end{aligned} \tag{5-8}$$

从上述三种不同工序基准的定位误差分析可知，H_2 和 H_3 的定位误差由$\frac{T_d}{2}$和$\frac{T_d}{2\sin\frac{\alpha}{2}}$两项构成，前者是定位基准和设计基准间联系尺寸$\frac{d}{2}$的公差，亦即基准不重合误差 Δ_{jb}，后者为基准位移误差 Δ_{jw}。而 H_1 只由 $\Delta_{jw}=\frac{T_d}{2\sin\frac{\alpha}{2}}$组成，此时定位基准和设计基准重合，故 $\Delta_{jb}=0$。

综上分析，定位误差随工件误差增大而增大；定位误差随 V 形块夹角 α 增大而减小，但定位稳定性变差,故一般取 $\alpha=90°$;定位误差与工序尺寸标注方式有关,本例中通过以上计算可知,工件以下母线为工序基准,其定位误差最小。在以上定位误差的计算中,由于篇幅有限,未论述定位元件 V 形块的制造误差对定位误差的影响。

2)工件以外圆表面在定位套中定位　其基准位移误差的分析方法与工件以孔在心轴上定位相同,只要将工件定位孔的公差换成定位轴的公差即可。

4. 工件以一面两销定位时的定位误差计算

工件以一面两销定位,其定位误差表现为工件在平面内任意方向上的位移误差,以及工件两定位孔中心的连线相对夹具两定位销中心连线的最大转角误差。

(1)工件在平面内任意方向上的位移误差

由图 5-26 可见

$$\Delta d=T_{D1}+T_{d1}+X_{1min} \tag{5-9}$$

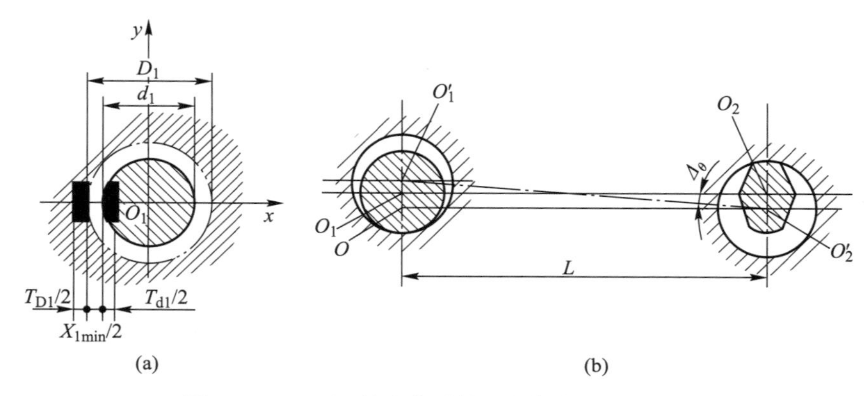

图 5-26　一面两销定位时的基准位移与转角误差

(2)转角误差

$$\begin{aligned}\Delta_\theta&=\arctan\frac{T_{D1}+T_{d1}+X_{1min}+T_{D2}+T_{d2}+X_{2min}}{2L}\\&=\arctan\frac{X_{1max}+X_{2max}}{2L}\end{aligned} \tag{5-10}$$

式中:　T_{D1}、T_{D2}——孔 1、孔 2 的直径公差;

T_{d1}、T_{d2}——销 1、销 2 的直径公差;

X_{1min}、X_{2min}、X_{1max}、X_{2max}——分别为两定位副的最小与最大配合间隙。

同样,工件还可能向另一方面偏转 Δ_θ,则全部的转角误差是 $\pm\Delta_\theta$。

5.3.3　定位误差计算案例

例 5-2　有一批如图 5-27 所示的工件,$\phi50\text{h}6(^{\ 0}_{-0.016})$ mm 外圆、$\phi30\text{H}7(^{+0.021}_{\ 0})$ mm 内孔和两端面均已加工合格,并保证外圆对内孔的同轴度误差在 $T_e=\phi0.015$ mm 范围内。今按图示的定位方案,用 $\phi30\text{g}6(^{-0.007}_{-0.020})$ mm 心轴定位,在立式铣床上用顶尖顶住心轴,铣宽为 $12\text{h}9(^{\ 0}_{-0.043})$ mm 的键槽。除槽宽有要求外,还应满足下列要求:

1)槽的轴向位置尺寸 $l=25\text{h}12(^{\ 0}_{-0.21})$ mm。

2)槽底位置尺寸 $H=42^{\ 0}_{-0.10}$ mm。

3)槽两侧面对 $\phi50$ 外圆轴线的对称度公差 $T_c=0.06$ mm。

试分析计算定位误差。

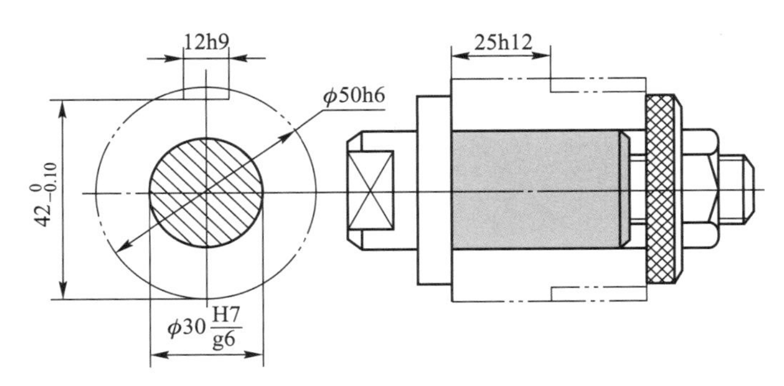

图 5-27 用心轴定位内孔铣槽工序的定位误差分析计算

解 除槽宽由铣刀相应尺寸保证外，现分别分析上面三个加工精度参数的定位误差。

1）$l=25\text{h}12(^{\ 0}_{-0.21})$尺寸的定位误差

设计基准是工件左端面，定位基准也是工件左端面（紧靠心轴的定位工作端面），基准重合，$\Delta_{\text{jb1}}=0$，又 $\Delta_{\text{jw1}}=0$，所以 $\Delta_{\text{dw1}}=0$。

2）$H=42^{\ 0}_{-0.10}$尺寸的定位误差

该尺寸的设计基准是外圆的最低母线，定位基准是内孔轴线，定位基准和设计基准不重合，两者的联系尺寸是外圆半径 $d/2$ 和外圆对内孔的同轴度误差 T_{e}，并且与 H 尺寸的方向相同。故基准不重合误差

$$\Delta_{\text{jb2}}=T_{\text{d}}/2+T_{\text{e}}=(0.016/2+0.015)\ \text{mm}=0.023\ \text{mm}$$

工件内孔轴线是定位基准，内孔与心轴为间隙配合，因此，一批工件的定位基准在 H 尺寸方向上的基准位移误差（按调整螺母时工件内孔与定位心轴可在任意边接触的一般情形考虑）按式（5-4）可得

$$\Delta_{\text{jw2}}=T_{\text{D}}+T_{\text{d}}+\Delta=(0.021+0.013+0.007)\ \text{mm}=0.041\ \text{mm}$$

因此，定位误差

$$\Delta_{\text{dw2}}=\Delta_{\text{jb2}}+\Delta_{\text{jw2}}=(0.023+0.041)\ \text{mm}=0.064\ \text{mm}$$

3）对称度 $T_{\text{c}}=0.06$ 的定位误差

$\phi50$ 外圆轴线是对称度的基准轴线，即设计基准。定位基准是内孔轴线，二者不重合，以同轴度 T_{e} 联系起来，故基准不重合误差 $\Delta_{\text{jb3}}=T_{\text{e}}=0.015\ \text{mm}$。而此时基准位移误差仍如 2）中所示，即 $\Delta_{\text{jw3}}=0.041\ \text{mm}$，只不过误差位于水平方向上，与对称度误差的方向一致，故总的定位误差为：

$$\Delta_{\text{dw3}}=\Delta_{\text{jb3}}+\Delta_{\text{jw3}}=(0.015+0.041)\ \text{mm}=0.056\ \text{mm}$$

在本例中，尺寸 H 和对称度 T_{c} 的定位误差占工序公差的比例过大，分别为：0.064/0.10＝64%以及 0.056/0.06≈93%。从上面的分析过程可以看出，尺寸 H 和对称度 T_{c} 的设计基准分别是外圆母线和外圆轴线，但定位基准却是内孔轴线，因此带来一系列误差因素，形成较大的定位误差。若采用图 5-28 所示的 V 形块定位方案，直接定位外圆，此时，l 尺寸的定位误差仍为零；尺寸 H 的定位误差按式（5-8）计算为：

$$\Delta_{\text{dw2}}=\frac{T_{\text{d}}}{2}\left(\frac{1}{\sin\dfrac{\alpha}{2}}-1\right)=\left[\frac{0.016}{2}\left(\frac{1}{\sin\dfrac{\pi}{4}}-1\right)\right]\ \text{mm}\approx 0.003\ \text{mm}$$

计算出的定位误差只占工序公差的 0.003/0.10＝3%。

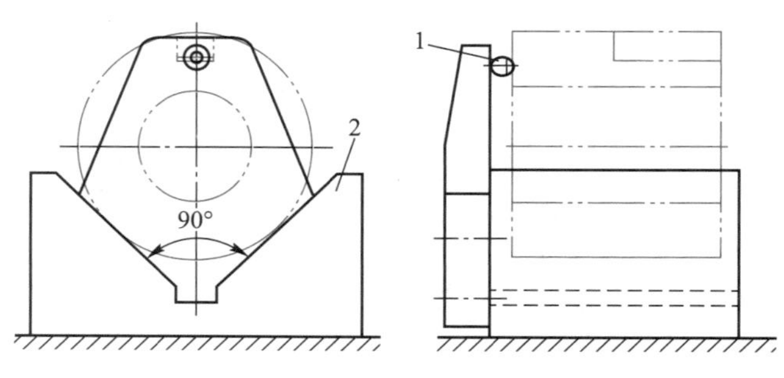

图 5-28　用 V 形块定位外圆的铣槽夹具方案

1—支承钉；2—V 形块

对称度的设计基准是外圆轴线，用 V 形块定位外圆时定位基准也是外圆轴线，基准重合，$\Delta_{jb3}=0$。虽然因外圆直径的变化引起外圆轴线在垂直方向（由于 V 形块的对中作用只能在垂直方向）上产生的基准位移按式（5-6）计算为：

$$\delta_{jw}=\frac{T_d}{2\sin\frac{\alpha}{2}}=\frac{0.016}{2\sin\frac{\pi}{4}}\ \text{mm}\approx 0.011\ \text{mm}$$

但基准位移 δ_{jw} 的方向是垂直方向，而对称公差带位于水平方向。因此，由基准位移产生的定位误差 $\Delta_{jw3}=\delta_{jw}\cos\frac{\pi}{2}=0$，这就是 V 形块对中作用的结果，最后得到

$$\Delta_{dw3}=\Delta_{jb3}+\Delta_{jw3}=0+0=0$$

因此完全可以保证对称度的加工要求。

定位误差的分析计算一般用于成批生产中使用调整法加工的情况。具体夹具的定位误差需要具体分析，要找出各个产生定位误差的环节和产生定位误差的大小，并决定其对工序尺寸方向上的增减（或正负），按照极值法或概率法求出总的定位误差。

如果采用试切法加工，一般不作定位误差的分析计算。

5.4　工件在夹具中的夹紧

5.4.1　夹紧装置

1. 夹紧装置的基本要求

夹紧装置（也称夹紧机构）是夹具的重要组成部分，用于防止工件在加工过程中因受切削力、惯性力等作用而产生对定位基准的位移或振动。它应满足以下基本要求：

① 在夹紧过程中不破坏工件已有的正确定位。

② 夹紧应可靠和适当，既不允许工件产生不适当的变形和表面损伤，也不会在加工过程中产生松动、振动。

③ 夹紧装置应操作方便、省力、安全。

④ 夹紧装置的结构设计应力求简单、紧凑、工艺性好。

2. 夹紧力的确定

夹紧力包括方向、作用点和大小三个要素，相关选择原则和注意事项如下：

(1) 夹紧力方向的选择原则

① 主要夹紧力应垂直于主要定位面,如图 5-29 所示。在直角支座上镗孔时要保证孔与端面的垂直度,故夹紧力应指向 *A* 面,而不是 *B* 面。

② 夹紧力的作用方向应尽可能与切削力、工件重力方向一致,以减少所需夹紧力。

③ 夹紧力的作用方向应尽量与工件刚度最大的方向一致,以减少工件变形。如图 5-30 所示,由于工件的轴向刚度比径向刚度大,故采用图 b 的夹紧形式工件不易产生变形,比图 a 的夹紧形式好。

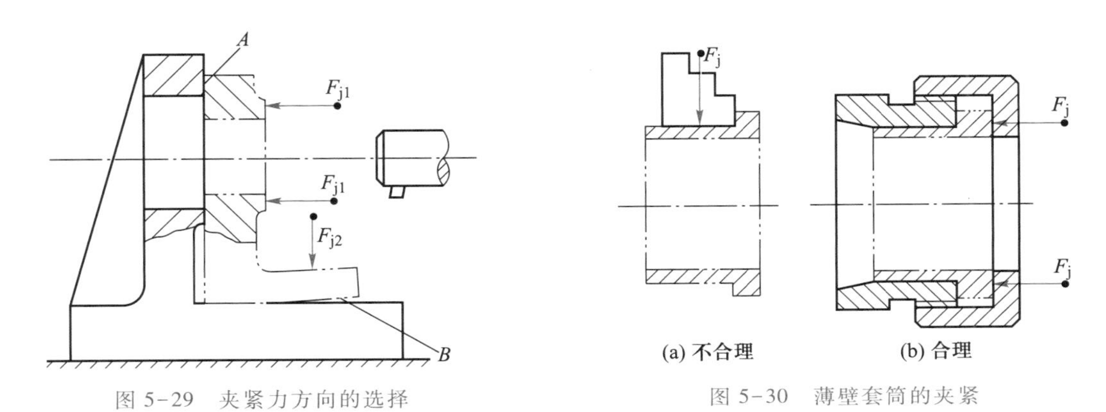

图 5-29 夹紧力方向的选择

图 5-30 薄壁套筒的夹紧

(2) 夹紧力作用点的确定

① 夹紧力应作用在刚度较好的部位,以减少工件的夹紧变形。按图 5-31a 所示夹紧时连杆容易产生变形,图 b 的方案较合理。

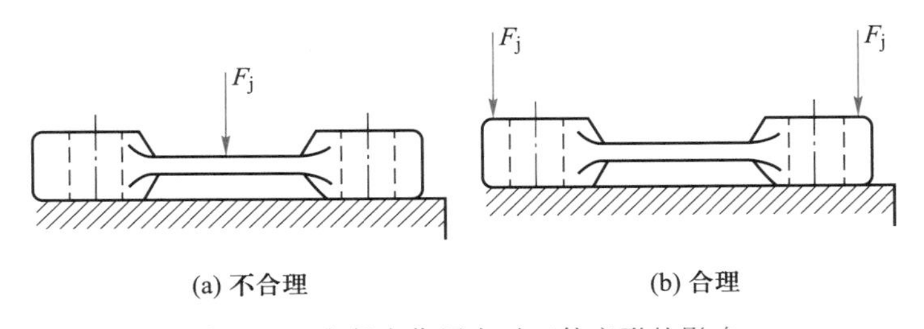

图 5-31 夹紧力作用点对工件变形的影响

② 夹紧力作用点应正对支承元件或位于支承元件所形成的支承面内,以保证工件获得的定位不变。如图 5-32 所示,夹紧力作用点不正对支承元件,产生了使工件翻转的力矩,破坏了定位。图中蓝色箭头表示夹紧力作用点的正确位置。

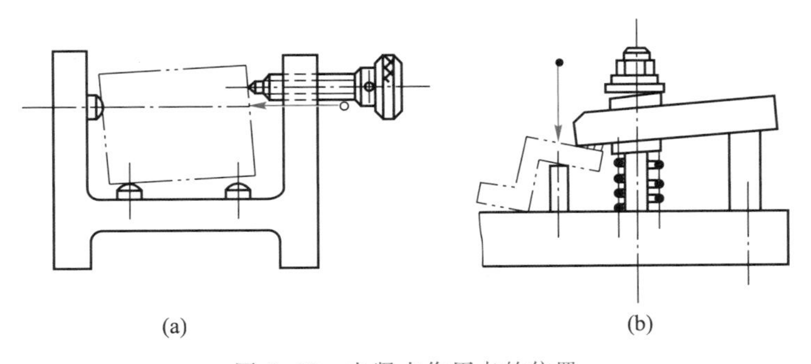

图 5-32 夹紧力作用点的位置

③ 夹紧力作用点应尽可能靠近被加工表面,以便减小切削力对工件造成的翻转力矩。必要时应在工件刚性差的部位增加辅助支承并施加夹紧力,以减小切削过程中的振动和变形。图5-33所示的零件加工部位刚性较差,在靠近切削部位处增加辅助支承并施加附加夹紧力,可有效地防止切削过程中的振动和变形。

(3) 夹紧力大小的估算

在夹紧力方向和作用点位置确定后,还需合理地确定夹紧力的大小,以避免夹紧力不足引起加工过程中工件的位移以及夹紧力过大而导致的工件变形。为此应对所需夹紧力进行估算。

夹紧力的大小与夹紧力、切削力和工件重力间的相互作用方向及大小有关。一般可按切削原理的公式计算出切削力的大小 F。首先分析作用在工件上的所有力,再根据力学平衡条件计算出确保平衡所需的最小夹紧力。将最小夹紧力乘以一个适当的安全系数 K(一般精加工时 $K=1.5\sim2$,粗加工时 $K=2.5\sim3$)即可得到所需夹紧力。

图5-34所示为在车床上用三爪自定心卡盘装夹工件加工外圆表面的情况。加工部位的直径为 d,装夹部分的直径为 d_0。取工件为分离体,忽略次要因素,只考虑主切削力 F_c所产生的力矩与卡爪夹紧力 F_j所产生的摩擦力矩相平衡,可列出如下关系式:

$$F_c\frac{d}{2}=3F_{jmin}\mu\frac{d_0}{2} \tag{5-11}$$

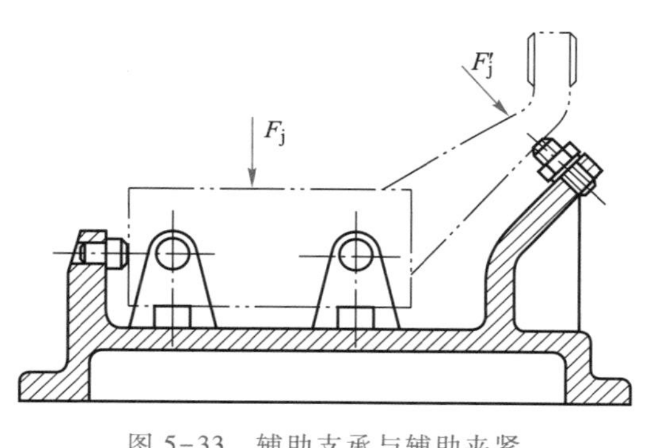

图5-33　辅助支承与辅助夹紧

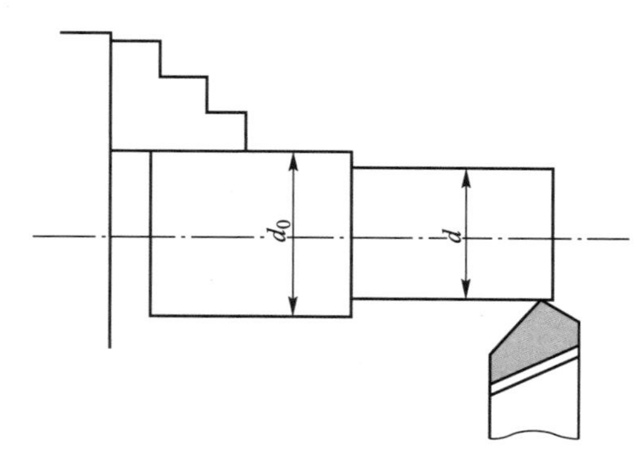

图5-34　车削外圆时夹紧力的估算

式中:μ 为卡爪与工件之间的摩擦系数;F_{jmin}为所需最小夹紧力。由上式可得到

$$F_{jmin}=\frac{F_c d}{3d_0\mu} \tag{5-12}$$

将最小夹紧力乘以安全系数 K,得到所需的夹紧力

$$F_j=K\frac{F_c d}{3d_0\mu} \tag{5-13}$$

5.4.2　常用夹紧机构

1. 斜楔夹紧机构

斜楔是最基本的夹紧机构,一般都是和其他夹紧元件联合使用,图5-35所示为螺旋-斜楔夹紧机构。从原理看,螺旋夹紧机构、偏心夹紧机构都是斜楔原理应用的一种形式。现通过图5-36给出的斜楔夹紧机构的受力分析图来分析其夹紧力和自锁条件。

图 5-36a 是作用力 F_Q存在时斜楔的受力情况，根据静力平衡原理，有

$$F_1+F_{RX}=F_Q \quad (5-14)$$

而　　$F_1=F_j\tan\varphi_1, F_{RX}=F_j\tan(\alpha+\varphi_2)$

代入式(5-14)得

$$F_j=\frac{F_Q}{\tan\varphi_1+\tan(\alpha+\varphi_2)} \quad (5-15)$$

式中：F_j——斜楔对工件的夹紧力，N；

α——斜楔升角；

F_Q——加在斜楔上的作用力，N；

φ_1——斜楔与工件间的摩擦角；

φ_2——斜楔与夹具体间的摩擦角。

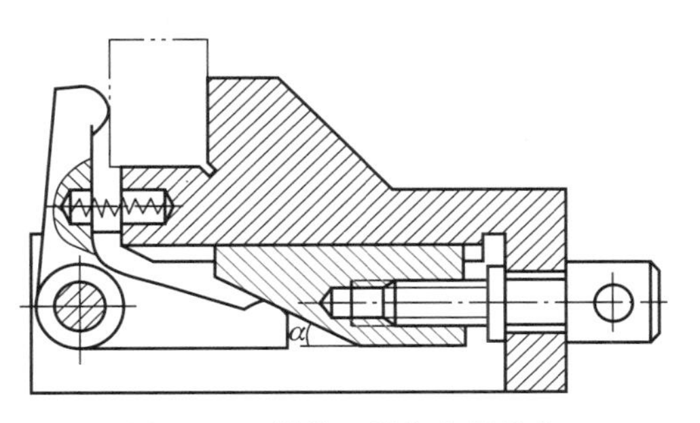

图 5-35　螺旋—斜楔夹紧机构

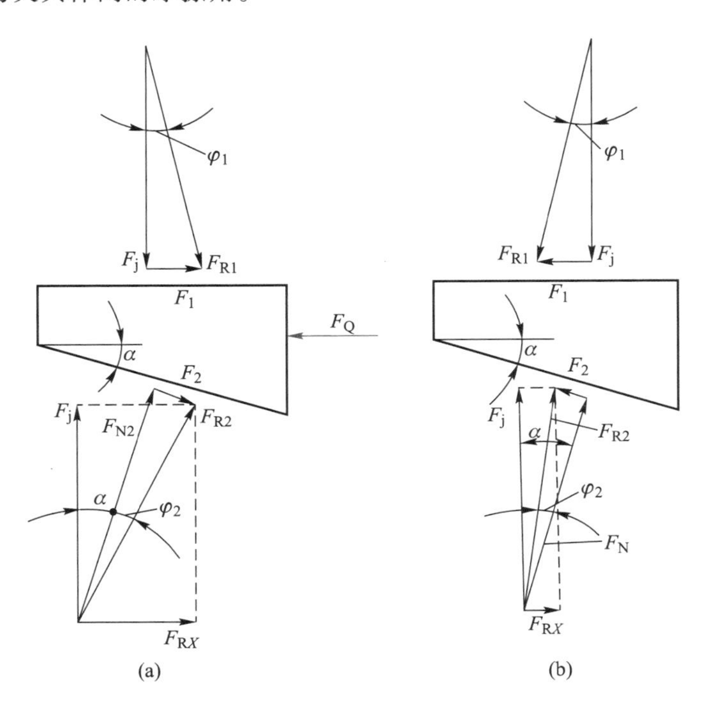

图 5-36　斜楔夹紧机构受力分析

设 $\varphi_1=\varphi_2=\varphi$，当 α 很小时（$\alpha\leqslant10°$），可用下式作近似计算

$$F_j=\frac{F_Q}{\tan(\alpha+2\varphi)} \quad (5-16)$$

图 5-36b 是作用力 F_Q取消后斜楔的受力情况。从图中可以看出，要自锁，必须满足下式：

$$F_1>F_{RX} \quad (5-17)$$

因　　$F_1=F_j\tan\varphi_1,\ F_{RX}=F_j\tan(\alpha-\varphi_2)$

代入式(5-17)得

$$\tan\varphi_1>\tan(\alpha-\varphi_2) \quad (5-18)$$

将式(5-18)化简得

$$\varphi_1>\alpha-\varphi_2 \quad (5-19)$$

或

$$\alpha<\varphi_1+\varphi_2 \tag{5-20}$$

因此斜楔的自锁条件是：斜楔升角小于斜楔与工件、斜楔与夹具体之间的摩擦角之和。

一般钢件接触面的摩擦系数 $\mu=0.1\sim0.15$，则得摩擦角 $\varphi=\arctan(0.10\sim0.15)=5°43'\sim8°30'$，故当 $\alpha\leqslant(10°\sim14°)$ 时自锁。

通常为保证自锁可靠，手动斜楔夹紧机构一般取 $\alpha=6°\sim8°$。用气压或液压装置驱动的斜楔夹紧机构不需要自锁，可取 $\alpha=15°\sim30°$。

斜楔夹紧机构结构简单，有自锁性，能改变夹紧力的方向；且 α 越小，增力越大，但夹紧行程变小，故一般用于工件毛坯质量高的机动夹紧机构中，且很少单独使用。

2. 偏心夹紧机构

图 5-37 为常见的一种偏心夹紧机构。图 5-38a 为一直径为 D、偏心距为 e 的偏心轮，其工作部分为轮缘上的 $\overset{\frown}{mPn}$。图 5-38b 为其展开图，展开的曲线斜边楔各点的升角是变化的。其中 m、n 点处升角最小（$\alpha=0°$）；当 $\psi=90°$ 时，P 点处升角最大（$\sin\alpha_P=2e/D\approx\tan\alpha_P$），自锁性、夹紧力最小，故设计时常以 P 点为依据。

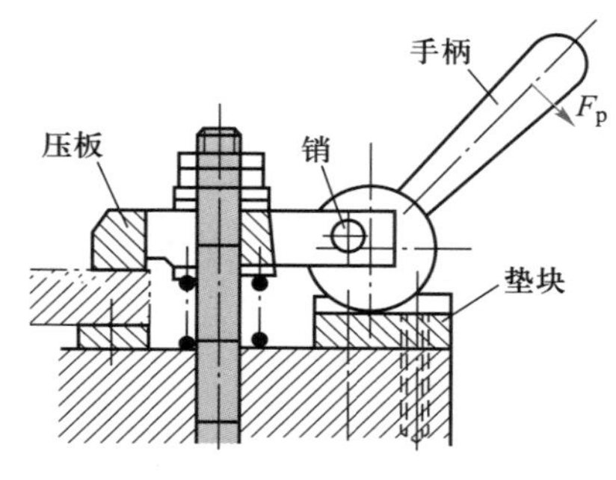

图 5-37　偏心夹紧机构

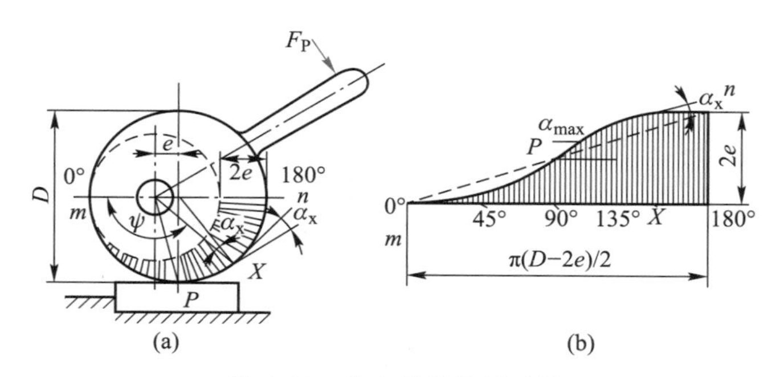

图 5-38　偏心轮及其展开图

由斜楔夹紧机构得其自锁条件为 $\alpha_P\leqslant\varphi_1+\varphi_2$。其中 α_P 为 P 点处升角；φ_1 为偏心轮孔与转轴间的摩擦角；φ_2 为偏心轮外圆与工件的摩擦角。由于 φ_1 很小，可忽略不计，则有 $\alpha_P\leqslant\varphi_2$，即

$$\frac{2e}{D}\leqslant\mu_2 \tag{5-21}$$

取 $\mu_2=0.1\sim0.15$，则

$$D\geqslant(14\sim20)e \tag{5-22}$$

式(5-22)为满足自锁条件的偏心夹紧机构设计的主要参数之一。

图 5-39 是偏心夹紧机构受力图，将作用于手柄的力 F_P 转化为夹紧点的力 F，根据力矩平衡关系可得 $F=\frac{F_P l}{\rho}$。因 α_P 较小，则 $F\approx F_Q=F_P\cos\alpha_P$，则根据式(5-15)可得圆偏心夹紧机构的夹紧力为

$$F_j=\frac{F_P l}{\rho[\tan(\alpha_P+\varphi_2)+\tan\varphi_1]} \tag{5-23}$$

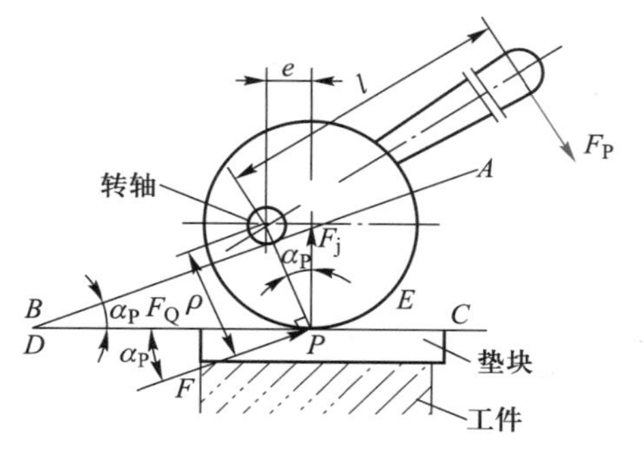

图 5-39　偏心夹紧机构受力图

式中：F_P——原始作用力；

l——作用力力臂，一般取 $l=(2\sim2.5)D$；

ρ——转轴中心至夹紧点的距离，$\rho\approx\dfrac{D}{2}$。

设计偏心夹紧机构时，首先要确定夹紧行程 h_{DE} 的大小；然后再根据在 D 点和 E 点夹紧时的回转角求出偏心距 e，最后根据自锁条件件决定偏心轮的直径 D。

确定夹紧行程主要需考虑如下因素：夹紧工件的尺寸公差 T、装卸工件必需的间隙 $\Delta_{间}$、夹紧机构弹性变形和偏心轮磨损所需的行程贮备量 $\Delta_{贮}$，则最小夹紧行程为

$$h_{DE}\geqslant T+\Delta_{间}+\Delta_{贮} \tag{5-24}$$

式中：$\Delta_{间}+\Delta_{贮}$ 一般取 0.5～0.75 mm。

偏心距 e 为：

$$e=h_{DE}/(\cos\gamma_D-\cos\gamma_E) \tag{5-25}$$

式中：γ_D、γ_E 分别为 D、E 夹紧点的回转角，通常取 $\gamma_D=45°$，$\gamma_E=135°$，所以偏心距

$$e=\frac{h_{DE}}{1.414} \tag{5-26}$$

偏心夹紧机构结构简单，操作方便，夹紧动作迅速，工作效率高，增力比大，但夹紧行程小，自锁性能差。因此，一般只适用于切削负荷不大、无很大振动的场合。

3. 螺旋夹紧机构

图 5-40a 为最简单的螺旋夹紧机构，直接用螺钉来压紧工件表面。其头部与工件接触面积较小，容易压伤工件表面。图 b 在螺杆末端装有可摆的垫块，可扩大接触面积，使夹紧更可靠，不易压伤工件表面，螺钉旋紧时，不会带动工件偏转而破坏定位。图 5-41 为螺旋机构与压板的组合夹紧机构。

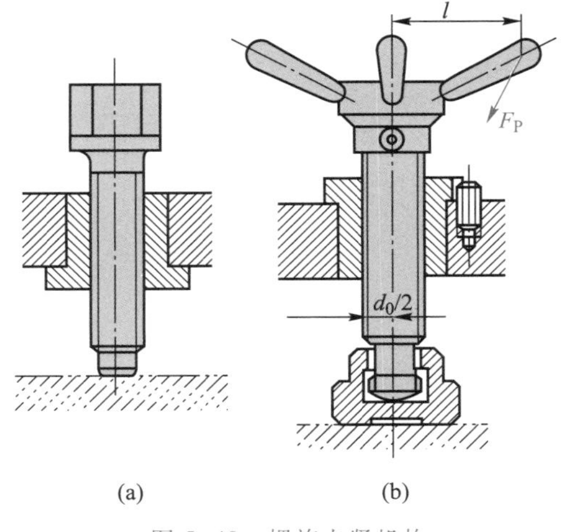

图 5-40 螺旋夹紧机构

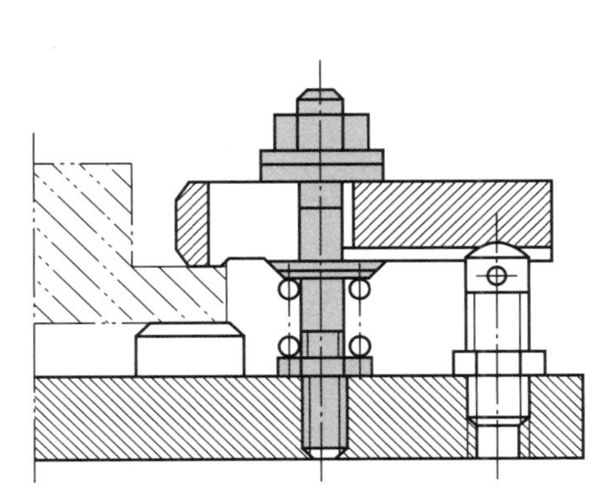

图 5-41 压板式螺旋夹紧机构

由机械设计中螺旋夹紧机构力的计算公式知，当螺杆为三角形螺纹时，螺母对螺杆反作用力的水平分力（相当于楔块的推力）F_P' 为

$$F_P'=F_Q\tan(\alpha+\varphi_1) \tag{5-27}$$

式中：F_Q——螺杆产生的轴向夹紧力；

α——螺旋升角,一般 $\alpha=2°\sim4°$;

φ_1——螺旋副的摩擦角,$\tan\varphi_1=\mu_1/\cos\beta$,$\mu_1$ 为螺旋副的摩擦系数,β 为螺纹半角,一般 $2\beta=60°$ 或 $55°$。

当螺杆的头部为圆弧面时,它与工件或压块的接触面积很小,它们之间的摩擦力矩可以忽略不计。这时当螺旋夹紧机构夹紧时,外力 F_P 产生的原始力矩应与螺旋面间的反力矩相平衡,即

$$F_P l=F'_P\frac{d_0}{2} \tag{5-28}$$

代入式(5-27)中得螺旋夹紧机构的夹紧力

$$F_Q=\frac{2F_P l}{d_0\tan(\alpha+\varphi_1)} \tag{5-29}$$

螺旋夹紧机构结构简单,制造容易,自锁性好,夹紧可靠,增力比大,夹紧行程不受限制。但效率低,辅助时间长,所以出现了许多快速螺旋夹紧机构。

4. 其他夹紧机构

除了斜楔、偏心、螺旋三种最基本的夹紧机构外,还有许多利用上述基本工作原理或其他原理演化的机构。例如,图5-42a、b、c所示的螺旋压板夹紧机构采用了杠杆工作原理,根据力臂变化使之产生不同的受力效果。图5-42d、e、f、g、h所示的几种快速螺旋夹紧机构,其共同特点是夹紧和松开动作迅速。

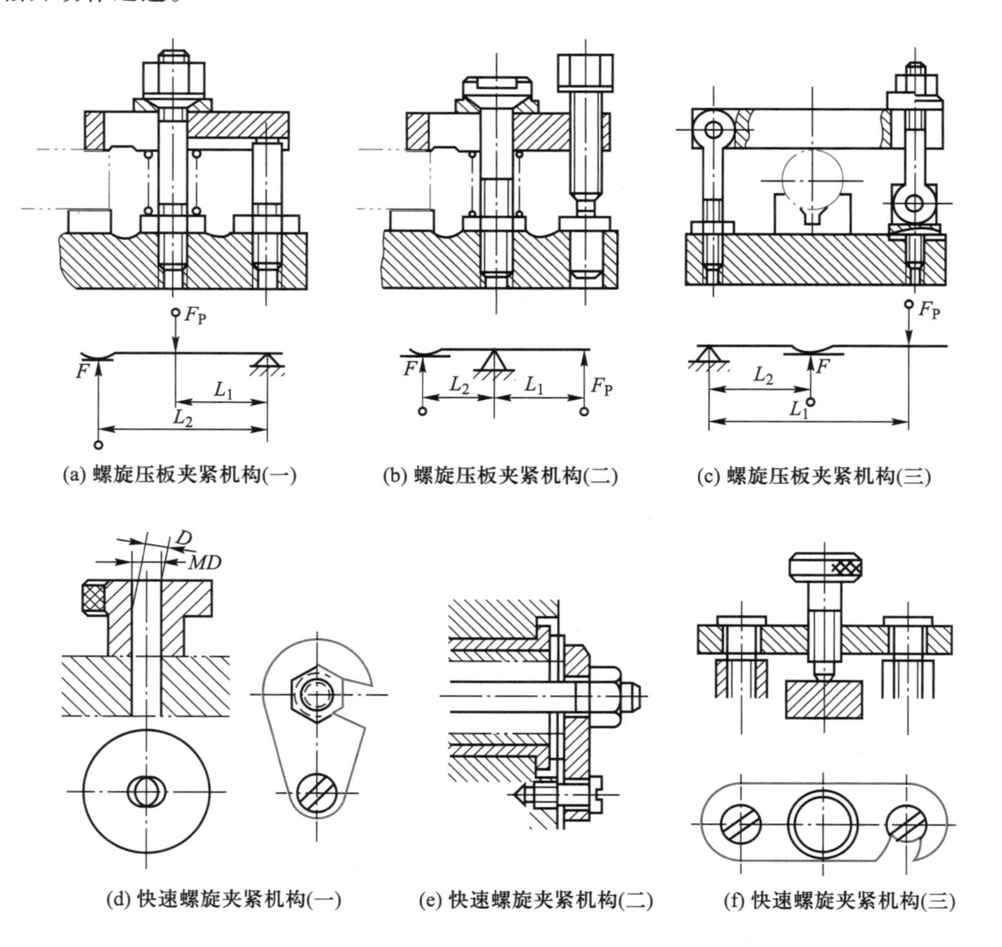

(a) 螺旋压板夹紧机构(一)　(b) 螺旋压板夹紧机构(二)　(c) 螺旋压板夹紧机构(三)

(d) 快速螺旋夹紧机构(一)　(e) 快速螺旋夹紧机构(二)　(f) 快速螺旋夹紧机构(三)

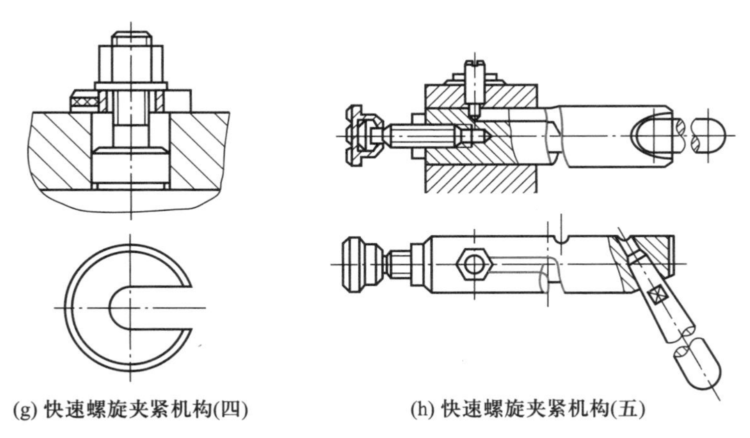

(g) 快速螺旋夹紧机构(四)　　(h) 快速螺旋夹紧机构(五)

图 5-42 螺旋夹紧机构

图 5-43 为一螺旋定心夹紧机构,螺杆 3 的两端分别有螺距相等的左、右螺纹,转动螺杆,通过左、右螺纹带动两个 V 形块 1 和 2 同步向中心移动,从而实现工件的定心夹紧。叉形件 7 可用来调整对称中心的位置。一般定心夹紧机构主要用于几何形状对称于轴线、中心线或中心面的工件作定位夹紧。

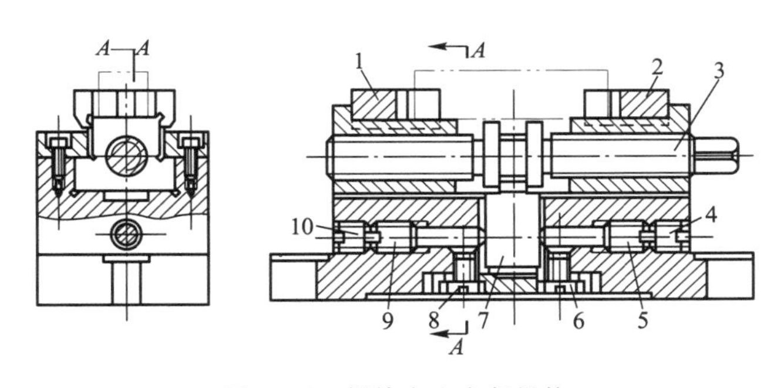

图 5-43 螺旋定心夹紧机构

1、2—V 形块；3—螺杆；4、5、6、8、9、10—螺钉；7—叉形件

在夹紧机构的设计中,有时需要对一个工件上的几个点或多个工件同时进行夹紧。此时为简化结构,减少工件装夹时间,常常采用各种联动夹紧机构。图 5-44 所示为夹紧力作用在两个互相垂直方向上的双向联动夹紧机构;图 5-45 所示为对几个工件同时夹紧的平行联动夹紧机构。考虑到工件的尺寸变化,夹紧头采用浮动机构。

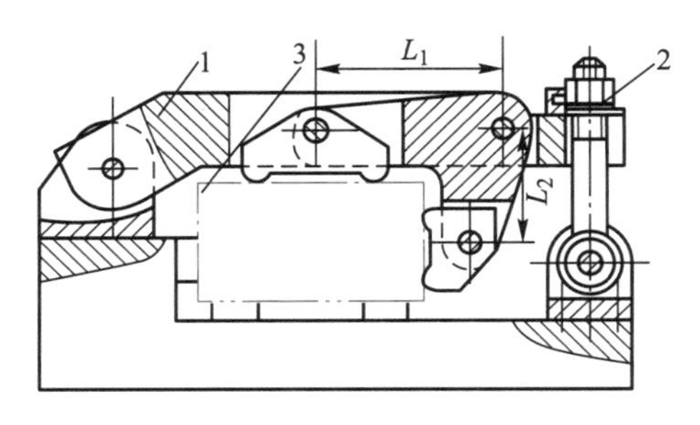

图 5-44 双向联动夹紧机构

1—压板；2—螺母；3—工件

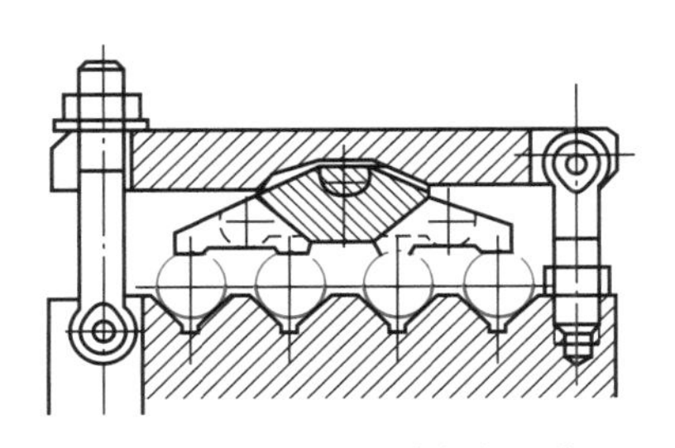

图 5-45 平行联动夹紧机构

其他夹紧机构在此不再一一列举，读者学习时应根据工件形状、加工方法、生产类型等因素并结合有关手册确定夹紧机构的种类和具体形式。

5.4.3　夹紧动力装置

现代高效率的夹具多采用机动夹紧方式，因此在夹紧机构中，一般设有产生机动夹紧力的力源装置，如气动、液压、电磁、真空等。其中以气动夹紧应用得最为普遍，液压夹紧应用得也较广泛。

1. 气动夹紧

典型的气压传动系统如图5-46所示。气源产生的压缩空气经车间总管路送来，先经雾化器1使其中的润滑油雾化并随之进入送气系统，以对其中的运动部件进行充分润滑，再经减压阀2使压缩空气的压力减至稳定的工作压力（一般为0.4~0.6MPa），又经单向阀3，以防止压缩空气回流造成夹紧机构松开。换向阀4控制压缩空气进入气缸7的前腔或后腔，实现夹紧或松开。调速阀5可调节进入气缸的空气流量，以控制活塞的移动速度。

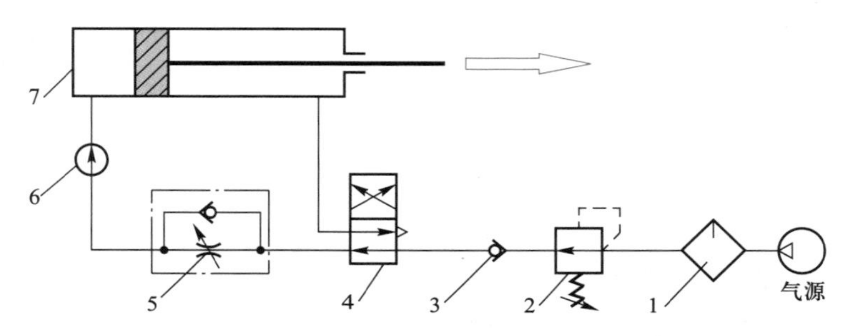

图5-46　典型气压传动系统

1—雾化器；2—减压阀；3—单向阀；4—换向阀；5—调速阀；6—气压表；7—气缸

气压传动系统中各组成元件均已标准化，设计时可参考有关资料。作为动力部件的气缸，其尺寸应根据夹紧力确定。图5-47所示为两种形式的活塞式气缸。图5-47a为单作用气缸，夹紧靠气压顶紧，松开靠弹簧推回，用于夹紧行程较短的情况。活塞在压缩空气作用下产生的原始推力$F_{p单}$为：

$$F_{p单}=\frac{\pi D^2}{4}p\eta-F_s \tag{5-30}$$

式中：D——活塞直径，m；

p——压缩空气的工作压力，Pa；

η——气缸的机械效率，常取0.85~0.9；

F_s——弹簧力，N。

图5-47b所示为双作用气缸，活塞的双向移动均由压缩空气驱动，用于行程较大或往复均需动力推动的情况。压缩空气进入无杆腔一侧时，活塞杆的推力$F_{p双推}$为：

$$F_{p双推}=\frac{\pi}{4}D^2p\eta \tag{5-31}$$

压缩空气作用在有杆腔一侧时，活塞杆的拉力$F_{p双拉}$为：

$$F_{p双拉}=\frac{\pi}{4}(D^2-d^2)p\eta \tag{5-32}$$

式中：d——活塞杆直径，m。

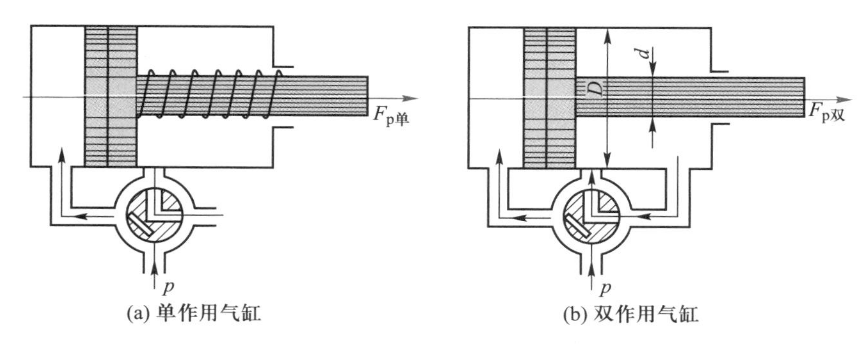

(a) 单作用气缸 (b) 双作用气缸

图 5-47 活塞式气缸

活塞式气缸工作行程较长，且作用力的大小不受工作行程长度影响，但结构尺寸较大、制造维修困难、寿命短，且易漏气。

2. 液压夹紧

液压夹紧用高压油产生动力，工作原理及结构与气动夹紧相似。其共同优点是：操作简单，动作迅速，辅助时间短。液压夹紧相比气动夹紧有其本身的优点：

1）工作压力高（可达 5~6.5 MPa），比气动夹紧压力高出十余倍，故液压缸尺寸比气缸小得多。因传动力大，通常不需增力机构，夹具结构简单、紧凑。

2）油液不可压缩，因此夹紧刚性好，工作平稳，夹紧可靠。

3）噪声小，劳动条件好。

液压夹紧特别适用于重力切削或加工大型工件时的多处夹紧。但如果机床本身没有液压系统，则需设置专用的夹紧液压系统，导致夹具成本提高。

3. 气-液压组合夹紧

气-液压组合夹紧的动力源仍为压缩空气，但要使用特殊的增压器，故结构复杂。然而，由于其综合了气动、液压夹紧的优点，又克服了它们的部分缺点，所以得到了发展。

气-液压组合夹紧的工作原理如图 5-48 所示，压缩空气进入气缸 1 的右腔，推动气缸活塞杆 3 左移，并将活塞杆 4 推入增压缸 2 内。因活塞杆 4 的作用面积小，故使增压缸 2 和工作缸 5 内的油压大大增加，并推动工作缸中的活塞 6 上抬，将工件夹紧。

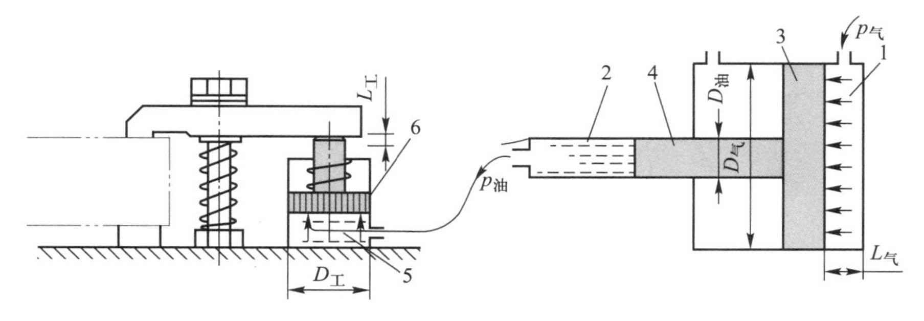

图 5-48 气-液压组合夹紧工作原理

1—气缸；2—增压缸；3、4—活塞杆；5—工作缸；6—活塞

设气缸活塞杆 3 的直径为 $D_气$，增压缸活塞杆 4 的直径为 $D_油$，则由于 $D_油<D_气$，故增压缸输出的油压比输入的气压增大 $(D_气/D_油)^2\eta$ 倍（η 为总效率，一般取 0.80~0.85），这是它的主要优点。其缺点是行程小。因油液容积不变，故活塞 6 的行程 $L_工$ 和活塞 3 的行程 $L_气$ 与相应的活塞、活塞杆面积成反比，即 $L_工/L_气=(D_油/D_气)^2$。

除上述动力源外，还有利用切削力或主轴回转时的离心力作为力源的自夹紧装置，以及利用电磁吸力、大气压力(真空夹具)和电动机驱动的各种力源。各夹紧动力装置的具体结构、特点及应用范围可通过其他课程的学习并查阅有关夹具设计手册进一步了解。

5.5 夹具的连接、对刀和引导

1. 连接元件

夹具在机床上必须定位夹紧。在机床上进行定位夹紧的元件称为连接元件，它一般有以下几种形式：

1）在铣床、刨床、镗床上工作的夹具通常通过定位键与工作台T形槽的配合来确定夹具在机床上的位置。图5-49所示为定位键的结构及其应用情况。定位键与夹具体的配合多采用H7/h6，安装时应将其靠在T形槽的一侧面，以提高定位精度。

对于定位精度要求高的夹具和重型夹具，不宜采用定位键，而采用夹具体上精加工过的狭长平面来找正安装夹具。

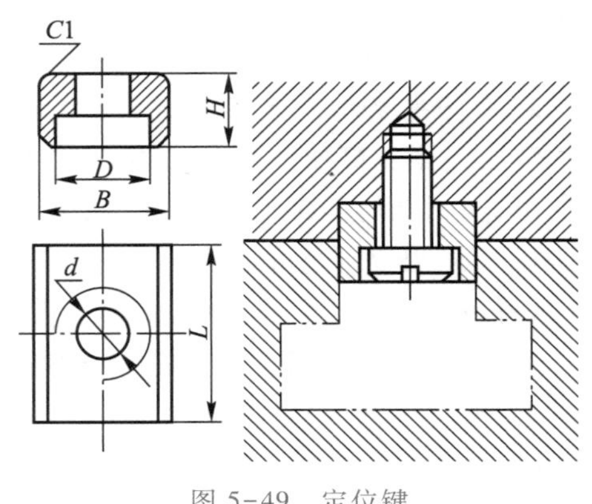

图5-49 定位键

2）车床和内外圆磨床的夹具一般安装在机床的主轴上，连接方式如图5-50所示。图a采用长锥柄(莫氏锥度)安装在主轴锥孔内，这种方式定位精度高，但刚性较差，多用于小型机床。图b所示夹具以端面*A*和圆孔*D*在主轴上定位，孔与主轴轴颈的配合一般取H7/h6。这种连接方法制造容易，但定位精度不很高。图c所示夹具以端面*T*和短锥面*K*定位。这种方法不但定心精度高，而且刚性也好。值得注意的是这种定位方式是过定位，因此，要求制造精度很高，夹具上的端面和锥孔需进行配磨加工。

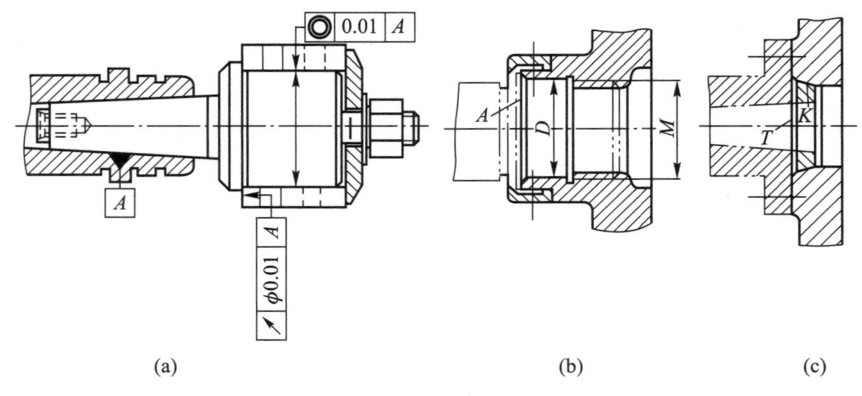

图5-50 夹具在机床主轴上的安装

除此之外还经常使用过渡盘与机床主轴连接。

2. 对刀装置

对刀装置是用来确定刀具和夹具相对位置的装置，它由对刀块和塞尺组成。图5-51所示为水平面、直角V形和圆弧形加工所用的几种对刀块。实际加工时在刀具和对刀块之间还会使用塞尺,以防止刀具和对刀块直接接触,损坏刀刃与对刀块。

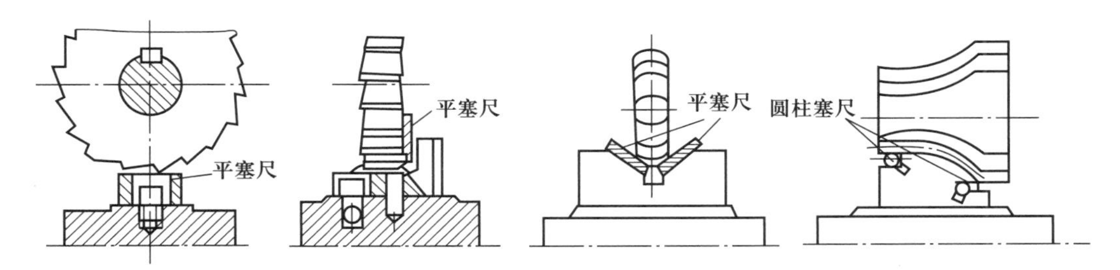

图 5-51 几种对刀块

3. 引导元件

引导元件又称导向装置,在钻、镗等孔加工夹具中,常用引导元件来保证孔加工的正确位置。常用引导元件主要有钻床夹具中的钻套、镗床夹具中的镗套等。

(1) 钻套

钻套按其结构特点可分为 4 种类型,如图 5-52、图 5-53 所示,即固定钻套、可换钻套、快换钻套和特殊钻套。固定钻套直接压入钻模板或夹具体的孔中,位置精度较高,但磨损后不易拆卸,故多用于中小批量生产。可换钻套以间隙配合安装在衬套中,而衬套则压入钻模板或夹具体的孔中。为防止钻套在衬套中转动,加一固定螺钉。可换钻套在磨损后可以更换,故多用于大批量生产。快换钻套具有可快速更换的特点,更换时不需拧动螺钉,而只要将钻套向逆时针方向转动一个角度,使螺钉头部对准钻套缺口即可取下钻套。快换钻套多用于同一孔需经多个工步(钻、扩、铰等)加工的情况。上述 3 种钻套均已标准化,其规格可查阅有关手册。特殊钻套(图 5-53)用于特殊加工场合。如钻多个小间距孔、在工件凹陷处钻孔、在斜面上钻孔时,不宜使用标准钻套,可根据特殊要求设计特殊钻套。

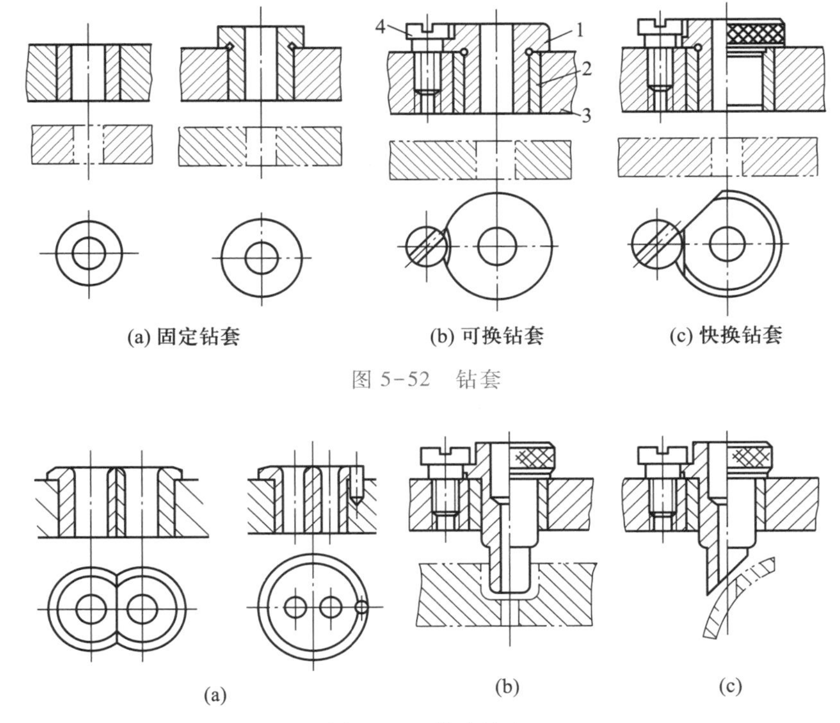

图 5-52 钻套

图 5-53 特殊钻套

钻套中引导孔的尺寸及其偏差应根据所引导的刀具尺寸来确定。通常取刀具的上极限尺寸为引导孔的公称尺寸,孔径公差依加工精度要求来确定。钻孔和扩孔时可取F7,粗铰时取G7,精铰时取G6。若钻套引导的不是刀具的切削部分而是刀具的导向部分,常取配合为H7/f7、H7/g6、H6/g5。

钻套的高度 H(图5-54)直接影响钻套的导向性能,同时影响刀具与钻套之间的摩擦情况,通常取 $H=(1\sim2.5)d$。对于精度要求较高的孔、直径较小的孔或刀具刚度较低时应取较大值。

钻套与工件之间一般应留有排屑间隙,此间隙不宜过大,以免影响导向作用,一般可取 $h=(0.3\sim1.2)d$。加工铸铁和黄铜等脆性材料时,可取较小值;加工钢等韧性材料时,应取较大值。当对孔的位置精度要求很高时,也可以取 $h=0$。

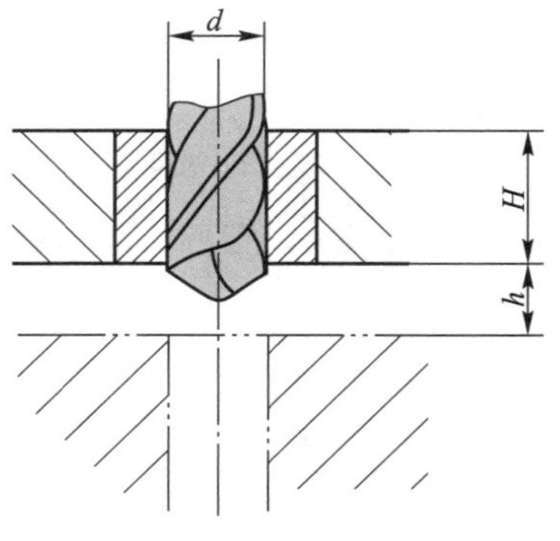

图5-54　钻套高度与容屑间隙

(2) 镗套

镗套用于引导镗杆,根据其在加工中是否运动可分为固定式镗套和回转式镗套两类。固定式镗套的结构与钻套相似,且位置精度较高。但由于镗套与镗杆之间的相对运动使之易于磨损,一般用于速度较小的场合。当镗杆的线速度大于20 m/min时,应采用回转式镗套,图5-55所示为回转式镗套。图中左端a所示结构为内滚式镗套,镗套2固定不动,镗杆4装在导向滑套3内的滚动轴承上。镗杆相对于导向滑套回转,并连同导向滑套一起相对于镗套移动。这种镗套的精度较好,但尺寸较大,因此多用于后导向。图中右端b的结构为外滚式镗套,镗杆与镗套5一起回转,两者之间只有相对移动而无相对转动。镗套的整体尺寸小,应用广泛。

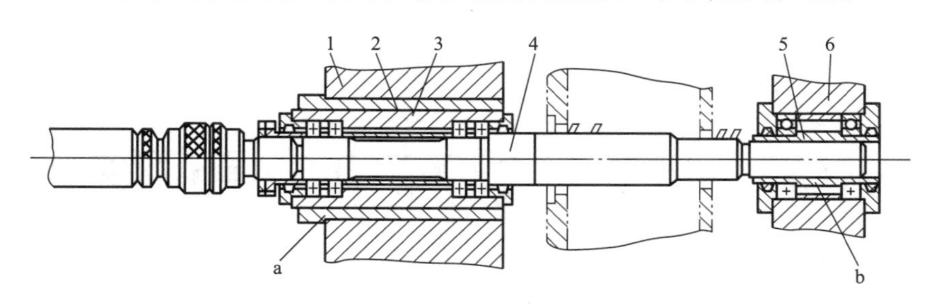

图5-55　回转式镗套

1、6—导向支架;2、5—镗套;3—导向滑套;4—镗杆

5.6　夹具与夹具设计

各类机床夹具设计时除了考虑前述定位和夹紧方式、引导元件外,还需考虑其结构、种类和样式。限于篇幅,设计者可结合夹具图册进行学习,本节仅对车床、铣床、镗床、钻床的具体夹具进行简单介绍和说明。

5.6.1　常见机床夹具

1. 车床夹具

车床夹具主要用于加工零件的内外圆柱面、圆锥面、回转成形面、螺纹及端平面等。

根据工件的定位基准和夹具本身的结构特点，车床夹具可分为以下4类：

① 以工件外圆定位的车床夹具，如各类夹盘和夹头。

② 以工件内孔定位的车床夹具，如各种心轴。

③ 以工件顶尖孔定位的车床夹具，如顶尖、拨盘等。

④ 用于加工非回转体的车床夹具，如各种弯板式、花盘式车床夹具。

图5-56所示为一弯板式车床夹具，用于加工轴承座零件的孔和端面。工件以底面及两孔在弯板6上定位，用两个压板5夹紧。为了控制端面尺寸，在夹具上设置了供测量用的测量基准（测量圆柱2的端面），同时设置了平衡块1，以平衡弯板及工件引起的偏重。

图5-57所示为一花盘式车床夹具，用于加工连杆零件的小头孔。工件以已加工好的大头孔（4点）、端面（1点）和小头外圆（6点）定位，夹具上相应的定位元件是弹性胀套3、夹具体上的定位凸台2和活动V形块7。工件安装时，首先使连杆大头孔与弹性胀套3配合，大头孔端面与夹具体定位凸台2接触；然后转动调节螺杆8及活动V形块7，使其与工件小头孔外圆对中；最后拧紧螺钉4，使锥套5向夹具体方向移动，弹性胀套3胀开，对工件大头孔定位并同时夹紧。

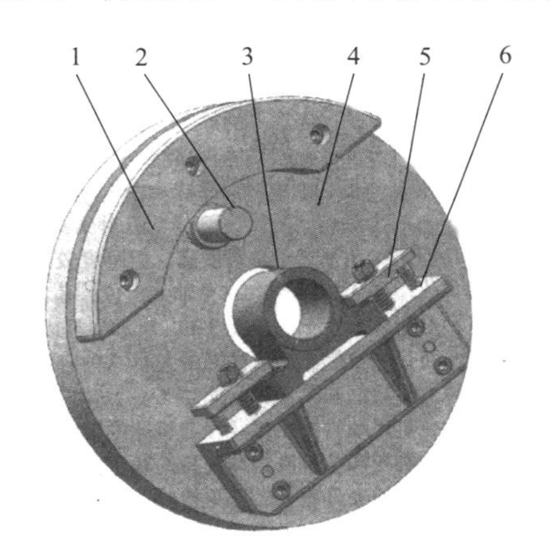

图5-56 弯板式车床夹具

1—平衡块；2—测量圆柱；3—工件；4—夹具体；5—压板；6—弯板

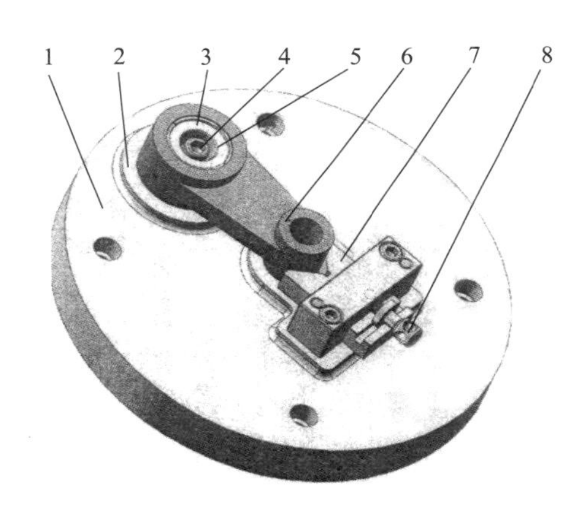

图5-57 花盘式车床夹具

1—夹具体；2—定位凸台；3—弹性胀套；4—螺钉；5—锥套；6—工件；7—活动V形块；8—调节螺杆

车床夹具的设计特点如下：

1）整个车床夹具随机床主轴一起回转，所以要求其结构紧凑、轮廓尺寸尽可能小、重量小，而且重心应尽可能靠近回转轴线，以减小惯性力和回转力矩。

2）应有平衡措施消除回转中的不平衡现象，以减少振动等不利影响。平衡块的位置应可以根据需要调整。

3）与主轴端的连接部分是夹具的定位基准，所以应有较准确的圆柱孔（或锥孔），其结构形式和尺寸依具体使用的机床主轴端部结构而定。

4）高速回转的夹具，应特别注意使用安全，如尽可能避免带有尖角或凸出部分，夹紧力要足够大，且自锁可靠等。必要时回转部分外面可加罩壳，以保证操作安全。

2. 铣床和镗床夹具

（1）铣床夹具

铣床夹具主要用于加工零件上的平面、键槽、缺口及成形表面等。

铣床夹具

在铣削过程中，夹具大多与工作台一起做进给运动，而铣床夹具的整体结构又常常取决于铣削加工的进给方式，因此常按不同的进给方式将铣床夹具分为直线进给式、圆周进给式和仿形进给式三种类型。由于铣削加工的切削力大，又是断续切削，因此铣床夹具受力元件应有足够的强度和刚度，夹紧力要足够大，且自锁性好。

直线进给式铣床夹具用得最多。根据夹具上同时安装工件的数量，又可分为单件铣床夹具和多件铣床夹具。图 5-58a、b 所示为铣削工件上斜面的单件铣床夹具。工件以一面两孔定位，为保证夹紧力作用方向指向主要定位面，两个压板的前端做成球面。此外，为了确定对刀块的位置，在夹具上设置了工艺孔 O。

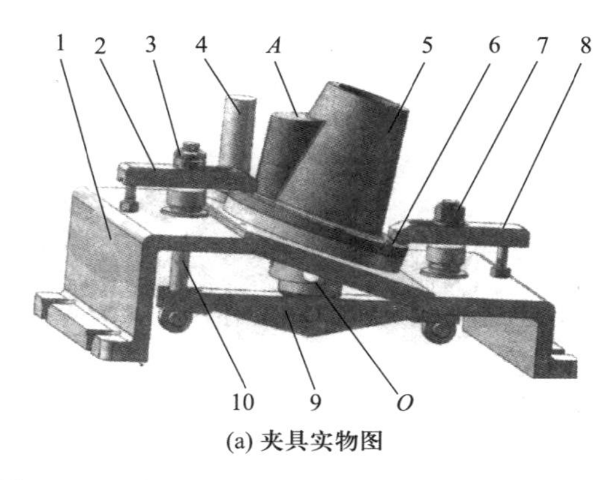

(a) 夹具实物图

1—夹具体；2、8—压板；3—圆螺母；4—对刀圆柱；5—工件；6—菱形销；
7—夹紧螺母；9—杠杆；10—螺柱；A—加工面；O—工艺孔

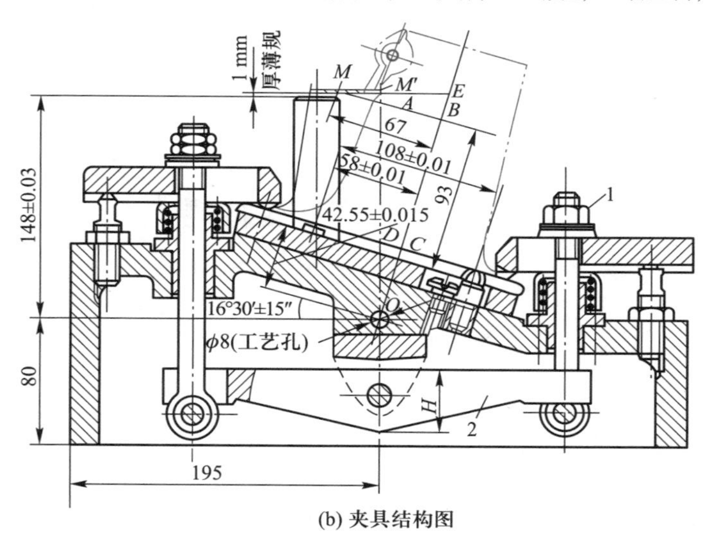

(b) 夹具结构图

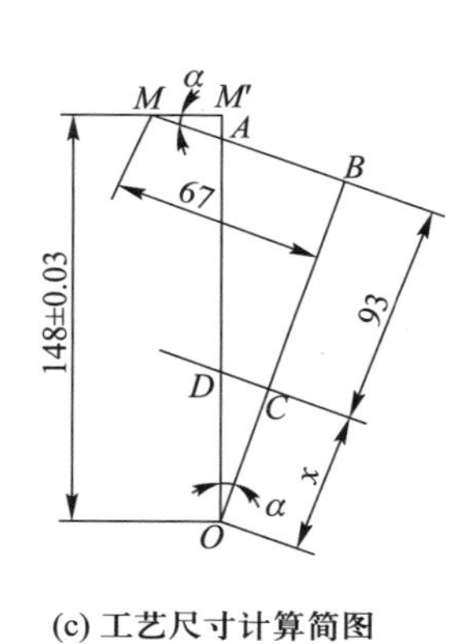

(c) 工艺尺寸计算简图

1—螺母；2—杠杆

图 5-58 铣斜面的单件铣床夹具

（2）镗床夹具

具有刀具导向的镗床夹具，习惯上又称为镗模，镗模和钻模有很多相似之处。

图 5-59 所示为双面导向镗模，用于镗削箱体零件端面上的两组同轴孔。工件 5 的底面 A 及 A 面上两孔与夹具支承面 B 及 B 面上的两销（圆柱销+菱形销）配合，实现完全定位，并用压板 7 夹紧。压板 7 的一端做成开口形式，以实现快速夹紧。关节螺柱 10 可以绕铰链支座 11 回转，以便于装卸工件。安装镗刀的镗杆由镗套 2 支承并导向，四个镗套分别安装在镗模支架 4 和 9 上。镗模支架安放在工件的两侧，这种导向方式称为双面导向。在双面导向情况下，要求镗杆与机床

主轴浮动连接。此时,镗杆的回转精度完全取决于镗套的精度,而与机床主轴的回转精度无关。

为便于夹具在机床上安装,镗模底板上设有耳座,在镗模底板侧面还加工出找正基面(图 5-59 中的 G 面),用以找正夹具定位元件或引导元件的位置以及夹具在机床上安装的位置。

图 5-59 双面导向镗模

1—底板;2—镗套;3—镗套螺钉;4、9—镗模支架;5—工件(箱体);6—螺柱;7—压板;8—螺母;10—关节螺柱;11—铰链支座;A—工件底面;B—夹具支承面;G—找正基面

3. 钻床夹具

钻床夹具因大都有前述刀具引导元件(钻套),习惯上又称为钻模。按其结构特点,一般分为固定式、回转式、翻转式、盖板式和滑柱式钻模等。钻模结构主要包括钻套(前述引导元件)、钻模板(用于安装钻套)、夹具体等几部分。

图 5-60 所示盖板式钻模用于加工车床溜板箱上的多个小孔。它用圆柱销 1 和菱形销 3 在工件两孔中定位,通过 3 个支承钉 4 安放在工件上,没有夹具体,多用于加工大型工件上的小孔。

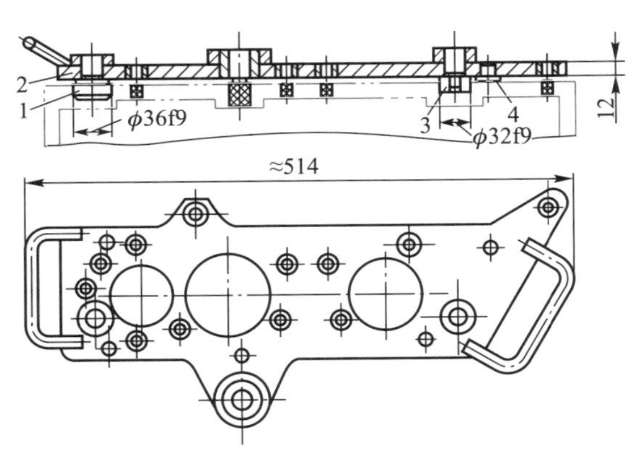

图 5-60 盖板式钻模

1—圆柱销;2—钻模板;3—菱形销;4—支承钉

图 5-61 所示为回转式钻模,回转式钻模用于加工扇形工件上三个有角度的径向孔。拧紧螺母 4,通过开口垫圈 3 将工件夹紧,转动手柄 9 可将分度盘 8 松开。此时用捏手 11 将定位销 1 从定位套 2 中拔出,使分度盘连同工件一起回转 20°,将定位销 1 重新插入定位套 2′或 2″即实现了分度。再将手柄 9 转回,将分度盘锁紧,即可进行加工。图 5-62a、b 所示分别为回转式钻模三维图和分解图。

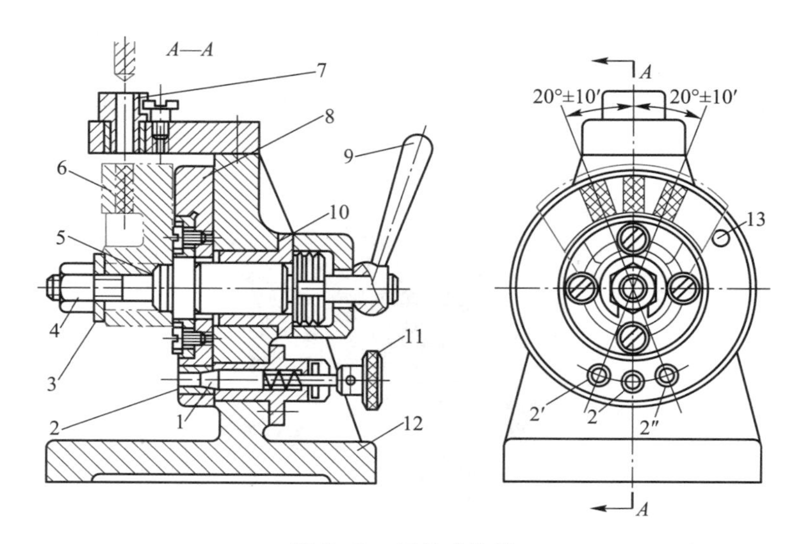

图 5-61 回转式钻模

1—定位销；2、2′、2″—定位套；3—开口垫圈；4—螺母；5—定位销；6—工件；7—钻套；8—分度盘；9—手柄；10—衬套；11—捏手；12—夹具体；13—挡销

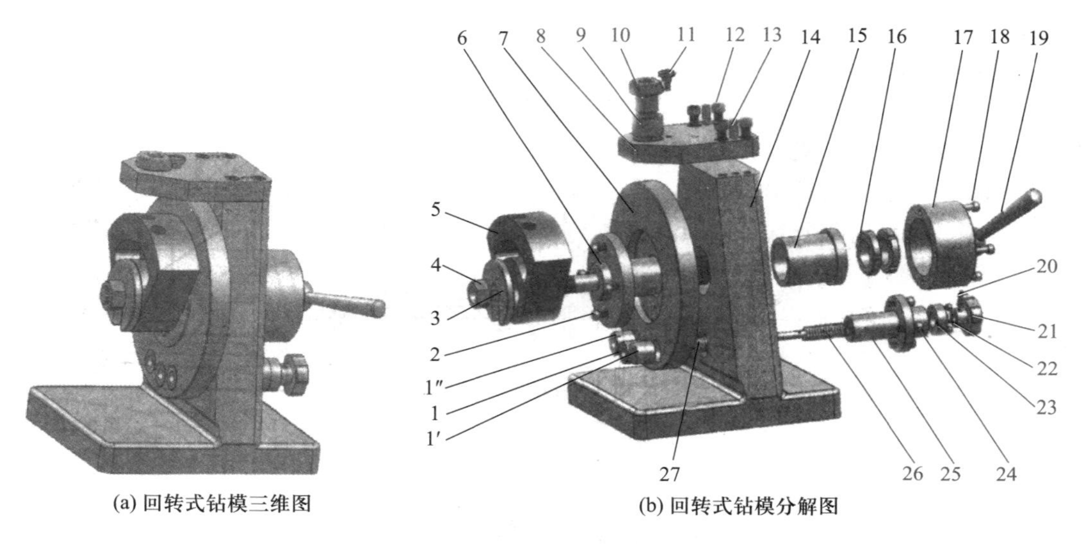

(a) 回转式钻模三维图

(b) 回转式钻模分解图

图 5-62 回转式钻模三维图及分解图

1、1′、1″—定位套；2、12、18、22、24—螺钉；3—开口垫圈；4—螺母；5—工件；6—定位心轴；7—分度盘；8—钻模板；9—可换钻套；10—钻套衬套；11—钻套螺钉；13—圆柱销；14—夹具体；15—心轴衬套；16—圆螺母；17—端盖；19—手柄；20—连接销；21—捏手；23—小盖；25—滑套；26—弹簧；27—定位销

回转式钻模的结构特点是夹具具有分度装置，而某些分度装置已标准化，在设计回转式钻模时可以充分利用这些装置。有些夹具利用立轴式通用回转工作台来设计回转式钻模，此时，立轴式通用回转工作台既是夹具的分度装置，也是夹具体。

5.6.2 现代机床夹具

随着现代科学技术的高速发展和社会需求的多样化，多品种、中小批量生产逐渐占据优势。为了适应多品种、中小批量生产的特点，发展了组合夹具、通用可调夹具和成组夹具等。由于数控机床在机械制造业中得到越来越广泛的应用,数控机床夹具也随之迅速发展起来。

现代机床夹具虽各具特色,但它们的定位、夹紧等基本原理同一般机床夹具是相同的。因此,本节只重点介绍几种现代机床夹具的典型结构和特点。

1. 自动线夹具

自动线夹具的种类取决于自动线的配置形式,主要有固定夹具和随行夹具两大类。

(1) 固定夹具　固定夹具用于工件直接输送的自动生产线,通常要求工件具有良好的定位基面和输送基面,例如箱体零件、轴承环等。这类夹具的功能与一般机床夹具相似,但在结构上应具有自动定位、夹紧及相应的安全联锁信号装置,设计中应保证工件的输送方便、可靠与切屑的顺利排出。

(2) 随行夹具　随行夹具是在自动线上或柔性制造系统中使用的一种移动式夹具。工件安装在随行夹具上,随行夹具载着工件由运输装置运送到各台机床上,并由机床夹具对随行夹具进行定位和夹紧,使之完成对工件的加工任务。图 5-63 所示为随行夹具在自动线机床上的工作情况。随行夹具 4 在机床夹具 7 上用一面两销定位,定位销由液压杠杆带动,可以伸缩,以使随行夹具可以在输送支承 6 上移动。随行夹具在机床夹具上的夹紧是通过液压缸 9 及杠杆 8 带动 4 个可转动的钩形压板 2 来实现的。这种定位夹紧机构已标准化。随行夹具的移动由带棘爪的步伐式输送带来带动,输送带支承在支承滚 3 上,而随行夹具则支承在输送支承 6 上。

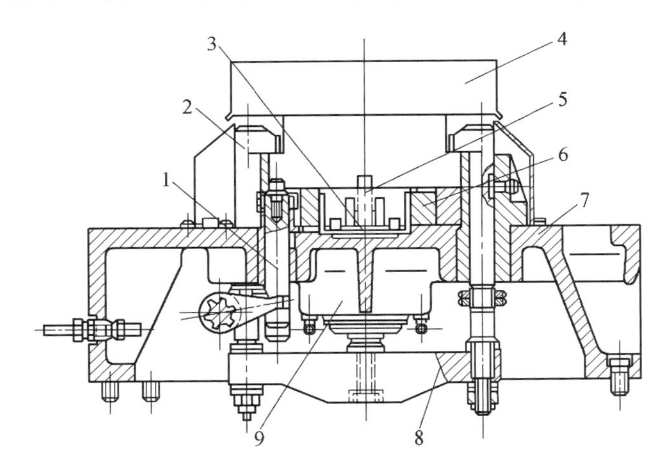

图 5-63　随行夹具在自动线机床上的工作情况

1—定位机构;2—钩形压板;3—支承滚;4—随行夹具;5—输送带;6—输送支承;7—机床夹具;8—杠杆;9—液压缸

设计随行夹具时应考虑下列问题:

1) 工件在随行夹具中的夹紧方法。由于随行夹具在自动线上不断地流动,而螺旋夹紧机构自锁性好,因此在随行夹具中一般采用螺旋夹紧机构夹紧工件。

2) 随行夹具在机床夹具中的夹紧方法。随行夹具输送到机床上后,机床夹具需要对其进行准确定位并夹紧,一般采用"一面二孔"的定位方式。常用夹紧方式为在随行夹具底板周边上夹紧、由上向下在工件或随行夹具某机构上夹紧、由下向上夹紧三种。

3) 随行夹具的定位基面和输送基面的选择。由于随行夹具在机床夹具上一般采用"一面二孔"的定位方式,因此随行夹具的底面既是定位基面又是输送基面,设计时应提高随行夹具底面的耐磨性和精度保持性。

4) 随行夹具的精度问题。由于有一批随行夹具在自动线上服务,这批随行夹具自身制造精度的一致性、随行夹具行进到自动线上各工序机床接受加工的定位和加工精度是工件达到加工要求的基础，因此，对一批随行夹具的有关精度就有了更严格的互换性要求。

5）随行夹具结构的通用性及排屑与清洗。随行夹具应适应不同的工件使用，且应便于构件更换和保持夹具精度，缩短制造周期和降低成本。

2. 组合夹具

组合夹具是在夹具元件高度标准化、通用化、系列化的基础上发展起来的一种夹具。我国自20世纪50年代后期开始使用，到20世纪60年代组合夹具得到发展。组合夹具是由一套预先制造好的，具有各种形状、功用、规格和系列尺寸的标准元件和合件组装而成的专用夹具，如图5-64所示为槽系组合夹具。槽系组合夹具以槽和键相配合的方式来实现元件间的定位。因元件的位置可沿槽的纵向做无级调节，故组装十分灵活，适用范围广，是最早发展起来的组合夹具系统。槽系组合夹具组成元件有基础件、支承件、定位件、导向件、夹紧件、紧固件以及合件等。这些元件和合件的用途、形状和尺寸规格各不相同，具有较好的互换性、耐磨性和较高的精度，能根据工件的加工要求组装成各种专用夹具。组合夹具使用完毕后，可将元件拆散，经清洗后保存，留待下次组装新夹具时使用。组合夹具是机床夹具中标准化、系列化、通用化程度最高的一种夹具。

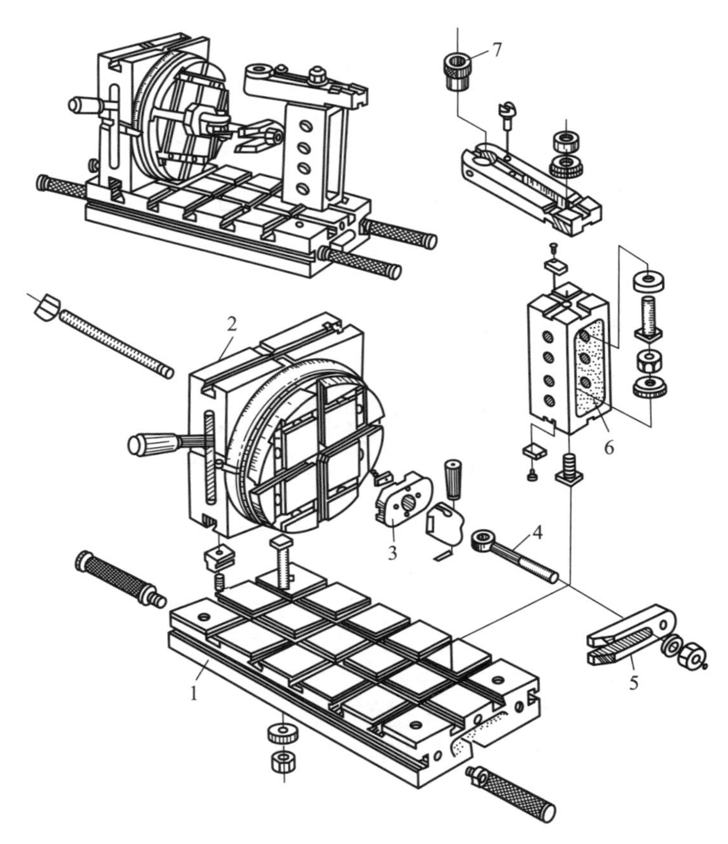

图5-64　槽系组合夹具

1—基础件；2—合件；3—定位件；4—紧固件；5—夹紧件；6—支承件；7—导向件

图5-65所示为孔系组合夹具。孔系组合夹具主要用于连接工作表面为圆柱孔和螺纹孔的元件，从而组成坐标孔系，通过两个圆柱定位销和螺栓来实现元件之间的定位、组装和紧固。孔系组合夹具是一种具有较高柔性的先进工艺装备，主要适用于数控机床、加工中心以及柔性加工单元和柔性制造系统，不仅保持了组合夹具的传统优势，更符合现代加工理念。这种夹具可以保

证准确定位,具有较高的刚度和精度,能够保证工件定位面和加工表面之间的位置精度。这种夹具还能保证在一次定位装夹中加工多个表面,也可以一套夹具同时装夹多个工件进行加工,减少机床停机时间,以充分发挥数控机床和加工中心等的高效性能。

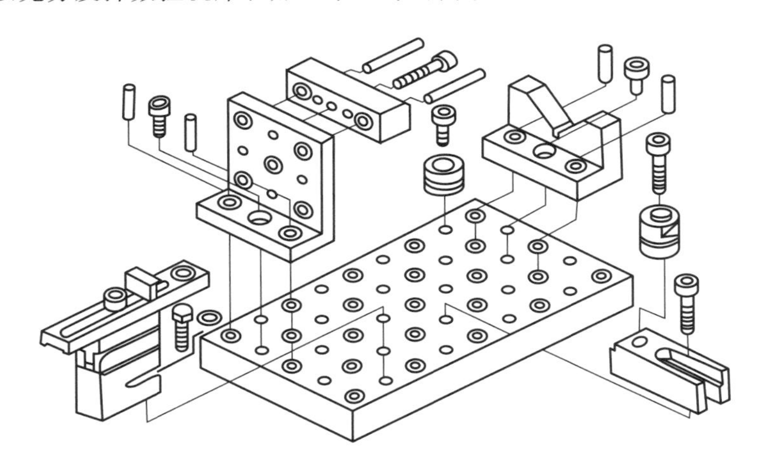

图 5-65 孔系组合夹具

3. 通用可调夹具和成组夹具

专用夹具和组合夹具各有优缺点,将二者结合就发展了通用可调夹具。其原理是通过调节或更换夹具中某些可调节或可更换元件,以装夹多种不同类的工件。

成组夹具是在成组技术原理的指导下,为执行成组工艺而设计的夹具。与专用夹具相比,成组夹具不是针对一个工件而是针对一组工件的某个工序设计的。成组夹具在结构上由基础部分和可调部分组成。基础部分通常包括夹具体、夹紧传动装置和操作机构等;可调部分包括定位元件、夹紧元件和引导元件等。当在组内更换工件品种时,可采用更换式、可调式、综合式、组合式对夹具的部分元件进行部分调整。

图 5-66a 为一成组钻模,用于加工图 b 所示零件组内各零件上垂直相交的两径向孔。工件以内孔和端面在定位支承 2 上定位,旋转夹紧捏手 4,带动锥头滑柱 3 将工件夹紧。转动调节旋钮 1 带动微分螺杆,可调整定位支承端面到钻套中心的距离 C,此值可直接从刻度盘上读出。微分螺杆用紧固手柄 6 锁紧。该夹具的基础部分包括夹具体、钻模板、调节旋钮、夹紧捏手、紧固手柄等。夹具的可调部分包括定位支承、锥头滑柱、钻套等。更换定位支承 2 并调整其位置,可适应不同零件的定位要求;更换锥头滑柱 3,可适应不同零件的夹紧要求;更换钻套 5 则可加工不同零件的孔。

4. 数控机床夹具

数控机床的特点是其在加工时,机床、刀具、夹具和工件之间应有严格的相对坐标位置,所以数控机床夹具在机床上应相对数控机床坐标原点具有严格的坐标位置,以保证所装夹的工件处于数控加工程序规定的坐标位置上。

为此数控机床夹具常采用网格状的固定基础板作为夹具体,如图 5-67 所示。它长期固定在数控机床工作台上,基础板上具有孔心距位置准确的一组定位孔和紧固螺孔(也有定位孔与紧固螺孔同轴布置形式),它们呈网格状分布。预先调整好网格状基础板相对数控机床的坐标位置,利用基础板上的定位孔可装夹各种夹具或直接对被加工工件进行装夹。图 5-67a 所示的基础板上布置有呈四面网格分布的定位孔和紧固螺孔,可根据加工要求安装各类夹具。当加工对象变换时,只需将转台转位,便可迅速转换到新的工件上,十分方便。

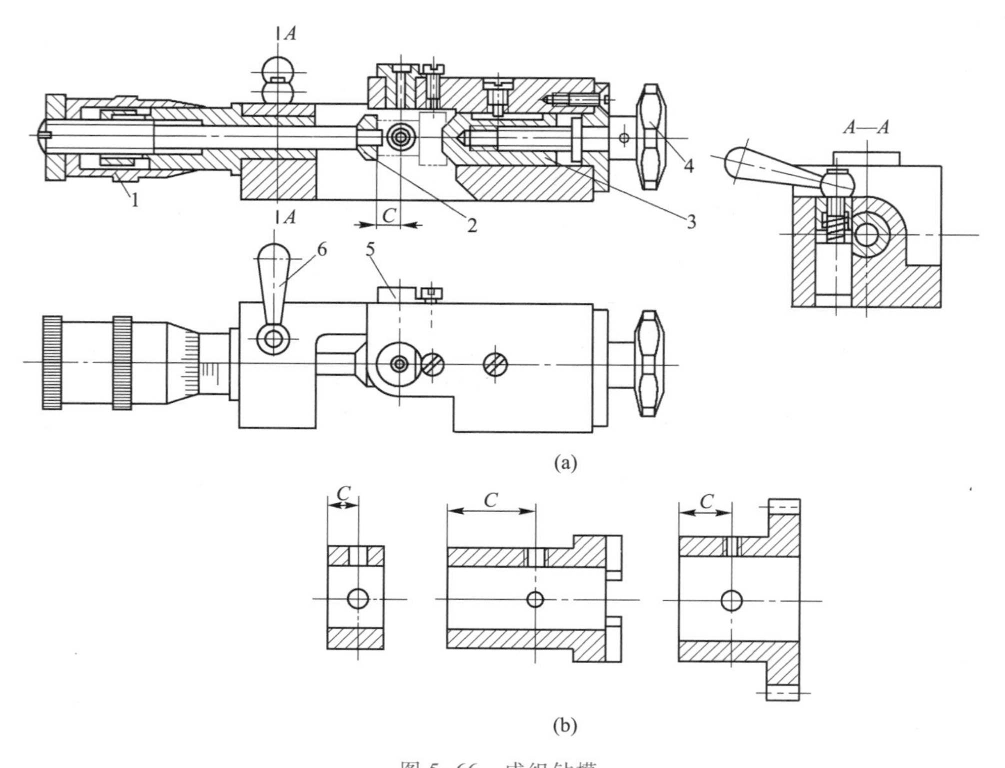

图5-66　成组钻模

1—调节旋钮；2—定位支承；3—锥头滑柱；4—夹紧捏手；5—钻套；6—紧固手柄

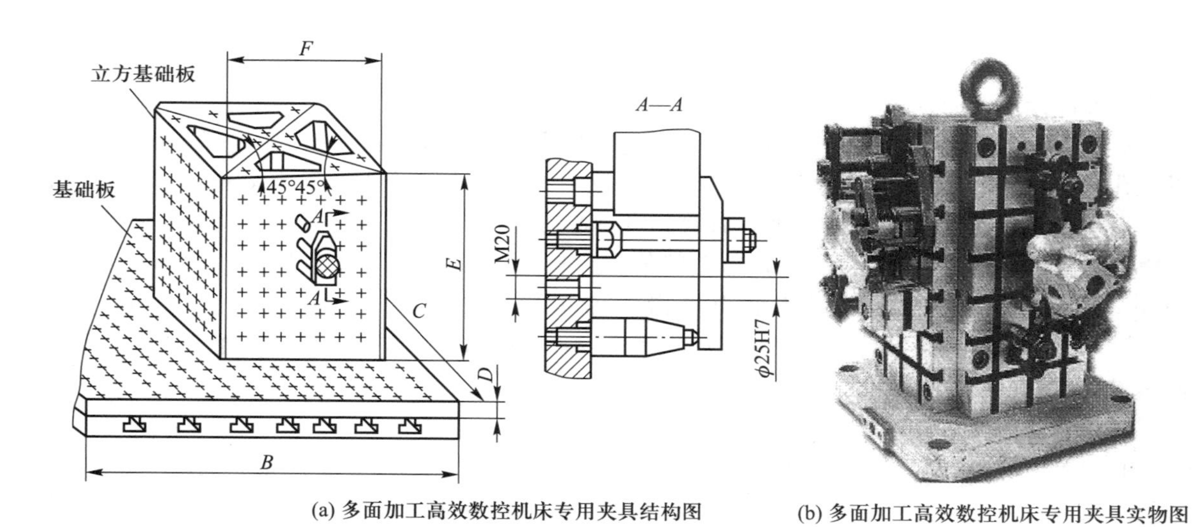

(a) 多面加工高效数控机床专用夹具结构图　(b) 多面加工高效数控机床专用夹具实物图

图5-67　数控机床夹具

图5-67b所示为可以实现多个工件装夹，在多个方向同时加工被加工表面的多面加工夹具，大大提高了工作效率。该类夹具受力大，这要求夹具要有很好的刚性。

数控机床夹具上的夹紧机构要求其结构简单、紧凑、体积小、采用机动方式，以满足数控加工要求。近年来国内外常采用高压（10~25 MPa）小流量液压系统，由于压力较高，可省去中间增力机构。其中，工作液压缸采用小直径（$\phi10$~$\phi50$）单作用液压缸，结构紧凑，而零部件设计成单元式结构,在夹具底座上变换安装位置十分方便。目前这类液压夹紧机构还在一般机床夹具中推广使用。

数控机床夹具实质上是通用可调夹具和成组夹具的结合与发展,它的固定基础板部分与可换部分的组合是通用可调夹具组成原理的应用,而它的元件和组件高度标准化与组合化,又是组合夹具标准元件的演变与发展。鉴于此,国内外数控机床夹具大多采用孔系组合夹具结构。

5.6.3 机床夹具设计步骤与方法

设计机床夹具是一个复杂的过程,从技术上需要解决工件在夹具中的定位、夹紧以及刀具引导,工件装卸、分度,夹具在机床上的定位、安装以及对夹具使用性能和误差的评定等问题;从经济上需考虑是否使用夹具,使用什么类型的夹具以及夹具自动化程度等问题;从设计思想上要引进成组概念;从结构工艺性评价上需考虑夹具本身零件的结构工艺性、夹具寿命和保持精度生命周期等问题。只有解决好上述问题才能设计出优秀的机床夹具。

(1) 常用夹具设计的一般步骤

1) 研究原始资料,明确设计要求。

2) 拟定夹具结构方案,绘制夹具结构草图。此阶段主要考虑以下问题:根据工艺所给的定位基准和六点定位原理确定工件的定位方法并选择定位元件;确定刀具引导方式,确定夹紧方法及其机构;考虑各种元件和装置的布局,构思夹具总体方案,并在多种方案中择优取用。

3) 绘制夹具装配图,并标注有关尺寸及技术要求。夹具装配图应按国家标准绘制,比例尽量取 1∶1,可参照如下顺序进行:用假想线(双点画线)画出工件轮廓(注意将工件视为透明体,不遮挡夹具),并应画出定位面、夹紧面和加工面;画出定位元件及刀具引导元件;按夹紧状态画出夹紧元件及夹紧机构(必要时用假想线画出夹紧元件的松开位置);绘制夹具体和其他元件,将夹具各部分连成一体;标注必要的总体尺寸、配合尺寸、技术要求;对零件进行编号,填写零件明细表和标题栏。

4) 绘制零件图。

图 5-68 所示为一夹具设计过程示例。该夹具用于加工连杆零件的小头孔,图 5-68a 所示为工序简图。零件材料为 45 钢,毛坯为模锻件,年产量为 500 件,所用机床为立式钻床 Z525。设计夹具的主要过程如下:

① 精度与批量分析。本工序有一定位置精度要求,属于批量生产,使用夹具加工是适当的。但考虑到生产批量不是很大,因而夹具结构应尽可能的简单,以减小夹具制造成本(具体分析从略)。

② 确定夹具结构方案。

a. 确定定位方案,选择定位元件　本工序加工要求保证的位置精度主要是中心距尺寸 120 mm±0.05 mm 及平行度公差 0.05 mm。根据基准重合原则,应选 ϕ36H7 孔为主要定位基准,即工序简图中所规定的定位基准是恰当的。为使夹具结构简单,选择间隙配合的刚性心轴加小端面的定位方式(若端面 B 与大头孔轴线 A 的垂直度误差较大,则端面处应加球面垫圈)。又为保证小头孔处壁厚均匀,采用活动 V 形块来确定工件的角向位置,参考图 5-68b。

b. 确定引导元件　本工序小头孔加工的精度要求较高,一次装夹要完成钻—扩—粗铰—精铰四个工步,故采用了快换钻套(机床上相应地采用快换夹头)。又考虑到要求结构简单且能保证精度,采用了固定式钻模板,参考图 5-68c。

c. 确定夹紧机构　理想的夹紧方式应使夹紧力作用在主要定位面上,本例中可采用可胀心轴、液塑心轴等,但会导致夹具结构复杂,制造成本高。为简化结构,确定采用螺旋夹紧机构,即

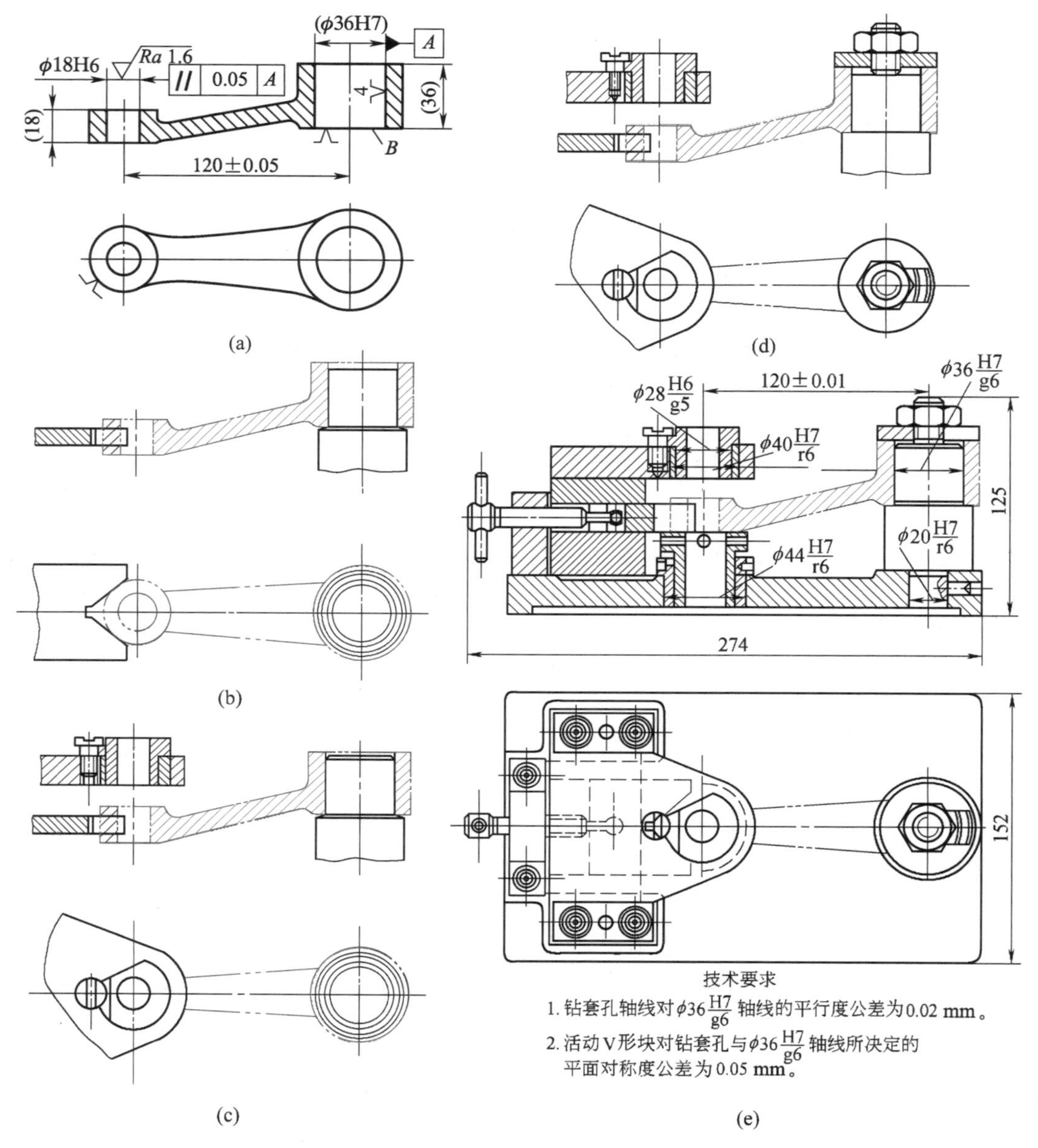

图 5-68　夹具设计过程示例

在心轴上直接做出一段螺纹,并用螺母和开口垫圈锁紧,参考图 5-68d。

d. 确定其他装置和夹具体　为了保证加工时工艺系统的刚度和减小加工时工件的变形,应在靠近工件的加工部位增加辅助支承。夹具体的设计应整体考虑,使上述各部分通过夹具体能有机地联系起来,形成一个完整的夹具。此外,还应考虑夹具与机床的连接。因为该夹具是在立式钻床上使用,夹具安装在工作台上可直接用钻套找正并用压板固定,故只需在夹具体上留出压板压紧的位置即可。又考虑到夹具的刚度和安装的稳定性,夹具体底面设计成周边接触的形式,参考图 5-68e。

③ 在绘制夹具草图的基础上绘制夹具装配图,标注相关尺寸和技术要求。

④ 对零件进行编号、填写明细表、绘制零件图。(略)

图 5-69 所示为钻铰连杆小头孔夹具分解图。

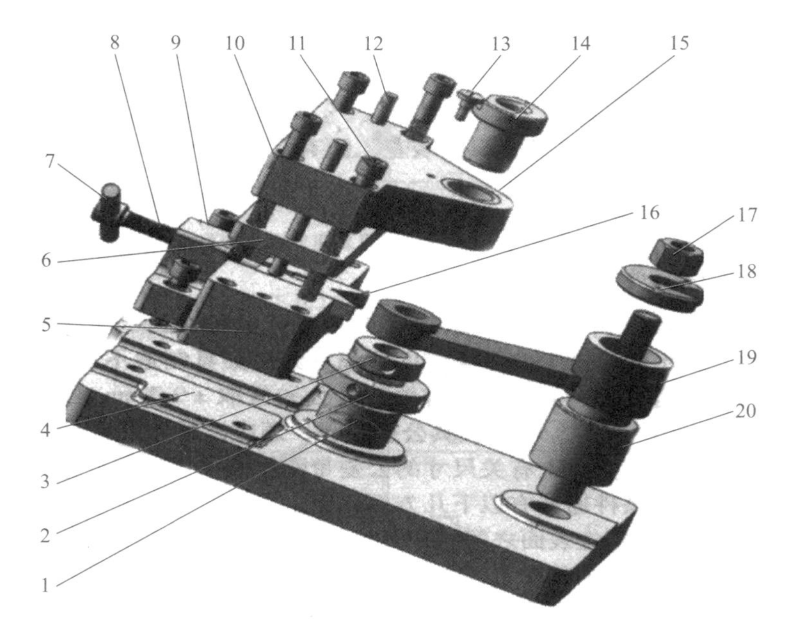

图 5-69 钻铰连杆小头孔夹具分解图

1—螺套；2—锁紧螺母；3—可调支承；4—夹具底板；5—支座；6—中间盖；7—把手；8—调节螺杆；9—螺母座；10—钻模板；11—螺钉；12—圆柱销；13—钻套螺钉；14—快换钻套；15—衬套；16—活动 V 形块；17—夹紧螺母；18—开口垫圈；19—工件(连杆)；20—圆柱定位销

(2) 夹具的精度分析

夹具的主要功能是保证工件加工表面的位置精度。使用夹具加工时,影响被加工件位置精度的误差因素主要有三个方面：

1) 定位误差　定位误差即工件安装在夹具上的位置的不准确性或不一致性,用 Δ_{dw} 表示,如前所述。

2) 夹具制造与安装误差　包括夹具制造误差(定位元件与引导元件的位置误差、引导元件本身的制造误差、引导元件之间的位置误差、定位面与夹具安装面的位置误差等)、夹紧误差(夹紧时夹具或工件变形所产生的误差)、导向误差(对刀误差、刀具与引导元件偏斜误差等)以及夹具装夹误差(夹具安装面与机床安装面的配合误差,装夹时的找正误差等)。该项误差用 Δ_{zz} 表示。

3) 加工过程误差　在加工过程中由于工艺系统(除夹具外)的几何误差、受力变形、热变形磨损以及各种随机因素所造成的加工误差,用 Δ_{gc} 表示。

上述各项误差中,第一项和第二项与夹具有关,第三项与夹具无关。显然,为了保证零件的加工精度,应使

$$\Delta_{dw}+\Delta_{zz}+\Delta_{gc}\leqslant T \tag{5-33}$$

式中：T 为零件的有关位置公差。上式即为确定和检验夹具精度的基本公式。通常要求给 Δ_{gc} 留三分之一的零件公差,即应使与夹具有关的误差限定在零件相应公差三分之二的范围内。当零件生产批量较大时,为了保证夹具的使用寿命,在制定夹具的制造公差时,还应考虑留有一定的夹具磨损公差。

例 5-3　以图 5-68 所示夹具装配图为例进行夹具精度验算。

解　步骤如下：

（1）验算工件上两孔中心距 120 mm±0.05 mm

1）定位误差　该夹具的定位基准与设计基准一致，基准不重合误差为零。基准位移误差取决于心轴与工件大头孔的配合间隙。由配合尺寸 ϕ36H7/g6 可求出最大配合间隙为 0.05 mm，该值即为定位误差。

2）夹具制造与安装误差　该项误差包括：① 钻模板衬套轴线与定位心轴轴线距离误差，此值为 ±0.01 mm；② 钻套与衬套的配合间隙，由配合尺寸 ϕ28H6/g5 可确定其最大间隙为 0.029 mm；③ 钻套内孔与外圆的同轴度误差，由于标准钻套精度较高，在本例中此值假定为 0.01 mm；④ 刀具引偏量，采用钻套引导刀具时，钻头与钻套之间的间隙会使刀具引偏，刀具引偏量可按下式计算（参考图 5-70）：

$$e=\left(\frac{H}{2}+h+B\right)\frac{\Delta_{max}}{H} \tag{5-34}$$

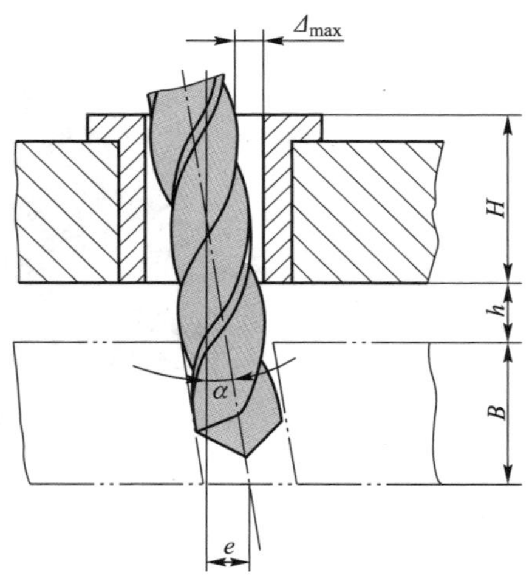

图 5-70　刀具引偏量计算

式中：e——刀具引偏量，mm；

H——钻套高度，mm；

h——排屑间隙，即钻套下端面与工件间的空间距离，mm；

B——钻孔深度，mm；

Δ_{max}——刀具与钻套之间的最大间隙。

本例中，精铰刀与钻套配合取 ϕ18H6/g5，可确定 $\Delta_{max}=0.025$ mm。将 $H=30$ mm，$h=12$ mm，$B=18$ mm 代入刀具引偏公式中，可求得 $e\approx0.038$ mm。

上述各项误差都是按最大值计算的。实际上，各项误差不可能同时出现最大值，而且各项误差的方向也不可能都一致。考虑到上述各项误差大小与方向的随机性，采用概率方法计算总误差是恰当的，即有

$$\Delta_o=(0.05^2+0.02^2+0.029^2+0.01^2+0.038^2)^{\frac{1}{2}}\text{mm}\approx0.073\text{ mm}$$

式中：Δ_o为与夹具有关的加工误差总和。该值略大于零件两孔中心距公差（0.1 mm）的三分之二，即留给加工过程的误差还有 0.03 mm，不足三分之一，夹具虽勉强可用，但在实际应用时，还应减小定位和导向的配合间隙，以减小定位误差。

（2）两孔轴线的平行精度验算

影响该项精度的误差因素如下：

1）定位误差　本例中定位基准与设计基准重合，因此只有基准位移误差，其值为由工件大头孔与夹具心轴（ϕ36H7/g6）间的配合间隙所产生的最大偏转角，即

$$\alpha_1=\frac{\Delta_{1max}}{H_1}=\frac{0.05}{36}$$

式中：α_1——孔轴间隙配合时，轴线最大偏转角，rad；

Δ_{1max}——工件大头孔与夹具心轴（ϕ36H7/g6）间的最大配合间隙，mm；

H_1——夹具心轴长度，mm。

2）夹具制造与安装误差　该项误差主要包括两项：① 钻套孔轴线对心轴轴线的平行度误

差，由夹具标注的技术要求可知该项误差值为 $\alpha_2=0.02:30$；② 刀具引偏量，如图 5-70 所示，刀具最大偏斜角为 α，令 $\alpha_3=\alpha$，则有

$$\alpha_3=\frac{\Delta_{\max}}{H}=\frac{0.025}{30}$$

上述各项误差同样具有随机性，仍按概率方法计算，可求得影响平行度要求的与夹具有关的误差总和为：

$$\alpha_0=(\alpha_1^2+\alpha_2^2+\alpha_3^2)^{\frac{1}{2}}\approx 0.0315:18$$

该值小于零件相应公差(0.05 : 18)的三分之二，夹具设计合理。

需要说明的是上述精度分析结果仍然是近似的，可供设计时参考，正确与否仍需通过实践加以检验。

一般在夹具的设计过程中，除了少量的富有创造性的工作(如夹具的总体结构构思等)外，大量的工作都是一些烦琐的事务性工作，例如查阅手册、数值计算、绘制图形等，这些工作可以由计算机协助完成。在设计者设计思想的指导下，利用计算机系统完成一部分或大部分夹具设计工作，即计算机辅助夹具设计。计算机辅助夹具设计是一项具有实际应用价值的工作，市场上已有相应的系统软件，读者可根据已学的夹具知识进行应用，乃至开发。

思考题与习题

5-1　工件在机床上有哪些装夹方式？比较它们的使用场合与优缺点。

5-2　夹具由哪几个部分组成？各起什么作用？

5-3　如何理解完全定位、不完全定位、过定位与欠定位？试举例说明。

5-4　分析图 5-71 中工件的定位限制了哪些自由度，各定位分别起什么作用。

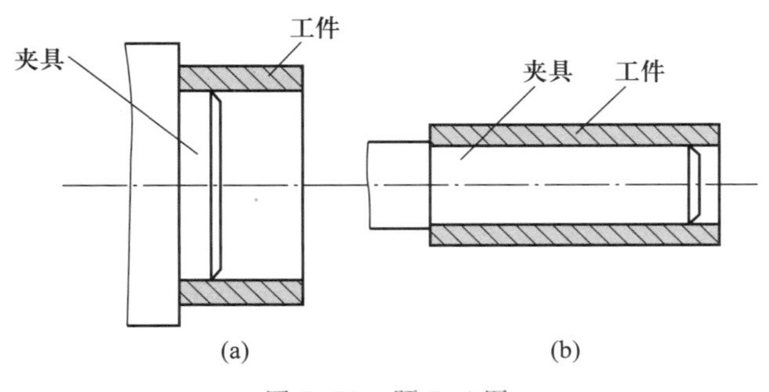

图 5-71　题 5-4 图

5-5　试分析下列情况的定位基准：

(1) 浮动铰刀铰孔。

(2) 珩磨连杆大头孔。

(3) 磨削床身导轨面。

(4) 无心磨外圆。

(5) 拉孔。

(6) 超精加工主轴轴颈。

5-6　分析图 5-72 所示定位方案：(1) 指出各定位元件所限制的自由度；(2) 判断有无欠定位

或过定位；(3) 对不合理的定位方案提出改进意见。

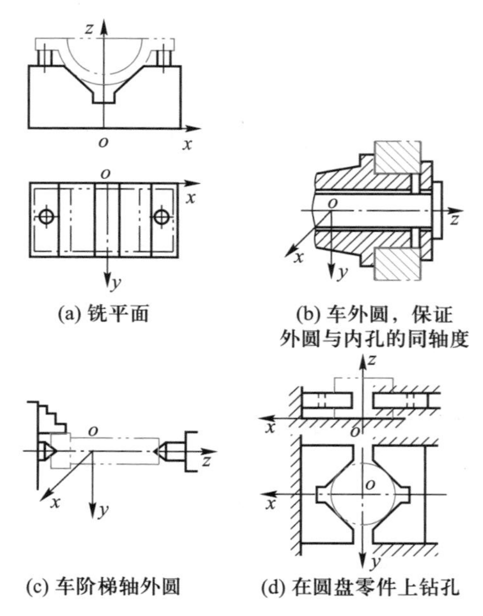

图 5-72 题 5-6 图

5-7 分析图 5-73 所示加工零件中必须限制的自由度，选择定位基准和定位元件，并在图中示意画出；确定夹紧力作用点的位置和作用方向，并用规定的符号在图中将其标出。

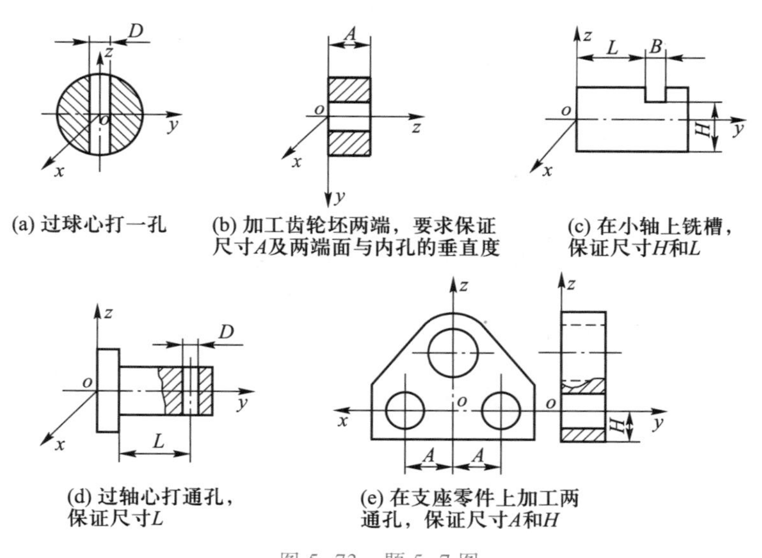

图 5-73 题 5-7 图

5-8 夹紧机构如图 5-74 所示，已知操纵力 $F=150$ N，$L=150$ mm。螺杆为 M12，$D=40$ mm，各处摩擦系数为 0.1。试计算夹紧力 F 的大小。

5-9 有一批直径为 $d_{-T_d}^{\ 0}$ 的轴类铸坯零件，欲在两端面同时打中心孔，工件定位方案如图 5-75 所示，试计算加工后这批毛坯上的中心孔与外圆可能出现的最大同轴度误差，并确定最佳定位方案。

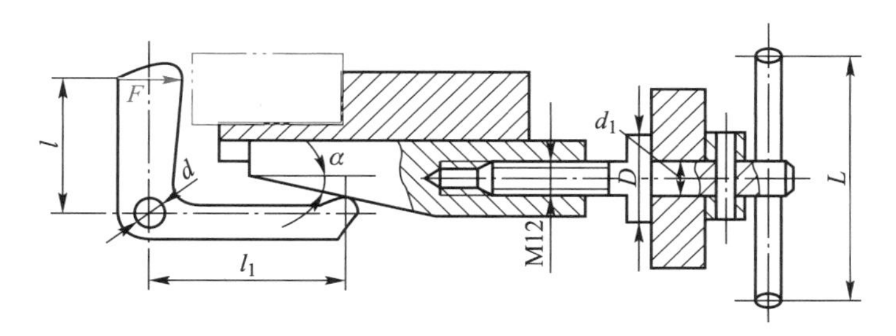

图 5-74　题 5-8 图

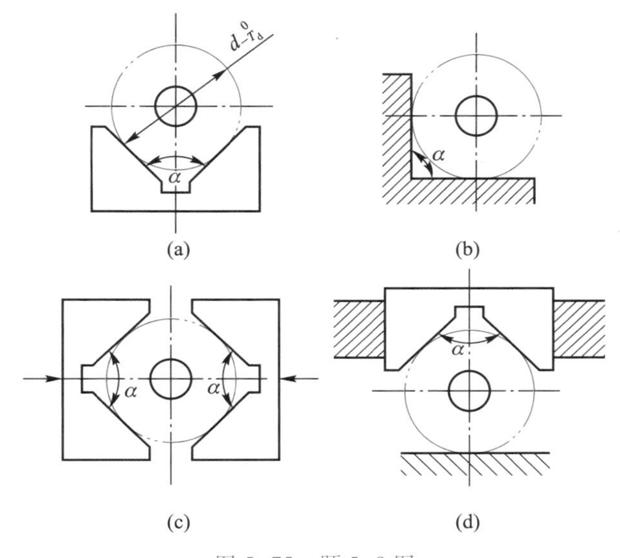

图 5-75　题 5-9 图

5-10　有一批 $d=60_{-0.032}^{-0.012}$ mm 的轴类零件，欲铣一键槽，工件定位如图 5-76 所示，保证 $b=10_{-0.065}^{-0.015}$ mm、$h=55.5_{-0.05}^{\ 0}$ mm，槽宽对称于轴的中心线，其对称度公差为 0.08 mm。试计算定位误差。

5-11　工件定位如图 5-77 所示，若定位误差控制在工件尺寸公差的 1/3 内，试分析该定位方案能否满足要求。若达不到要求，应如何改进？并绘制简图表示。

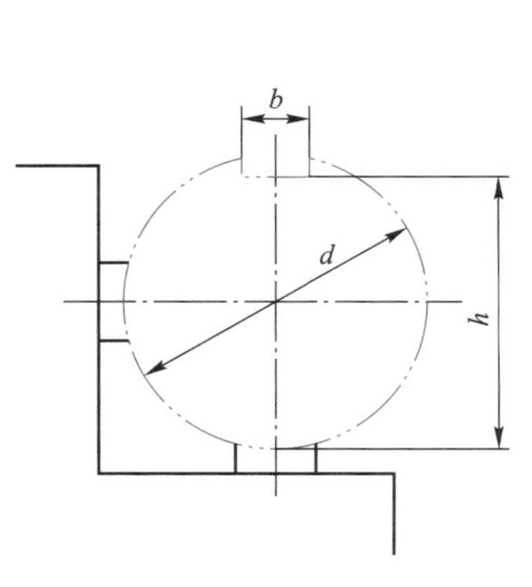

图 5-76　题 5-10 图

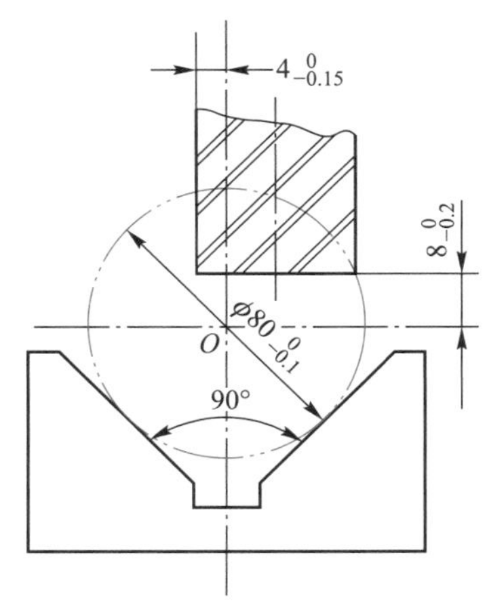

图 5-77　题 5-11 图

5-12　在轴上铣一平面，工件定位方案如图5-78所示，试求尺寸 A 的定位误差。

5-13　如图5-79所示，在三爪卡盘中安装镗偏心套的内孔，$D=\phi70^{+0.4}_{0}$ mm，$h=6$ mm（垫块尺寸），试计算偏心距 e 的变动量。

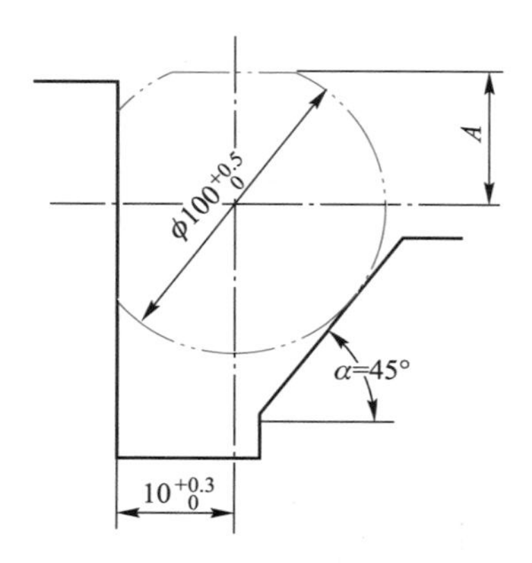

图5-78　题5-12图

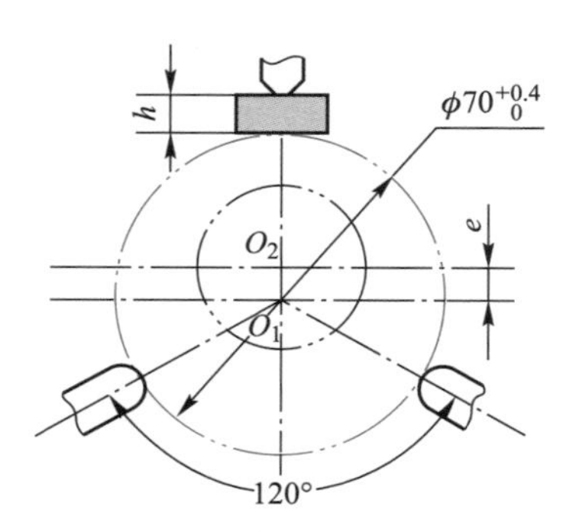

图5-79　题5-13图

5-14　如图5-80所示，零件在铣槽工序中以底面和两孔定位，其中 $\phi25^{+0.023}_{0}$ mm孔放置圆柱销，$\phi9^{+0.036}_{0}$ mm孔放置菱形销，两销均按g6制造。若夹具两定位销中心连线与铣刀走刀方向之间的调整误差为±20′，与装夹无关的加工误差为±10′，试判断图中槽 A 方向角度尺寸若为40°±1°时能否保证精度要求？

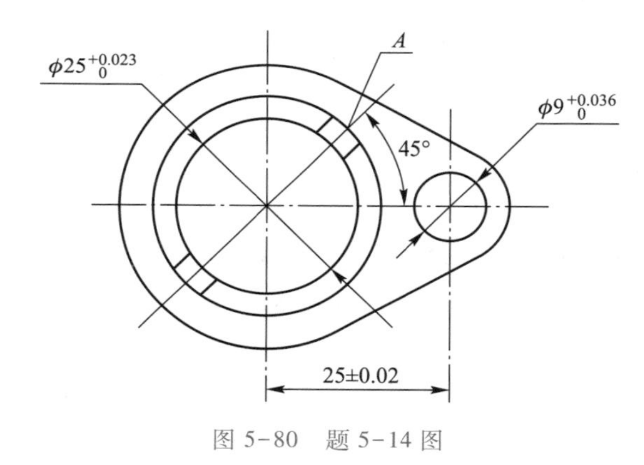

图5-80　题5-14图

5-15　何谓组合夹具、成组夹具和通用可调夹具？三种夹具之间有什么关系？

5-16　数控机床夹具有什么特点？

第6章

机械加工质量分析与控制

市场竞争的核心是产品,而质量是产品参与激烈市场竞争的重要因素。从现代的质量观来看,产品的质量包括产品的设计质量、制造质量和服务质量。设计质量主要是指所设计的产品与用户(顾客)的期望之间的符合程度;制造质量是指产品的制造与设计间的符合程度;服务质量是指售前服务、售后培训、维修及安装等。在激烈的市场竞争中,为了使企业获得和保持良好的经济效益,必须实施全面质量管理。其中,产品的制造质量主要与零件的制造质量和产品的装配质量有关。零件的制造质量是保证产品质量的基础。

6.1 机械加工精度

6.1.1 加工精度的基本概念

零件的加工精度是指零件加工后的实际几何参数(尺寸、形状和位置)与理想几何参数的符合程度。符合程度愈高,加工精度就愈高。实际加工中,由于受各种因素的影响,加工后的零件不可能与理想的零件完全符合,总会有大小不同的偏差。

加工误差是指加工后零件的实际几何参数(尺寸、形状和位置)对理想几何参数的偏差程度。从保证产品的使用性能和降低生产成本考虑,没有必要把每个零件都加工得绝对精确,只要满足规定的公差要求即可。制造者的任务就是使零件的加工误差小于规定的公差。

加工精度和加工误差从两个不同角度来评定加工零件的几何参数。加工误差的大小表示了加工精度的高低,加工误差越小,加工精度越高。保证和提高加工精度,实际上就是限制和降低加工误差。

零件的加工精度包括尺寸精度、形状精度、位置精度三个方面,它们三者之间相互关联。通常零件的尺寸精度要求越高,相应的形状精度和位置精度要求也越高;相反,当形状精度要求高时,尺寸精度和位置精度不一定要求高,需根据具体的使用要求来决定。

6.1.2 影响加工精度的因素

1. 原始误差

零件的机械加工是在工艺系统中进行的。机床、夹具、刀具和工件组成了一个完整的工艺系统,加工精度的问题涉及整个工艺系统的精度问题。工艺系统中的种种误差,在不同条件下,以不同的程度和方式反映为加工误差。工艺系统的误差是因,是根源,加工误差是果,是表现。因此,把工艺系统的误差称为原始误差。原始误差根据产生的阶段不同,可归纳为如图 6-1 所示的几种类型。

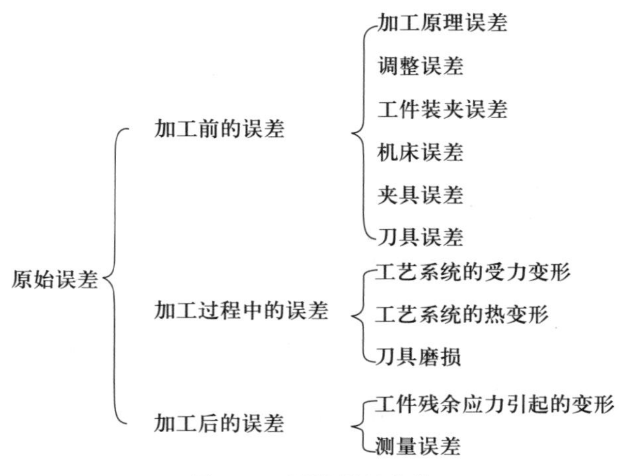

图 6-1　原始误差分类

2. 工艺系统的几何误差

(1) 加工原理误差

加工原理误差是指采用了近似的成形运动或近似的切削刃形状所产生的加工误差。理论上为了获得设计规定的零件加工表面,要求切削刃完全符合理论曲线形状,刀具和工件之间必须保持准确的运动关系。但在实际生产中为了简化机床或刀具的设计和制造,降低生产成本,提高生产率,允许在保证零件加工精度的前提下采用近似加工原理。如齿轮滚刀,一方面为了方便制造,采用阿基米德蜗杆或法向直蜗杆代替渐开线基本蜗杆而产生刀刃齿廓近似造型误差;而另一方面由于滚刀刀齿有限,实际上加工出的齿形是一条由微小折线组成的曲线,和理论上的光滑渐开线有差异,故产生加工原理误差。

(2) 调整误差

在机械加工的每一个工序中,总是要对工艺系统进行各种调整工作。由于调整不可能绝对的准确,因而产生调整误差。

工艺系统的调整有两种基本方式:试切法调整、调整法调整。

试切法调整普遍用于单件小批量生产中,即加工时先在工件上试切,根据测量得到的尺寸与要求尺寸的差值,用进给机构调整刀具与工件的相对位置,然后再进行试切、测量、调整,直至符合规定的尺寸要求。此后再正式切削出整个待加工表面。这个过程中的测量误差、机床进给机构的位移误差、试切与正式切削时切削层厚度不同的影响三个方面会引起调整误差。

调整法调整一般用于成批大量生产中,在广泛采用样件、样板试切的基础上,预先调整好刀具与工件的相对位置,并在一批零件的加工过程中保持这种相对位置不变来获得所要求的尺寸。由于对工艺系统进行调整也要以试切为依据,因此上述导致试切法调整误差的因素,同样会引起调整法调整误差。同时,定程机构误差、样件或样板的误差(样件或样板的制造、安装和对刀误差)、测量有限试件不能完全反映整批工件切削过程中的随机误差等几方面也会引起调整误差。

(3) 机床误差

机床误差主要是指机床的制造误差、安装误差和机床使用过程中的磨损。工件的加工精度在很大程度上取决于机床的精度。影响工件加工精度的机床制造误差比较多,其中影响较大的主要有:主轴回转误差、机床导轨误差和传动链误差。

1）主轴回转误差

① 主轴回转误差的概念　机床主轴用来装夹工件或刀具，并将运动和动力传给工件或刀具，因此主轴的回转精度将直接影响被加工工件的加工精度。

主轴回转误差是指主轴回转时，主轴各瞬间的实际回转轴线对其理想回转轴线的偏移。它可以分解为三种基本形式：

a. 径向跳动　实际回转轴线始终平行于理想回转轴线，在一个平面内做等幅的跳动，如图 6-2a 所示。

b. 轴向跳动　实际回转轴线始终沿理想回转轴线做等幅的窜动，如图 6-2b 所示。

c. 角度摆动　实际回转轴线与理想回转轴线始终成一倾斜角，在一个平面上做等幅摆动，且交点位置不变，如图 6-2c 所示。

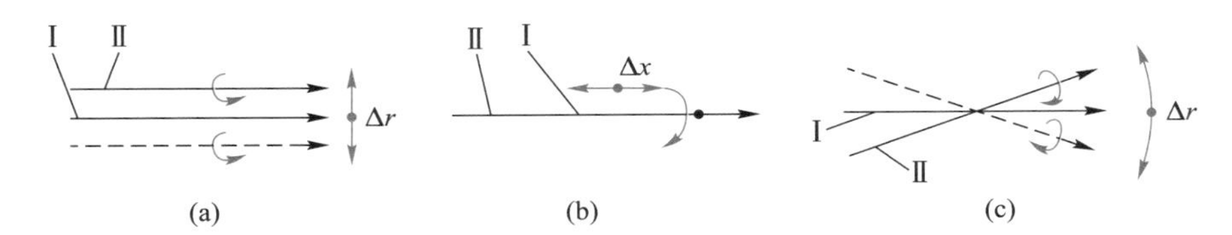

图 6-2　主轴回转误差的类型

Ⅰ—理想回转轴线；Ⅱ—实际回转轴线

主轴工作时，上述三种误差会同时影响主轴的回转精度，故主轴不同，横截面内轴心的误差运动轨迹是不同的。

② 影响主轴回转精度的主要因素　归纳起来影响主轴回转精度的主要因素有：轴承本身的误差、轴承的间隙、主轴各段轴颈同轴度误差、轴承之间的同轴度误差及主轴系统的刚度和热变形等。它们对主轴回转精度影响的大小随加工方式的不同而有所改变。

对主轴采用滑动轴承结构的车床类机床，加工中切削力基本不变，主轴受力方向一定，见图 6-3a。在切削力的作用下，主轴轴颈以不同的部位和轴承内表面的某一固定部位接触，此时主轴轴颈的圆度误差对主轴径向回转精度影响较大，而轴承内表面的圆度误差对主轴径向回转精度没什么影响；对镗床类机床而言，加工过程中作用于主轴的切削力随镗刀而旋转，方向不断变化，见图 6-3b。在切削力 F 的作用下，主轴总是以其轴颈某一固定部位与轴承内表面的不同部位接触，故轴承内表面的圆度误差对主轴径向回转精度的影响较大，而主轴轴颈的圆度误差对主轴径向回转精度没有什么影响。

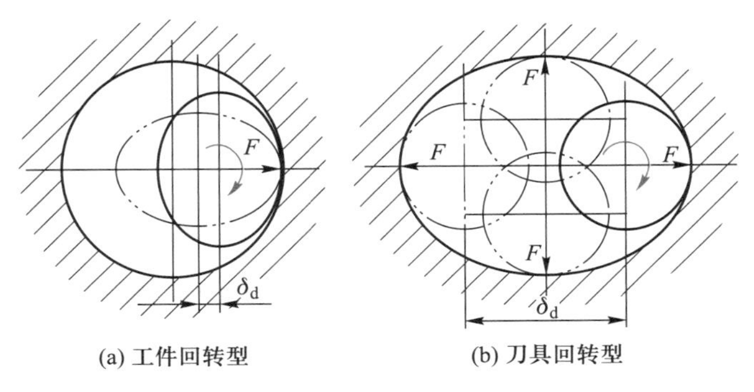

图 6-3　采用滑动轴承时主轴的径向跳动

由于滚动轴承的结构比滑动轴承的结构复杂，故影响主轴回转精度的因素也比较复杂。它与轴承本身的精度有关,很大程度上又与配合件的精度有关,如主轴轴颈与支承座孔各自的圆度误差、面轮廓度误差和同轴度误差,止推面或轴肩与回转轴线的垂直度误差,滚道的圆度误差、波纹度,滚动体的圆度误差和尺寸误差等,见图 6-4。

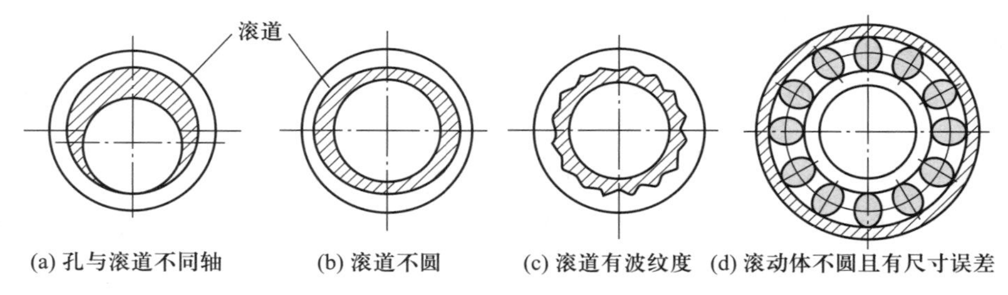

图 6-4 滚动轴承的几何误差

2) 机床导轨误差

导轨是机床上确定各主要部件相对位置关系及运动的基准。导轨的误差将直接影响加工精度。对车床及磨床导轨的精度要求有三个方面:在水平面内的直线度;在垂直面内的直线度;前后导轨的平行度(扭曲)。

① 导轨在水平面内的直线度误差 卧式车床或外圆磨床的导轨在水平面内有直线度误差 Δ_1(图 6-5),将使刀尖运动轨迹产生同样的直线度误差 Δ_1。由于导轨水平方向是误差的敏感方向,故将直接反映到加工的工件上,对加工精度影响最大。平面磨床和龙门刨床的导轨水平方向为误差的非敏感方向,故对加工精度没什么影响。

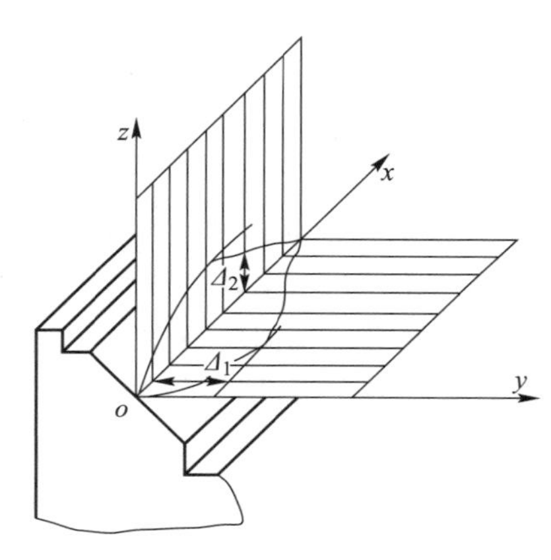

图 6-5 导轨直线度误差

② 导轨在垂直面内的直线度误差 卧式车床或外圆磨床的导轨在垂直面内有直线度误差 Δ_2(图 6-5),可引起被加工工件的形状误差和尺寸误差。但由于是误差的非敏感方向,Δ_2对加工精度的影响比 Δ_1对加工精度的影响小得多。由图 6-6 可见,若因 Δ_2使刀尖由 a 降至 b,可得出工件半径 R 的变化量 $\Delta R \approx \Delta_2^2/D$。若设 $\Delta_2 = 0.1$ mm,$D = 40$ mm,则 $\Delta R = 0.000\ 25$ mm。由此可见,卧式车床和外圆磨床导轨在垂直面内的直线度误差对工件加工精度的影响可忽略不计。但平面磨床和龙门刨床导轨的垂直方向为误差的敏感方向,导轨的误差将直接反映到工件上,故对加工精度影响很大。

③ 前后导轨的平行度误差(扭曲) 卧式车床或外圆磨床的前后导轨存在平行度误差(扭曲)时,刀具和工件之间的相对位置发生了变化。运动时刀架会产生摆动,刀尖的运动轨迹是一条空间曲线,使工件产生形状误差。若已知前后导轨的扭曲误差为 Δ_3,由几何关系可得:$\Delta_y \approx (H/B)\Delta_3$。一般车床的 $H/B \approx 2/3$,外圆磨床的 $H/B \approx 1$,由此可见这项原始误差对零件的加工精度影响很大,如图 6-7 所示。

3) 机床传动链误差

机床传动链误差是指机床内联系传动链始末两端的传动元件间相对运动的误差。在螺纹加工、展成法加工中,由于要求机床传动链保证刀具与工件之间具有准确的速比关系,故机床传动链误差对加工精度影响很大。

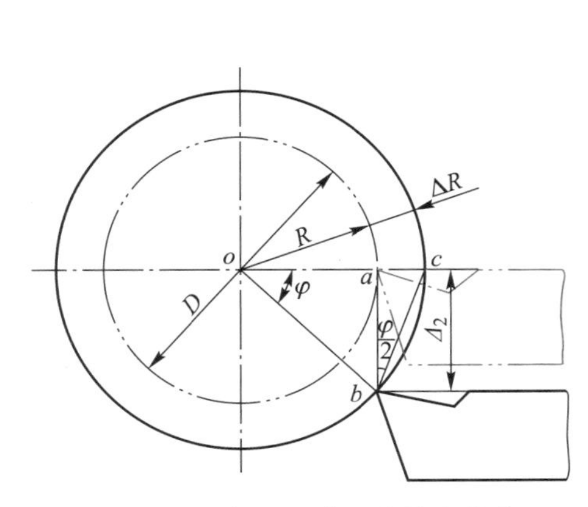

图 6-6 导轨在垂直面内的直线度误差对工件加工精度的影响

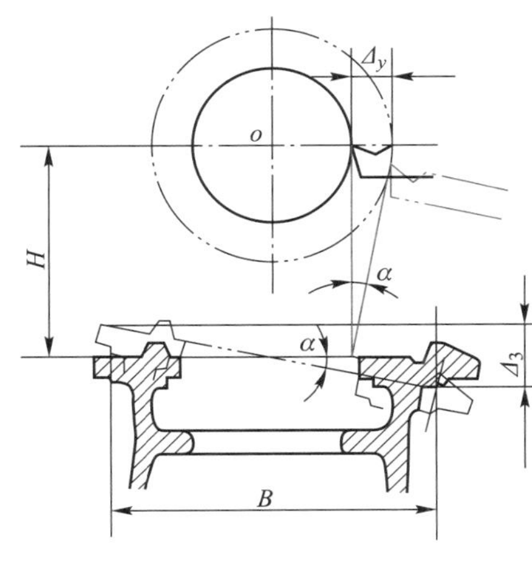

图 6-7 导轨扭曲对工件加工精度的影响

机床传动链误差一般用传动链末端元件的转角误差来衡量，其产生的主要原因是传动链中各传动元件的制造误差、装配误差以及使用中的磨损等。

(4) 刀具误差

刀具误差包括刀具切削部分、装夹部分的制造误差以及刀具的安装误差。刀具对工件加工精度的影响因刀具种类不同而异。

① 采用定尺寸刀具(如钻头、铰刀、键槽铣刀、镗刀块、圆拉刀等)加工时，刀具的尺寸误差直接影响工件的尺寸精度。

② 采用成形刀具(如成形车刀、成形铣刀、成形砂轮等)加工时，刀具的形状误差将直接影响工件的形状精度。

③ 采用展成刀具(如齿轮滚刀、花键滚刀、插齿刀等)加工时，刀具切削刃的形状误差会影响工件的加工精度。

④ 对一般刀具(如车刀、镗刀、铣刀等)，其制造误差对工件加工精度没有直接影响，但这一类刀具耐用度低，易磨损。

刀具在切削过程中不可避免地要产生磨损，并由此引起工件的尺寸和形状误差。例如，用成形刀具加工时，刀具刃口的不均匀磨损将直接复映到工件上，造成工件的形状误差。

(5) 夹具误差

夹具的作用是保证加工时工件相对刀具和机床具有正确的位置，故夹具误差对工件的尺寸精度和位置精度影响很大。夹具误差包括夹具的制造误差及安装误差两大部分，它主要是指组成夹具的定位元件、刀具引导元件、分度机构、夹具体等的制造误差和安装误差及使用中的磨损。

夹具使用过程中的磨损也将使夹具的误差增大，从而使工件的制造误差加大。故夹具元件除了应保证制造精度外，对易磨损的主要部件应尽量选用耐磨性好的材料，且使用过程中一旦达到磨损极限应及时更换。

(6) 定位误差

定位误差是指工件采用调整法调整加工时因定位不准确而引起的尺寸或位置的最大变动量。定位误差由两个部分组成：基准不重合误差及定位副制造不准确误差。

1) 基准不重合误差　基准是用来确定零件上几何要素之间的几何关系所依据的那些点、线、面。在零件图上用来确定某一表面的尺寸、位置所依据的基准称为设计基准，而在工序图上用来确定本工序被加工表面加工后的尺寸、位置所依据的基准称为工序基准。理论上要求工序基准与设计基准重合。加工工件时,需选择工件上若干几何要素作为加工时的定位基准,如所选的定位基准与设计基准不重合,就会产生基准不重合误差。该误差等于定位基准相对于设计基准在工序尺寸方向上的最大变动量,且只在采用调整法调整加工时才会产生,在试切法调整加工时不会产生。

2) 定位副制造不准确误差　工件在夹具中的正确位置由夹具上的定位元件来确定。夹具上的定位元件不可能按照公称尺寸制造得绝对准确,它们的实际尺寸(或位置)都允许在分别规定的公差范围内变动。同时,工件上的定位基准面也同样存在制造误差。工件定位基准面与夹具定位元件组成了定位副,由定位副制造得不准确以及定位副间隙引起的工件最大位置的变动量,称为定位副制造不准确误差。

由上述可见,定位误差是基准不重合误差和定位副制造不准确误差综合作用的结果。由于这两项误差的方向有可能不在同一个方向上,故定位误差等于基准不重合误差与定位副制造不准确误差的矢量和。

3. 工艺系统的受力变形

(1) 基本概念

切削加工时,机械加工工艺系统在切削力、夹紧力、惯性力、重力等力的作用下,会产生相应的变形,从而破坏了刀具和工件之间正确的相对位置,造成了加工误差。

例如,在车削细长轴时,工件在切削力的作用下会发生变形,使加工出的轴产生了鼓形的圆柱度误差,见图 6-8a;在卧式镗床上镗孔时,若镗杆做进给运动,由于镗杆的弯曲变形,加工后的工件孔会产生抛物线回转体误差,见图 6-8b。

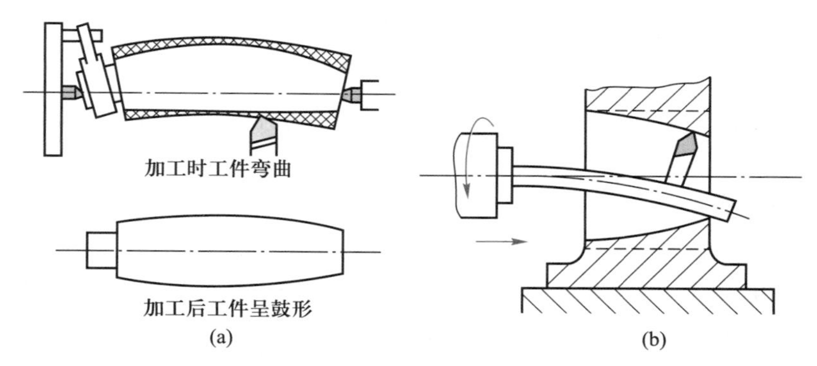

图 6-8　工艺系统受力变形引起的加工误差

由上可见,工艺系统的受力变形是机械加工中一项很重要的原始误差,它不仅严重影响工件的加工精度,而且也影响工件的表面加工质量,限制加工生产率的提高。

工艺系统的受力变形通常是弹性变形,其抵抗变形的能力可以用刚度 $k_{系}$ 来描述。垂直作用于工件加工表面(加工误差敏感方向)的径向切削分力 F_y 与工艺系统在该方向上的变形量 y 之间的比值,称为工艺系统的刚度 $k_{系}$,即

$$k_{系}=\frac{F_y}{y} \tag{6-1}$$

式(6-1)中的变形量 y 应该是 F_x、F_y、F_z综合作用的结果,故

$$y=y_{F_x}+y_{F_y}+y_{F_z}$$

式中的 y_{F_x} 和 y_{F_z} 与 y_{F_y} 可能同向或反向,故可能出现 $y>0$、$y=0$、$y<0$ 三种情况。

(2) 零件刚度

工艺系统中如果零件的刚度相对于机床、刀具、夹具来说比较低,在切削力的作用下,工件由于刚度较低而引起的变形对其加工精度的影响会很大,形状规则、结构简单的零件的刚度可用有关力学公式估算。如加工图 6-8a 中的细长回转类零件时用两顶尖装夹,可按简支梁计算工件的变形量 y:

$$y=\frac{F_y}{3EI}\cdot\frac{x^2(L-x)^2}{L} \tag{6-2}$$

式中:L——工件的长度,mm;

x——刀尖距右顶尖的距离,mm;

E——工件材料的弹性模量,N/mm^2;

I——工件截面的惯性矩,mm^4。

当切削位置在中点时,工件变形量最大:

$$y_{max}=\frac{F_yL^3}{48EI}$$

此时工件刚度最小:

$$k_{min}=\frac{F_y}{y_{max}}=\frac{48EI}{L^3}$$

如果同一零件用三爪自定心卡盘装夹,则按悬臂梁计算,最大变形量为

$$y_{max}=\frac{F_yL^3}{3EI} \tag{6-3}$$

式中:L——工件悬臂长度,mm。

工件的最小刚度为

$$k_{min}=\frac{F_y}{y_{max}}=\frac{3EI}{L^3}$$

(3) 刀具刚度

外圆车刀在加工表面法线(y)方向上的刚度很大,其变形可以忽略不计。镗直径较小的内孔时,刀杆刚度很小,其受力变形对孔加工精度影响很大,此时镗杆变形量可根据式(6-2)及式(6-3)推算。

(4) 机床部件的刚度

1) 机床部件刚度　机床的结构形状复杂,其中机床部件由很多零件组成,其刚度的计算很难用理论公式来完成,故机床部件刚度目前主要通过试验方法来测定。图 6-9 为单向测定车床部件静刚度的试验方法。图中 1 为刚度较高的心轴,其装在车床顶尖间,在刀架上安装一个螺旋加力器 5,在螺旋加力器与心轴之间装一测力环 4,2、3、6 都为千分表。转动螺旋加力器的加力螺钉,通过测力环使刀架与心轴之间产生作用力,力的大小由事先标定的测力环 4 中的千分表读出。这时,床头、尾座和刀架在力的作用下产生变形的大小可分别从 2、3、6 三个千分表中读出。

为使所测刚度值与实际相符,试验时需注意加载方式。图 6-10 是一台车床刀架部件经三次加载和卸载的静刚度曲线。其特点如下:

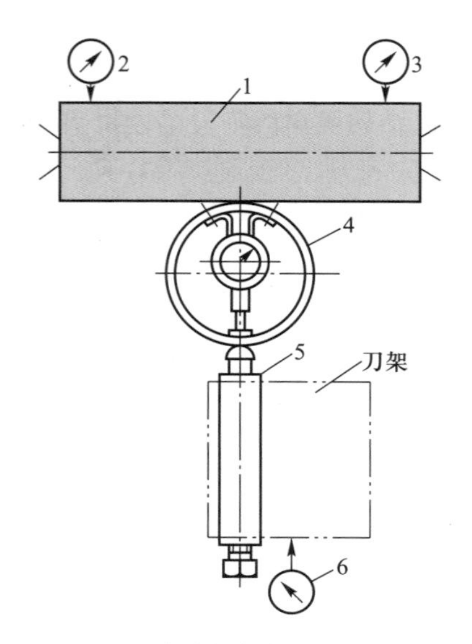

图6-9　车床部件静刚度的测定

1—心轴；2、3、6—千分表；

4—测力环；5—螺旋加力器

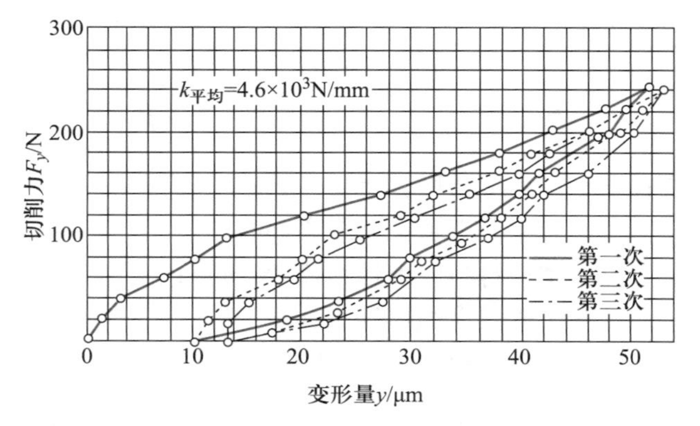

图6-10　车床刀架部件的静刚度曲线

① 力与变形呈非线性关系，这说明机床部件的变形不单纯是弹性变形。

② 加载曲线与卸载曲线不重合，表明在加载和卸载的过程中有能量损失。两曲线所包容的面积就是在加载和卸载循环中所损耗的能量，即摩擦力所做的功和接触变形功。

③ 第一次、第二次加载与卸载后曲线不封闭，这说明有残余变形存在，经多次加载、卸载后，残余变形消除，两曲线封闭。

④ 机床部件实际刚度比按实际估算的要小。

2）影响机床部件刚度的因素　大量试验、研究表明，影响机床部件刚度的因素有以下几个方面：

① 接合面间的接触变形　零件表面总是存在几何误差和粗糙度，所以接合面的实际接触面积只是名义接触面积的一小部分，见图6-11。当外力作用时，实际接触点处将产生较大的接触应力，进而产生接触变形。在接触变形中，既有弹性变形，又有塑性变形，这就是部件静刚度曲线不呈直线以及刚度远比同尺寸实体的刚度要低得多的原因，也是造成残余变形和多次加载—卸载循环后，残余变形才趋于稳定的原因之一。

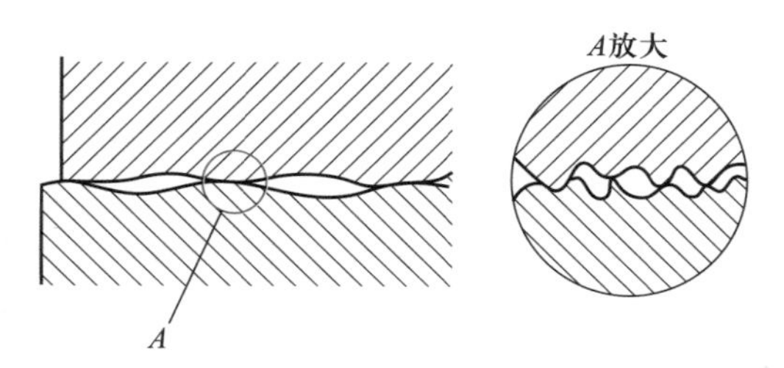

图6-11　两零件接合面间的接触情况

接触表面间的名义压强的增量与接触变形的增量之比称为接触刚度。一般情况下，零件表面愈粗糙，接触刚度愈小；零件的形状误差愈大，接触刚度愈小；材料硬度高，屈服极限也高，塑性变形就小，接触刚度就大；表面纹理方向相同时，接触变形较小，接触刚度较大。

② 低刚度零件本身变形　在机床部件中，个别刚度很低的零件对部件整体刚度影响很大。如溜板箱部件中的楔铁与导轨面配合不好（图6-12a）或轴承衬套因形状误差与壳体接触不良（图6-12b）。由于楔铁本身刚度很低，造成整个机床部件变形较大。当这些薄弱零件经变形而改善了接触情况后，部件的刚度会明显提高。

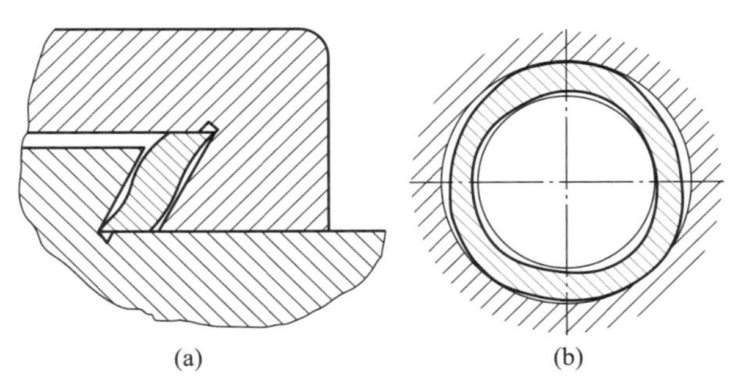

图 6-12 部件中的薄弱零件变形

③ 连接表面间的间隙 机床部件受力变形时，首先会消除各有关零件间的间隙，间隙消除后，接触表面开始产生接触变形和弹性变形，表现为刚度增大，同时机床部件因间隙产生相对位移。在加工过程中，如果机床部件的受力方向始终保持不变，则间隙对加工精度无影响。但像镗头、行星式内圆磨头等部件的受力方向始终在改变，间隙对加工精度的影响则不可忽略。

④ 接触表面之间的摩擦 机床部件在受力变形的过程中由于有摩擦力的作用，经多次加载、卸载之后，加载曲线与卸载曲线不重合。加载时摩擦力阻止其变形增加，卸载时摩擦力阻止其变形减小。摩擦力总是阻止机床部件变形的变化的现象称为机床部件变形滞后现象。上述滞后现象还与结构阻尼因素的作用有关。

⑤ 受力方向及作用力矩 在前面的静刚度试验中，所施加的载荷及测量的变形的方向都是在 Y 方向，这只是模拟了在切削过程中起决定作用的力和位移。但是部件的变形比单个零件的变形复杂，Y 方向的位移 y 是 F_x、F_y、F_z共同作用的结果，即刀刃在 Y 方向的实际位移 y 是切削分力 F_x、F_y、F_z综合作用的结果。

(5) 工艺系统的受力变形及其对加工精度的影响

1) 工艺系统的变形 工艺系统在切削力的作用下都会产生不同程度的变形，导致刀具和被加工表面的相对位置发生变化，从而使工件产生加工误差。

工艺系统总的变形等于各个组成部分变形的叠加，即

$$y_{系}=y_{机}+y_{夹}+y_{刀}+y_{工} \tag{6-4}$$

式中：$y_{机}$——机床变形量，mm；

$y_{夹}$——夹具变形量，mm；

$y_{刀}$——刀具变形量，mm；

$y_{工}$——工件变形量，mm。

工艺系统及各部件的刚度如下：

$$k_{系}=\frac{F_y}{y_{系}},\quad k_{机}=\frac{F_y}{y_{机}},\quad k_{夹}=\frac{F_y}{y_{夹}},\quad k_{刀}=\frac{F_y}{y_{刀}},\quad k_{工}=\frac{F_y}{y_{工}}$$

式中：$k_{系}$——工艺系统刚度，N/mm；

$k_{机}$——机床刚度，N/mm；

$k_{夹}$——夹具刚度，N/mm；

$k_{刀}$——刀具刚度，N/mm；

$k_{工}$——工件刚度，N/mm。

所以工艺系统刚度为：

$$k_{系}=\frac{1}{\dfrac{1}{k_{机}}+\dfrac{1}{k_{夹}}+\dfrac{1}{k_{刀}}+\dfrac{1}{k_{工}}} \tag{6-5}$$

由式(6-5)可知,知道了工艺系统各组成部分的刚度后,就可以计算出整个系统的刚度,并且整个工艺系统的刚度要比其中刚度最小的那个环节的刚度还要小。

2）工艺系统的受力变形对加工精度的影响　主要有:

① 切削力位置的变化对加工精度的影响　切削过程中,工艺系统的整体刚度及其各环节的刚度会随受力点的位置变化而发生变化。如图 6-13 所示,在车床两顶尖间加工光轴(顶尖装夹在机床主轴上,可将其与机床合为一体考虑)。设被加工工件和刀具的刚度很大,工艺系统的刚度取决于机床刚度。切削力大小保持不变,当刀具切削到工件的任意位置 C 时,工艺系统的变形量为:

$$y_{系}=y_x+y_{刀架}$$

设作用在主轴箱和尾座上的力分别为 F_A、F_B,则可求出工艺系统的变形量及刚度如下:

$$y_{系}=y_x+y_{刀}=F_y\left[\frac{1}{k_{刀架}}+\frac{1}{k_{主}}\left(\frac{l-x}{l}\right)^2+\frac{1}{k_{尾}}\left(\frac{x}{l}\right)^2\right] \tag{6-6}$$

$$k_{系}=\frac{F_y}{y_{系}}=\frac{1}{\dfrac{1}{k_{刀架}}+\dfrac{1}{k_{主}}\left(\dfrac{l-x}{l}\right)^2+\dfrac{1}{k_{尾}}\left(\dfrac{x}{l}\right)^2} \tag{6-7}$$

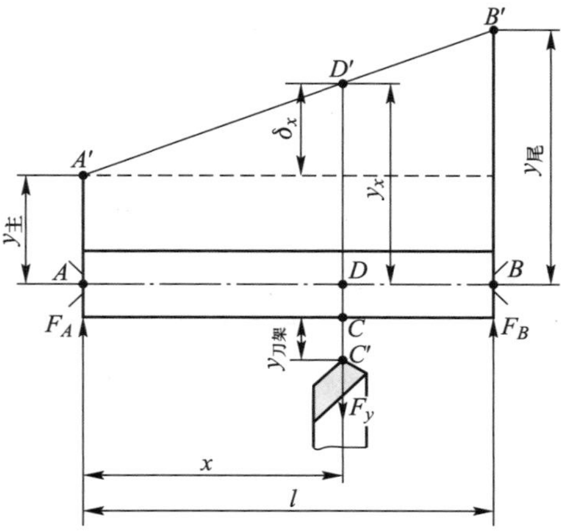

图 6-13　车削外圆时工艺系统受力变形对加工精度的影响

由式(6-6)可以看出,工艺系统变形量 $y_{系}$ 是车刀切削位置 x 的二次函数,说明工艺系统的刚度随切削力作用点位置的不同而发生变化。

当 $x=0$ 时,$y_{系}=F_y\left(\dfrac{1}{k_{刀架}}+\dfrac{1}{k_{主}}\right)$

当 $x=l$ 时,$y_{系}=F_y\left(\dfrac{1}{k_{刀架}}+\dfrac{1}{k_{尾}}\right)$

当 $x=\dfrac{k_{尾}}{k_{主}+k_{尾}}l$ 时,工艺系统变形量最小,最小变形量为 $y_{系\min}=F_y\left(\dfrac{1}{k_{刀架}}+\dfrac{1}{k_{主}+k_{尾}}\right)$

② 切削力大小的变化对加工精度的影响　在同一截面内对零件进行切削时,工件材质不均或加工余量的变化会引起切削力的变化,使工艺系统发生变形,导致工件出现加工形状误差。如图 6-14 所示,假设毛坯 A 有椭圆形状误差,将刀具调整到图上虚线位置,在毛坯椭圆长轴方向上的背吃刀量为 a_{p1}、短轴方向上的背吃刀量为 a_{p2}。由于 a_{p1} 与 a_{p2} 不同,切削力不同,工艺系统产生的让刀变形不同。a_{p1} 产生的让刀变形为 y_1,a_{p2} 产生的让刀变形为 y_2,加工出来的工件 B 仍然存在椭圆形状误差,这种毛坯误差复映到工件上的现象称为误差复映现象。已知毛坯的圆度误差为 $\Delta_{毛}=a_{p1}-a_{p2}$,则工件的圆度误差 $\Delta_{工}=y_1-y_2$,且 $\Delta_{工}$ 会随着 $\Delta_{毛}$ 的变化而变化。尺寸误差和几何误差都存在

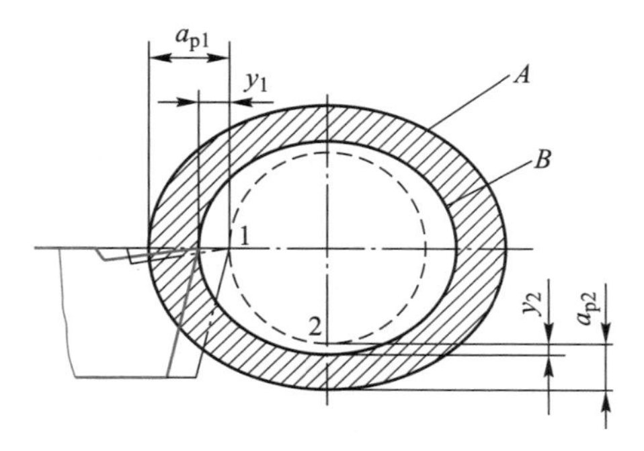

图 6-14　毛坯形状误差复映

复映现象。

设误差复映系数为 $\varepsilon=\dfrac{\Delta_{工}}{\Delta_{毛}}$,根据 ε,可以通过测量毛坯的误差来估算工件加工后的误差。

根据金属切削原理,切削力与实际切深成正比,即

$$F_y=C_y f^y a_p^x(\mathrm{HBW})^n \tag{6-8}$$

式中:C_y——与刀具前角等切削条件有关的系数;

f——进给量;

a_p——背吃刀量;

HBW——工件材料硬度;

x、y、n——指数。

根据刚度的定义知:

$$\Delta_{工}=y_1-y_2=\left(\frac{F_{y_1}}{k_{系}}-\frac{F_{y_2}}{k_{系}}\right)$$

$$\varepsilon=\frac{\Delta_{工}}{\Delta_{毛}}=\frac{y_1-y_2}{a_{p1}-a_{p2}}=\frac{F_{y_1}-F_{y_2}}{k_{系}(a_{p1}-a_{p2})} \tag{6-9}$$

一次走刀加工时,取式(6-8)中 $x=1$,则 $F_y\approx Ca_p$ (6-10)

式中:$C=C_y f^y(\mathrm{HBW})^n$,且为常数。

即

$$F_{y_1}=C(a_{p1}-y_1),F_{y_2}=C(a_{p2}-y_2)$$

因 $y_1\approx0$、$y_2\approx0$,所以 $F_{y_1}=Ca_{p1}$,$F_{y_2}=Ca_{p2}$,代入式(6-9)得

$$\varepsilon=\frac{C(a_{p1}-a_{p2})}{k_{系}(a_{p1}-a_{p2})}=\frac{C}{k_{系}} \tag{6-11}$$

由式(6-11)可以看出 $k_{系}$ 越大,ε 就越小,毛坯误差复映到工件上的部分就越小。

一般来说,ε 是个小于 1 的数,表明该工序有修正误差的能力,故工件经多道工序或多次走刀后,其误差会减小到工件公差所许可的范围内。

③ 夹紧力对加工精度的影响　当工件的刚度比较低或夹紧力的方向和施力点选择不当时,装夹过程中会引起工件变形,从而导致工件的加工误差。例如用三爪自定心卡盘夹持薄壁套筒作镗孔加工,见图 6-15,夹紧后套筒成三角棱圆形。虽然镗孔后孔为圆形,但松开后,由于套筒的弹性变形得到恢复,使得孔变成了三角棱圆形。所以加工时可在套筒外加上一个厚壁的开口环或采用专用卡盘,使夹紧力均匀分布在套筒上。

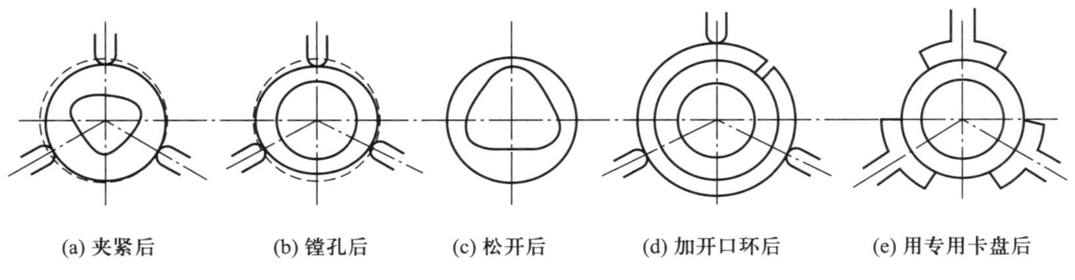
(a) 夹紧后　(b) 镗孔后　(c) 松开后　(d) 加开口环后　(e) 用专用卡盘后

图 6-15　薄壁套筒夹紧变形误差

④ 机床部件和工件重量对加工精度的影响　有些大型机床由于自身重力过大会引起相应

的变形，从而造成工件加工误差。例如大型立式车床在刀架的自重下会引起横梁变形，从而造成工件端面的平面度误差及外圆上锥度的产生。工件的直径越大，加工误差也越大。

对于大型工件的加工（如磨削床身导轨面），工件自重引起的变形有时会成为加工形状误差产生的主要原因。在实际生产中，装夹大型工件时，恰当布置支承可以减小自重引起的变形。

⑤ 其他作用力对加工精度的影响　工艺系统的惯性力、传动力等也会使工艺系统产生相应的变形从而导致工件加工时产生误差。

减小工艺系统的受力变形是保证加工精度的有效途径之一。在生产加工中，主要从两个方面考虑。首先是提高工艺系统刚度，包括提高机床刚度，即接触表面的接触刚度、零部件的刚度，保持有关部位适度预紧和合理间隙等；使用中心架或跟刀架等工艺措施提高工件和刀具的刚度；采用合理的装夹和加工方式。其次是减小载荷及其变化，如合理地选择刀具材料、几何角度以及切削要素，尽量使同一批加工件的加工余量和加工材料均匀，使切削力的变动幅度控制在某一许可范围内。

4. 工艺系统的热变形

加工过程中，工艺系统在各种热源的影响下会产生复杂的变形。这种变形破坏了工艺系统中各部件之间的相对位置及相对运动的准确性，从而导致工件的加工误差。

热变形对加工精度影响比较大，尤其是在精密加工和大件加工中，由热变形所引起的加工误差通常会占到工件总加工误差的40%～70%。在现代高速度、高精度、自动化加工中，工艺系统的热变形问题越来越突出，已成为现代制造技术的重要研究课题。

（1）工艺系统热变形的热源

引起工艺系统热变形的热源可分为两大类：内部热源和外部热源。

1）内部热源　内部热源来自工艺系统内部，包括切削热、摩擦热和派生热，热量主要以热传导的形式传递。

① 切削热　切削热是由切削过程中工件切削层金属弹性变形、塑性变形以及刀具、工件与切屑之间的摩擦所消耗的能量转化而来的，它对加工精度的影响最为直接。切削热与被加工的材料、刀具几何参数、切削用量及切削时的冷却润滑条件有关。

② 摩擦热　摩擦热主要来源于工艺系统的运动副（如齿轮副、轴承副、导轨副、滚珠丝杠副、离合器副等）的相对运动所产生的摩擦热及动力源（如电动机、液压系统等）工作时的能量损耗而产生的热。虽然这一部分热少于切削热，但摩擦热有时会使工艺系统的某个关键部位产生较大变形，破坏工艺系统原有的精度，导致工件出现加工误差。

③ 派生热　工艺系统内部的部分热量通过切屑、切削液、润滑液等带到机床其他部位，形成了派生热，因此使系统产生热变形。

2）外部热源　外部热源来自工艺系统之外。

① 环境温度　以对流传递为主要传递形式的环境温度的变化（如气温的变化、空调、地基温度的变化等）影响工艺系统的受热均匀性，从而影响工件的加工精度。

② 辐射热　以辐射为传递形式的辐射热（如阳光、灯光照明、加热器、人体温度等）对工艺系统辐射的单面性或局部性而使工艺系统产生热变形，从而影响工件的加工精度。

（2）工件热变形对加工精度的影响

加工过程中，导致工件热变形的热源主要是切削热。

1）工件均匀受热　加工一些形状简单（如轴类、套类、盘类等）零件的外圆时，如果工作在相对比较稳定的温度场中，可以认为工件均匀受热，工件的热变形可根据平均温升来估算。工件在长度或直径方向上的变形量估算如下：

$$\Delta L=\alpha L\Delta T \tag{6-12}$$

式中：α——工件线膨胀系数，℃$^{-1}$；

L——工件热变形方向的尺寸，mm；

ΔT——工件的平均温升，℃。

例 6-1 磨削一长为 400 mm、精度等级为 5 级的钢制丝杠螺扣，若被加工工件的温度比机床母丝杠高1 ℃，$\alpha=1.17\times10^{-5}$℃$^{-1}$，试确定工件在长度方向上的热变形量。

解 $\Delta L=\alpha L\Delta T=1.17\times10^{-5}\times400\times1\ \text{mm}\approx0.004\ 7\ \text{mm}$

查相关的手册知，5 级丝杠的螺距累积误差在 400 mm 长度上不允许超过 5 μm。由计算可以看出，热变形对精密加工影响很大。

2）工件不均匀受热　在铣削、刨削及磨削加工中容易出现如下情况：

① 磨削长轴类零件时，沿工件轴向切削，工件温升逐渐增加，热膨胀也逐渐增加，导致直径增大，到加工结束时增至最大，因此磨削深度也随之逐渐增大。工件冷却后则产生锥形的几何误差，如图 6-16 所示。

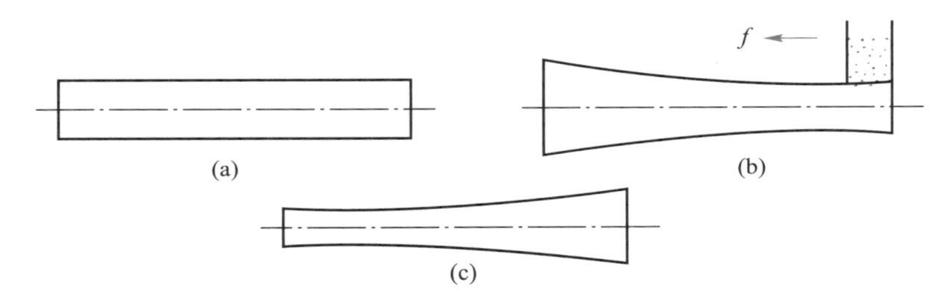

图 6-16　长轴热变形引起的形状误差

② 对薄片类零件，在铣削、刨削、磨削时，工件单面受切削热的作用，上下表面之间形成温差，导致工件向上凸起，凸起部分被工具切去。加工完毕冷却后，加工表面就产生了中凹形状的几何误差。且工件变形量会随工件长度的增加而急剧增加，工件的厚度越小，其变形量越大。

（3）刀具热变形对加工精度的影响

刀具热变形的热源主要是切削热。切削加工中，约有 10%的切削热传给了刀具，比例虽然不大，但由于刀具尺寸小，热容量小，刀具温升较大，刀头部位的温升更大，故其对加工精度的影响不容忽视。如采用高速钢车刀车削外圆时，刀刃部分的温度可达 700～800 ℃，刀具伸长可达 0.03～0.05 mm。图 6-17 为车削时车刀的热变形曲线。

1）刀具连续切削时　图 6-17 中的曲线 A 是刀具连续工作时的热伸长曲线。开始切削时，刀具的温升及伸长都较快。随着车刀温度的增高，散热量逐渐增大，车刀的温升及热伸长都变缓。当达到热平衡时，刀具的伸长量达到最大，用 ξ_{max} 表示。切削停止后，刀具温度立即下降，开始冷却较快，之后逐渐减慢，见图中曲线 B。

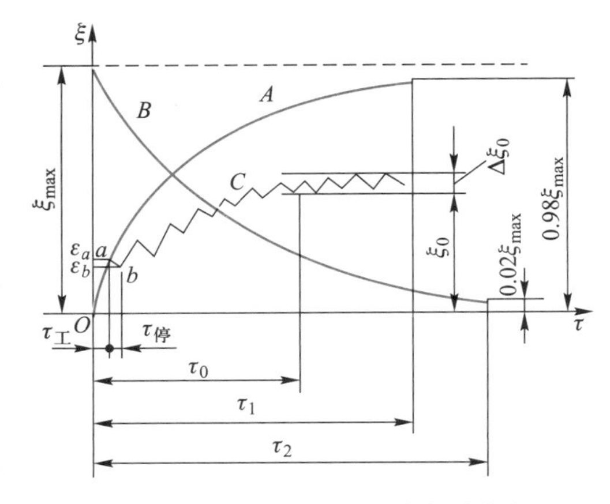

图 6-17　车削时车刀的热变形曲线

2）刀具间断切削时　加工短轴类零件或用调整法加工工件时，由于辅助动作较多，每个工件的切削时间较短，故切削是间断的。间断切削热变形曲线见图 6-17 中曲线 C。在第一个工件的车削时

间 $\tau_{工}$ 内，车刀的伸长量为 ε_a。在车刀停止切削时间 $\tau_{停}$ 内，车刀的伸长量由 ε_a 缩短至 ε_b。之后再继续加工其他小轴，车刀温度时高时低，伸长与缩短交替进行，最后在 τ_0 时刻达到热平衡状态。

为了减小刀具的热变形，应合理选择切削用量和刀具几何参数，并给予充分的冷却和润滑，以减少切削热，降低切削温度。

(4) 机床热变形对加工精度的影响

由于机床热源分布的不均匀性、机床结构的复杂性以及机床工作条件变化很大，机床各部件温升不同，甚至同一零件的不同部位温升也有差异，从而破坏了机床原有的相互位置关系，使工件产生加工误差。不同机床，其主要热源不同，对加工精度的影响也不同。车床、铣床、钻床、镗床等机床的主要热源是主轴箱。

(5) 工艺系统的热平衡以及减小其热变形的途径

1) 工艺系统热平衡　工艺系统在各种热源热作用下温度会逐渐升高，同时它们也通过各种传热方式向周围介质散发热量。当工艺系统的温度达到某一数值，且单位时间内散出的热量与热源传入的热量趋于相等时，就达到了工艺系统热平衡状态。在热平衡状态中，工艺系统各部分的温度就保持在相对固定的数值上，同时其热变形也就相应地趋于稳定。

由于作用于工艺系统各部分的热源的发热量、位置和时间各不相同，其热容量、散热条件也会不一样，因此各部分的温升也是不等的。物体中各点温度的分布称为温度场。当物体未达到热平衡或处于不稳态温度场时，其各点温度既是坐标位置的函数也是时间的函数；当物体达到热平衡或处于稳态温度场时，各点温度将不随时间而变化，而仅是其坐标位置的函数。

2) 减小工艺系统热变形的途径

① 减少热源发热和隔离热源　尽量将热源从机床内部分离出去，如电动机、变速箱、液压系统等均应尽可能移出；对于不能分离的热源，如主轴轴承、丝杠螺母副等则可以从结构设计、润滑等方面改善摩擦特性、减少发热；也可以用隔热材料将发热部件和机床大件隔离开来。对于不便移置和隔离的发热量大的热源也可采用强制式的风冷、水冷、散热片、循环润滑冷却等措施散热。

② 均衡温度场　采用均衡温度场的设计和措施，保证机床零部件温升均匀，使机床本身趋于热平衡状态。

③ 加快温度场平衡和强化散热　在加工工件前机床高速空运转，使其短时间达到热平衡后再换成工作速度进行加工；或在机床温升较高、较低部位附加“控制热源”以均衡温度场，促使其更快地达到热平衡状态。

④ 改进机床结构　采用热对称、减小和转移误差敏感方向的热伸长量等结构，减少机床零部件热变形，从而减小工件加工误差。

⑤ 控制环境温度　精密加工、精密装配和精密计量应在恒温条件下进行，恒温基数一般取 20 ℃，冬季可取 17 ℃，夏季可取 23 ℃。恒温精度一般为±1 ℃，精密级为±0.5 ℃，超精密级为±0.01 ℃。

5. 工件残余应力引起的变形

(1) 基本概念

外部载荷去除以后，仍然存留于工件内部的力称为残余应力，也称内应力。

工件具有的残余应力会使工件组织处于一种高能位的不稳定状态，它本能地要向低能位的稳定状态转化，并伴随着变形的发生，从而导致工件丧失原有的加工精度。

(2) 残余应力的产生

1) 热加工中残余应力的产生　在铸、锻、焊、热处理等工序中由于工件壁厚不均、冷却不均以及金相组织转变导致体积发生变化,毛坯内部产生了相当大的残余应力。毛坯的结构愈复杂,各部分厚度愈不均匀,散热条件相差愈大,则在毛坯内部产生的残余应力越大。具有残余应力的毛坯暂时处于相对平衡状态,如图 6-18a 所示,但当切去一层金属后,这种平衡状态被打破,残余应力会重新分布,导致工件出现明显的变形,如图 6-18b 所示。

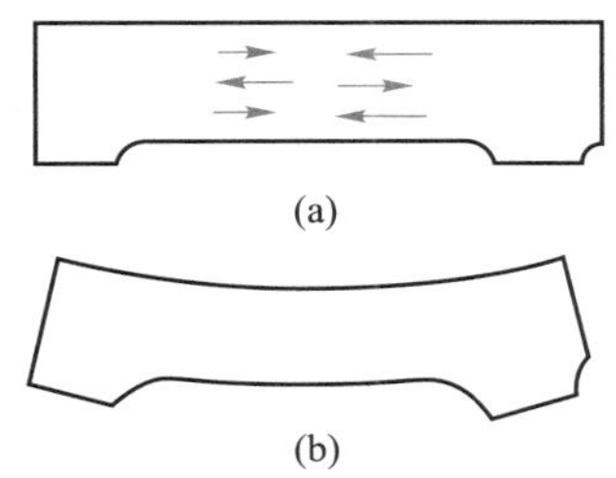

图 6-18　床身因残余应力引起的变形

2) 冷校直中残余应力的产生　细长轴类零件经车削后,棒料在轧制中产生的应力要重新分布,使轴出现弯曲。为了校正这种变形,会在原有变形的相反方向施加外力,使工件向相反方向弯曲。工件除受拉、压应力发生弹性变形外,其外层还产生塑性变形,以达到校直的目的,这就是冷校直。在外力的作用下,被冷校直的工件内部应力重新分布;当外力去除后,外层的塑性变形部分牵制了弹性变形的恢复,产生了新的应力平衡状态。所以说,冷校直后的工件虽然减少了弯曲,但依然处于不稳定状态,还会产生新的弯曲变形。

3) 切削加工中残余应力的产生　切削加工过程中产生的力和热,也会使被加工工件的表面层产生残余应力。减小残余应力引起的变形误差,可以通过改进零件结构设计,尽量做到结构对称、壁厚均匀来达到;热加工工件在进入机械加工前,进行适当热处理可加速应力变形的进程;对于精密、重要零件除了注意粗、精加工分阶段进行外,还应在工序间酌情穿插适当的热处理,以达到松弛和消除应力的目的。

6.1.3　加工误差的统计分析

在实际生产中,影响加工精度的因素往往来自多种原始误差,这些原始误差通常都是综合交错在一起对加工精度产生综合影响的,且其中很多原始误差的影响带有随机性,因此在许多情况下采用概率统计的方法进行分析才能得出正确、符合实际的结果。

1. 概述

(1) 加工误差分类

加工误差按其性质不同可分为系统误差和随机误差。加工误差性质不同,其分布规律及解决的途径也不同。

1) 系统误差　系统误差可分为常值性系统误差和变值性系统误差两种。连续加工一批工件时,大小和方向均保持不变的误差,称之为常值性系统误差,如由机床、刀具、夹具、量具等的制造误差及调整误差引起的加工误差。连续加工一批工件时,大小和方向规律变化的误差,称之为变值性系统误差,如刀具的磨损引起的加工误差、工艺系统热变形引起的加工误差等。从上述误差定义可以看出,常值性系统误差与加工顺序无关,而变值性系统误差与加工顺序有关。

2) 随机误差　在连续加工一批工件时,大小和方向无规律变化的误差,称之为随机误差,如加工时的定位误差、夹紧误差、加工余量不均匀引起的加工误差等。

对系统误差,可根据其产生的规律加以调整或补偿来消除。而对随机误差,只能缩小其变动范围,无法完全将其消除。根据概率论与数理统计学,随机误差的统计规律可用概率分布表示。如果掌握了工艺过程中各种随机误差的概率分布,又知道了变值性系统误差的变化规律,那么就可以对工艺过程进行有效控制,使工艺过程按规定要求顺利进行。

(2) 正态分布

1) 正态分布的数学模型、特征参数和特殊点　机械加工中，工件的尺寸误差是由很多相互独立的随机误差综合作用的结果。如果其中没有一个随机误差起绝对作用，则加工后工件的尺寸呈正态分布，见图 6-19。正态分布曲线（正态分布的概率密度图形）方程如下：

$$y(x)=\frac{1}{\sigma\sqrt{2\pi}}e^{-\frac{(x-\bar{x})^2}{2\sigma^2}}\quad(-\infty<x<+\infty,\sigma>0)\tag{6-13}$$

式中：$y(x)$——正态分布的概率密度；

$\bar{x}$——算术平均值；

σ——标准差。

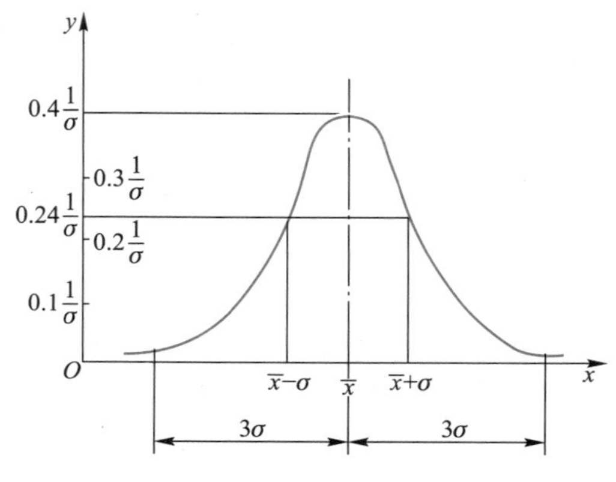

图 6-19　正态分布曲线

该方程的两个特征参数为算术平均值 $\bar{x}$ 及标准差 σ，其中

$$\bar{x}=\frac{1}{n}\sum_{i=1}^{n}x_i\tag{6-14}$$

$$\sigma=\sqrt{\frac{1}{n}\sum_{i=1}^{n}(x_i-\bar{x})^2}\tag{6-15}$$

式中：x_i——工件尺寸；

n——工件总数。

$\bar{x}$ 只影响曲线的位置，不影响曲线的形状，见图 6-20a。σ 只影响曲线的形状，不影响曲线的位置；σ 越大，曲线越平坦，工件的尺寸越分散，工件精度越低，见图 6-20b。因此 σ 的大小反映了机床加工精度的高低，$\bar{x}$ 的大小反映了机床调整位置的不同。

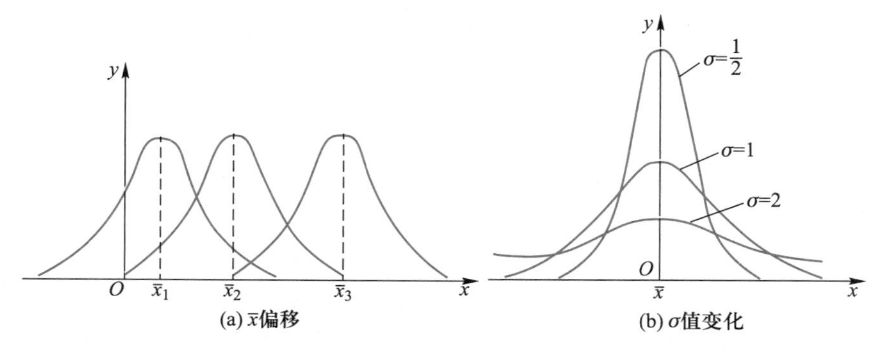

图 6-20　$\bar{x}$、σ 对正态分布曲线的影响

概率密度在 $\bar{x}$ 处具有最大值，即

$$y_{\max}=\frac{1}{\sigma\sqrt{2\pi}}=0.4\ \frac{1}{\sigma} \tag{6-16}$$

正态分布曲线在 $x=\bar{x}\pm\sigma$ 处有拐点，其纵坐标为

$$y_{\sigma}=\frac{1}{\sigma\sqrt{2\pi}}e^{-\frac{1}{2}}=0.24\ \frac{1}{\sigma} \tag{6-17}$$

2）标准正态分布　$\bar{x}=0,\sigma=1$ 时的正态分布为标准正态分布，其概率密度为

$$y_1(x)=\frac{1}{\sqrt{2\pi}}e^{-\frac{x^2}{2}} \tag{6-18}$$

在实际生产中，通常 $\bar{x}\neq0,\sigma\neq1$，为查表计算方便，需将非标准正态分布转换成标准正态分布。

令 $z=(x-\bar{x})/\sigma$，则

$$y(x)=\frac{1}{\sigma\sqrt{2\pi}}e^{-\frac{(x-\bar{x})^2}{2\sigma^2}}=\frac{1}{\sigma\sqrt{2\pi}}e^{-\frac{z^2}{2}}=\frac{1}{\sigma}y_1(x) \tag{6-19}$$

上式为非标准正态分布概率密度 $y(x)$ 与标准正态分布概率密度 $y_1(x)$ 之间的转换关系。

3）工件尺寸在某区间内的概率　实际生产中常常需知道加工工件的尺寸落在某区间（$x_1\leqslant x\leqslant x_2$）内的概率是多少。该概率等于图 6-21 中阴影部分的面积 $F(x)$：

$$F(x)=\int_{x_1}^{x_2}y(x)\,dx=\int_{x_1}^{x_2}\frac{1}{\sigma\sqrt{2\pi}}e^{-\frac{(x-\bar{x})^2}{2\sigma^2}}dx$$

令

$$z=(x-\bar{x})/\sigma,\ dx=\sigma dz$$

则

$$F(x)=\varphi(x)=\int_{\frac{x_1-\bar{x}}{\sigma}}^{\frac{x_2-\bar{x}}{\sigma}}\frac{1}{\sigma\sqrt{2\pi}}e^{-\frac{z^2}{2}}\sigma dz=\frac{1}{\sqrt{2\pi}}\int_{\frac{x_1-\bar{x}}{\sigma}}^{\frac{x_2-\bar{x}}{\sigma}}e^{-\frac{z^2}{2}}dz=F_o\left(\frac{x-\bar{x}}{\sigma}\right) \tag{6-20}$$

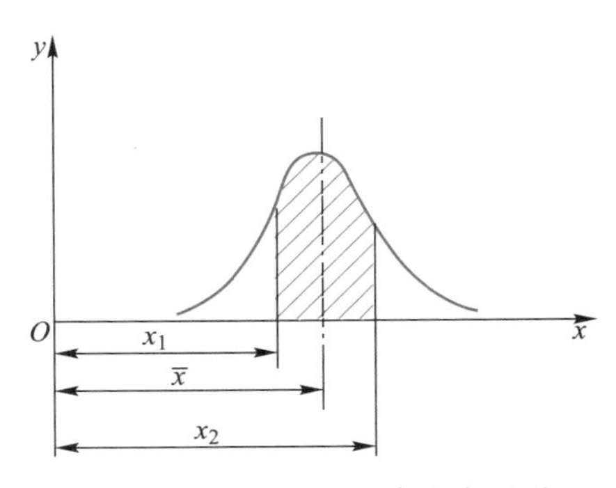

图 6-21　工件尺寸概率密度图形

实际生产中，为计算需要，可制作一个标准正态分布的概率密度积分表，见表 6-1。

表 6-1　标准正态分布的概率密度积分表

z	$\varphi(z)$	z	$\varphi(z)$	z	$\varphi(z)$	z	$\varphi(z)$
0.01	0.004 0	0.29	0.114 1	0.64	0.238 9	1.50	0.433 2
0.02	0.008 0	0.30	0.117 9	0.66	0.245 4	1.55	0.439 4
0.03	0.012 0	0.31	0.121 7	0.68	0.251 7	1.60	0.445 2
0.04	0.016 0	0.32	0.125 5	0.70	0.258 0	1.65	0.450 2
0.05	0.019 9	0.33	0.129 3	0.72	0.264 2	1.70	0.455 4
0.06	0.023 9	0.34	0.133 1	0.74	0.270 3	1.75	0.459 9
0.07	0.027 9	0.35	0.136 8	0.76	0.276 4	1.80	0.464 1
0.08	0.031 9	0.36	0.140 6	0.78	0.282 3	1.85	0.467 8
0.09	0.035 9	0.37	0.144 3	0.80	0.288 1	1.90	0.471 3
0.10	0.039 8	0.38	0.148 0	0.82	0.293 9	1.95	0.474 4
0.11	0.043 8	0.39	0.151 7	0.84	0.299 5	2.00	0.477 2
0.12	0.047 8	0.40	0.155 4	0.86	0.305 1	2.10	0.482 1
0.13	0.051 7	0.41	0.159 1	0.88	0.310 6	2.20	0.486 1
0.14	0.055 7	0.42	0.162 8	0.90	0.315 9	2.30	0.489 3
0.15	0.059 6	0.43	0.164 1	0.92	0.321 2	2.40	0.491 8
0.16	0.063 6	0.44	0.170 0	0.94	0.326 4	2.50	0.493 8
0.17	0.067 5	0.45	0.173 6	0.96	0.331 5	2.60	0.495 3
0.18	0.071 4	0.46	0.177 2	0.98	0.336 5	2.70	0.496 5
0.19	0.075 3	0.47	0.180 8	1.00	0.341 3	2.80	0.497 4
0.20	0.079 3	0.48	0.184 4	1.05	0.353 1	2.90	0.498 1
0.21	0.083 2	0.49	0.187 9	1.10	0.364 3	3.00	0.498 65
0.22	0.087 1	0.50	0.191 5	1.15	0.374 9	3.20	0.499 31
0.23	0.091 0	0.52	0.198 5	1.20	0.384 9	3.40	0.499 66
0.24	0.094 8	0.54	0.205 4	1.25	0.394 4	3.60	0.499 841
0.25	0.098 7	0.56	0.212 3	1.30	0.403 2	3.80	0.499 928
0.26	0.102 3	0.58	0.219 0	1.35	0.411 5	4.00	0.499 968
0.27	0.106 4	0.60	0.225 7	1.40	0.419 2	4.50	0.499 997
0.28	0.110 3	0.62	0.232 4	1.45	0.426 5	5.00	0.499 999 97

由表 6-1 可知：

当　$z=(x-\overline{x})/\sigma=\pm1$ 时，$2\varphi(1)=2\times0.341\ 3=68.26\%$

当　$z=(x-\overline{x})/\sigma=\pm2$ 时，$2\varphi(2)=2\times0.477\ 2=95.44\%$

当　$z=(x-\overline{x})/\sigma=\pm3$ 时，$2\varphi(3)=2\times0.498\ 65=99.73\%$

计算结果表明，工件尺寸落在 $\overline{x}\pm3\sigma$ 范围内的概率为 99.73%，而落在该范围以外的概率很低，可以忽略不计，故一般取正态分布的分散范围为 $\overline{x}\pm3\sigma$。如果工件公差为 δ，并在加工时进行调整使得分布中心与公差中心重合，则不产生废品的条件是 $\delta>6\sigma$，反之便有废品产生。尺寸过大或过小的废品率可由下式计算：

$$Q_{废品率}=0.5-\varphi(x) \tag{6-21}$$

若分布中心与公差中心不重合,此不重合部分为常值性系统误差,以 $\Delta_{系统}$ 表示。这时即使加工误差 $\delta>6\sigma$,仍有可能产生废品,此时不产生废品的条件为

$$\delta>6\sigma+2\Delta_{系统} \tag{6-22}$$

2. 工艺过程的分布图分析

(1) 工艺过程的稳定性

工艺过程的稳定性是指工艺过程中在时间历程上保持工件均值 $\bar{x}$ 和标准差 σ 稳定不变的性能。在加工时间不是很长的情况下,σ 的变化是很小的。因此,工艺过程稳定性取决于变值性系统误差是否显著。在正常情况下,变值性系统误差并不显著,可以说工艺过程是稳定的,即工艺过程处于控制状态中。

(2) 工艺过程的分布图分析

制作分布图的目的是想通过分布图来了解所加工的工件质量指标的分布是否为预期的概率分布,了解工艺系统的加工能力的大小、机床调整的好坏,了解加工过程是否会产生废品、废品率的高低以及产生废品的原因等。具体工艺过程分布图分析的内容及步骤如下:

1) 样本容量的确定　从总体中抽取样本时,样本容量的确定很重要。样本容量太小,则样本不能准确反映总体的实际分布,失去了取样的本来目的;样本容量太大,又增加了分析计算工作量。通常样本容量取 $n=50\sim200$。

2) 样本数据的整理与计算　确定尺寸间隔数 j 及区间宽度 Δx。在测量数据中剔除异常数据(太大或太小的数据),并找出其中的最大值 x_{max} 和最小值 x_{min},则该批工件的尺寸分散范围是 $R=x_{max}-x_{min}$。异常数据 x_k 由下式确定:

$$|x_k-\bar{x}|>3\sigma \tag{6-23}$$

式中:σ 为总体标准差,可用它的无偏估计量 $\hat{\sigma}=S$ 来代替,即

$$\hat{\sigma}=S=\sqrt{\frac{1}{n-1}\sum_{i=1}^{n}(x_i-\bar{x})^2} \tag{6-24}$$

尺寸间隔数 j 的确定可参照表 6-2。

表 6-2　尺寸间隔数 j 与样本容量 n 的关系

n	25~40	40~60	60~100	100	100~160	160~250	250~400	400~630	630~1 000
j	6	7	8	10	11	12	13	14	15

区间宽度 $\Delta x=\frac{R}{j}=\frac{x_{max}-x_{min}}{j}$,计算后的区间宽度应圆整。

3) 绘制实际分布图　根据测量及所计算的相关数据绘制实际分布图。画图时,频数(即同一尺寸的工件数目多少)值应标在尺寸区间中点的纵坐标上。

4) 绘制理论分布图　理论正态分布曲线的最大值及两个拐点可由式(6-25)、式(6-26)来计算。因实际分布图以频数为纵坐标,故以概率密度 $y(x)$ 为纵坐标的理论分布图需转换成以频数 $f'(x)$ 为纵坐标的理论分布图。

$$y(x)\approx\frac{F(x)}{\Delta x}\approx\frac{f(x)}{\Delta x}=\frac{1}{\Delta x}\left(\frac{f'(x)}{n}\right)=\frac{f'(x)}{n\Delta x}$$

式中:$F(x)$——概率;

Δx——尺寸间隔；

$f(x)$——频数；

n——工件总数。

因而有：

最大概率密度值
$$y_{max}=\frac{f'_{max}}{n\Delta x} \tag{6-25}$$

拐点处概率密度值
$$y_{\sigma}=\frac{f'_{\sigma}}{n\Delta x} \tag{6-26}$$

5）工艺过程分布图分析

① 判断加工误差性质　根据相关数据判断加工误差是随机误差还是系统误差。

② 确定工序能力及其等级　工序处于稳定状态时，加工误差正常波动的幅度称为工序能力，以 6σ 来表示。工序能力系数是指满足加工精度要求的程度。当工序处于稳定状态时，工序能力系数 C_p 按下式计算：

$$C_p=\frac{T}{6\sigma} \tag{6-27}$$

若工件公差 T 为定值，σ 越小，C_p 就越大，就越有可能允许工件尺寸误差的分散范围在公差带内作适当的窜动和波动。根据工序能力系数的大小，可将工序能力等级分为5级，参见表6-3。一般情况下，工序能力等级不应低于二级，即 C_p 值应大于1。

表6-3　工序能力等级

工序能力系数	工序能力等级	说明
$C_p>1.67$	特级	工艺能力过高，可以有异常波动
$1.33<C_p\leqslant1.67$	一级	工艺能力足，可以有一定的异常波动
$1.00<C_p\leqslant1.33$	二级	工艺能力勉强，必须密切注意
$0.67<C_p\leqslant1.00$	三级	工艺能力不足，可能产出少量不合格品
$C_p\leqslant0.67$	四级	工艺能力很差

③ 确定不合格品率　不合格品率即废品率可由式(6-21)计算。

（3）分布图分析法特点

① 分布图分析法采用的是大样本，故能比较接近实际地反映工艺过程总体。

② 可以把常值性系统误差从误差中区分开来，无法区分变值性系统误差。

③ 工艺过程中不能及时提供控制工艺过程精度的信息。

④ 计算复杂，只适合工艺过程稳定的场合。

3. 工艺过程的点图分析

点图分析是进行质量控制的有效方法，它能够比较准确地反映质量指标随时间变化的情况。它既可以用于稳定的工艺过程，又可以用于不稳定的工艺过程。

点图分析所采用的样本是顺序小样本，即每隔一定时间抽取样本容量 $n=5\sim10$ 的一个小样本，计算出各小样本的算术平均值 $\bar{x}$（称为均值）和极差 R，$\bar{x}$ 和 R 的计算公式如下：

$$\bar{x}=\frac{1}{n}\sum_{i=1}^{n}x_i \tag{6-28}$$

$$R=x_{max}-x_{min}$$

式中：x_{max}、x_{min}分别为某样本中个体的最大值和最小值。

点图的基本形式是由小样本均值 $\bar{x}$ 点图和极差 R 点图联合组成的 $\bar{x}-R$ 点图，如图 6-22 所示。$\bar{x}-R$ 点图的横坐标是按时间先后采集的小样本组序号，纵坐标各为小样本的均值 $\bar{x}$ 和极差 R。在 $\bar{x}$ 点图上有 5 根控制线，$\bar{\bar{x}}$ 是样本均值的均值线，ES、EI 是所加工工件的上、下极限偏差，UCL、LCL 是样本均值 $\bar{x}$ 的上、下控制线；在 R 点图上有 3 根控制线，$\bar{R}$ 是样本极差 R 的均值线，UCL、LCL 是样本极差 R 的上、下控制线。

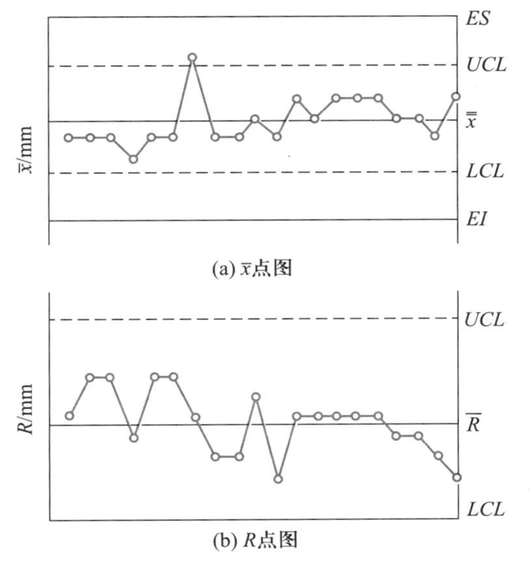

图 6-22 $\bar{x}-R$ 点图

$\bar{x}$ 点图用于控制工艺过程质量指标分布中心的变化，R 点图用于控制工艺过程质量指标分散范围的变化。因此只有这两个点图联合起来使用，才能有效控制整个工艺过程。

使用 $\bar{x}-R$ 点图的目的是力图使一个满足工件质量指标要求的稳定工艺过程始终保持稳定。一旦发现其向不稳定工艺过程方面转变，应及时采取措施加以控制。

$\bar{x}$ 点图上、下控制线的位置分别为：

$$UCL=\bar{\bar{x}}+3\frac{\hat{\sigma}}{\sqrt{n}}=\bar{\bar{x}}+\frac{a_n\bar{R}}{\sqrt{n}}=\bar{\bar{x}}+A_2\bar{R} \tag{6-29}$$

$$LCL=\bar{\bar{x}}-3\frac{\hat{\sigma}}{\sqrt{n}}=\bar{\bar{x}}-\frac{a_n\bar{R}}{\sqrt{n}}=\bar{\bar{x}}-A_2\bar{R} \tag{6-30}$$

式中：a_n、A_2 由数理统计原理定出，其值可由表 6-4 查出。

表 6-4 常数 a_n、d、A_2、D 的值

n	d	a_n	A_2	D
4	0.880	0.468	0.73	2.24
5	0.864	0.430	0.58	2.11
6	0.848	0.395	0.48	2.00

R 点图上、下控制线的位置分别为：

$$UCL=\bar{R}+3\sigma_R=\bar{R}+3da_n\bar{R}=(1+3da_n)\bar{R}=D\bar{R} \tag{6-31}$$

$$LCL=0$$

式中：d、D 由数理统计原理定出，其值可由表 6-4 查出。

6.1.4 提高加工精度的途径

1. 减小原始误差

减小或消除原始误差是提高加工精度的主要途径，在查明原始误差产生原因之后，设法对其直接进行消除或减弱。例如车削细长轴时，使用中心架可以缩短切削力作用点及支承点间的距

离，从而增加工件的刚度，或采用跟刀架亦可增加工件的刚度。

2. 转移原始误差

即转移工艺系统的几何误差、受力变形及热变形等。误差转移法实例很多，如选用立轴转塔车床车削外圆时，转塔刀架的转位误差会使刀具在误差敏感方向上产生位移，严重影响工件的加工精度，如图6-23a所示。将转塔刀架的安装形式改为图6-23b所示情况，刀架转位误差所引起的刀具位移对工件加工精度的影响很小。

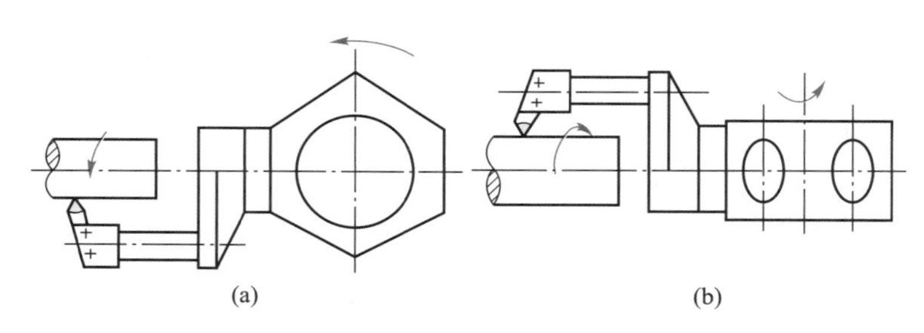

图6-23　立轴转塔车床刀架转位误差的转移

3. 误差分组法

加工中由于上道工序误差太大，会造成本工序的加工误差。解决这类误差最好的方法是采用误差分组法，即将上道工序加工后的工件分成 n 组，使每组工件的误差范围缩小到原来的 $1/n$，然后按组分别调整加工，使各组工件的分散中心基本上一致，从而保证工件的加工精度。

4. 误差平均法

对精度要求很高的工件通常采用研磨的方法达到要求。研磨时，研具本身的精度并不很高，但由于研磨时工件和研具之间有着复杂的相对运动轨迹，使工件上各点均有机会与研具的各点相互接触并受到均匀的微量切削，使得研具不精确的这种原始误差均匀作用于工件，可获得精度高于研具原来精度的加工表面。这就是误差平均法。

5. 误差补偿法

误差补偿法是人为造出一种新的误差，来抵消工艺系统原有的原始误差；或用一种原始误差抵消另一种原始误差。这种方法在机械制造中应用得十分广泛。

6.2　机械加工表面质量

6.2.1　表面质量

1. 表面质量的基本概念

表面质量是指零件加工后表面层的状态，它包括下面两方面的内容：

（1）表面层的几何形状

表面粗糙度：是指加工表面的微观几何形状误差，其波长与波高比值一般为 $L_1/H_1<50$。

表面波纹度：加工不平度中波长与波高比值为 $40\leq L_2/H_2\leq 1\ 000$ 的几何形状误差称为波纹度，见图6-24。

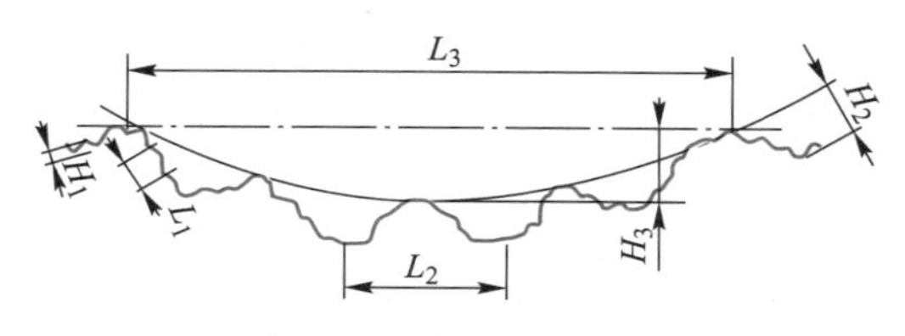

图6-24　表面几何形状

（2）表面层的力学性能及金相组织变化

表面层的冷作硬化：零件在机械加工过程中受切削力的作用，表面层金属会产生强烈的冷态塑性变形，从而强度及硬度都有所提高。

表面层金相组织的变化：切削热使被加工表面的温升过高，引起表面层金属的金相组织发生变化。

表面层残余应力：由于加工过程中切削表面变形及受切削热的影响，工件表面层会产生残余应力。

2. 表面质量对使用性能的影响

（1）表面质量对耐磨性的影响

在摩擦副材料、热处理情况及润滑条件已经确定的情况下，零件表面质量对耐磨性起决定作用。一个刚加工好的摩擦副的两个接触表面之间，最初阶段只在凸峰顶部接触，实际接触面积远小于理论接触面积。因此在相互接触的峰部单位压力很大，使实际接触面积处产生塑性变形、弹性变形和峰部之间的剪切破坏，引起严重的磨损。表面粗糙度值的大小不同对零件表面磨损的影响也不同，一般来说，表面粗糙度值越小，其耐磨性越好。但如果太小，润滑油不易存储，导致接触表面之间发生分子黏结，使磨损量加大。图 6-25 是由试验所得的不同表面粗糙度 Ra 值与初期磨损量的关系曲线，可以看出接触表面的表面粗糙度 Ra 值有一个最佳值，最佳值与零件的工作情况有关。工作载荷加大时，初期磨损量增大，表面粗糙度 Ra 最佳值也加大。表面层的冷作硬化会使摩擦副表面层金属的显微硬度提高，从而提高耐磨性。但是若表面硬化过度，零件心部与表面层之间的硬度差过大，会使表面层剥落，从而加快了零件的磨损。表面层金相组织的变化会导致表面层硬度发生变化，影响零件的耐磨性。

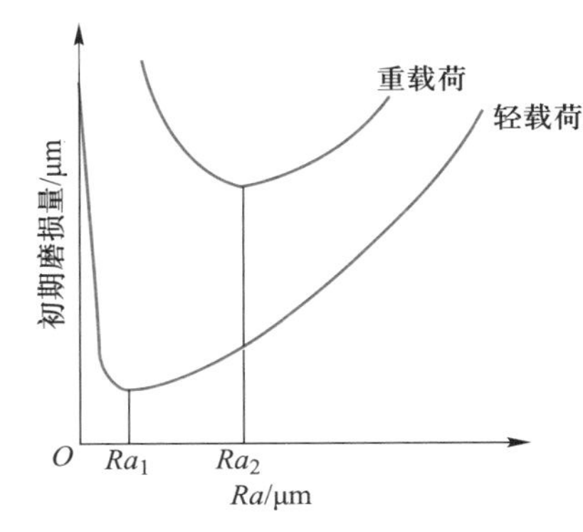

图 6-25 表面粗糙度 Ra 值与初期磨损量的关系曲线

（2）表面质量对疲劳强度的影响

在交变载荷作用下，表面粗糙度的凹谷部位很容易产生应力集中，导致疲劳裂纹。表面粗糙度值越大，即凹陷越深越尖，应力集中越严重，疲劳裂纹越容易形成及扩展，造成零件的疲劳损坏。

零件表面层的残余拉应力将使裂纹扩大，加速疲劳破坏；而表面层残余压应力能够阻止疲劳裂纹的扩展，延缓疲劳破坏的发生。

零件表面的冷作硬化层可以阻止裂纹的扩大及新裂纹的产生，对提高疲劳强度有利。但冷作硬化层过深或过硬则容易导致裂纹产生，所以零件冷作硬化层的深度要适中。

（3）表面质量对耐腐蚀性的影响

表面质量对零件的耐腐蚀性影响很大。表面粗糙度值越大，凹谷中聚积的腐蚀性物质就越多，零件的耐腐蚀性越差。

表面的冷作硬化及金相组织变化都会使应力产生，应力会导致应力腐蚀。若有裂纹，会增加应力腐蚀的敏感性，从而降低零件的耐腐蚀性。

（4）表面质量对配合质量的影响

表面粗糙度值的大小对零件配合精度的影响很大。对于间隙配合，表面粗糙度值大会使磨损量加大，破坏了原有的配合性质；对于过盈配合，压装时会减小过盈量，降低配合强度。

6.2.2 机械加工后的表面质量

1. 机械加工后的表面粗糙度

(1) 切削加工后的表面粗糙度

切削加工时表面粗糙度的形成主要有三个方面的原因：刀具几何形状、工件材料性质及切削用量。

1) 刀具几何形状的影响　刀具相对工件做进给运动时,在加工表面上留下了切削层残留面积,见图6-26。以车削为例,如果背吃刀量较大,表面粗糙度则主要由刀刃的直线部分形成(图6-26a)。若不考虑刀刃圆弧半径 r_ε 的影响,残留面积的高度可由下式求出：

$$H=\frac{f}{\cot\ \kappa_r+\cot\ \kappa_r'} \tag{6-32}$$

式中:f——进给量;

κ_r、κ'_r——分别为刀具的主偏角($\kappa_r \neq 0$)、副偏角。

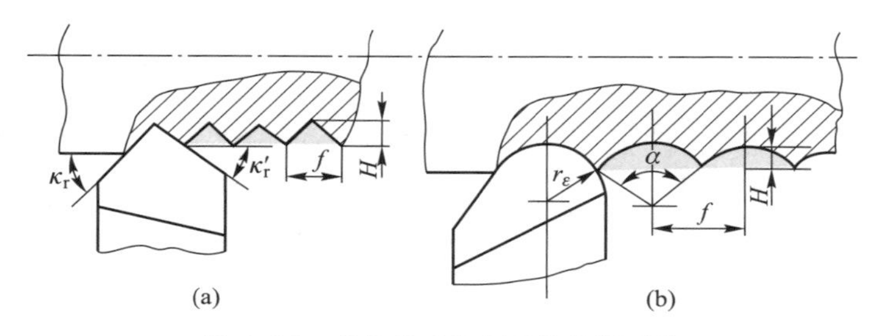

图6-26　车削时工件表面的残留面积

如果背吃刀量较小,则工件表面粗糙度主要由刀刃的圆弧部分形成(图6-26b),此时的残留面积高度由下式求得：

$$H=r_\varepsilon\left(1-\cos\frac{\alpha}{2}\right)=2r_\varepsilon\sin^2\frac{\alpha}{4}\approx\frac{f^2}{8r_\varepsilon} \tag{6-33}$$

式中:H——残留面积高度;

α——圆弧刀头残留面积高度包容的角度;

r_ε——刀尖圆弧半径。

2) 工件材料性质的影响　切削加工后表面的实际轮廓与理论轮廓有较大差异,主要受被加工材料塑性变形的影响。加工塑性材料时,刀具的刃口圆角及后(刀)面对工件挤压、摩擦而产生塑性变形。工件材料的韧性越好,金属的塑性变形就越大,就越容易产生积屑瘤和鳞刺,加工表面也就越粗糙。

3) 切削用量的影响　切削速度对表面粗糙度的影响很大。由图6-27可以看出加工塑性材料时切削速度对表面粗糙度 Rz 值的影响。若切削速度处在产生积屑瘤和鳞刺的范围内,加工表面会很粗糙;若切削速度处在积屑瘤和鳞刺产生的区域之外,如选择低速宽刀精切,表面粗糙度值会明显减小。进给量对表面粗糙度的

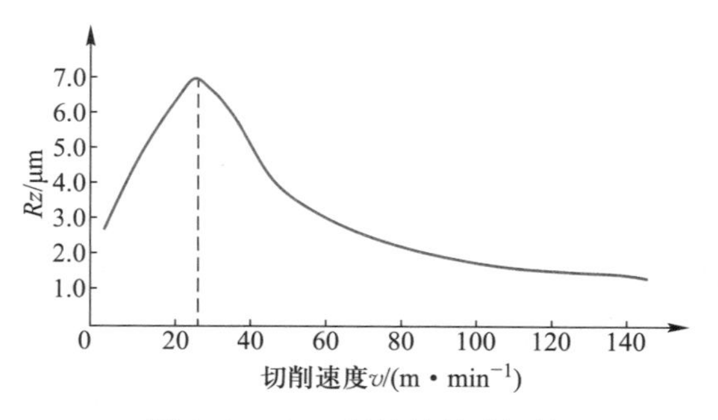

图6-27　加工塑性材料时切削速度对表面粗糙度的影响

影响在式(6-32)、(6-33)中可以看出。过小的背吃刀量会使刀具在被加工表面上挤压和打滑，增大表面粗糙度值。

(2) 磨削加工后的表面粗糙度

磨削加工时表面粗糙度的形成与切削加工时表面粗糙度的形成过程类似，它也是由几何因素及表面金属的塑性变形来决定的。

从几何因素角度看，磨削表面是由砂轮上大量磨粒刻划出无数极细的刻痕形成的。被磨表面单位面积上的刻痕越多、刻痕的等高性越好，表面粗糙度值越小。

从塑性变形角度来看，磨削加工时温度很高，大多数磨粒在工件表面只起滑擦、耕犁作用，使得金属沿着磨粒的两侧流动，形成沟槽两侧的隆起，从而产生比较大的塑性变形，使表面粗糙度值增大。

影响磨削表面粗糙度的因素主要有以下几个方面：

1) 砂轮的粒度　砂轮的粒度号越大，磨粒越细，在工件表面留下的刻痕就越多越细，表面粗糙度值就越小。但磨粒太细，砂轮容易堵塞，反而使工作表面变得粗糙。

2) 砂轮的硬度　砂轮太硬，磨钝的磨粒不易脱落，使表面粗糙度值增大；砂轮太软，磨粒脱落得过快，磨料不能充分发挥切削作用，工件表面粗糙度值也会增大。

3) 砂轮的修整　砂轮修整的质量越高，磨粒微刃就越细越多，刃口的等高性就越好，加工出的工件的表面粗糙度值就越小。

4) 磨削速度　提高磨削速度，可以增加单位时间内工件单位面积上的刻痕数，同时还可以减小工件表面的塑性变形。刻痕两侧的隆起变小，工件表面粗糙度值显著减小。

5) 磨削径向进给量和光磨次数　磨削时径向进给量的增加会使工件的塑性变形增加，从而表面粗糙度值增大。

磨削将结束时，不再做径向进给，仅靠工艺系统的弹性恢复进行磨削，称为光磨。光磨的次数越多，表面粗糙度值会显著降低。

6) 工件圆周进给速度和轴向进给量　工件圆周进给速度和轴向进给量大，单位切削面积上通过的磨粒数就少，单个磨粒的磨削厚度大，塑性变形也加大，工件表面粗糙度值增大。

7) 冷却润滑液　冷却润滑液可及时冲走碎落的磨粒，降低磨削区的温度，减小塑性变形，降低表面粗糙度值。

2. 机械加工后的表面层的力学性能及金相组织变化

(1) 表面层的冷作硬化

1) 冷作硬化产生的原因

机械加工过程中由于切削力的作用表面层产生塑性变形，使晶格扭曲、畸变，晶粒间产生剪切滑移，晶粒被拉长及纤维化，甚至出现碎晶，这些原因使得表面层金属的硬度和强度提高，这种现象称为冷作硬化(或强化)。冷作硬化的结果是金属变形抗力加大，塑性降低。

冷作硬化之后的金属始终处于高能位的不稳定状态，只要有可能就会向低能位的稳定状态转变，这种现象称为弱化。由于金属在加工过程中同时受到力和热的作用，故加工后表面层金属的最后性质取决于强化和弱化综合作用的结果。

评定冷作硬化的指标主要有以下三项：

① 表面层金属的显微硬度 HV。

② 硬化层深度 h。

③ 硬化程度 N。

$$N=\frac{HV-HV_0}{HV_0}\times 100\% \tag{6-34}$$

式中：HV_0——工件内部金属的显微硬度。

2）影响冷作硬化的主要因素

① 刀具　刀具的切削刃口圆角半径及后（刀）面的磨损对冷作硬化层的影响很大，两值增大，冷作硬化层的深度及硬度都会增加。

② 切削用量　切削速度增大，刀具与工件作用时间缩短，会使塑性变形的程度减小，冷作硬化层深度也随之减小。同时会使切削热在工件表面停留的时间缩短，增加冷作硬化程度。

③ 加工材料　工件材料的塑性越大，冷作硬化现象越严重。

（2）表面层材料金相组织的变化

切削加工时，切削热大部分被切屑带走，故切削热对工件表面层金属金相组织的影响很小。磨削时由于磨削力很大、磨削速度快，所消耗的功率远大于切削时消耗的功率。磨削加工时所消耗的能量绝大部分转化为热而传给了工件，使工件温度升高，引起加工表面层金属金相组织的显著变化，强度和硬度下降，产生残余应力甚至裂纹，这就是磨削烧伤现象。

磨削淬火钢时可能产生以下三种烧伤：

1）回火烧伤　磨削区域温度超过马氏体转变温度而未超过淬火钢的相变温度，工件表面层金属原有的马氏体组织将转变成硬度较低的回火组织（索氏体或屈氏体），这种烧伤称为回火烧伤。

2）淬火烧伤　磨削区温度超过了相变温度，再加上冷却液的急冷作用，表面层金属会产生二次淬火马氏体，硬度较原来的回火马氏体高，而它的下层则因冷却缓慢成为硬度较低的回火组织，这种烧伤称为淬火烧伤。

3）退火烧伤　在无冷却液干磨时，磨削区的温度超过相变温度，表面层金属会产生退火组织，导致表面层硬度急剧下降，这种烧伤称为退火烧伤。

（3）表面层的残余应力

残余应力产生的原因如下：

1）冷态塑性变形　切削加工时表面层金属内产生塑性变形，使表面层金属的比容增大，体积膨胀，而里层金属会阻止这种变形。因此表面层金属产生了残余压应力，里层金属产生了残余拉应力。

2）热态塑性变形　切削加工时，切削区会产生大量的切削热，使表面层金属体积膨胀，产生塑性变形，而里层金属要阻碍变形；加工结束后，工件表面层温度下降，体积收缩，此时里层金属阻碍收缩，热、冷的交替作用使得表面层金属产生了残余应力。

3）金相组织的变化　切削时产生的高温会引起表面层金属的相变，由于不同的金相组织比容不同，相变所导致的比容变化必然会受到基体金属的阻碍，于是产生了残余应力。

6.2.3　控制表面质量的工艺途径

零件的表面质量对其耐磨性、耐腐蚀性、疲劳强度、密封性及接触刚度等影响很大，甚至还会影响整台机器的使用性能及寿命。因此在机械加工过程中需采取一系列工艺措施来保证零件的表面质量。归纳起来主要有以下几个方面：

1）减小残余应力、防止磨削烧伤及磨削裂纹　残余拉应力、磨削烧伤及磨削裂纹产生的主要原因是磨削热，故在加工过程中可以通过选择合理的磨削参数及有效的冷却方法来减少磨削热的产生。

2）采用冷压强化工艺　对于承受高应力或交变载荷的零件可以采用喷丸、滚压、挤压等表面强化工艺来提高其疲劳强度及抗应力腐蚀性能。

3）采用精密和光整加工工艺　采用精密加工工艺可以全面提高加工精度和表面质量，而采用光整加工工艺可获得较高的表面质量。

6.3 机械加工过程中的振动

机械加工过程中，刀具和工件之间发生振动是极其有害的现象，它破坏了正常的切削过程。振动发生时，一般会使刀具与工件之间产生相对位移，严重地破坏了工件和刀具之间正常的运动轨迹，使加工表面产生波纹，严重影响零件的加工表面质量和使用性能。振动严重时不仅会缩短刀具和机床的使用寿命，而且使加工无法继续进行。此外，振动过程中产生的噪声，不仅使劳动者容易疲劳、身心受到损害、工作效率降低，而且污染了环境。机械加工过程中为了避免振动，有时不得不降低切削用量，致使工艺系统的工作能力得不到充分发挥，限制了生产率的提高。由此可见，机械加工中的振动对于提高加工质量和生产率都有很大的影响。

根据机械加工中振动的特性，可从两个方面对振动进行分类。

（1）按工艺系统振动的性质分类

1）自由振动——工艺系统所受的初始干扰力或原有干扰力取消后产生的振动。

2）强迫振动——工艺系统在外部激振力作用下产生的振动。

3）自激振动——工艺系统在输入输出之间有反馈特性，并有能源补充而产生的振动，在机械加工中也称为“颤振”。

（2）按工艺系统的自由度数量分类

1）单自由度系统的振动——用一个独立坐标就可确定系统的振动。

2）多自由度系统的振动——用多个独立坐标才能确定系统的振动。两自由度系统是多自由度系统最简单的形式。

图 6-28 给出了工艺系统振动的分类及其产生的主要原因。

6.3.1 机械加工过程中的强迫振动

1. 机械加工过程中强迫振动产生的原因

机械加工中强迫振动的主要振源有机床内部的机内振源和机床外部的机外振源两大类。机外振源主要是通过地基传给机床的，可通过加设隔振地基来隔离机外振源。机内振源主要有：

1）机床高速旋转件的不平衡　电动机转子、带轮、联轴器、砂轮以及被加工工件等旋转零件，由于形状不对称、材质不均匀或加工误差、装配误差等原因造成不平衡引起的周期性激振力（通常，偏心质量引起的离心惯性力与旋转零件转速的平方成正比），使加工过程产生强迫振动。

2）机床传动机构的缺陷　制造不精确或安装不良的齿轮、带传动中平带的接头、V 带厚度不均匀、轴承滚动体大小不一、链传动中链条运动的不均匀性、液压传动系统中液压泵工作特性所引起的油路油压脉动等，都会引起强迫振动。

3）切削过程中的冲击　在铣削、拉削等切削加工中，刀齿在切入工件或从工件上切出时，都会发生冲击；加工断续表面时也会发生由于周期性冲击而引起的强迫振动。

4）往复运动部件的惯性力　在具有往复运动部件的机床中，往复运动部件改变方向时所产

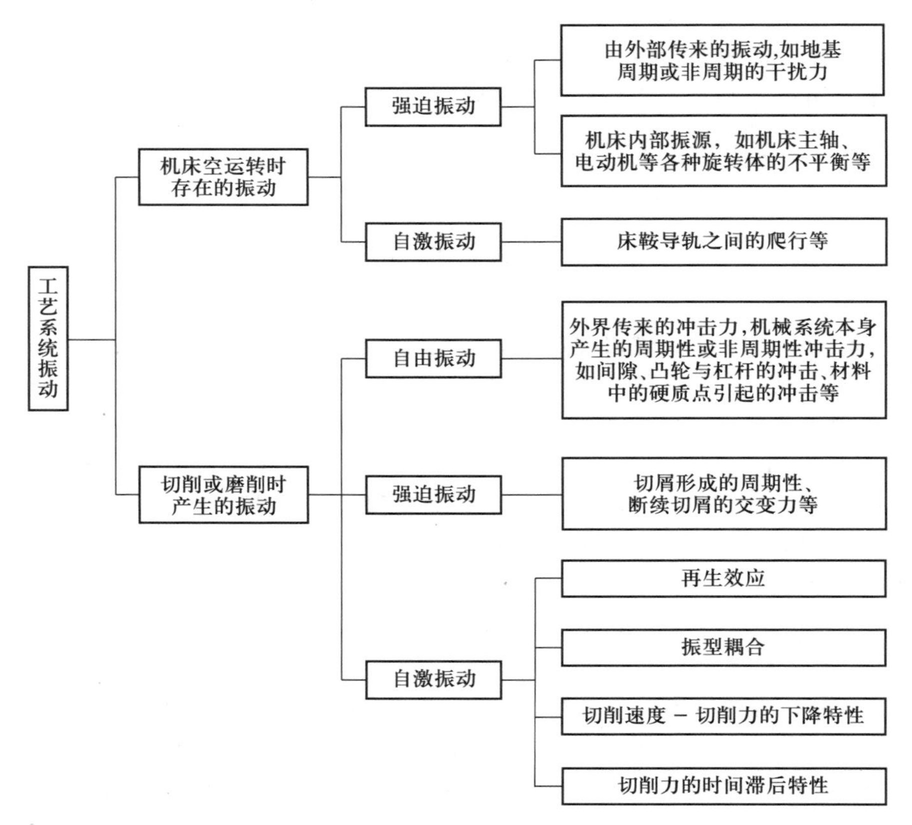

图6-28　工艺系统振动的分类及产生原因

生的惯性冲击往往是这类机床加工中的主要强迫振源。

2. 机械加工过程中强迫振动的特征

机械加工中的强迫振动与一般机械振动中的强迫振动没有本质上的区别。

在机械加工中产生的强迫振动,其振动频率与干扰力的频率相同,或是干扰力频率的整数倍。此种频率的对应关系是诊断机械加工中所产生的振动是否为强迫振动的主要依据,并可利用上述频率特征去分析和查找强迫振动的振源。

强迫振动的幅值既与干扰力的幅值有关,又与工艺系统的动态特性有关。一般来说,在干扰力频率不变的情况下,干扰力的幅值越大,强迫振动的幅值也越大。工艺系统的动态特性对强迫振动的幅值影响极大。如果干扰力频率远离工艺系统各阶模态的固有频率,则强迫振动响应将处于机床动态响应的衰减区,振动响应幅值就很小;当干扰力频率接近工艺系统某一固有频率时,强迫振动的幅值将明显增大;若干扰力频率与工艺系统某一固有频率相同,系统将产生共振,若工艺系统的阻尼系数不大,振动响应幅值将十分大。根据强迫振动的这一幅频响应特征,可通过改变运动参数或工艺系统的结构,使干扰力频率发生变化或让工艺系统的某阶固有频率发生变化,使干扰力频率远离固有频率,强迫振动的幅值就会明显减小。

6.3.2　机械加工过程中的自激振动(颤振)

1. 概述

机械加工过程中,在没有周期性外力(相对于切削过程而言)作用下,由系统内部激发反馈产生的周期性振动称为自激振动,简称为颤振。既然没有周期性外力的作用,那么激发自激振动的交变力是怎样产生的呢？可用传递函数的概念来分析。机械加工系统是一个由振动系统和调节系统组成的闭环系统，如图 6-29 所示。激励机械加工系统产生振动的交变力是由切削过程产生的，而切削过程同时又受机械加工系统振动的控制，机械加工系统的振动一旦停止，交变切削力也就随之消失。如果切削过程很平稳，即使系统存在产生自激振动的条件，也会因切削过程没有交变切削力而使自激振动不可能产生。

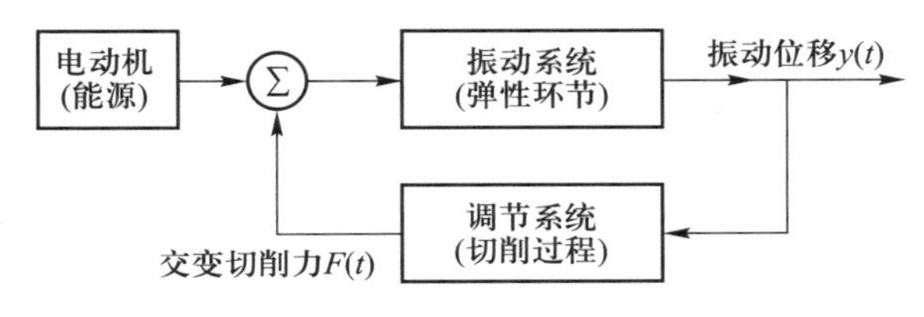

图 6-29 自激振动闭环系统

但是，在实际加工过程中，偶然性的外界干扰（如工件材料硬度不均、加工余量不均等）总是存在的，由这种偶然性外界干扰所产生的切削力变化就会作用在机械加工系统上，会使机械加工系统产生振动，系统的振动将引起工件、刀具间相对位置发生周期性变化，从而导致切削过程产生维持振动的交变切削力。即如果系统中不存在产生自激振动的条件，由偶然性外界干扰引发的强迫振动将因系统存在阻尼而逐渐衰减；如果系统中存在产生自激振动的条件，就可能会使机械加工系统产生持续的振动。

2. 机械加工过程中自激振动的实例

如果在一个振动周期内，振动系统从电动机获得的能量大于振动系统对外界做功所消耗的能量，若两者之差刚好能克服振动时阻尼所消耗的能量，则振动系统将有等幅振动产生。

图 6-30a 是一个单自由度振动系统模型，振动系统与刀架系统相连（称为刀架振动系统），且只在 y 方向振动。为便于分析问题，暂不考虑系统阻尼的作用。

分析图 6-30 可知，在刀架振动系统振入工件的半个周期内，它的振动位移 $y_{振入}$ 与径向切削力 $F_{y振入}$ 方向相反，切削力做负功（相当于刀架振动系统通过振入运动使已被压缩的弹簧 k 拉伸而将所积蓄的部分能量释放出来）；而在刀架振动系统振出工件的半个周期内，它的振动位移 $y_{振出}$ 与径向切削力 $F_{y振出}$ 方向相同，切削力做正功（相当于刀架振动系统通过振出运动使弹簧压缩而获得能量）。只有正功大于负功，或者说只有系统获得的能量大于系统对外界释放的能量，系统才有可能维持自激振动。若用 $E_{吸收}$ 表示前者，$E_{消耗}$ 表示后者，则产生自激振动的条件可表示为：$E_{吸收}>E_{消耗}$。

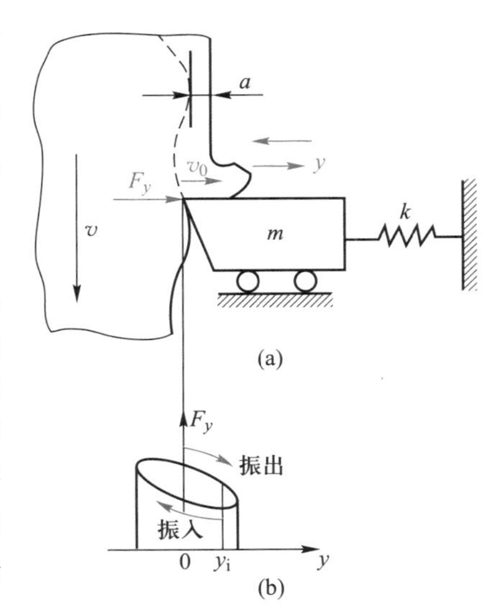

图 6-30 单自由度振动系统模型（车削外圆）

3. 机械加工过程中自激振动的特征

1）自激振动是一种不衰减振动，振动过程本身能引起某种力的周期性变化，振动系统能通过这种力的变化，从不具备交变特性的能源中周期性地获得能量补充，从而维持这个振动。外部干扰可能在最初激发振动时起作用，但它不是产生这种振动的内在原因。

2）自激振动的频率等于或接近于系统的某一固有频率，即自激振动的频率取决于振动系统的固有特性。这与强迫振动有根本区别,强迫振动的频率取决于外界干扰力的频率。

3) 自由振动受阻尼作用将迅速衰减,而自激振动却不因有阻尼存在而衰减为零。

4) 自激振动幅值的增大或减小,取决于每一振动周期中振动系统所获得的能量与所消耗的能量之差的正负号。由图 6-31 可知,在一个振动周期内,若振动系统获得的能量 E_R 等于系统消耗的能量 E_Z,则自激振动是以 OB 为振幅的稳定的等幅振动。当振幅为 OA 时,振动系统在每一振动周期从电动机获得的能量 E_R 大于振动所消耗的能量 E_Z,则振幅将不断增大,直至增大到振幅 OB 时为止;反之,当振幅为 OC 时,振动系统在每一振动周期从电动机获得的能量 E_R 小于振动所消耗的能量 E_Z,则振幅会不断减小,直至减小到振幅 OB 时为止。

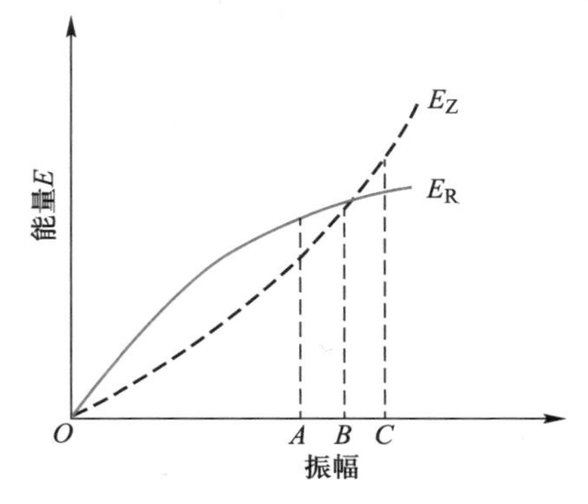

图 6-31 振动系统的能量关系

4. 自激振动的激振机理

关于机械加工过程中自激振动产生的机理,许多学者曾提出了许多不同的学说,下面仅介绍其中两种比较受公认的理论。

(1) 再生自激振动机理

在稳定的切削过程中,由于偶然的干扰(刀具切削到工件材料的硬质点或加工余量不均等),使加工系统产生了振动并在加工表面上留下振纹。当第二次走刀时,刀具就将在有振纹的表面上切削,使得切削厚度发生变化,导致切削力发生周期性的变化。这种由切削厚度的变化而使切削力变化的效应称再生效应,由此产生的自激振动称再生自激振动,如图 6-32 所示。

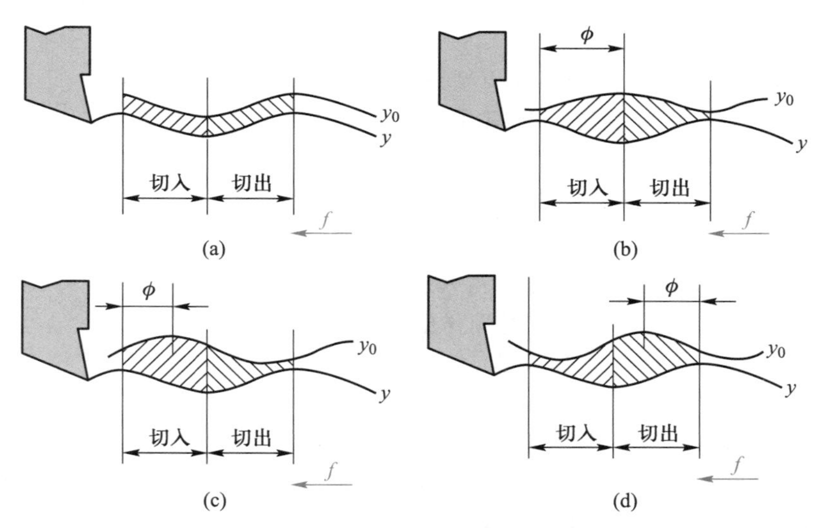

图 6-32 再生自激振动原理图

图 6-32a 表示前一次走刀振纹 y_0 与后一次走刀振纹 y 无相位差,即 $\phi=0°$,切入和切出的半周期内平均切削厚度是相等的,故切出时切削力所做的正功(获得能量)等于切入时所做的负功(消耗能量),系统无能量获得。图 6-32b 表示 y_0 与 y 的相位差 $\phi=\pi$ 时,切入与切出的半周期内平均切削厚度仍相等,系统仍无能量获得。图 6-32c 表示 y 超前于 y_0,即 $0°<\phi<\pi$,此时切出半周期中的平均切削厚度比切入半周期中的平均切削厚度小,系统所做的正功小于所做的负功,系统消耗能量。图 6-32d 中 y 滞后于 y_0,即 $-\pi<\phi<0°$,此时切出半周期中的平均切削厚度比切入半

周期中的平均切削厚度大,系统所做的正功大于负功,系统有了能量获得,便产生了自激振动。不难看出,y 滞后于 y_0 是产生再生自激振动的必要条件。

(2) 振型耦合自激振动机理

前述的再生自激振动机理主要是对单一自由度振动系统而言的,即切削速度方向的振动系统或垂直于切削速度方向的振动系统。而在实际生产中,机械加工系统一般是具有不同刚度和阻尼的弹簧系统,具有不同方向性的各弹簧系统复合在一起,满足一定的组合条件就会产生自激振动,这种复合在一起的自激振动机理称振型耦合自激振动机理。图 6-33 给出了车床刀架的振型耦合模型。在此,把车床刀架振动系统简化为两自由度振动系统,并假设加工系统中只有刀架振动,其等效质量 m 用相互垂直的等效刚度分别为 k_1、k_2 的两组弹簧支持。弹簧轴线 x_1x_1、x_2x_2 称刚度主轴,分别表示系统的两个自由度方向。x_1x_1 与切削点的法向 X 间的夹角为 α_1,x_2x_2 与 X 间的夹角为 α_2,切削力 F 与 X 间的夹角为 β。如果系统在偶然因素的干扰下,使质量 m 在 x_1x_1、x_2x_2 两方向都产生振动,其刀尖合成运动轨迹为:

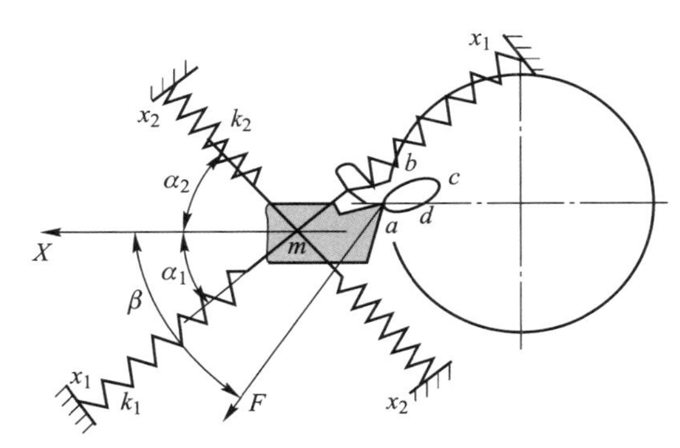

图 6-33 车床刀架振型耦合模型

① 当 $k_1=k_2$ 时,则 x_1x_1 与 x_2x_2 无相位差,轨迹为一直线。

② 当 $k_1>k_2$ 时,则 x_1x_1 超前于 x_2x_2,轨迹为一椭圆,运动方向是逆时针方向,即 $d\to c\to b\to a$。

③ 当 $k_1<k_2$ 时,则 x_1x_1 滞后于 x_2x_2,轨迹仍为一椭圆,运动方向是顺时针方向,即 $a\to b\to c\to d$。

从能量的获得与消耗的观点看,刀尖沿椭圆轨迹 $a\to b\to c\to d$ 做顺时针方向运动时,因 x_1x_1 为低刚度主轴,且位于切削力 F 与切削点法向 X 间的夹角 β 之内,切入半周期内($a\to b\to c$)的平均切削厚度比切出半周期内($c\to d\to a$)的小,所以此时有能量获得,振动能够维持。而刀尖沿 $d\to c\to b\to a$ 做逆时针方向运动或做直线运动时,系统不能获得能量,因此不可能产生自激振动。

6.3.3 控制机械加工振动的途径

当在机械加工过程中出现影响加工质量的振动时,首先应该判别这种振动是强迫振动还是自激振动,然后再采取相应措施来消除或减小振动。消减振动的途径有三个方面:消除或减弱产生振动的条件;改善工艺系统的动态特性;采用各种减振装置。

1. 消除或减弱产生振动的条件

(1) 消除或减弱产生强迫振动的条件

1) 减小机内外的干扰力 机床上高速旋转的零部件(例如磨床的砂轮、车床的卡盘以及高速旋转的齿轮等)必须进行平衡,使质量不平衡量控制在允许范围内。尽量减小传动机构的缺陷,提高带传动、链传动、齿轮传动及其他传动装置的稳定性。对于高精度机床,应尽量少用或不用齿轮、平带等可能成为振源的传动元件,并使电动机、液压传动系统等动力源与机床本体分离。对于往复运动部件,应采用较平稳的换向机构。

2) 适度调整振源频率 由强迫振动的特征可知,当干扰力的频率 f 接近系统某一固有频率 f_n 时就会发生共振。因此,可通过改变电动机转速或传动比,使激振力的频率远离机床加工薄弱环节的固有频率,以避免产生共振。

3）采取隔振措施　使振源产生的部分振动被隔振装置所隔离或吸收。隔振方法有两种，一种是主动隔振，阻止机内振源通过地基外传；另一种是被动隔振，阻止机外干扰力通过地基传给机床。常用的隔振材料有橡胶、金属弹簧、空气弹簧、泡沫乳胶、软木、矿渣棉、木屑等。

(2) 消除或减弱产生自激振动的条件

机械加工过程中的自激振动的产生与加工本身密不可分，产生自激振动的机理不同，所采取的减振措施也不同。常采用下列措施：

1）减小车削或磨削时的重叠系数　重叠系数大小反映了车削或磨削时两次走刀间的重叠情况，这直接影响再生自激振动，它取决于加工方式、刀具几何参数和切削用量等。通常，车三角形螺纹和用 $\kappa_{\gamma}=90°$ 车刀车外圆时一般不易产生再生自激振动，而用切断车刀切断时必须设法解决再生自激振动问题。

2）尽量减小切削刚度系数或增大切削阻尼　增加切削厚度或进给量，增大刀具前角或主偏角，适当提高切削速度，改善材料的切削加工性，均可减小切削刚度系数；适当减小刀具后角可增大切削阻尼。

3）调整振动系统低刚度主轴的位置　图6-33中的 x_1x_1 轴即为低刚度主轴。理论和试验表明，低刚度主轴 x_1x_1 与坐标轴 X 间的夹角 α_1（图6-33）的位置对振动系统的稳定性具有重要影响。当 α_1 位于切削力 F 与坐标轴 X 间的夹角 β 范围内时，容易产生振型耦合自激振动。合理安排刀具与工件的相对位置、调整低刚度主轴的相对位置可以减小或抑制自激振动的产生。

2. 改善工艺系统的动态特性

1）提高工艺系统的刚度　提高工艺系统薄弱环节的刚度，可以有效地提高工艺系统的稳定性。增大接触表面的接触刚度，对滚动轴承施加预载荷，加工细长工件外圆时采用中心架或跟刀架，镗孔时对镗杆设置镗套等措施，都可以提高工艺系统的刚度。

2）增加工艺系统阻尼　工艺系统的阻尼主要来源于零件材料的内阻尼、接触表面上的摩擦阻尼及其他附加阻尼。

材料内摩擦产生的阻尼称内阻尼。不同材料的内阻尼不同，铸铁的内阻尼比钢大，故机床床身、立柱等大型支承件一般用铸铁制造。除了选用内阻尼较大的材料制造零件外，有时还可将大阻尼材料附加到内阻尼较小的材料上去以增大零件的内阻尼。

零件接触表面上的摩擦阻尼是机床阻尼的主要来源，应通过各种途径加大接触表面间的摩擦阻尼。对机床的活动接触表面应注意调整其间隙，必要时可施加预紧力以增大摩擦阻尼。对于机床的固定接触表面，应选择适当的加工方法、表面粗糙度及比压。

3. 采用各种减振装置

常用的减振装置有以下三类：

1）动力式减振器　动力式减振器是通过一个弹性元件和阻尼元件将附加质量连接到主振系统上。当主振系统振动时，利用附加质量的动力作用，使加到主振系统上的附加作用力与激振力大小相等、方向相反，从而达到抑制主振系统振动的目的。

2）阻尼减振器　在动力式减振器的主系统和副系统之间增加的一个阻尼器就是阻尼减振器。

3）冲击式减振器　冲击式减振器利用两物体相互碰撞时要损失动能的原理制造，即利用附加质量直接冲击振动系统或振动系统的一部分，从而利用冲击能量达到耗散主振系统能量的目的。该方法适用频率范围较宽，故应用较广。冲击式减振器特别适用于高频振动的减振。

6-1 什么是加工精度与加工误差？举例说明两者的区别与联系。

6-2 解释主轴回转误差的概念。它包括哪几个方面？为什么车床主轴采用活顶尖，而磨床头架采用死顶尖？

6-3 车床床身导轨在垂直面内及水平面内的直线度对圆轴类工件的车削加工误差有什么影响？影响程度各有什么不同？

6-4 试解释工艺系统刚度的概念及其特点。举例分析工艺系统刚度对加工精度的影响。实际生产中常采取哪些措施提高工艺系统的刚度？

6-5 为什么机床部件的加载与卸载过程的静刚度曲线既不重合又不封闭，且机床部件的刚度远比其按实体估计的要小？

6-6 什么是误差复映？分析影响误差复映系数大小的因素。可以采取哪些措施来减小误差复映系数？

6-7 实际分布曲线与正态分布曲线相符说明什么问题？在$6\sigma<\delta$时出现废品，试解释原因。如何消除这种废品？

6-8 在卧式镗床上对箱体类零件镗孔，试分析当采用下列两种方法时，影响镗杆回转精度的主要因素有哪些。

(1) 刚性主轴镗杆。

(2) 浮动镗杆（与主轴的连接方式）和镗模夹具。

6-9 试分析在车床上加工工件时，产生下列误差的原因：

(1) 在车床上镗孔时，被加工孔的圆度误差和圆柱度误差。

(2) 在车床三爪自定心卡盘上镗孔时，内孔与外圆的同轴度误差及端面与外圆的垂直度误差。

6-10 在车床上用两顶尖装夹工件车削细长轴时，出现了图6-34a、b、c所示的误差，试分析产生误差的原因及减小或消除误差的措施。

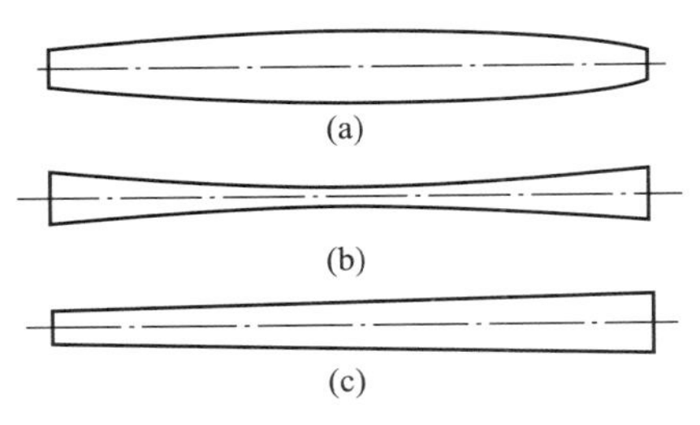

图6-34 题6-10图

6-11 已知某车床部件刚度为$k_{主}=44\ 500$ N/mm，$k_{刀架}=13\ 330$ N/mm，$k_{尾座}=30\ 000$ N/mm，$k_{刀具}$很大。

(1) 如果工件是一个刚度很大的光轴，装夹在两顶尖间加工，试求下列问题并画出加工后工件的大致形状。

1) 刀具在床头处的工艺系统刚度。

2) 刀具在尾座处的工艺系统刚度。

3) 刀具在工件中点处的工艺系统刚度。

4) 刀具在距床头为2/3工件长度处的工艺系统刚度。

(2) 如果$F_y=500$ N，工艺系统在工件中点处的实际变形为0.05 mm，试计算工件的刚度。

6-12 已知车床车削工件外圆时$k_{系}=20\ 000$ N/mm，毛坯偏心距$e=2$ mm，毛坯最小背吃刀量$a_{p2}=1$ mm，$C=C_y f^y(\mathrm{HBW})^n=1\ 500$ N/mm，求：

(1) 毛坯最大背吃刀量 a_{pmax}。

(2) 第一次走刀后,反映在工件上的残余偏心量误差 Δ_{x1}。

(3) 第二次走刀后的 Δ_{x2}。

(4) 第三次走刀后的 Δ_{x3}。

(5) 若其他条件不变,使 $k_{系}=10\ 000$ N/mm,求 Δ_{x1}、Δ_{x2}、Δ_{x3}。并说明 $k_{系}$ 对残余偏心量的影响规律。

6-13 在卧式铣床上铣削图 6-35 所示零件键槽,经测量发现工件两端深度大于中间深度,且都比未加工前的调整深度小。试分析产生这一现象的原因。

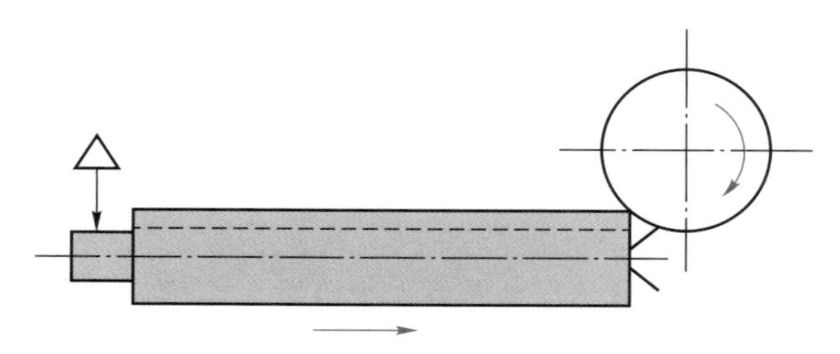

图 6-35 题 6-13 图

6-14 在外圆磨床上磨削轴类零件的外圆(图 6-36),若机床几何精度良好,试分析产生纵向腰鼓形误差的原因。并分析 A—A 截面加工后的形状误差,画出 A—A 截面形状,提出减小上述误差的措施。

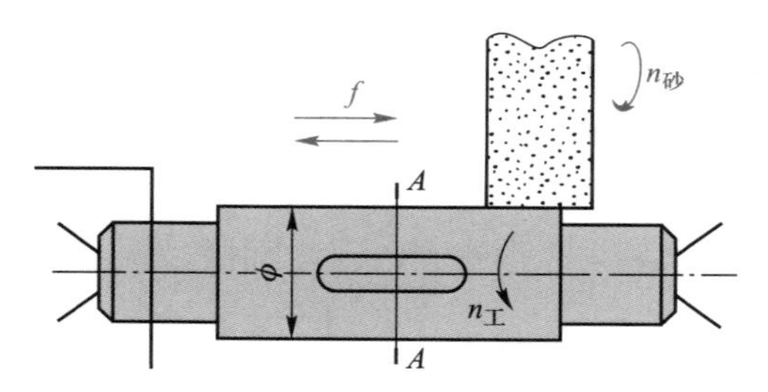

图 6-36 题 6-14 图

6-15 在外圆磨床上磨削图 6-37a 所示的薄壁衬套 A,衬套装在心轴上后,用垫圈、螺母压紧,然后顶在顶尖上磨削衬套 A 的外圆至图样要求。卸下工件后发现衬套呈鞍形,见图 6-37b,试分析原因。

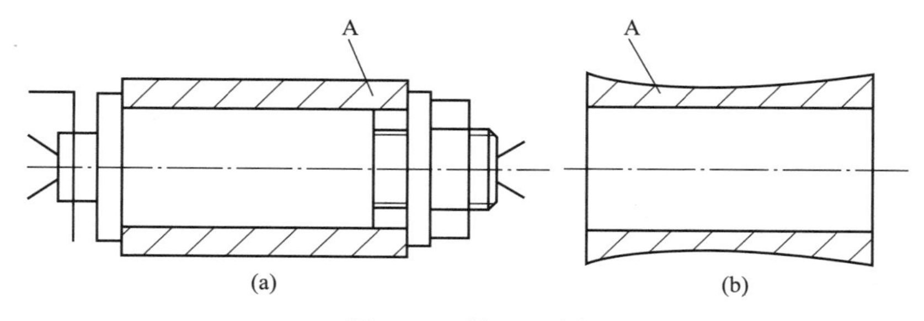

图 6-37 题 6-15 图

6-16 试分别举例说明服从偏态分布的误差及服从正态分布的误差。

6-17 车削一批轴的外圆,其尺寸要求为 $\phi20_{-0.1}^{\ 0}$ mm。若此工序尺寸呈正态分布,标准差 $\sigma=0.025$ mm,公差带中心小于分布曲线中心,其偏移量 $\varepsilon=0.03$ mm。试确定该批工件的常值性系统误差及随机误差的大小,并计算合格品率及不合格品率(废品率)分别为多少。

6-18 在标准差 $\sigma=0.02$ mm 的某自动车床上加工一批直径为 $\phi(10\pm0.1)$ mm 的小轴外圆,求:

(1) 这批工件的尺寸分散范围。

(2) 这台自动车床的工序能力系数。

若这批工件数 $n=100$,分组间隙 $\Delta_x=0.02$ mm,试画出这批工件以频数为纵坐标的理论分布曲线。

6-19 表面质量包含哪些主要内容?为什么机器零件一般都是从表面层开始破坏?

6-20 试分析表面粗糙度、表面层力学性能对机器使用性能的影响。

6-21 分析切削加工中产生冷作硬化现象的主要原因。

6-22 什么是磨削烧伤?磨削加工时产生烧伤的原因是什么?试验表明磨削高合金钢较普通碳钢更易产生烧伤,为什么?分析磨削烧伤对零件的使用性能有何影响。举例说明减少磨削烧伤及裂纹的措施。

6-23 试分析机械加工中工件表面产生残余应力的原因。

6-24 机械加工中的振动有哪几类?对机械加工有何影响?

6-25 什么是机械加工的强迫振动?机械加工中的强迫振动有什么特点?如何消除和控制?

6-26 试述机械加工中的自激振动的两种理论。

6-27 什么是机械加工中的自激振动?自激振动有什么特点?控制机械加工中自激振动的措施有哪些?

第 7 章

工艺规程设计

工艺规程设计是根据生产条件规定工艺过程和操作方法,并以一定形式写成工艺文件。它是指导生产准备、生产计划、生产组织、工人操作及技术检验等工作的主要依据。

一个相同结构、相同要求的生产对象,可以采用不同的工艺过程完成,但其中总有一种工艺过程在某一特定条件下是最合理的。寻找和制定合理的工艺过程,要求工艺过程设计者必须具备丰富的生产实践经验和广博的机械加工及装配工艺基础理论知识。基于这种认识,本章主要讨论机械加工工艺过程、装配工艺过程设计中的一些问题。

7.1 概　　述

7.1.1 基本概念

1. 工艺规程

在机械制造工厂,将原材料经毛坯制造、机械加工、装配而转变为产品的有关劳动全过程称为生产过程,它包括原材料的运输、保管与准备,产品的技术、生产准备,零件的机械加工、装配、检验以及产品销售和售后服务等。一种产品的零部件生产往往由许多车间、厂家共同完成,尤其是一些大型或大批量生产的产品,如第 1 章所述汽车的生产覆盖几百家工厂。这样做有利于降低成本,也有利于技术的发展、生产的组织等。

在生产过程中,采用各种方法(例如切削加工、磨削加工、电解加工、超声加工等)直接改变生产对象的形状、尺寸、表面粗糙度、性能(包括物理性能、化学性能、力学性能等)以及相对位置关系的过程统称为工艺过程。将合理的工艺过程的有关内容写在工艺文件中,用以指导生产,这些文件称为工艺规程。

工艺过程又可以分为铸造、锻造、冲压、焊接、机械加工、装配等,其中铸造、锻造、冲压、焊接、热处理等工艺过程是材料成形技术相关课程的研究对象。本门课程只研究机械加工工艺过程和装配工艺过程。

2. 机械加工工艺过程

在工艺过程中用机械加工方法改变毛坯的形状、尺寸、相对位置和性质,使之成为零件的全过程称为机械加工工艺过程。

组成机械加工工艺过程的基本单元是工序,工序又可依次细分为安装、工位、工步和走刀。

工序指在机械加工工艺过程中,一个(或一组)工人在同一个工作地点对一个(或同时对几个)工件连续完成的那一部分工艺过程。根据这一定义,只要工人、工作地点、工作对象(工件)之一发生变化,或加工不是连续完成的,则不是同一个工序。同一零件、同样的加工内容又可以有不同的工序安排。如第1章中图1-14所示阶梯轴零件的加工,其工艺过程由若干工序组成。当其生产类型不同时,则分别由表1-5和表1-6的工艺过程完成。由此可见,工序的安排和工序数目的确定与零件的技术要求、零件的数量和现有工艺条件等有关。

1) 安装 如果在一个工序中需要对工件进行几次装夹,则每次装夹下完成的那部分工序内容称为一个安装。例如表1-5中的工序1需要二次装夹才能完成该工序的全部内容,故该工序共有两个安装;表1-6中的工序3在一次装夹下可完成全部工序内容,故该工序只有一个安装。

2) 工位 为了减少工件的安装次数,常采用多工位夹具或多轴(或多工位)机床。工件在一次安装后,工件与夹具或设备的可动部分一起相对于刀具或设备的固定部分所占据的每一个位置,称为一个工位。

图7-1是通过立轴式回转工作台使工件变换加工位置的例子。该例中共有四个工位,依次为1——装卸工件、2——钻孔、3——扩孔和4——铰孔,实现了在一次装夹中同时进行钻孔、扩孔和铰孔加工。

可以看出,如果一个工序只有一个安装,并且该安装中只有一个工位,则工序内容就是安装内容,同时也就是工位内容。

3) 工步 在加工表面、切削刀具、切削速度和进给量都不变的情况下完成的工位内容,称为一个工步。

按照工步的定义,带回转刀架的机床(转塔车床,加工中心),其回转刀架的一次转位所完成的工位内容应属一个工步。此时,若有几把刀具同时参与切削,则该工步称为复合工步。图7-2是立轴转塔车床回转刀架示意图,图7-3是用该刀架加工齿轮内孔及外圆的一个复合工步。

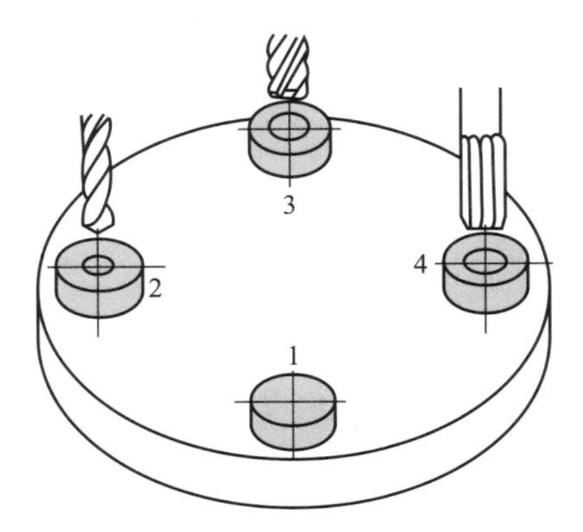

图7-1 多工位加工

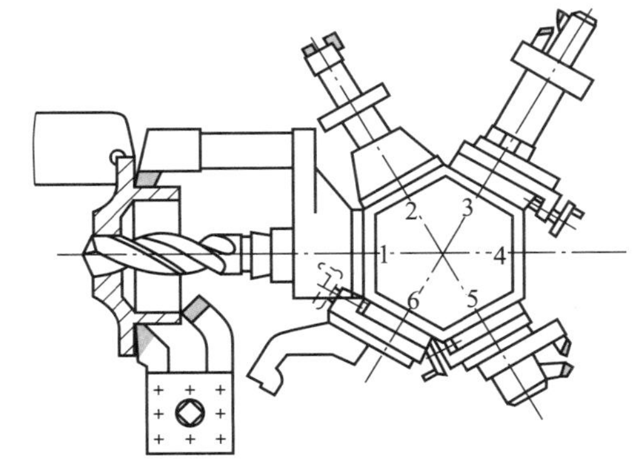

图7-2 立轴转塔车床回转刀架

在工艺过程中,复合工步有广泛应用。例如图7-4所示为在龙门刨床上,通过多刀刀架将四把刨刀安装在不同高度上进行刨削加工。可以看出,应用复合工步主要是为了提高工作效率。

4) 走刀 切削刀具在加工表面上切削一次所完成的工步内容称为一次走刀。一个工步可包括一次或数次走刀。当需要切去的金属层很厚,不能在一次走刀下切完时,需分几次走刀。

工序、安装、工位、工步与走刀间的关系如图7-5所示。

有关机械加工工艺设计的详细内容将在7.3节中给出。

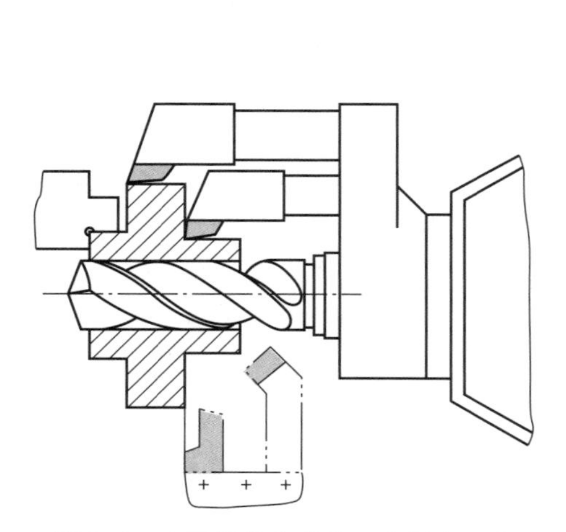
图 7-3 立轴转塔车床的一个复合工步

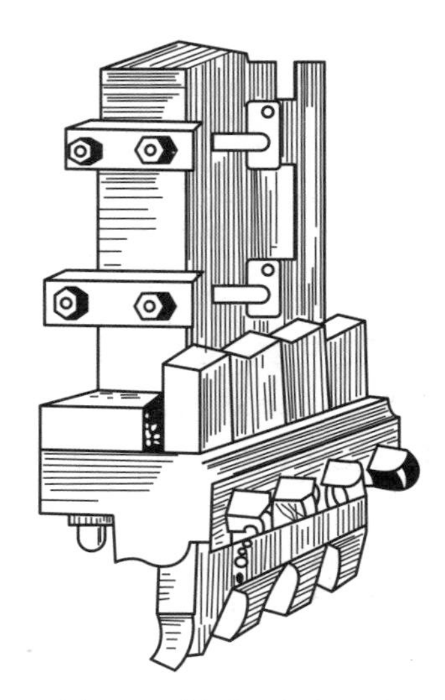
图 7-4 刨平面复合工步

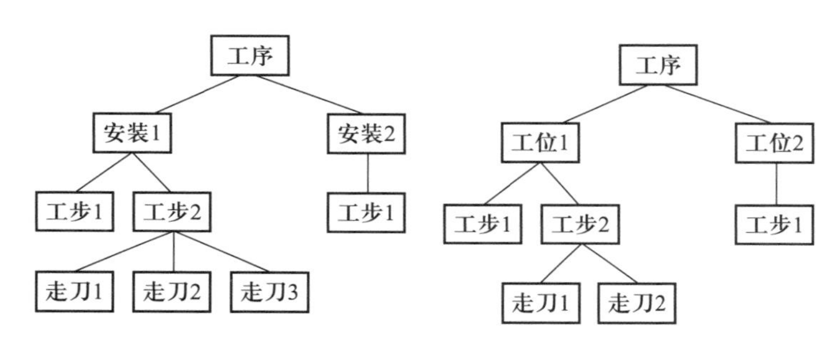

图 7-5 工序、安装、工位、工步与走刀间的关系

3. 装配工艺过程

根据规定的技术要求,将零件进行配合和连接,使之成为部件或产品的过程,称为装配。装配是产品制造中的最后一个阶段,它包括装配、调整、检验、试验等工作。

为了保证有效地进行装配,通常将产品划分为若干能进行独立装配的单元,这就是所谓的装配单元,即零件、套件、组件、部件等。零件、套件、组件、部件通过装配获得一定的相互位置关系,所以装配过程是一种工艺过程。在装配工艺过程中,零件是组成机器的最小单元;套件是在每一个基准件上装上一个或若干个零件构成的;组件是在一个基准件上装上若干零件和套件构成的,为此而进行的装配工作称为组装;部件是在一个基准件上装上若干组件、套件和零件构成的,为此所进行的装配工作称为部装;一台机器则是在一个基准件上装上若干部件、组件、套件和零件构成的,为此而进行的装配工作称为总装。例如,第 1 章图 1-6 所示的汽车制造过程就是以汽车车身为基准件,分别以发动机、变速箱、悬挂系、车轴、轮胎等为部件、组件、套件及零件总装而成的。

在装配工艺规程中,常用装配工艺系统图表示零件、部件的装配流程和零、部件间的相互装配关系。在装配工艺系统图上,每一个单元用一个长方形框表示,标明零件、套件、组件和部件的名称及编号和数量,并且装配工作由基准件开始,在图上沿水平线自左向右进行。一般将零件画在上方,套件、组件、部件画在下方,其排列次序就是装配工作的先后次序。

图 7-6、图 7-7、图 7-8 分别给出了组装、部装和总装工艺系统图。

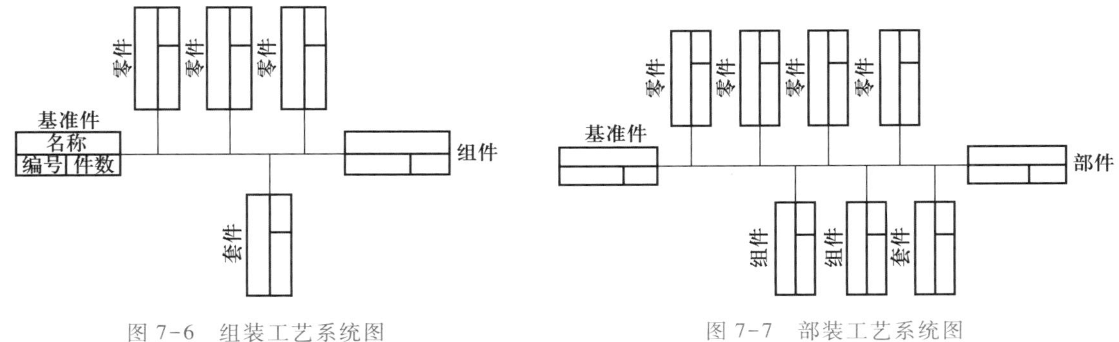

图 7-6 组装工艺系统图　　图 7-7 部装工艺系统图

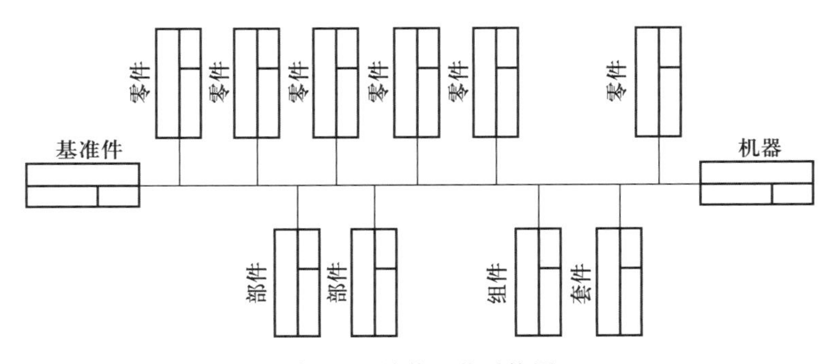

图 7-8 总装工艺系统图

机器质量最终是通过装配保证的，装配质量在很大程度上决定了机器的最终质量。装配工艺过程在机械制造中占有十分重要的地位。有关装配工艺设计的详细内容将在 7.6 节中给出。

7.1.2 工艺规程设计所需的原始资料

设计工艺规程必须具备以下原始资料：

（1）产品装配图、零件图。

（2）产品验收质量标准。

（3）产品的生产批量及生产纲领。

（4）毛坯材料与毛坯生产条件。

（5）制造厂的生产条件，包括机床设备及工艺装备的规格、性能和现在的技术状态，工人的技术水平以及工厂自制工艺装备的能力、能源状况等资料。

（6）工艺规程、工艺装备设计所用设计手册和有关标准。

（7）国内外先进制造技术资料等。

7.1.3 工艺规程的设计原则

工艺规程设计工作是一个系统性工程，它除了需要充分理解产品、零件本身的若干信息外，还必须了解和综合 7.1.2 节提出的各种原始资料。相同产品或零件的工艺规程可能不一样，但它们都必须遵循以下基本原则：

1）质量第一原则　尽管同样一个生产对象的工艺方案有许多种，但必须保证制定的工艺方案满足被制造对象的精度和技术要求。为此要了解国内外本行业的工艺发展，甚至需要进行一些必要的工艺试验，积极采用适用的先进工艺和工艺装备。

2）效益优先原则　在一定的生产条件下，可能会出现几个保证生产对象技术要求的工艺方案。此时应全面考虑，既要通过核算或评比选择经济上最合理的方案，又要注意方案的社会效益。要用可持续发展的观点指导工艺方案的拟订，尤其注意不要与国家环境保护部门明令禁止的工艺手段等要求相抵触。

3）效率争先原则　生产对象的生产工艺方案制定时，要充分考虑本厂人员、设备的现有条件，保证工人在良好而安全的状况下工作，解放生产力、提高生产效率。同时又要注意所制定的生产对象加工方案的周期与合同要求的交货期限相吻合。

7.2 机械产品（零件）设计的工艺性

7.2.1 概述

机械产品（包括零件）设计除了要满足产品的使用性能外，还应满足制造工艺的要求，否则就有可能影响产品生产效率和产品成本，严重时甚至无法生产。一个工艺性评价低劣的产品，在激烈竞争的市场经济环境中是无法存在的。一个好的产品设计师必须同时是一个好的工艺师。从这个意义上来说，机械产品的工艺性评价是从机械产品设计开始就应该进行的工作。认真分析、深刻理解产品（零件）结构上的特征，研究产品（零件）在加工、装配等工艺过程中的技术要求以及这些要求实现的可行性、方便性，是设计工艺规程的基础。

机械产品设计的工艺性评价，实际就是评价所设计产品在满足使用要求的前提下，制造、维修的可行性和经济性。这里所说的经济性是一个含义宽广的术语，它包含材料消耗、制造的可行性及方便性、生产效率和生产成本等方面的综合要求。

机械产品（零件）工艺性的优劣是相对的，它随着科学技术的发展和具体生产条件（如生产类型、设备条件、经济性等）的不同而变化。例如图7-9a所示电液伺服阀套上精密方孔的加工，为了保证方孔之间的尺寸公差要求，过去将电液伺服阀套分成5个圆环分别进行加工，待方孔之间的尺寸精度达到要求后再连接起来。当时认为这样的结构工艺性比较好。但随着电火花加工技术的发展，将零件改为整体结构，如图7-9b所示，用电火花加工方法进行加工，可以在既保证尺寸精度又降低成本的前提下将零件加工好。这种整体结构阀套的结构工艺性比前一种好。又如零件的曲面在通用机床上加工非常困难，即相对普通机床来说，这种曲面设计的工艺性不好。若使用数控机床加工，零件的曲面加工工艺性不好的情况就不存在了。

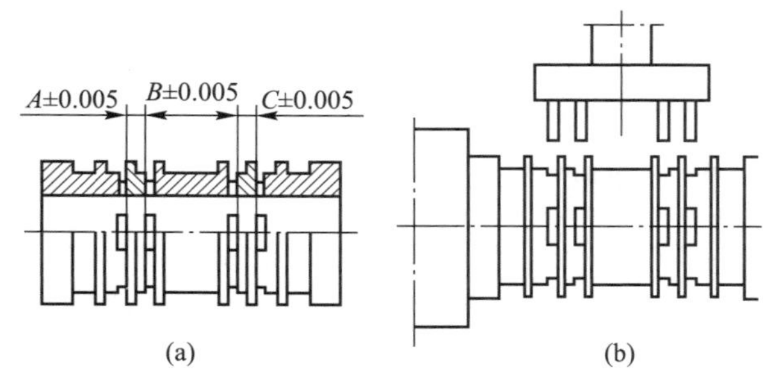

图7-9　电液伺服阀套结构

机械产品（零件）设计的工艺性评价包括毛坯制造工艺性评价、热处理工艺性评价、机械加工工艺性评价及装配工艺性评价,其中毛坯制造工艺性评价、热处理工艺性评价属于材料成形学课程的内容。此处只介绍机械加工工艺性评价和装配工艺性评价。

7.2.2 机械产品(零件)设计的机械加工工艺性评价

综合生产过程中,各个阶段对零件结构的工艺性要求,机械产品(零件)设计的机械加工工艺性可以从以下几个主要方面进行分析评价。

1. 便于加工和测量

(1) 刀具的引进和退出要方便

图 7-10a 所示零件带有封闭的 T 形槽,T 形槽铣刀无法进入槽内。将零件改成图 7-10b、c 所示结构,T 形槽铣刀就可以进入或退出 T 形槽进行加工和测量。

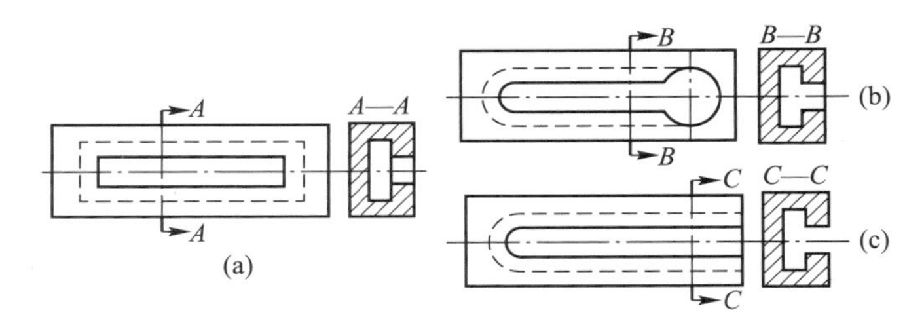

图 7-10 带 T 形槽零件的加工

(2) 尽可能避免不敞开的内表面加工

由于外表面加工比内表面加工简单,而且比较经济,所以就应该尽可能避免在不敞开的内表面上加工。图 7-11a 所示的在箱体内安放轴承座的凸台的加工和测量极不方便,改用图 7-11b 所示的带法兰的轴承座,使它和箱体外面的凸台连接,将箱体内表面的加工改为外表面的加工,就会带来很大方便。

(3) 尽可能避免深孔、弯曲孔、特殊位置孔的加工

如图 7-12a 所示零件上的弯曲孔,对其加工显然是不可能的,改为图 7-12b 所示的结构较好。深孔加工比较困难,既费工又难以保证质量。图 7-13a 是工艺性不好的设计,而图 7-13b 所示设计则避免了深孔加工,是工艺性良好的设计。如图 7-14 所示,需要给凸缘上的孔留出足够的加工空间。当孔的轴线与壁的距离 S 小于钻夹头外径 D 的一半时,就难以进行加工。一般应保证 $S \geq D/2+(2\sim5)$ mm 才便于加工。

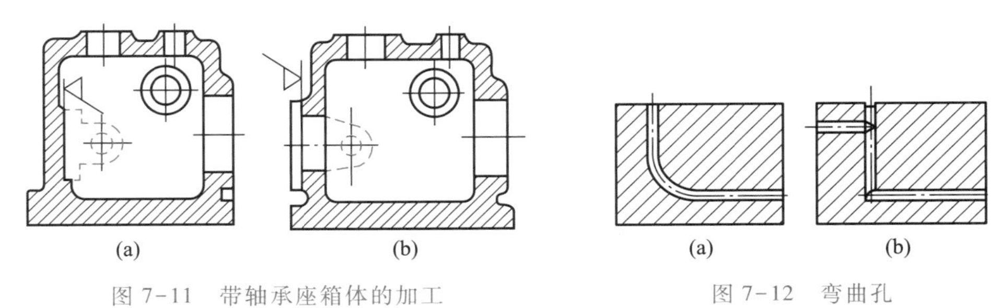

图 7-11 带轴承座箱体的加工

图 7-12 弯曲孔

(4) 零件的结构(如退刀槽、空刀槽或越程槽等)要适应刀具的要求

为了使刀具正常工作,避免损坏和过早磨损,必须注意保证刀具加工时能自由退出。为此,在不能沿全长加工的情况下,必须有退刀槽。图 7-15a 所示的都是不允许存在的结构,而图 7-15b所示的结构是正确的。

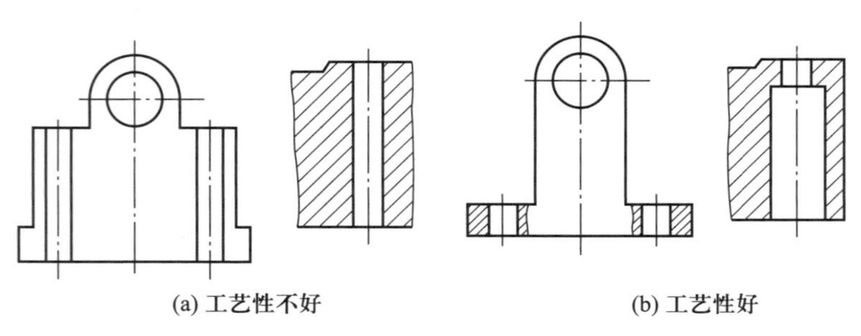

图 7-13 避免深孔加工的结构设计

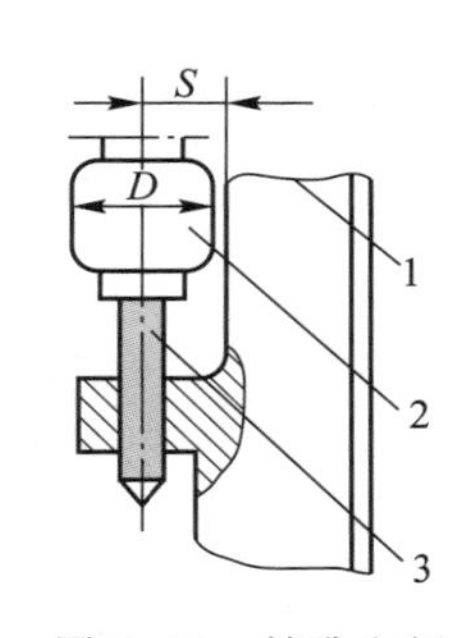

图 7-14 钻孔空间

1—工件；2—钻夹头；3—标准钻头

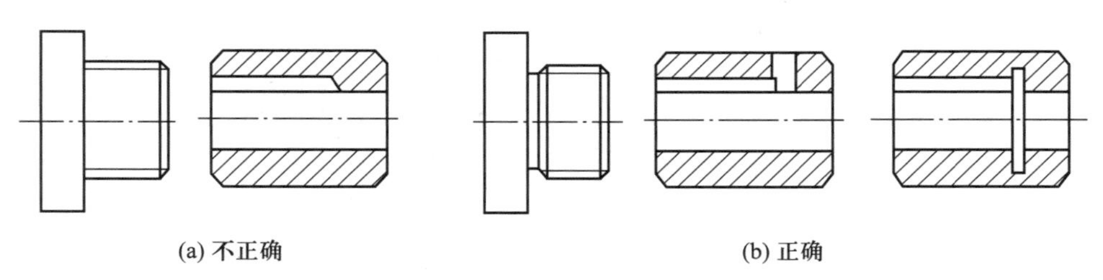

图 7-15 保证刀具自由退出的结构设计

在孔加工中，为了防止刚性较差的钻头过早磨钝或折断，必须尽量避免单边工作。图 7-16a 所示各种结构是不正确的，而图 7-16b 所示的各种相应结构是正确的，应予以采用。

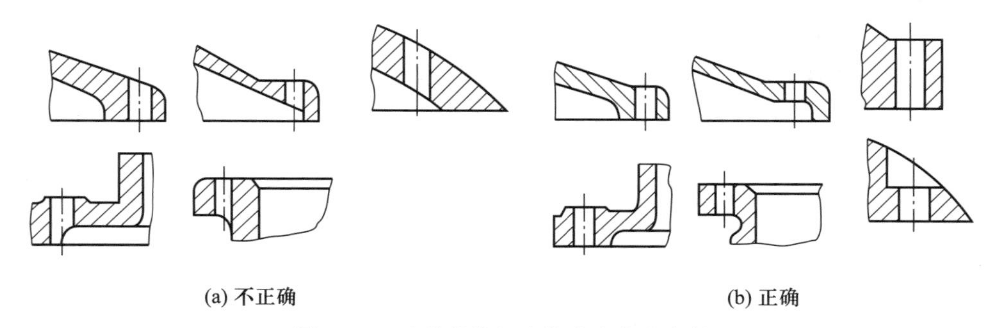

图 7-16 改善结构提高钻头寿命的实例

设计零件时，在尺寸相差不大的情况下，零件的各结构要素（如沟槽、圆角、齿轮模数等）应尽量采取统一数值，并使这些数值标准化，以便采用较少数量的标准刀具完成这些结构的加工。图 7-17a 所示的各种结构设计不如图 7-17b 所示的结构设计好。

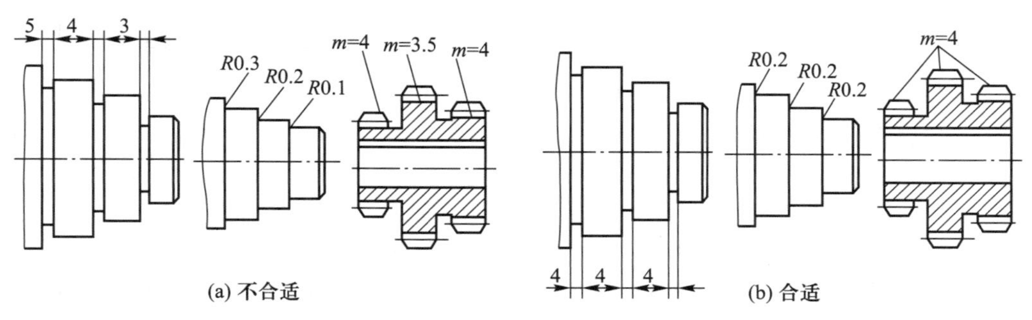

图 7-17 零件结构要素的设计

2. 便于安装

便于安装是指便于准确地定位,可靠地夹紧,通常采取以下技术措施:

1) 增加工艺凸台　刨削较大工件时,往往把工件直接安装在工作台上,为了刨削上表面,安装工件时必须使加工面水平。图 7-18a 所示零件较难安装。如果在零件上加一个工艺凸台,如图 7-18b 所示,便容易安装找正。精加工后,再把凸台切除。

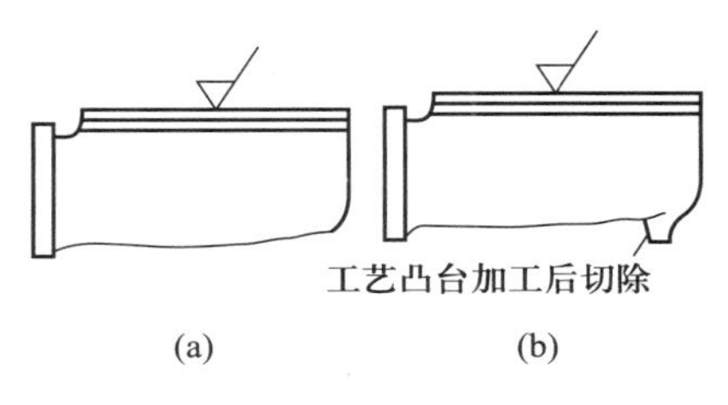

图 7-18　工艺凸台

2) 增设装夹凸缘或装夹孔　图 7-19a 所示大平板在加工时不便用压板、螺钉将其装夹在工作台上。如果在平板侧面增设装夹用的凸缘或孔,如图 7-19b 所示,便可可靠地进行装夹,且便于吊装和搬运。

3) 改变结构或增加辅助安装面　如图 7-20a 所示的轴承盖,在车床上加工 ϕ120 mm 外圆及端面时,轴承盖与卡爪是点接触,无法将工件夹牢,因此装夹不方便。若把工件改为图 7-20b 所示的结构,便容易夹紧。或者在毛坯上加一个辅助安装面进行安装,如图 7-20c 中的 *D* 处,零件加工后,再将这个辅助安装面切除即可(辅助安装面可称为工艺凸台)。

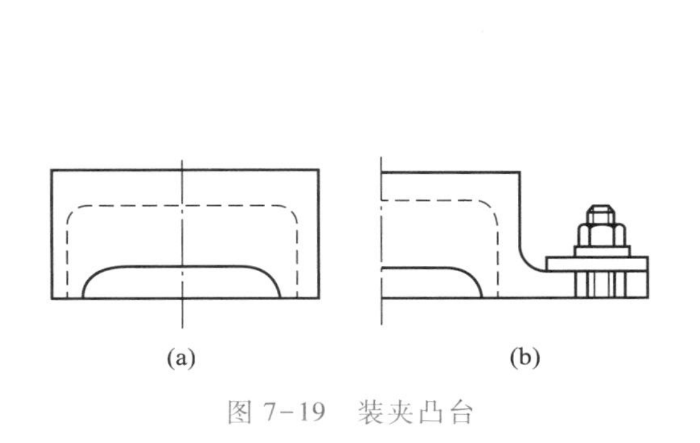

图 7-19　装夹凸台

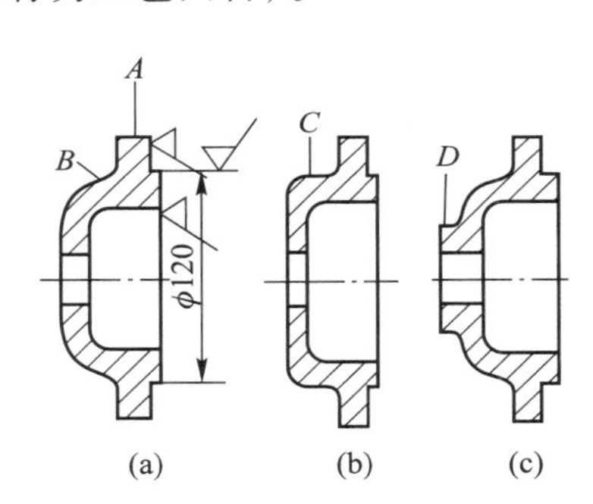

图 7-20　轴承盖结构的改进

3. 提高切削效率,保证产品质量

1) 零件铸件的刚度必须与机械加工时所采用的加工方法适应,且便于多件一起加工　如图 7-21a 所示拨叉,沟槽底部为圆弧形,只能单个地进行加工;图 7-22a 所示齿轮,由于齿毂与轮缘不等高,多件滚切时刚性较差,且轴向进给行程较长。若分别改为图 7-21b、图 7-22b 所示结构,就可以实现多件一起加工,既增加了刚度,又提高了生产率。

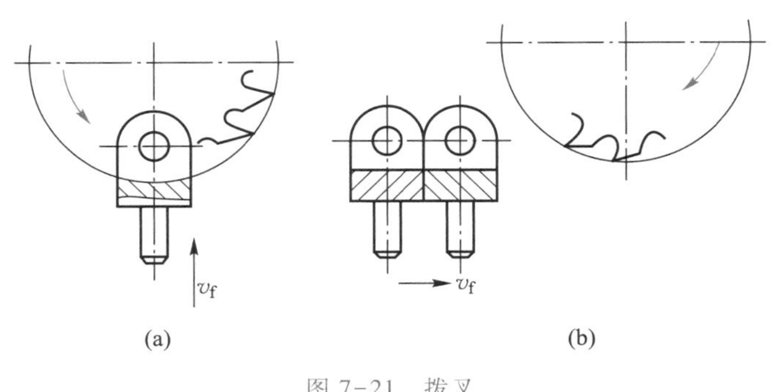

图 7-21　拨叉

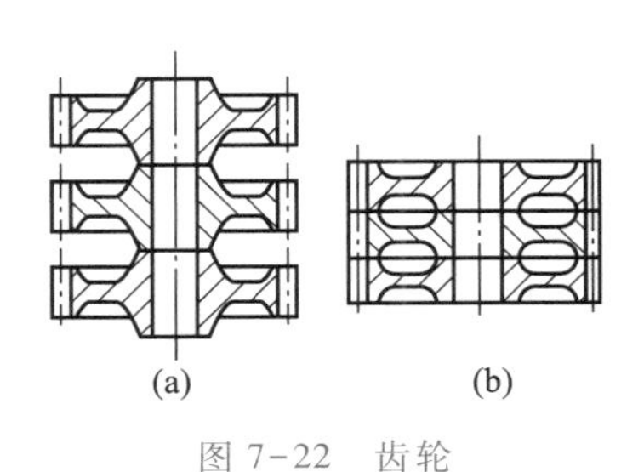

图 7-22　齿轮

2) 有相互位置精度要求的表面,最好能在一次安装中加工　这样既有利于保证加工表面间的位置精度，又减少了安装次数，提高了生产率。图7-23a所示轴套两端的孔需经两次安装才能加工出来。若改为图7-23b所示结构，则可一次安装加工。图7-24a所示内孔结构，由于不是通孔，不能采用拉削的方法，只能采用精度较低、效率也低的插削方法进行加工。若改为图7-24b所示组合结构，便可采用拉削方法加工。这样既提高了生产率，又能保证产品质量。

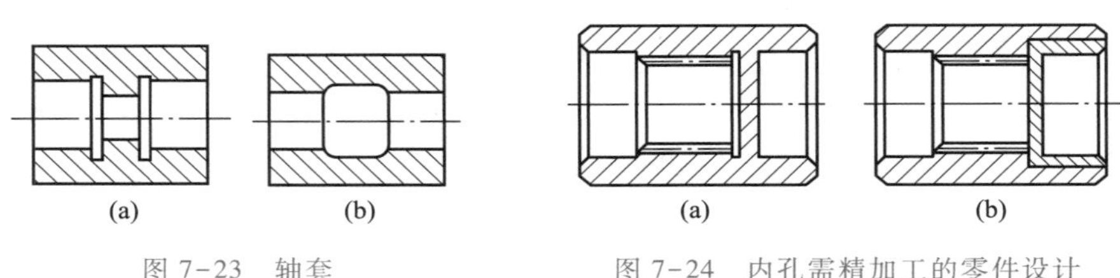

图7-23　轴套　　　图7-24　内孔需精加工的零件设计

3）尽量减少加工量　图7-25b与图7-25a所示结构相比，其工艺性较好，减少了加工面积。

4）尽量减少走刀次数　铣削牙嵌离合器时，由于离合器齿形的两侧面要求通过中心，且呈放射状，如图7-26所示，这就使奇数齿的离合器在铣削加工时比偶数齿的省工。如铣削一个图7-26a所示五齿离合器的端面齿，只要五次分度和走刀就可以完成；而铣削一个图7-26b所示的四齿离合器，却要八次分度和走刀才能完成。因此，离合器设计成奇数齿为好。

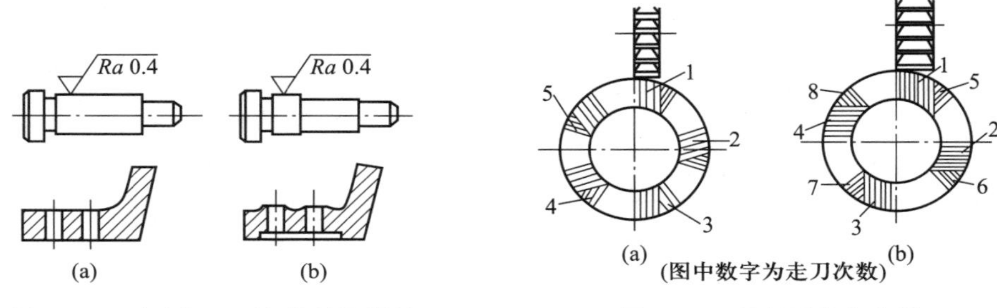

图7-25　减少加工面积的结构设计　　　图7-26　铣削牙嵌离合器

5）要有足够的刚度　这样可减少工件在夹紧力或切削力作用下的变形，保证精度。而且较大的刚度允许采用较大的切削用量进行加工，利于提高生产率。图7-27a所示薄壁套筒、图7-28a所示床身导轨都是在切削力作用下容易变形，产生较大加工误差的结构；若改成图7-27b、图7-28b所示结构，则可大大增加刚度，提高加工精度。

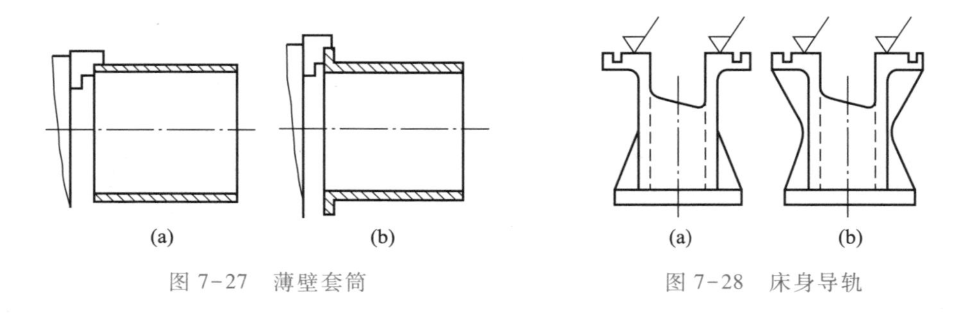

图7-27　薄壁套筒　　　图7-28　床身导轨

4. 提高标准化程度

1）设计时尽量采用标准件，便于使用标准刀具　零件上结构要素如孔径及孔底形状、中心孔、沟槽宽度或角度、圆角半径、锥度、螺纹的直径和螺距、齿轮的模数等，其参数值应尽量与标准刀具相符,避免设计和制造特制刀具,降低加工成本。

例如,被加工孔应具有标准直径,否则将需要特制刀具。当加工不通孔时,孔底由一直径到另一直径的过渡结构形状最好做成与钻头顶角相同的圆锥形,如图 7-29a 所示。与孔的轴线垂直的底面或其他锥面将使加工复杂化,如图 7-29b 所示。

又如图 7-30 所示的凹下表面。图 7-30b 是结构设计较好的零件,它便于在端铣刀粗加工后用立铣刀铣内圆角、清边。因此,其内圆角的半径必须等于标准立铣刀的半径。如果设计成图 7-30a 所示的结构,则很难加工出来。

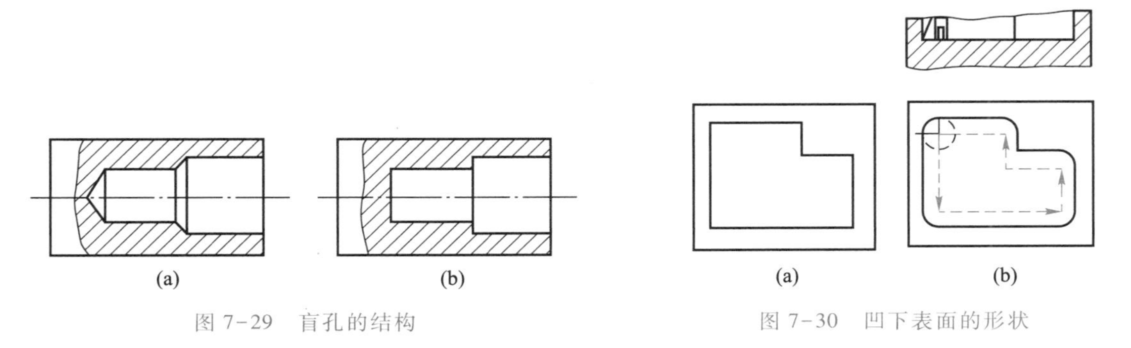

图 7-29 盲孔的结构

图 7-30 凹下表面的形状

2)合理规定表面精度等级和表面粗糙度值 零件上不需要加工的表面,不要设计成加工面。在满足使用要求的前提下,表面的精度越低,表面粗糙度值越大,越容易加工,成本也越低。所规定的尺寸公差、几何公差和表面粗糙度值应按国家标准选取,以便使用通用量具检验。

7.2.3 机械产品(零件)设计的装配工艺性评价

机械产品设计的装配工艺性可以从以下几方面进行分析评价:

1. 机器结构应能划分成几个独立的装配单元

机器结构如能被划分成几个独立的装配单元,则利于生产,原因如下:

① 便于组织平行装配流水作业,可以缩短装配周期。

② 便于组织厂际协作生产及专业化生产。

③ 有利于机器的维护、修理和运输。图 7-31a 所示结构中,齿轮顶圆直径大于箱体轴承孔孔径,轴上零件须依次逐一装到箱体中去;图 7-31b 所示结构中,齿轮顶圆直径小于箱体轴承孔孔径,轴上零件可以在箱体外先组装成一个组件,然后将其装入箱体中,这样就简化了装配过程,缩短了装配周期。

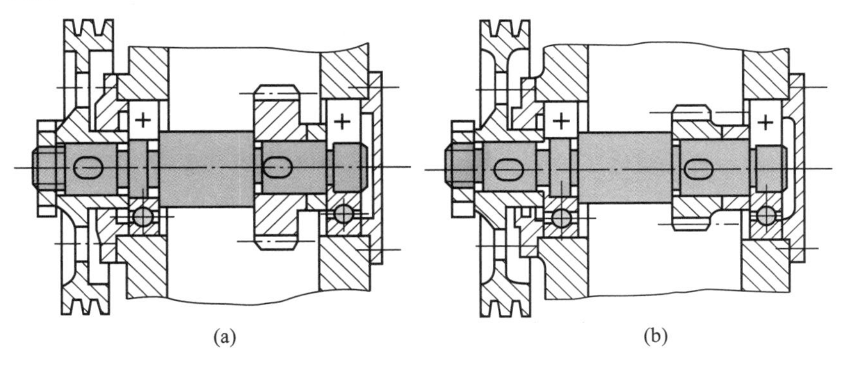

图 7-31 两种传动轴结构

2. 尽量减少装配过程中的修配工作量和机械加工工作量

图 7-32a 所示结构中,车床主轴箱以山形导轨作为装配基准装在床身上。装配时,装配基准面的修刮工作量大。图 7-32b 所示结构中,车床主轴箱以平导轨作为装配基准。装配时,装配基准面的修刮工作量显著减少。图 7-32b 所示结构就是一种装配工艺性较好的结构。

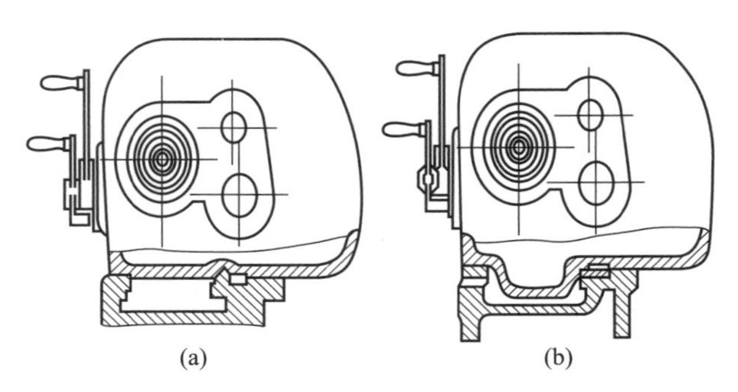

图 7-32 车床主轴箱与床身的两种不同装配结构形式

在机器设计过程中,采用调整法装配代替修配法装配可以从根本上减少修配工作量。图 7-33 给出了两种车床溜板箱后压板结构。图 a 所示结构用修刮压板装配面的方法来保证溜板箱后压板和床身下导轨间具有规定的装配间隙;图 b 所示结构则是用调整法来保证溜板箱后压板和床身下导轨间具有规定的装配间隙。图 b 所示结构比图 a 所示结构的装配工艺性好。

机器装配过程中要尽量减少机械加工工作量。在装配过程中安排机械加工不仅会延长装配周期,而且机械加工所产生的切屑如果清除不尽,往往会加剧机器磨损。图 7-34 给出了两种轴润滑结构:图 a 所示结构在轴套装到箱体上后需配钻油孔,在装配工作中增加了机械加工工作量;图 b 所示结构改为在轴套上预先加工油孔,装配工艺性较好。

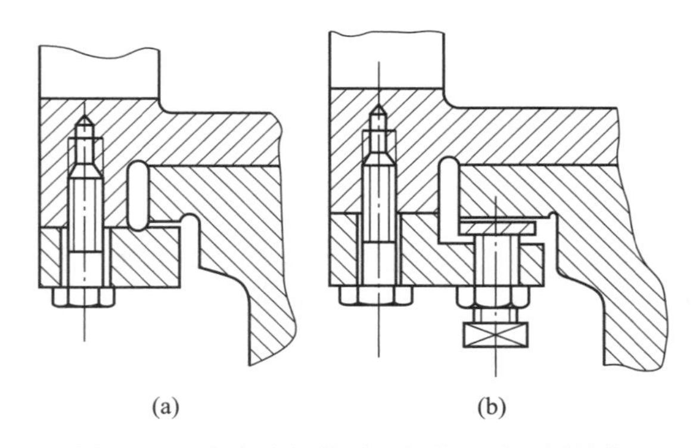

图 7-33 车床溜板箱后压板的两种不同结构

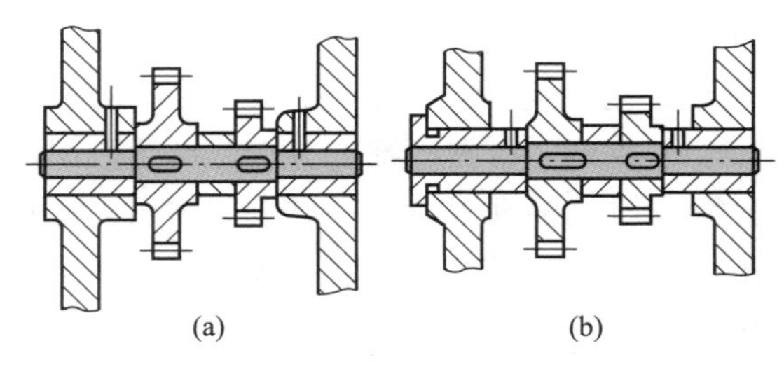

图 7-34 两种不同的轴润滑结构

3. 机器结构应便于装配和拆卸

图 7-35 给出了轴承座组件装配的两种不同设计方案。图 a 所示结构在装配时,轴承座 2 的两段外圆表面同时装入后桥壳体 1 的配合孔中,既不好观察,也不易同时对准;图 b 所示结构在装配时先让轴承座 2 前端装入后桥壳体配合孔中 3 mm 后,轴承座 2 的后端外圆才开始进入壳体 1 的配合孔中,容易完成装配。

图 7-36 给出了轴承外圈装在轴承座内和轴承内圈装在轴颈上的两种结构方案。图 a 所示结构的轴承座台肩内径等于或小于轴承外圈内径,而轴承内圈外径又等于或小于轴肩直径,轴承内外圈均无法拆卸,装配工艺性差。图 b 所示结构的轴承座台肩内径大于轴承外圈的内径,轴肩直径小于轴承内圈外径,拆卸轴承内、外圈都十分方便,装配工艺性好。

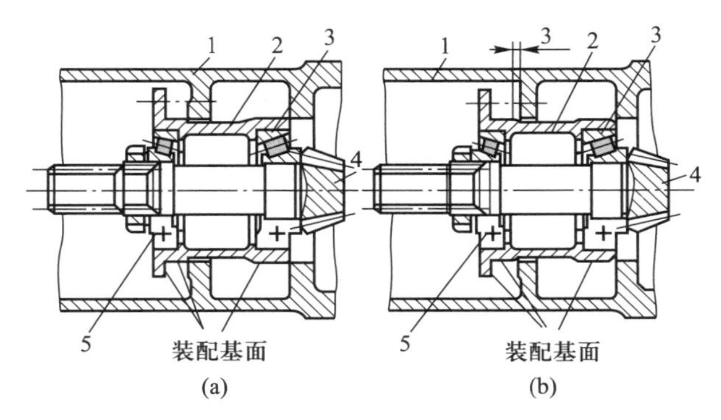

图 7-35 轴承座组件装配的两种设计方案

1—后桥壳体；2—轴承座；3、5—圆锥滚子轴承；4—主动锥齿轮轴

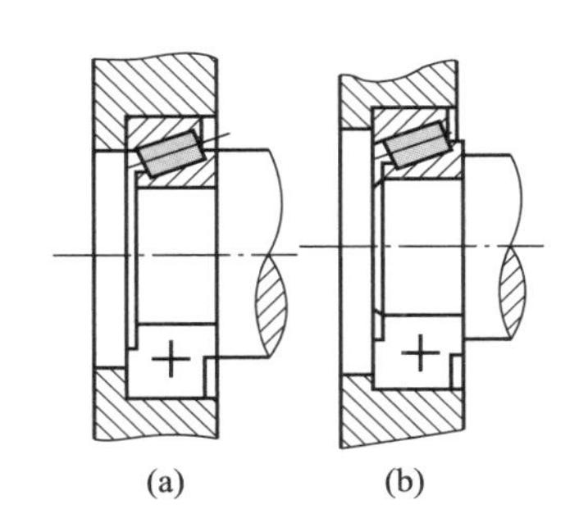

图 7-36 轴承座台肩和轴肩结构

7.3 机械加工工艺规程设计

7.3.1 机械加工工艺规程设计的内容和步骤

1）分析零件图和产品装配图。了解产品的用途、性能和工作条件；熟悉零件在产品中的地位和作用；分析该零件的主要技术要求，初步形成工艺规程设计的总体构思。

2）工艺审查。虽然在产品设计时就应考虑产品（零件）的工艺性，但在具体设计工艺规程前，仍应从现有条件出发，审查图纸上的尺寸及视图和技术要求是否完整、正确、统一，对零件设计的结构工艺性进行评价（具体评价和注意事项已在 7.2 节中叙述），以补充设计者的不足。对图纸上的不合理之处应及时提出，并同设计及有关人员商讨修改方案。

3）确定毛坯。确定毛坯的主要依据是零件在产品中的作用、生产纲领及零件本身的结构。设计者应充分考虑毛坯的种类和质量与机械加工的关系，尽可能采用先进的毛坯制造方法，从毛坯和零件加工两个方面综合考虑保证零件质量和降低零件制造成本的方案。有关毛坯使用的知识在材料成形学课程中已有介绍。

4）拟定工艺路线。其主要内容包括：选择定位基准，确定各表面的加工方法，划分加工阶段，确定工序集中和分散程度，安排工序顺序以及进行热处理、检验及其他工序等。拟定工艺路线时，往往要提出几种可能方案，然后在一定范围内进行技术、经济分析，从中选出一种最佳的工艺方案。

5）确定各工序所用机床设备和工艺装备（含刀具、夹具、量具、辅具等），对需要改装或重新设计的专用工艺装备应提出具体设计任务书。

6）确定各工序的加工余量，计算工序尺寸和公差。

7）确定各工序的技术要求和检验方法。

8）确定各工序的切削用量和工时定额。

9）技术经济分析。

10）编制工艺文件。

7.3.2 工艺路线拟订

拟订工艺路线是设计工艺规程中最关键的一步，需顺序完成以下几方面工作。

1. 定位基准的选择

在工艺规程设计过程中正确选择定位基准，对于保证零件各表面之间的相对位置精度，合理安排加工顺序有着相当重要的影响。为此要分述基准分类、粗基准的选择原则和精基准的选择原则三个问题。

（1）基准分类

基准在第5章中已有定义。它是用以确定生产对象上几何要素间的几何关系所依据的点、线、面。根据基准的不同作用，它一般被分为设计基准和工艺基准两大类。

1）设计基准　设计图样上所采用的基准。图7-37所示为三个零件图的部分要求。在图7-37a中，对平面A来说，平面B是它的设计基准；对于平面B来说，平面A是它的设计基准，它们互为设计基准。图7-37b所示D是平面C的设计基准。在图7-37c中，虽然ϕE和ϕF之间没有标出一定的尺寸，但有一定的相互位置精度要求，即两者之间有同轴度要求，因此ϕE是ϕF的设计基准。

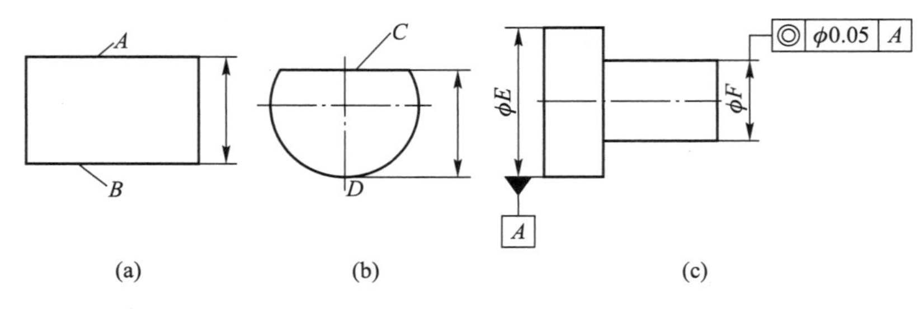

图7-37　设计基准

2）工艺基准　零件在加工工艺过程中所采用的基准称为工艺基准。工艺基准又可进一步分为工序基准、定位基准、测量基准和装配基准。

① 工序基准　在工序图上用来确定本工序所加工表面加工后的尺寸、形状及位置的基准，称为工序基准。在设计工序基准时，主要应考虑如下三个方面的问题：a. 应首先考虑用设计基准作为工序基准；b. 所选工序基准应尽可能用于工件的定位和工序尺寸的检查；c. 当无法用设计基准作为工序基准时，可另选工序基准，但必须能可靠地保证零件设计尺寸的技术要求。

② 定位基准　加工时用于工件定位的基准称为定位基准。定位基准是获得零件尺寸的直接基准。定位基准还可进一步分为粗基准、精基准，另外还有附加基准。

a. 粗基准和精基准　未经机械加工的定位基准称为粗基准，经过机械加工的定位基准称为精基准。

b. 附加基准　零件上根据机械加工工艺的需要而专门设计的定位基准称为附加基准。例如轴类零件常用顶尖孔定位，顶尖孔就是专为机械加工工艺而设计的附加基准。

③ 测量基准　加工中或加工后用来测量工件的形状、位置和尺寸误差所采用的基准称为测量基准。

④ 装配基准　装配时用来确定零件或部件在产品中的相对位置所采用的基准称为装配基准。

上述关于基准的分类如图7-38所示。

（2）粗基准的选择原则

粗基准是工件加工的第一道工序基准，它的选择不仅影响加工面与不加工面的相互位置精度，影响各加工面的加工余量是否满足要求，而且关系到后续工序能否得到理想的定位基准。因

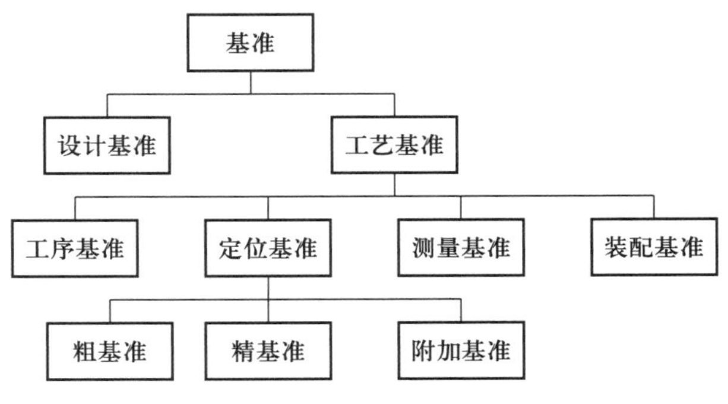

图 7-38 基准的分类

此，在选择定位粗基准时往往先根据零件加工要求选择精基准，然后在保证得到所选精基准的前提下确定粗基准。选择粗基准一般应遵循以下几项原则：

1）保证相互位置精度要求的原则　如果必须保证工件上加工面与不加工面的相互位置精度要求，则应选择不需要加工的面作为粗基准。这样做能提高加工面和不加工面之间的相互位置精度。如图 7-39 所示零件，为了保证壁厚均匀，选择不加工的内孔和内端面作为粗基准。

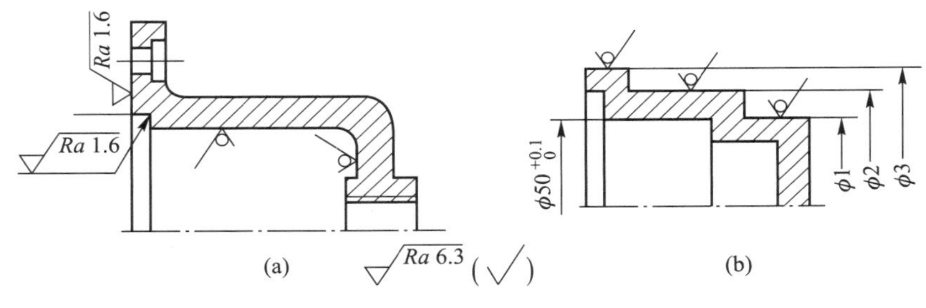

图 7-39 用不加工面作定位粗基准

若零件上有很多不加工面，则应选择其中与加工面有较高相互位置精度要求的面作为粗基准。

2）合理分配加工余量的原则　零件上的表面若全部需要加工，而且毛坯比较精确，则应选择加工余量最少或重要的、面积最大的面作为粗基准。如图 7-40 所示，因床身导轨面的加工精度要求高，表层铸层质量好，且加工余量少而均匀，故选导轨面作为粗基准来加工床身底面。

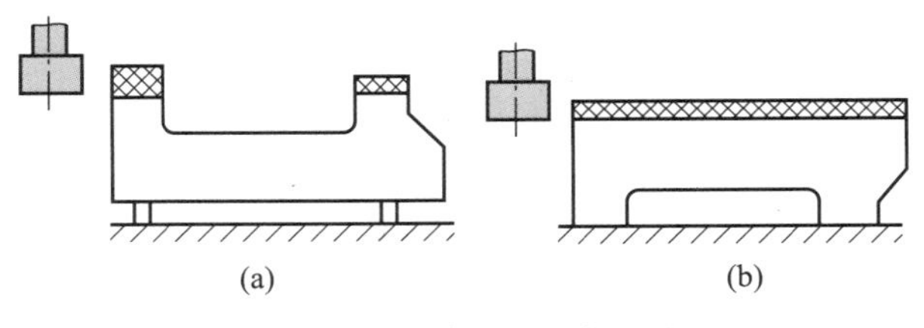

图 7-40 床身加工的粗基准

3）便于工件装夹原则　为使工件定位稳定、夹紧可靠，应尽量选择平整，没有浇口、冒口、飞边和其他表面缺陷的毛坯面作为粗基准。

4）粗基准一般不得重复使用原则　所选的粗基准应能用来加工后续工序所用的精基准，以避免粗基准粗糙表面重复定位而产生相当大的定位误差，即粗基准一般不得重复使用。

（3）精基准的选择原则

选择精基准时，主要解决两个问题，即保证加工精度和便于装夹。精基准一般用于中间工序和最终工序中。选择精基准一般应遵循以下几项原则：

1）基准重合原则　即选择被加工表面的设计基准作为精基准，这样可以避免因基准不重合引起的定位精基准误差。图7-41a为零件图，图7-41b、c是磨削加工表面2的两种不同方案，由零件图知待磨表面2的设计基准是表面3。

方案一取表面3作为定位精基准，直接保证尺寸B，如图7-41b所示。这时定位精基准与设计基准重合，影响加工精度的只有与磨平面工序有关的加工误差，把此公差控制在δ_b范围以内，就可以保证规定的加工精度。

方案二取表面1作为定位精基准，直接保证尺寸C，如图7-41c所示。这时定位精基准与设计基准不重合，所以尺寸B的精度是间接保证的，它取决于尺寸C和A的加工精度。影响尺寸B精度的除了与磨平面有关的加工误差δ_c外，还有已加工尺寸A的加工误差δ_a。图7-42所示误差δ_b由定位精基准与设计基准不重合引起，所以称为定基误差，其数值等于定位精基准与设计基准之间尺寸的公差。很明显，要保证尺寸B的精度，必须控制尺寸C和A的加工误差，使加工误差δ_c和δ_a的总和不超过δ_b，即满足条件$\delta_b \geqslant \delta_c + \delta_a$。只有当$\delta_a < \delta_b$时，上式才有可能成立；如果图样给定公差$\delta_a > \delta_b$，则上述不等式不能成立。实际加工中，常采用压缩$\delta_a$的方法使$\delta_b \geqslant \delta_a + \delta_c$的条件得以满足。

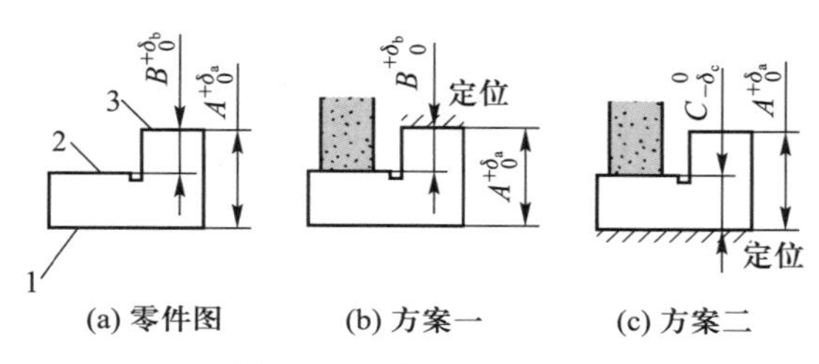

图7-41　定位基准选择

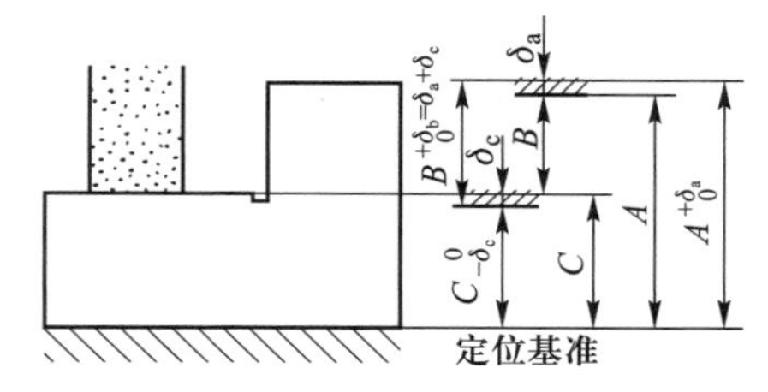

图7-42　基准不重合误差分析

从以上的两种方案比较可以看出，方案一中的基准重合对保证加工精度有利，故基准重合是一条重要原则，且这条原则也同样可用于保证加工表面间的相互位置精度，如平行度、同轴度等。

2）基准统一原则　即各工序所用的基准尽可能相同，其目的是减少因变换基准而引起的装夹误差，简化加工工艺过程与夹具的设计和制造，提高各被加工表面的位置精度。如轴类零件的加工，始终都是用两中心孔作为定位基准。齿轮的齿坯外圆及齿形加工多采用齿轮的内孔以及和其轴线垂直的一端面作为定位基准，完成尽可能多的加工工序。

3）互为基准原则　当两个表面的相互位置精度及其自身的尺寸与形状精度都要求很高时，可采用这两个表面互为基准，进行反复多次加工。例如，精密齿轮高频淬火后，为消除淬火变形，提高齿面与轴孔的精度及保证齿面淬硬层的深度和厚度均匀，常以齿面作为定位基准来加工内孔，再以内孔定位磨削齿面，如此多次反复加工即可保证轴孔与齿面有较高的相互位置精度。为了保证车床主轴的支承轴颈与主轴内锥面的同轴度要求，在选择精基准时，也是根据互为基准原则进行加工的。

4）自为基准原则　某些要求加工余量小而均匀的精加工工序，可选择加工表面自身作为定位基准。图7-43所示为磨削床身导轨面，为了保证导轨面上耐磨层的一定厚度及均匀性，可用导轨面自身找正定位进行磨削。浮动镗刀镗孔、圆拉刀拉孔、珩磨及无心磨床磨外圆都是采用自为基准原则进行零件表面加工的。

这里需要指出，按自为基准原则加工，只能提高加工表面的尺寸精度、形状精度同时降低表面粗糙度，其位置精度应由前道工序的加工来保证。

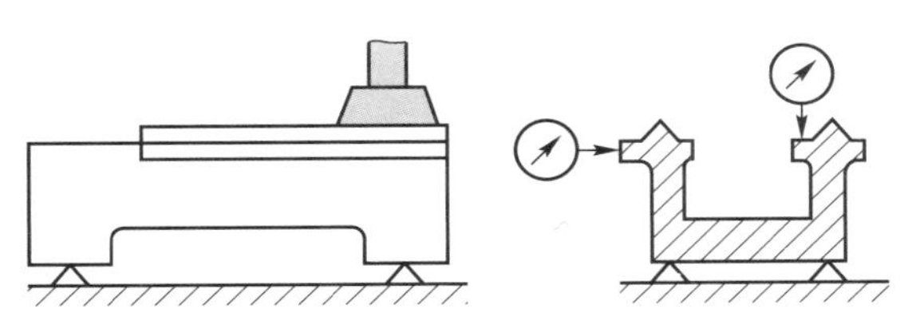

图 7-43 床身导轨面自为基准磨削

除上述四项原则外，精基准的选择还应使工件定位准确、稳定，定位刚性好、变形小，同时还应使夹具结构简单、操作方便。

上述各项选择粗基准、精基准的原则，有时不可能同时满足，应根据实际条件而定。

2. 表面加工方法的选择

机械零件的结构形状虽然多种多样，但它们都是由一些最基本的几何表面（外圆、内孔、平面或复杂的成形表面）组合而成的。同一种表面可以选用不同的加工方案，工艺设计者应根据组成零件表面所要求的加工精度、表面粗糙度和零件自身的结构特点，结合具体加工条件（生产类型、设备状况、工人的技术水平等）选用相应的加工方法和加工方案。选择表面加工方案时一般应注意：

① 在保证完工合同期的前提下，尽可能采用加工经济精度方案进行零件加工。表面加工过程中，影响加工方法、加工方案的因素很多，每种加工方法、加工方案在不同条件下所能达到的精度、技术经济效果均不相同。为了满足加工质量、生产率和经济性等方面的要求，应尽可能采用加工经济精度和表面粗糙度方案来完成对零件表面的加工。所谓加工经济精度（或表面粗糙度）是指在正常加工条件下（采用符合质量要求的标准设备、工装和标准技术等级的工人，在不延长加工时间的前提下）所能达到的加工精度（或表面粗糙度），包括尺寸加工经济精度以及形状、位置加工经济精度。

表 7-1、表 7-2、表 7-3 分别列出了外圆加工、孔加工、平面加工中各种加工方法的尺寸加工经济精度和表面粗糙度，供在选择加工方法时参考。

表 7-1 外圆加工中各种加工方法的尺寸加工经济精度及表面粗糙度 *Ra* 值

加工方法	加工情况	加工经济精度（IT）	表面粗糙度 *Ra* 值/μm	加工方法	加工情况	加工经济精度（IT）	表面粗糙度 *Ra* 值/μm
车	粗车 半精车 精车 金刚石车（镜面车）	12~13 10~11 7~8 5~6	10~80 2.5~10 1.25~5 0.005~1.25	抛光			0.008~1.25
铣	粗铣 半精铣 精铣	12~13 11~12 8~9	10~80 2.5~10 1.25~5	研磨	粗研 精研 精密研	5~6 5 5	0.16~0.63 0.04~0.32 0.008~0.08
车槽	一次行程 二次行程	11~12 10~11	10~20 2.5~10	超精加工	精 精密	5 5	0.08~0.32 0.01~0.16
外磨	粗磨 半精磨 精磨 精密磨（精修整砂轮） 镜面磨	8~9 7~8 6~7 5~6 5	1.25~10 0.63~2.5 0.16~1.25 0.08~0.32 0.008~0.08	砂带磨	精磨 精密磨	5~6 5	0.02~0.16 0.008~0.04
				滚压		6~7	0.16~1.25

注：加工非铁金属时，表面粗糙度 *Ra* 值取小值。

表 7-2 孔加工中各种加工方法的尺寸加工经济精度及表面粗糙度

加工方法	加工情况	加工经济精度(IT)	表面粗糙度 Ra 值/μm
钻	φ15 mm 及以下	11~13	20~80
	φ15 mm 以上	10~12	5~80
扩	粗扩	12~13	5~20
	一次扩孔(铸孔或冲孔)	11~13	10~40
	精扩	9~11	1.25~10
铰	半精铰	8~9	1.25~10
	精铰	6~7	0.32~5
	手铰	5	0.08~1.25
拉	粗拉	9~10	1.25~5
	一次拉孔(铸孔或冲孔)	10~11	0.32~2.5
	精拉	7~9	0.16~0.63
推	半精推	6~8	0.32~1.25
	精推	6	0.08~0.32

加工方法	加工情况	加工经济精度(IT)	表面粗糙度 Ra 值/μm
镗	粗镗	12~13	5~20
	半精镗	10~11	2.5~10
	精镗(浮动镗)	7~9	0.63~5
	金刚镗	5~7	0.16~1.25
内磨	粗磨	9~11	1.25~10
	半精磨	9~10	0.32~1.25
	精磨	7~8	0.08~0.63
	精密磨(精修整砂轮)	6~7	0.04~0.16
珩	粗珩	5~6	0.16~1.25
	精珩	5	0.04~0.32
研磨	粗研	5~6	0.16~0.63
	精研	5	0.04~0.32
	精密研	5	0.008~0.08
挤	滚珠、滚柱扩孔器、挤压头	6~8	0.01~1.25

注:加工非铁金属时,表面粗糙度 Ra 值取小值。

表 7-3 平面加工中各种加工方法的尺寸加工经济精度及表面粗糙度 **Ra** 值

加工方法	加工情况	加工经济精度(IT)	表面粗糙度 Ra 值/μm
周铣	粗铣	11~13	5~20
	半精铣	8~11	2.5~10
	精铣	6~8	0.63~5
端铣	粗铣	11~13	5~20
	半精铣	8~11	2.5~10
	精铣	6~8	0.63~5
车	半精车	8~11	2.5~10
	精车	6~8	1.25~5
	细车(金刚石车)	6~7	0.008~1.25
刨	粗刨	11~13	5~20
	半精刨	8~11	2.5~10
	精刨	6~8	0.63~5
	宽刀精刨	6~7	0.008~1.25
插		8~13	2.5~20
拉	粗拉(铸造或冲压表面)	10~11	5~20
	精拉	6~9	0.32~2.5

加工方法	加工情况		加工经济精度(IT)	表面粗糙度 Ra 值/μm
平磨	粗磨		8~10	1.25~10
	半精磨		8~9	0.63~2.5
	精磨		6~8	0.16~1.25
	精密磨		6	0.04~0.32
刮	25×25 mm^2 内点数	8~10		0.63~1.25
		10~13		0.32~0.63
		13~16		0.16~0.32
		16~20		0.08~0.16
		20~25		0.04~0.08
研磨	粗研		6	0.16~0.63
	精研		5	0.04~0.32
	精密研		5	0.008~0.08
砂带磨	精磨		5~6	0.04~0.32
	精密磨		5	0.008~0.04
滚压			7~10	0.16~2.5

注:① 加工非铁金属时,表面粗糙度 Ra 值取小值。

② 各种加工方法所能达到的形状、位置的加工经济精度可参阅相关手册。

② 在零件的主要表面和次要表面的加工方案中,首先保证主要表面的加工方案。零件的主要表面是指零件上与其他零件相配合的表面或是直接参与工作过程的表面。主要表面以外的表面称为次要表面。在选择表面加工方案时,首先要根据主要表面的尺寸和几何精度和表面质量的要求,初步选定主要表面最终工序应该采用的加工方法,然后再逐一选定该表面各有关前道工序的加工方法,接着才可选择次要表面的加工方法。

表 7-4、表 7-5、表 7-6 分别列出了外圆表面、孔表面、平面的加工方案和各种加工方案所能达到的尺寸加工经济精度和表面粗糙度,供选择加工方案时参考。

表 7-4 外圆表面加工方案的加工经济精度和表面粗糙度 *Ra*(或 *Rz*)值

加工方案	尺寸加工经济精度(IT)	表面粗糙度 *Ra*(或 *Rz*)值/μm	适用范围
粗车	11~13	12.5~100(*Rz*)	适用于除淬火钢以外的金属材料
└→半精车	8~9	3.2~6.3	
└→精车	7~8	0.8~3.2	
└→滚压(或抛光)	6~7	0.05~0.2	
粗车→半精车→磨	6~7	0.4~0.8	不宜用于有色金属,主要适用于淬火钢件的加工
└→粗磨→精磨	5~7	0.1~0.4	
└→超精磨	5	0.012~0.1(*Rz*)	
粗车→半精车→精车→金刚石车	5~6	0.025~0.4	主要用于非铁金属加工
粗车→半精车→粗磨→精磨→镜面磨	5 以上	0.025~0.2	主要用于高精度要求的钢件加工
└→精车→精磨→研磨(砂带磨)	5 以上	0.05~0.2	
└→粗研→抛光	5 以上	0.025~0.2	

注:① 表中"表面粗糙度 *Ra*(或 *Rz*)值"列中带"(*Rz*)"的为 *Rz* 值,其余为 *Ra* 值。

② 表中加工方法所能达到的形状、位置的加工经济精度可参阅相关手册。

表 7-5 内孔表面加工方案的尺寸加工经济精度和表面粗糙度 *Ra*(或 *Rz*)值

加工方案	尺寸加工经济精度(IT)	表面粗糙度 *Ra*(或 *Rz*)值/μm	适用范围
钻	11~13	12.5~100(*Rz*)	加工未淬火钢及铸铁的实心毛坯,也可用于加工有色金属材料及其上一般孔径的孔(所得表面粗糙度值稍大)
→扩	10~11	6.3~12.5	
→铰	8~9	1.6~3.2	
→粗铰→精铰	7~8	0.8~1.6	
→铰	8~9	1.6~3.2	
→粗铰→精铰	7~8	0.8~1.6	
钻→扩→拉	7~8	0.8~1.6	大批量生产(精度根据拉刀精度确定)如校正拉削,则表面粗糙度 *Ra* 值可降低到 0.2~0.4 μm

续表

加工方案	尺寸加工经济精度(IT)	表面粗糙度 Ra(或 Rz)值/μm	适用范围
粗镗(或扩)	11~13	12.5~50(Rz)	除淬火钢以外的各种钢材,毛坯上已有铸出或锻出孔的孔件加工
→半精镗(或精扩)	8~9	1.6~3.2	
→精镗(或铰)	7~8	0.4~1.6	
→浮动镗	6~7	0.2~0.4	
粗镗(或扩)→半精镗→磨	7~8	0.2~0.8	主要用于淬火钢,也可用于未淬火钢,不宜用于有色金属
→粗磨→精磨	6~7	0.1~0.2	
粗镗→半精镗→精镗→金刚镗	6~7	0.05~ 0.4	主要用于有色金属材料上精度要求高的孔加工
钻→(扩)→粗铰→精铰→珩磨	6~7	0.025~0.2	主要用于钢铁材料上对尺寸精度要求很高的孔加工,当用研磨代替珩磨时,精度可达 IT5~IT6,表面粗糙度 Ra 值<0.1 μm
→拉→珩磨	6~7	0.025~0.2	
粗镗→半精镗→精镗→珩磨	6~7	0.025~0.2	

注:① 表中"表面粗糙度 Ra(或 Rz)值"列中带"(Rz)"的为 Rz 值,其余为 Ra 值。

② 表中加工方法所能达到的形状、位置的加工经济精度可参阅相关手册。

表 7-6 平面加工方案的尺寸加工经济精度和表面粗糙度 Ra(或 Rz)值

加工方案	尺寸加工经济精度(IT)	表面粗糙度 Ra(或 Rz)值/μm	适用范围
粗车	11~13	12.5~100(Rz)	适用于工件的端面加工
→半精车	8~9	3.2~6.3	
→精车	6~7	0.8~1.6	
→磨	6~7	0.2~0.8	
粗刨(粗铣)	11~13	12.5~100	适用于不淬硬的平面加工(面铣加工可获得较低的表面粗糙度值)
→半精刨(半精铣)	9~11	3.2~12.5	
→精刨(精铣)	7~9	1.6~3.2	
→刮研	5~6	0.1~0.8	
粗刨(粗铣)→精刨(精铣)→宽刃精刨	6~7	0.2~0.8	用于大批量加工,宽刃精刨效果好
粗刨(粗铣)→精刨(精铣)→磨	6~7	0.2~0.8	适用于精度要求较高的平面加工
→粗磨→精磨	5~6	0.05~0.2	
粗铣→拉	6~9	0.2~0.8	适用于大量生产中加工较小的不淬火平面

续表

加工方案	尺寸加工经济精度(IT)	表面粗糙度 Ra(或 Rz)值/μm	适用范围
粗铣→精铣→磨→研磨	5~6	0.05~0.2	适用于高精度平面的加工
→抛光	5 以上	0.025~0.1	

注:① 表中"表面粗糙度 Ra(或 Rz)值"列中带"(Rz)"的为 Rz 值,其余为 Ra 值。

② 表中加工方法所能达到的形状、位置的加工经济精度可参阅相关手册。

③ 零件表面的加工方案要和零件的材料、硬度、外形尺寸和重量尽可能一致。零件的形状和大小影响加工方法的选择。如小孔一般可以用铰削,而较大孔则用镗削加工;非圆的通孔应优先考虑用线切割或其他方法加工;难以磨削的小孔,则多采用研磨加工。箱体类零件上的孔,一般不采用磨削,而采用镗、珩、研等加工方法。

经淬火后的零件表面,一般只能采用磨削加工;未经淬硬的精密零件的配合表面可以磨削,也可以刮削;硬度低、韧性好的有色金属,为避免磨削时砂轮嵌塞,多采用高速精密车削、镗削、铣削等加工方法。

大端面刀铣阶梯平面

④ 加工方案要和生产类型、生产率的要求相适应,必须充分考虑本厂的现有技术力量和设备。大批大量生产宜采用高效率的机床设备和先进的加工方法,如加工内孔和平面时可用拉削;对于较大的平面,采用铣削加工生产率高,而对窄长的平面,则宜用刨削加工;对大量孔系的加工,为提高生产率及保证高精度的孔距,宜采用多轴钻或加工中心;对批量较大的曲面、轴类零件,宜采用靠模铣削、数控加工等方法;而多品种小批量生产可选用数控、数显、成组等技术设备加工;注意发挥特种加工方法的作用。总之,要根据生产类型充分利用现有设备并平衡设备负荷,既提高生产率又注意经济效益,充分挖掘企业潜力,合理安排加工方案。

3. 加工阶段的划分

对于质量要求较高的零件,往往不可能在一个工序内集中完成全部加工,需要把整个加工过程划分为以下几个阶段:

1) 粗加工阶段　主要任务是去除各表面的大部分余量,使毛坯在形状和尺寸上尽量接近成品。因此,此阶段的主要问题是如何获得高的生产率。

2) 半精加工阶段　切除粗加工后留下的误差,使加工工件达到一定的技术要求,即使一些次要表面达到图样要求,并为主要表面的精加工做准备,一般在热处理后进行。

3) 精加工阶段　保证各主要表面达到零件图上规定的技术要求。

4) 光整加工阶段　对于尺寸精度要求很高(IT5 以上)、表面粗糙度值要求很低($Ra<0.2$ μm)的表面,还要有专门的光整加工阶段。此阶段以提高加工的尺寸精度和降低表面粗糙度值为主,一般不能用来纠正零件各加工表面的形状误差和相对位置误差。

将零件加工划分为不同加工阶段的主要目的为:

1) 保证加工质量　工件粗加工时切除的余量大,切削时需要较大的夹紧力,同时产生较大的切削热、切削力,由此引起工件内应力重新分布,使工件产生较大变形,不可避免地引起加工误差。加工过程分阶段进行,粗加工造成的加工误差可通过半精加工、精加工逐步得到纠正,从而提高零件的精度,降低表面粗糙度值,也减少安装搬运过程中使已加工好的表面损伤的机会,从而在整个工艺过程中保证了零件加工质量的要求。

2）合理使用设备　加工过程分阶段进行，有利于按照不同要求选择不同精度、刚度、功率的机床，充分发挥设备的各自特点，使设备得到合理使用。

3）便于安排热处理工序和及时发现毛坯缺陷　在机械加工工序中间，如果工件需要热处理，则至少把工艺路线分为两个阶段。因为一些精密零件粗加工后需进行时效处理，以减少内应力对精加工的影响。半精加工后安排淬火，既易满足零件的性能要求，又可通过精加工工序消除淬火引起的变形。

全部表面先进行粗加工，便于及早发现零件的内部缺陷，以决定零件是否需修补或报废，减少了盲目继续加工造成的加工工时浪费和其他制造费用。

应当指出，加工阶段的划分不是绝对的，主要由工件的变形、对精度的影响程度来确定。对一些毛坯质量高、加工余量小、加工精度要求低而刚性较好的零件，则可以不划分加工阶段。有些重型零件，由于安装运输费时又困难，往往也不划分加工阶段，而在一个工序中完成全部的粗加工和精加工。为减少工件夹紧变形对加工精度的影响，可在粗加工后松开夹紧机构以消除夹紧变形，释放压力，然后用较小的夹紧力重新夹紧工件继续精加工，这对提高工件加工精度有利。

同时，工艺路线的划分阶段是按零件加工的整个过程来确定的，不能从某一表面的加工或某一工序的性质来判断。例如有些定位基准，在半精加工甚至粗加工阶段就需要加工得很精确，而某些粗加工工序，如钻小孔又常常安排在精加工阶段进行。

4. 工序的集中与分散

在选定了各表面的加工方法和划分阶段之后，就可以将同一阶段中的各加工表面组合成若干工序。组合时可以采用工序集中和工序分散两种不同的原则。

工序集中就是使每个工序所包括的加工内容尽量多，使工件的加工集中在不多的几道工序内完成。最大限度的工序集中就是在一个工序内完成工件所有表面的加工。工序分散就是使每个工序所包括的加工内容尽量少，零件的加工内容分散在较多的工序内完成。最大限度的工序分散，就是每个工序只包括一个简单工步。

按工序集中原则组织工艺过程的特点是：

① 可减少工件装夹次数，在一次安装中加工出多个表面，有利于提高表面间的位置精度，减少工序间的运输，缩短生产周期。

② 工序数少，减少了设备数量，相应地减少了操作工人和生产场地面积。

③ 有利于采用高生产率的先进设备或专用设备、工艺装备，提高加工精度和生产率。

④ 设备的一次性投资大、工艺装备复杂。

按工序分散原则组织工艺过程的特点是：

① 设备、工装比较简单，调整、维护方便，生产准备工作量少。

② 每道工序的加工内容少，便于选择最合理的切削用量，对操作工人的技术水平要求不高。

③ 工序数多，设备数量多，操作人员多，生产场地面积大。

工序集中和工序分散的程度，应根据生产规模、零件的结构特征、技术要求、机床设备等条件综合考虑。一般大批量生产时，可采用多刀、多轴等高效机床将工序集中；小批量生产时，为简化生产管理工作，也将工序适当集中，使各通用机床完成更多的表面加工，以减少工序数目。面对多品种、中小批量的生产趋势，也多采用工序集中原则，选择数控机床或加工中心等高效、自动化设备，使一台设备完成尽可能多的表面加工。由于工序集中的优点较多，现代生产的发展趋于工序集中。但对形状复杂或刚性差且精度要求高的精密零件，工序可适当分散，以便应用结构简单的专用装备，保证加工质量，组织流水线生产。

5. 工序顺序的安排

(1) 机械加工工序的安排

机械加工工序先后顺序的安排一般应遵循以下原则:

1) 先加工基准面,再加工其他表面　其含义是选作定位基准的精基准面应先加工,然后再以精基准面定位加工其他表面。当加工面的精度要求很高时,精加工前精基准面尚须反复精修。例如,轴类零件先加工中心孔,齿轮先加工孔及基准端面等。

2) 先加工平面,后加工孔　底座、箱体、支架及连杆类零件应先加工平面,后加工孔,因为平面的轮廓尺寸较大且平整,安置和定位稳定、可靠。以加工过的平面作精基准面加工孔,便于保证平面与孔的位置精度。

3) 先加工主要表面,后加工次要表面　主要表面系指设计基准及零件的装配、配合面和有相互运动关系的表面。主要表面以外的表面称为次要表面,如键槽、螺孔等。安排工艺过程时应优先考虑主要表面的加工顺序,以一定精度的主要表面为基准,穿插加工次要表面。

4) 先安排粗加工工序,后安排精加工工序　当零件需要分阶段进行加工时,应先安排各表面的粗加工,其次安排半精加工,最后安排精加工、光整加工(详见本节加工阶段的划分)。

(2) 热处理工序及表面处理之后的安排

工艺过程中的热处理按其目的,大致可分为预备热处理和最终热处理两大类。前者可以改善材料切削加工性能,消除应力以及为最终热处理做准备;后者可使材料获得所需要的组织结构与性能。

1) 预备热处理

① 退火和正火　退火与正火的目的是为了消除组织的不均匀性,细化晶粒,改善加工性,同时减少工件材料中的内应力,通常这个工序放在毛坯的热加工之后进行。碳含量大于 0.7% 的碳钢,一般采用退火工艺,降低硬度,使之方便切削;碳含量小于 0.3% 的低碳钢,为避免加工时黏刀,常采用正火以提高硬度。为达到时效的目的又常在粗加工后、半精加工和精加工之间安排多次退火和正火工序。

② 调质　调质能获得均匀细致的索氏体组织,为以后在表面淬火和渗氮时减少变形做好组织准备,因此调质可作为预备热处理工序。由于调质后零件的综合力学性能较好,一般对硬度和耐磨性要求不高的零件也可将之作为最终热处理工序。调质处理常置于粗加工后和半精加工前。

2) 最终热处理

最终热处理的目的主要是提高零件材料的硬度和耐磨性,一般安排在精加工前后进行。

① 淬火　淬火可提高零件材料的力学性能(硬度和抗拉强度等),如钢质零件经淬火后再回火来取得所需要的硬度与组织,铝质零件则用时效处理来提高硬度。由于淬火后零件变形较大,影响已获得的尺寸和形状,因此淬火工序一般不能作为最后工序。淬火分为整体淬火和表面淬火。其中整体淬火变形大,一般放在精加工前;表面淬火变形小,因氧化及脱碳较少而应用较多,但常需预先进行调质及正火处理,一般安排在精加工前,如超精或光整加工前,有时也安排在精加工后,如磨齿、研磨工序后。

② 渗碳　低碳钢及低碳合金钢零件都可以用渗碳淬火来提高其表面硬度,渗碳后硬度可达 55~65HRC,一般零件表面渗碳层厚度为 0.6~1.2 mm。考虑到淬火后磨削余量不能太大,一般渗碳前表面要进行半精加工(甚至磨削加工),以便减少淬火后的磨削余量,渗碳淬火后再进行精加工(磨削)。

对于不允许渗碳的表面要加以保护。常用的保护方法为:一是加大不渗碳表面余量(余量大于渗碳层深度),待渗碳后将这层余量去掉,然后再进行淬火和退火;另一种方法是预先在不渗碳表面层镀铜,防止碳分子渗入,渗碳后再进行去铜工序;对于一些不需要渗碳的孔(尤其是小孔),也可用耐火泥、黏土等将其堵塞,以防止碳的渗入。

③ 渗氮 含铬、钼、铝等的钢件,当要求其工作面具有较高的硬度和较好的耐磨性时,常采用表面渗氮处理,渗氮后表面硬度往往大于58HRC。渗氮层较薄(厚度一般小于0.6 mm),工件变形小,所以渗氮工序可安排在半精加工甚至精加工之后,渗氮后可仅进行研磨或超级光磨。渗氮前通常要进行调质预备热处理。对含铬、钼、铝钢的调质处理,因脱碳严重(脱碳层厚度可达2~2.5 mm),所以都把调质安排在半精加工前或粗加工前进行。

(3)其他工序的安排

1)检验 检验是非常重要的工序,它对保证产品质量有极重要的作用。零件从一个车间转向另一个车间前后、粗加工全部结束后、重要工序加工前后和零件全部加工结束之后都需安排检验工序。

2)毛刺的控制与去除 金属切削毛刺是切削加工中产生的特殊现象之一。在现代机械制造技术中,认为工件的边、角、棱等处形成的毛刺对工件加工质量的影响可以忽略的传统观念受到挑战。随着机械加工精度的要求越来越高,毛刺对工件的尺寸精度、几何精度以及加工表面完整性的影响程度越来越大。因此,毛刺的控制与去除工序是工艺过程中不可忽略的极其重要的工序之一。

毛刺的去除是指在毛刺产生后采用何种方法予以去除的问题。常用去毛刺的方法有机械的、磨粒的、电的、化学的及热能的五大类。如齿加工毛刺用专门的倒角机去除,一般小毛刺用滚筒、喷砂、热冲击以及手工的方法去除等。

涡轮叶片生产工艺流程

3)特种检验 特种检验方法很多,如X射线、超声探伤等都用于工件材料内部的质量检验,一般进行超声探伤时零件必须经过粗加工。荧光检验、磁力探伤等主要用于工件表面质量的检验,通常安排在精加工阶段。密封性、平衡性试验等视加工过程的需要进行安排。零件的重要检验则安排在工艺过程的最后进行。

涡轮叶片加工过程

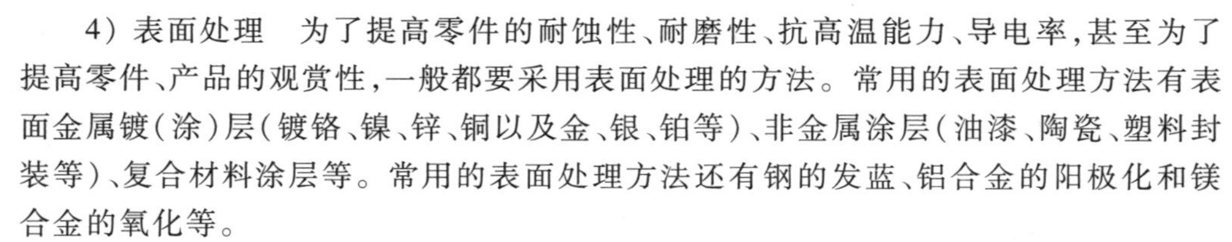
4)表面处理 为了提高零件的耐蚀性、耐磨性、抗高温能力、导电率,甚至为了提高零件、产品的观赏性,一般都要采用表面处理的方法。常用的表面处理方法有表面金属镀(涂)层(镀铬、镍、锌、铜以及金、银、铂等)、非金属涂层(油漆、陶瓷、塑料封装等)、复合材料涂层等。常用的表面处理方法还有钢的发蓝、铝合金的阳极化和镁合金的氧化等。

表面处理工序一般均安排在工艺过程的最后进行(工艺上需要时除外,如防止渗碳时的镀铜等)。若零件的某些配合表面不要求进行表面处理,则可用局部保护或机械切除的方法。

涡轮叶片自动检测系统

5)洗涤防锈 该工序应用场合很广,当零件加工出最终表面以后,每道工序结束后都需要洗涤工序来保护加工表面,防止氧化生锈。如在抛光、研磨和磁力探伤后以及总检前均需将工件洗净,检验后还需要进行防护处理。故上述工序前后都应安排洗涤、防护工序。

6. 机床设备与工艺装备的选择

正确选择机床设备是一件很重要的工作,它不但直接影响工件的加工质量,而且还影响工件的加工效率和制造成本。所选机床设备的尺寸规格应与工件的形体尺寸相适应,精度等级应与本工序的加工要求相适应,电动机功率应与本工序加工所需功率相适应,机床设备的自动化程度和生产效率应与工件生产类型相适应。还应考虑机床应用的柔性,如用线切割机床加工键槽、花键等,不仅生产率高、质量好,而且机床的应用范围也广。

选用机床设备时应立足于国内,必须进口的机床设备须经充分论证,严格履行审批手续。

如果工件尺寸太大(或太小)或工件的加工精度要求过高,无现有的设备可供选择时,可以考虑自制专用机床。可根据工序加工要求提出专用机床设计任务书。机床设计任务书应附有与该工序加工有关的一切必要的数据资料,包括工序尺寸公差及技术要求,工件的装夹方式,工序加工所用切削用量、工时定额、切削力、切削功率以及机床的总体布置形式等。

工艺装备的选择将直接影响工件的加工精度、生产效率和制造成本,应根据不同情况适当选择。在中小批量生产条件下,应首先考虑选用数控机床或通用工艺装备(包括夹具、刀具、量具和辅具);在大批量生产中,也应优选先进设备,或根据加工要求设计制造专用工艺装备。

选择机床设备和工艺装备时不仅要考虑设备投资的当前效益,还要考虑产品改型及转产的可能性,应使其具有足够好的柔性。

以上所述的一系列问题,如定位基准的选择、表面加工方法的选择、加工阶段的划分、工序的集中与分散以及工序顺序的安排等,它们之间是互相联系的,不能机械地按上述问题的次序单独考虑,而应对这些因素进行综合分析,充分考虑现有工艺条件和可能达到的工艺条件,结合零件所属产品的市场状况,在保证质量的前提下制定出优化的工艺路线方案。

7.3.3 加工余量、工序尺寸及公差的确定

1. 加工余量

(1) 加工余量的概念

用材料去除法制造零件时,一般都要从毛坯上切除一层层材料之后才能得到符合图样要求的零件。毛坯上留作加工用的材料层,称为加工余量。加工余量又有总余量和工序余量之分。某一表面毛坯尺寸与零件设计尺寸之差称为总余量,以 Z_0 表示。该表面加工相邻两工序尺寸之差称为工序余量 Z_i。总余量 Z_0 与工序余量 Z_i 的关系可用下式表示:

$$Z_0 = \sum_{i=1}^{n} Z_i \tag{7-1}$$

式中:n 为某一表面所经历的工序数。

工序余量有单边余量和双边余量之分。如图 7-44a 所示,平面的加工余量是单边余量,对于外圆与孔加工余量是在直径方向上对称分布的,称为双边余量,如图 7-44b、c 所示。

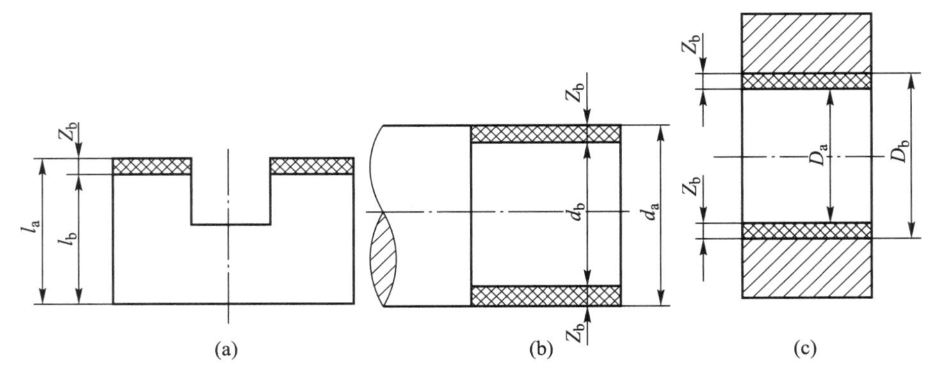

图 7-44 单边余量与双边余量

由于工序尺寸有偏差,故各工序实际切除的余量值是变化的,因此工序余量有公称余量(简称余量)、最大余量 Z_{max}、最小余量 Z_{min}之分。对于图 7-45 所示被包容面的加工,本工序加工的

公称余量

$$Z_b = l_a - l_b \tag{7-2}$$

公称余量的变动范围为

$$T_Z = Z_{max} - Z_{min} = T_b + T_a \tag{7-3}$$

式中：T_b——本工序工序尺寸公差；

T_a——上工序工序尺寸公差。

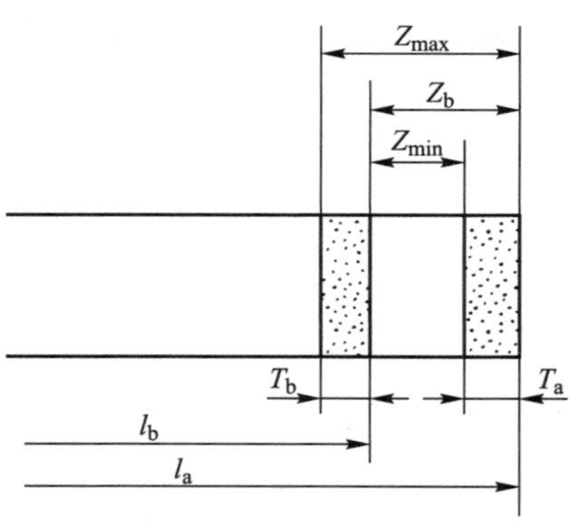

图 7-45 被包容面加工工序余量及公差

工序尺寸公差一般按入体原则标注（毛坯尺寸采用双向等绝对值标注）。被包容尺寸（轴径）的上极限偏差为0，其最大尺寸就是公称尺寸；包容尺寸（孔径、槽宽）的下极限偏差为0，其最小尺寸就是公称尺寸。

正确规定加工余量的数值是十分重要的，加工余量规定得过大，不仅浪费材料而且耗费机时、刀具和电力。但加工余量也不能规定得过小，如果加工余量留得过小，则本工序加工就不能完全切除上工序留在加工表面上的缺陷层，这就没有达到设置这道工序的目的。

（2）影响加工余量的因素

为了合理确定加工余量，必须深入了解影响加工余量的各项因素。影响加工余量的因素有以下四个方面：

1）上工序留下的表面粗糙度（Rz 值）和表面缺陷层（深度 H_a） 本工序必须把上工序留下的表面粗糙度和表面缺陷层全部切去，因此本工序加工余量必须包括 Rz 和 H_a 这两项因素，如图 7-46a 所示。

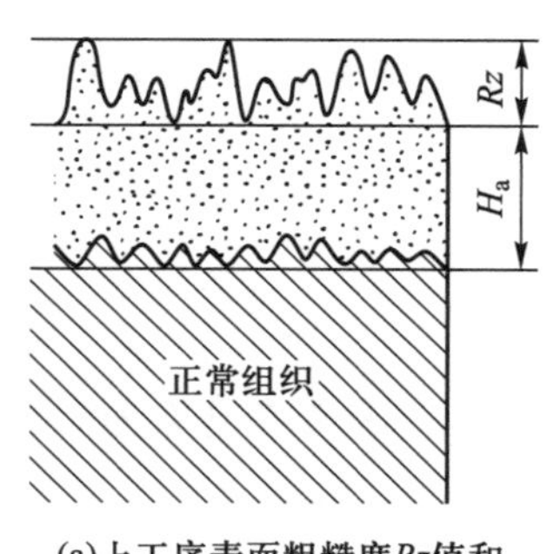

(a)上工序表面粗糙度Rz值和表面缺陷层(深度H_a)的影响

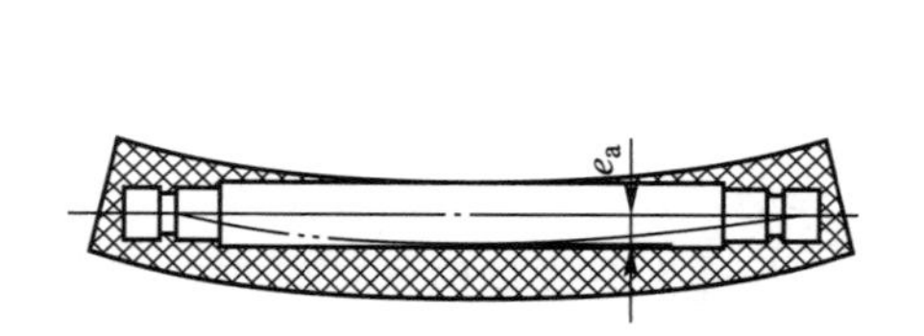

(b) 轴线弯曲误差对加工余量的影响

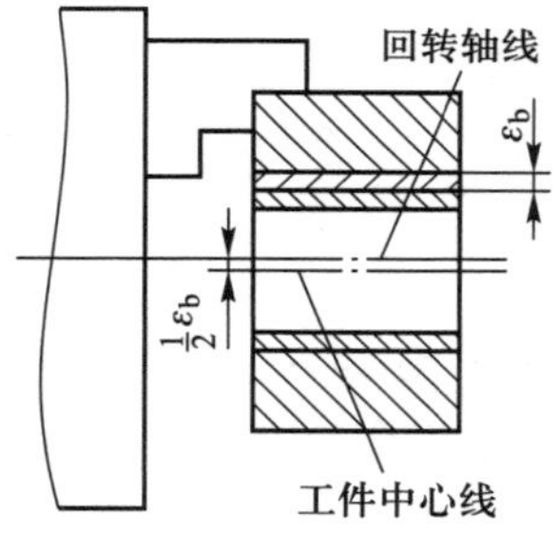

(c) 自定心卡盘的装夹误差

图 7-46 影响加工余量的三种因素示意图

2）上工序的尺寸公差 由于上工序加工表面存在尺寸误差，为了使本工序能全部切除上工序留下的表面粗糙度值和表面缺陷层，本工序加工余量必须包括尺寸公差 T_a 项。

3）T_a 值没有包括的上工序留下的几何误差 e_a 工件上有一些几何误差没有包括在加工表面的工序尺寸公差范围之内（例如图 7-46b 中轴类零件的轴线弯曲误差 e_a 就没有包括在轴径公差 T_a 中）。在确定加工余量时，必须考虑它们的影响，否则本工序加工将无法去除上工序留下的表面粗糙度及表面缺陷层。

4）本工序的装夹误差 ε_b 如果本工序存在装夹误差（包括定位误差、夹紧误差），则在确定本工序加工余量时还应考虑 ε_b 的影响。如图 7-46c 所示，磨孔工序中，由于自定心卡盘装夹偏心，工件中心和机床回转中心偏移$\frac{1}{2}\varepsilon_b$，为了加工后能消除此误差，就需将磨削余量增大 ε_b。

由于 e_a 与 ε_b 都是向量，所以要用矢量相加所得矢量和的模进行余量计算。

综上分析可知，工序余量的最小值可用以下公式计算：

对于单边余量 $$Z_{\min}=T_a+Rz+H_a+|\boldsymbol{e}_a+\boldsymbol{\varepsilon}_b| \tag{7-4}$$

对于双边余量 $$2Z_{\min}=T_a+2(Rz+H_a)+2|\boldsymbol{e}_a+\boldsymbol{\varepsilon}_b| \tag{7-5}$$

对于研磨、珩磨、超精加工等光整加工工序，此时工序要求主要是进一步降低表面粗糙度值，因此其双边余量为

$$2Z_{\min}=2Rz \tag{7-6}$$

(3) 加工余量的确定

确定加工余量有计算法、经验估计法和查表法三种方法。

1）计算法　在掌握影响加工余量的各种因素的具体数据的条件下，用计算法确定加工余量是比较科学的。可惜目前已经积累的统计资料尚不多，计算有困难，应用较少。

2）经验估计法　加工余量可由一些有经验的工程技术人员或工人根据经验确定。由于主观上有怕出废品的思想，故所估加工余量一般都偏大，此法只用于单件小批生产。

3）查表法　此法以工厂生产实践和试验研究积累的经验为基础，并制订出各种数据表格。确定加工余量时可以此数据为依据，并结合实际加工情况对加工余量加以修正。用查表法确定加工余量较简便，且结果比较接近实际，在生产上应用广泛。

2. 工序尺寸及其公差的确定

确定工序尺寸及其公差时经常涉及工艺基准与设计基准重合、工艺基准与设计基准不重合两种情况。当工艺基准与设计基准不重合时，必须通过工艺尺寸的计算才能得到工序尺寸及其公差（将在本节第 3 部分给出）；在工艺基准与设计基准重合的情况下，当同一表面经过多次加工才能达到图纸尺寸的要求时，其中间工序尺寸只要根据零件图的尺寸加上或减去工序余量就可以得到，即从最后一道工序向前推算得出相应的工序尺寸，一直前推到毛坯尺寸。

现以查表法确定余量以及各加工方法的经济精度和相应公差值，并确定某一箱体零件上孔加工的各工序尺寸和公差。设毛坯为带孔铸件，零件孔要求达到 $\phi100\text{H7}\left(^{+0.035}_{0}\right)$，$Ra$ 值为 0.8 μm，材料为 HT200，其工艺路线为粗镗—半精镗—精镗—精密镗。

根据有关手册查出各工序间的余量和所能达到的经济精度，见表 7-7。

表 7-7　工序尺寸及其偏差　mm

工序名称	工序余量	工序达到的经济精度	工序公称尺寸	工序尺寸及偏差
浮动镗孔	0.1	IT7(H7)	100	$\phi100^{+0.035}_{0}$
精镗孔	0.5	IT8(H8)	100−0.1=99.9	$\phi99.9^{+0.054}_{0}$
半精镗孔	2.4	IT10(H10)	99.9−0.5=99.4	$\phi99.4^{+0.14}_{0}$
粗镗孔	5	IT12(H12)	99.4−2.4=97	$\phi97^{+0.35}_{0}$
毛坯孔	—	IT17	97−5=92	$\phi92^{+2.5}_{-1}$

3. 工艺尺寸的计算

在工艺过程中，为了便于认清加工、测量等原因是否导致出现前述工艺基准与设计基准不重合现象，需要通过尺寸链的一些基本运算规则进行计算。

按尺寸链在空间分布的位置关系，可分为直线尺寸链、平面尺寸链和空间尺寸链。在工艺尺寸链中，直线尺寸链即全部组成环平行于封闭环的尺寸链，直线尺寸链用得最多，故此节主要介绍直线尺寸链在工艺过程中的应用和求解。此处介绍的尺寸链基础知识和计算公式与互换性与

测量技术中的尺寸链相关知识一致。

（1）极值法解工艺尺寸链的基本概念及其计算公式

1）工艺尺寸链的基本概念　以图7-47所示镗活塞销孔为例。图7-47a所示尺寸A_0、A_1、A_2间的关系可以简单地用图7-47b、c所示关系表示。这种互相联系的按一定顺序首尾相接排列的尺寸封闭图就被定义为尺寸链。

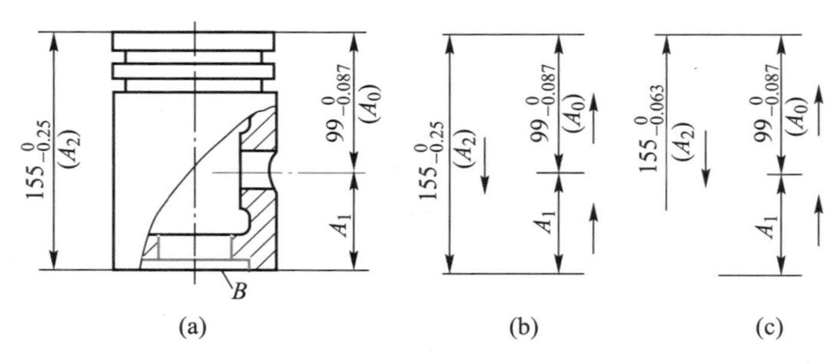

图7-47　定位基准与设计基准不重合时的工序尺寸换算

图中A_1和A_2是在加工过程中直接获得的，尺寸A_0是间接保证的。由此可见，尺寸链的主要特征是：

① 尺寸链由一个间接获得的尺寸和若干个对此有影响的尺寸（即直接获得的尺寸）所组成。

② 各尺寸按一定的顺序首尾相接。

③ 尺寸链必然是封闭的。

④ 直接获得的尺寸的精度都对间接获得的尺寸的精度有影响，因此直接获得的尺寸的精度总是比间接获得的尺寸的精度高。

由上述特征可以定义，在加工过程中直接获得的公称尺寸（图7-47中的A_1、A_2）都是组成环，而在加工过程中间接获得的即加工过程最后自然形成的环（图7-47中A_0）称为封闭环。在组成环中，那些自身增大或减小会使封闭环也随之相应地增大或减小的组成环称为增环，如A_2，而那些自身增大或减小反而使封闭环随之相应地减小或增大的组成环称为减环，如A_1。

尺寸链计算的关键在于在画出正确的尺寸链图后，先正确判断封闭环，其次确定增环和减环。封闭环确定的关键是要紧紧抓住封闭环不具有独立的性质，它随着别的环的变化而变化。封闭环的这一属性，在工艺尺寸链中集中表现为间接获得和加工终了自然形成。增环和减环可以用一个简便方法得到，如图7-47b所示，先给封闭环任意定个方向，然后像电流一样形成回路，给每一个环画出箭头。凡箭头方向与封闭环方向相反者为增环，如A_2，相同者为减环，如A_1。

2）尺寸链的基本计算公式　工艺尺寸链的计算方法有两种：极值法和概率法。在大批量生产中，当各组成环的尺寸分布规律符合正态分布，封闭环的尺寸分布规律也符合正态分布，且尺寸链的环数较多，封闭环精度又要求较高时，往往需要应用概率法计算尺寸链。而极值法的特点是简单、可靠。对于组成环的环数较少，或者环数虽多，但封闭环的公差较大且要求完全互换的场合，生产中一般采用极值法。用极值法解尺寸链的基本计算公式如下。

封闭环的公称尺寸等于增环的公称尺寸之和减去减环的公称尺寸之和，即

$$A_0=\sum_{i=1}^{n}\overrightarrow{A}_i-\sum_{i=n+1}^{m-1}\overleftarrow{A}_i \tag{7-7}$$

封闭环的上极限尺寸等于增环上极限尺寸之和减去减环下极限尺寸之和，即

$$A_{0\max}=\sum_{i=1}^{n}\overrightarrow{A}_{i\max}-\sum_{i=n+1}^{m-1}\overleftarrow{A}_{i\min} \tag{7-8}$$

封闭环的下极限尺寸等于增环下极限尺寸之和减去减环上极限尺寸之和,即

$$A_{0\min} = \sum_{i=1}^{n} \overrightarrow{A}_{i\min} - \sum_{i=n+1}^{m-1} \overleftarrow{A}_{i\max} \tag{7-9}$$

由式(7-8)、式(7-7)等号两边分别相减得

$$ES_{A_0} = \sum_{i=1}^{n} ES_{\overrightarrow{A}_i} - \sum_{i=n+1}^{m-1} EI_{\overleftarrow{A}_i} \tag{7-10}$$

即封闭环的上极限偏差等于增环上极限偏差之和减去减环下极限偏差之和。

由式(7-9)、式(7-7)等号两边分别相减得

$$EI_{A_0} = \sum_{i=1}^{n} EI_{\overrightarrow{A}_i} - \sum_{i=n+1}^{m-1} ES_{\overleftarrow{A}_i} \tag{7-11}$$

即封闭环的下极限偏差等于增环下极限偏差之和减去减环上极限偏差之和。

由式(7-10)、式(7-11)等号两边分别相减得

$$T_{A_0} = \sum_{i=1}^{n} T_{\overrightarrow{A}_i} + \sum_{i=n+1}^{m-1} T_{\overleftarrow{A}_i} = \sum_{i=1}^{m-1} |\xi_i| T_i = \sum_{i=1}^{m-1} T_i \tag{7-12}$$

即封闭环的公差等于组成环公差之和。

式(7-7)~式(7-12)中:A_0——封闭环的公称尺寸;

$\overrightarrow{A}_i$——增环的公称尺寸;

$\overleftarrow{A}_i$——减环的公称尺寸;

$A_{\max}$——上极限尺寸;

$A_{\min}$——下极限尺寸;

ES——上极限偏差;

EI——下极限偏差;

T_{A_0}——封闭环的尺寸公差;

$T_{\overrightarrow{A}_i}$——增环的尺寸公差;

$T_{\overleftarrow{A}_i}$——减环的尺寸公差;

T_i——第 i 组成环的尺寸公差;

n——增环的环数;

m——包括封闭环在内的总环数;

ξ_i——第 i 组成环的传递系数,对直线尺寸链而言,增环的 $\xi_i = 1$,减环的 $\xi_i = -1$。

由式(7-12)可见,封闭环的公差比任何一个组成环的公差都大。为了减小封闭环的公差,就应使尺寸链中组成环数尽量少,这就是尺寸链的最短路线原则。

根据尺寸链计算公式解尺寸链时,常遇到两种类型的问题:

① 已知全部组成环的极限尺寸,求封闭环的极限尺寸,称为正计算问题。这种情况常用于根据初步拟订的工序尺寸及公差,验算加工后的工序尺寸是否符合设计图样的要求以及加工余量是否足够。

② 已知封闭环的极限尺寸,求一个或几个组成环的极限尺寸,称为反计算问题。通常在制定工艺规程时,由于基准不重合而需要进行的尺寸换算就属于这类计算。

(2) 统计法解工艺尺寸链的基本计算公式

机械制造中的尺寸分布多数为正态分布,但也有非正态分布,非正态分布又分为对称分布与不对称分布。

统计法解尺寸链的基本计算公式除包括极限法解直线尺寸链的部分基本公式外，尚有以下两个基本计算公式：

1）封闭环中间偏差

$$\Delta_0 = \sum_{i=1}^{m-1} \xi_i(\Delta_i + e_i T_i/2) \tag{7-13}$$

2）封闭环公差

$$T_0 = \frac{1}{k_0}\sqrt{\sum_{i=1}^{m-1} \xi_i^2 k_i^2 T_i^2} \tag{7-14}$$

式(7-13)、式(7-14)中：e_i——第 i 组成环尺寸分布曲线的不对称系数；

$e_iT_i/2$——第 i 组成环尺寸分布中心相对公差带的偏移量；

k_0——封闭环的相对分布系数；

k_i——第 i 组成环的相对分布系数。

常见尺寸分布曲线的 e 与 k 值见表 7-8。

表 7-8 常见尺寸分布曲线的 e 与 k 值

分布特征	正态分布	三角分布	均匀分布	瑞利分布	偏态分布	
					外尺寸	内尺寸
分布曲线	-3σ 3σ			$e\frac{T}{2}$	$e\frac{T}{2}$	$e\frac{T}{2}$
e	0	0	0	-0.28	0.26	-0.26
k	1	1.22	1.73	1.14	1.17	1.17

（3）几种工艺尺寸链的分析与计算

1）定位基准与设计基准不重合的尺寸换算

例 7-1 如图 7-47 所示的活塞，现欲加工销孔，要求保证活塞销孔的轴线至顶部尺寸 A_0 为 $99_{-0.087}^{\ 0}$ mm，此时设计基准为活塞顶面。为使加工方便，常采用 B 面作定位基准，并按工序尺寸 A_1 加工销孔。此时为了保证尺寸 A_0 的设计要求，应正确换算工序尺寸 A_1 及其极限偏差。

解 首先必须明确，设计尺寸 A_0 虽然已知，但在加工过程中它受到 A_1、A_2 两尺寸变化的影响，不具有独立的性质。随着工序尺寸 A_1、A_2 的获得，A_0 是间接获得的，即为工序中最后自然得到的尺寸，因而 A_0 是封闭环。从封闭环出发，按顺序将尺寸 A_0、A_1、A_2 画成工艺尺寸链简图，如图 7-47b 所示。由画箭头的规则可知，尺寸 A_1 为减环，尺寸 A_2 为增环（由前道工序保证）。根据计算公式可得：

① 计算尺寸 A_1 的公称尺寸

由
$$A_0 = A_2 - A_1$$

得
$$A_1 = A_2 - A_0 = (155-99)\text{ mm} = 56\text{ mm}$$

② 验算封闭环公差

$$T_0 = T_1 + T_2$$

由于 $T_0 = 0.087\text{ mm} < T_2 = 0.25\text{ mm}$，故采用 B 面定位时无法保证封闭环的尺寸精度，为此应提

高前道工序 A_2 的尺寸精度。现把 A_2 尺寸按加工经济精度修正为 $155_{-0.063}^{0}$ mm，修改后的尺寸链简图见图 7-47c。修改后 A_1 尺寸的公差为：

$$T_1 = T_0 - T_2 = (0.087-0.063)\text{ mm} = 0.024\text{ mm}$$

③ 计算尺寸 A_1 的上极限偏差 ES_{A_1}、下极限偏差 EI_{A_1}

由式(7-11)得

$$EI_{A_0} = EI_{A_2} - ES_{A_1}$$

得 $$ES_{A_1} = EI_{A_2} - EI_{A_0} = [-0.063-(-0.087)]\text{ mm} = 0.024\text{ mm}$$

由式(7-10)得

$$ES_{A_0} = ES_{A_2} - EI_{A_1}$$

得 $$EI_{A_1} = ES_{A_2} - ES_{A_0} = 0$$

最后求得工序尺寸 $A_1 = 56_{0}^{+0.024}$ mm。

2）一次加工满足多个设计尺寸要求时工序尺寸及其公差的计算

例 7-2 图 7-48a 所示为齿轮上内孔及键槽的有关尺寸。内孔和键槽的加工顺序如下：

工序 1：镗内孔至 $\phi 39.6_{0}^{+0.062}$ mm。

工序 2：插槽至尺寸 A_1。

工序 3：热处理——淬火。

工序 4：磨内孔至 $\phi 40_{0}^{+0.039}$ mm，同时保证键槽深度为 $43.3_{0}^{+0.2}$ mm。

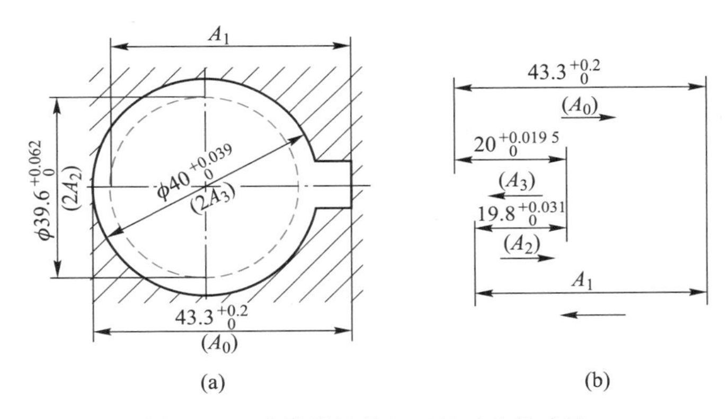

图 7-48 内孔及键槽加工的工艺尺寸链

解 从以上加工顺序可以看出，键槽尺寸 $43.3_{0}^{+0.2}$ mm 是间接保证的，也是在完成工序尺寸 $\phi 40_{0}^{+0.039}$ mm 后自然形成的。所以 $43.3_{0}^{+0.2}$ mm 是封闭环，而 $\phi 39.6_{0}^{+0.062}$ mm 和 $\phi 40_{0}^{+0.039}$ mm 及工序尺寸 A_1 是加工时直接获得的尺寸，为组成环。其工艺尺寸链如图 7-48b 所示（为便于计算，孔磨削前后的尺寸均用半径表示），工序尺寸 A_1、A_3 为增环，A_2 为减环。根据公式计算如下：

① 计算工序尺寸 A_1 的公称尺寸

由式(7-7)得 $$A_0 = A_1 + A_3 - A_2$$

得 $$A_1 = A_0 + A_2 - A_3 = (43.3+19.8-20)\text{ mm} = 43.1\text{ mm}$$

② 计算工序尺寸 A_1 的上极限偏差 ES_{A_1}

由式(7-10)得 $$ES_{A_0} = ES_{A_1} + ES_{A_3} - EI_{A_2}$$

得 $$ES_{A_1} = ES_{A_0} + EI_{A_2} - ES_{A_3} = (0.2+0-0.019\ 5)\text{ mm} = 0.180\ 5\text{ mm}$$

③ 计算工序尺寸 A_1 的下极限偏差 EI_{A_1}

由式(7-11)得 $$EI_{A_0} = EI_{A_1} + EI_{A_3} - ES_{A_2}$$

得　　$$EI_{A_1}=EI_{A_0}+ES_{A_2}-EI_{A_3}=(0+0.031-0)\ \text{mm}=0.031\ \text{mm}$$

最后求得插键槽时的工序尺寸 $A_1=43.1_{+0.031}^{+0.1805}$ mm。

3）为保证渗碳层或渗氮层深度所进行的工序尺寸及其公差的计算

例 7-3　图 7-49a 所示为某轴颈衬套，内孔 $\phi145_{0}^{+0.04}$ mm 的表面需经渗氮处理，渗氮层深度要求为 0.3～0.5 mm（即单边为 $0.3_{0}^{+0.2}$ mm）。其加工顺序如下：

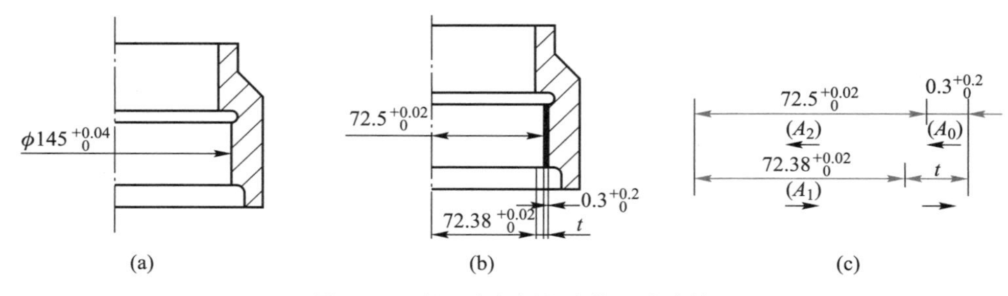

图 7-49　保证渗氮层深度的尺寸计算

工序 1：初磨孔至 $\phi144.76_{0}^{+0.04}$ mm，Ra 值为 0.8 μm。

工序 2：渗氮，渗氮的深度为 t。

工序 3：终磨孔至 $\phi145_{0}^{+0.04}$ mm，Ra 值为 0.8 μm。

并保证渗氮层深度为 0.3～0.5 mm，试求终磨前渗氮层深度 t 及其公差。

解　由图 7-49b、c 可知，工序尺寸 A_1、A_2、t 是组成环，而渗氮深度 $0.3_{0}^{+0.2}$ mm 是加工间接保证的设计尺寸，是封闭环。求解 t 的步骤如下：

由　　$$A_0=A_1+t-A_2$$

得　　$$t=(0.3+72.5-72.38)\ \text{mm}=0.42\ \text{mm}$$

由　　$$ES_{A_0}=ES_{A_1}+ES_t-EI_{A_2}$$

得　　$$ES_t=(0.2+0-0.02)\ \text{mm}=0.18\ \text{mm}$$

由　　$$EI_{A_0}=EI_{A_1}+EI_t-ES_{A_2}$$

得　　$$EI_t=(0+0.02-0)\ \text{mm}=0.02\ \text{mm}$$

即　　$$t=0.42_{+0.02}^{+0.18}\ \text{mm}=0.44_{0}^{+0.16}\ \text{mm}$$

即渗氮工序的渗氮层深度为 0.44～0.6 mm。

通过以上实例，可以将尺寸链计算步骤总结如下：

1）先正确作出尺寸链图。

2）按照加工顺序找出封闭环。

3）分出增环和减环。

4）进行尺寸链计算。

5）尺寸链计算完后，可按封闭环公差等于各组成环公差之和的关系进行校核。

*（4）用工艺尺寸图表追迹法计算工序尺寸和余量

在制定工艺过程或分析现行工艺时，经常会遇到既有定位基准与设计基准不重合的工艺尺寸换算，又有定位基准的多次转换，还有工序余量变化的情况。整个工艺过程中有着较复杂的基准关系和尺寸关系。为了经济合理地完成零件的加工工艺过程，必须制定一套正确而合理的工艺尺寸。在这种情况下，可以应用上述单个尺寸链来逐个解算，也可以用图表追迹法（method of traces)或称公差表法(tolerrance charts)综合求出。下面结合具体例子来说明工艺尺寸的图表追迹法。

例 7-4 图 7-50 表示一个套类零件及轴向设计尺寸,毛坯是铸铁件,有关轴向表面的工艺过程(图 7-51)如下:

工序 1:① 以大端面 A 定位,车小端面 D,保证全长工序尺寸为 $A_1\pm\frac{1}{2}T_{A_1}$(留余量 3 mm);② 车小外圆到 B,保证长度 $40_{-0.2}^{\ 0}$ mm。

工序 2:① 以小端面 D 定位,精车大端面 A,保证全长工序尺寸为 $A_2\pm\frac{1}{2}T_{A_2}$(留磨削余量 0.2 mm);② 镗大孔,保证到 C 面的孔深工序尺寸为 $A_3\pm\frac{1}{2}T_{A_3}$。

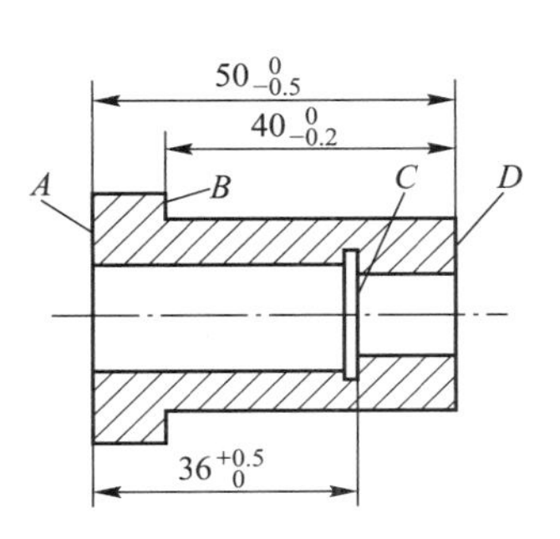

图 7-50 套筒零件简图

工序 3:以小端面 D 定位,磨大端面 A,保证全长尺寸为 $A_4=50_{-0.5}^{\ 0}$ mm。

要求确定工序尺寸 A_1、A_2、A_3 和 A_4 及其公差,并验算磨削余量 Z_3。

解 分析上述工艺过程可知:设计尺寸 $36_{\ 0}^{+0.5}$ mm 是间接保证的,它是工艺尺寸链的封闭环;与设计尺寸 $36_{\ 0}^{+0.5}$ mm 有关的工序尺寸 A_3 是一种含有工序余量 Z_3 的工序尺寸;磨削余量 Z_3,既是直接获得的 A_2、A_4 的封闭环,又是封闭环 $36_{\ 0}^{+0.5}$ mm 的组成环,实际磨削量的大小会影响 $36_{\ 0}^{+0.5}$ mm的精度。解算这类较复杂的工序尺寸可以应用图表追迹法。

用工序尺寸图表追迹法解算工序尺寸的方法及步骤为:

1) 作图表

① 按适当的比例画出工件简图。

② 填写工艺过程及工序公称余量。

③ 利用图例符号标定各工序的定位基准、度量基准、加工表面、工序尺寸和加工终结尺寸线(及设计尺寸线)。

④ 由终结尺寸线或加工余量的两端分别向上作迹线,当遇到箭头时就沿箭头拐弯,经该尺寸线到末端黑圆点后继续垂直向上(或向下)追迹,直至两条追迹路线汇合封闭为止。图 7-51 中虚线就是以终结尺寸 $36_{\ 0}^{+0.5}$ mm 为封闭环向上追迹所列出的一个尺寸链,如图 7-51b 所示。采用同样的方法,可以列出所有的以设计尺寸或加工余量为封闭环的尺寸链,如图 7-51c、d 所示。

⑤ 为计算方便,采用双向对称偏差标注尺寸,此处设计尺寸应改标为:

$$50_{-0.5}^{\ 0}\ \text{mm}=(49.75\pm0.25)\ \text{mm}$$

$$40_{-0.2}^{\ 0}\ \text{mm}=(39.90\pm0.10)\ \text{mm}$$

$$36_{\ 0}^{+0.5}\ \text{mm}=(36.25\pm0.25)\ \text{mm}$$

2) 计算工序尺寸及公差

① 分配封闭环公差 由图 7-51b 知

$$A_0=36.25\ \text{mm}=A_3+A_4-A_2$$

把封闭环(36.25±0.25)mm 的公差值按式(7-12)分配给组成环 A_2、A_3 和 A_4,现取

$$\pm\frac{1}{2}T_{A_2}=\pm0.1\ \text{mm},\pm\frac{1}{2}T_{A_3}=\pm0.1\ \text{mm},\pm\frac{1}{2}T_{A_4}=\pm0.05\ \text{mm}$$

② 计算工序尺寸的公称尺寸 按对称偏差的标注方法,先取零件图设计尺寸 $50_{-0.5}^{\ 0}$ mm 的平

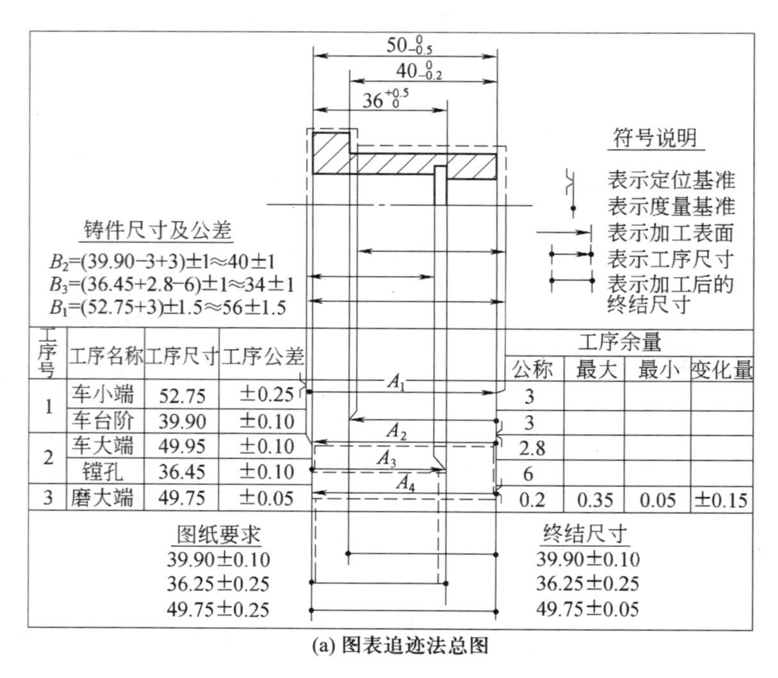

工序号	工序名称	工序尺寸	工序公差	工序余量公称	最大	最小	变化量
1	车小端	52.75	±0.25	3			
	车台阶	39.90	±0.10	3			
2	车大端	49.95	±0.10	2.8			
	镗孔	36.45	±0.10	6			
3	磨大端	49.75	±0.05	0.2	0.35	0.05	±0.15

图纸要求	终结尺寸
39.90±0.10	39.90±0.10
36.25±0.25	36.25±0.25
49.75±0.25	49.75±0.05

(a) 图表追迹法总图

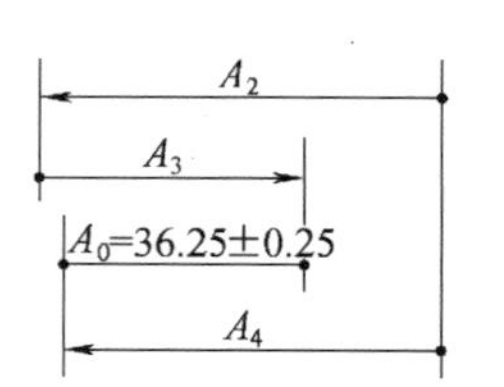

(b) 以终结尺寸$36_{\ 0}^{+0.5}$为封闭环追迹得到的尺寸链

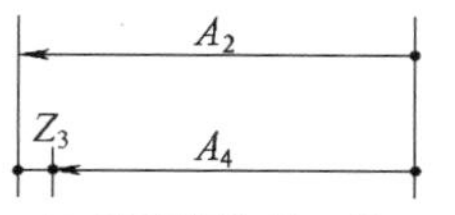

(c) 以磨削余量Z_3为封闭环追迹得到的尺寸链

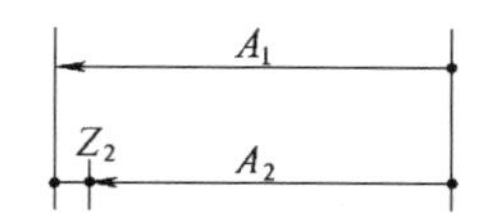

(d) 以车大端面余量Z_2为封闭环追迹得到的尺寸链

图 7-51　工序尺寸图表追迹法

均尺寸为工序尺寸 A_4 的公称尺寸

$$A_4 = 49.75\ \text{mm}$$

由图 7-51c 求得 A_2 的公称尺寸

$$A_2 = (49.75+0.2)\ \text{mm} = 49.95\ \text{mm}$$

由图 7-51d 求得 A_1 的公称尺寸

$$A_1 = (49.95+2.8)\ \text{mm} = 52.75\ \text{mm}$$

由图 7-51b 求得 A_3 的公称尺寸

$$A_3 = A_0 + A_2 - A_4 = (36.25+49.95-49.75)\ \text{mm} = 36.45\ \text{mm}$$

③ 填写工序尺寸及公差　按双向对称偏差标注，必要时也可标成单向入体偏差，如下式右端括号内所注；A_1 公差按粗车的经济精度取$\pm\frac{1}{2}T_{A_1}=\pm0.25$ mm 得

$$A_1 \pm \frac{1}{2}T_{A_1} = (52.75\pm0.25)\ \text{mm}\quad（即\ 53_{-0.5}^{\ 0}\ \text{mm}）$$

$$A_2 \pm \frac{1}{2}T_{A_2} = (49.95\pm0.10)\ \text{mm}\quad（即\ 50.05_{-0.2}^{\ 0}\ \text{mm}）$$

$$A_3 \pm \frac{1}{2}T_{A_3} = (36.45\pm0.10)\ \text{mm}\quad（即\ 36.35_{\ 0}^{+0.2}\ \text{mm}）$$

$$A_4 \pm \frac{1}{2}T_{A_4} = (49.75\pm0.05)\ \text{mm}\quad（即\ 49.8_{-0.1}^{\ 0}\ \text{mm}）$$

3）验算

① 验算封闭环　按平均尺寸与双向对称偏差验算，由图 7-51b 知

$$A_0 \pm \frac{1}{2}T_{A_0} = \left(A_3 \pm \frac{1}{2}T_{A_3}\right) + \left(A_4 \pm \frac{1}{2}T_{A_4}\right) - \left(A_2 \pm \frac{1}{2}T_{A_2}\right)$$

$$= [(36.45 \pm 0.10) + (49.75 \pm 0.05) - (49.95 \pm 0.10)]\ \text{mm}$$

$$= (36.25 \pm 0.25)\ \text{mm} = 36^{+0.5}_{0}\ \text{mm}$$

符合零件图上设计尺寸 $36^{+0.5}_{0}$ mm 的要求。

② 验算工序余量　工序 3 中已参照手册资料和现场生产经验取公称磨削余量 $Z_3 = 0.2$ mm，由图 7-51c 知 Z_3 为 A_2 和 A_4 的封闭环，可直接利用图 7-51c 的尺寸链验算工序余量 Z_3。

公称磨削余量

$$Z_3 = A_2 - A_4 = (49.95 - 49.75)\ \text{mm} = 0.2\ \text{mm}$$

磨削余量的变化量

$$\pm \frac{1}{2}T_{Z_3} = \left(\pm \frac{1}{2}T_{A_2}\right) + \left(\pm \frac{1}{2}T_{A_4}\right) = [(\pm 0.10) + (\pm 0.05)]\ \text{mm} = \pm 0.15\ \text{mm}$$

最大磨削余量

$$Z_{3\max} = (0.2 + 0.15)\ \text{mm} = 0.35\ \text{mm}$$

最小磨削余量

$$Z_{3\min} = (0.2 - 0.15)\ \text{mm} = 0.05\ \text{mm}$$

可见磨削余量是安全的（$Z_{3\min} > 0$），也较合理（$Z_{3\max}$不太大）。经过以上验算后，工序尺寸及偏差可以完全确定。

4）推算毛坯尺寸　利用图 7-51a 的工件简图，向下画毛坯轴向轮廓线的延长线，并取工序 1 中的小端面的粗车余量、台阶面的粗车余量均为 3 mm。工序 2 镗孔时 A_3 的毛坯余量为 6 mm，再参照毛坯的有关手册选取毛坯公差，标注成上、下极限偏差形式，经圆整后可得

$B_2 = (39.90 - 3 + 3)\ \text{mm} \approx 40\ \text{mm}$，　　标为（40±1）mm

$B_3 = (36.45 + 2.8 - 6)\ \text{mm} \approx 33\ \text{mm}$，　　标为（34±1）mm

$B_1 = (52.75 + 3)\ \text{mm} \approx 56\ \text{mm}$，　　标为（56±1.5）mm

7.3.4　时间定额

时间定额是指在一定生产条件下规定生产一件产品或完成一道工序所需消耗的时间。时间定额是安排作业计划、进行成本核算的重要依据，也是设计或扩建工厂（或车间）时计算设备和工人数量的依据。

时间定额规定得过紧会影响生产工人的劳动积极性和创造性，并容易诱发忽视产品质量的倾向；时间定额规定得过松就起不到指导生产和促进生产发展的积极作用。合理制定时间定额对保证产品加工质量，提高劳动生产率，降低生产成本具有重要意义。

时间定额由以下几个部分组成。

1）基本时间 t_m　直接改变生产对象的尺寸、形状、性能和相对位置关系的时间称为基本时间。对切削加工、磨削加工而言，基本时间就是去除加工余量所消耗的时间，可按下式计算：

$$t_m = \frac{l + l_1 + l_2}{nf} i \tag{7-15}$$

式中：i——Z/a_p，其中 Z 为加工余量，单位为 mm，a_p 为背吃刀量，单位为 mm。

n——机床主轴转速，$n=1\,000v/\pi D$，单位为 r/min；其中 D 为加工直径，单位为 mm；v 为切削速度，单位为 m/min。

f——进给量，mm/r。

l——加工长度，mm。

l_1——刀具切入长度，mm。

l_2——刀具切出长度，mm。

2）辅助时间 t_a　为配合基本工艺工作完成各种辅助动作所消耗的时间。例如装卸工件、开停机床、改变切削用量、测量加工尺寸、引进或退回刀具等动作所消耗的时间都是辅助时间。

确定辅助时间的方法与零件生产类型有关。在大批量生产中，为使辅助时间规定得合理，须将辅助动作进行分解，然后通过实测或查表求得各分解动作时间，再累积相加；在中小批量生产中，一般用基本时间的百分比估算辅助时间。

基本时间与辅助时间的总和称为作业时间。

3）布置工作地时间 t_s　为使加工正常进行，照管工作地（例如更换刀具、润滑机床、清理切屑、收拾工具等）所消耗的时间称为布置工作地时间，又称工作地点服务时间。一般按作业时间的 2%～7%估算。

4）休息和生理需要时间 t_r　工人在工作班内为恢复体力和满足生理需要所消耗的时间，一般按作业时间的 2%估算。

5）单件时间 t_p　单件时间 t_p 是以上四部分时间的总和，即

$$t_p=t_m+t_a+t_s+t_r \tag{7-16}$$

6）准备与终结时间 t_{be}　在成批生产中，每加工一批工件的开始和终了，工人需做以下工作：加工一批工件前熟悉工艺文件、领取毛坯材料、领取和安装刀具和夹具、调整机床及工艺装备等；在加工一批工件终了时，拆下和归还工艺装备、送交成品等。工人为生产一批工件进行准备和结束工作所消耗的时间称为准备与终结时间 t_{be}。设一批工件的数量为 n，则分摊到每个工件上的准备与终结时间为 t_{be}/n。将这部分时间加到单件时间 t_p 上即为单件计算时间 t_{pc}

$$t_{pc}=t_p+\frac{t_{be}}{n} \tag{7-17}$$

7.3.5　工艺方案的经济分析

制定某一零件的机械加工工艺规程时，在同样能满足被加工零件各项技术要求以及产品交货期的条件下，经技术分析一般都可以拟订出几种不同的工艺方案。有些工艺方案的生产准备周期短、生产效率高、产品上市快，但设备投资较大；另外一些工艺方案的设备投资较少，但生产效率偏低。不同的工艺方案有不同的经济效果。为了选取在给定生产条件下最为经济合理的工艺方案，必须对各种不同的工艺方案进行经济分析。

所谓经济分析就是通过比较各种不同工艺方案的生产成本，选出其中最为经济的工艺方案。生产成本包括两部分费用，一部分费用与工艺过程直接有关，另一部分费用与工艺过程不直接有关（例如行政人员工资、厂房折旧费、照明费、采暖费等）。与工艺过程直接有关的费用称为工艺成本，工艺成本占零件生产成本的 70%～75%。对工艺方案进行经济分析时，只要分析与工艺过程直接有关的工艺成本即可。因为在同一生产条件下与工艺过程不直接有关的费用基本上是相等的。

1. 工艺成本的组成及计算

工艺成本由可变成本与不变成本两部分组成。可变成本与零件的年产量有关，它包括材料费（或毛坯费）、机床工人工资、通用机床和通用工艺装备的维护折旧费等。不变成本与零件的年产量无关，它包括专用机床、专用工艺装备的维护折旧费等。专用机床、专用工艺装备为加工某一工件所用，不能用来加工其他工件，且其折旧年限是一定的，因此专用机床、专用工艺装备的费用与零件的年产量无关。

零件加工全年工艺成本 S 与单件工艺成本 S_t 可用下式表示：

$$S=VN+C \tag{7-18}$$

$$S_t=V+\frac{C}{N} \tag{7-19}$$

式中：N——零件年产量；

V——可变成本；

C——不变成本。

图 7-52、图 7-53 分别给出了全年工艺成本 S 与单件工艺成本 S_t 与零件年产量 N 的关系图。S 与 N 呈直线变化关系，见图 7-52。全年工艺成本的变化量 ΔS 与年产量的变化量 ΔN 呈正比关系。S_t 与 N 呈双曲线变化关系，如图 7-53 所示。A 区相当于设备负荷很低的情况，此时若 N 略有变化，S_t 就变动很大；而在 B 区，情况则不同，即使 N 变化很大，S_t 的变化亦不大，不变成本 C 对 S_t 的影响很小，这相当于大批量生产的情况。在数控加工和计算机辅助制造条件下，全年工艺成本 S 随零件年产量 N 的变化率与单件工艺成本 S_t 随零件年产量 N 的变化率都将减缓，尤其在零件年产量 N 取值较小时，此种减缓趋势更为明显。

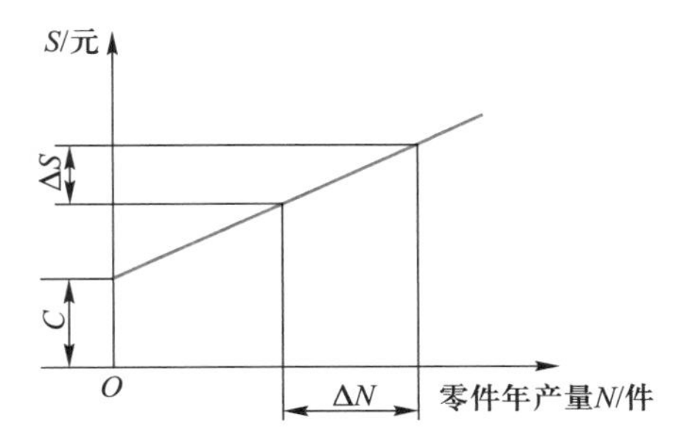

图 7-52 全年工艺成本 S 与零件年产量 N 的关系

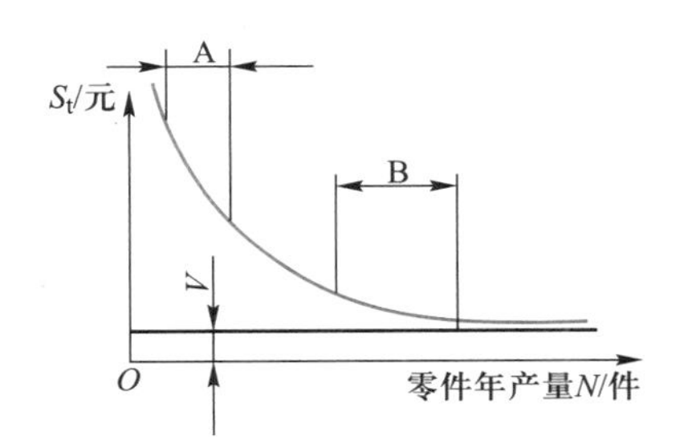

图 7-53 单件工艺成本 S_t 与零件年产量 N 的关系

2. 工艺方案的经济评比

对几种不同工艺方案进行经济评比时，一般可分为以下两种情况：

（1）当需评比的工艺方案均采用现有设备或其基本投资相近时，可用工艺成本评比各方案经济性的优劣。

1）当两工艺方案中少数工序不同、多数工序相同时，可通过计算不同工序的单件工序成本 S_{t1} 与 S_{t2} 进行评比，有

$$S_{t1}=V_1+\frac{C_1}{N}$$

$$S_{t2}=V_2+\frac{C_2}{N}$$

当年产量 N 为一定数时,可根据上式直接计算出 S_{t1} 与 S_{t2}。若 $S_{t1}>S_{t2}$,则方案 2 为可选方案。若年产量 N 为一变量时,则可根据上式作出曲线进行比较,如图 7-54 所示。当年产量 N 小于临界产量 N_k 时,方案 2 为可选方案;当年产量 N 大于 N_k 时,方案 1 为可选方案。

2) 两加工方案中,当多数工序不同、少数工序相同时,以该零件加工全年工艺成本 S_1 和 S_2 进行比较。

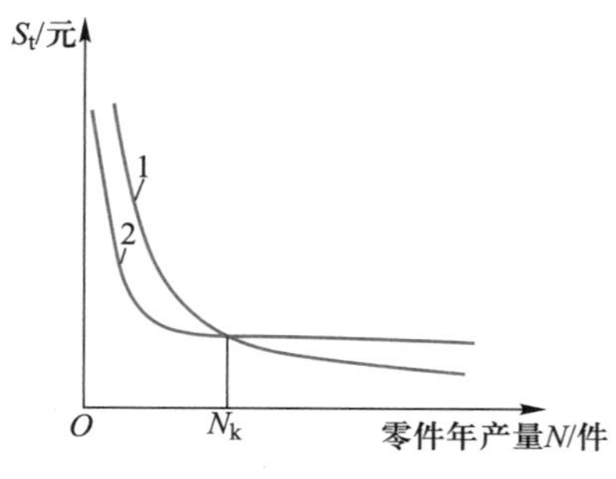

图 7-54　单件工艺成本比较图

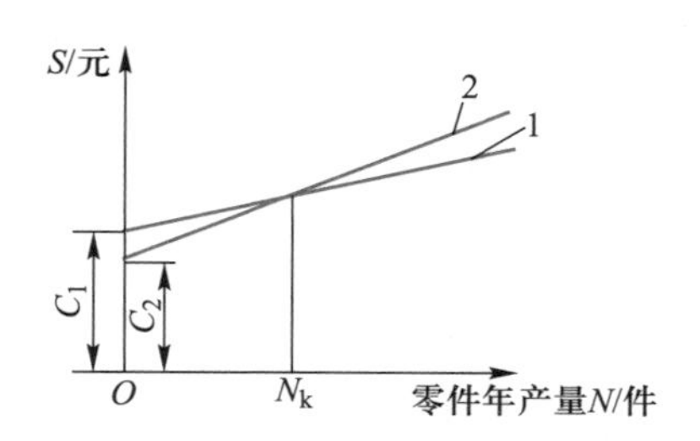

图 7-55　全年工艺成本比较图

当零件年产量 N 为一定数时,可根据上式直接算出 S_1 及 S_2。若 $S_1>S_2$,则方案 2 为可选方案。当零件年产量 N 为变量时,可根据式(7-18)作图比较,如图 7-55 所示。由图可知,当 $N<N_k$ 时,方案 2 的经济性好;当 $N>N_k$ 时,方案 1 的经济性好。当 $N=N_k$ 时,$S_1=S_2$,即有 $N_kV_1+C_1=N_kV_2+C_2$,所以

$$N_k=\frac{C_2-C_1}{V_1-V_2} \tag{7-20}$$

(2) 当两种工艺方案的基本投资差额较大时,则在考虑工艺成本的同时,还要考虑基本投资差额的回收期限。

若方案 1 采用了价格较高的先进专用设备,基本投资 K_1 大,工艺成本 S_1 稍高,但生产准备周期短,产品上市快;方案 2 采用了价格较低的一般设备,基本投资 K_2 少,工艺成本 S_2 稍低,但生产准备周期长,产品上市慢。这时如单纯比较其工艺成本是难以全面评定其经济性的,必须同时考虑不同工艺方案的基本投资差额的回收期限。投资回收期限 T 可用下式求得:

$$T=\frac{K_1-K_2}{(S_2-S_1)+\Delta Q}=\frac{\Delta K}{\Delta S+\Delta Q} \tag{7-21}$$

式中:ΔK——基本投资差额;

ΔS——全年工艺成本节约额;

ΔQ——由于采用先进设备促使产品上市快,工厂从产品销售中取得的全年增收总额。

投资回收期限必须满足以下要求:

1) 回收期限应小于专用设备或工艺装备的使用年限。

2) 回收期限应小于该产品由结构性能或市场需求因素所决定的生产年限。

3) 回收期限应小于国家所规定的标准回收期,专用工艺装备的标准回收期为 2~3 年,专用机床的标准回收期为 4~6 年。

在决定工艺方案的取舍时,一定要做经济分析,但算经济账不能只算小账不算大账。如某一工艺方案虽然投资较大,工件的单件工艺成本也许相对较高,但若能使产品快速上市,工厂可以从中取得较大的经济收益。从工厂整体经济效益分析,选取该工艺方案加工仍是可行的。

7.3.6　工艺文件的编制

在运用前述知识确定机械加工工艺过程以后，应以表格或卡片的形式将其规定下来，用于生产准备，生产、工艺管理及指导工人操作。常用的工艺文件有以下几种：

(1) 机械加工工艺过程卡片

机械加工工艺过程卡片以工序为单位，主要列出零件加工的工艺路线和工序内容的概况，指导零件加工的流向。这种卡片由于各工序的说明不够具体，故一般不能用于指导工人操作，而只供生产技术准备、编制作业计划等生产管理方面的人员使用。

在单件小批生产中，通常不编制其他较详细的工艺文件，而以这种卡片指导生产。该卡片的格式见表 7-9。

表 7-9　机械加工工艺过程卡片

	机械加工工艺过程卡片	产品型号		零件图号			
		产品名称		零件名称		共　页	第　页

材料牌号		毛坯种类		毛坯外形尺寸		每毛坯可制件数		每台件数		备注	

	工序号	工序名称	工序内容	车间	工段	设备	工艺装备	工时	
								准终	单件
描图									
描校									
底图号									
装订号									

											设计（日期）	审核（日期）	标准化（日期）	会签（日期）	
	标记	处数	更改文件号	签字	日期	标记	处数	更改文件号	签字	日期					

(2) 机械加工工艺卡片

机械加工工艺卡片以工序为单位，除详细说明零件的机械加工工艺过程外，还具体表示各工序、工步的顺序和内容。它是用来指导工人操作、帮助车间技术人员掌握整个零件加工过程的一种最主要的工艺文件，广泛用于成批零件生产和小批重要零件生产中。其格式见表 7-10。

表 7-10 机械加工工艺卡片

	机械加工工艺卡片		产品型号		零件图号				
			产品名称		零件名称		共 页	第 页	

材料牌号		毛坯种类		毛坯外形尺寸		每毛坯可制作数		每台件数		备注	

工序	装夹	工步	工序内容	同时加工零件数	切削用量				设备名称及编号	工艺装备名称及编号			技术等级	时间定额	
					背吃刀量/mm	切削速度/(m/min)	每分钟转数或往复次数	进给量/mm 或(mm/双行程)		夹具	刀具	量具		准终	单件

									设计(日期)	审核(日期)	标准化(日期)	会签(日期)	
标记	处数	更改文件号	签字	日期	标记	处数	更改文件号	签字	日期				

(3)机械加工工序卡片

机械加工工序卡片是根据工艺卡片中的每一道工序制定的。工序卡片中详细地标识了该工序的加工表面、工序尺寸、公差、定位基准、装夹方式、刀具、工艺参数等信息，绘有工序简图和有关工艺内容的符号，是指导工人进行操作的一种工艺文件，主要用于大批量生产或成批较重要零件的生产中。其格式见表 7-11。

合理的工艺规程是依据工艺理论和必要的工艺试验以及广大技术人员、工人在本单位充分实践的过程中制定出来的。严格按工艺规程组织生产，既是一条严肃的工艺纪律，又是保证产品质量、稳定生产秩序的一个重要条件。它是组织生产和管理工作的基本依据，是新建和扩建工厂或车间的基本资料。具体拟定时，除前述的许多工作外，还涉及机床、工艺装备、切削参数的选择等。制定时可根据基本规范，通过本书的有关章节、有关手册查阅。

7.3.7 典型零件加工工艺规程分析

套筒类零件的加工工艺规程

对典型、中等复杂程度的零件运用以上各章节所学的知识，制定出相对合理的机械加工工艺规程，将有助于学好本课程，提高综合分析问题的能力。必须指出，零件的工艺规程制定因人、因时、因工作地所处实际条件的不同都会有所不同，本节所给的轴类、箱体类和套筒类零件的工艺规程编制，仅起一个示范作用。限于篇幅，套筒类零件的加工工艺规程可扫描二维码进行学习。

表 7-11 机械加工工序卡片

	机械加工工序卡片	产品型号		零件图号			
		产品名称		零件名称		共 页	第 页

车间	工序号	工序名称	材料牌号
毛坯种类	毛坯外形尺寸	每毛坯可制件数	每台件数
设备名称	设备型号	设备编号	同时加工件数

夹具编号	夹具名称	切削液	
工位器具编号	工位器具名称	工序工时	
		准终	单件

	工步号		工步内容	工艺设备	主轴转速/(r/min)	切削速度/(m/min)	进给量/(mm/r)	切削深度/mm	进给次数	工步工时	
										机动	辅助
描图											
描校											
底图号											
装订号											

										设计（日期）	审核（日期）	标准化（日期）	会签（日期）	
标记	处数	更改文件号	签字	日期	标记	处数	更改文件号	签字	日期					

1. 轴类零件加工

轴类零件一般分为光滑轴、阶梯轴、空心轴和异形轴（曲轴、齿轮轴、十字轴等）四类。当其长径比（L/D）大于 12 时又称为细长轴（或挠性轴）。轴上的加工表面主要有内外圆柱面、内外圆锥面、螺纹、花键、键槽等。

轴类零件一般在机器中起支承传动零件、传递转矩、承受载荷的作用。对于机床主轴，它把旋转运动和转矩通过主轴端部的夹具传递给工件或刀具，因此它除了具备对一般轴的要求外，还必须具有很高的扭转和弯曲刚度。

（1）轴类零件的技术要求分析

以图 7-56 所示 CA6140 型卧式车床主轴结构为例进行介绍。由图可见由于主轴跨距较大，故采用前后支承为主、中间支承为辅的三支承结构。三处支承轴颈是主轴部件的装配基准，主轴

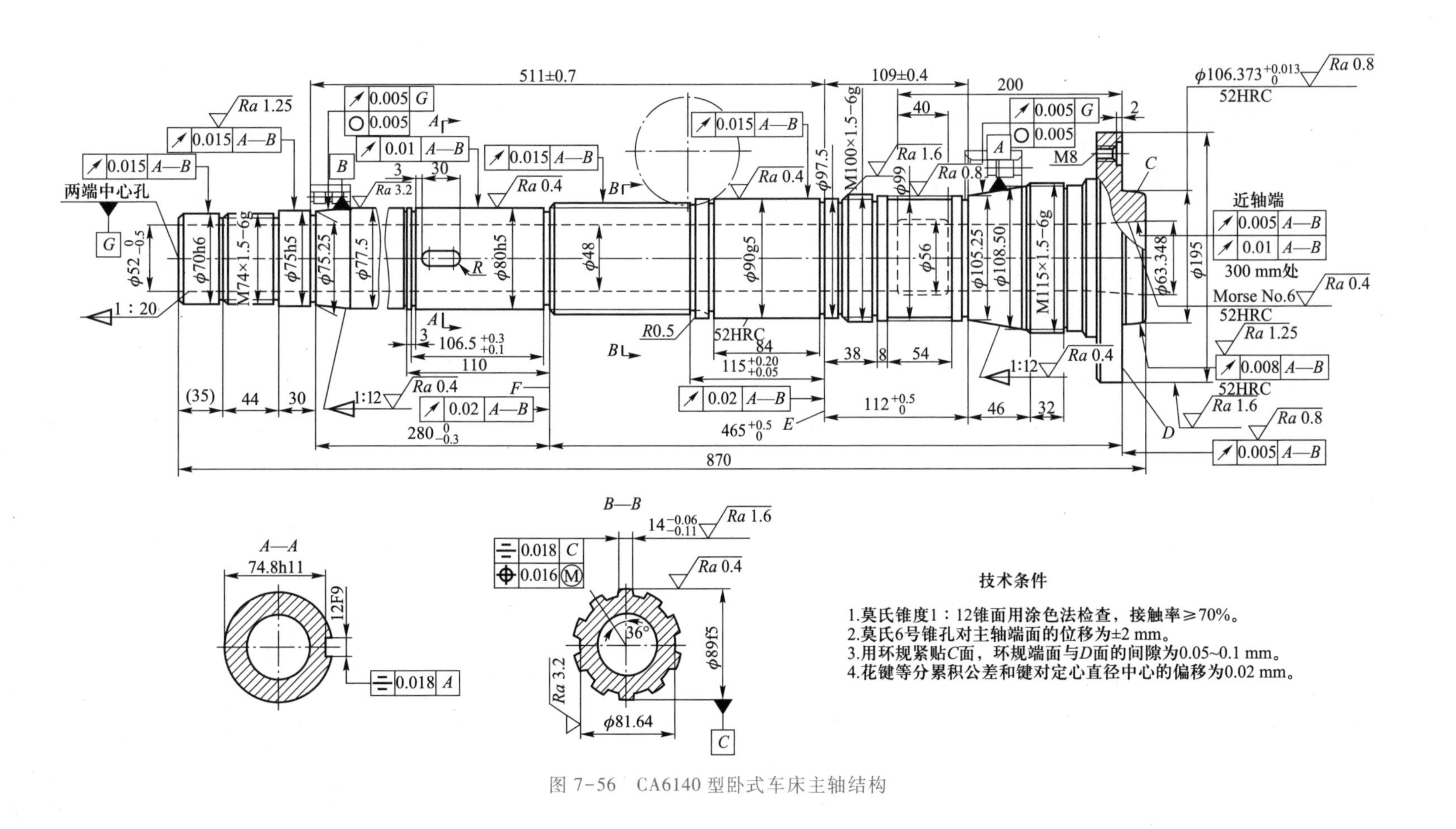

技术条件

1.莫氏锥度1：12锥面用涂色法检查，接触率≥70%。
2.莫氏6号锥孔对主轴端面的位移为±2 mm。
3.用环规紧贴C面，环规端面与D面的间隙为0.05~0.1 mm。
4.花键等分累积公差和键对定心直径中心的偏移为0.02 mm。

图 7-56　CA6140 型卧式车床主轴结构

支承轴颈的同轴度误差会引起主轴的径向跳动，中间轴颈的同轴度误差会影响传动齿轮的传动精度和传动平稳性，所以，它的制造精度直接影响主轴部件的回转精度以及零件的加工质量。本例中主轴前、后支承轴颈 *A* 和 *B* 的圆度公差为 0.005 mm，径向圆跳动公差为 0.005 mm，两支承轴颈的 1 : 12 锥面的接触率≥70%，包括中间支承在内的支承轴颈直径按公差等级 IT5～IT6 制造，表面粗糙度 *Ra* 值≤0.63 μm。

主轴锥孔用于安装顶尖或工具的莫氏锥柄，其轴线必须与支承轴颈 *A* 和 *B* 的公共轴线严格同轴，否则将影响机床精度，使被加工工件产生同轴度误差。本例中主轴锥孔（莫氏 6 号锥孔）对前、后支承轴颈 *A* 和 *B* 的径向圆跳动公差，近轴端为 0.005 mm，离轴端 300 mm 处为0.01 mm；锥面的接触率≥70%，表面粗糙度 *Ra* 值≤0.63 μm；硬度为 48～50HRC。

主轴前端圆锥面和端面是安装卡盘的定位基准面，该锥面必须与支承轴颈公共轴线同轴，端面应与支承轴颈公共轴线垂直，才能确保卡盘的定心精度。因此，短锥 *C*、端面 *D* 对支承轴颈 *A* 和 *B* 也给出了相应的技术要求，具体几何公差、精度等要求见图 7-56。

若主轴螺纹表面中心线与支承轴颈中心线歪斜，则会使主轴部件装配上锁紧螺母后产生端面跳动，导致轴承内圈轴线倾斜，从而引起主轴的径向圆跳动。因此在加工主轴螺纹时，必须控制其中心线与支承轴颈 *A* 和 *B* 的同轴度。

主轴轴向定位面与主轴回转轴线若不垂直，将会使主轴产生周期性轴向窜动。当加工工件的端面时，将影响工件端面的平面度精度及其对轴线的垂直度精度，加工螺纹时会造成螺距误差。

其次需考虑轴的耐磨性、抗振性、尺寸稳定性以及在高变载荷作用下所具有的抗疲劳强度等。

（2）轴类零件材料、毛坯和热处理

一般轴类零件常用 45 钢，并根据不同的工作条件采用不同的热处理工艺（如正火、调质、淬火等），以获得一定的强度和较好的韧性和耐磨性。中等精度而转速较高的零件，一般选用 40Cr 等牌号的合金结构钢，这类钢的淬透性好，经调质和表面淬火处理后具有较好的综合力学性能。精密度较高的轴有时还用轴承钢 GCr15 和弹簧钢 65Mn 等材料，这类材料经调质和表面淬火处理后，具有较高的抗疲劳强度和较好的耐磨性。高转速、重载荷等条件下工作的轴，一般选用 20CrMnTi、20Mn2B、20Cr 等渗碳钢或 38CrMoAlA 渗氮钢。低碳合金钢经渗碳淬火处理后，具有较高的表面硬度、耐冲击韧度，但热处理变形较大，渗碳淬火前要留有足够的余量。而渗氮钢经调质和表面渗氮后，有优良的耐磨性、抗疲劳性和韧性。渗氮钢的热处理变形很小，渗氮层的厚度也较小。

当轴的轴颈表面处于滑动摩擦配合时，一般要求具有较好的耐磨性。当其采用滚动轴承时，轴颈表面耐磨性要求可比滑动摩擦配合情况低些。同样采用滑动轴承时，使用较硬的轴瓦材料（锡青铜、钢套等）比使用较软的轴瓦材料（如巴氏合金）所要求的轴颈表面硬度高。其次一些定位表面、经常拆卸表面，也要求有一定的耐磨性，以维持零件工作寿命。

轴类零件一般以棒料为主。只有某些大型、结构复杂的轴在工作条件允许的情况下才用铸件（如曲轴）；重要轴、高速轴都必须采用锻件。其中单件小批量生产采用自由锻，大批量生产宜采用模锻。

表 7-12 给出了主轴的材料及热处理工艺，供读者设计轴类零件工艺规程时参考。

（3）工艺过程特点

1）定位基准　主轴加工过程中常以加工表面的设计基准（中心孔）为精基准，且在加工的各阶段反复修正中心孔，不断提高基准精度。此种工艺采用基准重合、基准统一原则。若为空心轴，

表 7-12 主轴的材料及热处理工艺

主轴类别	材料	预备热处理工艺	最终热处理工艺	表面硬度 HRC
车床主轴 铣床主轴	45 钢	正火或调质	局部加热淬火后回火	45~52
外圆磨床砂轮轴	65Mn	调质	高频加热淬火后回火	45~50
专用车床主轴	40Cr	调质	局部加热淬火后回火	52~55
齿轮磨床主轴	18CrMnTi	正火	渗碳淬火后回火	58~63
卧式镗床主轴,精密外圆磨床砂轮轴	38CrMoAlA	调质、消除应力处理	渗氮	65 以上

需解决深孔加工(后述)和定位问题,此时常采用外圆表面定位加工内孔、内孔定位加工外圆的互为基准原则。必要时可借用锥堵(图 7-57),仍使用顶尖孔定位。如此内孔、外圆互为基准反复加工,有力地保证了内孔、外圆的同轴度精度。

2)深孔加工　为减小零件变形,轴类零件尤其是机床主轴的深孔加工一般在工件调质后进行。它比一般孔的加工要困难得多,必须采用特殊的钻头、设备和加工方法,需解决好工具引导、顺利排屑和充分冷却润滑三大问题。为此可采取下列措施:

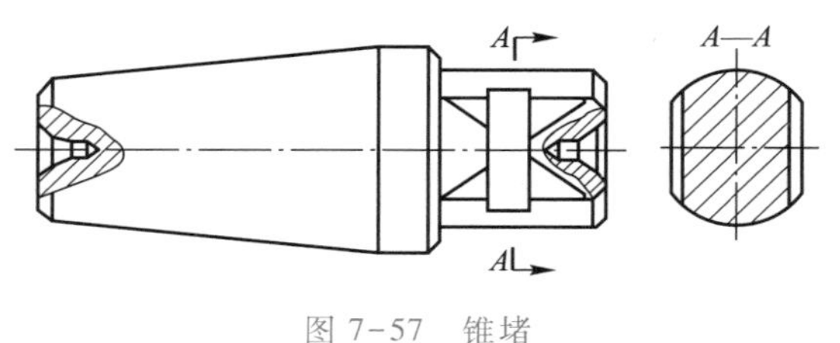

图 7-57 锥堵

① 工件做回转运动,钻头做进给运动,使钻头具有自动定心的能力。

② 采用性能优良的深孔钻削系统,如内排式深孔钻、枪钻等。

③ 在工件上用刚性好的刀具预先加工 1 个直径相当的导向孔,其深度为钻头直径的 1~1.5 倍,尺寸精度不低于 IT7。

④ 大量输送具有一定压力的冷却介质,加快刀具冷却,带动切屑排出。

3)细长轴的加工　可采取下列措施:

① 工件装在前后顶尖上,且顶尖不能顶得太紧或太松,防止工件受热伸长时因受挤压而弯曲变形,或因松动而影响加工精度。

② 工件亦可装在三爪自定心卡盘和后顶尖上,此时宜采用弹簧顶尖,以免工件受热伸长受阻。

③ 由于细长轴刚性差,可采用大的主偏角;采用反向车削,使工件轴向受拉;采用中心架或跟刀架,以增加工艺系统刚度。

④ 采用大前角、正的刃倾角,充分使用切削液。在细长轴左端缠绕一圈钢丝,然后三爪自定心卡盘夹在钢丝上,以减少接触面积,消除过定位,避免工件应力产生。

(4)大批量生产 CA6140 型卧式车床主轴加工工艺过程(表 7-13)

参照表 7-4 推荐的外圆加工方案和表 7-1 外圆加工方法制定了表 7-13,表 7-13 中 CA6140 型卧式车床主轴加工工艺过程可分为三个阶段:粗加工阶段,涉及工序1~8,包括毛坯处理(工序 1~3)、粗加工(工序 4~8);半精加工阶段,涉及工序 9~16,包括半精加工前的热处理(工序 9)、半精加工(工序 10~16);精加工阶段,涉及工序 18~31,包括精加工前的热处理(工序 18)、精加工前的各种加工(工序 19~26)、精加工(工序 27~31)。需要注意的是工艺过程总是和所用设备密切相关的,如果进一步选用数控和加工中心,则该主轴加工工艺过程也会发生相应的变化。

表 7-13 CA6140 型卧式车床主轴加工工艺过程 mm

工序号	工序名称	工序内容	定位基准	设备
1	备料			
2	锻造	精锻		立式精锻机
3	热处理	正火		
4	锯头	铣削切除毛坯两端		专用机床
5	铣、钻	铣端面,钻中心孔	外圆柱面	专用机床
6	粗车	粗车各外圆	中心孔及外圆	卧式车床
7	粗车	粗车大端、外圆短锥、端面及台阶	中心孔及外圆	卧式车床
8	粗车	仿形车小端各部分外圆	中心孔,短锥外圆	仿形车床
9	热处理	调质,硬度 220~240HBW		
10	钻、镗	钻、镗 $\phi52$ 导向孔	夹小端,架大端	卧式车床
11	钻	钻 $\phi48$ 通孔	夹小端,架大端	深孔钻床
12	车	车小端内锥孔(配 1∶20 锥堵),用涂色法检查 1∶20 锥孔,接触率≥50%	夹大端,架小端	卧式车床
13	车	车大端锥孔(配莫氏 6 号锥堵),车外短锥及端面,用涂色法检查莫氏 6 号锥孔,接触率≥30%	夹小端,架大端	卧式车床
14	钻	钻大端端面各孔	大端锥孔	摇臂钻床
15	精车	精车各外圆及切槽	中心孔	数控车床
16	钻、铰	钻、铰 $\phi4H7$ 孔(图 7-56 中未示出)	外圆柱面	立式钻床
17	检验			
18	热处理	高频淬火前后支承轴颈、前锥孔短锥、$\phi90g5$ 外圆		高频淬火设备
19	研磨	中心孔	外圆柱面	专用磨床
20	粗磨	粗磨两段外圆	堵头中心孔	外圆磨床
21	粗磨	粗磨莫氏 6 号锥孔(重配莫氏 6 号锥堵)	外圆柱面	专用磨床
22	检验			
23	铣花键	粗、精铣花键	堵头中心孔	花键铣床
24	铣键槽	铣 30×12F9 键槽	外圆柱面	立式铣床
25	车螺纹	车大端内侧及三处螺纹	堵头中心孔	卧式车床
26	研磨	中心孔	外圆柱面	专用磨床
27	磨	粗、精磨各外圆及端面	堵头中心孔	万能外圆磨床
28	磨	粗磨 1∶12 两外锥面	堵头中心孔	专用组合磨床
29	磨	精磨 1∶12 两外锥面、端面 D、短锥面 C	堵头中心孔	专用组合磨床
30	检验	用环规贴紧 C 面,环规端面与 D 面的间隙为 0.05~0.1 mm,两处 1∶12 锥面涂色检查,接触率≥70%		
31	磨	精磨莫氏 6 号锥孔,莫氏 6 号锥孔用涂色法检查,接触率≥70%,莫氏 6 号锥孔对主轴端面的位移为±2 mm	外圆柱面	专用主轴锥孔磨床
32	检验	终检		

2. 箱体类零件加工

箱体类零件一般用于支承或安装其他零、部件，其加工质量不仅影响装配精度、运动精度，而且影响机器的工作精度、使用性能和寿命。

现以CA6140型卧式车床主轴箱箱体为例介绍工艺路线拟订的方法和步骤。图7-58为CA6140型卧式车床主轴箱箱体简图。

(1) 主轴箱箱体的结构特点及技术条件分析

主轴箱箱体零件的主要加工面是平面和孔。底面 *M* 和导向面 *N* 既是主轴箱部件的装配基准，又是主轴孔Ⅵ的设计基准。主轴孔Ⅵ相对于 *M*、*N* 面的平行度公差要求为0.1 mm/600 mm，各主要平面对 *M*、*N* 的垂直度公差要求为0.1 mm/300 mm。主轴箱孔大多数是轴承的支承孔，这些孔本身有较高的尺寸精度（IT6、IT7）、几何形状精度（圆度公差为0.006～0.008 mm）及同轴度精度要求。主轴箱孔系中，技术要求最高的是主轴孔Ⅵ。它的尺寸公差为IT6，圆度公差为0.006 mm，前后主轴孔的同轴度要求为0.012 mm（图中未示出）。

(2) 定位基准的选择

1) 精基准的选择　根据基准重合原则应选主轴孔Ⅵ的设计基准 *M* 面和 *N* 面作为精基准，*M*、*N* 面还是主轴箱的装配基准。*M* 面本身面积大，用它定位稳定可靠；且以 *M*、*N* 面作精基准定位，箱体开口朝上，镗孔时安装刀具、调整刀具、测量孔径等都很方便。不足之处是加工箱体内部隔板上的孔时，只能使用活动结构的吊架镗模，如图7-59所示。由于悬挂的支承吊架刚度较低，加工精度不高，且每加工一个箱体就需装卸吊架一次，不仅操作费事费时，而且吊架的装夹误差也会影响孔的加工精度，这种定位方式一般只在单件小批量生产中应用。

在大批量生产中，为便于工件装卸，可以在顶面 *R* 上预先做出两个定位销孔。加工时，箱体开口朝下，用顶面 *R* 和两个定位销孔作统一的精基准，如图7-60所示。这种定位方式的优点是：定位可靠，中间导向支承可以直接固定在夹具体上，支承刚度高，有利于保证孔系加工的相互位置精度，且装卸工件方便，便于组织流水线生产和自动化生产。这种定位方式的不足之处是：在加工过程中无法观察加工情况，无法测量孔径和调整刀具；此外，由于基准不重合必然会带来基准不重合误差。为保证主轴孔至底面 *M* 的尺寸要求，需相应提高定位面（顶面 *R*）及底面 *M* 的加工精度。

2) 粗基准的选择　根据粗基准选择原则，生产中一般都选主轴孔的毛坯面和距主轴孔较远的Ⅰ轴孔作粗基准。由于铸造主轴箱箱体毛坯时，主轴孔、其他轴支承孔及箱体内壁的泥芯是装成一个整体安装到砂箱中的，它们之间有较高的位置精度。因此，以主轴孔作粗基准不但可以保证主轴孔的加工余量均匀，而且还可以保证箱体内壁（不加工面）与主轴箱各装配件（主要是齿轮）之间有足够的间隙。

(3) 加工方法的选择

1) 平面加工　主轴箱箱体主要平面的平面度要求为0.04 mm，表面粗糙度 *Ra* 值要求为1.6 μm。参照表7-6推荐的平面加工方案和表7-3所列平面加工方法可知，在大批量生产中宜采用铣平面和磨平面的加工方案；在单件小批量生产中宜采用粗刨、半精刨和宽刀精刨平面的加工方案。

2) 孔系加工　主轴孔的加工精度为IT6，表面粗糙度 *Ra* 值要求为0.2 μm。参照表7-5推荐的孔加工方案和表7-2所列的孔加工方法可采用粗镗—半精镗—精镗—金刚镗的加工方案和加工方法。其他轴孔则采用粗镗—半精镗—精镗的加工方案。

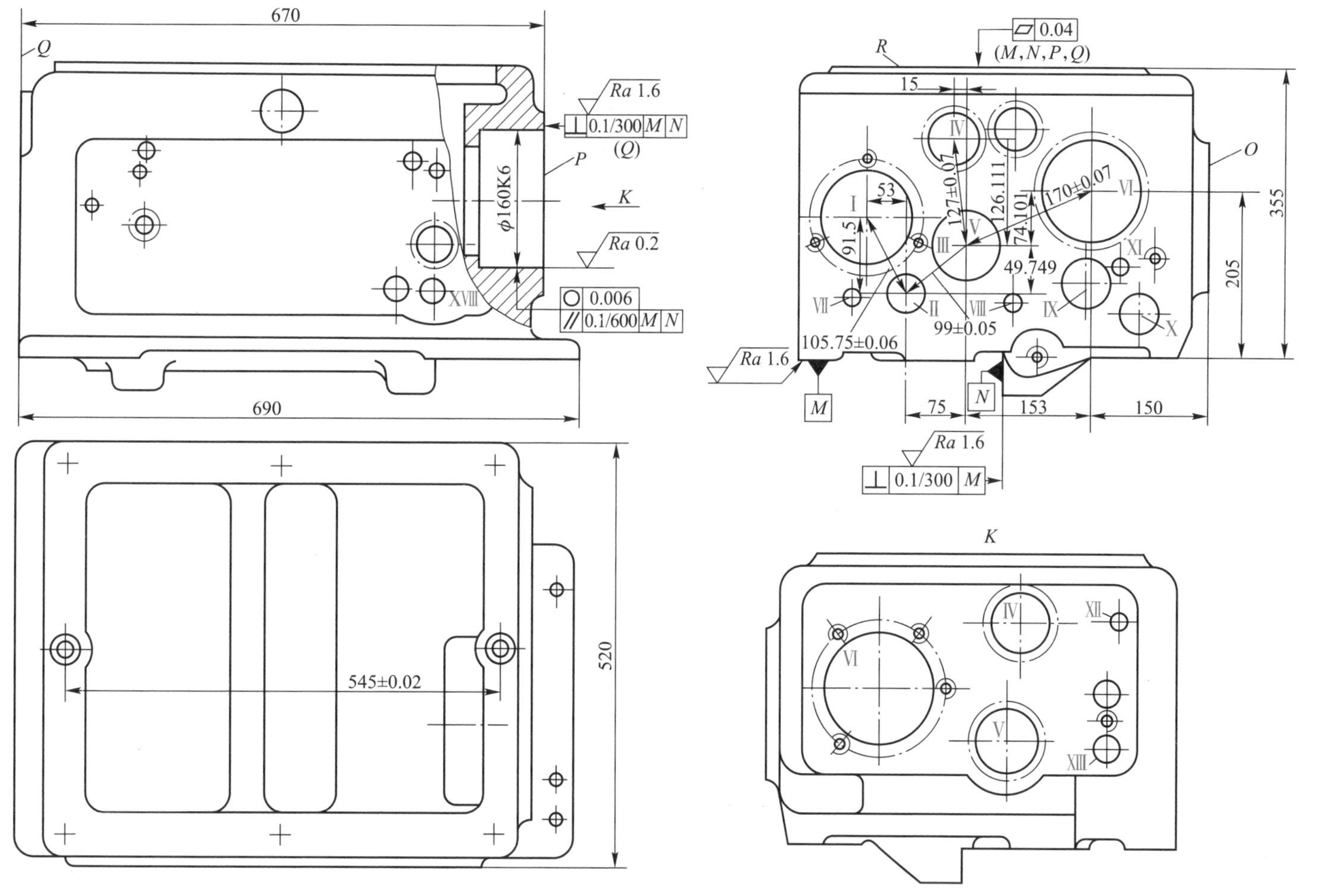

图 7-58 CA6140 型卧式车床主轴箱箱体简图

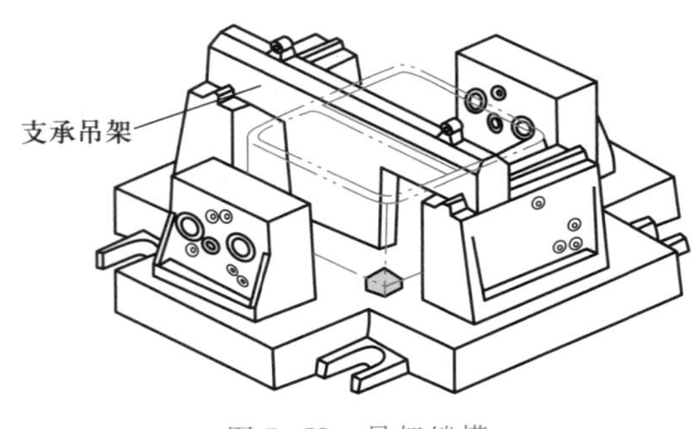

图 7-59　吊架镗模

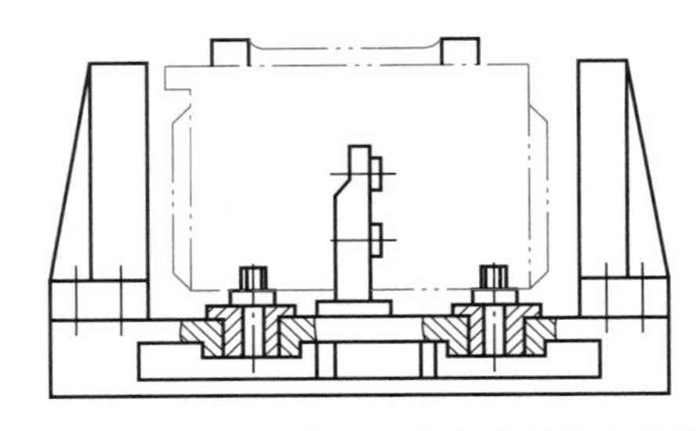

图 7-60　中间导向支承固定在夹具体上的镗模

（4）加工阶段的划分和工序顺序安排

主轴箱箱体加工精度要求高，宜将工艺过程划分为粗加工、半精加工和精加工三个阶段，根据先粗后精、先加工基准面后加工其他表面、先加工平面后加工孔、先加工主要表面后加工次要表面等原则，在大批量生产中主轴箱箱体的加工顺序可做如下安排：

1）加工精基准面。铣顶面 R，钻、扩、铰顶面 R 上的两个定位销孔，同时加工顶面 R 上的其他小孔。

2）粗加工主要表面。粗铣底面 M、导向面 N、侧平面 O 和两端面 P、Q，再精修顶面 R，粗镗主轴孔和其他孔。

3）人工时效处理。

4）半精加工主要表面。半精镗主轴孔和其他孔。

5）精加工精基准面。磨顶面 R。

6）精加工主要表面。精镗、金刚镗主轴孔及其他孔。

7）加工次要表面。在两侧面上钻孔和锪孔、攻螺纹，在两端面和底面上钻孔、攻螺纹。

8）磨箱体主要平面。

考虑到孔系精加工的废品率较高，有些工厂将精镗、金刚镗主轴孔工序安排在次要表面加工之前进行，可以避免由于孔系精加工出现废品而使次要表面加工工时浪费。但这有一个条件，即在精加工之后安排的次要表面加工中，材料的去除量应是不多的，且在工件上的分布比较均匀。

在大批量生产中，毛坯质量较高，各轴承孔的镗孔余量较小。为使镗孔余量均匀，最好是粗镗、半精镗、精镗和金刚镗等加工都统一采用精加工后的精基准进行定位，即在粗镗前就要安排精基准精加工的工序。这种违反先粗后精原则的工序顺序安排有三个前提条件，即箱体毛坯的制造质量较高，各轴承孔的镗孔余量小，粗镗、半精镗之后由于内应力重新分布所引起的工件变形很小。大批量生产 CA6140 型车床主轴箱箱体的机械加工工艺路线见表 7-14。

表 7-14　大批量生产 CA6140 型车床主轴箱箱体的机械加工工艺路线

工序号	工序名称	工序内容	所用设备
1	铸造		
2	热处理	时效，消除内应力	
3	上底漆	铸件防锈处理	
4	铣顶面	粗铣顶面 R；以主轴孔Ⅵ及轴孔Ⅰ定位	立式铣床
5	钻、扩、铰	钻、扩、铰顶面 R 上两个定位销孔，加工其他紧固孔；保证其对顶面 R 的垂直度公差	摇臂钻床

续表

工序号	工序名称	工序内容	所用设备
6	粗铣	粗铣底面 M、导向面 N、侧面 O 及两端面 P、Q;用顶面 R 及工序 5 的两定位销孔定位	龙门铣床
7	精修顶面 R	精铣顶面 R,以加工后的底面 M 为基准	专用机床
8	粗镗	粗镗纵向孔系,以顶面 R 及两定位销孔定位	双工位组合镗床
9	热处理	人工时效处理	
10	磨	磨顶面 R,保证平面度允许公差 0.04 mm;以底面 M 和侧面 O 定位	立式圆台平磨
11	镗	半精镗、精镗纵向孔系,半精镗、精镗主轴孔,以顶面 R 及两定位销孔定位	双工位组合机床
12	金刚镗	金刚镗主轴孔,以顶面 R 及两定位销孔定位	专用机床
13	钻、锪、攻	钻、锪横向孔及攻螺纹	专用组合机床
14	钻、攻	钻 M、P、Q 各面上的孔,攻螺纹	专用组合机床
15	磨	磨底面 M、导向面 N、侧面 O 及两端面 P、Q,以顶面 R 及两定位销孔定位	组合平面磨床
16	去毛刺	去毛刺、锉锐边	钳工台
17	清洗	清洗	清洗台
18	终检		检验台
19	涂油/入库	上油防锈斑,入库	

在中小批量生产条件下,可以考虑根据工序集中原则组织工艺过程,采用加工中心加工箱体。该加工方式的特点是:一次装夹就能完成箱体许多表面的加工;加工表面间具有很高的位置精度;机床设备的柔性好,转换生产对象非常方便,生产适应性好。

7.4 数控加工工艺规程设计

在零件加工工艺过程中,同时使用传统机床、数控机床是现阶段机械加工工艺过程的显著特点。因此数控加工工艺规程设计是机械加工工艺规程设计的组成部分。但数控加工工艺规程设计也有其特殊性,为了突显其重要性,本章将数控加工工艺规程设计单独作为一节讲述。读者在讲课或学习时,可根据实际情况,将本节数控加工工艺规程设计内容安排在本章 7.3.3 后进行教与学。

7.4.1 数控加工工艺概述

数控加工是指在数控机床上进行零件加工的一种工艺方法。数控加工过程的控制方式和普通机床加工的控制方式有着本质区别,数控加工是依靠数控机床用数字化信号对机床的运动及其加工过程进行控制完成的,其整个过程是采用数控信息控制零件和刀具位移即根据零件图和工艺要求,编制加工程序并输入数控机床数控系统自动实现的。

通常,数控加工工艺主要包括以下内容:

1）结合加工表面的特点和数控设备的功能,选择数控加工内容和数控设备。

2）设计数控加工工艺。

3）根据编程的需要,对零件图进行数学处理和计算。

4）编写加工程序。

5）检验并修改加工程序。

6）编制数控加工工艺技术文件,如数控加工工序卡片、数控加工刀具卡片、程序说明卡、数控加工进给路线图等。

7.4.2 数控加工工艺过程分析

数控机床加工与传统机床加工的工艺规程在总体上是一致的,但由于信息控制方式不同以及具有工序集中等特点,加工工艺过程也发生了一些明显的变化。因此,在数控加工前,要将数控机床的运动过程、零件工艺过程、工艺参数、对刀点、换刀点及走刀路线等都进行工艺分析,再编制成加工程序供数控加工使用。数控加工工艺过程分析需从以下几方面进行:

1）被加工零件的加工工艺分析

根据被加工零件的特点,对零件进行全面的图样工艺、结构和毛坯工艺分析,主要确定零件图是否完整正确、技术要求的难易程度、定位基准及尺寸标注的完整性等。零件结构工艺分析主要是确定零件加工工序的集中度及各工序所用刀具种类和规格,努力减少机床调整次数,缩短辅助时间,减少编程工作量,这样有利于保证定位刚度和刀具刚度,充分发挥数控机床的特长,提高加工精度和效率。

2）确定零件的加工方法

根据零件技术要求及结构确定合适的加工方法,即确定同一零件上不同加工区域或不同类型的零件是否适合采用数控机床加工以及适合采用哪种类型的数控机床加工等信息。常见的典型零件的对应加工方法有:旋转体零件一般选择在数控车床上加工;孔系零件一般选择在数控钻床、数控坐标镗床、数控加工中心及内圆磨床、珩磨机等机床上加工;平面、简单曲面零件一般选择在数控铣床上或采用两坐标联动实现加工;空间曲面零件尤其是复杂的空间曲面一般选择在五轴数控加工中心或数控铣床上加工,三轴、四轴加工也能形成一般空间曲面等。

3）确定加工的定位基准

数控加工应遵循基准统一原则。有些零件需要铣削完一面后再重新装夹铣削另一面,统一基准可避免基面不统一产生接刀痕。箱体类和盘套类零件常采用定位基准孔定位,可以一次定位完成尽可能多的零件内外表面的加工。如果零件没有基准孔,也可以专门设置定位工艺孔或精加工定位工艺面作为本工序的统一基准,以减少二次装夹产生的误差。

4）注意数控加工工艺与普通加工工艺的衔接。数控加工工序前后一般都有普通加工工序,因此,在进行数控加工工艺分析时,一定要使制定的数控加工工艺和零件的整个加工工艺过程协调吻合,明确各工序符合标准并达到技术要求,制定工序间联系方式或工序联系卡,以保证相互间的加工需要。

7.4.3 数控加工工艺路线的设计

数控加工工艺路线设计仅限于几道数控加工工序的工艺过程,而不是指从毛坯到成品的整个加工工艺过程。

7.4.3.1 数控加工工艺的设计

手表链工序集中加工

在设计数控加工工艺时应注意以下几方面问题：

1. 工序的划分

根据数控加工的特点，工序的划分可按以下几种方法进行：

1）按安装划分。一次安装为一个工序，适用于加工内容不多的零件。

2）按刀具划分。每换一把刀具为一个工序。

3）按加工部位划分。对于加工内容很多的零件，根据零件的结构特点把加工部位划分为几个部分，每部分为一个工序。

4）按粗、精加工划分。对于易发生变形的零件和精度要求高的零件，应把粗、精加工分在不同的工序中进行。

5）按设备划分。对于带自动换刀装置的加工中心，应在保证加工质量的前提下发挥机床的功能，在一次安装中完成尽可能多的加工内容，这时可以按机床即设备划分工序。

2. 工步的划分

1）先粗后精原则。先对各表面进行粗加工，粗加工全部结束后再进行半精加工和精加工。

2）先近后远原则。先加工距离对刀点最近的部位，后加工距离对刀点最远的部位，以便缩短刀具移动的距离，减少空行程。

3）内外交叉原则。内外表面加工交替进行。

4）同一刀具加工内容连续原则。把同一把刀具加工的内容连续完成后再更换刀具。

5）保证工件加工刚度原则。先加工工件上刚度较低的部位。

3. 加工阶段划分

数控加工工艺与普通加工工艺相似，通常也将零件的整个加工过程划分为粗加工、半精加工、精加工和光整加工四个阶段。

4. 加工顺序的安排

安排加工顺序时，重点要保证工件定位夹紧时的刚度和加工精度，一般按以下原则进行：

1）先加工定位表面，为后面的工序提供定位的精基准和夹紧表面。

2）先进行内型腔加工，后进行外表面加工。

3）相同的装夹方式或同一刀具加工的工序尽可能集中进行连续加工，以减少重复定位误差，减少重复装夹、更换刀具等辅助时间。

4）同一次安装中的加工内容，对工件刚度影响小的内容先行加工。

7.4.3.2 数控加工工序的设计

数控加工工序设计的主要任务是：确定工序的具体加工内容、切削用量、装夹方式、刀具运动轨迹，选择刀具、夹具等工艺装备，为编制加工程序做好准备。在设计数控加工工序时应注意以下几点：

1）进给路线的选择　进给路线是指在数控加工中刀具刀位点相对工件运动的轨迹与方向。进给路线反映了工步内容及工序安排的顺序，是编写程序的重要依据，因此要合理选择。影响进给路线的因素很多，主要有工件材料、加工余量、加工精度、表面粗糙度、机床的类型、刀具使用寿命及工艺系统的刚度等。合理的进给路线是指在保证零件的加工精度和表面粗糙度的前提下，尽量使用数值计算简单、编程量及程序段少、进给路线短、空行程量最少的高效率路线。

2）装夹方式的确定　装夹工件时尽量做到基准统一，减少装夹次数，避免采用占机人工调整方案。夹具结构力求简单，尽可能采用组合夹具、可调夹具等标准化及通用化夹具，避免设计、制造专用夹具,以节省费用和缩短生产周期。加工部位要敞开,不致因夹紧机构或其他元件而影响刀具进给。夹具在机床上的安装要准确可靠,以保证工件在正确位置上按程序操作。

3)刀具的选择 与普通机床相比,数控机床对刀具的要求严格得多。一般来讲,数控机床使用的刀具必须精度高、刚性好、寿命长,同时安装调整方便。在编程时,一般都需要规定刀具的结构尺寸和调整尺寸,刀具安装到机床上之前,应根据编程时确定的尺寸和参数,在专用对刀仪上调整好。

4)对刀点与换刀点的确定 对刀点是在数控机床上加工零件时,刀具相对工件运动的起点,又称为程序起点或编程原点。对刀的目的是确定编程原点在机床坐标中的位置。对刀点可以设在被加工零件上,也可以设在夹具上,但必须与零件的定位基准有一定的关系。为了提高零件的加工精度,对刀点尽量选在零件的设计基准或工艺基准上。例如,以孔定位的零件,以孔的中心作为对刀点较为合适。对于车削加工,则常将对刀点设在工件外端面的中心上。

对刀点找正的准确度直接影响加工精度。对刀时,应使刀位点与对刀点一致。所谓刀位点,对立铣刀来说应是刀具轴线与刀具底面的交点,对车刀而言是刀尖,对钻头而言是钻尖。在加工过程中如果需要换刀,还要规定换刀点。换刀点是转换刀具位置的基准点,应选在工件的外部,以免换刀时碰伤工件。

5)切削用量的确定 切削用量可根据以下原则确定:

① 保证零件加工精度和表面粗糙度。

② 充分发挥刀具的切削性能,保证合理的刀具使用寿命。

③ 充分发挥机床的性能。

④ 最大限度地提高生产率,降低成本。

五轴加工大型复杂零件工艺

在数控机床上,精加工余量可小于普通机床上的精加工余量,轴的转速可按刀具允许的切削速度选取。选取进给量的主要依据是:粗加工时考虑系统的变形和保证高效率;精加工时,主要是保证加工精度,尤其是表面粗糙度。切削用量的具体数值选取,可依据数控机床使用说明书和切削原理中介绍的方法结合实践加以确定。

7.4.3.3 数控加工工艺文件

数控加工工艺文件是进行数控加工和产品验收的依据,主要包括数控加工编程任务书、数控加工工序卡片、数控机床调整单、数控加工刀具调整单、数据加工进给路线图、数控加工程序单。表7-15为某工序的数控加工工序卡片,图7-61所示为该工序的工序简图。

7.4.4 整体叶轮数控加工工艺设计案例

1. 整体叶轮数控加工工艺分析

图7-62示出了整体叶轮零件模型及主要尺寸,整体叶轮主要由叶片和轮毂构成,叶片与轮毂的交界处俗称叶根(叶片和轮毂之间为变圆弧过渡)。该叶轮有15片叶片,叶片的厚度为2 mm。叶轮的加工精度和表面质量应满足设计要求,如表面粗糙度 Ra 值为1.6 μm 。通过检测叶轮某些截面(图7-62c)的轮廓形状来检测叶轮轮廓精度和叶片厚度是否满足要求,叶片厚度偏差应小于0.03 mm。叶轮表面的残留高度应不大于0.005 mm。通过对整体叶轮零件数控加工工艺过程进行分析,可先确定叶轮毛坯、加工方法及所使用的刀具类型和机床类型、夹具、工艺基准,再确定零件的数控加工工艺路线,最后确定刀具的进给路线和加工工艺参数。整体叶轮的数控加工工艺过程见表7-16。

表 7-15 数控加工工序卡片

<table>
<tr><td rowspan="2">（工厂）</td><td colspan="2" rowspan="2">数控加工
工序卡片</td><td colspan="2" rowspan="2">（产品名称
或代号）</td><td colspan="2">零件名称</td><td colspan="2">材料</td><td>零件图号</td></tr>
<tr><td colspan="2">箱盖</td><td colspan="2">45 钢</td><td></td></tr>
<tr><td>工序号</td><td>程序编号</td><td>夹具名称</td><td colspan="2" rowspan="2">夹具编号</td><td colspan="3">使用设备</td><td colspan="2">车间</td></tr>
<tr><td>3</td><td>0123</td><td>机用虎钳</td><td colspan="3">FA800-A 立式加工中心</td><td colspan="2"></td></tr>
<tr><td>工步号</td><td colspan="2">工步内容</td><td>加工面</td><td>刀具号</td><td>刀具规格
/mm</td><td>主轴转速
/(r/min)</td><td>进给速度
/(mm/min)</td><td>背吃刀量
/mm</td><td>备注</td></tr>
<tr><td rowspan="2">1</td><td colspan="2">精铣右端面</td><td rowspan="2">右面
外轮廓</td><td rowspan="2">T01</td><td rowspan="2">40</td><td rowspan="2">300</td><td rowspan="2">100</td><td>1</td><td></td></tr>
<tr><td colspan="2">粗、精铣上半
部分外轮廓</td><td>19～0.3[①]</td><td></td></tr>
<tr><td>2</td><td colspan="2">钻孔</td><td>孔</td><td>T03</td><td>17.5</td><td>300</td><td>50</td><td>8.75</td><td></td></tr>
<tr><td rowspan="2">3</td><td colspan="2">粗、精铣下半
部分外轮廓</td><td rowspan="2">外轮廓
内轮廓</td><td rowspan="2">T02</td><td rowspan="2">12</td><td rowspan="2">500</td><td rowspan="2">100</td><td>6～0.3</td><td></td></tr>
<tr><td colspan="2">粗、精铣内轮廓，内孔</td><td>6～0.3</td><td></td></tr>
<tr><td>4</td><td colspan="2">精镗内孔</td><td>孔</td><td>T04</td><td>24</td><td>800</td><td>50</td><td>0.3</td><td></td></tr>
<tr><td>5</td><td colspan="2">精镗内孔</td><td>孔</td><td>T05</td><td>26</td><td>800</td><td>50</td><td>0.3</td><td></td></tr>
<tr><td>编制</td><td></td><td>审核</td><td colspan="2"></td><td>批准</td><td colspan="2"></td><td>共　页</td><td>第　页</td></tr>
</table>

注：① 由于轮廓加工要分多次走刀，本表只列出最大和最小背吃刀量，中间背吃刀量根据表面粗糙度要求和走刀次数决定。

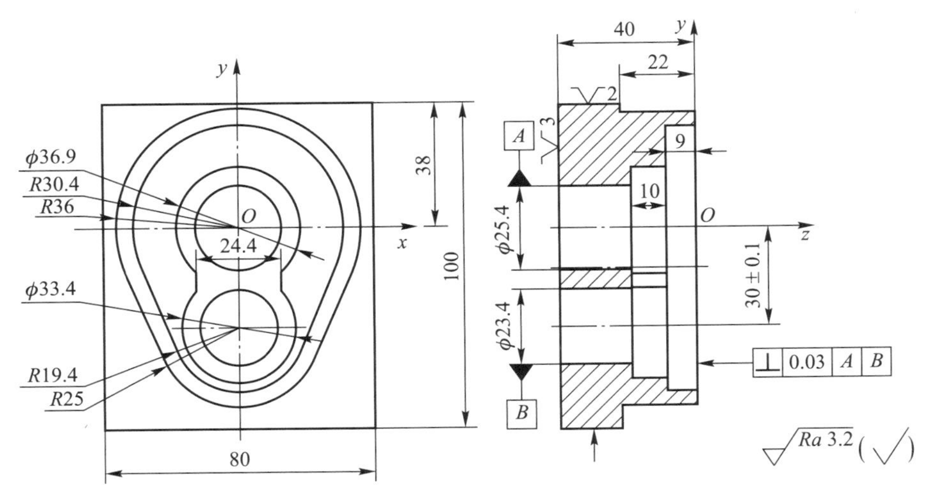

图 7-61 工序 3 的工序简图

根据整体叶轮加工工艺过程可知，在车削加工中心和五轴加工中心上可完成整体叶轮的加工。在加工件数较少的情况下，无需大批量锻造毛坯，因此可采用车削加工中心将圆柱棒料车成整体叶轮锥形，然后在五轴加工中心上完成剩余工序的加工（具有工序集中的特点）。整体叶轮形成的重要过程如图 7-63 所示。

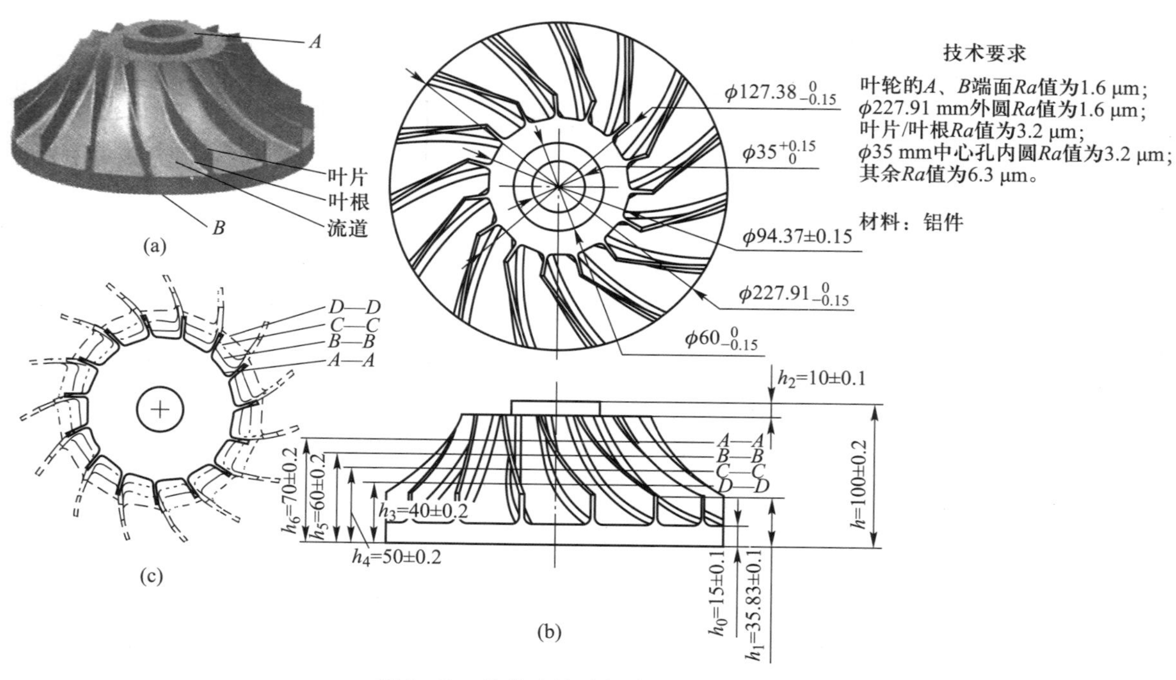

图 7-62　整体叶轮零件模型及主要尺寸

表 7-16　整体叶轮的数控加工工艺过程(简表)

工序号	工序名称	工序内容及要求	设备
1	下料	确定毛坯尺寸、类型、余量等	
2	叶轮锥形加工	1）粗车外圆和端部定位基准面(留余量 1 mm) 2）精车外圆和端部定位基准面 3）粗车叶轮外轮廓(留余量 1 mm) 4）精车叶轮外轮廓 5）钻中心孔	车削加工中心
3	打定位工艺孔	钻定位销孔(与工装相匹配)	车削加工中心
4	检验	检验毛坯尺寸和定位工艺孔是否满足要求	高精度检测设备
5	铣整体叶轮	1）叶轮流道粗加工(留余量 0.5 mm) 2）叶轮流道精加工 3）叶轮叶片、叶根精加工	五轴加工中心
6	检验	检验叶轮加工精度	
7	去定位工艺孔	车削掉定位工艺孔，满足尺寸要求	车削加工中心
8	最终检验	出具详细的检验报告	轮廓测量仪及三坐标测量机
9	包装、入库	完成零件包装入库	

2. 叶轮数控加工程序的编制及加工工艺仿真

根据零件轮廓的复杂程度可灵活选择手动编程或自动编程。由于叶轮轮廓较为复杂，本案例选择自动编程。根据 CAM 自动编程的核心思想，首先建立或导入叶轮三维 CAD 模型并进入

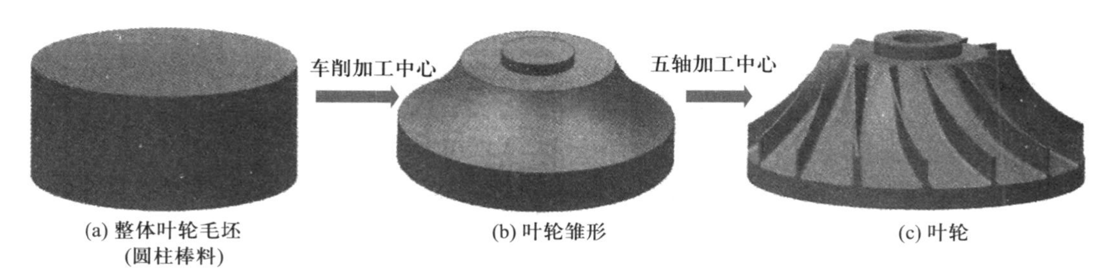

图 7-63 整体叶轮形成的重要过程

CAM 加工环境;接着根据机床坐标系、刀具、加工方法等信息创建几何组、刀具组和加工方法组,进一步创建、设置并生成具体的加工工序(图 7-64),加工工序设置的内容主要包括指定加工切削区域、驱动方法、投影矢量、刀具、刀轴、刀轨等参数。

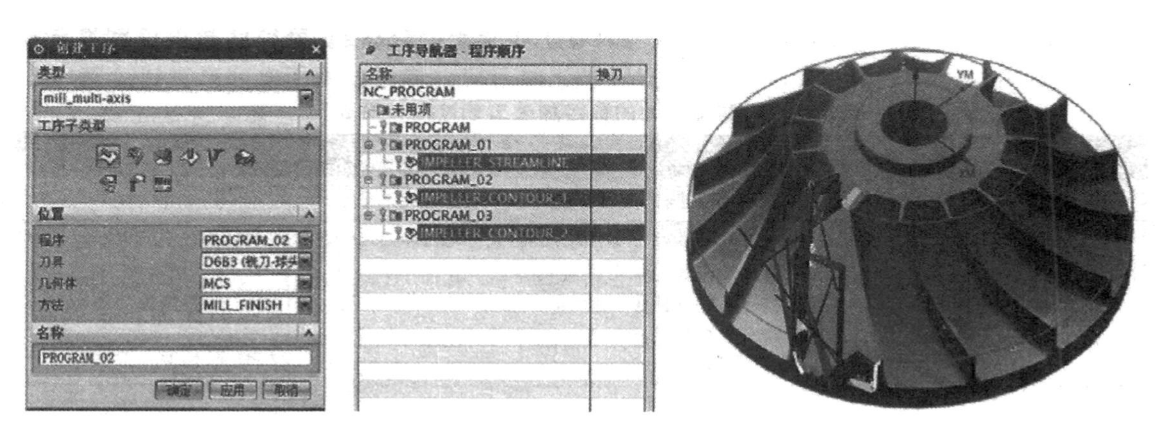

图 7-64 加工工序设置及生成效果示意图

根据上述的创建、设置,最后对完整的刀具轨迹进行确认。基于已确认生成的完整刀具轨迹进行叶轮切削的可视化动态模拟仿真。本案例采用模拟加工软件进行仿真(如 VERICUT)后的仿真结果如图 7-65 所示。仿真完成并确认后再在机床上进行试加工。

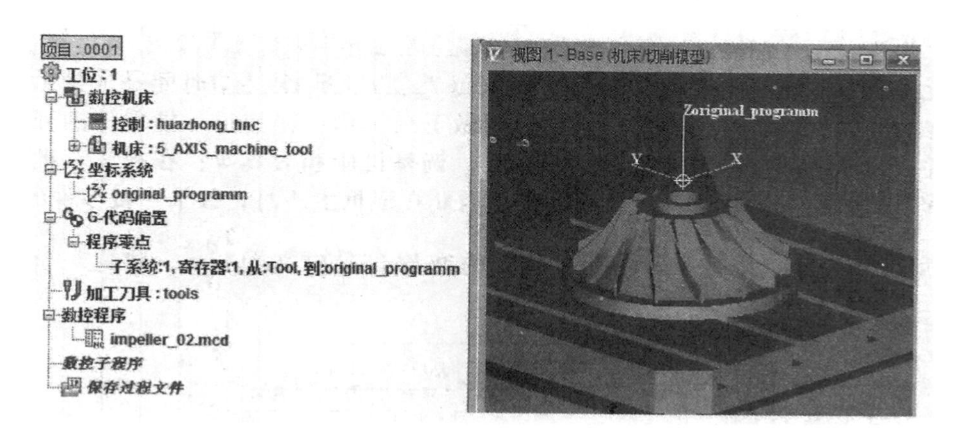

图 7-65 工件模拟加工仿真结果示意图

具体的数控加工程序、数控加工程序编写和加工仿真过程实现等知识,有关课程和教材将会进行介绍,限于篇幅,本书不予赘述。

7.5　成组技术与计算机辅助工艺规程设计

7.5.1　成组技术(group technology,GT)

近年来,由于科学技术的飞速发展和市场竞争的日益激烈,机械工业产品更新越来越快,产品品种增多,而每种产品的生产数量却并不很多。目前,采用多品种中小批量生产方式生产的产品占机械产品总数的 75%~80%。与大批量生产企业相比,多品种中小批量生产企业的劳动生产率比较低,产品的生产周期长、成本高,市场竞争能力差。成组技术就是针对如何用规模生产方式组织中小批量产品的生产这一问题发展起来的一种生产技术。

1. 成组技术的概念

充分利用事物之间的相似性,将许多具有相似信息的研究对象归并成组,并用大致相同的方法去解决相似组中的生产技术问题,以期达到规模生产的效果,这种技术被统称为成组技术。

2. 零件的分类编码

零件编码就是用数字表示零件特征,代表零件特征的每一个数字码称为特征码。目前,世界上已有 70 多种分类编码系统,应用最广的是奥皮茨(Opitz)分类编码系统(简称 Opitz 系统),很多国家以它为基础建立了各国的分类编码系统。我国相关研究人员在分析研究 Opitz 系统和日本 KK 系统的基础上,于 1984 年制定了机械零件分类编码系统(简称 JLBM-1 系统)。该系统由零件名称类别、形状及加工码、辅助码三部分共 15 个码位组成,如图 7-66 所示。该系统的特点是零件名称类别以矩阵划分,便于检索,码位适中,又有足够描述信息的容量。其编码示例见图 7-67。

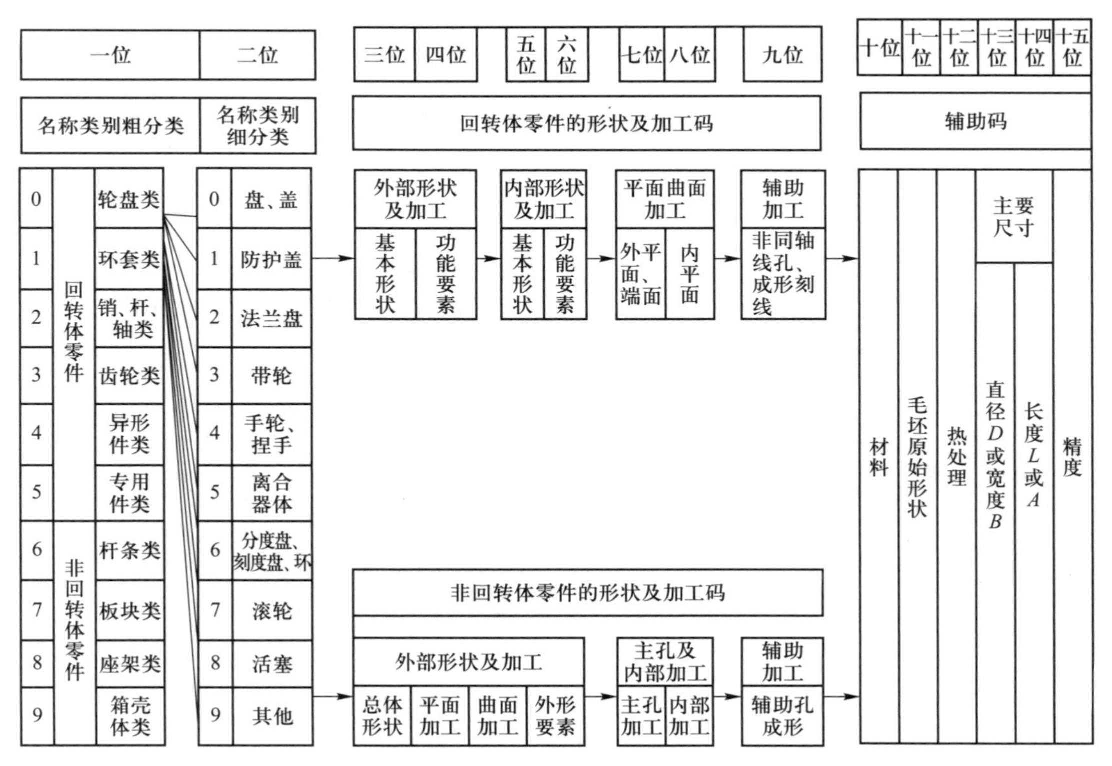

图 7-66　JLBM-1 分类编码系统

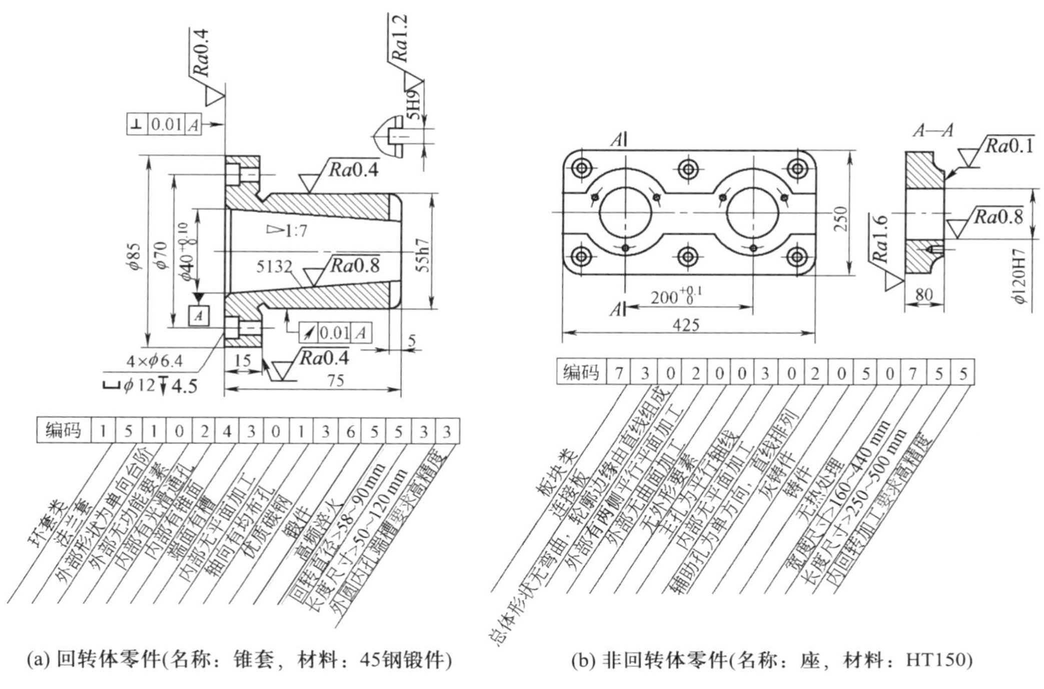

(a) 回转体零件(名称：锥套，材料：45钢锻件)　(b) 非回转体零件(名称：座，材料：HT150)

图 7-67　JLBM-1 分类编码系统编码示例

3. 零件设计和工艺中的成组技术

(1) 成组技术应用于设计部门的主要手段

将编码相同的零件汇集在一起，给予标准化处理，建立零件成组设计图册，提倡零件设计结构要素信息应尽可能重复，减少不必要的重复设计和设计差异。

(2) 成组工艺

1) 划分零件组　根据零件编码划分零件组的方法有以下几种：

① 特征码位法　以加工相似性为出发点，选择几位与加工特征直接有关的特征码位作为形成零件组的依据。例如，可以规定第 1、2、6、7 四个码位相同的零件为一组。根据这个规定，编码为 043063072、041103070、047023072 的这三个零件可划为同一组。

② 码域法　对分类编码系统中各码位的特征码规定一定的码域作为零件分组的依据。例如可以规定某一组零件的第 1 码位的特征码只允许取 0 和 1，第 2 码位的特征码只允许取 0、1、2、3 等。凡各码位上的特征码落在规定码域内的零件划为同一组。

③ 特征位码域法　这是一种将特征码位法与码域法相结合的零件分组方法。根据具体生产条件与分组需要，选取特征性强的特征码位并规定允许的特征码变化范围(码域)，并以此作为零件分组的依据。

2) 拟订零件组的成组工艺过程　成组工艺过程是针对一个零件组设计的，适用于零件组内的每一个零件。在拟订成组工艺过程时，首先需选择或设计一个能集中反映该组零件全部结构特征和工艺特征的样件。它可以是组内的一个真实零件，也可以是人为综合的假想零件。制定样件的工艺过程，并将之作为该零件组的成组工艺过程，可用于加工组内的每一个零件。成组工艺过程常用图表格式表示，图 7-68 是由六个零件组成的零件组的样件及其成组工艺过程示意图。

零件简图	工步									综合零件
	1 切端面	2 车外圆	3 车外圆	4 钻孔	5 钻孔	6 镗锥孔	7 车外圆	8 倒角	9 切断	
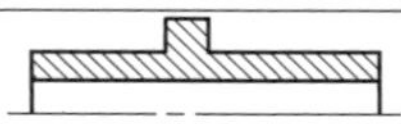	√	√	√	√	√	√	√	√	√	注：表面代号与工步代号一致
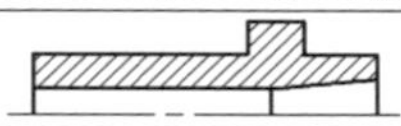	√	√	√	√		√	√		√	
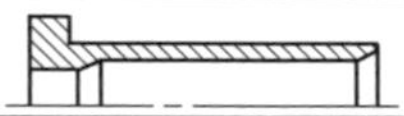	√	√	√	√	√	√			√	
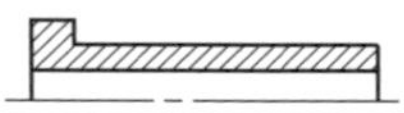	√	√	√	√					√	
	√	√	√	√			√		√	
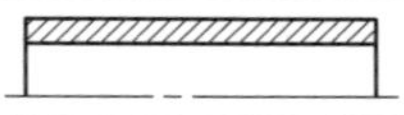	√	√		√					√	

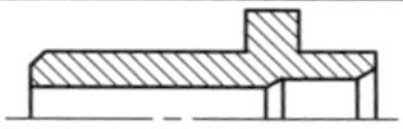

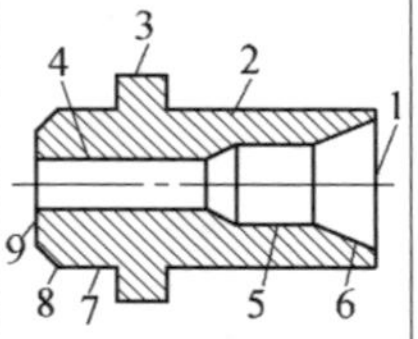

图 7-68 套筒类零件成组工艺过程

4. 机床的选择与布置

成组加工所用机床应具有较高的精度和刚度，且要求其加工范围在一定范围内可调，可采用通用机床改装，也可采用可调高效自动化机床。数控机床已在成组加工中获得广泛应用。

机床负荷率可根据工时核算，应保证各台设备特别是关键设备达到较高的负荷率（例如80%）。机床负荷率过低或过高时，可适当调整零件组，使机床负荷率达到规定的指标。

根据生产组织形式，成组加工所用机床有三种不同布置方式：

1）成组单机 可用一个单机设备完成一组零件的加工。该设备可以是独立的成组加工机床或成组加工柔性制造单元。

2）成组生产单元 一组或几组工艺上相似的零件的全部工艺过程，由相应的一组机床完成。图 7-69 所示生产单元由 4 台机床组成，可完成 6 个零件组全部工序的加工。

3）成组生产流水线 机床设备按零件组工艺流程布置，各台设备的生产节拍基本一致。与普通流水线不同的是，在成组生产流水线上流动的不是一种零件而是一组零件，有的零件可能不经过某一台或某几台机床设备。

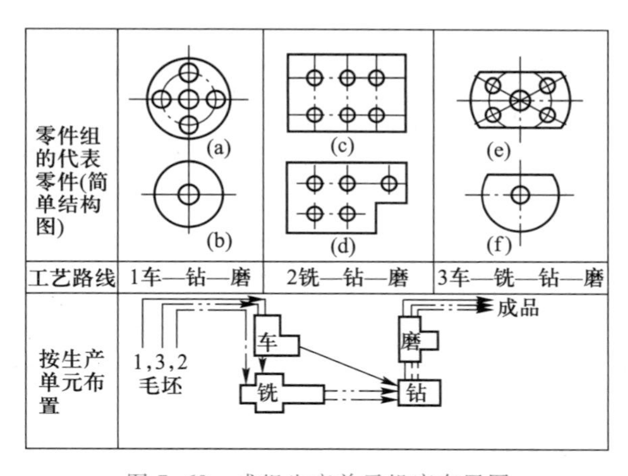

图 7-69 成组生产单元机床布置图

5. 成组技术的应用效果

1）可以提高生产效率 由于扩大了同类零件的生产数量，使中小批量生产可以经济合理地采用高生产率的机床和工艺装备，缩短了加工工时。

2）可以提高加工质量 采用成组技术可以为零件组选择合理的工艺方案和先进的工艺设备，使加工质量稳定可靠。

3）可以提高生产管理水平 产品零件采用成组技术加工后，可用计算机管理生产，改变了原来多品种中小批量生产管理的落后状况。

7.5.2 计算机辅助工艺设计

长期以来,机械加工工艺是由工艺人员凭经验设计的,相同零件的工艺设计方案因人而异。计算机辅助工艺设计(computer aided process planing,CAPP)从根本上改变了上述状况。它不仅可以提高工艺的设计质量,而且还以脑力劳动的自动化使工艺人员从烦琐重复的工作中摆脱出来。

1. 计算机辅助工艺设计方法

1) 样件法　样件法即在成组技术的基础上将编码相同或相近的零件组成零件组,并设计一个能集中反映该组零件全部结构特征和工艺特征的主样件(综合零件),然后按主样件设计适合本厂生产条件的典型加工工艺,并以文件的形式存储在计算机中。当需要设计新投入零件的加工工艺时,根据该零件的编码,计算机会自动识别它所属的零件组,并调用该组主样件的典型加工工艺文件。然后根据输入的形面编码、加工精度和表面质量要求,从典型加工工艺文件中筛选出有关工序,并进行切削用量计算。对所编制的加工工艺还可以通过人机对话的方式进行修改,最后输出零件的加工工艺规程,其设计流程如图 7-70 所示。样件法的特点是系统简单,但要求工艺人员参与并进行决策。

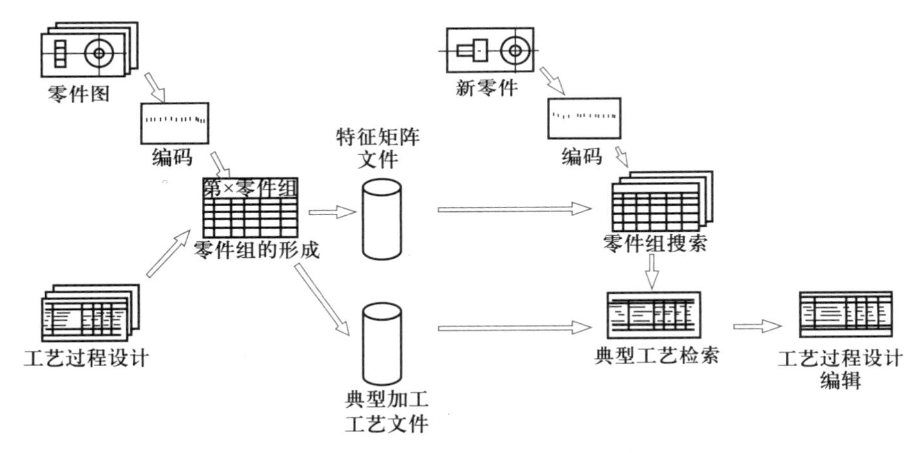

图 7-70　样件法计算机辅助工艺设计流程

2) 创成法　创成法只要求输入零件图形和工艺信息(材料、毛坯、加工精度和表面质量要求等),计算机便会自动地利用按工艺决策制订的逻辑算法语言,在不需要人工干预的条件下自动生成加工工艺规程。其特点是自动化程度高,但系统复杂,技术上尚不成熟。

3) 综合法　这是一种以样件法为主、创成法为辅的设计方法。综合法兼取两者之长,因此很有发展前途。

2. 样件法计算机辅助工艺设计原理

(1) 工艺信息数字化

1) 零件编码矩阵化　为使零件按其编码输入计算机后能够找到相应的零件组,必须先将零件的编码转换为矩阵。例如图 7-71 所示零件按 JLBM-1 系统的编码为 252700300467679。为将该零件编码转换为矩阵表示方式,首先需将表示该零件编码的一维数组转换成二维数组。二维数组中的第 1 个数表示原编码的数位序号,第 2 个数表示原编码在该数位序号上的数。表 7-17 列出了零件编码 252700300467679 的二维数组表示。这个二维数组再用矩阵表示,矩阵行序号 i 表示零件编码数字的位序数,矩阵列序号 j 表示零件编码在该位的数字。矩阵元素 a_{ij} 表示零件编码的左起第 i 位数值为 j。$a_{ij}=1$ 表示该零件具有相对应的结构特征和工艺特征。如该零件不具有与此相对应的结构特征和工艺特征，则矩阵对应元素 $a_{ij}=0$。图 7-72a 是根据表 7-17 所列二维数组构造的反映图 7-71 所示零件结构特征和工艺特征的特征矩阵。

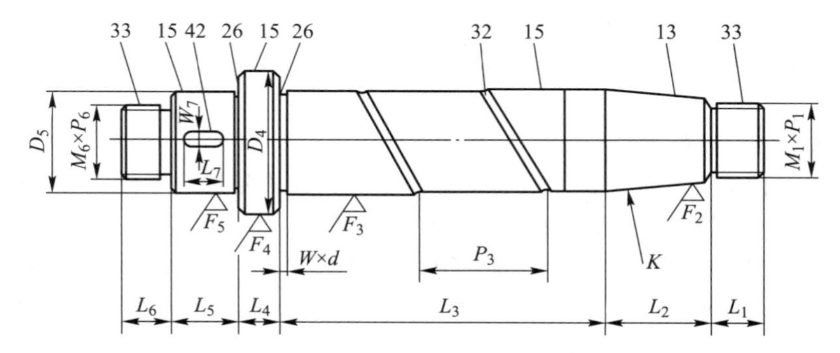

图 7-71　轴类零件组的主样件及其形面代号和编码

形面尺寸代号：D—直径；L—长度；K—锥度；W—槽宽或键宽；

d—槽深；M—外螺纹外径；P—螺距；F—粗糙度等级；

形面编码：13—外圆锥面；15—外圆柱面；26—退刀槽；32—油槽；33—外螺纹；42—键槽

	0	1	2	3	4	5	6	7	8	9
1	0	0	1	0	0	0	0	0	0	0
2	0	0	0	0	0	1	0	0	0	0
3	0	0	1	0	0	0	0	0	0	0
4	0	0	0	0	0	0	0	1	0	0
5	1	0	0	0	0	0	0	0	0	0
6	1	0	0	0	0	0	0	0	0	0
7	0	0	0	1	0	0	0	0	0	0
8	1	0	0	0	0	0	0	0	0	0
9	1	0	0	0	0	0	0	0	0	0
10	0	0	0	0	1	0	0	0	0	0
11	0	0	0	0	0	0	1	0	0	0
12	0	0	0	0	0	0	0	1	0	0
13	0	0	0	0	0	0	1	0	0	0
14	0	0	0	0	0	0	0	1	0	0
15	0	0	0	0	0	0	0	0	0	1

(a)

	0	1	2	3	4	5	6	7	8	9
1	0	0	1	0	0	0	0	0	0	0
2	0	0	0	0	0	1	0	0	0	0
3	1	1	1	0	0	0	0	0	0	0
4	1	1	1	1	1	1	1	1	0	0
5	1	0	0	0	0	0	0	0	0	0
6	1	0	0	0	0	0	0	0	0	0
7	1	1	1	1	0	0	0	0	0	0
8	1	0	0	0	0	0	0	0	0	0
9	1	0	0	0	0	0	0	0	0	0
10	0	0	1	1	1	0	0	0	0	0
11	1	0	0	0	0	0	1	0	0	0
12	1	0	1	1	0	1	1	1	0	0
13	0	0	0	0	1	1	1	0	0	0
14	0	0	0	0	0	1	1	0	0	0
15	0	0	0	0	1	0	0	0	0	1

(b)

图 7-72　反映零件结构特征、工艺特征的特征矩阵

表 7-17　零件编码的二维数组

一维数组	2	5	2	7	0	0	3	0	0	4	6	7	6	7	9
二维数组	1,2	2,5	3,2	4,7	5,0	6,0	7,3	8,0	9,0	10,4	11,6	12,7	13,6	14,7	15,9

2）零件组特征的矩阵化　按照上述由零件编码转换为特征矩阵的原理，将零件组内所有零件都转换成各自的特征矩阵。将同组所有零件的特征矩阵叠加起来就得到了零件组的特征矩阵，如图 7-72b 所示。

3）主样件设计　在图 7-72 所示特征矩阵中，交点上出现 1 与 0 的频数是各不相同的。频数大的特征必须反映到主样件中去，频数小的特征可以舍去，使主样件既能反映零件组的多数特

征，又不至于过分复杂。

4）零件上各种形面的数字化 零件的编码只表示该零件的结构特征、工艺特征，它没有提供零件的表面信息。而设计工艺规程时必须了解零件的表面构成，因此必须对零件表面逐一编码，使零件形面数字化。如图 7-71 中所标注的 13 表示外锥面。

5）工序、工步名称编码 为使计算机能按预定的方法调出工序和工步的名称，必须对所有工序、工步按其名称进行统一编码。编码以工步为单位，热处理、检验等非机械加工工序以及诸如装夹、调头等操作也当作一个工步编码。假设某一 CAPP 系统有 99 个工步，就可用 1、2、3、4、…、99 这 99 个数来表示这些工步编码。例如 32、33 分别表示粗车、精车，44 表示磨削，1 表示装夹，5 表示检验，10 表示调头装夹等。

6）综合加工工艺路线的数字化 有了零件各种形面和各种工步的编码之后，就可用一个（$N\times4$）的矩阵来表示零件的综合加工工艺路线，如图 7-73 所示。矩阵中第 1 列为零件组综合加工工艺路线中工序的序号，当某工序有几个工步时，该列中相应行上的元素都是同一工序的序号；矩阵中第 2 列为工序中的工步号；第 3 列为工步所加工表面的形面编码，如果某工步不是加工工步，则用 0 表示；第 4 列为该工步的工步名称编码。分析图 7-73b 所示矩阵可知，该综合加工工艺路线由 4 道工序组成，其中第 1、2 道工序都有 4 个工步；在第 3 列中 0 表示该工步不加工零件表面，15 表示外圆柱面，13 表示外圆锥面；在第 4 列中，1 表示装夹，14 表示钻中心孔，32、33 分别表示粗车和精车，10 表示调头装夹，44 表示磨削，5 表示检验。综上分析可知，图 7-74b所示加工工艺路线矩阵描述了一个由外圆柱面与外圆锥面组成的主样件综合加工工艺路线。其中第 1 道工序为装夹工件—钻顶尖孔—粗车外圆柱面—精车外圆柱面；第 2 道工序为调头装夹—钻顶尖孔—粗车外圆锥面—精车外圆锥面；第 3 道工序为磨外圆面；第 4 道工序为检验。

7）工序、工步内容矩阵 对工序、工步名称进行编码后，就可以用一个矩阵来描述工序、工步的具体内容。在图 7-74 所示矩阵中行的排列是以工步为单位的，一个工步占一行。矩阵第 1 列是工步序号；第 2 列为工步名称编码；第 3、4 列是该工步所用机床和刀具的编码，对某一工厂而言，所用机床、刀具的型号和性能都是已知的，可以对工厂所有的机床和刀具进行统一编码，计算机可根据这些编码到机床、刀具数据库中查找所需要的各种数据；第 5、6 两列为工步的进给量和背吃刀量值；第 7、8 两列为计算切削数据的公式编码和计算基本时间的公式编码；第 9 列为该工步所属工序编码。

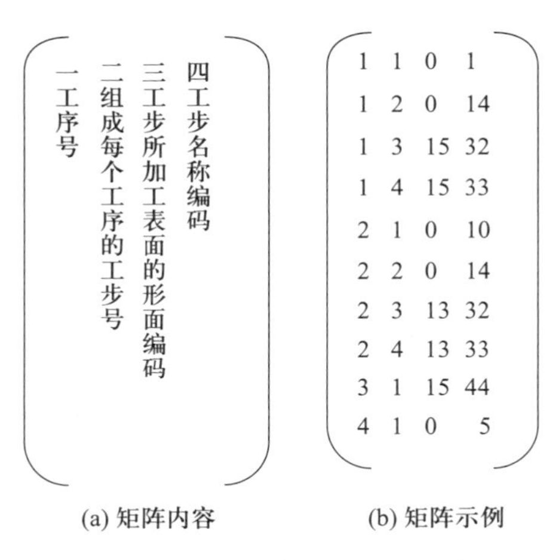

一	二	三	四
工序号	组成每个工序的工步号	工步所加工表面的形面编码	工步名称编码

(a) 矩阵内容

1	1	0	1
1	2	0	14
1	3	15	32
1	4	15	33
2	1	0	10
2	2	0	14
2	3	13	32
2	4	13	33
3	1	15	44
4	1	0	5

(b) 矩阵示例

图 7-73 主样件综合加工工艺路线矩阵

一	二	三	四	五	六	七	八	九
工步序号	工步名称编码	工步所用机床编码	工步所用刀具编码	进给量	背吃刀量	计算切削数据的公式编码	计算基本时间的公式编码	工步所属工序

图 7-74 工步内容矩阵

（2）计算机辅助工艺设计系统数据库

工艺信息经过数字化后便形成了大量数据。这些数据必须按一定的工艺文件形式集合起来存储到计算机内,形成数据库以备检索和调用。数据文件的格式主要有零件编码特征矩阵文件、样件工艺文件、工艺数据文件等。

7.6 机械装配工艺设计基础

7.6.1 概述

1. 装配工作的主要内容

（1）清洗

在装配过程中,零部件的清洗对保证产品的装配质量和延长产品的使用寿命均有重要的意义,特别对于如轴承、密封件、精密偶件以及有特殊清洗要求的工件更为重要。清洗的目的是去除制造、贮藏、运输过程中所黏附的切屑、油脂和灰尘,以保证装配质量。清洗的方法有擦洗、浸洗、喷洗和超声清洗等。

清洗工序

清洗工艺的要点是清洗液(如煤油、汽油、碱液及各种化学清洗液等)及其工艺参数(如温度、时间、压力等)。清洗工艺须根据工件的清洗要求、工件材料、批量大小、油脂、污物性质及其黏附情况等因素确定。此外,还须注意工件清洗后应具有一定的中间防锈能力。清洗液的选择应与清洗方法相适应。

（2）连接

连接即将两个或两个以上的零件结合在一起。装配过程就是对装配的零部件实行正确的连接,并使各零部件相互之间具有符合技术要求的配合,以保证零部件之间的相对位置准确,连接强度可靠,配合松紧适当。按照部件或零件连接方式的不同,连接可分为固定连接与活动连接两类。固定连接时零件相互之间没有相对运动;活动连接时零件相互之间在工作时,可按规定的要求做相对运动。

连接的种类共有四类,见表7-18。

表7-18 连接的种类

固定连接		活动连接	
可拆卸的	不可拆卸的	可拆卸的	不可拆卸的
螺栓、键、销、楔件等	铆接、焊接、压合、整合、热压等	箱件与滑动轴承、活塞与套筒等动配合零件	任何活动的铆接头

（3）校正、调整与配作

在装配过程中,特别是在单件小批量生产条件下,为了保证装配精度,常需要进行一些校正、调整和配作工作。这是因为完全靠零件装配互换法去保证装配精度往往是不经济的,有时甚至是不可能的。

校正是指各零部件间相互位置的找正、找平及相应的调整工作。在产品的总装和大型机械基体件的装配中常需进行校正,如卧式车床总装过程中床身安装水平面及导轨扭曲的校正、主轴箱主轴中心与尾座套筒中心等高的校正、水压机立柱的垂直度校正等。常用的校正方法有平尺校正、角尺校正、水平仪校正、光学校正、激光校正等。

调整是指相关零部件相互位置的调节。它除了配合校正工作去调节零部件的位置精度外，运动副间的间隙调节也是调整的主要内容。如滚动轴承内外圈及滚动体之间间隙的调整、镶条松紧的调整、齿轮与齿条啮合间隙的调整等。

配作是指在装配中，零件与零件之间或部件与部件之间的钻削、铰削、刮削和磨削加工。钻削和铰削加工多用于固定连接。钻削多用于螺纹连接，铰削则多用于定位销孔的加工。刮削多用于运动副配合表面的精加工，如按床身导轨配刮工作台或溜板的导轨面，按轴颈配刮轴瓦等。刮削可以提高工件尺寸精度和几何精度，减小表面粗糙度值和提高接触刚度。因此，在机器装配或修理中，刮削仍是一种重要的工艺方法，但刮削的生产率低、劳动强度大。

（4）平衡

对于转速较高、运动平稳性要求高的机器（如精密磨床、内燃机等），为了防止使用中出现振动，从而影响机器的工作精度，装配时需对旋转零部件（整机）进行平衡试验。旋转体的不平衡是由于旋转体内部质量分布不均匀引起的。消除旋转零件或部件不平衡的工作称为平衡。平衡的方法有静平衡法和动平衡法两种。

对旋转体内的不平衡量一般可采用下述方法校正：① 用补焊、铆接、胶接或螺纹连接等方法加配质量；② 用钻、铣、锉等机械加工方法去除不平衡质量；③ 在预制的平衡槽内改变平衡块的位置和数量（如砂轮的静平衡）。

（5）验收、试验

机械产品装配完成后，需根据有关技术标准的规定，对产品进行较全面的验收和试验工作。各类产品验收和试验工作的内容、项目是不相同的，其验收和试验工作的方法也不相同。

此外，装配工作的基本内容还包括涂装、包装等。

2. 装配精度与装配尺寸链

产品的装配精度是指装配后实际达到的精度。对装配精度提出的要求是根据机器的使用性能要求提出的，它是制定装配工艺规程的基础，也是合理地确定零件的尺寸公差和技术要求的主要依据。它不仅关系到产品质量，也关系到制造的难易程度和产品的成本。因此，正确地规定机器的装配精度是机械产品设计所要解决的重要问题之一。产品的装配精度包括：零件间的距离精度（零件间的尺寸精度、配合精度、运动副的间隙及侧隙等）、位置精度（相关零件间的平行度、垂直度精度等）、接触精度（配合、接触、连接表面间规定的接触面积及其分布等）、相对运动精度（有相对运动的零部件间在运动方向和运动位置上的精度等）。

机器由零部件组装而成，机器的装配精度与零部件的加工精度直接相关。例如，图 7-75 所示卧式车床主轴中心线和尾座中心线对床身导轨面有等高要求，这项装配精度要求就与主轴箱、尾座、底板等有关部件的加工精度有关。可以从查找影响此项装配精度的有关尺寸入手，建立以此项装配精度要求为封闭环的装配尺寸链，如图 7-75b 所示。其中 A_1 是主轴中心线相对于床身导轨面的垂直距离，A_3 是尾座中心线相对于底板 3 的垂直距离，A_2 是底板相对于床身导轨面的垂直距离，A_0 则是尾座中心线相对于主轴中心线的高度差，这是在床身上装主轴箱和尾座时所要保证的装配精度要求。A_0 是在装配中间接获得的尺寸，是装配尺寸链的封闭环。由图 7-75b 所列装配尺寸链可知，主轴中心线与尾座中心线相对于导轨面的等高要求与 A_1、A_2、A_3 三个组成环的公称尺寸及其精度直接相关，可以根据车床装配的精度要求通过解算装配尺寸链来确定有关部件和零件的尺寸要求。

由以上分析可知，零件的加工精度是保证装配精度的基础，但装配精度并不一定完全取决于零件的加工精度。装配精度的合理保证，应从产品结构、机械加工和装配工艺等方面进行综合考

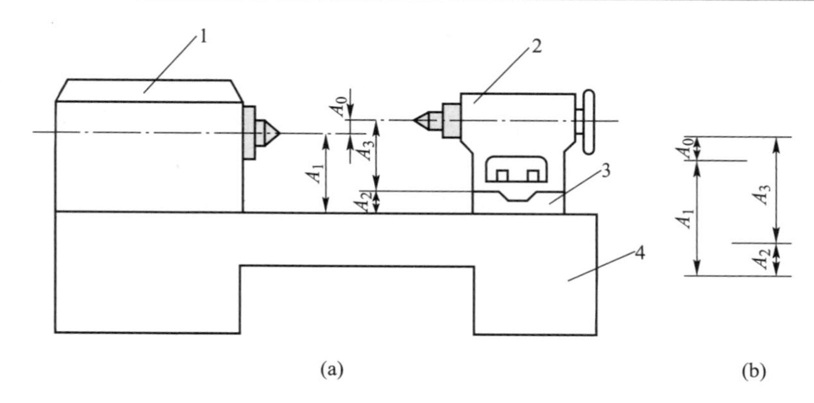

图 7-75 卧式车床主轴中心线与尾座中心线的等高性要求

1—主轴箱；2—尾座；3—底板；4—床身

虑。因此在根据机器的装配精度要求来设计机器零部件的尺寸及其精度时，必须考虑装配工艺方法的影响。装配工艺方法不同，解算装配尺寸链的方法截然不同，所得结果差异甚大。对于某一给定的机器结构，设计师可以根据装配精度要求和所采用的装配工艺方法，通过解算装配尺寸链来确定零部件有关尺寸的精度等级和极限偏差。

7.6.2 机械产品的装配工艺方法

一台机器所能达到的装配精度既与零部件的加工精度有关，还与所采用的装配工艺方法有关。生产中常用的产品装配工艺方法有互换法、选配法、修配法、调整法四种。

1. 互换法

采用互换法装配时，被装配的零件不经任何选择或修整就能达到规定的装配精度要求。这种装配方法的装配精度主要取决于零件的加工精度，其实质是通过控制零件的加工公差来保证产品的装配精度。根据零件的互换程度，互换法可分为完全互换法、统计互换法。

轴承座装配

（1）完全互换法

采用这种方法保证产品装配精度时，应使各有关零件的公差之和小于或等于装配允许公差，可用公式表示为

$$T_{OL}=\sum_{i=1}^{m-1} T_i \leqslant T_0' \tag{7-22}$$

式中：T_{OL}——封闭环极值公差；

T_0'——装配允许公差。

显然，即使各零件都出现极值，采用这种装配方法装配后的公差也不会超出装配允许公差，故零件无需经选择、修理或调整，装配后即能达到装配精度要求。完全互换法的优点是：装配过程简单，生产率高；工人技术水平要求不高，易于扩大生产；便于组织流水作业及自动化装配，便于采用协作方式组织专业化生产等。因此，只要根据装配精度要求分配给零件的加工公差能满足机械加工的经济精度要求，则不论采用何种生产类型，均应优先采用完全互换法装配。但是，当装配精度要求较高及组成环较多时，若用完全互换法装配，则势必会造成零件的加工精度要求过高，以致难以满足零件的加工经济精度要求。因此，这种装配方法多用于高精度的少环尺寸链或低精度产品的装配中。

（2）统计互换法

采用统计互换法保证产品的装配精度时，应使各有关零件公差值的平方之和的平方根小于

或等于装配允许公差。可用公式表示为

$$T_{OS}=\frac{1}{k_0}\sqrt{\sum_{i=1}^{m-1}\xi_i^2k_i^2T_i^2}\leqslant T_0' \tag{7-23}$$

式中：T_{OS}——封闭环统计公差；

k_0——封闭环的相对分布系数；

k_i——第 i 个组成环的相对分布系数。（k_0，k_i 成正态分布时取 1。）

显然，用这种方法所确定的零件加工公差要大一些，即零件比较容易加工。然而，有极少数产品的装配精度可能超差（当装配公差 $T_0'=T_{OS}$时，有 0.27%的产品不合格）。但是，这些不合格产品中有一部分是可以修复的，故真正报废的产品很少。这里应予以指出，此法所依据的是概率理论，只有当零件的生产数量足够大时，其加工公差才会符合概率规律。故统计互换法通常用于大批量生产且对装配精度要求较高，而尺寸链的环数又较多（大于 4）的情况。

例 7-5 图 7-76 所示的齿轮箱部件中，要求装配后的轴向间隙 $A_0=0_{+0.2}^{+0.7}$ mm。已知有关零件的公称尺寸是：$A_1=122$ mm，$A_2=28$ mm，$A_3=5$ mm，$A_4=140$ mm，$A_5=5$ mm。试分别按完全互换法（极值法）和统计互换法（统计法）确定各组成环零件有关尺寸的加工公差及上、下极限偏差。

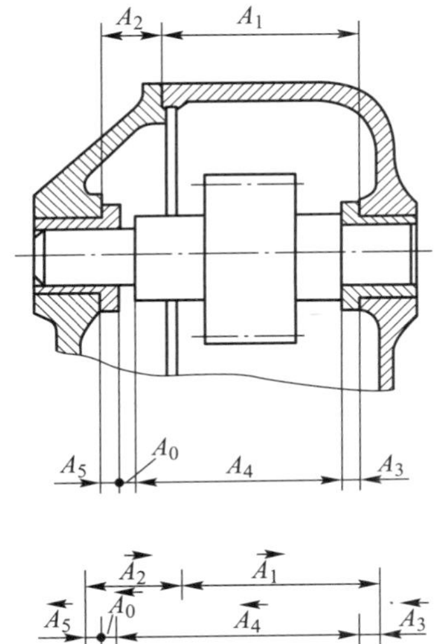

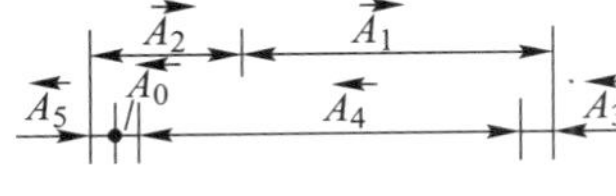

图 7-76 装配尺寸链

解 （1）完全互换法

① 画出装配尺寸链简图（图 7-76），并检验各环的公称尺寸。这是一个六环装配尺寸链，其中 A_1、A_2为增环，A_3、A_4、A_5为减环，封闭环为 A_0。

封闭环公称尺寸为

$$\begin{aligned}A_0&=(A_1+A_2)-(A_3+A_4+A_5)\\&=[(122+28)-(5+140+5)]\text{mm}\\&=0\ \text{mm}\end{aligned}$$

② 确定各组成环尺寸公差和上、下极限偏差。

由装配间隙 $A_0=0_{+0.2}^{+0.7}$mm 可知，封闭环允许公差 $T_0'=(0.7-0.2)$ mm $=0.5$ mm，由式（7-22）知，各组成环公差应满足 $\sum_{i=1}^{5}T_i\leqslant T_0'$ 即 $T_1+T_2+T_3+T_4+T_5\leqslant 0.50$ mm。若按等公差分配，则各组成环平均公差 T_{avA}为

$$T_{avA}=\frac{T_{OL}}{n-1}=\frac{0.50}{5}\text{mm}=0.1\ \text{mm}$$

可见，零件加工的平均公差并不算小，可以用完全互换法装配。若考虑各环加工的难易程度和设计要求等，可将各组成环公差值按经验做适当调整。如 A_1、A_2尺寸加工较难，公差应略大；A_3、A_5尺寸加工方便，公差可略小。现把各组成环公差调整如下：

$T_1=0.20$ mm，$T_2=0.10$ mm，$T_3=T_5=0.05$ mm，再按入体原则分配公差，则

$$A_1=122_{\ 0}^{+0.20}\text{mm},\quad A_2=28_{\ 0}^{+0.10}\text{mm},\quad A_3=A_5=5_{-0.05}^{\ 0}\text{mm}$$

③ 确定协调环尺寸公差及其上、下极限偏差。

A_4是特意留下的一个组成环，称为协调环。一般应选用最易加工的尺寸作为协调环，其公差大小应按封闭环公差的大小经济合理地加以确定，即

$$T_4=T_0-T_1-T_2-T_3-T_5=(0.50-0.20-0.10-0.05-0.05)\ \text{mm}=0.10\ \text{mm}$$

A_4的上、下极限偏差应按装配精度要求通过计算确定。

$$ES_{A_4}=EI_{A_1}+EI_{A_2}-ES_{A_3}-ES_{A_5}-EI_{A_0}=[0+0-(0)-(0)-(0.20)]\ \text{mm}=-0.20\ \text{mm}$$

$$EI_{A_4}=ES_{A_1}+ES_{A_2}-EI_{A_3}-EI_{A_5}-ES_{A_0}=[0.20+0.10-(-0.05)-(-0.05)-0.7]\ \text{mm}$$
$$=-0.30\ \text{mm}$$

所以
$$A_4=140_{-0.30}^{-0.20}\text{mm}$$

(2) 统计互换法

设图 7-76 中各组成环尺寸呈正态分布,且尺寸分布中心与公差带中心重合。

① 确定各组成环尺寸公差和上、下极限偏差。

求各组成环平均平方公差 T_{avsA},已知 $\xi_i=|1|$,$k_0=1$,$k_1=k_2=k_3=k_4=k_5=1$,代入式(7-23)求得

$$T_{avsA}=\frac{T_{0S}}{\sqrt{m-1}}=\frac{0.5}{\sqrt{5}}\text{mm}\approx 0.22\ \text{mm}$$

按加工难易,调整各组成环公差如下:

$$T_1=0.4\ \text{mm},\quad T_2=0.2\ \text{mm},\quad T_3=T_5=0.08\ \text{mm}$$

按入体原则分配公差,则 $A_1=122_{\ 0}^{+0.40}\text{mm}$,$A_2=28_{\ 0}^{+0.20}\text{mm}$,$A_3=A_5=5_{-0.08}^{\ 0}\text{mm}$

② 确定协调环尺寸公差及其上、下极限偏差。

选 A_4为协调环,由式(7-14)得

$$0.5^2=0.4^2+0.2^2+0.08^2+T_4^2+0.08^2$$

故
$$T_4\approx 0.192\ \text{mm}$$

为便于计算,A_4的上、下极限偏差也可通过平均尺寸入手解算。由式(7-13)知,封闭环中间偏差

$$\Delta_0=\sum_{i=1}^{m-1}\xi_i(\Delta_i+e_iT_i/2)$$

已知 $\xi_1=\xi_2=1$,$\xi_3=\xi_4=\xi_5=-1$,$e_1=e_2=e_3=e_4=e_5=0$,代入上式得

$$\Delta_0=\Delta_1+\Delta_2-(\Delta_3+\Delta_4+\Delta_5)$$
$$\Delta_4=\Delta_1+\Delta_2-\Delta_3-\Delta_5-\Delta_0$$

已知
$$\Delta_1=(ES_{A_1}+EI_{A_1})/2=(0.40+0)/2\ \text{mm}=+0.20\ \text{mm}$$
$$\Delta_2=(ES_{A_2}+EI_{A_2})/2=(0.20+0)/2\ \text{mm}=+0.10\ \text{mm}$$
$$\Delta_3=(ES_{A_3}+EI_{A_3})/2=(-0.08+0)/2\ \text{mm}=-0.04\ \text{mm}$$
$$\Delta_5=(ES_{A_5}+EI_{A_5})/2=(-0.08+0)/2\ \text{mm}=-0.04\ \text{mm}$$
$$\Delta_0=(ES_{A_0}+EI_{A_0})/2=(0.70+0.20)/2\ \text{mm}=+0.45\ \text{mm}$$

代入前式得
$$\Delta_4=[0.2+0.1-(-0.04)-(-0.04)-0.45]\ \text{mm}=-0.07\ \text{mm}$$

求 A_4的极限偏差得
$$ES_{A_4}=\Delta_4+T_4/2=(-0.07+0.192/2)\ \text{mm}=+0.026\ \text{mm}$$
$$EI_{A_4}=\Delta_4-T_4/2=(-0.07-0.192/2)\ \text{mm}=-0.166\ \text{mm}$$

由此求得
$$A_4=140_{-0.166}^{+0.026}\text{mm}$$

③ 核算封闭环的极限偏差。

由式(7-13)知

$$\Delta_0 = [0.20+0.10-(-0.04)-(-0.07)-(-0.04)]\text{mm} = +0.45\ \text{mm}$$

封闭环公差

$$T_0 = \sqrt{T_1^2+T_2^2+T_3^2+T_4^2+T_5^2} = \sqrt{0.4^2+0.2^2+(-0.08)^2+0.192^2+(-0.08)^2}\text{mm}$$
$$\approx 0.5\ \text{mm}$$

求封闭环极限偏差，得

$$ES_{A_0} = (0.45+0.5/2)\text{mm} = 0.70\ \text{mm}$$
$$EI_{A_0} = (0.45-0.5/2)\text{mm} = 0.20\ \text{mm}$$

则
$$A_0 = 0^{+0.70}_{+0.20}\text{mm}$$

由以上两种方法的解算结果可以清楚地看出，由统计互换法算得的各组成环公差比完全互换法差不多扩大了一倍。本例中，由于按完全互换法算得的公差值也不小，同样符合加工经济精度要求，故一般完全互换法与统计互换法均可采用。

2. 选配法

在成批或大量生产条件下，若组成零件不多而装配精度要求很高时，采用完全互换法或统计互换法都将使零件的公差过严，甚至超过了加工工艺的现实可能性。这时，可采用选配法装配。该方法的实质是将各组成环的制造公差放大到经济可行的程度，然后选择合适的零件进行装配，以保证规定的装配精度要求。

按选配方式不同，选配法可分为直接选配法（由装配工人从待装零件中凭经验挑选合适零件试凑的装配方法）、分组选配法（事先将互配零件进行测量和分组，后按对应组零件装配并达到装配精度的方法）、复合选配法（先将零件测量分组，然后在组内再直接选配），其中分组选配法应用得最多。

采用分组选配法装配时，组成环按加工经济精度制造，然后测量组成环的实际尺寸并按尺寸范围分成若干组，装配时被装零件按对应组号进行装配，达到装配精度要求。现以汽车发动机活塞销与活塞销孔的分组装配为例来说明分组选配法的原理与方法。

在汽车发动机中，活塞销和活塞销孔的配合要求很高。图 7-77a 所示为某厂汽车发动机活塞销 1 与活塞销孔 3 的装配关系。活塞销和活塞销孔的公称尺寸为 $\phi28$ mm，在冷态装配时要求有 0.002 5～0.007 5 mm 的过盈量。若按完全互换法装配，需将封闭环公差 $T_0 = (0.007\ 5 - 0.002\ 5)\text{mm} = 0.005\ 0$ mm 均等地分配给活塞销 d（$d = \phi28^{\ 0}_{-0.002\ 5}$ mm）与活塞销孔 D（$D = \phi28^{-0.005\ 0}_{-0.007\ 5}$mm）。制造这样精确的活塞销孔和活塞销是很困难的，也是不经济的。生产上常用分组选配法装配来保证上述装配精度要求，方法如下：将活塞销和活塞销孔的制造公差同向放大 4 倍，让 $d = \phi28^{\ 0}_{-0.010}$mm，$D = \phi28^{-0.005}_{-0.015}$mm；然后在加工好的一批工件中用精密量具测量，将活塞销孔孔径 D 与活塞销直径 d 按尺寸从大到小分成 4 组，分别涂上不同颜色的标记；装配时让具有相同颜色标记的活塞销与活塞销孔相配，即让大活塞销配大活塞销孔，小活塞销配小活塞销孔，保证达到上述装配精度要求。图 7-77b 给出了活塞销和活塞销孔的分组公差带位置。

采用分组选配法装配最好能使两相配件的尺寸分布曲线为完全相同的对称分布曲线，如果尺寸分布曲线不相同或不对称，则将造成各组零件数不等而不能完全配套，造成浪费。采用分组选配法装配时，零件的分组数不宜太多，否则会因零件测量、分组、保管、运输工作量的增大而使生产组织工作变得相当复杂。

分组选配法装配的主要优点是：零件的制造精度不高，但却可获得很高的装配精度；组内零件可以互换，装配效率高。不足之处是：增加了零件测量、分组、保管、运输的工作量。分组选配

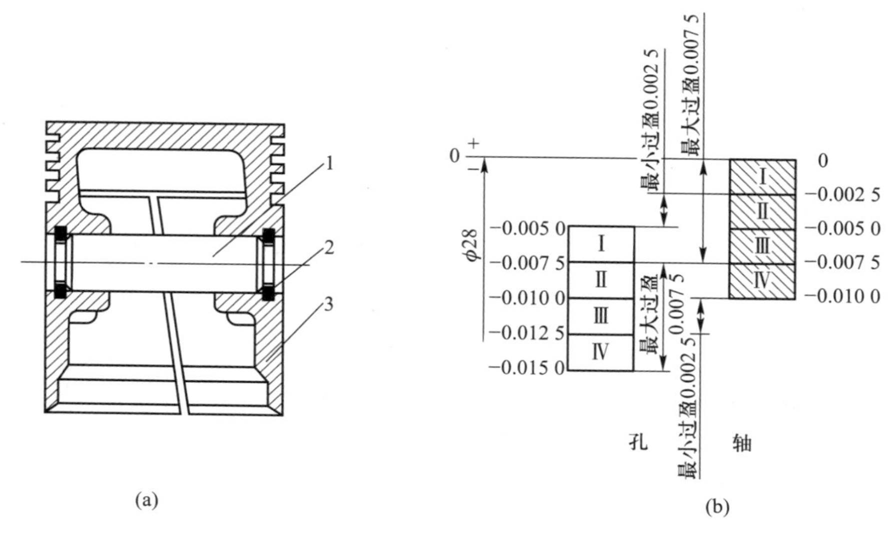

图 7-77　活塞销与活塞销孔的装配关系

1—活塞销；2—挡圈；3—活塞销孔

法适用于在大批量生产中装配组成环数少而装配精度又要求特别高的机器结构。

3. 修配法

在单件小批量生产中，如果装配组成环较多，装配精度又要求高的机器结构时，常采用修配法。采用修配法时，各组成环先按经济精度加工，装配时再根据实测结果对装配尺寸链中某一组成环（也可以将几个零件合并在一起看做一个组成环，此组成环尺寸即为修配环尺寸）进行修配，使之达到规定的装配精度（封闭环）要求。为减少修配工作量，应选择便于装拆、修配加工与测量的且不是公共环（同属几个尺寸链的组成环）的组成环作为修配环。

例 7-6　在图 7-75b 所示的尺寸链中，已知：$A_0=0^{+0.06}_{0}$ mm，$A_1=202$ mm，$A_2=46$ mm，$A_3=156$ mm，试确定修配环及其尺寸偏差。

解　1）按完全互换法的极值解法，求出各组成环的平均公差为

$$T_{avA}=\frac{T_0}{m-1}=\frac{0.06}{3}\text{mm}=0.02\ \text{mm}$$

这样小的公差，零件加工很不经济，故选用修配法较合适。

2）选择修配环。

由于尾座与底板合装后的底面修刮较方便，故选 A_2、A_3 合并为 A_{23} 一个组成环，即修配环，如图 7-78 所示。

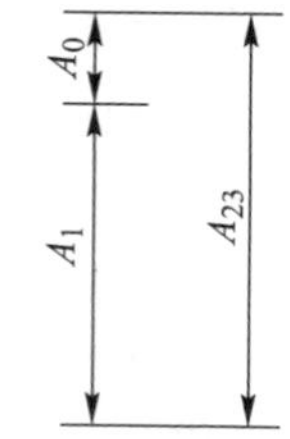

3）按加工经济精度确定各组成环公差，并确定除修配环以外的各组成环尺寸的上、下极限偏差。

A_1、A_{23} 两尺寸用镗模加工，取经济精度的公差值为 $T_1=T_{23}=0.1$ mm。令 A_1 尺寸的公差按对称分布，则 $A_1=(202\pm0.05)$ mm。A_{23} 的公称尺寸为：$A_{23}=A_2+A_3=(46+156)$ mm $=202$ mm。

图 7-78　等高误差装配尺寸链

4）确定修配尺寸的上、下极限偏差。

在修配法的尺寸链中，用 A_0' 表示修配前封闭环的实际尺寸，以与要求的封闭环尺寸 A_0 相区别。

修配环被修配后，对封闭环实际尺寸变化的影响有两种，即变大或变小。本例中属后者。可以想象，若封闭环的实际尺寸 A_0' 已小于所要求的封闭环的最小尺寸 $A_{0\min}$，则修配环再进行修配只能使封闭环的尺寸变得更小，即无法达到装配精度要求。因此，应使封闭环的实际最小尺寸 $A_{0\min}'$ 大于或等于装配要求所规定的封闭环的最小尺寸 $A_{0\min}$。只有这样，修配环尺寸对封闭环才有补偿作用。而当 $A_{0\min}'=A_{0\min}$ 时，则修配量最小（其值为零）。根据以上分析，可用极值法确定修配环尺寸的上、下极限偏差。

由
$$A_{0\min}'\geqslant A_{0\min}=A_{23\min}-A_{1\max}=0$$
得
$$A_{23\min}=A_{1\max}=202.05\ \text{mm}$$
又
$$A_{23\max}=A_{23\min}+T_{23}=(202.05+0.1)\ \text{mm}=202.15\ \text{mm}$$
故
$$A_{23}=202_{+0.05}^{+0.15}\ \text{mm}$$

5）考虑到车床总装时尾座底板与床身配合的导轨面还需配刮，取其最小刮研量为0.15 mm，则最后修配环的实际尺寸为 $A_{23}'=(202_{+0.05}^{+0.15}+0.15)\ \text{mm}=202_{+0.20}^{+0.30}\ \text{mm}$。

此时最大修刮量为

$$Z_{\max}=A_{0\max}'-A_{0\max}=(A_{23\max}'-A_{1\min})-A_{0\max}=[(202.30-201.95)-0.06]\ \text{mm}=0.29\ \text{mm}$$

实际修刮时正好刮到高度差为 0.06 mm 的情况是很少的，所以实际的最大修刮量还会稍大于0.29 mm。

同理，当修配环的修刮使封闭环实际尺寸变大时，应使 $A_{0\max}'\leqslant A_{0\max}$。

修配法的主要优点是：组成环均能以加工经济精度制造，但却可获得很高的装配精度。不足之处是：增加了修配工作量，生产效率低；对装配工人的技术水平要求高。

4. 调整法

装配时用改变调整件在机器结构中的相对位置或选用合适的调整件来达到装配精度的装配方法，称为调整法。

调整法与修配法的原理基本相同。在以装配精度要求为封闭环所建立的装配尺寸链中，除调整环外各组成环均以经济精度加工。由于扩大组成环加工公差所累积造成的封闭环过大的误差，可通过调节调整件相对位置的方法消除，最后达到装配精度要求。调节调整件相对位置的方法有可动调整法、固定调整法和误差抵消调整法等三种，现分述如下：

（1）可动调整法

图 7-79a 所示结构靠调节螺钉的位置来调整轴承外环相对于内环的位置，从而使滚动体与内环、外环间具有适当间隙。螺钉调到位后，用螺母锁紧。图 7-79b 所示结构为车床刀架横向进给机构中丝杠螺母副间隙调整机构。丝杠螺母副间隙过大时，可拧动螺钉，调节撑垫的上下位置，使螺母分别靠紧丝杠的两个螺旋面，以减小丝杠与螺母之间的间隙。

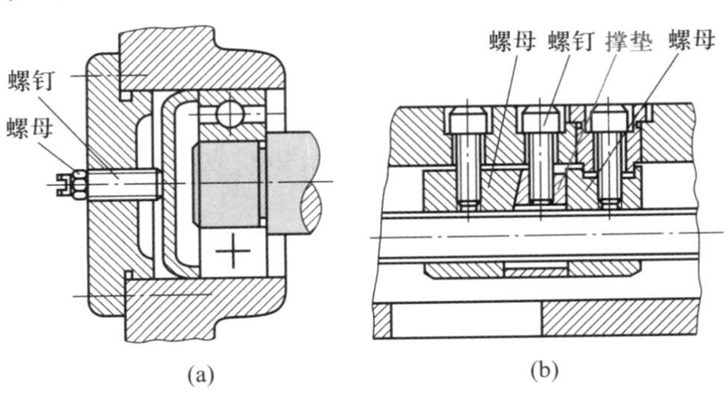

图 7-79 可动调整法装配示例

可动调整法的主要优点是：零件制造精度不高，但却可获得比较高的装配精度；在机器使用中可随时通过调节调整件的相对位置来补偿由于磨损、热变形等原因导致的误差，使之恢复到原来的装配精度；比修配法操作简便、易于实现。不足之处是需增加一套调整机构，增加了结构复杂程度。可动调整法在生产中应用甚广。

（2）固定调整法

在以装配精度要求为封闭环所建立的装配尺寸链中，组成环均按加工经济精度制造。扩大组成环制造公差所累积造成的封闭环过大的误差，可通过更换不同尺寸的固定调整环进行补偿，以达到装配精度要求，这种装配方法称为固定调整法。

例 7-7　图 7-80 所示车床主轴双联齿轮装配后要求轴向间隙 $A_0=0^{+0.20}_{+0.05}$ mm。已知 $A_1=115$ mm，$A_2=8.5$ mm，$A_3=95$ mm，$A_4=2.5$ mm，$A_5=9$ mm，试以固定调整法解算各组成环的极限偏差，并求调整环的分组数和调整环尺寸系列。

解　1）建立装配尺寸链　从分析影响装配精度要求的有关尺寸入手，建立以装配精度要求为封闭环的装配尺寸链，如图 7-81 所示。

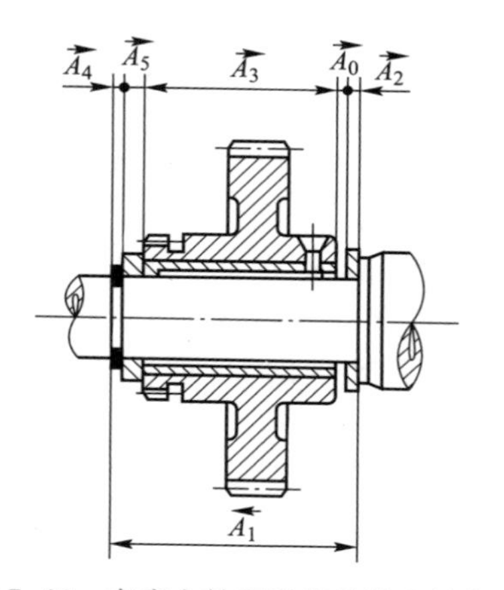

图 7-80　车床主轴双联齿轮装配结构图

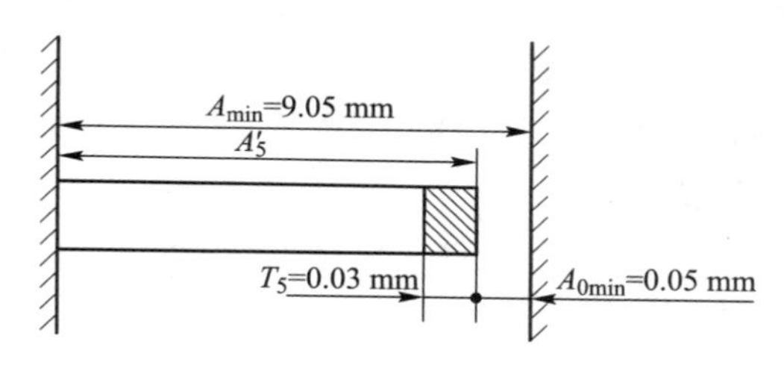

图 7-81　装配尺寸关系图

2）选择调整环　选择加工比较容易、装卸比较方便的组成环 A_5 作为调整环。

3）确定组成环公差　按加工经济精度规定各组成环公差并确定极限偏差。$A_2=8.5^{\ 0}_{-0.10}$ mm，$A_3=95^{\ 0}_{-0.10}$ mm，$A_4=2.5^{\ 0}_{-0.12}$ mm，$A_5=9^{\ 0}_{-0.03}$ mm。已知 $A_0=0^{+0.20}_{+0.05}$ mm。组成环 A_1 的下极限偏差由图 7-80 所列尺寸链计算确定。由式(7-11)知：

$$EI_{A_0}=EI_{A_1}-ES_{A_2}-ES_{A_3}-ES_{A_4}-ES_{A_5}$$

$$EI_{A_1}=EI_{A_0}+ES_{A_2}+ES_{A_3}+ES_{A_4}+ES_{A_5}=(0.05+0+0+0+0)\text{ mm}=0.05\text{ mm}$$

为便于加工，令 A_1 的制造公差 $T_1=0.15$ mm，故 $A_1=115^{+0.20}_{+0.05}$ mm。

4）确定调整范围 δ　在装入调整环（尺寸为 A_5）之前，先实测齿轮端面轴向间隙 A 的大小，然后再选一个合适的调整环装入该间隙中，要求达到装配要求。所测间隙 $A=A_5+A_0$，A 的变动范围就是我们所要求取的调整范围 δ。

$$\begin{aligned}A_{max}&=A_{1max}-A_{2min}-A_{3min}-A_{4min}\\&=(115+0.20)\text{ mm}-(8.5-0.1)\text{ mm}-(95-0.1)\text{ mm}-(2.5-0.12)\text{ mm}\\&=9.52\text{ mm}\end{aligned}$$

$$
\begin{aligned}
A_{\min} &= A_{1\min} - A_{2\max} - A_{3\max} - A_{4\max} \\
&= (115+0.05)\ \text{mm} - 8.5\ \text{mm} - 95\ \text{mm} - 2.5\ \text{mm} \\
&= 9.05\ \text{mm}
\end{aligned}
$$

$$\delta = A_{\max} - A_{\min} = (9.52-9.05)\ \text{mm} = 0.47\ \text{mm}$$

5）确定调整环的分组数 i　取封闭环公差与调整环制造公差之差 T_0-T_5作为调整环尺寸分组间隔 Δ,则

$$i=\frac{\delta}{\Delta}=\frac{\delta}{T_0-T_5}=\frac{0.47}{0.15-0.03}\approx 3.9$$

取 $i=4$。调整环分组数不宜过多,否则组织生产费事,i 取为 3 或 4 较为适宜。

6）确定调整环 A_5的尺寸系列　当实测间隙 A'出现最小值 $A_{\min}$时,在装入一个最小公称尺寸的调整环后,应能保证齿轮轴向具有装配精度要求的最小间隙值($A_{0\min}=0.05$ mm),如图 7-81 所示。由图 7-81 知,最小一组调整环的公称尺寸应为 $A_5'=A_{\min}-A_{0\min}=(9.05-0.05)\ \text{mm}=9\ \text{mm}$。以此为基础,再依次加一个尺寸间隔 $\Delta(\Delta=T_0-T_5=0.12\ \text{mm})$,便可求得调整环的尺寸系列为:$9_{-0.03}^{\ 0}$ mm,$9.12_{-0.03}^{\ 0}$ mm,$9.24_{-0.03}^{\ 0}$ mm,$9.36_{-0.03}^{\ 0}$ mm。各调整环的尺寸系列及适用范围参见表 7-19。

表 7-19　调整环尺寸系列及其适用范围

编号	调整环尺寸/mm	适用的间隙 A/mm	加调整环调整后的实际间隙/mm
1	$9_{-0.03}^{\ 0}$	9.05~9.17	0.05~0.20
2	$9.12_{-0.03}^{\ 0}$	>9.17~9.29	>0.05~0.20
3	$9.24_{-0.03}^{\ 0}$	>9.29~9.41	>0.05~0.20
4	$9.36_{-0.03}^{\ 0}$	>9.41~9.52	>0.05~0.19

固定调整法适用于在大批量生产中装配那些装配精度要求较高的机器结构。在产量大、装配精度要求较高的场合,调整环还可以采用多件拼合的方式组成。方法如下:预先将调整环做成不同厚度(例如 1 mm、2 mm、5 mm、…;0.1 mm、0.2 mm、0.3 mm、…、0.9 mm 等),再准备一些更薄的调整环(例如 0.01 mm、0.02 mm、0.05 mm、…、0.09 mm 等);装配时根据所测实际间隙 A'的大小,把不同厚度的调整环拼成所需尺寸,然后把它装到间隙中去,使装配结构达到装配精度要求。这种调整装配方法比较灵活,它在汽车、拖拉机的生产中广泛应用。

(3) 误差抵消调整法

在机器装配中,通过调整被装零件的相对位置使加工误差相互抵消,可以提高装配精度,这种装配方法称为误差抵消调整法,它在机床装配中应用较多。例如,在车床主轴装配中通过调整前后轴承的径向跳动方向来控制主轴的径向跳动;在滚齿机工作台分度蜗轮装配中,采用调整蜗轮和轴承的偏心方向来抵消误差,以提高分度蜗轮的工作精度。

调整法的主要优点是:组成环均能以加工经济精度制造,但却可获得较高的装配精度;装配效率比修配法高。不足之处是要另外增加一套调整装置。可动调整法和误差抵消调整法适用于在小批量生产中应用,固定调整法则主要用于大批量生产。

5. 装配方法的选择

一种产品采用何种装配方法,通常在设计阶段即应考虑,但由于产品年产量与各厂的生产条件时有变化,因此装配方法也应按实际情况作相应变动。

选择装配方法时,原则上首先要了解各种装配方法的特点及其应用范围,根据装配图查明该

机械的全部装配尺寸链并进行分析,而后综合考虑具体的生产条件、产品结构特点、装配技术要求和装配尺寸链关系等。在通常情况下,应优先选择完全互换法。在大批量生产中,当组成环较多时应考虑采用统计互换法。在封闭环精度要求很高、组成环数较少的大批量生产中,则需采用选配法。当上述方法均不适用,而零件加工有困难或不经济时,特别是单件小批量生产中,则宜采用修配法或调整法。

7.6.3 装配工艺规程设计

设计装配工艺规程时要依次完成以下几方面的工作:

1. 研究产品装配图和装配技术条件

审核产品装配图的完整性、正确性;对产品结构进行装配尺寸链分析,对机器的主要装配技术要求逐一进行研究分析,包括保证装配精度的装配工艺方法、零件图相关尺寸的精度设计等;对产品结构进行结构工艺性分析,如发现问题应及时提出,并同有关工程技术人员商讨图样修改方案,报主管领导审批。

2. 确定装配的组织形式

装配组织形式有固定式装配和移动式装配两种,分述如下:

1)固定式装配 固定式装配是全部装配工作都在固定工作地进行。根据生产规模,固定式装配又可分为集中固定式装配和分散固定式装配。若按集中固定式装配形式装配,整台产品的所有装配工作都由一个工人或一组工人在一个工作地集中完成。它的工艺特点是:装配周期长,对工人技术水平要求高,工作地面积大。若按分散固定式装配形式装配,整台产品的装配分为部装和总装,各部件的部装和产品总装分别由几个或几组工人同时在不同工作地分散完成。它的工艺特点是:产品的装配周期短,装配工作专业化程度较高。固定式装配多用于单件小批量生产。在成批生产中装配那些重量大、装配精度要求较高的产品(例如车床、磨床)时,有些工厂采用固定流水装配形式进行装配,即装配工作地固定不动,装配工人则带着工具沿着装配线上的一个个固定装配台重复完成某一装配工序的装配工作。

2)移动式装配 移动式装配是被装配产品(或部件)不断地从一个工作地移到另一个工作地,每个工作地重复地完成某一固定的装配工作。移动式装配又有自由移动式和强制移动式两种。前者适用于在大批量生产中装配那些尺寸和重量都不大的产品或部件。强制移动式装配又可分为连续移动和间歇移动两种方式,连续移动式装配不适用于装配那些装配精度要求较高的产品。

装配组织形式的选择主要取决于产品的结构特点(包括尺寸和重量等)和生产类型,并应考虑现有的生产条件和设备。

3. 划分装配单元,确定装配顺序,绘制装配工艺系统图

将产品划分为套件、组件、部件等能进行独立装配的装配单元,是设计装配工艺规程中最为重要的一项工作,这对于在大批量生产中装配那些结构较为复杂的产品尤为重要。无论是哪一级装配单元,都要选定某一零件或比它低一级的装配单元作为装配基准件。装配基准件通常应是产品的基体件或主干零部件,基准件应有较大的体积和重量,应有足够的支承面。

在划分装配单元、确定装配基准件之后即可确定装配顺序,并以装配工艺系统图的形式表示出来。确定装配顺序的原则是:先下后上,先内后外,先难后易,先精密后一般。图7-82是车床床身部件图,图7-83是它的装配工艺系统图。

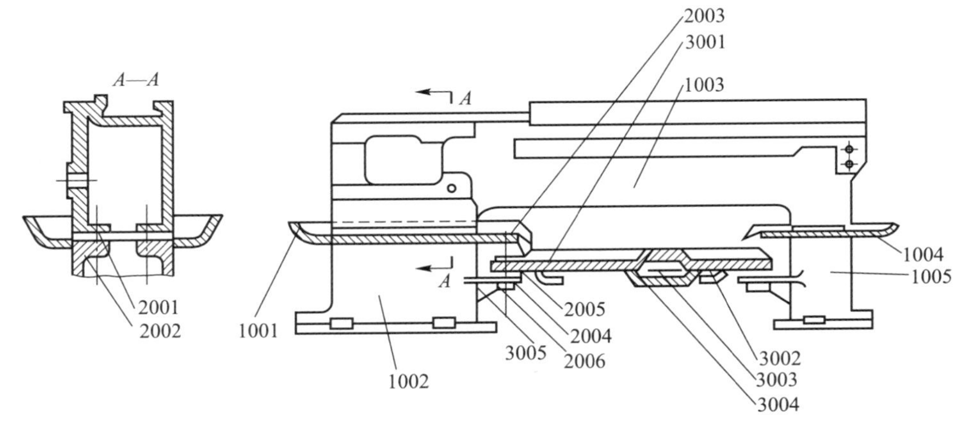

图 7-82 车床床身部件图

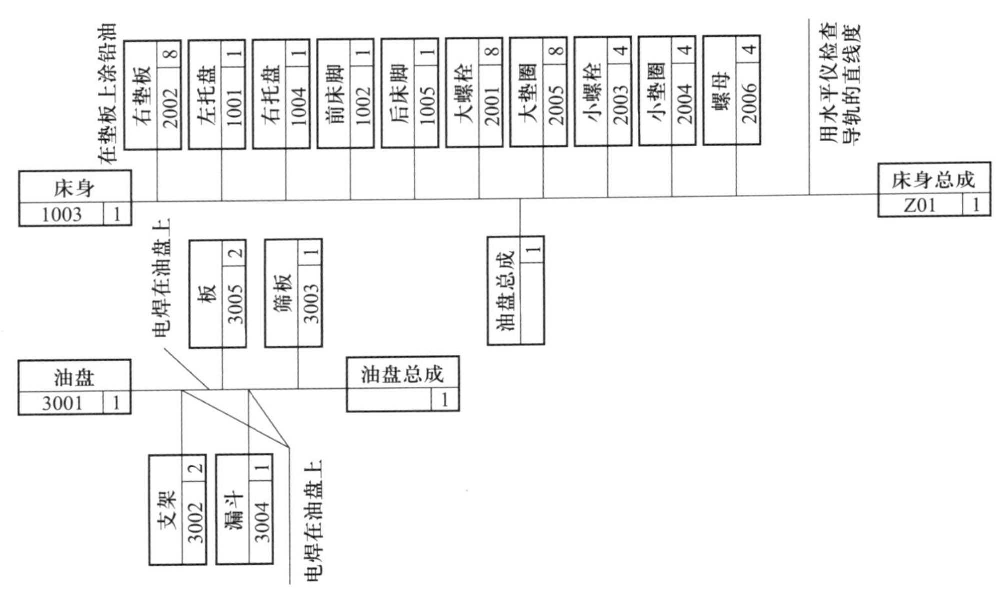

图 7-83 床身部件装配工艺系统图

4. 划分装配工序，进行工序设计

划分装配工序，进行工序设计的主要任务是：

① 划分装配工序，确定工序内容。

② 确定各工序所需设备及工具，如需专用夹具与设备，须提交设计任务书。

③ 制定各工序装配操作规范，例如过盈配合的压入力、装配温度以及拧动紧固件的额定扭矩等。

④ 制定各工序装配技术要求与检验方法。

⑤ 确定各工序的时间定额，平衡各工序的装配节拍。

5. 编制装配工艺文件

单件小批量生产时，通常只绘制装配工艺系统图，装配时按产品装配图及装配工艺系统图规定的装配顺序进行。

成批生产时，通常还编制部装、总装工艺卡，按工序标明工序工作内容、设备名称、工夹具名称与编号、工人技术等级、时间定额等。

在大批量生产中，不仅要编制装配工艺卡，还要编制装配工序卡，指导工人完成装配工作。此外，还应按产品装配技术要求制定检验卡、试验卡等工艺文件。

思考题与习题

7-1　什么是生产过程、工艺过程和工艺规程？

7-2　试简述工艺规程的设计原则、设计内容及设计步骤。

7-3　拟订工艺路线须完成哪些工作？

7-4　试简述粗、精基准的选择原则。为什么在同一尺寸方向上粗基准通常只允许用一次？

7-5　加工图7-84所示零件，其粗基准、精基准应如何选择（标有符号的为加工面，其余为非加工面）？图a、b及c所示零件要求内外圆同轴，端面与孔中心线垂直，非加工面与加工面间尽可能保持壁厚均匀；图d所示零件毛坯孔已铸出，要求孔加工余量尽可能均匀。

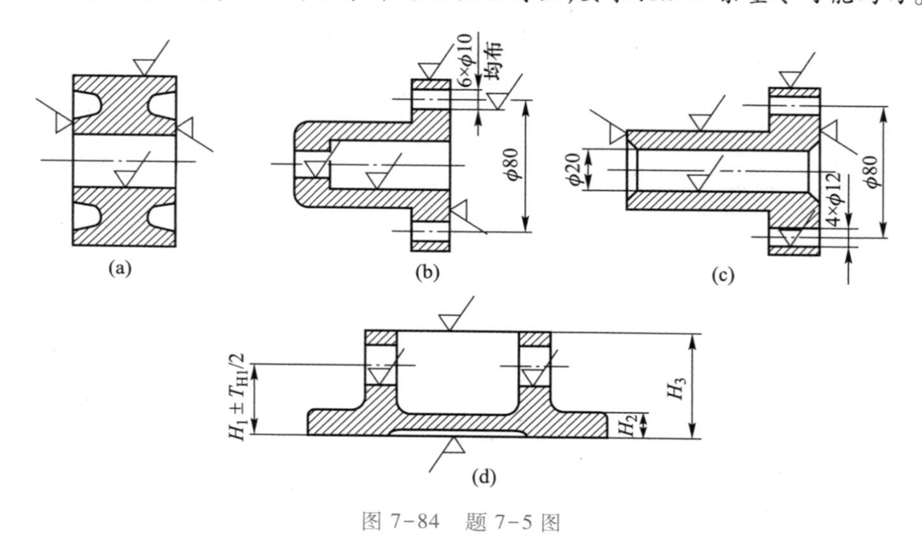

图7-84　题7-5图

7-6　为什么机械加工过程一般都要划分为几个阶段进行？

7-7　简述按工序集中原则、工序分散原则组织工艺过程的工艺特征，以及它们各用于什么场合。

7-8　什么是加工余量、工序余量和总余量？

7-9　试分析影响工序余量的因素。

7-10　图7-85所示尺寸链中（图中A_0、B_0、C_0、D_0是封闭环尺寸），哪些组成环是增环？哪些组成环是减环？

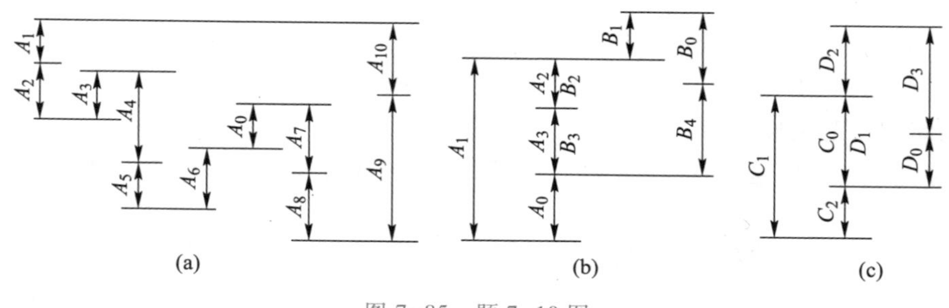

图7-85　题7-10图

7-11 试分析比较用完全互换法解尺寸链计算公式与用统计互换法解尺寸链计算公式的异同。

7-12 图 7-86a 为一轴套零件图，图 7-86b 为车削工序简图，图 7-86c 为钻孔工序三种不同定位方案的工序简图，均需保证图 a 所规定的位置尺寸(10±0.1) mm 要求。试分别计算工序尺寸 A_1、A_2 与 A_3 的尺寸及公差。为表达清晰起见，图 a、图 b 只标出了与计算工序尺寸 A_1、A_2、A_3 有关的轴向尺寸。

7-13 图 7-87 为齿轮轴截面图，要求保证轴径尺寸 $\phi28^{+0.024}_{+0.008}$ mm 和键槽深 $t=4^{+0.16}_{0}$ mm。其工艺过程为：① 车外圆至 $\phi28.5^{\ 0}_{-0.10}$ mm；② 铣键槽槽深至尺寸 H；③ 热处理；④ 磨外圆至尺寸 $\phi28^{+0.024}_{+0.008}$ mm。试求工序尺寸 H 及其极限偏差。

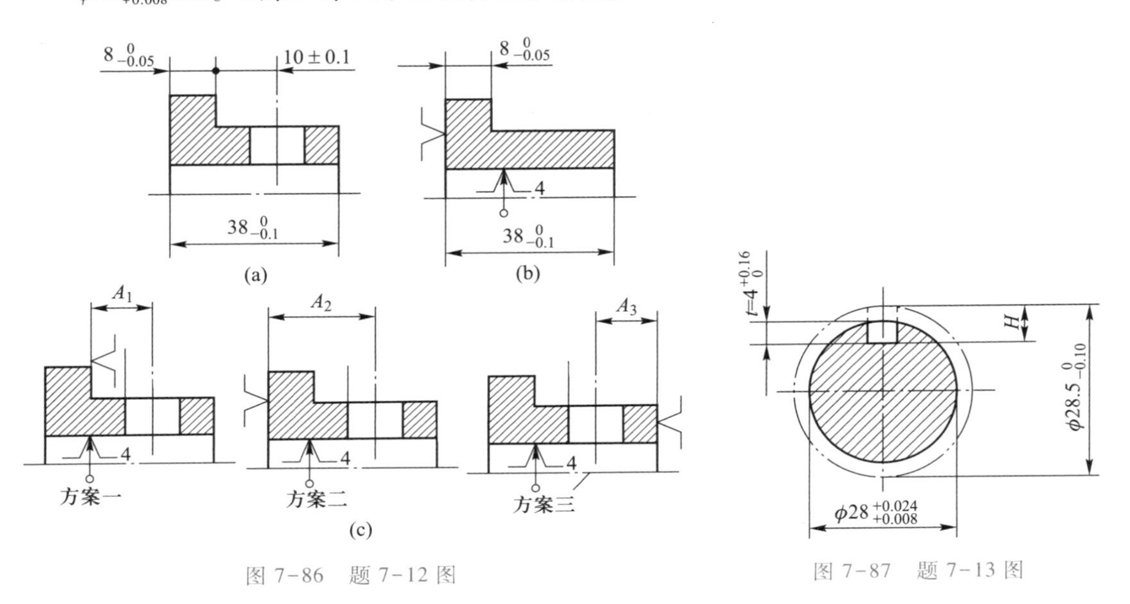

图 7-86 题 7-12 图　　图 7-87 题 7-13 图

7-14 加工图 7-88a 所示零件，轴向尺寸为 $50^{\ 0}_{-0.1}$ mm，$25^{\ 0}_{-0.3}$ mm 及 $5^{+0.4}_{\ 0}$ mm，其有关工序如图 7-88b、c 所示。试求工序尺寸 A_1、A_2、A_3 及其极限偏差。

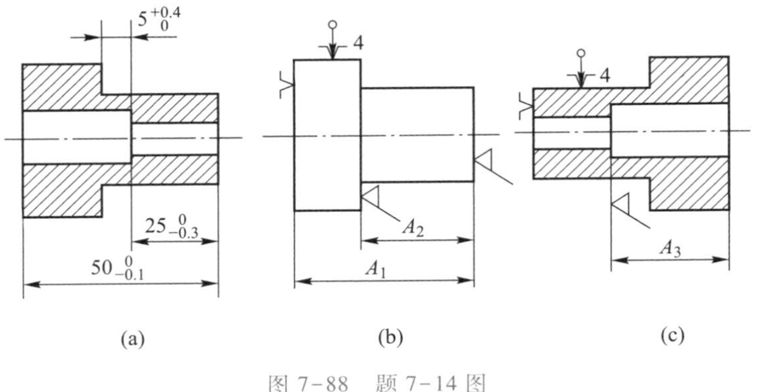

图 7-88 题 7-14 图

7-15 什么是生产成本、工艺成本？什么是可变成本、不变成本？在市场经济条件下，如何正确运用经济分析方法合理选择工艺方案？

7-16 什么是成组技术？如何实施？

7-17 什么是完全互换法？什么是统计互换法？试分析其异同并叙述两者各适用什么场合。

7-18 设有一配合轴孔，若轴的尺寸为 $\phi80_{-0.10}^{\ 0}$ mm，孔的尺寸为 $\phi80_{\ 0}^{+0.20}$ mm，设轴、孔尺寸均按正态分布。试用完全互换法和统计互换法分别计算封闭环尺寸及极限偏差。

7-19 图7-89所示减速器某轴结构的尺寸分别为：$A_1=40$ mm，$A_2=36$ mm，$A_3=4$ mm；要求装配后齿轮端部间隙 A_0 保持在 0.10～0.25 mm 范围内。如选用完全互换法装配，试确定 A_1、A_2、A_3 的精度等级和极限偏差。

7-20 图7-90所示为车床溜板与床身导轨的装配图，为保证溜板在床身导轨上准确移动，压板与床身下导轨面间间隙须保持在 0.1～0.3 mm 范围内。如选用修配法装配，试确定图示修配环 A 和其他有关尺寸的尺寸公差和极限偏差。

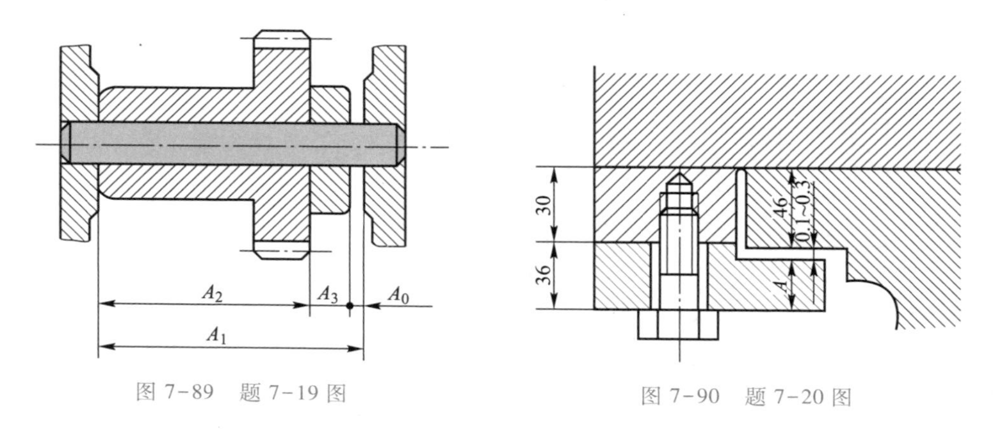

图7-89 题7-19图

图7-90 题7-20图

7-21 图7-91所示部件中，要求齿轮轴向间隙 $A_0=0_{+0.05}^{+0.15}$ mm。现采用固定调整法装配，在结构中设置一调整环（垫圈），其尺寸为 A_k。若 $A_1=50$ mm，$A_2=45$ mm，按加工经济精度确定的 A_1 和 A_2 的公差分别为 $T_1=0.15$ mm，$T_2=0.1$ mm，试确定调整垫圈的分级级数和各级垫圈的厚度。

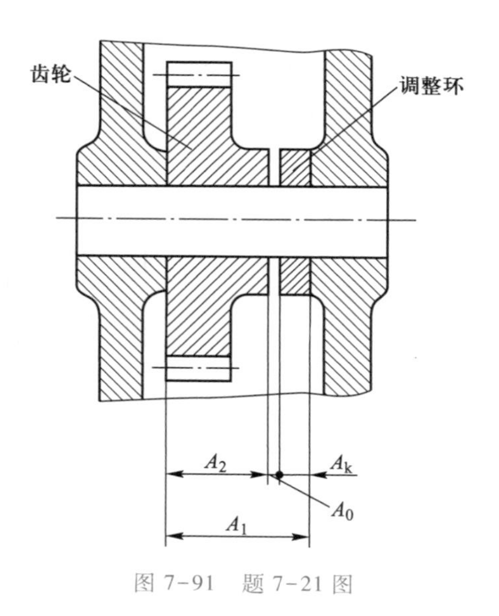

图7-91 题7-21图

7-22 设计数控加工工序时应注意哪些问题？如何做好数控加工工艺与普通加工工艺的衔接？

第 8 章

机械制造技术的发展

科学技术的迅速发展,特别是信息与互联网技术、计算机技术、微电子技术、控制理论及系统工程等与制造技术的结合,促进了现代机械制造技术的发展,形成了新的机械制造学科,即机械制造系统工程学。

总结 20 世纪以来机械制造学科取得的成就,展望其面向未来的发展趋势,机械制造理论和技术得到长足发展和创新,机械制造理论和技术的新发展,主要表现在三个方面:

1. 与微电子、信息网络、计算机、控制技术发展相融合的柔性制造技术及智能制造技术等。
2. 与微型机械、微小尺度关联的精密加工、超精密加工和纳米加工技术等。
3. 以可持续发展和现代管理理论为基础的先进生产模式和方法如绿色制造、精益生产等。

8.1 机械制造系统自动化

8.1.1 机械制造自动化

机械制造自动化的任务就是研究如何取代人在机械制造过程中的计划、管理、组织、控制与操作等方面的直接参与。当今机械产品市场的激烈竞争是机械制造自动化发展的直接动因,其目的有以下五个方面:

1) 提高或保证产品的质量。

2) 减少人的劳动强度、劳动量,改善劳动条件,减少人的因素影响。

3) 提高生产率。

4) 减少生产面积、人员,节省能源消耗,降低产品成本。

5) 提高对市场的响应速度和竞争能力。

机械制造及系统的自动化技术自 20 世纪 20 年代出现以来,经历了三个主要发展阶段,即刚性自动化、柔性自动化及综合自动化,三个阶段自动化方式的比较见表 8-1。综合自动化常常与计算机辅助制造、计算机集成制造等概念相连,它是制造技术、控制技术、现代管理技术和信息技术的综合,旨在全面提高制造企业的劳动生产率和对市场的响应速度。

8.1.2 柔性制造系统(flexible manufacturing system,FMS)

1. 柔性制造系统的特点和适用范围

柔性制造系统一般由多台数控机床和加工中心组成,并有自动上下料装置、仓库和输送系统。

表8-1　三个阶段自动化方式比较

比较项目	自动化方式		
	刚性自动化	柔性自动化	综合自动化
产生年代	20世纪20年代	20世纪50年代	20世纪70年代
实现目标	减小工人的劳动强度,节省劳动力,保证制造质量,降低生产成本	减小工人的劳动强度,节省劳动力,保证制造质量,降低生产成本,缩短产品制造周期	减小工人的劳动强度,节省劳动力,保证制造质量,降低生产成本,提高设计工作与经营管理工作的效率和质量,提高对市场的响应速度
控制对象	设备、工装、器械、物流	设备、工装、器械、物流	设备、工装、器械、信息、物流、信息流
特点	通过机、电、液、气等硬件控制方式实现,因而是刚性的,变化困难	以硬件为基础,以软件为支持,通过改变程序即可实现所需的控制,因而是柔性的,易于变动	不仅针对具体操作和人的体力劳动,而且涉及人的脑力劳动,涉及设计、制造、营销、管理等各方面
关键技术及理论	继电器程序控制技术,经典控制理论	数控技术,计算机控制技术,现代控制理论	系统工程,信息技术,成组技术,计算机技术,现代管理技术
典型装备与系统	自动、半自动机床,组合机床,机械手,自动生产线	数控机床,加工中心,工业机器人,柔性制造单元(FMC)	CAD/CAM系统,制造资源计划(MRPII),柔性制造系统(FMS),计算机集成制造系统(CIMS)
应用范围	大批量生产	多品种、中小批量	各种生产类型

在计算机及其软件的集中控制下,实现加工自动化。它具有高度柔性,是一种计算机直接控制的自动化可变加工系统。与传统的刚性自动线相比,具有以下特点:

1）具有高度柔性。能实现多种工艺要求的、具有一定相似性的不同零件的加工,实现自动更换工件、夹具、刀具及装夹,有很强的系统软件功能。

2）设备利用率高。由于零件加工的准备时间和辅助时间大为减少,机床的利用率提高到了75%~90%。

3）自动化程度高,稳定性好,可靠性强,可以实现长时间连续自动工作。

4）产品质量、劳动生产率得到提高。

柔性制造系统的适用范围见图8-1。柔性制造系统主要解决单件小批量生产的自动化问题,将高柔性、高质量、高效率结合和统一起来。

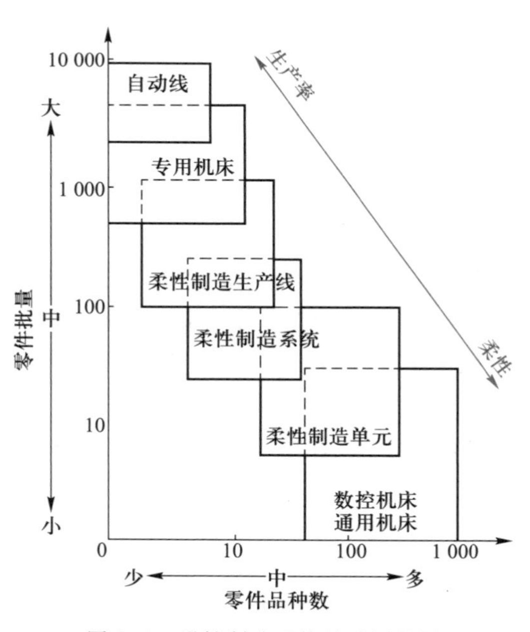

图8-1　柔性制造系统的适用范围

2. 柔性制造系统的组成和结构

柔性制造系统通常由物质系统、能量系统、信息系统三部分组成,如图8-2所示。

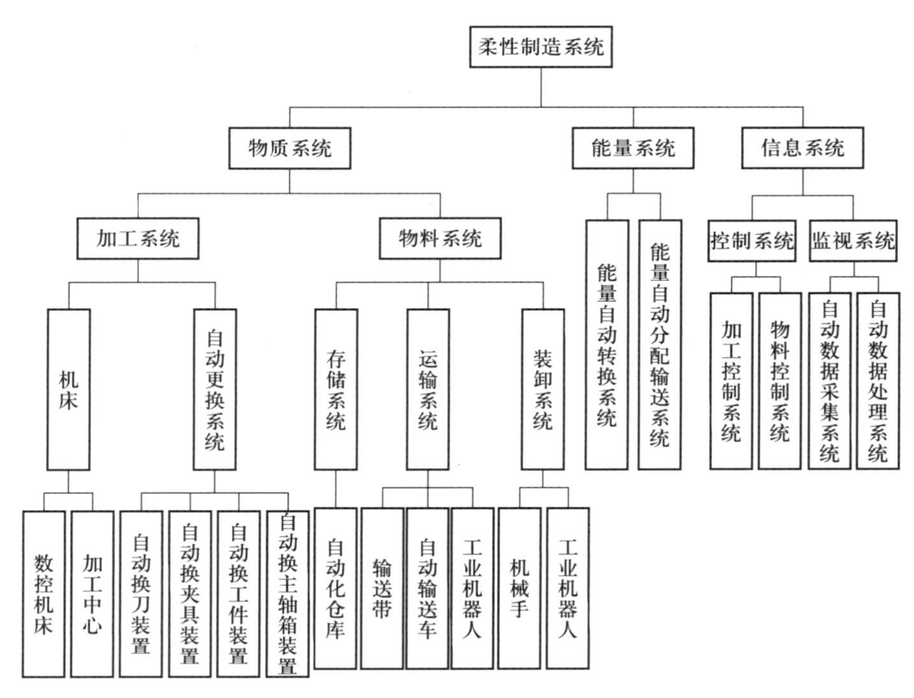

图 8-2 柔性制造系统的组成

柔性制造系统是在成组技术、计算机技术、数控技术和自动检测技术等的基础上发展起来的,归纳起来,它主要完成以下任务:

① 以成组技术为核心的零件编组。

② 以托盘和运输系统为核心的物料输送和存放。

③ 以数控机床(或加工中心)为核心的自动换刀、自动换工件的自动加工。

④ 以各种自动检测系统为核心的故障诊断、自动测量、物料输送和存储系统的监视等。

⑤ 以微型计算机为核心的智能作业计划编排。

由于柔性制造系统实现了集中控制和实时在线控制,缩短了生产周期,解决了多品种、中小批量零件的生产率和系统柔性之间的矛盾,并具有较低的成本,故得到了迅速发展。

图 8-3 是一个比较完善的柔性制造系统平面布置图,整个系统由 3 台组合铣床、2 台双面镗床、双面多轴钻床、单面多轴钻床、车削加工中心、装配机、测量机、装配机器人和工件清洗机等组成,加工箱体零件并进行装配。物料输送系统由主通道和区间通道组成,通过沟槽内隐藏着的拖拽传动链带动无轨输送车运动。若循环时间较短,区间通道还可以作为临时寄存库。除工件在随行夹具上的安装、组合夹具的拼装等极少数工作由手工完成外,整个系统由计算机控制。

3. 柔性制造系统的分类

柔性制造系统按系统大小、柔性程度不同,通常分为以下 4 类:

(1) 柔性制造单元(flexible manufacturing cell,FMC)

柔性制造单元由一台计算机控制的数控机床或加工中心、环形托盘输送装置或工业机器人所组成,采用切削监视系统实现自动加工,在不停机的情况下转换工件进行连续生产。它是一个可变加工单元,是组成柔性制造系统的基本单元。图 8-4a 所示为柔性制造单元的基本布局形式。

FMC 多工位加工

三维攀爬机器人

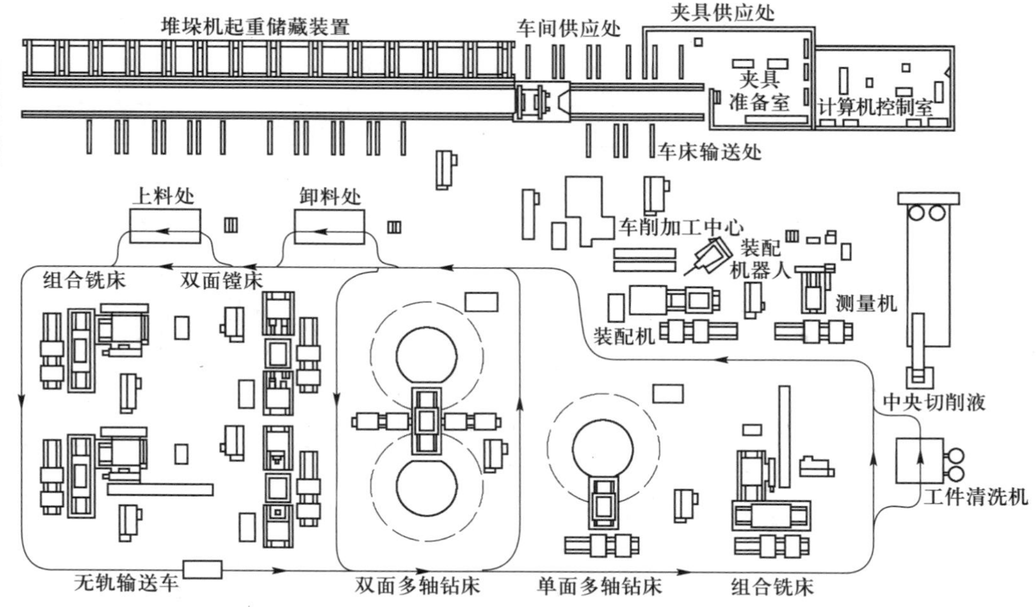

图8-3　柔性制造系统平面布置图

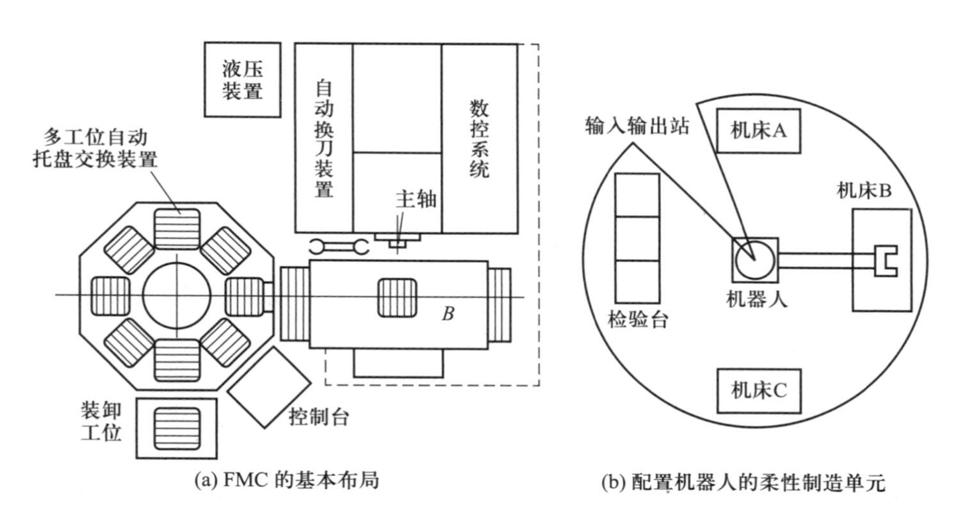

图8-4　柔性制造单元的布局

FMS换刀装件加工

(2) 柔性制造系统(flexible manufacturing system,FMS)

柔性制造系统由两台或两台以上的数控机床或加工中心或柔性制造单元所组成,配有自动上下料装置、自动输送装置和自动化仓库,并能实现监视、计算机综合控制、数据管理、生产计划和调度管理等功能。在柔性制造系统中加工的工件可以由一台机床完成,也可以由多台机床共同完成。

注塑模搬运机械手

(3) 柔性制造生产线(flexible manufacturing line,FML)

柔性制造生产线针对某种类型(族)零件,并具有专业化生产或成组化生产的特点。柔性制造生产线由多台数控机床或加工中心组成,其中有些机床带有一定的专用性。全线机床按工件的工艺过程布局,可以有生产节拍,但它本质上是柔性的、可变的加工生产线,具有柔性制造系统的功能。

(4) 柔性制造工厂(flexible manufacturing factory,FMF)

高速搬运机械手

柔性制造工厂由各种类型的数控机床或加工中心、柔性制造单元、柔性制造系统、柔性制造生产线等组成,完成工厂中全部机械加工工艺过程(零件不限于同族)、装配、油漆、试验、包装等,具有更高的柔性。柔性制造工厂依靠中央主计算机和多台子计算机来实现全厂的全盘自动化,是目前柔性制造系统的最高形式,又称为自动化工厂。

装配作业机械手

8.1.3　CAD/CAPP/CAM 之间的集成

计算机辅助设计(computer aided design,CAD)、计算机辅助工艺设计(computer aided process planning,CAPP)、计算机辅助制造(computer aided manufacturing,CAM)之间的集成主要还是信息集成、智能集成、过程集成、资源集成、技术集成和人机环境集成等,从而实现数据共享、转换和工作传输。它带来的技术进步是机械制造系统自动化技术先进性的主要标志之一,是计算机集成制造系统(computer integrated manufacturing system,CIMS)的主体和关键技术。

在 CAD/CAPP/CAM 之间的集成中,CAD 是 CAPP 的输入,其主要任务是完成机械零件的设计,即机械零件的几何造型及绘图。它输出的主要是零件的几何信息(图形、尺寸、公差等)和加工信息(材料、热处理、批量等)。CAPP 是利用计算机来制定零件的工艺过程,把毛坯加工成工程图样上所要求的零件。它输入的是零件的信息,输出的是零件的工艺过程和工序内容,故 CAPP 的工作属于设计范畴。CAM 有两方面的含义。广义上的 CAM 是指利用计算机辅助完成从生产准备到产品制造整个过程的活动,包括工艺过程设计、工装设计、NC 自动程序编制、生产作业计划、生产控制、质量控制等;狭义的 CAM 主要指 NC 自动程序编制(刀具路径规划、刀位文件生成、刀具轨迹仿真及 NC 代码生成等),它输出的是刀位文件和数控加工程序。刀位文件表示了刀具的运动轨迹,与夹具、工件在一起可进行加工仿真以防运动干涉,同时它又是编制数控程序的依据,刀位文件通过后置处理便可获得数控机床的数控加工程序。图 8-5 所示为采用集成的计算机辅助制造定义方法绘制的 CAD、CAPP 和 CAM 之间的系统集成。

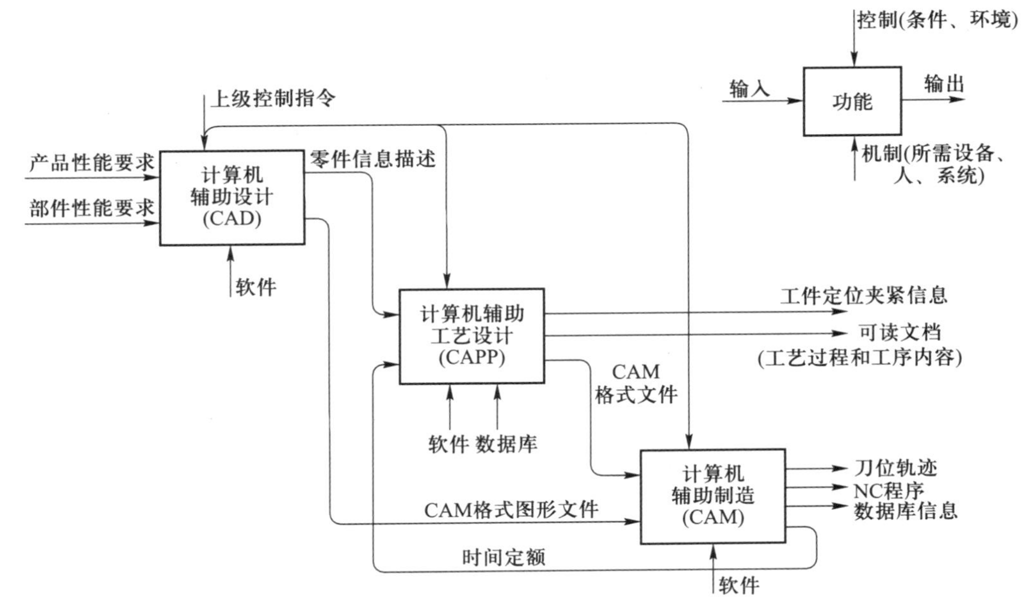

图 8-5　CAD/CAPP/CAM 的系统集成

目前CAD/CAPP/CAM之间信息集成的途径主要采用统一数据交换标准进行相互间的直接交换和采用数据格式变换模块来进行相互间的数据交换等方式。为此,国际标准化组织(ISO)近年来也制定了一些产品模型数据交换标准。总之,其三者之间的集成需要很高的技术支撑,随着相关技术的不断深入,集成程度也在不断发展,以其为主要技术的机械制造系统自动化,将以柔性化、集成化、敏捷化、智能化、全球化的特征得到进一步发展。

8.2 精密工程和纳米加工

8.2.1 精密和超精密加工

8.2.1.1 精密和超精密加工的范畴

精密加工和超精密加工是由日本提出的。在欧洲和美国,通常将精密加工和超精密加工统称为精密工程(precision engineering,PE)。

精密加工是指在一定的发展时期,加工精度与表面质量达到较高程度的加工工艺。超精密加工是指在一定的发展时期,加工精度与表面质量达到最高程度的加工工艺。显然,在不同的发展时期精密与超精密加工有不同的标准,它们的划分只是相对的,会随着科技的发展而不断更新。在当今科学技术的条件下,一般工厂已能稳定掌握3 μm制造公差的加工技术,因此,制造公差大于此值的加工称为普通精度加工,制造公差小于此值的加工称为高精度加工。高精度加工可以进一步划分为精密加工、超精密加工和纳米加工。制造公差为0.1~1.0 μm,表面粗糙度Ra值为0.025~0.10 μm的加工称为精密加工;制造公差为0.01~0.1 μm,表面粗糙度Ra值为0.005~0.025 μm的加工称为超精密加工;制造公差小于0.01 μm,表面粗糙度Ra值小于0.005 μm的加工称为纳米加工。这个定义并非十分严格,例如,直径为几米的大型光学零件的加工,虽然其精度要求为公差在几微米内,但在目前的一般条件下是难以达到的,不但要有特殊的加工设备和环境条件,同时还要有高精度的在线(或在位)检测及补偿控制等先进技术才可能达到,故现在也可把公差为几微米的大型光学零件的加工称为“超精密”加工。因此,“精密”“超精密”既与加工尺寸、形状精度及表面质量的具体指标相关,又与在一定技术条件下实现这一指标的难易程度相关。

精密和超精密加工属于机械制造中的尖端技术,是发展其他高新技术的基础和关键,多用来制造精密元件、计量标准元件、集成电路、高密度硬磁盘等,它是衡量一个国家制造工业水平的重要标志之一。

8.2.1.2 精密和超精密加工的特点

与一般加工相比,精密和超精密加工具有以下特点:

1) 蜕化和进化加工原则　进行普通精度加工时,工作母机(机床)的精度总是要比被加工零件的精度高,这一规律称为蜕化加工原则。对于精密和超精密加工,用高精度的母机来加工加工精度要求很高的零件有时是不可能的,这时可利用精度低于工件精度要求的机床设备、工具,借助工艺手段和特殊工艺装备,加工出精度高于母机的工件,这种方法称为直接式进化加工,通常用于单件小批量生产。借助于直接式进化加工生产出第二代精度更高的工作母机,再以此工作母机加工工件为间接式进化加工,适用于大批量生产。直接式和间接式进化加工统称为进化加工,或称为创造性加工,这一规律称为进化加工原则。

2）微量切削　超精密加工时，背吃刀量极小，是微量切除和超微量切除，因此对刀具刃磨、砂轮修整和机床都有很高要求。

3）形成了综合制造工艺系统　在精密和超精密加工中，要达到高加工精度和高表面质量要求，需综合考虑加工方法、加工设备与工具、测试手段、工作环境等多种因素，因此精密和超精密加工是一个系统工程，不仅复杂，且难度较大。

4）与自动化技术联系紧密　在精密和超精密加工中采用了计算机控制、在线检测、适应控制、误差补偿等技术，以减少人为因素影响，提高加工质量。

5）特种加工和复合加工应用越来越多　在精密和超精密加工方法中，不仅有传统加工方法，如超精密车削、磨削等，而且有特种加工和复合加工方法，如精密电加工、激光加工、电子束加工等。

6）加工检测一体化　在精密和超精密加工中，加工和检测紧密相连，有时采用在线检测和在位检测（工件加工完毕后不卸下，在机床上直接进行检测）技术，甚至进行在线检测和误差补偿，以提高加工精度。

8.2.1.3　精密和超精密加工方法

根据加工机理和特点，精密和超精密加工方法可分为四大类：刀具切削加工、磨料加工、特种加工及复合加工，如图 8-6 所示。

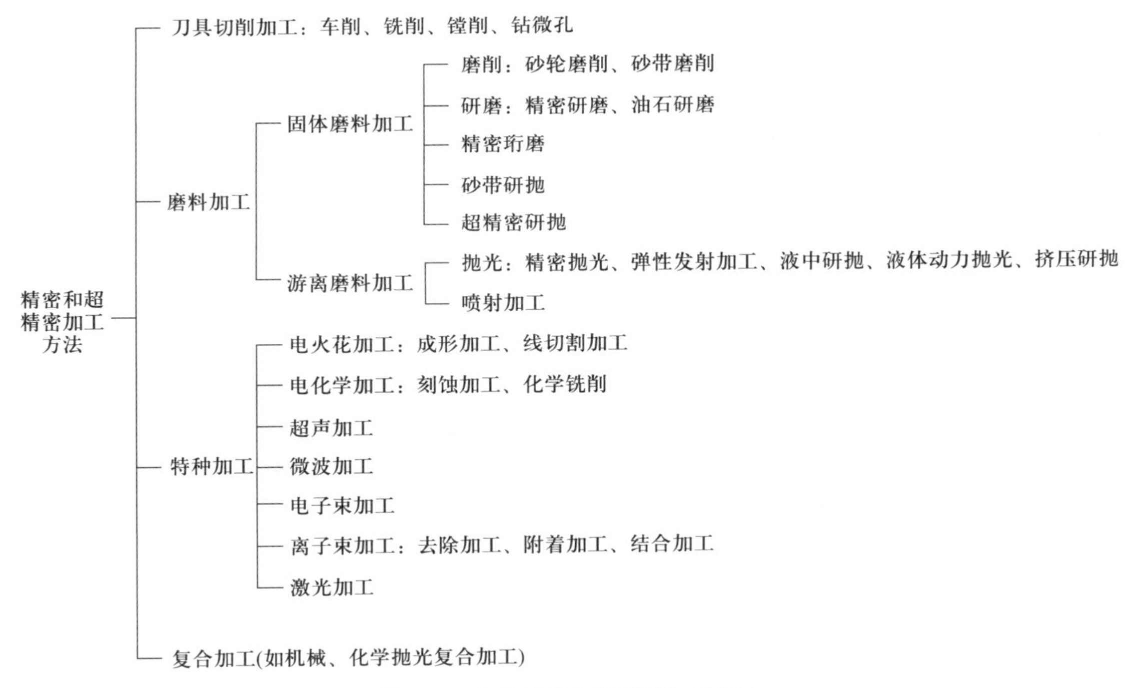

图 8-6　各种精密和超精密加工方法

由于精密和超精密加工方法很多，现择几种方法进行简述：

1. 金刚石刀具超精密切削

（1）金刚石刀具超精密切削机理

由于金刚石刀具超精密切削属于微量切削，故其机理与一般切削有较大差别。金刚石刀具超精密切削时，其背吃刀量可能小于晶粒的大小，切削就在晶粒内进行。这时，切削力一定要超过晶体内部非常大的原子、分子间结合力，刀刃上所承受的切应力急速增加并变得非常大。此时，刀尖处会产生很高的温度，热量极大，一般刀具很难承受。金刚石刀具具有很高的高温硬度和高温强度。金刚石材料本身质地细密，经过精细研磨，刃口钝圆半径可以达到 0.02～0.05 μm，且切削刃的几何形状可以加工得很好，表面粗糙度值很低，因此能够进行 *Ra* 值为 0.05～0.08 μm 的镜面切削，达到比较理想的效果。

通常精密切削和超精密切削都是在低速、低压、低温下进行的，切削力很小，切削温度低，工件被加工表面塑性变形小，加工精度高，表面粗糙度值低，尺寸稳定性好。随着机床动特性性能和转速的提高，金刚石刀具超精密切削往往是在高速、小背吃刀量进行的，由于切屑极薄，切削速度高，表层高温不会波及工件内层，工件变形小，因而可以获得高精度、低表面粗糙度值的加工表面。

（2）影响金刚石刀具超精密切削质量的因素

影响金刚石刀具超精密切削质量的主要因素如下：

① 金刚石刀具材料的材质、刀具几何角度设计、晶面选择、刃磨质量及对刀情况。

② 使用金刚石刀具的超精密加工机床的精度、刚度、稳定性、抗振性和数控功能。机床应有较高的系统刚度，机床床身多数采用花岗岩材料，且机床应有性能良好的温控系统。

③ 被加工材料的均匀性及微观缺陷。

④ 工件的定位和夹紧情况。

⑤ 工作环境应具备恒温、恒湿、净化及抗振条件，以保证加工质量。

2. 精密磨削

（1）精密磨削机理

精密磨削主要是靠砂轮的精细修整，使磨粒具有微刃性和等高性。磨削后，加工表面留下大量极细微的磨削痕迹，残留高度极小。加上无火花磨削阶段的作用，能获得高精度和低表面粗糙度值的加工表面。精密磨削的机理主要归纳为以下 3 个方面：

① 微刃的微切削作用。磨粒的微刃性和等高性如图 8-7 所示。

② 微刃的等高切削作用。

③ 微刃的滑挤、摩擦、抛光作用。

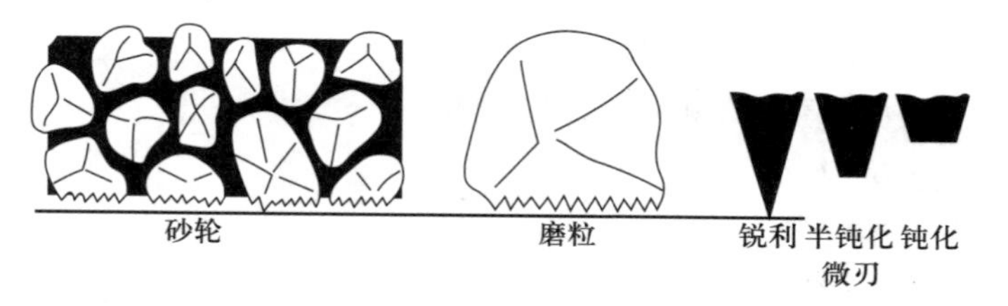

图 8-7　磨粒的微刃性和等高性

（2）影响精密磨削质量的因素

① 精密磨削砂轮及其修整。精密磨削时磨粒上大量的等高微刃是用金刚石修整工具以极低而均匀的进给速度精细修整得到的，故砂轮修整是精密磨削的关键因素之一。

② 精密磨床结构。精密磨床应有高几何精度以保证工件的几何形状精度；应有高精度的横向进给机构，以保证工件的尺寸精度；砂轮修整时应有微刃性与等高性；应有低速稳定性好的工作台纵向移动机构，以防产生爬行及振动，保证砂轮修整质量和加工质量。

③ 磨削参数的选择。

④ 磨削工作环境。

（3）精密和超精密砂带磨削

本书 4.3 节所述砂带磨削是一种高效磨削方法，能得到高的加工精度和表面质量。

1）砂带磨削方式　可分为闭式和开式两大类，如图 8-8 所示。

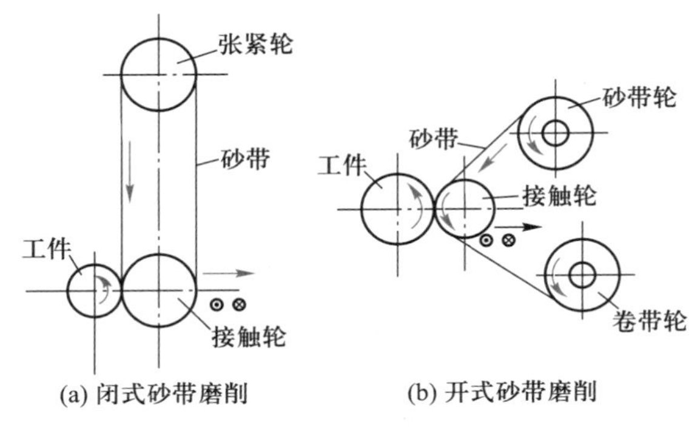

图 8-8　砂带磨削方式

2）砂带磨削的特点

① 砂带与工件柔性接触，磨粒载荷小且均匀，具有抛光作用，同时还能减振，故有弹性磨削之称。加之工件受力小、发热少，因而可获得好的加工表面质量，Ra 值可达 0.02 μm。

② 用静电植砂法制作砂带，磨粒有方向性，尖端向上。同时磨粒的切削刃间隔长，摩擦生热少，散热时间长，砂带不易堵塞，力、热作用小，有较好的切削性，有效地减少了工件变形和表面烧伤，故又有冷态磨削之称。

③ 强力砂带磨削的效率可与砂轮磨削效率相比。砂带不需修整，磨削比（切除工件质量与砂带磨耗质量之比）较高，因此有高效磨削之称。

其次，目前超硬磨料砂轮精密和超精密磨削，主要采用金刚石砂轮和立方氮化硼（CBN）砂轮，主要用于加工难加工材料，如各种高硬度、高脆性金属及非金属材料。

3. 游离磨料加工

（1）弹性发射加工

弹性发射加工靠抛光轮高速回转（并施加一定的工作压力），造成磨料的弹性发射从而进行加工，其工作原理见图 8-9。抛光轮通常用聚氨基甲酸（乙）酯制成，抛光液由颗粒大小为 0.01～0.1 μm 的磨粒与润滑剂混合而成。弹性发射加工的机理为微切削与被加工工件材料的微塑性流动的双重作用。

（2）液体动力抛光

在抛光工具上开有锯齿槽，见图 8-10。抛光时靠楔形挤压和抛光液的反弹来增加微切削作用。

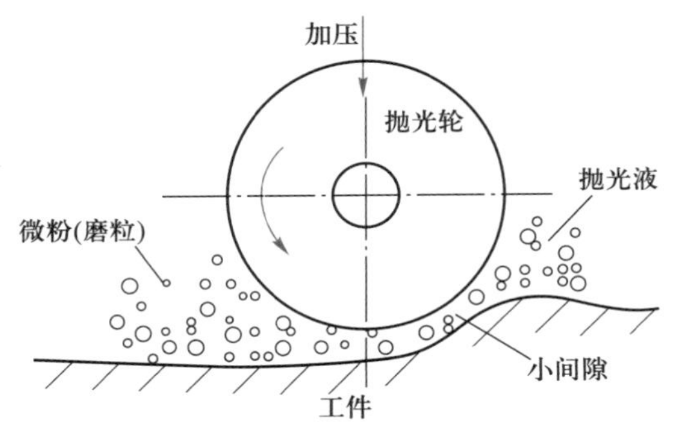

图 8-9　弹性发射加工

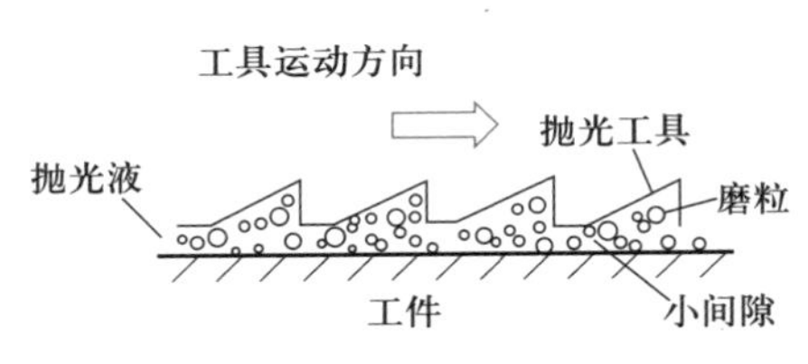

图 8-10　液体动力抛光

8.2.2　微细加工技术

1. 微细加工及其特点

微细加工起源于半导体制造工艺,原来是指生产制造微小尺寸的零件,其加工尺度约在微米级范围。从广义角度来说,微细加工包含了各种传统精密加工(如切削加工、磨料加工等)和特种加工(如外延生长、光刻加工、电铸、激光加工、电子束加工、离子束加工等),它属于精密加工和超精密加工范畴;从狭义角度来说,微细加工主要指半导体集成电路的生产制造。

微细加工与一般尺寸加工的区别在于:一般尺寸的加工精度用误差尺寸与加工尺寸的比值来表示;而微细加工的精度则用误差尺寸的绝对值来衡量,即用去除材料的大小来表示,从而引入加工单位尺寸(简称加工单位)的概念,加工单位就是去除的那一块材料的大小。在微细加工中,加工单位可以小到分子级或原子级。

微机械领域的重要角色不仅仅是微电子部分,更重要的是微机械结构或构件及其与微电子的集成。只有将这些微机械结构与微电子等集成在一起才能构建微传感或微制动器件,进而构建微机械(也称为微型机电系统)。因此,现在的微细加工并不限于微电子制造,更重要的是指微机械结构的加工或微机械与微电子、微光学等的集成结构的制作。

2. 微细加工方法

微细加工方法和大多数精密加工方法是相同的。由于微细加工与集成电路密切相关,故按其加工机理可分为:分离(去除)加工、结合(附着加工如镀膜、注入加工如渗碳、接合加工如焊接)加工、变形(在力、热作用下使材料产生变形而成形)加工等。常用微细加工方法见表8-2。

表8-2　常用微细加工方法

分类		加工方法	精度/μm	表面粗糙度 *Ra* 值/μm	可加工材料	应用范围
分离加工	切削加工	等离子体切割	0.1~1	0.008~0.05	各种材料	熔断钼、钨等高熔点材料,合金钢,硬质合金
		微细切削	10~20	0.2	有色金属及其合金	球、磁盘、反射镜、多面棱体
		微细钻削			低碳钢、铜、铝	钟表底板、油泵喷嘴、化纤喷丝头、印制电路板
	磨料加工	微细磨削	0.5~5	0.008~0.05	黑色金属、硬脆材料	集成电路基片的切割,外圆、平面磨削
		研磨	0.1~1	0.008~0.025	金属、半导体、玻璃	平面、孔、外圆加工,硅片基片
		抛光	0.1~1	0.008~0.025	金属、半导体、玻璃	平面、孔、外圆加工,硅片基片
		砂带研抛	0.1~1	0.008~0.01	金属、非金属	平面、外圆
		弹性发射加工	0.001 5~	0.008~0.025	金属、非金属	硅片基片
		喷射加工	0.15	0.01~0.02	金属、玻璃、石英、橡胶	刻槽、切断、图案成形、破碎
	特种加工	电火花成形加工	1~50	0.02~2.5	导电金属、非金属	孔、沟槽、狭缝、方孔、型腔
		电火花线切割加工	3~20	0.16~2.5	导电金属	切断、切槽
		电解加工	3~100	0.06~1.25	金属、非金属	模具型腔、打孔、套孔、切槽、成形、去毛刺

续表

分类		加工方法	精度/μm	表面粗糙度 Ra 值/μm	可加工材料	应用范围
分离加工	特种加工	超声加工	5～30	0.04～2.5	硬脆金属、非金属	刻模、落料、切片、打孔、刻槽
		微波加工	10	0.12～6.3	绝缘材料、半导体	在玻璃、石英、红宝石、陶瓷、金刚石等上打孔
		电子束加工	1～10	0.12～6.3	各种材料	打孔、切割、光刻
		离子束去除加工	0.001～0.01	0.01～0.02	各种材料	成形表面、刃磨、割蚀
		激光去除加工	1～10	0.12～6.3	各种材料	打孔、切断、划线
		光刻加工	0.1	0.2～2.5	金属、非金属、半导体	刻线、图案成形
	复合加工	电解磨削	1～20	0.01～0.08	各种材料	刃磨、成形、平面、内圆
		电解抛光	1～10	0.008～0.05	金属、半导体	平面、外圆、孔、型面、细金属丝、槽
		化学抛光	0.01	0.01	金属、半导体	平面
结合加工	附着加工	蒸镀			金属	镀膜、半导体器件
		分子束镀膜			金属	镀膜、半导体器件
		分子束外延生长			金属	半导体器件
		离子束镀膜			金属、非金属	干式镀膜、半导体器件、刀具、工具、表壳
		电镀(电化学镀)			金属	电铸型、图案成形、印制电路板
		电铸			金属	喷丝板、栅网、网刃、钟表零件
		喷镀			金属、非金属	图案成形、表面改性
	注入加工	离子束注入			金属、非金属	半导体掺杂
		氧化、阳极氧化			金属	绝缘层
		扩散			金属、半导体	掺杂、渗碳、表面改性
		激光表面处理			金属	表面改性、表面热处理
	接合加工	电子束焊接			金属	难熔金属、化学性质活泼金属
		超声焊接			金属	集成电路引线
		激光焊接			金属、非金属	钟表零件、电子零件
变形加工		压力加工			金属	板及丝的压延、精冲,拉拔及挤压,波导管,衍射光栅
		铸造(精铸、压铸)			金属、非金属	集成电路封装、引线

随着科学技术的发展,微细加工正在向着高深宽比的三维工艺方向发展,其加工精度也小于表 8-2 中所列数值。在微细加工中,光刻加工是其主要的加工方法之一,它又被称为光刻蚀加工。目前光刻蚀加工有辐射光刻、准辐射光刻、电铸/模铸(X 射线光刻)、电铸/模铸(紫外线光刻)、光刻-电铸-模铸复合成形、立体光刻成形等。

3. 集成电路芯片的制造

现以一个集成电路芯片的制造工艺为例来说明微细加工的应用。图 8-11 所示为一块集成电路芯片的主要工艺方法。

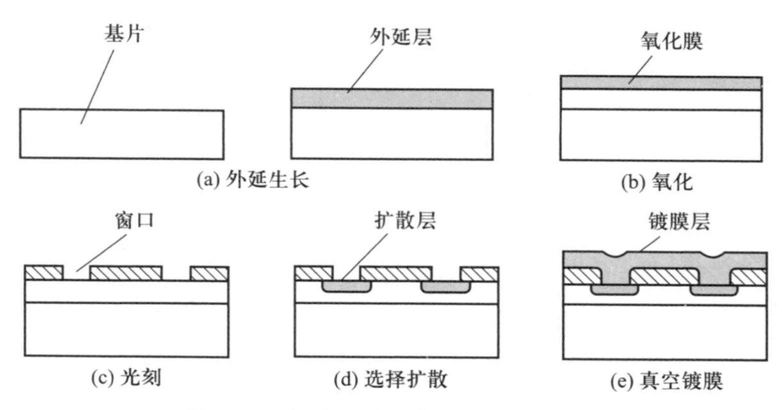

图 8-11 集成电路芯片的主要工艺方法

(1) 外延生长 外延生长是半导体晶片表面沿原来的晶体结构晶轴方向,通过气相法(化学气相沉积)生长出一层厚度为 10 μm 以内的单晶层(外延层),以提高晶体管的性能。外延层的厚度及其电阻率由所制作的晶体管的性能决定。

(2) 氧化 氧化是在外延层表面通过热氧化法生成氧气膜。该氧化膜与晶片附着紧密,是良好的绝缘体,可作为绝缘层防止短路及作为电容绝缘介质。

(3) 光刻 即刻蚀,是在氧化膜上涂覆一层光致抗蚀剂,经图形复印曝光(或图形扫描曝光)、显影、刻蚀等处理后,在基片上形成所需要的精细图形,并在端面上形成窗口。

(4) 选择扩散 基片经外延生长、氧化、光刻后,置于惰性气体或真空中加热,并与合适的杂质(如硼、磷等)接触,则窗口处的外延生长表面将受到杂质扩散,形成 1~3 μm 深的扩散层,其性质和深度取决于杂质的种类、气体流量、扩散时间和扩散温度等因素。选择扩散后就可形成半导体的基区或发射区。

(5) 真空镀膜 在真空容器中,加热导电性能良好的金、银、铂等金属,使之成为蒸气原子而飞溅到芯片表面,沉积形成一层金属膜,即为真空镀膜。完成集成电路中的布线和引线准备,再经过光刻,即可得到布线和引线。

8.2.3 纳米加工技术

纳米技术是当前先进制造技术发展的热点和重点,它通常是指尺寸级别为 0.1~100 nm 的材料制备、产品设计、加工、检测、控制等一系列技术。它不是简单的“精度提高”和“尺寸缩小”,而是从物理的宏观领域进入微观领域,一些宏观的几何学、力学、热力学、电磁学等都不能正常地描述纳米级的工程现象与规律。

纳米技术主要包括纳米材料制备技术、纳米级精度制造技术、纳米级精度和表面质量检测技术、纳米级微传感器和控制技术、微型机电系统设计及制造技术和纳米生物学等。

微型机电系统在生物医学、船舶、航空航天、国防、工业、农业、交通、信息等多个部门均有广泛的应用前景,已有微型传感器、微型齿轮泵、微型电动机、电极探针、微型喷嘴等多种微型机械问世,今后将在精细外科手术、微卫星的微惯性导航装置、狭窄空间及特殊工况下的维修机械人、微型仪表、农业基因工程等各个方面显现出巨大潜力。

目前,微型机电系统的发展前沿主要有:微型机械学研究、微型结构加工技术(高深宽比多层微结构的表面加工和体加工技术)、微装配、微键合、微封装技术、微测试技术、典型微器件、微机械的设计技术等。

纳米加工是一个涉及范围非常广泛的术语,它包括纳米材料、纳米摩擦、纳米电子、纳米光学、纳米生物和纳米机械等,这里只讨论与纳米加工有关的问题。

纳米加工方法很多,此处仅以扫描隧道显微加工为例,介绍纳米加工的原理和方法。

扫描隧道显微镜(scanning tunneling microscope,STM)可用于测量三维微观表面形貌,也可用作纳米加工。STM 的工作原理主要基于量子力学的隧道效应。用 STM 作纳米加工进行单原子操纵主要包括三个部分,即单原子的移动、提取和放置。使用 STM 进行单原子操纵的较为普遍的方法是在 STM 针尖和被加工表面之间施加一适当幅值和宽度的电压脉冲。由于针尖和被加工表面某一原子 A(图 8-12)之间的距离非常接近,仅为 0.3~1.0 nm。因此在电压脉冲的作用下,将会在针尖和被加工表面之间产生一个强度为 10^9~10^{10} V/m 数量级的强大电场。这样,被加工表面上的原子被吸附,并在强电场的蒸发下被移动或提取,并在被加工表面上留下空穴,实现单原子的移动和提取操纵。同样,被吸附在 STM 针尖上的原子也有可能在强电场的蒸发下而沉积到需要的表面上,从而实现单原子的放置操纵。在外界电场作用下,当探针针尖原子与 A 原子的距离小到某一极限距离时,探针针尖原子对 A 原子的吸引力将大于工件上其他原子对 A 原子的结合力,探针针尖就能拖动 A 原子跟随探针针尖在加工表面上移动,实现原子搬迁。控制探针针尖与被移动原子之间的偏压和距离是实现原子搬迁的两个关键参数。

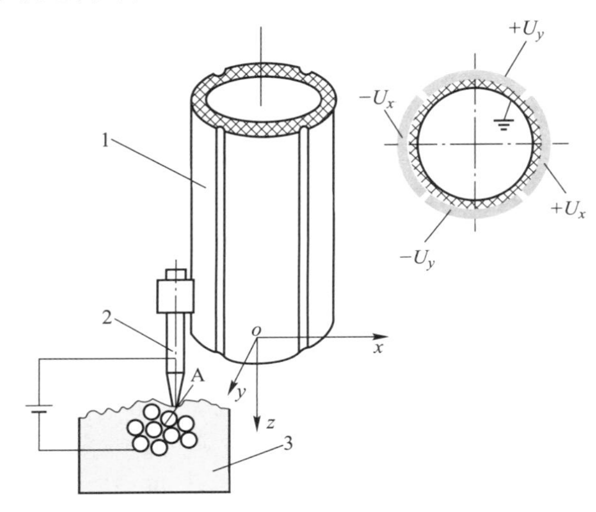

图 8-12 扫描隧道显微镜的工作原理

1—压电陶瓷管;2—探针;3—工件

在 STM 上除了用搬迁原子的方法进行纳米加工外,还可以应用化学沉积法和电流曝光法等方法进行纳米加工。

8.3 绿色制造

绿色制造

8.3.1 概述

8.3.1.1 可持续发展与绿色制造

在经历了几百年的工业发展之后,当今社会面临着环境、资源、人口三大问题。特别是环境问题,其恶化程度与日俱增,对人类社会的生存与发展构成严重威胁,全世界都意识到不能以牺牲生态环境为代价来追求生产的发展。1972 年 6 月,联合国在瑞典斯德哥尔摩召开了“人类环境会议”,并通过了著名的《人类环境宣言》。宣言中明确指出:“为了这一代和将来世世代代,保护和改善人类环境已经成为人类一个紧迫的目标,这个目标将同争取和平、全世界的经济与社会发展这两个既定的基本目标共同协调地发展”。1980年，国际资源和自然保护联合会、联合国环境计划委员会和世界野生生物基金会共同发表了《世界自然资源保护大纲》。大纲中对可持续发展思想进行了较为系统的阐述，指出：人类利用对生物圈的管理，使生物圈既能满足当代人的最大持续利益，又能保持其满足后代人需求与欲望的能力。

1987年，挪威前首相布伦特兰夫人领导的世界环境与发展委员会发表了一份题为《我们共同的未来》的报告，该报告第一次对可持续发展的概念进行了科学的论述，指出：可持续发展是在满足当代人需求的同时，不损害人类子孙后代的满足其自身需求的能力。它标志着可持续发展思想逐步走向成熟和完善。1996年，国际标准化组织正式颁布了ISO14000环境管理系列标准，向世界各国及组织的环境管理部门提供了一整套实现科学管理体系的思想和方法。1994年我国发布了《中国21世纪议程》，提出了中国实施可持续发展的总体战略。

绿色制造（green manufacturing，GM），又称环境意识制造（environmentally conscious manufacturing，ECM）等，是可持续发展战略思想在制造业的体现及重要组成部分。比较系统地提出绿色制造的概念、内涵和主要内容的文献是美国制造工程师学会于1996年发表的关于绿色制造的蓝皮书《绿色制造》。如何使制造业减少资源消耗和尽可能少地产生环境污染是未来制造业面临的重大问题之一，而绿色制造是解决制造业环境污染问题的根本方法之一。

8.3.1.2 绿色制造的定义和体系结构

1. 绿色制造的定义

综合现有的研究文献，将绿色制造定义为：绿色制造是一个综合考虑环境影响和资源能耗的现代制造模式，其目标是使产品从设计、制造、包装、运输、使用到报废处理的整个生命周期中，对环境负面影响最小，资源利用率最高，并使企业经济效益和社会效益协调优化。

定义的一个基本观点是：制造系统中导致环境污染的根本原因是资源消耗和废弃物的产生，因而资源和环境两者是不可分割的关系。同时，由定义可得出绿色制造涉及的领域有三部分：① 制造问题，包括产品生命周期全过程；② 环境保护问题；③ 资源优化利用问题。绿色制造就是这三部分内容的交叉，如图8-13所示。

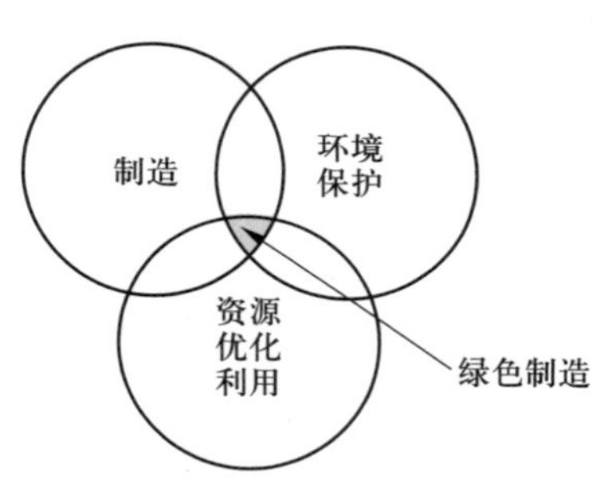

图8-13 绿色制造问题相关领域交叉状况

2. 绿色制造的体系结构

绿色制造涉及产品整个生命周期、多生命周期，其体系结构如图8-14所示。该体系结构中物料转化过程和产品生命周期全过程是两个层次的全过程。一是指具体的物料转化制造过程，在此过程中应充分利用资源，减少环境污染；另一是指构思、设计、制造、装配、包装、售后服务及产品报废后回收的整个产品生命周期，在这个过程的每个环节中，应充分考虑资源和环境问题，以期最大限度地优化利用资源和减少环境污染。

三项内容包括绿色资源、绿色生产和绿色产品，要求在从产品材料的生产到产品报废回收或再利用的产品生命周期全过程的各个环节中，使用便于充分利用、便于回收利用的原材料；尽可能使用储量丰富、可再生、环保性好的能源；尽可能开发绿色工艺；开发资源消耗少、生产和使用中对环境污染小又便于回收再制造、符合人机工程的产品。

依据国内外对可持续发展战略理论的大量研究，其中可持续发展的“三度”（发展度、持续度、协调度）理论是可持续发展战略理论内涵的基础，也是绿色制造所依据的理论基础。

在绿色制造中绿色与绿色度的概念是有区别的。“绿色”是一个与环境影响紧密相关的概

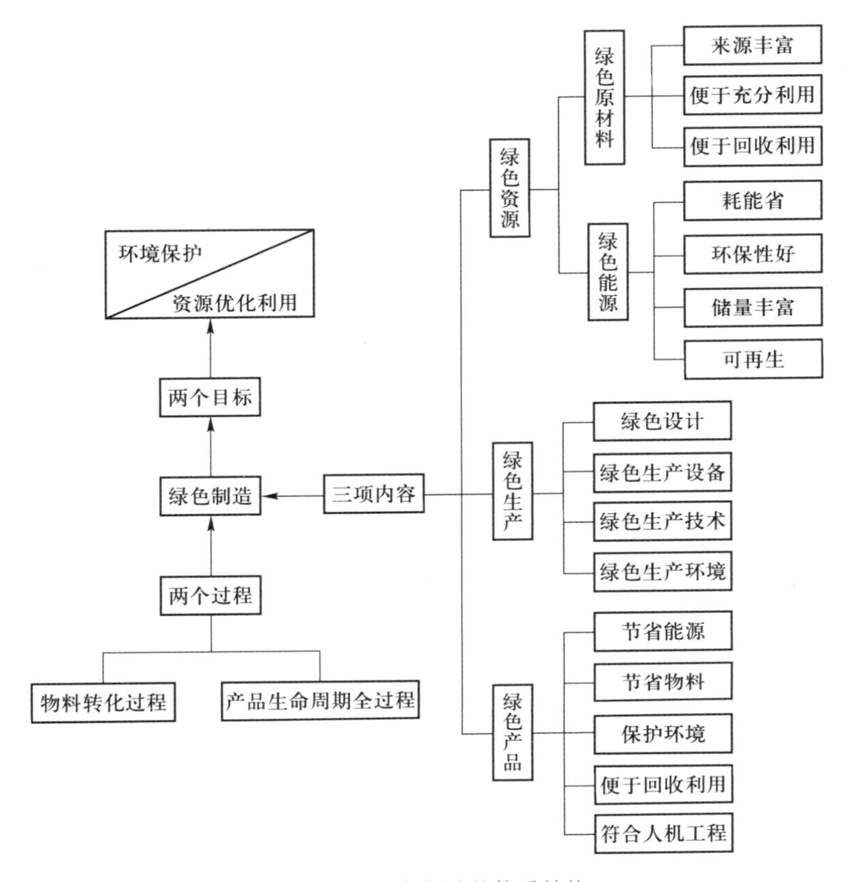

图 8-14 绿色制造的体系结构

念，从理论和绝对意义上讲，“绿色”应该是指正面环境影响。然而在实际情况中，所造成的环境影响往往是负面的，因此取绿色度并将其定义为绿色的程度或对环境的友好程度，负面环境影响越大则绿色度越小，反之则越大。

8.3.2 绿色制造技术

绿色制造技术从技术方面入手，为绿色制造的实施提供经济可行的方法，如清洁生产、绿色设计、绿色制造工艺技术、绿色制造工艺设备与装备、绿色包装、再制造技术、可拆卸性设计、绿色产品的成本分析、绿色制造的支撑技术、绿色设计数据库等。本节主要讲述绿色设计、绿色制造工艺技术和再制造技术。

8.3.2.1 绿色设计

绿色设计是获得绿色产品的基础。研究表明：设计阶段决定了产品制造成本的 70%～80%，而设计本身的成本仅占产品总成本的 10%，如果考虑环境因素，这个比例还会增大。因为由产品设计所造成的对生态影响的程度远远大于由设计过程本身所造成的对生态影响的程度。因此，只有从设计阶段将产品“绿色度”作为设计目标，才能取得理想的设计结果。

目前，工业发达国家在产品设计时努力追求小型化（少用料）、多功能（一物多用，少占地）、可回收利用（减少废弃物数量和污染），在生产技术方面则追求节能、省料、无废或少废、闭路循环等，这些都是努力实现绿色设计的有效手段。绿色设计的关键技术包括：

1）绿色产品评价体系、方法的研究。

2）绿色设计产品模型的建立。

3）绿色设计有关数据、资料的收集整理与数据库的建立。

4）绿色设计方法的系统研究及知识库的建立。

常见的绿色设计方法主要有：基于生命周期的绿色设计方法、模块化设计、复杂产品的绿色创新设计、并行式产品的绿色设计模式等。

在绿色设计中，还必须考虑所设计的每个零部件应具有均衡的使用寿命，即进行均衡寿命设计。此时，应考虑使一些重要组成部件具有较长的寿命，而那些易损件、易于更换的零部件，则可设计成根据具体情况可多次更换的短寿命零部件，即所谓的长寿命设计。具体内容在此就不详细论述，设计时可参考有关书籍及资料。

8.3.2.2 绿色制造工艺技术

绿色制造工艺是实现绿色制造的重要环节。要从技术入手研究绿色制造工艺，尽量研究和采用物料和能源消耗少、废弃物少、对环境污染小的工艺方案和工艺路线。如零件的绿色制造工艺主要包括加工顺序工艺优化，加工参数、切削刀具、切削液、润滑剂的优化使用，热处理、金属成形（铸造、熔炼）、表面喷漆中的绿色工艺以及环境影响评估、干式切削等。

1. 干式、亚干式切削的概念

根据国家标准，干式切削的定义是指在切削过程中不使用任何切削液的工艺方法；完全干式切削是指在切削过程中不使用任何切削液及辅助冷却介质的工艺方法。随着刀具材料、涂层技术等的发展，干式切削的研究和应用已成为加工领域的新热点。近年来，美国、欧洲在制造业广泛采用了干式切削技术。

根据国家标准，亚干式切削的定义是指借助一定技术方法，只使用少量冷却润滑剂，对切削区实施润滑、冷却或保护的切削技术。其工作机理是冷却润滑剂的使用量达到有利于保持切削工作的最佳状态（即不缩短刀具使用寿命，不降低加工表面质量等）。此处的冷却润滑剂并非仅指油基与水基切削液、润滑油，而是泛指具有冷却及润滑作用、能用于亚干式切削的物质，如切削液或纳米粉等。国内外对亚干式切削的研究主要集中在雾化冷却润滑切削技术、低温切削技术（液氮或冷风冷却润滑切削）和微量润滑切削技术等方面。

2. 干式、亚干式切削的研究体系

干式、亚干式切削技术是在机床设计制造技术、高性能刀具设计制造技术、高性能涂层技术、高效高精度测试技术、干式及亚干式切削加工工艺方法等诸多相关的硬件与软件技术得到充分发展的基础上综合而成的。

干式、亚干式切削技术主要包括干式切削加工理论、机床、工件、刀具、加工工艺及切削过程监控与测试技术等方面。干式、亚干式切削的研究体系如图8-15所示。

8.3.2.3 再制造技术

再制造（remanufacturing）是一个以产品全生命周期设计和管理为指导，以优质、高效、节能、节材、环保为目标，以先进技术和产业化生产为手段，来修复或改造废旧产品并使之达到甚至超过原产品技术性能的技术措施或工程活动的总称。其中，再制造的产品是广义的，既包括设备、系统、设施，也可以是零部件；既可以是硬件，也可以是软件。

再制造是为了资源节约、环境保护的需要而形成并正在发展的新兴研究领域和产业，是一门涉及机械工程、力学、材料科学与工程、冶金工程、摩擦学、仪器科学与技术、信息与通信工程、计算机科学与技术、环境科学与工程、控制科学与工程等多学科综合、交叉、渗透的新兴学科。

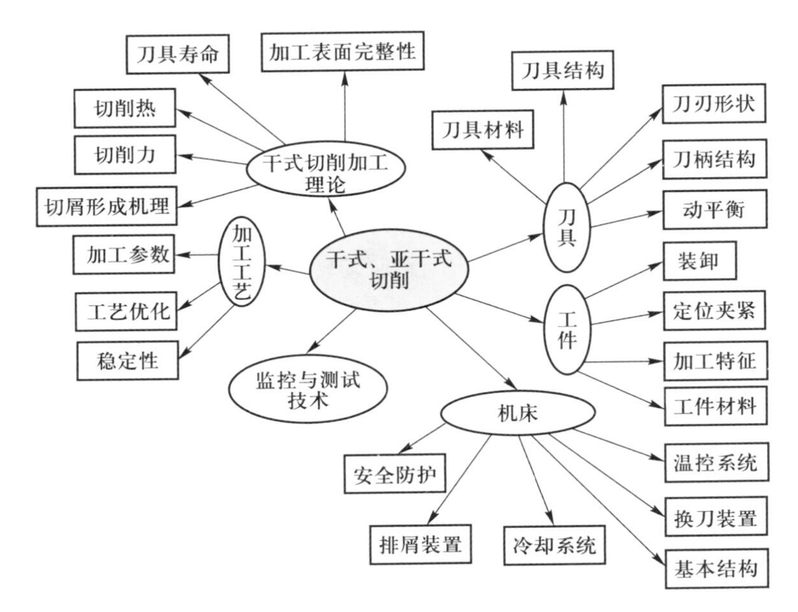

图 8-15 干式、亚干式切削的研究体系

再制造主要应用在产品全生命周期中的使用、维护和使用后处理阶段。再制造和维修的相同点是:一个产品发生故障则可能意味着其已经磨损或损坏,不能正常工作,要把它恢复到正常工作状态只有通过维修或再制造。再制造和维修的主要不同点是:已损坏产品恢复后的质量是完全不同的。维修只是针对在使用年限内且没有全面、严重损坏的产品,目的只是能继续使用该产品;而再制造可使旧的或报废产品恢复到像新产品一样,具备新产品同样的服务标准。同时维修是以单件生产为主,而再制造是以批量生产为主,二者的生产工艺大相径庭。

再制造过程本身不产生或产生很少的环境污染;再制造产品比制造同样的新产品消耗更少的资源和能源;采用再制造技术可大量恢复设备及其零部件的性能、延长其使用寿命,降低产品在整个生命周期中的费用,节约原材料和能源并减少环境污染。

绿色制造不仅涉及我们国家的未来、民族的未来、子孙后代的未来,而且涉及全人类的未来。因此,每一位中华人民共和国的公民,尤其是国家和人民寄予厚望的每位大学生,应该对此引起足够的重视。爱护环境,保护环境,改善环境,培养环境意识和生态意识,牢固树立可持续发展思想,是教育界义不容辞的神圣职责。

8.4 智能制造及其支撑技术

8.4.1 智能制造与人工智能、物联网、工业大数据

智能制造是 20 世纪 80 年代发展起来的一门新兴学科,具有很重要的前景,被公认为继柔性制造、集成制造后,制造技术发展的第三阶段,是工业 4.0 的重要技术特征之一。

智能制造(intelligent manufacturing,IM)源于对人工智能的研究,是一个与物联网密切相关的概念,是一种由人类专家和智能机器共同组成,在制造过程中进行分析、推理、判断、构思和决策等智能活动的人机一体化智能系统。通过人与智能机器的合作共事,去扩大、延伸和部分地取代

人类专家在制造过程中的脑力劳动，把制造自动化的概念更新、扩展到柔性化、智能化和高度集成化。简而言之，智能制造就是将人工智能技术运用于制造中，并由物联网系统支撑的智能产品、智能生产和智能服务。

在智能制造中，物联网是基础，通过“物物相连”实现制造流程中各个环节的联动和信息交互；人工智能是核心，通过对制造流程中各环节的信息进行分析、推理、判断、构思和决策等，实现人工智能的目的；工业大数据是手段，工业大数据不仅可以用来提升企业的运行效率，而且通过数据处理能整合产业链和实现从要素驱动向创新驱动转型，从而提高制造业的核心能力。

8.4.2　人工智能

人工智能（artificial intelligent，AI）指研究人类智能活动规律，构造具有拟人智能的系统，进而实现替代人类完成智能工作。人工智能系统具有人类的智能行为，如理解语言、学习、推理、联想和解决问题等。这种特性使得人工智能系统能够通过学习制造业专家的制造经验、构思逻辑等形成知识。人工智能的作用是要代替熟练工人的技艺，具有学习工程技术人员实践经验和知识的能力，并用以解决生产实际问题，从而将工程技术人员、工人多年累积起来的丰富而又宝贵的实际经验和智能思维能力保存下来，使之在实际生产中长期发挥作用。人工智能技术尤其适合于解决特别复杂和不确定的问题。

人工智能技术促进了智能制造领域新模型、新方法、新形式、新体系结构和新技术系统的开发。从技术层面来看，当前人工智能主要有八大关键技术：深度学习，增强学习，模式识别，机器视觉，数据搜索，知识工程，自然语言理解和类脑交互决策。在这八大技术的支持下，制造业得以做到自感知、自适应、自学习、自决策。

8.4.3　智能制造

8.4.3.1　智能制造的内涵和特征

智能制造包含智能制造技术和智能制造系统，其融合了信息技术、先进制造技术、自动化技术和人工智能技术，实现了整个制造业价值链的智能化和创新，是信息化和工业化的深度融合。如8.4.1所述，智能制造以制造业专家的分析、判断、构思等思维决策活动模式为学习对象，借助计算机技术通过诸如专家系统、模糊推理、神经网络和遗传算法等人工智能思维决策方法，进行人与智能机器的合作共事，去扩大、延伸和部分地取代人类专家在制造过程中的脑力劳动，并贯穿应用于整个制造业系统中，以实现制造的柔性化和集成化。

智能制造就是信息技术在传统制造业的深度渗透和融合，通过人与智能机器的合作共事去扩大、延伸和部分地取代人类专家在制造过程中的脑力劳动。智能制造过程中，专家系统可以用于工程设计、工艺过程设计、生产调度、故障诊断等，也可以将神经网络和模糊控制技术等先进的计算机智能技术应用于产品配方、生产调度等，实现制造过程智能化。

智能制造的形式是智能机器，主要是指具有一定智能的数控机床、加工中心、机器人等。其中包括一些智能制造的单元技术，如智能控制、智能监测与诊断、智能信息处理等。目前智能制造系统（intelligent manufacturing system，IMS）的基本格局是分布式多自主体智能系统，它主要是智能技术集成应用的环境，也是智能制造模式展现的载体。智能制造系统由智能机器组成，整个系统包含制造过程的智能控制系统、作业的智能调度与控制系统、制造质量信息的智能处理系统、智能监测与诊断系统等。其主要特征包括：自律能力、自组织能力、自我管理能力、虚拟现实技术、学习和自维护能力、人机一体化。智能制造系统的本质是个体制造单元的“自主性”与系统整体的“自组织能力”。

智能制造系统的这些特征使得智能制造具有以下能力：

(1) 搜集与理解环境信息和自身的信息，并进行分析判断和规划自身行为的能力。

(2) 突出人在制造系统中的核心地位，在智能机器的配合下，更好地发挥出人的潜能，使人机之间表现出一种平等共事、相互“理解”，相互协作的能力。

(3) 使得制造过程和未来的产品，让人从感官上获得完全如同真实的感受。

(4) 在运行方式和结构组合方面具有自行实现最佳组合的能力。

(5) 故障自行诊断，对故障自行排除、自行维护的能力。

8.4.3.2 智能制造的基本构成

从制造系统的功能角度分析，可将智能制造系统细分为设计、计划、生产和系统活动四个子系统。在设计子系统中突出了产品的概念设计和功能设计。在概念设计过程中主要考虑消费需求的影响，在功能设计中关注产品的可制造性、可装配性和可维护及保障性。在计划子系统中，数据库构造将从简单信息型发展到知识密集型，多类专家系统将被集成应用。在生产子系统中，广泛应用智能技术监测生产过程、生产状态，获取故障诊断，检验装配；在系统活动子系统中，分布技术、多元代理技术、全能技术和神经网络技术在系统控制中均获得应用，并采用开放式系统结构，使系统活动并行，解决系统集成问题。

智能制造技术涉及的主要先进技术为：

(1) 高灵敏度、精度、可靠性和环境适应性的传感技术。

(2) 模块化、嵌入式控制系统设计技术及软硬件，组态语言，人机界面技术，数据格式等。

(3) 先进的控制与优化技术，用来评估、建模、目标优化、系统仿真、精密运动控制等。

(4) 系统协同技术，进行系统整体方案设计、安装调试、界面和工程工具的设计、报警处理、资产管理等。

(5) 故障诊断与健康维护技术，包括故障诊断、可靠性与寿命评估技术等。

(6) 实时通信网络技术，包括嵌入式互联网及通信网络构建、网络信息安全保障、信息无缝交换等技术。

(7) 控制系统整体功能安全评估技术。

(8) 特种工艺与精密制造技术，包括精密加工、精密成形、焊接、黏结、烧结、微机电系统、可控热处理及精密锻造技术等。

(9) 识别技术，包括图像识别、物体缺陷识别技术等。

8.4.3.3 智能制造的运作过程

智能制造遵循以下运作过程：

(1) 网络用户访问智能制造系统，通过填写用户订单登记表向该系统发出订单。

(2) 系统如接受网络用户的订单，智能体(一种处于一定环境下包装的智能计算机系统)就将其存入全局数据库，任务规划结点则从中取出该订单进行任务规划，分解成若干子任务并将其分配给系统上获得权限的结点。

(3) 产品设计子任务被分配给设计结点，该结点通过良好的人机交互功能完成产品设计子任务，生成相应的 CAD/CAPP 数据和文档以及数控代码，并将其存入全局数据库，然后向任务规划结点提交该子任务。

(4) 加工子任务被分配给生产者，该子任务被生产者结点接受，系统智能体将被允许从全局数据库读取必要的数据，并将这些数据传给加工中心。加工中心则根据这些数据和命令完成加工子任务,并将运行状态信息送给系统智能体,系统智能体向任务规划结点返回结果,提交该子任务。

(5) 在整个运行期间,系统智能体对系统中各个结点间的交互活动进行记录,如消息的收发,对全局数据库进行数据的读写,查询各结点的名字、类型、地址、能力及任务完成情况等。

(6) 网络客户了解订单执行的结果。

8.4.4　物联网

作为新一代信息技术的重要组成部分,物联网被称为互联网大脑的感觉神经系统。作为制造业智能化的核心部分,物联网与工业融合也同样被称为智能制造的感觉神经系统。

1999年,美国麻省理工学院(MIT)的凯文·阿什顿教授首次提出物联网的概念(internet of things,IoT)。物联网是通过射频识别、红外感应器、全球定位系统、激光扫描器等信息传感设备,按约定的协议,把任何物品与互联网相连接,进行信息交换和通信,以实现对物品的智能化识别、定位、跟踪、监控和管理的一种网络,实现物与物、物与人的泛在连接,实现对物品和过程的智能化感知、识别和管理。物联网就是基于物物相连的互联网,是互联网的延伸和扩展,其核心和基础在于通过信息交互,通过高级计算、分析、传感技术等将工业系统与互联网高度融合,实现制造业生产、监控、企业管理、供应链以及客户反馈等信息系统的融合。通过数据中心对不同渠道的数据进行智能处理,从而提高生产效率、产品质量和用户满意度。同时全面贯穿和获取企业各个环节数据,并作出智能处理,实现整个工业系统的自组织和自维护。物联网通过智能感知、智能识别技术和普适计算等通信感知技术,将用户端延伸和扩展到了任何物品与物品之间进行信息交换和通信的网络融合中。在技术层面上,物联网架构分为三层:感知层(由各种传感器构成)、网络层(包括互联网、广电网、网络管理系统和云计算平台等)和应用层(物联网和用户的接口,与行业需求结合,实现物联网的智能应用)。也就是说物联网不仅仅是网络,更是业务和应用。物联网广泛用于智能交通、环境保护、政府工作、公共安全、智能消防、工业监测、环境监测、路灯照明管控、景观照明管控、楼宇照明管控、个人健康、食品溯源、敌情侦查和情报搜集等多个领域。智能制造与物联网交叉融合的,这种应用创新也成为物联网发展的核心应用之一。

很多专家认为制造业的“两化融合”将为中国制造业的升级提供一条路径,其中智能化是信息化与工业化“两化融合”的必然途径,其基础就是物联网。在传统的工业生产过程中,各生产要素都是相互独立的运营主体,没有联系,也没有进一步的逻辑控制,而智能化工厂强调的是产业链生产模式,不仅将企业的内部,更将企业之间的生产合作连接起来,形成一个全行业的产业链模式,这样就实现了生产要素的协作沟通,让“互联网+制造”成为企业生产的核心技术,从而降低企业的运营成本,提高生产效率,缩短产品更新的周期。如某些大型装备由厂商制造、交付和部署后开始运营,在基于工业4.0的智能制造系统中,整个制造过程可能是由几十甚至上百个制造商共同参与完成的,所有生产设备可以通过物联网的技术进行优化运行、维护保养和绩效优化。反过来厂商也可以利用生产设备使用和维护保养的数据,为设计和制造过程提供反馈信息。这样运营系统与制造系统连接融合,让数据和信息在两个系统之间交互操作。可见智能制造与物联网融合是十分重要的。

8.4.5　工业大数据

工业大数据是指在工业领域中,围绕典型智能制造模式,从客户需求、销售、订单、计划研发、设计、工艺、制造、采购、供应、库存、发货和交付、售后服务到维修、报废或回收再制造等的整个产品生命周期各个环节所产生的各类数据及相关技术和应用的总称。工业大数据以产品数据为核心,极大地延展了传统工业数据范围,同时还包括工业大数据相关技术和应用。

对制造型企业来说,工业大数据不仅可以用来提升企业的运行效率,更重要的是可以通过工业大数据等新一代信息技术所提供的能力来改变商业流程及商业模式。工业大数据及相关技术对企业发展具有以下重要意义:

(1) 可以用于提升企业的运行效率。

(2) 可以帮助企业实现扁平化运行,加快信息在产品生产制造过程中的流动。

(3) 可用于帮助制造模式的改变,形成新的商业模式。其中典型的智能制造模式有自动化生产、个性化制造、网络化协调及服务化转型等。

工业大数据的关键技术包括数据采集与传输、存储、管理、处理、应用、可视化和安全保障技术等,以及工业大数据分析、理解、预测及决策支持与知识服务等智能数据应用技术等。

制造业与互联网融合发展,工业大数据与物联网、云计算、信息物理系统等新兴技术在制造业领域的深度集成与应用,有利于产生制造业新模式,有利于构建制造业企业工业大数据"双创"平台,培育新技术、新业态和新模式,有利于促进协同设计和协同制造,有利于提升制造过程智能化和柔性化的程度,促进生产型制造向服务型制造转变。

以可持续发展和现代管理理论为基础的先进生产模式和方法,既是现代制造技术的重要组成部分,又是现代制造技术区别于传统制造技术的显著特点之一。它们对于现代制造技术(或制造系统工程学)的贡献,并不逊于某种具体的工艺方法、技术上的突破。它催生了诸如精益生产(lean production,LP)、准时生产(just-in-time,JIT)、并行工程(concurrent engineering ,CE)、敏捷制造(agile manufacturing,AM)、虚拟制造(virtual manufacturing,VM)、绿色制造、智能制造、物联网等先进的生产模式和方法。计算机集成制造系统实质上也是由现代管理理论和计算机技术结合自动化技术、制造技术演变而成的一种先进生产模式。有关这方面的内容在第 1 章中结合生产方式作了基本、初步的叙述。当前,先进机械制造技术得到长足发展,本章仅重点介绍了机械制造系统自动化、精密工程和纳米加工、绿色制造、智能制造等,其他知识在本专业的后续课程和有关书籍中会有更具体、详细的介绍。限于篇幅,为避免重复,本书在此不予赘述。

思考题与习题

8-1 试论述现代机械制造技术有哪些特点。

8-2 试总结柔性制造系统的特点,分析其组成及各组成部分的关系。

8-3 CAD/CAPP/CAM 之间是如何集成的?

8-4 试论述精密、超精密加工和纳米加工的概念、特点及其重要性。

8-5 试分析有关精密加工的机理,总结精密、超精密加工和纳米加工的条件和应用范围。

8-6 微细加工和一般加工在加工概念和范围上有何不同?

8-7 绿色制造所涉及的内容有哪些方面?

8-8 什么是绿色加工工艺?简述干式切削、亚干式切削的机理,并指出它们的区别。

8-9 试述智能制造与人工智能、物联网、工业大数据之间的关系。

8-10 智能制造有哪些基本特征?智能制造基本构成涉及哪些内容?

8-11 物联网、工业大数据的内涵是什么?其关键技术有哪些?

8-12 如何理解现代管理理论和方法是现代机械制造技术的重要组成部分和显著特点之一?

参考文献

1. 中国机械工程学会.中国机械工程技术路线图 2021 版[M].北京:机械工业出版社,2022.
2. 王先逵.机械制造工艺学[M].4 版.北京:机械工业出版社,2019.
3. 卢秉恒.机械制造技术基础[M].4 版.北京:机械工业出版社,2018.
4. 孙康宁,张景德.工程材料与机械制造基础:上册[M].3 版.北京:高等教育出版社,2019.
5. 任家隆,刘志峰.机械制造基础[M].3 版.北京:高等教育出版社,2015.
6. 任家隆,丁建宁.工程材料及成形技术基础[M].北京:高等教育出版社,2019.
7. 任家隆,任近静.机械制造技术[M].北京:机械工业出版社,2018.
8. 任家隆,刘志峰.机械制造工艺及专用夹具设计指导书[M].北京:高等教育出版社,2014.
9. 任家隆,刘志峰.干切削理论与加工技术[M].北京:机械工业出版社,2012.
10. 刘志峰.绿色设计方法、技术及其应用[M].北京:国防工业出版社,2008.
11. 刘英.机械制造技术基础[M].3 版.北京:机械工业出版社,2019.
12. 于骏一,邹青.机械制造技术基础[M].2 版.北京:机械工业出版社,2009.
13. 国家自然科学基金委员会工程与材料科学部.机械与制造科学[M].北京:科学出版社,2006.
14. 陈日曜.金属切削原理[M].2 版.北京:机械工业出版社,1993.
15. 顾熙棠,金瑞琪,刘瑾.金属切削机床[M].上海:上海科学技术出版社,1993.
16. 李凯岭.机械制造技术基础[M].北京:机械工业出版社,2018.
17. 傅玉灿.难加工材料高效加工技术[M].西安:西北工业大学出版社,2010.
18. 张世昌,李旦,张冠伟.机械制造技术基础[M].北京:高等教育出版社,2014.
19. 左敦稳,黎向锋,赵剑峰.现代加工技术[M].北京:北京航空航天大学出版社,2005.
20. (葡)保罗·戴维姆(J.Paulo Davim).复合材料加工技术[M].安庆龙,陈明室,宦海祥,译.北京:国防工业出版社,2016.
21. 王明海,韩荣第.现代机械加工新技术[M].2 版.北京:电子工业出版社,2013.
22. 齐乐华.工程材料与机械制造基础[M].2 版.北京:高等教育出版社,2018.
23. 李爱菊.工程材料与机械制造基础:下册[M].3 版.北京:高等教育出版社,2019.
24. 刘飞,曹华军,张华,等.绿色制造的理论与技术[M].北京:科学出版社,2005.
25. 唐宗军.机械制造基础[M].北京:机械工业出版社,1997.
26. 刘晋春,赵家齐,赵万生.特种加工[M].北京:机械工业出版社,2000.
27. 吴圣庄.金属切削机床概论[M].北京:机械工业出版社,1985.
28. 赵志修.机械制造工艺学[M].北京:机械工业出版社,1985.
29. 王贵成,王振龙.精密与特种加工[M].北京:机械工业出版社,2013.
30. 千千岩健.机械制造概论[M].吴恒文,译.重庆:重庆大学出版社,1992.
31. 程序,吴国梁.机械制造工程原理[M].南京:东南大学出版社,1998.
32. 邓文英.金属工艺学[M].6 版.北京:高等教育出版社,2017.